科学出版社“十四五”普通高等教育研究生规划教材
西安交通大学研究生“十四五”规划精品系列教材

电磁场理论及应用

(第三版)

马西奎　编著

科学出版社
北京

内 容 简 介

本书在宏观范围内阐述了工程中所需要的电磁场的基本理论和计算方法。全书共 10 章，第 1～5 章为电磁场的基本理论，第 6～10 章介绍电磁场中的数学物理方法。在每一章中配有一定数量的习题，其中部分习题为正文内容的补充。本书由浅入深，循序渐进，便于在教学中应用。

本书可作为高等学校电气工程、信息与通信工程、电子科学与技术等学科的研究生教材，也可供在相关工程领域从事科学研究和开发工作的科技人员参考。

图书在版编目（CIP）数据

电磁场理论及应用 / 马西奎编著. —3 版. —北京：科学出版社，2023.6

科学出版社“十四五”普通高等教育研究生规划教材 · 西安交通大学研究生“十四五”规划精品系列教材

ISBN 978-7-03-075878-1

Ⅰ. ①电… Ⅱ. ①马… Ⅲ. ①电磁场–高等学校–教材 Ⅳ. ①O441.4

中国国家版本馆 CIP 数据核字（2023）第 109449 号

责任编辑：余 江 / 责任校对：王 瑞

责任印制：张 伟 / 封面设计：迷底书装

科 学 出 版 社 出版

北京东黄城根北街 16 号

邮政编码：100717

http://www.sciencep.com

北京虎彩文化传播有限公司 印刷

科学出版社发行 各地新华书店经销

*

2000 年 6 月第 一 版 开本：787×1092 1/16

2023 年 6 月第 三 版 印张：25 3/4

2023 年 6 月第一次印刷 字数：630 000

定价：128.00 元

（如有印装质量问题，我社负责调换）

作 者 简 介

马西奎，1958 年生。1982 年和 1985 年先后毕业于西安交通大学电气工程学院，分别获学士学位和硕士学位。1985 年起在西安交通大学电气工程学院任教至今，其间 1994～1995 年曾在加拿大多伦多大学电气与计算机工程系任访问科学家。1992 年由讲师破格晋升为教授，1996 年起担任博士研究生导师。享受国务院颁发的政府特殊津贴(2005 年)。获国家级教学成果奖二等奖 1 项(2005 年)和陕西省教学成果奖二等奖 2 项(1999 年和 2009 年)。曾获 1998 年度西安交通大学“开元基础课优秀教学奖”特等奖，2002 年度西安交通大学“王宽诚育才奖”，西安交通大学第一届教学卓越奖(2014 年)，1999～2014 年西安交通大学研究生学位与教育工作突出贡献奖(2014 年)。获评全国优秀博士学位论文指导教师(2012 年)，第一届西安交通大学研究生教育优秀导师(2017 年)。

曾任西安交通大学电气工程学院副院长、国家工科电工电子基础课程教学基地主任、国家级电工电子教学实验示范中心主任、教育部高等学校工科电工课程教学指导委员会委员、教育部高等学校电子信息与电气学科教学指导委员会电气工程及其自动化专业教学指导分委员会秘书长、第七届电磁场问题与应用国际会议(ICEF’ 2016)主席。现任全国高等学校电磁场教学与教材研究会理事长、中国电机工程学会理论电工专业委员会副主任委员、中国高校电工电子在线开放课程联盟工作委员会副主任委员、中国电工技术学会国际电磁场计算与应用学术会议联络办公室委员。

30 多年来，致力于电工理论与新技术专业的教学和科研工作，研究方向为电磁场理论及其数值分析和电力电子系统的非线性动力学分析。主持国家自然科学基金 5 项、教育部高等学校博士学科点专项科研基金 4 项、教育部高等学校骨干教师资助计划项目 1 项，其他科研项目 50 余项。在国内外权威学术刊物上发表论文 200 余篇，其中被 SCI 收录 160 余篇。由科学出版社出版专著 6 部：《电磁波时程精细积分法》(获 2014 年度国家科学技术学术著作出版基金资助出版)、《电磁场有限元与解析结合解法》、《复杂电磁场边值问题分域变量分离方法》、《电力电子系统的非线性动力学分析》(获 2016 年度国家科学技术学术著作出版基金资助出版)、《电磁场积分方程法、积分微分方程法和边界元法》和《导电媒质中涡流分析的解析理论》。主编出版教材 5 部：《工程电磁场导论》(高等教育出版社)、《电磁场理论及应用》(西安交通大学出版社)、《电磁场重点难点及典型题精解》(西安交通大学出版社)、《电磁场要点与解题》(西安交通大学出版社)、《电磁场理论及应用(第 2 版)》(西安交通大学出版社)。主译和参译教材 2 部：《电磁场与电磁能》(高等教育出版社)、《电磁场与波：电磁材料及 MATLAB 计算》(机械工业出版社)。

指导毕业博士研究生 42 名和硕士研究生 65 名，其中有 1 人获全国优秀博士学位论文，3 人获陕西省优秀博士学位论文，5 人获西安交通大学优秀博士学位论文。

前　言

本书被列入西安交通大学研究生“十四五”规划精品系列教材专项计划，适用于高等学校电气工程、信息与通信工程、电子科学与技术等学科的研究生教学。本书是按60学时的讲授时数为参考编写的。全书分上、下两篇，每篇各五章，相对独立。考虑到各类学校及专业的不同情况，可以结合具体情况进行取舍。

本书第一版于2000年6月问世，经过18年的使用之后，第二版于2018年8月出版，第一版和第二版都是由西安交通大学出版社出版的。本次修订工作是在第二版的基础上进行的，并由科学出版社出版。

第三版继承了第二版“精选内容、突出重点、循序渐进、联系实际”的优点和“宽专业、厚基础”的特色，保留了第二版的教学内容和体系结构。特别地，在本次修订中充分汲取了20余年来使用本书的全国广大教师的教学经验和学生的学习体会。“教育、科技、人才是全面建设社会主义现代化国家的基础性、战略性支撑。”为了深入贯彻党的二十大精神，落实立德树人根本任务，针对我国当前和今后一个时期的研究生培养方针与培养目标，本次修订工作主要是对部分章节或增加了例题，或增加了内容，或增加了工程应用知识，使本书内容的深度进一步加深，宽度进一步拓宽。在内容取舍和修订方面，第1章、第4章和第5章，与第二版相比有较多修改。在这几章中，新增了“运动系统的电磁场”、“电磁场方程的四维形式”、“电磁波在磁各向异性媒质中的传播”、“电磁波在电各向异性媒质中的传播”、“表面电磁波及其存在条件”、“介质波导”、“电磁波的散射”、“等离子体中的电磁场”和“电磁超材料”方面的内容。这主要是考虑在大学阶段，研究生接触这些内容的机会比较少，但这些内容对扩展研究生的知识面以及他们将来从事的研究工作，无疑是有益的，也是加强基础理论所需要的。此外，还有散布于全书各章节中一些局部内容的增删或改写，以及新增的例题，在这里不再一一列举。尽管在本次修订中对电磁场理论与方法的实际应用又做了进一步的努力，但仍然不够。

如何编写出一本能及时反映科学技术发展又适合研究生教学的电磁场理论教材，是一个我至今没能破解的难题。破解这个难题也一直是我的梦想，是驱动我前行的动力！从我多年来的科学研究实践来看，数学、物理一直都是科学的基础，电磁场理论则是众多电类学科与技术的基础。至今，电磁场理论作为学科发展基础支撑的地位没有变化，学好电磁场理论对研究生阅读前沿论文以及将来的攀登都是极为重要的。

在本书编写过程中得到了西安交通大学电气工程学院各位同仁的大力支持，在不同时期使用本书第一版和第二版的高校师生也提出了很多建议，在此一并表示衷心的感谢！还要特别地感谢西安交通大学出版社的白居宪和贺峰涛二位编审，他们对本书第一版和第二版的出版花费了大量的心血！

特别地，我要感谢我的夫人丁西亚教授和我的女儿马丁，感谢她们在我多年的教学和科研工作中给予的许多理解和默默的支持！

虽然数易其稿，但限于我的学识水平，书中可能会有考虑不周和疏漏之处，欢迎读者批评指正。

马西奎

2022 年 12 月于西安交通大学

目　　录

上篇　电磁场的基本理论

下篇 电磁场中的数学物理方法

上篇　电磁场的基本理论

本篇主要介绍电磁场的基本理论、基本规律和方程，共5章。

第 1 章讨论电磁场的基本性质和方程，并介绍电磁能量、电磁动量、电磁波动方程、电磁场位函数、正弦电磁场、运动系统的电磁场和电磁场方程的四维形式。

第 2 章介绍静电场的基本方程并讨论静电场的性质，包括位场的基本定理、解的积分形式、场强和电位的连续性问题、静电能量与静电力。

第 3 章讨论恒定电流的电场和磁场的基本性质与方程。

第 4 章介绍电磁波的辐射和传播，分析平面电磁波在无界媒质中的传播特性和不同媒质分界面上的反射与折射特性；讨论导行电磁波在规则波导管中的传播、电磁波在同轴传输线中的传播、电磁驻波和谐振腔，以及简要介绍群速度的概念；讨论电磁波在等离子体中的传播、电磁波在磁各向异性媒质中的传播和电磁波在电各向异性媒质中的传播；讨论表面电磁波及其存在条件和介质波导；以理想导电圆柱体为例，介绍对TM模平面波和TE模平面波的电磁散射。

第 5 章介绍电磁场与媒质的相互作用问题，包括电介质退极化场的分析、电介质的极化理论、电介质的色散理论、磁介质退磁化场的分析、磁介质的磁化理论、铁磁质的磁化、电磁场的非线性问题、超导体的电磁性质、等离子体中的电磁场、电磁超材料。

第 1 章　电磁场的基本性质和方程

本章主要介绍关于电磁场的一些基本概念和基本规律。首先，讨论电磁场的基本方程及其基本意义，并导出电磁场场量在不同媒质分界面上必须满足的衔接条件。然后，研究电磁场的能量守恒定律和电磁场的动量守恒定律，讨论电磁场基本方程的完备性、电磁场的波动性以及电磁场位函数。最后，介绍运动系统的电磁场和电磁场方程的四维形式。

1.1　场　和　源

1.1.1　电磁场的一些基本概念

电磁场是物理学和工程技术上占有重要地位的多种场的一种。实际上，近代物理所讨论的都是场的问题。从数学意义上说，场是空间中点的坐标(可能还有时间)的函数。例如，在空间某一体积内，如果每一点上温度都确定，就说在该体积内存在一个标量温度场。在流体流动中，如果已知每一点上流体流动速度对流体位置的函数关系，就构成了一个矢量速度场。从物理意义上说，各类场都包含一定的物理意义。

电磁场，就是指静止电荷和运动电荷在它们周围空间中的效应。描述电磁场的基本物理量有 $\boldsymbol{E}$ 和 $\boldsymbol{B}$ 、$\boldsymbol{D}$ 和 $\boldsymbol{H}$ 4 个矢量。$\boldsymbol{E}$ 和 $\boldsymbol{B}$ 分别称为电场强度和磁感应强度，$\boldsymbol{D}$ 为电位移矢量，$\boldsymbol{H}$ 为磁场强度。电磁场具有电与磁两个方面，二者紧密联系着。变化的磁场要引起电场，变化的电场也要引起磁场。电场和磁场都不过是统一的电磁场的两个方面。把电磁场分成电场或磁场是相对的，是随条件而异的。

电磁场具有人们通常所认为的“实物”相关的性质。例如，电磁场具有能量与动量，它们都遵循守恒定律。电磁场也具有与其能量相应的质量($m = W/c^2$ ，其中 W 是能量，c 是真空中的光速)。只是由于它的质量密度极其微小，在实际中，一般不注意它的这一性质。能量、质量和动量是物质的主要属性。电磁场具备这些属性，说明它也是一种物质。可是电磁场与一般所理解的实物又有不同之处。它的质点(光子)的静止质量是零，它没有一定的体积，没有“不可入性”等。因此，电磁场是一种特殊的物质[1,2]。

本书讨论的电磁场是宏观场。当讨论到包含实物的区域内的场时，通常对于原子范围内的电磁场变化不感兴趣，其属于场的微观研究问题。人们感兴趣的是对无穷小的体积和时间间隔内场量的空间和时间的统计平均值。麦克斯韦以严谨的数学形式概括了宏观电磁现象的规律，建立了完整的电磁场理论，即通常所称的电磁场基本方程组或麦克斯韦方程组。它是一种描述由给定的电荷和电流所引起的电磁场的方程。实验已充分证实，一切宏观电磁现象都遵循麦克斯韦方程组。电磁场理论所研究的核心问题就是在特定的媒质中，麦克斯韦方程组满足边界条件的解。

1.1.2 源——电荷和电流

电磁场的源是电荷和电流。电荷是建立经典电磁场理论的基础，并且电流就是由电荷有秩序地移动形成的。

电荷可分为自由电荷和束缚电荷两大类。自由电荷有内、外之分，例如，导体中的自由电荷就是内自由电荷，它们是在其中运动的物质的一部分。外自由电荷是外加于媒质中的自由电荷，如真空中的电子束或离子束、电子显微镜中的电子束。束缚电荷是指电介质在外电场作用下极化后，在电介质内部及其表面出现的宏观附加电荷。人们也把这种由极化引起的束缚电荷称为极化电荷。

根据物质的结构理论，电荷的分布实际上是不连续的，可是当考察宏观的电磁现象时，可以把电荷的离散分布近似地用它的连续分布代替而得到令人满意的结果。这样，就可以引入电荷密度的概念。对于电荷连续地分布于体积内的情况，如果设在位于 $\boldsymbol{r}'$ 处的元体积 $\Delta V'$ 内包含的净电荷是 $\Delta q(\boldsymbol{r}')$，则在该源点的电荷体密度 ρ 定义为

$$\rho(\boldsymbol{r}') = \lim_{\Delta V' \to 0} \frac{\Delta q(\boldsymbol{r}')}{\Delta V'} = \frac{\mathrm{d}q}{\mathrm{d}V'} \tag{1.1.1}$$

当电荷连续地分布于厚度可以忽略的曲面上时，就存在电荷面密度 σ，它的定义是

$$\sigma(\boldsymbol{r}') = \lim_{\Delta S' \to 0} \frac{\Delta q(\boldsymbol{r}')}{\Delta S'} = \frac{\mathrm{d}q}{\mathrm{d}S'} \tag{1.1.2}$$

同样地，当电荷沿截面积可以忽略的线形区域分布时，就存在电荷线密度 τ，它的定义是

$$\tau(\boldsymbol{r}') = \lim_{\Delta l' \to 0} \frac{\Delta q(\boldsymbol{r}')}{\Delta l'} = \frac{\mathrm{d}q}{\mathrm{d}l'} \tag{1.1.3}$$

相应地，作为不同分布的连续电荷的元电荷 $\mathrm{d}q$ 可分别表示成 $\rho\mathrm{d}V'$、$\sigma\mathrm{d}S'$ 和 $\tau\mathrm{d}l'$。

相对于电荷的分类，电流的情况更复杂。它们有自由电流、磁化电流和极化电流之分。由自由电荷的有秩序运动形成的电流称为自由电流。磁化电流是指施加外磁场后，媒质对外呈现磁性，考虑这种影响的等效电流。如果把媒质置于某一外加时变电磁场中，则媒质中每一原子的正、负电荷都将运动，也形成电流，称为极化电流。

电流的分布以矢量表示，在每点该矢量不但有确定的流动强度而且有确定的方向。为方便起见，在电流连续地分布于体积中时设想一些电流线，它们处处与电流流动方向相切。考虑一个与电流流动方向垂直的曲面，在该面上任何一点的电流密度 $\boldsymbol{J}$ 应是这样一个矢量，其方向与通过该点的电流线相同，其数值等于在单位时间内穿过该点邻域单位面积的电荷量。从另一方面来说，穿过任何曲面 S 的电流等于电荷穿过该曲面的速率。若 $\boldsymbol{n}$ 是与 S 的面元 $\mathrm{d}S$ 垂直的正方向单位矢量，则通过 S 的总电流为

$$I = \int_S \boldsymbol{J} \cdot \boldsymbol{n}\mathrm{d}S = \int_S \boldsymbol{J} \cdot \mathrm{d}\boldsymbol{S} \tag{1.1.4}$$

式中，$\boldsymbol{J}$ 称为电流体密度矢量。

电荷的面分布和线分布都是体分布的特例。如果面电荷在其所分布的面上运动而线电荷沿其所分布的线运动，就分别形成面电流和线电流。应该指出，面电流和线电流也是体电流的极限情况。面电流是沿厚度可以忽略不计的曲面流动的电流。相应地，电流面密度矢量 $\boldsymbol{K}$ 的定义是

$$I = \int_l K \sin(\boldsymbol{K}, \mathrm{d}\boldsymbol{l}) \mathrm{d}l \tag{1.1.5}$$

式中，$\sin(\boldsymbol{K}, \mathrm{d}\boldsymbol{l})$ 是 $\boldsymbol{K}$ 与 $\mathrm{d}\boldsymbol{l}$ 间夹角的正弦值。而线电流则是在截面积可以忽略不计的细线中流过的电流。

1.1.3 电荷守恒和电流连续性

电荷是守恒的，它既不能产生也不能消灭。在任意一个时刻，存在于一个孤立系统中的正电荷与负电荷的代数和保持恒定，这就是电荷守恒定律。它的数学表述为

$$\oint_S \boldsymbol{J} \cdot \mathrm{d}\boldsymbol{S} = -\frac{\partial}{\partial t} \int_V \rho \mathrm{d}V \tag{1.1.6}$$

从物理意义上来看，在有电荷流动的空间中，单位时间内通过 S 面向外(或向内)迁移的电量应等于 S 面内单位时间所减少(或增加)的电量。因此，式(1.1.6)也称为电流连续性方程，其相应的微分形式为

$$\nabla \cdot \boldsymbol{J} = -\frac{\partial \rho}{\partial t} \tag{1.1.7}$$

1.2 电磁场的基本方程组

1.2.1 麦克斯韦方程组

在麦克斯韦之前，人们已经熟悉了电磁场现象的一些重要的实验定律(高斯定律、安培定律、法拉第定律和自由磁极不存在)，以及这些定律所概括出来的静电场、稳恒电流磁场的基本规律的表达式，同时也指明了这些基本方程式的适用范围。但是，如何将这些定律加以总结推广，以便进一步解释电磁的本质及它们之间的相互关系，这项意义重大的工作是由英国的物理学家麦克斯韦(Maxwell)经过多年的努力才完成的。他于 1864 年向英国皇家学会递交的论文《电磁场的动力学理论》(*A Dynamical Theory of the Electromagnetic Field*)中就提出了“电磁场的基本方程组”，现在也称为麦克斯韦方程组，其微分形式是

$$\nabla \times \boldsymbol{H} = \boldsymbol{J} + \frac{\partial \boldsymbol{D}}{\partial t} \tag{1.2.1}$$

$$\nabla \times \boldsymbol{E} = -\frac{\partial \boldsymbol{B}}{\partial t} \tag{1.2.2}$$

$$\nabla \cdot \boldsymbol{B} = 0 \tag{1.2.3}$$

$$\nabla \cdot \boldsymbol{D} = \rho \tag{1.2.4}$$

这个方程组能够完全决定由电荷和电流所激发的电磁场的运动规律。它与洛伦兹(Lorentz)力公式

$$\boldsymbol{F} = q\boldsymbol{E} + q(\boldsymbol{v} \times \boldsymbol{B}) \tag{1.2.5}$$

一起构成了宏观电磁场的理论基础。

麦克斯韦的一个重要贡献是在安培定律中引入了位移电流项$\frac{\partial \boldsymbol{D}}{\partial t}$。第一方程式(1.2.1)是修正后的安培定律，即全电流定律。它科学地解释了时变场中的电流连续性，更重要的是它表明，不但传导电流 $\boldsymbol{J}$ 能够激发磁场，而且变化的电场也能够激发磁场。第二方程式(1.2.2)是法拉第电磁感应定律，表明变化的磁场也会激发电场这一重要事实。这两个方程是麦克斯韦方程组的核心，说明变化的电场和磁场是相互联系、不可分割的统一体，把它称为电磁场。电磁场所遵循的基本规律就是麦克斯韦方程组。

根据电场与磁场之间的相互作用和转化，麦克斯韦预言到电磁场可以脱离场源独立存在并以电磁波的形式在空间中运动，由此提出了光就是电磁波的学说。麦克斯韦的这一重要预言，首先由赫兹测定电磁辐射传播速度的实验所证实。100 多年来，在宏观电磁现象范围的丰富实践，特别是电磁波的发现和应用，证明了从麦克斯韦方程组所得出的各种宏观电磁现象的结论是正确的。麦克斯韦方程组为电工技术、无线电电子学技术，特别是微波、毫米波、光纤和天线技术的发展奠定了重要的理论基础。

1.2.2　媒质电磁性质的本构关系

麦克斯韦方程组没有牵涉电磁场在媒质中所呈现的性质，是一种非限定的形式，并未确定 $\boldsymbol{B}$ 和 $\boldsymbol{H}$ 、$\boldsymbol{D}$ 和 $\boldsymbol{E}$ 及 $\boldsymbol{J}$ 和 $\boldsymbol{E}$ 之间的限定关系。当加上媒质的本构关系制约后，即共同构成其限定方程组。

本构关系就是描述电磁媒质与场矢量之间的结构方程，它们作为辅助方程与麦克斯韦方程组一起构成一个自身一致的方程组，从而场方程组可解。本构关系提供了对各种媒质的一种描述，包括电介质、磁介质和导电体。

对于各向同性、线性媒质，其本构关系可以简单写成：

$$\boldsymbol{D} = \varepsilon \boldsymbol{E} \tag{1.2.6}$$

$$\boldsymbol{B} = \mu \boldsymbol{H} \tag{1.2.7}$$

式中，ε 和 μ 分别称为媒质的介电常数和磁导率。在真空中，可取 $\varepsilon = \varepsilon_0 = 8.85\times10^{-12}$ F/m 和 $\mu = \mu_0 = 4\pi\times10^{-7}$ H/m 。

对于普通的一般媒质，其本构方程可以写成：

$$\boldsymbol{D} = \varepsilon_0 \boldsymbol{E} + \boldsymbol{P} \tag{1.2.8}$$

$$\boldsymbol{B} = \mu_0 \boldsymbol{H} + \mu_0 \boldsymbol{M} \tag{1.2.9}$$

式中，$\boldsymbol{P}$ 和 $\boldsymbol{M}$ 分别是媒质的极化强度和磁化强度。它们分别表示在媒质单位体积内的电偶极矩 $\boldsymbol{p}$ 和磁偶极矩 $\boldsymbol{m}$ 的矢量和。对于各向同性的线性媒质，$\boldsymbol{P}$ 与 $\boldsymbol{E}$ 、$\boldsymbol{M}$ 与 $\boldsymbol{H}$ 均成正比，可分别写成：

$$\boldsymbol{P} = \varepsilon_0 \chi_{\mathrm{e}} \boldsymbol{E} \tag{1.2.10}$$

$$\boldsymbol{M} = \chi_{\mathrm{m}} \boldsymbol{H} \tag{1.2.11}$$

式中，χ_{e} 和 χ_{m} 分别称为媒质的电极化率和磁化率。把式(1.2.10)和式(1.2.11)分别代入式(1.2.8)和式(1.2.9)后，并与式(1.2.6)和式(1.2.7)比较，得到各向同性的线性媒质的介电常数和磁导率分别为

$$\varepsilon = (1+\chi_{\mathrm{e}})\varepsilon_0 = \varepsilon_{\mathrm{r}}\varepsilon_0 \tag{1.2.12}$$

$$\mu = (1+\chi_{\mathrm{m}})\mu_0 = \mu_{\mathrm{r}}\mu_0 \tag{1.2.13}$$

式中，ε_{r} 和 μ_{r} 分别称为相对介电常数和相对磁导率。

从媒质的导电性能来考虑，本构关系可表示为

$$\boldsymbol{J} = \gamma \boldsymbol{E} \tag{1.2.14}$$

式中，γ 为媒质的电导率。$\gamma = 0$ 的介质称为理想介质，$\gamma = \infty$ 的导体称为理想导体，介于这两者之间的媒质称为导电媒质。

1.3　媒质分界面上电磁场场量的衔接条件

在电磁场中，空间往往分片分布着两种或多种媒质。对于两种互相密接的媒质，分界面两侧的电磁场之间存在着一定的关系，称为电磁场中不同媒质分界面上场量的衔接条件。它反映了从一种媒质到相邻的另一种媒质过渡时，分界面上电磁场的变化规律。

一般而言，由于分界面两侧的媒质电磁特性发生突变，经过分界面时，场量也可能随之突变，所以，对于分界面上的各点，麦克斯韦方程组的微分形式已失去意义，必须回到与之相应的麦克斯韦方程组的积分形式去考虑在有限空间中场量之间的关系。媒质分界面上电磁场场量衔接条件即可由之而导出，它们有如下的数学形式：

$$\boldsymbol{n}\times(\boldsymbol{H}_2 - \boldsymbol{H}_1) = \boldsymbol{K} \tag{1.3.1}$$

$$\boldsymbol{n}\times(\boldsymbol{E}_2 - \boldsymbol{E}_1) = 0 \tag{1.3.2}$$

$$\boldsymbol{n}\cdot(\boldsymbol{B}_2 - \boldsymbol{B}_1) = 0 \tag{1.3.3}$$

$$\boldsymbol{n}\cdot(\boldsymbol{D}_2 - \boldsymbol{D}_1) = \sigma \tag{1.3.4}$$

式中，$\boldsymbol{n}$ 是由媒质 1 指向媒质 2 的分界面上的单位法向矢量；$\boldsymbol{K}$ 和 σ 分别是分界面上的传导电流面密度矢量和面自由电荷密度。

式(1.3.1)表示磁场的切向分量一般是不连续的，除非分界面上无自由面电流；而式(1.3.2)表示电场的切向分量总是连续的。式(1.3.3)和式(1.3.4)分别说明在分界面上，$\boldsymbol{B}$ 的法向分量是连续的；$\boldsymbol{D}$ 的法向分量一般是不连续的，除非分界面上无自由面电荷。

分界面上的衔接条件的物理意义是与麦克斯韦方程组相一致的，它亦称为分界面上的场方程。实际上，衔接条件中只有两个切向场量条件是必需的，而法向场量条件可用于检验切向场量所得的结果。也就是说，只要切向场量条件得到满足，就可保证法向场量条件自然满足。这就简化了麦克斯韦方程组的解的解析关系。

这里，考虑分界面一侧为理想介质(记作媒质 2)，另一侧为理想导体(记作媒质 1)的情况。在工程实际中，经常遇到如金、银、铜、铝等良导体与介质之间的分界面。为了简化场的分析，有时在考虑边界条件时，假设这些导体的电导率为无限大，即看作理想导体。由于在理想导体内部不可能存在电场，否则将会导致无限大的电流，因此理想导体内部也不可能存在时变磁场，即理想导体内部 $\boldsymbol{E}_1 = 0$ 、$\boldsymbol{H}_1 = 0$ 、$\boldsymbol{D}_1 = 0$ 和 $\boldsymbol{B}_1 = 0$ 。此时，理想导体表面上的边界条件为

$$\boldsymbol{n}\times\boldsymbol{H}_2=\boldsymbol{K} \tag{1.3.5}$$

$$\boldsymbol{n}\times\boldsymbol{E}_2=0 \tag{1.3.6}$$

$$\boldsymbol{n}\cdot\boldsymbol{B}_2=0 \tag{1.3.7}$$

$$\boldsymbol{n}\cdot\boldsymbol{D}_2=\sigma \tag{1.3.8}$$

由此可见，在理想导体表面外邻近的媒质中，只有电场的法向分量和磁场的切向分量。就是说，电力线垂直于理想导体表面，磁力线平行于理想导体表面。此类边界条件在求解天线问题，以及传输线、波导中的场分布时是要遇到的。

1.4　电磁场的能量守恒和转化定律

电磁场是一种物质，并具有能量。赫兹的辐射实验证明了电磁场是能量的携带者。电磁能量是按一定的分布形式储存在电磁场中的，并且随着场的运动变化在空间传输，形成电磁能流。电磁场作为物质的一种特殊形态，它当然也不例外地遵循自然界一切物质运动过程的普遍法则，即能量守恒和转化定律。根据麦克斯韦方程组，可以得到电磁场的能量守恒和转化定律——坡印亭(Poynting)定理。

假设电磁场在一有损耗的媒质中运动，电场 $\boldsymbol{E}$ 会在此媒质中激发出电流密度为 $\boldsymbol{J}$ 的传导电流。在体积 V 内，由电流引起的功率损耗是

$$\int_V \boldsymbol{J}\cdot\boldsymbol{E}\mathrm{d}V \tag{1.4.1}$$

这部分功率损耗表示转化为焦耳热量的能量损失。根据能量守恒定律，此时体积 V 内电磁能量必须相应减少，或外界有相应的能量来补充以达到能量平衡。为了从数学上定量地描述这一能量平衡关系，利用麦克斯韦第一方程式(1.2.1)消去 $\boldsymbol{J}$，有

$$\int_V \boldsymbol{J}\cdot\boldsymbol{E}\mathrm{d}V=\int_V\left(\boldsymbol{E}\cdot\nabla\times\boldsymbol{H}-\boldsymbol{E}\cdot\frac{\partial\boldsymbol{D}}{\partial t}\right)\mathrm{d}V \tag{1.4.2}$$

应用麦克斯韦第二方程式(1.2.2)和矢量恒式：

$$\nabla\cdot(\boldsymbol{E}\times\boldsymbol{H})=\boldsymbol{H}\cdot\nabla\times\boldsymbol{E}-\boldsymbol{E}\cdot\nabla\times\boldsymbol{H}$$

式(1.4.2)变为

$$\int_V \boldsymbol{J}\cdot\boldsymbol{E}\mathrm{d}V=-\int_V\left[\boldsymbol{H}\cdot\frac{\partial\boldsymbol{B}}{\partial t}+\boldsymbol{E}\cdot\frac{\partial\boldsymbol{D}}{\partial t}+\nabla\cdot(\boldsymbol{E}\times\boldsymbol{H})\right]\mathrm{d}V \tag{1.4.3}$$

或者

$$\int_V \boldsymbol{J}\cdot\boldsymbol{E}\mathrm{d}V=-\oint_A(\boldsymbol{E}\times\boldsymbol{H})\cdot\mathrm{d}\boldsymbol{A}-\int_V\left(\boldsymbol{H}\cdot\frac{\partial\boldsymbol{B}}{\partial t}+\boldsymbol{E}\cdot\frac{\partial\boldsymbol{D}}{\partial t}\right)\mathrm{d}V \tag{1.4.4}$$

式中，A 为限定体积 V 的闭合面。应注意：在本节中为避免与坡印亭矢量相混淆，面改为用 A 表示。在后面章节中，如果遇到坡印亭矢量与面同时出现的情况，亦采用这种表示法。

一般情况下，对于线性媒质有

$$\boldsymbol{H}\cdot\frac{\partial\boldsymbol{B}}{\partial t}=\frac{\partial}{\partial t}\left(\frac{1}{2}\boldsymbol{B}\cdot\boldsymbol{H}\right)\quad 和\quad \boldsymbol{E}\cdot\frac{\partial\boldsymbol{D}}{\partial t}=\frac{\partial}{\partial t}\left(\frac{1}{2}\boldsymbol{D}\cdot\boldsymbol{E}\right)$$

将它们代入式(1.4.4)中，并设体积V的边界对时间不变，则有

$$\int_V \boldsymbol{J}\cdot\boldsymbol{E}\mathrm{d}V=-\oint_A(\boldsymbol{E}\times\boldsymbol{H})\cdot\mathrm{d}\boldsymbol{A}-\frac{\partial}{\partial t}\int_V\left(\frac{1}{2}\boldsymbol{B}\cdot\boldsymbol{H}+\frac{1}{2}\boldsymbol{D}\cdot\boldsymbol{E}\right)\mathrm{d}V \tag{1.4.5}$$

上述能量平衡公式称为电磁能流定理或坡印亭定理，它是电磁场的能量守恒和转化定律的数学形式。式(1.4.5)等号左边表示体积V内由于媒质电导率为有限值而在单位时间内消耗的能量，右边第二项表示体积V内减少的那部分电场和磁场能量。把

$$w=w_{\mathrm{e}}+w_{\mathrm{m}}=\frac{1}{2}\boldsymbol{D}\cdot\boldsymbol{E}+\frac{1}{2}\boldsymbol{B}\cdot\boldsymbol{H} \tag{1.4.6}$$

称为电磁能量密度，$w_{\mathrm{e}}\left(=\frac{1}{2}\boldsymbol{D}\cdot\boldsymbol{E}\right)$和$w_{\mathrm{m}}\left(=\frac{1}{2}\boldsymbol{B}\cdot\boldsymbol{H}\right)$分别称为电场能量密度和磁场能量密度。而式(1.4.5)等号右边第一项积分的存在表明，体积V内在单位时间内消耗的能量，并不全是由体积V内减少的那部分电场与磁场能量所提供的。这个积分表示功率，数量上等于单位时间内通过A面流进体积V内的电磁能量，是外界供给的功率。换句话说，单位时间内通过A面从体积V中流出的电磁能量表示为

$$P=\oint_A(\boldsymbol{E}\times\boldsymbol{H})\cdot\mathrm{d}\boldsymbol{A} \tag{1.4.7}$$

式中

$$\boldsymbol{S}=\boldsymbol{E}\times\boldsymbol{H} \tag{1.4.8}$$

$\boldsymbol{S}$是电磁能流的功率密度，称为坡印亭矢量。它在数量上等于单位时间内穿过与电磁能流方向垂直的单位面积的电磁能量，其方向就是电磁能量流动的方向。

式(1.4.5)是电磁场中能量守恒和转化定律的积分形式。也可写出它的微分形式：

$$\boldsymbol{J}\cdot\boldsymbol{E}=-\nabla\cdot\boldsymbol{S}-\frac{\partial w}{\partial t} \tag{1.4.9}$$

这一关系式说明了电磁场中任意一点处的电磁能量守恒和转化情况。

需要指出的是，只有在封闭的曲面积分形式下，坡印亭矢量才可能由实验验证。

【例 1.4.1】 某一同轴电缆的内导体半径为a，外导体的内半径为b，内外导体间为真空。内外导体间电压为U，流过的电流为I。求：

(1) 内、外导体均为理想导体时，此同轴电缆的传输功率。

(2) 导体不理想时，导体上消耗的功率。

解 建立圆柱坐标系，z轴与同轴电缆的轴线重合。

(1) 当内、外导体为理想导体时，容易求出内、外导体之间的电场和磁场分别为

$$\boldsymbol{E}=\frac{U}{\rho\ln(b/a)}\boldsymbol{e}_\rho \quad 和 \quad \boldsymbol{H}=\frac{I}{2\pi\rho}\boldsymbol{e}_\phi$$

内外导体间任意一个横截面上的坡印亭矢量为

$$\boldsymbol{S}=\boldsymbol{E}\times\boldsymbol{H}=\frac{UI}{2\pi\rho^2\ln(b/a)}\boldsymbol{e}_z$$

说明电磁能量沿z轴方向由电源向负载流动。通过同轴电缆内、外导体间的横截面A'的功

率为

$$P=\int_{A'}(\boldsymbol{E}\times\boldsymbol{H})\cdot\mathrm{d}\boldsymbol{A}=\int_a^b\frac{UI}{2\pi\rho^2\ln(b/a)}2\pi\rho\mathrm{d}\rho=UI$$

可见，沿电缆传输的功率等于电压和电流的乘积，这是大家在电路理论分析中熟知的结果。有趣的是，在求解过程中，积分是在内、外导体之间的横截面上进行的，并不包括导体内部。这说明所传输的功率不是在导体内部传输的，而是由内、外导体之间的空间电磁场构成的功率流传递的。导体本身并不传输能量，只起导引的作用。

(2) 当导体的电导率为有限值时，从电磁场的角度看，导体内有电场 $\boldsymbol{E}=\dfrac{\boldsymbol{J}}{\gamma}$，或者

$$\boldsymbol{E}=\frac{I}{\pi a^2\gamma}\boldsymbol{e}_z$$

由于电场在分界面上是连续的，所以在内导体表面附近的真空内，电场除有径向分量 E_ρ，还有切向分量 E_z，即

$$E_z=\frac{I}{\pi a^2\gamma}$$

因此，电磁能流的功率密度矢量 $\boldsymbol{S}$ 除了有上述的沿 z 轴方向传输的分量 S_z 外，还有一个沿径向进入内导体内部的分量，即

$$S_\rho=-E_zH_\phi=-\frac{I^2}{2\pi^2a^3\gamma}$$

流入长度为 L 的一段导体内部的功率为

$$P=\int_0^L\frac{I^2}{2\pi^2a^3\gamma}2\pi a\mathrm{d}z=\frac{I^2}{\pi a^2\gamma}L=I^2R$$

式中，$R=\dfrac{L}{\pi a^2\gamma}$ 为该段导体的电阻。I^2R 正是从电路理论中得到的该段导体内的损耗功率。

此例再一次说明，电磁能量的储存者和传递者都是电磁场，导体仅起着定向导引电磁功率流的作用，因此通常称为导波系统。

1.5　电磁场的动量守恒定律

电磁场不仅具有能量和能量流，而且具有动量和动量流。可以和 1.4 节完全相似地研究电磁场的动量定理。

由于有介质情况电磁场的动量及动量守恒问题相当复杂，这里只讨论电荷在真空中的运动情况。现在，考虑有一分布密度为 ρ 的体电荷在真空中以速度 $\boldsymbol{v}$ 运动，那么单位体积内运动电荷受到电磁场的洛伦兹力 $\boldsymbol{f}$ 为

$$\boldsymbol{f}=\rho\boldsymbol{E}+\boldsymbol{J}\times\boldsymbol{B}\tag{1.5.1}$$

根据麦克斯韦方程组，在真空中有 $\rho=\varepsilon_0\nabla\cdot\boldsymbol{E}$ 和 $\boldsymbol{J}=\nabla\times\boldsymbol{H}-\varepsilon_0\dfrac{\partial\boldsymbol{E}}{\partial t}$，那么消去式(1.5.1)等号

右边的 ρ 和 $\boldsymbol{J}$ ，得到

$$\boldsymbol{f}=\varepsilon_0(\nabla\cdot\boldsymbol{E})\boldsymbol{E}-\mu_0\boldsymbol{H}\times\nabla\times\boldsymbol{H}+\mu_0\varepsilon_0\boldsymbol{H}\times\frac{\partial\boldsymbol{E}}{\partial t} \tag{1.5.2}$$

再利用 $-\boldsymbol{H}\times\dfrac{\partial\boldsymbol{E}}{\partial t}=\dfrac{\partial}{\partial t}(\boldsymbol{E}\times\boldsymbol{H})+\dfrac{1}{\mu_0}\boldsymbol{E}\times\nabla\times\boldsymbol{E}$ 和 $\nabla\cdot\boldsymbol{H}=0$ ，式(1.5.2)可写为

$$\boldsymbol{f}=\varepsilon_0(\nabla\cdot\boldsymbol{E})\boldsymbol{E}-\varepsilon_0\boldsymbol{E}\times\nabla\times\boldsymbol{E}+\mu_0(\nabla\cdot\boldsymbol{H})\boldsymbol{H}-\mu_0\boldsymbol{H}\times\nabla\times\boldsymbol{H}-\mu_0\varepsilon_0\frac{\partial}{\partial t}(\boldsymbol{E}\times\boldsymbol{H}) \tag{1.5.3}$$

如果令

$$\boldsymbol{g}=\mu_0\varepsilon_0(\boldsymbol{E}\times\boldsymbol{H}) \tag{1.5.4}$$

$$\vec{\boldsymbol{T}}=\varepsilon_0\left(\frac{1}{2}E^2\vec{\boldsymbol{I}}-\boldsymbol{EE}\right)+\mu_0\left(\frac{1}{2}H^2\vec{\boldsymbol{I}}-\boldsymbol{HH}\right) \tag{1.5.5}$$

式中，$\vec{\boldsymbol{I}}=\boldsymbol{e}_x\boldsymbol{e}_x+\boldsymbol{e}_y\boldsymbol{e}_y+\boldsymbol{e}_z\boldsymbol{e}_z$ 为单位并矢，那么，式(1.5.3)可以化为

$$\boldsymbol{f}=-\nabla\cdot\vec{\boldsymbol{T}}-\frac{\partial\boldsymbol{g}}{\partial t} \tag{1.5.6}$$

根据牛顿第二定律，在体积 V 内运动电荷的机械动量 $\boldsymbol{G}_{\mathrm{m}}$ 满足如下方程：

$$\frac{\mathrm{d}\boldsymbol{G}_{\mathrm{m}}}{\mathrm{d}t}=\int_V\boldsymbol{f}\mathrm{d}V=-\int_V\nabla\cdot\vec{\boldsymbol{T}}\mathrm{d}V-\int_V\frac{\partial\boldsymbol{g}}{\partial t}\mathrm{d}V$$

或者写成：

$$\frac{\mathrm{d}}{\mathrm{d}t}(\boldsymbol{G}_{\mathrm{m}}+\boldsymbol{G})=-\oint_S\mathrm{d}\boldsymbol{S}\cdot\vec{\boldsymbol{T}} \tag{1.5.7}$$

式中

$$\boldsymbol{G}=\int_V\boldsymbol{g}\mathrm{d}V \tag{1.5.8}$$

为了解释式(1.5.7)的物理意义，把体积 V 扩展到整个无限空间中，即 S 面为半径取 ∞ 的球面。如果设想电磁场的场源限定在有限空间内，那么式(1.5.7)等号右边的面积分为零，因此有

$$\frac{\mathrm{d}}{\mathrm{d}t}(\boldsymbol{G}_{\mathrm{m}}+\boldsymbol{G})=0\quad\text{或}\quad\boldsymbol{G}_{\mathrm{m}}+\boldsymbol{G}=\boldsymbol{C} \tag{1.5.9}$$

式中，$\boldsymbol{C}$ 是一个常矢量。式(1.5.9)表明，运动带电体在与电磁场不断地交换能量的同时，也不断地进行着动量的交换。这样就不难理解式(1.5.9)中的 $\boldsymbol{G}$ 矢量就是电磁场的总动量，而 $\boldsymbol{g}$ 矢量就是电磁场的动量密度。电磁场的动量也是不守恒的。只有把运动带电体和电磁场合起来看作一个封闭的体系时，体系的机械动量和电磁动量之和才是守恒的。因此，式(1.5.9)就是电磁场动量转化与守恒定律的数学表述。

若所考虑的空间是有限的体积 V ，此时式(1.5.7)等号右边的面积分一般不等于零，若记

$$\boldsymbol{K}=-\oint_S\mathrm{d}\boldsymbol{S}\cdot\vec{\boldsymbol{T}} \tag{1.5.10}$$

那么，在体积 V 内的总动量 $(\boldsymbol{G}_{\mathrm{m}}+\boldsymbol{G})$ 的变化率应等于 $\boldsymbol{K}$ ，这说明 $\boldsymbol{K}$ 是在单位时间内穿过体

积V的边界面S流入体积V内的电磁动量，因此把$\vec{\boldsymbol{T}}$称为电磁动量流密度。

为了能更直观地看出$\vec{\boldsymbol{T}}$的物理意义，把式(1.5.7)改写为

$$\frac{\mathrm{d}\boldsymbol{G}}{\mathrm{d}t}=-\int_V \boldsymbol{f}\mathrm{d}V-\oint_S \mathrm{d}\boldsymbol{S}\cdot\vec{\boldsymbol{T}} \tag{1.5.11}$$

根据牛顿第二定律，这就是电磁场的运动方程。它表示体积V内电磁场的电磁动量的时间增加率等于作用在体积V内电磁场的外力之和。显然，式(1.5.11)等号右边第一项代表运动带电体对体积V内电磁场的作用力，而右边第二项则代表体积V外电磁场对体积V内电磁场的作用力。正如弹性力学中的张力一样，S面外的电磁场作用在面内的电磁场的单位面积上的应力为

$$\boldsymbol{f}_{\mathrm{n}}=-\boldsymbol{n}\cdot\vec{\boldsymbol{T}} \tag{1.5.12}$$

由于$\vec{\boldsymbol{T}}$是一个对称张量，因此又称为麦克斯韦应力张量。同样，体积V内的电磁场对体积V外的电磁场也有作用力，其值为$\oint_S \mathrm{d}\boldsymbol{S}\cdot\vec{\boldsymbol{T}}$。

【例 1.5.1】 如图 1.5.1 所示，有一束平面电磁波沿x轴方向传播，在平面S被完全吸收。试求平面电磁波的压力[3]。

解 根据式(1.5.12)，在平面S上单位面积所受到的电磁应力为

$$\boldsymbol{f}_{\mathrm{n}}=-\boldsymbol{n}\cdot\vec{\boldsymbol{T}}=\varepsilon_0\left(\boldsymbol{E}E_{\mathrm{n}}-\frac{1}{2}\boldsymbol{n}E^2\right)+\mu_0\left(\boldsymbol{H}H_{\mathrm{n}}-\frac{1}{2}\boldsymbol{n}H^2\right)$$
$$=-\frac{1}{2}(\varepsilon_0E^2+\mu_0H^2)\boldsymbol{n}$$

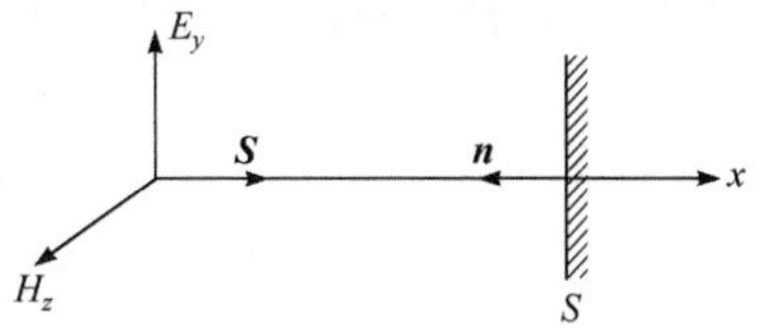

图 1.5.1　平面电磁波的压力

这个电磁应力为压力，也称为光压。

1900 年，列别捷夫从实验上证实了光压的存在，因而人们相信电磁场的物质性。由于这种压力非常小，在日常生活中一般感觉不到，所以电磁场动量的存在没有给人们留下什么印象，但是，在天文和原子现象中，光压却起着极其重要的作用。例如，将恒星外层吸引向恒星中心的压力的很大一部分被由恒星中心向外的光流压力所平衡。在α射线被电子散射的过程中，电子所获得的巨大速度就来源于γ射线的动量。

【例 1.5.2】 如图 1.5.2 所示，电流I流过无限长圆柱导体，求其所受到的力[3]。

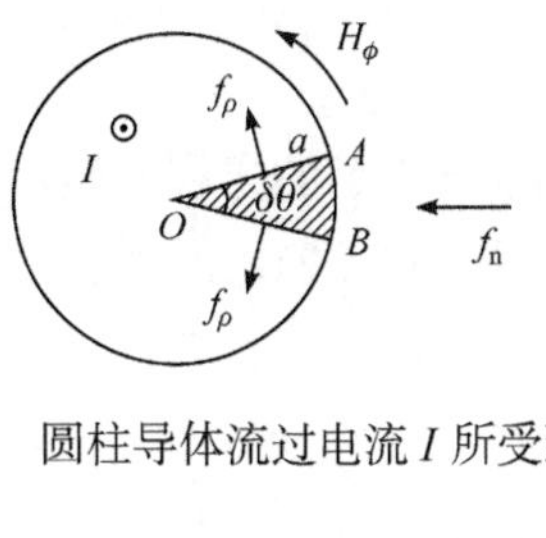

图 1.5.2　圆柱导体流过电流I所受到的力

解 如图 1.5.2 所示，设想恒定电流I均匀地流过圆柱导体截面。取一个夹角为$\delta\theta$的扇形截面柱体，因为磁场强度为

$$\boldsymbol{H}=\frac{I\rho}{2\pi a^2}\boldsymbol{e}_\phi\quad(\rho<a)$$

所以，在扇形截面柱体的 3 个侧面AB、OA和OB上，单位面积的应力值分别为

$$f_{\mathrm{n}}=\frac{1}{2}\mu_0H^2=\frac{\mu_0I^2}{8\pi^2a^2},\quad f_\rho=\frac{1}{2}\mu_0H^2=\frac{\mu_0I^2\rho^2}{8\pi^2a^4}$$

单位长度扇形截面柱体的各侧面所受力的值分别为

$$f_{AB}=\frac{\mu_0 I^2}{8\pi^2 a^2}(a\delta\theta),\quad f_{OA}=f_{OB}=\int_0^a f_\rho \mathrm{d}\rho=\frac{\mu_0 I^2}{24\pi^2 a}$$

这 3 个力的合力方向是沿圆柱导体径向指向轴线，即

$$\boldsymbol{f}=-\frac{\mu_0 I^2}{6\pi^2 a}\delta\theta \boldsymbol{e}_\rho$$

若应用安培定律计算，得到单位长度扇形截面柱体所受的洛伦兹力为

$$\boldsymbol{f}=\int_V \boldsymbol{J}\times\boldsymbol{B}\mathrm{d}V=-\frac{\mu_0 I^2}{6\pi^2 a}\delta\theta \boldsymbol{e}_\rho$$

可以看到，应用安培定律与应用麦克斯韦应力张量方法所得到的结果相同。它说明扇形截面柱体内电流所受到的应力就是洛伦兹力。从直观上看，这个力将把电流(运动的电子)挤向轴线，使得电流在横截面内不可能均匀地流过。但是，从物理上来看，电子在导体中运动时会与导体的晶格发生碰撞，使得电子所受到的力传递给了导体的晶格，这就阻止了电子(或电流)收缩到轴线上。这一现象也说明，载有大电流的导体都会受到很大的压力，当压力超过某一临界值时，导体因承受不了这样的压力而破碎甚至爆炸。因此，在电气工程的大电流母线设计中，应该考虑到这一点。

1.6　电磁场的波动性

前面已指出，麦克斯韦的一个重要贡献是引入了位移电流的概念，揭示了变化的电磁场具有波动的性质。这种以波动形式传播的电磁场，通常称为电磁波。

在无源空间中，假设媒质是各向同性、线性和均匀的，$\boldsymbol{D}=\varepsilon\boldsymbol{E}$，$\boldsymbol{B}=\mu\boldsymbol{H}$，$\boldsymbol{J}=\gamma\boldsymbol{E}$，则麦克斯韦方程组可写为

$$\nabla\times\boldsymbol{H}=\gamma\boldsymbol{E}+\varepsilon\frac{\partial\boldsymbol{E}}{\partial t}\tag{1.6.1}$$

$$\nabla\times\boldsymbol{E}=-\mu\frac{\partial\boldsymbol{H}}{\partial t}\tag{1.6.2}$$

$$\nabla\cdot\boldsymbol{H}=0\tag{1.6.3}$$

$$\nabla\cdot\boldsymbol{E}=0\tag{1.6.4}$$

现在，从这组联立的偏微分方程中找出电场 $\boldsymbol{E}$ 和磁场 $\boldsymbol{H}$ 各自满足的方程。然后，看它们的解具有什么样的性质。为此，取式(1.6.1)两边的旋度并利用式(1.6.2)，得到

$$\nabla\times\nabla\times\boldsymbol{H}+\mu\varepsilon\frac{\partial^2\boldsymbol{H}}{\partial t^2}+\mu\gamma\frac{\partial\boldsymbol{H}}{\partial t}=0$$

利用矢量恒等式 $\nabla\times\nabla\times\boldsymbol{H}=\nabla(\nabla\cdot\boldsymbol{H})-\nabla^2\boldsymbol{H}$，并考虑式(1.6.3)，那么有

$$\nabla^2\boldsymbol{H}-\mu\gamma\frac{\partial\boldsymbol{H}}{\partial t}-\mu\varepsilon\frac{\partial^2\boldsymbol{H}}{\partial t^2}=0\tag{1.6.5}$$

同理，可推导出

$$\nabla^2 \boldsymbol{E} - \mu\gamma \frac{\partial \boldsymbol{E}}{\partial t} - \mu\varepsilon \frac{\partial^2 \boldsymbol{E}}{\partial t^2} = 0 \tag{1.6.6}$$

式(1.6.5)和式(1.6.6)是无源有损耗媒质中 $\boldsymbol{H}$ 和 $\boldsymbol{E}$ 所满足的方程，是广义的波动方程。

在理想介质中，即 $\gamma = 0$，广义的波动方程化为

$$\nabla^2 \boldsymbol{H} - \mu\varepsilon \frac{\partial^2 \boldsymbol{H}}{\partial t^2} = 0 \tag{1.6.7}$$

$$\nabla^2 \boldsymbol{E} - \mu\varepsilon \frac{\partial^2 \boldsymbol{E}}{\partial t^2} = 0 \tag{1.6.8}$$

这两个方程就是标准的齐次波动方程。它们表明在无耗媒质中，脱离了场源的电磁场 $\boldsymbol{E}$ 和 $\boldsymbol{H}$，即使在场源消失后，它也总是以波动形式向前运动着。以波动形式运动的电磁场称为电磁波。它在真空中的传播速度为光速 $c(=1/\sqrt{\mu_0\varepsilon_0} = 3\times10^8\ \text{m/s})$。

在良导体中，由于 $|\gamma \boldsymbol{E}| \gg \left|\frac{\partial \boldsymbol{D}}{\partial t}\right|$，位移电流可以忽略，所以式(1.6.5)和式(1.6.6)中的第三项均将消失，它们分别简化成：

$$\nabla^2 \boldsymbol{H} - \mu\gamma \frac{\partial \boldsymbol{H}}{\partial t} = 0 \tag{1.6.9}$$

$$\nabla^2 \boldsymbol{E} - \mu\gamma \frac{\partial \boldsymbol{E}}{\partial t} = 0 \tag{1.6.10}$$

在形式上，它们都属于扩散方程。涡流作用或集肤效应都遵循这两个方程，所以这两个方程又称为涡流方程或集肤效应方程，它们是研究良导体中电磁场分布的基础，广泛应用于电工中的涡流问题研究。

1.7　电磁场的动态位

对于变化的电磁场，可以引入称作位函数的辅助量，而使求解麦克斯韦方程组的问题简化。

1.7.1　电磁场的位函数

由于磁场 $\boldsymbol{B}$ 是无源场，所以可引入一个矢量函数 $\boldsymbol{A}$，使

$$\boldsymbol{B} = \nabla \times \boldsymbol{A} \tag{1.7.1}$$

满足 $\nabla \cdot \boldsymbol{B} = 0$。这样，由 1.2 节中的式(1.2.2)，得到

$$\nabla \times \left(\boldsymbol{E} + \frac{\partial \boldsymbol{A}}{\partial t} \right) = 0$$

上述结果表明，存在一个标量函数 φ，它满足：

$$\boldsymbol{E} + \frac{\partial \boldsymbol{A}}{\partial t} = -\nabla\varphi$$

或者

$$\boldsymbol{E} = -\frac{\partial \boldsymbol{A}}{\partial t} - \nabla\varphi \tag{1.7.2}$$

这样，便把电磁场 $\boldsymbol{E}$ 和 $\boldsymbol{B}$ 用矢量函数 $\boldsymbol{A}$ 和标量函数 φ 表达出来了，称 $\boldsymbol{A}$ 为电磁场的矢量位函数，φ 为标量位函数。由于 $\boldsymbol{A}$ 和 φ 都随时间变化，所以它们也称作动态位函数。

1.7.2 达朗贝尔方程

利用 $\boldsymbol{B} = \mu\boldsymbol{H}$ 和 $\boldsymbol{D} = \varepsilon\boldsymbol{E}$，且假设 μ 和 ε 均是常数，把式(1.7.1)和式(1.7.2)分别代入 1.2 节中的式(1.2.1)和式(1.2.4)，得到

$$\nabla^2\boldsymbol{A} - \mu\varepsilon\frac{\partial^2\boldsymbol{A}}{\partial t^2} = -\mu\boldsymbol{J} + \nabla\left(\nabla\cdot\boldsymbol{A} + \mu\varepsilon\frac{\partial\varphi}{\partial t}\right)$$

和

$$\nabla^2\varphi + \frac{\partial}{\partial t}(\nabla\cdot\boldsymbol{A}) = -\frac{\rho}{\varepsilon}$$

这是一组相当复杂的联立的二阶偏微分方程。从直观上可以看出，要通过这组方程解出 $\boldsymbol{A}$ 和 φ，最好是能够把 $\boldsymbol{A}$ 和 φ 分开，找出它们各自满足的微分方程。这是容易做到的。最常用的有以下两种选择。

(1) 选择 $\boldsymbol{A}$ 和 φ 满足如下附加条件：

$$\nabla\cdot\boldsymbol{A} + \mu\varepsilon\frac{\partial\varphi}{\partial t} = 0 \tag{1.7.3}$$

上述联立的偏微分方程就化成非齐次的波动方程：

$$\nabla^2\boldsymbol{A} - \mu\varepsilon\frac{\partial^2\boldsymbol{A}}{\partial t^2} = -\mu\boldsymbol{J} \tag{1.7.4}$$

$$\nabla^2\varphi - \mu\varepsilon\frac{\partial^2\varphi}{\partial t^2} = -\frac{\rho}{\varepsilon} \tag{1.7.5}$$

称这两个方程为达朗贝尔(d′Alembert)方程，式(1.7.3)称为洛伦兹条件或洛伦兹规范。

(2) 选择 $\boldsymbol{A}$ 和 φ 满足如下附加条件：

$$\nabla\cdot\boldsymbol{A} = 0 \tag{1.7.6}$$

式(1.7.6)称为库仑(Coulomb)条件，或库仑规范。这时，有

$$\nabla^2\boldsymbol{A} - \mu\varepsilon\frac{\partial^2\boldsymbol{A}}{\partial t^2} - \mu\varepsilon\frac{\partial}{\partial t}(\nabla\varphi) = -\mu\boldsymbol{J} \tag{1.7.7}$$

$$\nabla^2\varphi = -\frac{\rho}{\varepsilon} \tag{1.7.8}$$

由式(1.7.8)可知，在这种条件下，标量位函数 φ 满足泊松(Poisson)方程，显然它的解是由 $\rho(x,y,z,t)$ 所激发的瞬时库仑位：

$$\varphi(x,y,z,t) = \frac{1}{4\pi\varepsilon}\int_V \frac{\rho(x',y',z',t)}{R}\mathrm{d}V' \tag{1.7.9}$$

式中，$R=\sqrt{(x-x')^2+(y-y')^2+(z-z')^2}$ 是点(x',y',z')到点(x,y,z)的距离。这也正是库仑条件这一名称的来源。

1.7.3　规范不变性

这里关心的问题是，1.7.2 节引入的洛伦兹条件或库仑条件是否会影响到问题的物理实质。事实上，这是不会的，因为 $\boldsymbol{A}$ 和 φ 都具有任意性。若已知一组 $\boldsymbol{A}$ 和 φ，描写一个确定的电磁场，取 $\chi(\boldsymbol{r},t)$ 为一个任意的标量场，那么由变换

$$\boldsymbol{A}'=\boldsymbol{A}-\nabla\chi \quad 和 \quad \varphi'=\varphi+\frac{\partial\chi}{\partial t} \tag{1.7.10}$$

所给出的 $\boldsymbol{A}'$ 和 φ' 必然代表同一电磁场。不难看出这一点，事实上

$$\boldsymbol{B}'=\nabla\times\boldsymbol{A}'=\nabla\times\boldsymbol{A}-\nabla\times\nabla\chi=\nabla\times\boldsymbol{A}=\boldsymbol{B}$$

$$\boldsymbol{E}'=-\frac{\partial\boldsymbol{A}'}{\partial t}-\nabla\varphi'=-\frac{\partial}{\partial t}(\boldsymbol{A}-\nabla\chi)-\nabla\left(\varphi+\frac{\partial\chi}{\partial t}\right)=-\frac{\partial\boldsymbol{A}}{\partial t}-\nabla\varphi=\boldsymbol{E}$$

这样可以看到，有无穷多个 $\boldsymbol{A}'$ 和 φ' 代表同一电磁场。要求所有的这样的 $\boldsymbol{A}'$ 和 φ' 满足洛伦兹条件，只不过对任意函数 χ 施加一个如下的限制：

$$\nabla^2\chi-\mu\varepsilon\frac{\partial^2\chi}{\partial t^2}=0 \tag{1.7.11}$$

这显然不会给物理结果带来任何影响。

式(1.7.10)的变换称为规范变换，在规范变换下 $\boldsymbol{A}$ 和 φ 所描述的电磁场保持不变，称为规范不变性。由于规范不变性，这就给我们在一定程度上自由选择 $\boldsymbol{A}$ 和 φ 提供了可能性，这样可以简化 $\boldsymbol{A}$ 和 φ 的微分方程，为求解电磁场带来方便。更重要的是上述结果意味着，如果包含电磁相互作用的物理定律可以用 $\boldsymbol{A}$ 和 φ 表示出来，那么在变换式(1.7.10)下，这些物理定律将是不变的。

1.7.4　达朗贝尔方程的解

对于有限体积 V 中的任意体积电荷分布 $\rho(\boldsymbol{r}',t)$ 和任意体积电流分布 $\boldsymbol{J}(\boldsymbol{r}',t)$，可以求得它们在无限大空间中任一点 $\boldsymbol{r}$ 所建立的矢量位 $\boldsymbol{A}(\boldsymbol{r},t)$ 和标量位 $\varphi(\boldsymbol{r},t)$ 分别为

$$\boldsymbol{A}(\boldsymbol{r},t)=\frac{\mu}{4\pi}\int_V\frac{\boldsymbol{J}(\boldsymbol{r}',t-R/v)}{R}\mathrm{d}V' \tag{1.7.12}$$

$$\varphi(\boldsymbol{r},t)=\frac{1}{4\pi\varepsilon}\int_V\frac{\rho(\boldsymbol{r}',t-R/v)}{R}\mathrm{d}V' \tag{1.7.13}$$

式中，$R=|\boldsymbol{r}-\boldsymbol{r}'|$ 是元电荷 $\rho(\boldsymbol{r}',t-R/v)\mathrm{d}V'$ 或元电流 $\boldsymbol{J}(\boldsymbol{r}',t-R/v)\mathrm{d}V'$ 到场点 $\boldsymbol{r}$ 的距离，$v=1\big/\sqrt{\mu\varepsilon}$。式(1.7.12)和式(1.7.13)分别称为达朗贝尔方程式(1.7.4)和式(1.7.5)的特解，也称为动态位的积分解。它们都表明，空间某点 $\boldsymbol{r}$ 在时刻 t 的矢量位 $\boldsymbol{A}(\boldsymbol{r},t)$ 或标量位 $\varphi(\boldsymbol{r},t)$，必须根据 $t-R/v$ 时刻的场源分布函数进行积分。换句话说，在时刻 t，空间某点 $\boldsymbol{r}$ 处的动态位以及场量，并不是由该时刻的场源分布所决定的，而是决定于在此之前的某时刻，即 $t'(=t-R/v)$ 时刻的场源分布的情况。这说明，$\boldsymbol{r}'$ 处场源在时刻 t' 的作用，要经过一个推迟

的时间 R/v 才能到达离它 R 远处的空间一点，这一推迟的时间也就是传递电磁作用所需要的时间。推迟效应说明，电磁作用的传递是以有限速度 v 由近及远地向外进行的，这个速度称为电磁波的波速，它由媒质的电磁特性决定。电磁扰动是以有限速度 v 传播这一重要概念，使我们从理论上摒弃了带电体之间相互作用的瞬时超距作用这一错误观点[1,2]。

最后要指出，描述电磁场的位函数不仅限于一种，还有应用其他一些位函数的方法。不同的位函数都与相应的物理模型有关系。

1.8　电磁场基本方程组的自洽性与完备性

电磁场基本方程组的自洽性，就是要求从不同角度得出的 4 个方程不互相矛盾。为了证明自洽性，将方程式

$$\nabla \times \boldsymbol{E} = -\frac{\partial \boldsymbol{B}}{\partial t}$$

两端取散度，得到

$$\nabla \cdot (\nabla \times \boldsymbol{E}) = -\frac{\partial}{\partial t}(\nabla \cdot \boldsymbol{B})$$

注意到 $\nabla \cdot (\nabla \times \boldsymbol{E}) = 0$，得到

$$\nabla \cdot \boldsymbol{B} = C, \quad C\text{是常数}$$

若把方程 $\nabla \cdot \boldsymbol{B} = 0$ 与这个方程相比较，可见它仅仅是 $\nabla \cdot \boldsymbol{B} = C$ 的一个特例，因此是不矛盾的。另外，对方程

$$\nabla \times \boldsymbol{H} = \boldsymbol{J} + \frac{\partial \boldsymbol{D}}{\partial t}$$

两端取散度，得到

$$\nabla \cdot \boldsymbol{J} + \frac{\partial}{\partial t}(\nabla \cdot \boldsymbol{D}) = 0$$

将电流连续性方程式(1.1.7)代入上式中，得到

$$\frac{\partial}{\partial t}(\nabla \cdot \boldsymbol{D} - \rho) = 0$$

或者

$$\nabla \cdot \boldsymbol{D} - \rho = C, \quad C\text{是常数}$$

若与方程 $\nabla \cdot \boldsymbol{D} = \rho$ 相比较，两者也不矛盾。这样，就证明了电磁场基本方程组的自洽性。

电磁场基本方程组的完备性，就是在给定电荷和电流分布的条件下，如果初始条件和边界条件都已确定，那么电磁场的运动状态能够由麦克斯韦方程组唯一确定。换言之，它可具体地表述如下：如果给定某区域内的电荷、电流分布，并且在包围此区域的闭合曲面上的电场强度和磁场强度的值(即边界条件)，以及此区域内任一点在 $t = 0$ 时刻的电场强度和磁场强度的值(即初始条件)为已知，那么在这个区域内任一点、任意一个时刻的麦克斯韦方

程组的解将是唯一的。这一结论称为解的唯一性定理。这里，采用反证法来证明这一点。

要证明上述定理，可假设在所考虑的区域内，麦克斯韦方程组有两组不同的解($\boldsymbol{E}_1,\boldsymbol{H}_1$)和($\boldsymbol{E}_2,\boldsymbol{H}_2$)。由于区域内的电荷、电流分布是给定的，因此它们的差

$$\delta\boldsymbol{E}=\boldsymbol{E}_1-\boldsymbol{E}_2 \quad 和 \quad \delta\boldsymbol{H}=\boldsymbol{H}_1-\boldsymbol{H}_2$$

应满足无源的麦克斯韦方程组：

$$\nabla\times\delta\boldsymbol{H}=\frac{\partial(\delta\boldsymbol{D})}{\partial t}$$

$$\nabla\times\delta\boldsymbol{E}=-\frac{\partial(\delta\boldsymbol{B})}{\partial t}$$

$$\nabla\cdot\delta\boldsymbol{B}=0$$

$$\nabla\cdot\delta\boldsymbol{D}=0$$

考虑到这一点，坡印亭定理写成：

$$-\frac{\partial}{\partial t}\int_V\frac{1}{2}(\mu|\delta\boldsymbol{H}|^2+\varepsilon|\delta\boldsymbol{E}|^2)\mathrm{d}V=\oint_A(\delta\boldsymbol{E}\times\delta\boldsymbol{H})\cdot\mathrm{d}\boldsymbol{A}$$

这里，利用了 $\boldsymbol{D}=\varepsilon\boldsymbol{E}$ 和 $\boldsymbol{B}=\mu\boldsymbol{H}$ 。又由于在包围此区域的边界面上电场强度和磁场强度的值已知，在边界面上总有 $\delta\boldsymbol{E}=0$ 及 $\delta\boldsymbol{H}=0$ ，于是上式等号右方为零，从而得到

$$\frac{\partial}{\partial t}\int_V\frac{1}{2}(\mu|\delta\boldsymbol{H}|^2+\varepsilon|\delta\boldsymbol{E}|^2)\mathrm{d}V=0$$

或者

$$\int_V(\mu|\delta\boldsymbol{H}|^2+\varepsilon|\delta\boldsymbol{E}|^2)\mathrm{d}V=C$$

式中，C 是一个与时间无关的常数。由初始条件，在 $t=0$ 时刻，体积 V 中有 $\delta\boldsymbol{E}=0$ 及 $\delta\boldsymbol{H}=0$ ，所以 $C=0$ 。这样，在 $t>0$ 时刻，上式成为

$$\int_V(\mu|\delta\boldsymbol{H}|^2+\varepsilon|\delta\boldsymbol{E}|^2)\mathrm{d}V=0$$

考虑到 $\varepsilon>0$ 和 $\mu>0$ ，在上式中的被积函数恒是正值，因此使它成立的充要条件是

$$\delta\boldsymbol{E}=0 \quad 和 \quad \delta\boldsymbol{H}=0$$

这样就证明了两个解($\boldsymbol{E}_1,\boldsymbol{H}_1$)和($\boldsymbol{E}_2,\boldsymbol{H}_2$)是完全相同的，即 $\boldsymbol{E}_1=\boldsymbol{E}_2$ 和 $\boldsymbol{H}_1=\boldsymbol{H}_2$ 。

应当指出，在上面所给出的边界条件有点多余。实际上，只要在所有时刻给定电场强度 $\boldsymbol{E}$ 和磁场强度 $\boldsymbol{H}$ 在 S 面上的切向分量，就能够使 $\oint_A(\delta\boldsymbol{E}\times\delta\boldsymbol{H})\cdot\mathrm{d}\boldsymbol{A}=0$ 这一条件成立，也就保证了解是唯一的。

总之，唯一性定理是求电磁场问题解的基础。由唯一性定理可知，不管用什么计算方法或手段，只要能找到在给定区域内满足麦克斯韦方程组及相应边界条件和初始条件的解，唯一性定理就能够保证这个解是唯一的正确解。可以说，它是寻求和发展分析电磁场问题方法的重要理论基础。

1.9 正弦电磁场

在时变电磁场中，场量和场源除了是空间的函数，还是时间的函数。电磁场随时间作正弦变化是一种最常见和最重要的形式。这种以一定频率作正弦变化的时变电磁场，称为正弦电磁场。在一般情形下，随时间周期性变化的非正弦电磁场也可以应用傅里叶级数将它分解成不同频率分量的正弦电磁场来分别加以研究。因此，研究正弦变化的时变电磁场具有非常重要的意义。

1.9.1 正弦电磁场的复数表示法

分析正弦时变电磁场的有效工具就是交流电路分析中所采用的复数法。在直角坐标系中，随时间作正弦变化的电场强度 $\boldsymbol{E}$ 的一般形式为

$$\begin{aligned}\boldsymbol{E}(x,y,z,t) &= E_{xm}(x,y,z)\cos(\omega t+\varphi_x)\boldsymbol{e}_x \\ &\quad + E_{ym}(x,y,z)\cos(\omega t+\varphi_y)\boldsymbol{e}_y \\ &\quad + E_{zm}(x,y,z)\cos(\omega t+\varphi_z)\boldsymbol{e}_z\end{aligned} \tag{1.9.1}$$

式中，ω 是角频率；φ_x、φ_y、φ_z 分别为各坐标分量的初相角，它们仅是空间位置的函数。式(1.9.1)也可以表示成如下形式：

$$\boldsymbol{E}(x,y,z,t) = \mathrm{Re}[\dot{\boldsymbol{E}}(x,y,z)\sqrt{2}\mathrm{e}^{\mathrm{j}\omega t}] \tag{1.9.2}$$

式中

$$\begin{aligned}\dot{\boldsymbol{E}}(x,y,z) &= \dot{E}_x(x,y,z)\boldsymbol{e}_x + \dot{E}_y(x,y,z)\boldsymbol{e}_y + \dot{E}_z(x,y,z)\boldsymbol{e}_z \\ &= \frac{1}{\sqrt{2}}E_{xm}\mathrm{e}^{\mathrm{j}\varphi_x}\boldsymbol{e}_x + \frac{1}{\sqrt{2}}E_{ym}\mathrm{e}^{\mathrm{j}\varphi_y}\boldsymbol{e}_y + \frac{1}{\sqrt{2}}E_{zm}\mathrm{e}^{\mathrm{j}\varphi_z}\boldsymbol{e}_z\end{aligned} \tag{1.9.3}$$

称为电场强度 $\boldsymbol{E}$ 的复矢量或复数形式。式(1.9.2)和式(1.9.3)是瞬时矢量 $\boldsymbol{E}$ 与复矢量 $\dot{\boldsymbol{E}}$ 之间的关系式。

复数法使对时间的求导运算化为乘积运算，因为由式(1.9.2)有

$$\frac{\partial \boldsymbol{E}(x,y,z,t)}{\partial t} = \mathrm{Re}[\mathrm{j}\omega\dot{\boldsymbol{E}}(x,y,z)\sqrt{2}\mathrm{e}^{\mathrm{j}\omega t}]$$

此式表明，对时间的一次求导，相应的复矢量应乘上一个因子 $\mathrm{j}\omega$。

应用上述运算规律经过运算后，可得到麦克斯韦方程组的复数形式为

$$\nabla\times\dot{\boldsymbol{H}} = \dot{\boldsymbol{J}} + \mathrm{j}\omega\dot{\boldsymbol{D}} \tag{1.9.4}$$

$$\nabla\times\dot{\boldsymbol{E}} = -\mathrm{j}\omega\dot{\boldsymbol{B}} \tag{1.9.5}$$

$$\nabla\cdot\dot{\boldsymbol{B}} = 0 \tag{1.9.6}$$

$$\nabla\cdot\dot{\boldsymbol{D}} = \dot{\rho} \tag{1.9.7}$$

同理，得到媒质电磁性质的本构关系的复数形式为

$$\dot{\boldsymbol{D}} = \varepsilon\dot{\boldsymbol{E}},\quad \dot{\boldsymbol{B}} = \mu\dot{\boldsymbol{H}},\quad \dot{\boldsymbol{J}} = \gamma\dot{\boldsymbol{E}} \tag{1.9.8}$$

1.9.2　坡印亭定理的复数形式

容易推得坡印亭定理的复数形式，即复坡印亭定理：

$$-\oint_A (\dot{\boldsymbol{E}} \times \dot{\boldsymbol{H}}^*) \cdot \mathrm{d}\boldsymbol{A} = \int_V \dot{\boldsymbol{J}}^* \cdot \dot{\boldsymbol{E}} \mathrm{d}V - \mathrm{j}\omega \int_V (\dot{\boldsymbol{E}} \cdot \dot{\boldsymbol{D}}^* - \dot{\boldsymbol{B}} \cdot \dot{\boldsymbol{H}}^*) \mathrm{d}V \tag{1.9.9}$$

式中，等号右边第一项表示体积 V 内媒质的焦耳热损耗的平均值，即有功功率；等号右边第二项表示体积 V 内电磁能量的平均值，即无功功率，那么左端的面积分必然是流入闭合面 A 内的复功率。因此，穿过单位面积的复功率为

$$\tilde{\boldsymbol{S}} = \dot{\boldsymbol{E}} \times \dot{\boldsymbol{H}}^* \tag{1.9.10}$$

称 $\tilde{\boldsymbol{S}}$ 为复坡印亭矢量。$\tilde{\boldsymbol{S}}$ 的实部表示能流密度矢量的平均值，即

$$\boldsymbol{S}_{\mathrm{av}} = \mathrm{Re}(\dot{\boldsymbol{E}} \times \dot{\boldsymbol{H}}^*) \tag{1.9.11}$$

而 $\tilde{\boldsymbol{S}}$ 的虚部为无功功率密度。

1.9.3　亥姆霍兹方程

对于随时间以角频率变化的正弦电磁场，广义波动方程的复数形式是

$$\nabla^2 \dot{\boldsymbol{H}} + k^2 \dot{\boldsymbol{H}} = 0 \tag{1.9.12}$$

$$\nabla^2 \dot{\boldsymbol{E}} + k^2 \dot{\boldsymbol{E}} = 0 \tag{1.9.13}$$

也称为亥姆霍兹(Helmholtz)方程。式中

$$k^2 = \omega^2 \mu \left(\varepsilon - \mathrm{j}\frac{\gamma}{\omega} \right) \tag{1.9.14}$$

k 称为媒质的波传播常数。在理想介质中

$$k^2 = \omega^2 \mu\varepsilon \tag{1.9.15}$$

而在良导体中

$$k^2 = -\mathrm{j}\omega\mu\gamma \tag{1.9.16}$$

在正弦电磁场中，亦可将时变磁场中的位函数方程写成复数形式。从而得到复数形式的达朗贝尔方程：

$$\nabla^2 \dot{\boldsymbol{A}} + k^2 \dot{\boldsymbol{A}} = -\mu \dot{\boldsymbol{J}} \tag{1.9.17}$$

$$\nabla^2 \dot{\varphi} + k^2 \dot{\varphi} = -\frac{\dot{\rho}}{\varepsilon} \tag{1.9.18}$$

也称为非齐次的亥姆霍兹方程。

最后，讨论在正弦电磁场中媒质的分类。根据损耗的大小可将媒质分为良导体、电介质和导电媒质。

良导体：当 $\dfrac{\gamma}{\omega\varepsilon} \gg 1$ (通常取大于100)时，媒质为良导体。此时媒质中传导电流占优势，位移电流可忽略。在某些场合中，导电性非常好的金属，如银、铜等，还可以近似作为理想导体处理，即 $\gamma \to \infty$ 。

电介质：当$\frac{\gamma}{\omega\varepsilon}\ll 1$(通常取小于1/100)时，媒质为电介质。电介质中位移电流占优势。在讨论电介质时，有时可以认为绝缘性能极好的介质为理想介质，即$\gamma\to 0$。

导电媒质：当$\frac{1}{100}<\frac{\gamma}{\omega\varepsilon}<100$时，媒质为导电媒质。它介于良导体和电介质之间。

值得注意的是，同一种物质在不同频率的电磁场作用下，可以呈现不同的媒质特性。例如，潮湿的土壤，当频率为1kHz时，$\frac{\gamma}{\omega\varepsilon}=1.8\times10^{4}$，呈良导体特性；当频率升高到10GHz时，$\frac{\gamma}{\omega\varepsilon}=1.8\times10^{-3}$，呈电介质特性。

1.10 运动系统的电磁场

在前面，讨论的是静止系统的电磁场。如果电磁场中有运动的导体、运动的带电体或运动的媒质，则称为运动系统的电磁场。对于这类电磁场的计算应计及由于运动而产生的影响。

在这一节中，介绍狭义相对论的一些基本原理及洛伦兹变换，在此基础上讨论电荷密度与电流密度、电场与磁场等量在运动坐标系中的变换关系。这些变换，有助于对电场与磁场的相对性和电磁现象的统一性的理解。同时，介绍四维形式的电磁场方程，并证明麦克斯韦方程组在洛伦兹变换下的不变性[4]。

1.10.1 相对性原理与洛伦兹变换

在对运动系统电磁场进行计算时，可以采用这样一种方法，选定两个坐标系，其中一个坐标系对观察者为静止的，另一个坐标系则随运动物体一起运动。首先计算在运动坐标系中的电磁场，此时由于运动物体对坐标系相对静止，所以其计算方法与静止系统的电磁场的计算方法就没有什么不一样。计算出运动坐标系中各场量以后，再应用变换关系将它变换到静止系统，即观察者所在的坐标系来求电磁场的各场量。如果应用由相对论导出的变换关系，则这种方法可以用来计算高速情况下运动系统的电磁场问题。

必须指出，自从麦克斯韦方程组建立以后，人们对运动系统的电磁场的理论问题进行过很多研究。但是，只有在爱因斯坦建立了特殊相对论，从而阐述了正确的时间、空间概念以后，运动系统电磁场的研究才得出比较圆满的结果。从相对论的角度来讨论不同坐标系中电磁场的变换关系，一般称为相对论电动力学，可用以解决运动系统电磁场的计算问题。

在经典力学中，空间坐标被认为是相对的。对于同一事件(也即同一个物理过程)，从不同的坐标系来看，它的空间坐标是不同的，但是时间是绝对的，即对不同的坐标系，尽管计时的起点有所不同，却仍使用同一时间量度。例如，某两个事件，从坐标系S中来看，是相隔Δt秒发生的，那么从另一个坐标系S'中来看，计时的起点可以不同，但发生这两件事相隔的时间必然仍是Δt秒。当$\Delta t=0$时，称这两事件是同时发生的，所以在坐标系S或S'(直至在任何一个惯性系)中的观察者看来，这两件事是同时发生的。因此，根据经典力学的观点，如果当$t=0$时，坐标系S与坐标系S'重合，且坐标系S'以速度v沿x方向做匀速运动，那么坐标系S与坐标系S'的空间和时间之间，有如下变换关系：

$$\begin{cases} x' = x - vt, \quad y' = y, \quad z' = z \\ t' = t \end{cases} \tag{1.10.1}$$

这种变换称为伽利略(Galileo)变换，相应的两个坐标系如图 1.10.1 所示。

实践证明，伽利略变换在$v \ll c$(c表示光速)的力学领域中是正确的，但在讨论高速运动情况时，就不适用了，但是对于电磁理论，即使在低速的情况下也会发生矛盾。

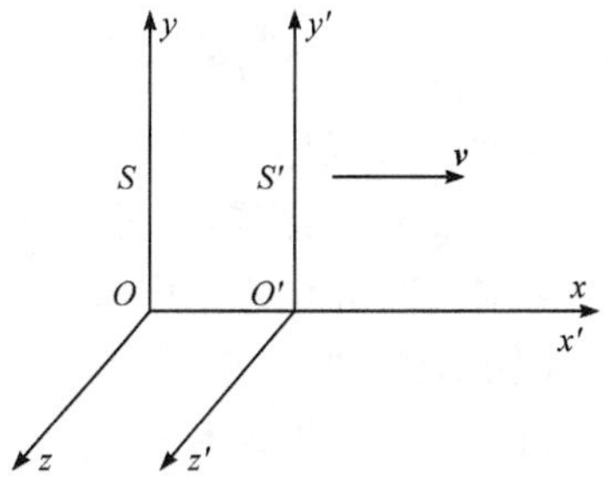

图 1.10.1　与伽利略变换相应的坐标系

长期以来，人们发现在一切惯性系中，物理现象的规律都是相同的，这一原理被称为相对性原理。这说明了，如果我们认为麦克斯韦方程组是电磁场的普遍规律，那么就应该修改伽利略变换。许多实践已证明麦克斯韦方程组不但在静止系统而且在运动系统中都是正确的。事实也证明，不论在何种惯性系中，光速都是相同的。1905 年，爱因斯坦发表了题为《论运动物体的电动力学》一文，创立了相对论。

根据光速不变的基本假设，可以推导出，联系两个坐标系S和S'之间的变换关系的并不是伽利略变换，而应是式(1.10.2)所表示的洛伦兹变换：

$$\begin{cases} x' = \dfrac{x - vt}{\sqrt{1 - \dfrac{v^2}{c^2}}}, \quad y' = y, \quad z' = z \\ t' = \dfrac{t - \dfrac{v}{c^2}x}{\sqrt{1 - \dfrac{v^2}{c^2}}} \end{cases} \tag{1.10.2}$$

这里，假定在$t=0$时，坐标系S与坐标系S'重合，其后坐标系S'以速度v沿x方向运动。

从洛伦兹变换可以看出，在不同坐标系中的空间与时间不再是相互无关的了。洛伦兹变换正确地反映了空间与时间的联系，它摒弃了绝对时间的概念，从而建立了正确的时空观念。根据相对论的新的时空概念，运动物体的长度收缩和运动系统的时间间隔膨胀，这两点是值得注意的。

【例 1.10.1】 在坐标系S'中有一静止物体，它沿着x'轴安放时，两端的坐标为x'_A和x'_B，所以在坐标系S'中它的长度为$l' = x'_B - x'_A$。那么，同一物体在坐标系S中看时，其长度$l = x_B - x_A$为多少？

解　利用洛伦兹变换式(1.10.2)有

$$x'_A = \frac{x_A - vt_A}{\sqrt{1 - \dfrac{v^2}{c^2}}}, \quad x'_B = \frac{x_B - vt_B}{\sqrt{1 - \dfrac{v^2}{c^2}}}$$

式中，t_A、t_B为在坐标系S中测量x_A、x_B相应的时刻。理应在同一时刻来观察x_A、x_B之值，因此$t_A = t_B$。这样，就有

$$l' = x'_B - x'_A = \frac{x_B - x_A}{\sqrt{1-\frac{v^2}{c^2}}} = \frac{l}{\sqrt{1-\frac{v^2}{c^2}}}$$

由于$\sqrt{1-\frac{v^2}{c^2}} \leqslant 1$，可得$l' > l$。可见，在坐标系$S$中看运动的物体时，其长度要变短。

另外，在坐标系S'中看坐标系S中静止的物体时，长度也发生同样程度的减小，留给读者自行证明。这样可以得出结论，不论将物体放在哪个坐标系来看，其视在长度总要小于该物体在静止坐标系中所具有的长度。这种现象称为洛伦兹收缩。

【例 1.10.2】 若在坐标系S'某一点(其坐标为x'_1)先后发生两个事件，第一个事件发生在t'_1时刻；第二个事件发生在t'_2时刻。它们的时间间隔为$t' = t'_2 - t'_1$。这两个事件在坐标系S中所发生的地点和时间间隔分别为x_1、t_1和x_2、t_2。计算$\Delta t = t_2 - t_1$。

解 从洛伦兹变换式(1.10.2)，对前一事件有

$$x'_1 = \frac{x_1 - vt_1}{\sqrt{1-\frac{v^2}{c^2}}} \quad 及 \quad t'_1 = \frac{t_1 - \frac{v}{c^2}x_1}{\sqrt{1-\frac{v^2}{c^2}}}$$

对于后一事件有

$$x'_1 = \frac{x_2 - vt_2}{\sqrt{1-\frac{v^2}{c^2}}} \quad 及 \quad t'_2 = \frac{t_2 - \frac{v}{c^2}x_2}{\sqrt{1-\frac{v^2}{c^2}}}$$

从左边两式可得$v(t_2 - t_1) = x_2 - x_1$。从右边两式可解得

$$t_2 - t_1 = \sqrt{1-\frac{v^2}{c^2}}(t'_2 - t'_1) + \frac{v}{c^2}(x_2 - x_1)$$

从而解得

$$t_2 - t_1 = \frac{t'_2 - t'_1}{\sqrt{1-\frac{v^2}{c^2}}}$$

即

$$\Delta t = \frac{t'_2 - t'_1}{\sqrt{1-\frac{v^2}{c^2}}}$$

这表明在固定坐标系S来看运动坐标S'中的时间间隔要长。

同样，容易证明，从运动坐标系S'中来看固定坐标系S中的时间间隔也要变长。换句话说，在任意一个坐标系中看对其有相对运动的时钟，都要走得慢些。

下面介绍一些用相对论来研究运动系统的电磁场时需要用的变换。首先讨论不同坐标系中速度的变换。若坐标系 S' 中有一物体，沿 x' 方向运动的速度为 u' ，现在来求同一物体在坐标系 S 中运动的速度 u 。根据洛伦兹变换式：

$$x' = \frac{x - vt}{\sqrt{1-\dfrac{v^2}{c^2}}} \quad 及 \quad t' = \frac{t - \dfrac{v}{c^2}x}{\sqrt{1-\dfrac{v^2}{c^2}}}$$

以及在坐标系 S 中

$$u = \frac{\mathrm{d}x}{\mathrm{d}t} = \frac{\mathrm{d}x}{\mathrm{d}t'}\frac{\mathrm{d}t'}{\mathrm{d}t}$$

不难求得

$$u = \frac{u' + v}{1 + \dfrac{u'v}{c^2}} \tag{1.10.3}$$

这就是相对论的速度合成定理。它必然符合光速不变原理。如果将 $u' = c$ 代入式(1.10.3)中，即可解得 $u = c$ 。它表明，变换到坐标系 S 后，光速保持不变。

从相对论中可以证明，一个物体受的力，在不同坐标系中的观察者看来是不一样的，它们之间具有的变换关系如下：

$$\begin{cases} F_x = F'_x, \quad F_y = F'_y\sqrt{1-\dfrac{v^2}{c^2}} \\ F_z = F'_z\sqrt{1-\dfrac{v^2}{c^2}} \end{cases} \tag{1.10.4}$$

$\boldsymbol{F} = F_x\boldsymbol{e}_x + F_y\boldsymbol{e}_y + F_z\boldsymbol{e}_z$ 是在坐标系 S 中看时物体受到的力； $\boldsymbol{F}' = F'_x\boldsymbol{e}_x + F'_y\boldsymbol{e}_y + F'_z\boldsymbol{e}_z$ 是在坐标系 S' 中看时物体受到的力。这里值得注意的是，沿 x 方向的力，经变换后不发生变化；另外，一般情况下，经变换后力的方向也要发生变化。当 $v \ll c$ 时，在不同坐标系中，力是相同的。

最后，讨论体积在不同坐标系中的变换。由于沿着坐标运动方向的长度有洛伦兹收缩现象，因此在不同坐标系中，同一物体的体积是不同的。如图 1.10.2 所示，若在坐标系 S' 中有一个立方体，它的三条边的长度均为 Δl ，沿着 x' 、 y' 、 z' 轴的方向放置。现在，此立方体在坐标系 S' 中以速度 u' 沿 x' 方向运动。由于洛伦兹收缩，在坐标系 S' 中该立方体的体积为

$$\mathrm{d}\tau' = \Delta l^3\sqrt{1-\left(\frac{u'}{c}\right)^2}$$

需要注意到，为避免与速度 v 相混淆，这里暂用 τ 表示体积。

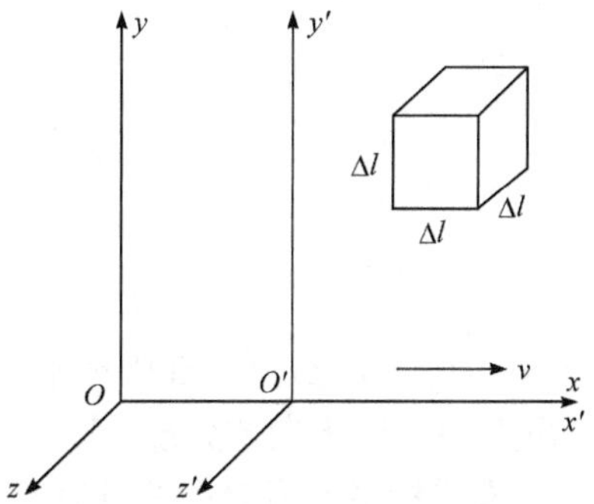

图 1.10.2　体积在不同坐标系中的变换

在坐标系 S 中看来，该立方体的速度可按式(1.10.3)得到，即 $u=\dfrac{u'+v}{1+\dfrac{u'v}{c^2}}$。那么，在坐标系 S 中该立方体的体积为

$$\mathrm{d}\tau=\Delta l^3\sqrt{1-\left(\frac{u}{c}\right)^2}=\frac{\sqrt{1-\dfrac{v^2}{c^2}}}{1+\dfrac{u'v}{c^2}}\mathrm{d}\tau' \tag{1.10.5}$$

其反变换为

$$\mathrm{d}\tau'=\frac{\sqrt{1-\dfrac{v^2}{c^2}}}{1-\dfrac{uv}{c^2}}\mathrm{d}\tau \tag{1.10.6}$$

在推导式(1.10.5)和式(1.10.6)时，假定 u、u' 沿 x 轴方向。实际上，当 u、u' 在 y、z 轴上有分量时，不会影响 $\mathrm{d}\tau$ 与 $\mathrm{d}\tau'$ 的关系式。这是因为在做洛伦兹变换时，$y'=y$、$z'=z$，沿 y、z 方向的长度不发生变化。因此，当 u、u' 为任意方向时，只要将式(1.10.5)和式(1.10.6)中的 u、u' 改为 u_x、u'_x，这两式依然有效。

1.10.2　电流密度与电荷密度的变换

不同坐标系中电流密度与电荷密度的变换关系，是运动系统电磁理论的重要概念之一。它的基础是，在不同的坐标系中，对任何物体或质点，它们的带电量都是不变的。这是作为一个基本事实被人们接受的，例如，电子带有负电荷为 $1.602\times10^{-19}\mathrm{C}$，此数据被证明即使在电子取得极高的动能(即速度很高)时，还是正确的。

在进行坐标变换时不发生变化的物理量称为不变量，电荷量就是不变量之一。带电量不随坐标系而变，而体积在不同坐标系中却是不同的，因此电荷的体密度就不是不变量。根据式(1.10.5)和式(1.10.6)，可得到电荷密度变换关系如下：

$$\begin{cases}\rho=\rho'\dfrac{\mathrm{d}\tau'}{\mathrm{d}\tau}=\rho'\dfrac{1+\dfrac{u'_xv}{c^2}}{\sqrt{1-\dfrac{v^2}{c^2}}}\\[2ex]\rho'=\rho\dfrac{\mathrm{d}\tau}{\mathrm{d}\tau'}=\rho\dfrac{1-\dfrac{u_xv}{c^2}}{\sqrt{1-\dfrac{v^2}{c^2}}}\end{cases} \tag{1.10.7}$$

式中，u_x、u'_x 分别为在坐标系 S 及 S' 中，具有电荷密度为 ρ 及 ρ' 的元体积 $\mathrm{d}\tau$ 及 $\mathrm{d}\tau'$ 的运动速度在 x 轴方向的分量。

在坐标系 S' 及 S 中的电流密度分别为

$$J_x=\rho u_x \quad 及 \quad J'_x=\rho' u'_x \tag{1.10.8}$$

那么式(1.10.7)就可写为

$$\rho = \frac{\rho' + \frac{v}{c^2} J'_x}{\sqrt{1 - \frac{v^2}{c^2}}} \quad 及 \quad \rho' = \frac{\rho - \frac{v}{c^2} J_x}{\sqrt{1 - \frac{v^2}{c^2}}} \tag{1.10.9}$$

应用速度变换式(1.10.3)，可得电流密度的变换式：

$$J_x = \rho u_x = \rho' \frac{1 + \frac{u'_x v}{c^2}}{\sqrt{1 - \frac{v^2}{c^2}}} \cdot \frac{u'_x + v}{1 + \frac{u'_x v}{c^2}} = \frac{J'_x + \rho' v}{\sqrt{1 - \frac{v^2}{c^2}}} \tag{1.10.10}$$

其反变换为

$$J'_x == \frac{J_x - \rho v}{\sqrt{1 - \frac{v^2}{c^2}}} \tag{1.10.11}$$

从式(1.10.10)和式(1.10.11)可见，电荷密度与电流密度有着密切的关系。例如，对坐标系 S' 为固定的电荷 ρ'，由于 $u'_x = 0$，故在坐标系 S' 中看来，$J'_x = 0$ 即无电流，但在坐标系 S 中看来，不但有电流，同时电荷密度也发生了变化，即

$$J_x = \frac{\rho' v}{\sqrt{1 - \frac{v^2}{c^2}}} \neq 0 \quad 及 \quad \rho = \frac{\rho'}{\sqrt{1 - \frac{v^2}{c^2}}}$$

不同坐标系中电流的出现与电荷密度发生变化，它们的物理意义是十分明显的，这是在洛伦兹变换下电荷所具有的速度以及体积发生变化的直接结果。

再看一例，若坐标系 S 中有一不带净电荷的载流导体，即 $J_x \neq 0$ 而 $\rho = 0$，在坐标系 S' 中看来，$J'_x = \frac{J_x}{\sqrt{1 - \frac{v^2}{c^2}}}$ 及 $\rho' = \frac{-\frac{v}{c^2} J_x}{\sqrt{1 - \frac{v^2}{c^2}}} \neq 0$，即不但电流密度发生了变化，且在导线中出现了净电荷。由此再次可见，电流密度和电荷密度都是相对的，它们都要随观察者所在的坐标系而异。可以认为，它们是同一带电体在一个给定坐标系中表现的两个方面。

【例 1.10.3】 如图 1.10.3 所示，在坐标系 S 中有不带净电荷的静止载流导线，离其轴线 r 处有一个以速度 $\boldsymbol{v}$ 沿 x 方向运动的点电荷 q。求点电荷 q 所受的力。

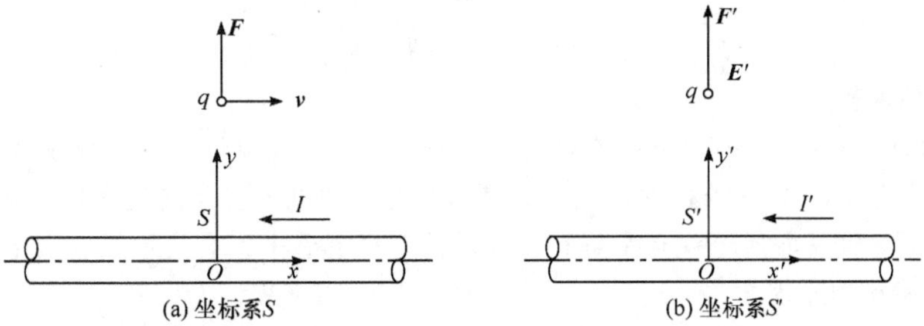

(a) 坐标系S　　(b) 坐标系S'

图 1.10.3　载流导线和以速度 $\boldsymbol{v}$ 沿 x 方向运动的点电荷 q

解　在坐标系 S 中，根据安培环路定理，可求得 $\boldsymbol{B}=\dfrac{\mu_0 I}{2\pi r}\boldsymbol{e}_\phi$，因此运动点电荷 q 所受到的磁场力为

$$\boldsymbol{F}=q\boldsymbol{v}\times\boldsymbol{B}=q\frac{\mu_0 I v}{2\pi r}\boldsymbol{e}_r$$

现在，引入坐标系 S'，它也以速度 $\boldsymbol{v}$ 沿 x 轴运动。显然，在坐标系 S' 看来，点电荷 q 是静止的，因此，不存在磁场力，但是根据力的变换式(1.10.4)，在坐标系 S' 中电荷受力可由 $\boldsymbol{F}$ 变换而得，即

$$F'=\frac{F}{\sqrt{1-\dfrac{v^2}{c^2}}}=\frac{\mu_0 I v q}{2\pi r}\frac{1}{\sqrt{1-\dfrac{v^2}{c^2}}}$$

既然在坐标系 S' 中无磁场力，此力应为坐标系 S' 中电场力的表现。下面就从另一方面来推导此结果。

应用式(1.10.7)和式(1.10.9)，并考虑 $\rho=0$，$J_x=\dfrac{I}{A}$（A 为导线横截面面积），可以得到在坐标系 S' 中的电荷密度和电流密度分别为

$$\rho'=\frac{\dfrac{v}{c^2}\dfrac{I}{A}}{\sqrt{1-\dfrac{v^2}{c^2}}}\quad \text{及}\quad J'_x=\frac{\dfrac{I}{A}}{\sqrt{1-\dfrac{v^2}{c^2}}}$$

可见，在导线中出现了体电荷，单位长度上所带的电荷量为 $\tau'=\rho' A$。根据静电场公式 $\boldsymbol{E}=\dfrac{\tau}{2\pi\varepsilon_0 r}\boldsymbol{e}_r$，得到在坐标系 S' 中的电场强度：

$$\boldsymbol{E}'=\frac{\tau'}{2\pi\varepsilon_0 r}\boldsymbol{e}_r=\frac{\mu_0}{2\pi r}\frac{vI}{\sqrt{1-\dfrac{v^2}{c^2}}}\boldsymbol{e}_r$$

式中，应用了 $c=\dfrac{1}{\sqrt{\mu_0\varepsilon_0}}$ 关系，与之相应的图解如图 1.10.3(b)所示。因此，点电荷 q 所受到的电场力为

$$F'=qE'=\frac{\mu_0}{2\pi r}\frac{Ivq}{\sqrt{1-\dfrac{v^2}{c^2}}}$$

与前面所得结果相同。

【例 1.10.4】　在例 1.10.3 中，在坐标系 S 中静止的载流导线本身不带净电荷(不考虑导线表面的自由电荷)，但从坐标系 S' 看来，不仅该导线的电流密度发生变化，而且还在导线中出现体电荷。试从相对论观点来解释在运动的观察者看来，导线中正、负电荷并不抵消而出现净电荷 ρ' 的原因。

解　在坐标系 S 中静止的载流导线内，正、负电荷密度相等，因而导线呈中性，但这

些正、负电荷并非相对静止，其中正电荷相对导线静止而负电荷则以某一速度运动。此负电荷运动形成了导线中的电流，因此对不同坐标系来说，经变换后的正、负电荷密度就不再相等了。根据相对论的变换关系，可以比较具体地给出如下的说明。

如图 1.10.4 所示，若在坐标系 S 中静止载流导线中的正、负电荷密度分别为 ρ_+ 和 ρ_-。显然，$\rho_+=-\rho_-$，因而在坐标系 S 中 $\rho=\rho_++\rho_-=0$。由于正电荷相对导线是静止的，故 $v_+=0$，现假设负电荷以速度 u 沿 x 轴运动，故有 $v_-=u$，且有 $I=-\rho_- uA$ 或 $J_x=-\rho_- u$，此处 A 为导线的截面积。利用电荷密度的变换公式(1.10.7)，可以求得在坐标系 S' 中 ρ'_+ 和 ρ'_- 分别为

$$\rho'_+=\frac{\rho_+}{\sqrt{1-\dfrac{v^2}{c^2}}}\quad \text{及}\quad \rho'_-=\frac{1-\dfrac{uv}{c^2}}{\sqrt{1-\dfrac{v^2}{c^2}}}\rho_-$$

因此在坐标系 S' 中导线中出现净电荷，其体密度为

$$\rho'=\rho'_++\rho'_-=\frac{\rho_+}{\sqrt{1-\dfrac{v^2}{c^2}}}+\frac{1-\dfrac{uv}{c^2}}{\sqrt{1-\dfrac{v^2}{c^2}}}\rho_-=\frac{-\dfrac{uv}{c^2}\rho_-}{\sqrt{1-\dfrac{v^2}{c^2}}}=\frac{\dfrac{v}{c^2}\dfrac{I}{A}}{\sqrt{1-\dfrac{v^2}{c^2}}}$$

与前面所得结果相同。

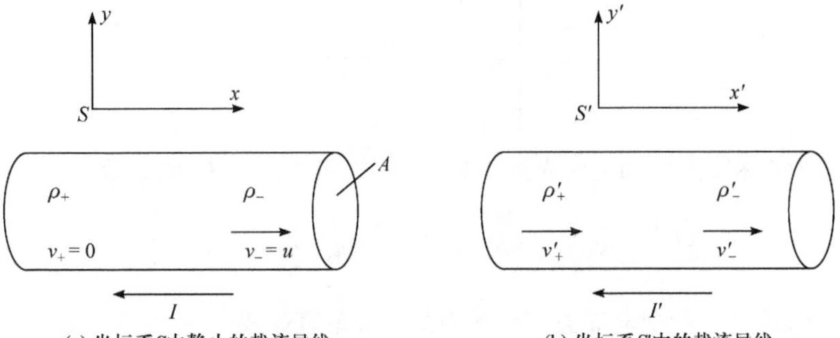

(a) 坐标系S中静止的载流导线　　(b) 坐标系S′中的载流导线

图 1.10.4　从相对论观点看坐标系 S 和 S' 中的载流导线

1.10.3　相对论中电场与磁场的变换关系

前面已经讨论了电荷密度与电流密度的相对性，由此不难推知电场与磁场的相对性。也可以说，将一个带电体产生的电磁场分为电场与磁场两个部分有相对性。根据力的变换关系，可以建立不同坐标系中电场与磁场的变换关系。

若在坐标系 S 中有电场 $\boldsymbol{E}$ 和磁场 $\boldsymbol{B}$，则一个以速度 $\boldsymbol{u}$ 运动的点电荷 q 在坐标系 S 中受到的力为

$$\boldsymbol{F}=q(\boldsymbol{E}+\boldsymbol{u}\times\boldsymbol{B})$$

在坐标系 S' 中，所观察到的电场、磁场为 $\boldsymbol{E}'$ 及 $\boldsymbol{B}'$，同一电荷的运动速度为 $\boldsymbol{u}'$，因此从坐标系 S' 来看，点电荷 q 所受的力为

$$\boldsymbol{F}' = q(\boldsymbol{E}' + \boldsymbol{u}' \times \boldsymbol{B}')$$

如果引入 $\beta = \dfrac{v}{c}$，并令 $\kappa = \dfrac{1}{\sqrt{1-\beta^2}}$，那么根据质点受力的变换关系，有

$$\begin{cases} F_x' = F_x - \dfrac{v}{c^2 - u_x v}(u_y F_y + u_z F_z) \\ F_y' = \dfrac{F_y}{\kappa\left(1 - \dfrac{u_x v}{c^2}\right)} \\ F_z' = \dfrac{F_z}{\kappa\left(1 - \dfrac{u_x v}{c^2}\right)} \end{cases} \tag{1.10.12}$$

限于篇幅，这里就不对这种变换关系加以证明，请读者参考有关相对论的书籍。

各个速度分量之间的变换关系为

$$\begin{cases} u_x = \dfrac{u_x' + v}{1 + \dfrac{u_x' v}{c^2}} \\ u_y = \dfrac{u_y'}{\kappa\left(1 + \dfrac{u_x' v}{c^2}\right)} \\ u_z = \dfrac{u_z'}{\kappa\left(1 + \dfrac{u_x' v}{c^2}\right)} \end{cases} \tag{1.10.13}$$

将 $\boldsymbol{F}$ 的各分量和式(1.10.13)代入式(1.10.12)中，可求得力 $\boldsymbol{F}'$ 的 y 分量：

$$F_y' = q\left[\kappa(E_y - vB_z) + u_z' B_x - \kappa u_x'\left(B_z - \frac{v}{c^2}E_y\right)\right]$$

再与电荷在坐标系 S' 中所受电场力、磁场力的 y 分量表达式

$$F_y' = q[E_y' + (u_z' B_x' - u_x' B_z')]$$

相比较，可见

$$E_y' = \kappa(E_y - vB_z), \quad B_x' = B_x, \quad B_z' = \kappa\left(B_z - \frac{v}{c^2}E_y\right)$$

再看 z 分量，经过比较可得

$$E_z' = \kappa(E_z + vB_y), \quad B_y' = \kappa\left(B_y + \frac{v}{c^2}E_z\right)$$

最后，关于 x 分量可得

$$E_x' = E_x$$

整理之，可写成

$$\begin{cases} E'_x = E_x \\ E'_y = \kappa(E_y - vB_z) \\ E'_z = \kappa(E_z + vB_y) \end{cases} \quad 和 \quad \begin{cases} B'_x = B_x \\ B'_y = \kappa\left(B_y + \dfrac{v}{c^2}E_z\right) \\ B'_z = \kappa\left(B_z - \dfrac{v}{c^2}E_y\right) \end{cases} \tag{1.10.14}$$

【例 1.10.5】 若在坐标系 S 中磁感应强度为 $\boldsymbol{B}$，电场强度 $\boldsymbol{E}=0$，现在另有一坐标系 S' 以速度 $\boldsymbol{v}$ 沿 x 方向运动。求坐标系 S' 中的 $\boldsymbol{E}'$ 和 $\boldsymbol{B}'$。

解 根据式(1.10.14)求得

$$\begin{cases} E'_x = 0 \\ E'_y = -\kappa vB_z \\ E'_z = \kappa vB_y \end{cases} \quad 和 \quad \begin{cases} B'_x = B_x \\ B'_y = \kappa B_y \\ B'_z = \kappa B_z \end{cases}$$

如果 $v \ll c$，$\dfrac{v}{c^2} \approx 0$，则 $\kappa \approx 1$，上式成为

$$\begin{cases} E'_x = 0 \\ E'_y = -vB_z \\ E'_z = vB_y \end{cases} \quad 和 \quad \begin{cases} B'_x = B_x \\ B'_y = B_y \\ B'_z = B_z \end{cases}$$

上述的结果表示，在坐标系 S' 中 $\boldsymbol{B}'=\boldsymbol{B}$，即磁场不变，但出现了由于相对运动引起的附加电场：

$$\boldsymbol{E}' = -vB_z\boldsymbol{e}_y + vB_y\boldsymbol{e}_z$$

由于 $\boldsymbol{v} = v\boldsymbol{e}_x$，上式可改写为

$$\boldsymbol{E}' = \boldsymbol{v} \times \boldsymbol{B}$$

它表示了坐标系 S' 中所看到的电场。

在坐标系 S' 中，任一个闭合路径中的感应电动势，除了由磁场 $\boldsymbol{B}$ 随时间变化引起外，还应加上 $\boldsymbol{E}'$ 的作用，即

$$\mathscr{E} = -\int_S \frac{\partial \boldsymbol{B}}{\partial t} \cdot \mathrm{d}\boldsymbol{S} + \oint_l \boldsymbol{v} \times \boldsymbol{B}\mathrm{d}\boldsymbol{l}$$

式中，l 为闭合路径的轮廓；S 则为由 l 界定的面积。上式表示，感应电势由两部分组成：等号右边第一项代表磁场随时间变化所引起的部分，称为感应电场；等号右边第二项代表由于相对运动而引起的部分，称为运动电场。

【例 1.10.6】 空气中平板电容器的平板与 y 轴垂直放置，如图 1.10.5 所示。若板上的电荷密度为 $\pm\sigma$，求与其相对静止的坐标系 S 以及对其有相对运动的坐标系 S' 中的场。

解 在坐标系 S 中不难求得

$$E = E_y = \frac{\sigma}{\varepsilon_0} \quad 及 \quad \boldsymbol{B} = 0$$

根据式(1.10.14)，在坐标系 S' 中，有

$$E'_y = \kappa E_y = \kappa \frac{\sigma}{\varepsilon_0} \quad 及 \quad B'_z = -\kappa \frac{v}{c^2} E_y = -\kappa \frac{v}{c^2} \frac{\sigma}{\varepsilon_0}$$

式中，v 为坐标系 S' 运动的速度。在这里，对 E'_y 和 B'_z 这两个表达式的物理意义可以给出这样的解释：由于平板对坐标系 S' 的相对运动，沿 x 方向有洛伦兹收缩，在坐标系 S' 中平板的电荷面密度为 $\sigma' = \kappa\sigma$，因此 $E'_y = \frac{\sigma'}{\varepsilon_0} = \kappa \frac{\sigma}{\varepsilon_0} = \kappa E_y$；另外，由于在坐标系 S' 看来，平板以速度 v 向坐标轴 x 的反方向运动，因此构成电流如图 1.10.5(b)所示。平板间的磁场可由安培环路定理求得。由

$$-B'_z l = \mu_0 I = \mu_0 \sigma' v l$$

故得

$$B'_z = -\mu_0 \kappa \sigma v = -\kappa \frac{v}{\varepsilon c^2} \sigma = -\kappa \frac{v}{c^2} E_y$$

与前面所得结果相同。

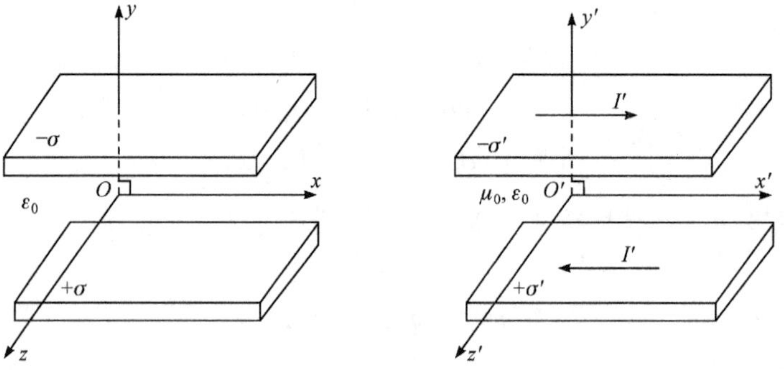

(a) 坐标系S中的平板电容器　　(b) 坐标系S′中的平板电容器

图 1.10.5　平板电容器

从例 1.10.5 和例 1.10.6 可以看出，把带电体产生的电磁场分为电场与磁场两个部分有其相对性。随着观察者所在的坐标系对带电体所做相对运动不同，电场、磁场的相对成分就有所不同。因此，可以说电场和磁场并无实质性的差别，它们是统一的电磁场所表现的两个方面。

1.11　电磁场方程的四维形式

相对性原理指出，一切物理定律在不同的坐标系中都是相同的，它们都有同样的表达式。麦克斯韦方程组是电磁现象的普遍规律，它在不同的参考坐标系(本书仅讨论惯性坐标系，以下不再重复)中也应有同样的表达式。在物理学中，如果一个物理定律的形式不因坐标变换而有所不同，那么就称这个定律对于这种坐标变换为不变式或协变式。显然，麦克斯韦方程组应该对洛伦兹变换为不变式。在经典力学中，牛顿定律对伽利略变换是不变式，但是麦克斯韦方程组对伽利略变换就不是不变式[4]。

1.11.1　四维空间

在经典力学中，空间和时间被看成是独立且互不相关的概念。在伽利略变换中，时间的间隔和空间的距离都是不变的，它们都是不变量。然而，相对论的时空观与经典物理学的时空观有本质的不同。按照相对论的观点，不存在孤立于空间的时间，也不存在孤立于时间的空间。因此，当进行运动系统的坐标变换如洛伦兹变换时，如果要使方程为不变式，就必须对时间用对空间坐标同样的方式来处理，这就是说必须把时间看作第四个坐标，它与三维空间中的三个空间坐标一起构成四维空间，用四维的形式来表示电磁场的普遍规律。

在进行洛伦兹变换时，可以证明

$$x'^2 + y'^2 + z'^2 - c^2t'^2 = x^2 + y^2 + z^2 - c^2t^2 \quad 或 \quad r'^2 - c^2t'^2 = r^2 - c^2t^2$$

令 $s^2 = r^2 - c^2t^2$，此处称 s 为四维空间的间隔，可见 s 在洛伦兹变换时为不变量。现在把时间 t 看作坐标之一，引入新的坐标表示为

$$x_1 = x, \quad x_2 = y, \quad x_3 = z, \quad x_4 = \mathrm{j}ct \tag{1.11.1}$$

式中，j 表示 $\sqrt{-1}$，则有

$$s^2 = x^2 + y^2 + z^2 + (\mathrm{j}ct)^2 = x_1^2 + x_2^2 + x_3^2 + x_4^2 = 不变量$$

四维空间又称闵可夫斯基空间，它是无法用图形表示的。

在做洛伦兹变换时，根据所用的坐标名称，有

$$\begin{cases} x_1' = \kappa x_1 + \mathrm{j}\dfrac{v}{c}\kappa x_4 \\ x_2' = x_2 \\ x_3' = x_3 \\ x_4' = -\mathrm{j}\dfrac{v}{c}\kappa x_1 + \kappa x_4 \end{cases} \tag{1.11.2}$$

以上关系可以写成矩阵形式：

$$\begin{bmatrix} x_1' \\ x_2' \\ x_3' \\ x_4' \end{bmatrix} = \begin{bmatrix} \kappa & 0 & 0 & \mathrm{j}\dfrac{v}{c}\kappa \\ 0 & 1 & 0 & 0 \\ 0 & 0 & 1 & 0 \\ -\mathrm{j}\dfrac{v}{c}\kappa & 0 & 0 & \kappa \end{bmatrix} \begin{bmatrix} x_1 \\ x_2 \\ x_3 \\ x_4 \end{bmatrix} \tag{1.11.3}$$

若将

$$\left[\alpha_{\mu\nu}\right] = \begin{bmatrix} \kappa & 0 & 0 & \mathrm{j}\dfrac{v}{c}\kappa \\ 0 & 1 & 0 & 0 \\ 0 & 0 & 1 & 0 \\ -\mathrm{j}\dfrac{v}{c}\kappa & 0 & 0 & \kappa \end{bmatrix} \tag{1.11.4}$$

称为变换矩阵，则洛伦兹变换又可写为

$$x'_\mu = \sum_{\nu=1}^{4} \alpha_{\mu\nu} x_\nu, \quad \mu=1, 2, 3, 4 \tag{1.11.5}$$

习惯上，常把上述取和形式简写为

$$x'_\mu = \alpha_{\mu\nu} x_\nu, \quad \mu=1, 2, 3, 4 \tag{1.11.6}$$

此时规定，凡公式中有类似于式(1.11.6)的相邻两量相乘时，若出现相同的下标(如式(1.11.6)中的ν)，则该下标要依次取 1、2、3 和 4，然后求和，此规定称为爱因斯坦惯例。

1.11.2　四维空间的向量

如果有 4 个量A_1、A_2、A_3和A_4，它们在对坐标系采取式(1.11.5)的坐标变换时，也具有同样的变换形式，即有

$$A'_\mu = \alpha_{\mu\nu} A_\nu \tag{1.11.7}$$

此时，称A_1、A_2、A_3和A_4构成一个四维空间的向量$\boldsymbol{A}$。而A_1、A_2、A_3和A_4为该向量的 4 个分量。

此时，还有

$$A_\mu A_\mu = 标量 = 不变量$$

此标量在坐标变换时为不变量。对于两个四维向量$\boldsymbol{A}$和$\boldsymbol{B}$，它们的标积定义为

$$A_\mu B_\mu = 标量$$

也是一个不变量。

在 1.10.2 节中，讨论了电流密度矢量与电荷密度矢量的洛伦兹变换，其关系式可改写为

$$\begin{cases} J'_x = \kappa J_x + \mathrm{j}c\kappa\dfrac{v}{c}\rho \\ J'_y = J_y \\ J'_z = J_z \\ \mathrm{j}c\rho' = -\mathrm{j}\dfrac{v}{c}\kappa J_x + \mathrm{j}\kappa c\rho \end{cases} \tag{1.11.8}$$

可见它符合式(1.11.7)的条件，因此它们构成一个 4 维向量，称为四维电流密度矢量$\boldsymbol{J}$，而J_x、J_y、J_z及$\mathrm{j}c\rho$为它的四个分量。

现在，将三维的微分算子∇扩展到四维的形式，即引入四维算子$\Box$，可以看成是一个具有下列四个分量的矢量，即

$$\Box \equiv \left(\frac{\partial}{\partial x_1}, \frac{\partial}{\partial x_2}, \frac{\partial}{\partial x_3}, \frac{\partial}{\partial x_4}\right) \equiv \left(\frac{\partial}{\partial x}, \frac{\partial}{\partial y}, \frac{\partial}{\partial z}, \frac{1}{\mathrm{j}c}\frac{\partial}{\partial t}\right) \tag{1.11.9}$$

那么，四维电流密度的四维散度可以利用类似三维空间的处理方式，有

$$\Box \cdot \boldsymbol{J} = \frac{\partial J_x}{\partial x} + \frac{\partial J_y}{\partial y} + \frac{\partial J_z}{\partial z} + \frac{\partial(\mathrm{j}c\rho)}{\mathrm{j}c\partial t} = \nabla \cdot \boldsymbol{J} + \frac{\partial \rho}{\partial t} \tag{1.11.10}$$

根据电荷守恒定律，$\nabla\cdot\boldsymbol{J}+\dfrac{\partial\rho}{\partial t}=0$，有四维形式的电流连续性方程如下：

$$\Box\cdot\boldsymbol{J}=0 \tag{1.11.11}$$

1.11.3　麦克斯韦方程组的四维形式

先将方程 $\nabla\times\boldsymbol{H}=\boldsymbol{J}+\dfrac{\partial\boldsymbol{D}}{\partial t}$ 按直角坐标形式展开：

$$\left(\frac{\partial H_z}{\partial y}-\frac{\partial H_y}{\partial z}\right)\boldsymbol{e}_x+\left(\frac{\partial H_x}{\partial z}-\frac{\partial H_z}{\partial x}\right)\boldsymbol{e}_y+\left(\frac{\partial H_y}{\partial x}-\frac{\partial H_x}{\partial y}\right)\boldsymbol{e}_z$$
$$=\left(J_x+\frac{\partial D_x}{\partial t}\right)\boldsymbol{e}_x+\left(J_y+\frac{\partial D_y}{\partial t}\right)\boldsymbol{e}_y+\left(J_z+\frac{\partial D_z}{\partial t}\right)\boldsymbol{e}_z$$

再写出 $\nabla\cdot\boldsymbol{D}=\rho$ 的展开形式：

$$\frac{\partial D_x}{\partial x}+\frac{\partial D_y}{\partial y}+\frac{\partial D_z}{\partial z}=\rho$$

把上面两个展开式合并排列成如下形式：

$$\begin{cases}0+\dfrac{\partial H_z}{\partial y}-\dfrac{\partial H_y}{\partial z}-\dfrac{\partial D_x}{\partial t}=J_x\\[2mm] -\dfrac{\partial H_z}{\partial x}+0+\dfrac{\partial H_x}{\partial z}-\dfrac{\partial D_y}{\partial t}=J_y\\[2mm] \dfrac{\partial H_y}{\partial x}-\dfrac{\partial H_x}{\partial y}+0-\dfrac{\partial D_z}{\partial t}=J_z\\[2mm] \dfrac{\partial D_x}{\partial x}+\dfrac{\partial D_y}{\partial y}+\dfrac{\partial D_z}{\partial z}+0=\rho\end{cases} \tag{1.11.12}$$

对于引入的新坐标，$x_1=x$，$x_2=y$，$x_3=z$，$x_4=\mathrm{j}ct$，式(1.11.12)可以改写为

$$\begin{cases}0+\dfrac{\partial H_3}{\partial x_2}-\dfrac{\partial H_2}{\partial x_3}-\mathrm{j}c\dfrac{\partial D_1}{\partial x_4}=J_1\\[2mm] -\dfrac{\partial H_3}{\partial x_1}+0+\dfrac{\partial H_1}{\partial x_3}-\mathrm{j}c\dfrac{\partial D_2}{\partial x_4}=J_2\\[2mm] \dfrac{\partial H_2}{\partial x_1}-\dfrac{\partial H_1}{\partial x_2}+0-\mathrm{j}c\dfrac{\partial D_3}{\partial x_4}=J_3\\[2mm] \mathrm{j}c\dfrac{\partial D_1}{\partial x_1}+\mathrm{j}c\dfrac{\partial D_2}{\partial x_2}+\mathrm{j}c\dfrac{\partial D_3}{\partial x_3}+0=\mathrm{j}c\rho\end{cases} \tag{1.11.13}$$

如果令

$$G_{mn}=\begin{bmatrix}0 & H_3 & -H_2 & -\mathrm{j}cD_1\\ -H_3 & 0 & H_1 & -\mathrm{j}cD_2\\ H_2 & -H_1 & 0 & -\mathrm{j}cD_3\\ \mathrm{j}cD_1 & \mathrm{j}cD_2 & \mathrm{j}cD_3 & 0\end{bmatrix} \tag{1.11.14}$$

那么，式(1.11.13)中的四式可写为

$$\sum_{n=1}^{4}\frac{\partial G_{mn}}{\partial x_n}=J_m,\quad m=1,2,3,4 \tag{1.11.15}$$

式(1.11.15)等号右边是四维电流密度矢量，等号左边是对 G_{mn} 求四维散度的形式，故知 G_{mn} 为四维空间的二阶张量，称为安培-麦克斯韦张量。可以看出，它仅包含 6 个独立分量，相应于磁场强度 $\boldsymbol{B}$ 及电位移 $\boldsymbol{D}$ 的分量。它是一个反对称张量。

式(1.11.15)就是麦克斯韦方程 $\nabla\times\boldsymbol{H}=\boldsymbol{J}+\frac{\partial\boldsymbol{D}}{\partial t}$ 与 $\nabla\cdot\boldsymbol{D}=\rho$ 的四维形式。

用类似的方法，可得麦克斯韦方程 $\nabla\times\boldsymbol{E}=-\frac{\partial\boldsymbol{B}}{\partial t}$ 和 $\nabla\cdot\boldsymbol{B}=0$ 的四维形式为

$$\sum_{n=1}^{4}\frac{\partial F_{mn}}{\partial x_n}=0,\quad m=1,2,3,4 \tag{1.11.16}$$

其中

$$F_{mn}=\begin{bmatrix}0 & E_3 & -E_2 & \mathrm{j}cB_1\\ -E_3 & 0 & E_1 & \mathrm{j}cB_2\\ E_2 & -E_1 & 0 & \mathrm{j}cB_3\\ -\mathrm{j}cB_1 & -\mathrm{j}cB_2 & -\mathrm{j}cB_3 & 0\end{bmatrix} \tag{1.11.17}$$

式(1.11.16)留给读者自行证明。可以证明，F_{mn} 也是一个四维空间的二阶张量，称为法拉第-麦克斯韦张量。

这样，就可以将麦克斯韦方程组归纳为两个张量方程：

$$\begin{cases}\displaystyle\sum_{n=1}^{4}\frac{\partial G_{mn}}{\partial x_n}=J_m,\\ \displaystyle\sum_{n=1}^{4}\frac{\partial F_{mn}}{\partial x_n}=0,\end{cases}\quad m=1,2,3,4 \tag{1.11.18}$$

式中，G_{mn}、F_{mn} 为描述电磁场的电磁场张量，而将电场、磁场量 $\boldsymbol{E}$、$\boldsymbol{D}$、$\boldsymbol{B}$、$\boldsymbol{H}$ 看作电磁场张量的分量。

可以看出，麦克斯韦方程组归纳为两个张量方程后，具有十分简洁的形式。从张量的性质可知，这两个张量方程在洛伦兹变换下的形式不变，这就表明了麦克斯韦方程组在洛伦兹变换下为不变式。还能看到，电场、磁场的场量是统一的电磁场张量的一些分量，当进行坐标变换时，电磁场张量是不变量，但它的分量却随着坐标系的不同而有所变化，这样就更充分地说明了电场与磁场的相对性。

【例 1.11.1】 利用洛伦兹变换以及电磁场中场量的变换式，证明麦克斯韦方程组的不变性。

证明 假设媒质为真空，那么 $\nabla\times\boldsymbol{H}=\boldsymbol{J}+\frac{\partial\boldsymbol{D}}{\partial t}$ 及 $\nabla\cdot\boldsymbol{D}=\rho$ 两式分别成为 $\nabla\times\boldsymbol{B}=\mu_0\boldsymbol{J}+\frac{1}{c^2}\frac{\partial\boldsymbol{E}}{\partial t}$ 及 $\nabla\cdot\boldsymbol{E}=\frac{\rho}{\varepsilon_0}$，它们在直角坐标系中的展开式为

$$\begin{cases} \dfrac{\partial B_z}{\partial y} - \dfrac{\partial B_y}{\partial z} = \mu_0 J_x + \dfrac{1}{c^2}\dfrac{\partial E_x}{\partial t} \\ \dfrac{\partial B_x}{\partial z} - \dfrac{\partial B_z}{\partial x} = \mu_0 J_y + \dfrac{1}{c^2}\dfrac{\partial E_y}{\partial t} \\ \dfrac{\partial B_y}{\partial x} - \dfrac{\partial B_x}{\partial y} = \mu_0 J_z + \dfrac{1}{c^2}\dfrac{\partial E_z}{\partial t} \\ \dfrac{\partial E_x}{\partial x} + \dfrac{\partial E_y}{\partial y} + \dfrac{\partial E_z}{\partial z} = \dfrac{\rho}{\varepsilon_0} \end{cases} \tag{1.11.19}$$

根据洛伦兹变换式(1.10.2)，有

$$\begin{cases} \dfrac{\partial}{\partial x} = \dfrac{\partial}{\partial x'}\dfrac{\partial x'}{\partial x} + \dfrac{\partial}{\partial t'}\dfrac{\partial t'}{\partial x} = \kappa\left(\dfrac{\partial}{\partial x'} - \dfrac{v}{c^2}\dfrac{\partial}{\partial t'}\right) \\ \dfrac{\partial}{\partial y} = \dfrac{\partial}{\partial y'}, \qquad \dfrac{\partial}{\partial z} = \dfrac{\partial}{\partial z'} \\ \dfrac{\partial}{\partial t} = \dfrac{\partial}{\partial x'}\dfrac{\partial x'}{\partial t} + \dfrac{\partial}{\partial t}\dfrac{\partial t}{\partial t'} = \kappa\left(-v\dfrac{\partial}{\partial x'} + \dfrac{\partial}{\partial t'}\right) \end{cases} \tag{1.11.20}$$

应用式(1.11.20)，式(1.11.19)中第一及第四式分别成为

$$\frac{\partial B_z}{\partial y'} - \frac{\partial B_y}{\partial z'} = \frac{1}{c^2}\kappa\left(-v\frac{\partial E_x}{\partial x'} + \frac{\partial E_x}{\partial t'}\right) + \mu_0 J_x$$

及

$$\kappa\frac{\partial E_x}{\partial x'} - \kappa\frac{v}{c^2}\frac{\partial E_x}{\partial t'} = \frac{\rho}{\varepsilon_0} - \frac{\partial E_y}{\partial y'} - \frac{\partial E_z}{\partial z'}$$

将上面两式合并，就得到

$$\begin{aligned} &\frac{\partial}{\partial y'}\left[\kappa\left(B_z - \frac{v}{c^2}E_y\right)\right] - \frac{\partial}{\partial z'}\left[\kappa\left(B_y + \frac{v}{c^2}E_z\right)\right] \\ &= \frac{\kappa^2}{c^2}\left(1 - \frac{v^2}{c^2}\right)\frac{\partial E_x}{\partial t'} + \kappa\mu_0(J_x - \rho v) \end{aligned} \tag{1.11.21}$$

同理，可得式(1.11.19)中第二、第三和第四式分别为

$$\begin{cases} \dfrac{\partial B_x}{\partial z'} - \dfrac{\partial}{\partial x'}\left[\kappa\left(B_z - \dfrac{v}{c^2}E_y\right)\right] = \dfrac{1}{c^2}\dfrac{\partial}{\partial t'}[\kappa(E_y - vB_z)] + \mu_0 J_y \\ \dfrac{\partial}{\partial x'}\left[\kappa\left(B_y + \dfrac{v}{c^2}E_z\right)\right] - \dfrac{\partial B_x}{\partial y'} = \dfrac{1}{c^2}\dfrac{\partial}{\partial t'}[\kappa(E_z + vB_y)] + \mu_0 J_z \\ \dfrac{\partial E_x}{\partial x'} + \dfrac{\partial}{\partial y'}[\kappa(E_y - vB_z)] + \dfrac{\partial}{\partial z'}[\kappa(E_z + vB_y)] = -\dfrac{1}{\varepsilon_0}\kappa\left(\rho - \dfrac{v}{c^2}J_x\right) \end{cases} \tag{1.11.22}$$

应用 ρ、$\boldsymbol{J}$ 及 $\boldsymbol{B}$、$\boldsymbol{E}$ 的变换关系式(1.10.7)、式(1.10.10)、式(1.10.11)及式(1.10.14)于式(1.11.21)及式(1.11.22)中，得到

$$\begin{cases} \dfrac{\partial B'_z}{\partial y'} - \dfrac{\partial B'_y}{\partial z'} = \mu_0 J'_x + \dfrac{1}{c^2}\dfrac{\partial E'_x}{\partial t'} \\ \dfrac{\partial B'_x}{\partial z'} - \dfrac{\partial B'_z}{\partial x'} = \mu_0 J'_y + \dfrac{1}{c^2}\dfrac{\partial E'_y}{\partial t'} \\ \dfrac{\partial B'_y}{\partial x'} - \dfrac{\partial B'_x}{\partial y'} = \mu_0 J'_z + \dfrac{1}{c^2}\dfrac{\partial E'_z}{\partial t'} \\ \dfrac{\partial E'_x}{\partial x'} + \dfrac{\partial E'_y}{\partial y'} + \dfrac{\partial E'_z}{\partial z'} = \dfrac{\rho'}{\varepsilon_0} \end{cases} \tag{1.11.23}$$

式(1.11.23)就是$\nabla\times\boldsymbol{B}' = \mu_0\boldsymbol{J}' + \dfrac{1}{c^2}\dfrac{\partial\boldsymbol{E}'}{\partial t'}$及$\nabla\cdot\boldsymbol{E}' = \dfrac{\rho'}{\varepsilon_0}$在坐标系$S'$中的直角坐标分量表达式。它表明，这两个方程在任意惯性坐标系中形式不变。

用类似的方法，可以证明$\nabla\times\boldsymbol{E} = -\dfrac{\partial\boldsymbol{B}}{\partial t}$及$\nabla\cdot\boldsymbol{B} = 0$的不变性。

从前面所述可见，在运动系统的电磁场分析中，关键的工作是洛伦兹变换。在洛伦兹变换下，电磁场方程在两个以相对速度 v 匀速运动的坐标系中具有相同的形式。真空中的光速仍能保持相同的值$c = 3\times10^8\ \mathrm{m/s}$，而与测量它的观察者的速度无关。

习　题　1

1.1　在理想导体表面附近，求时变电磁场的电场强度的法向分量对$\boldsymbol{n}$方向的导数$\dfrac{\partial E_{\mathrm{n}}}{\partial n}$，磁场的切向分量对$\boldsymbol{n}$方向的导数$\dfrac{\partial H_{\mathrm{t}}}{\partial n}$。$\boldsymbol{n}$是导体表面的法向单位矢量。

1.2　在介电常数为ε，磁导率为μ的均匀理想介质中，已知电场强度：

$$\boldsymbol{E} = E_0\cos(\omega t - k_x x - k_z z)\boldsymbol{e}_y$$

求：(1) 电荷密度ρ和电流密度$\boldsymbol{J}$；

(2) k_x、k_z与ω必须具有何种关系时才能使$\boldsymbol{J} = 0$？

1.3　有一理想导体构成的长方体空腔，其内表面尺寸为$a\times b\times c$，如图题 1.3 所示。已知腔中的矢量位$\boldsymbol{A} = \boldsymbol{e}_z A_0\sin(k_x x)\sin(k_y y)\cos\dfrac{\pi z}{c}\cos(\omega t)$。

求：(1) 该长方体空腔中的$\boldsymbol{B}$；

(2) 由理想导体表面边界条件$\boldsymbol{B}\cdot\boldsymbol{n} = 0$，确定常数$k_x$和$k_y$的值；

(3) 该长方体空腔各内侧面上的面电流密度$\boldsymbol{K}$。

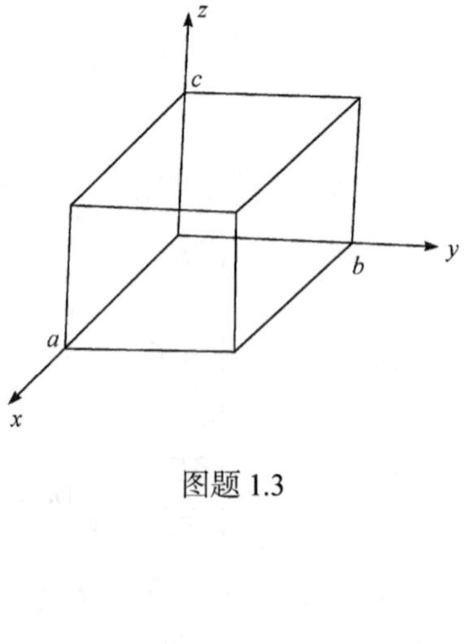

图题 1.3

1.4　求证：洛伦兹条件和电流连续性方程是等效的。

1.5　给定时变电磁场的矢量位为

$$\boldsymbol{A} = \boldsymbol{e}_x A\sin(\omega t - kz)$$

求：(1) 电场强度$\boldsymbol{E}$和磁场强度$\boldsymbol{H}$；

(2) 坡印亭矢量 $\boldsymbol{S}$ 的时间平均值。

1.6　地面上同一地点发生两件事，其时间间隔为 5 s，现有以高速运动的火箭，在火箭上的观察者发现这两事件发生的时间间隔为 8 s(次序未变)，问：

(1) 此火箭的速度为多少？

(2) 对火箭上的观察者来说，这两事件是否在同一地点发生？为什么？

1.7　求两个相距 1mm 向同方向运动的电子的相互作用力，当

(1) 电子具有速度 $v = 0.5c$；

(2) 电子具有速度 $v = 0.01c$。

1.8　如图题 1.8 所示，一个导线框 $ABCD$，其中边 AB 以速度 $\boldsymbol{v}$ 运动，空间均匀磁场垂直于线框。当分别有 $B = B_0$ 和 $B = B_0 \cos \omega t$ 时，求 $ABCD$ 中电势的量值。

1.9　带 $1\mu\text{C}$ 电荷的质点以速度 $10^4\,\text{m/s}$ 做直线运动，求其上方 0.5 m 处的 $\boldsymbol{H}$ 和 $\boldsymbol{B}$。

1.10　一架飞机以 2 马赫的超声速，向北以 30° 角俯冲，该处 $B = 0.4\,\text{Gs}(1\text{Gs} = 10^{-4}\,\text{T})$，求机身的电场分量。(注：1 马赫=340 m/s，为空气中声速。)

1.11　一个中空的金属圆柱体，尺寸如图题 1.11 所示，均匀磁场 $\boldsymbol{B}$ 的方向与其轴线相平行，现圆柱体以角速度 ω 旋转。求内、外层间的感应电势。(注：求场的瞬间，将圆柱中任一点看作直线运动)

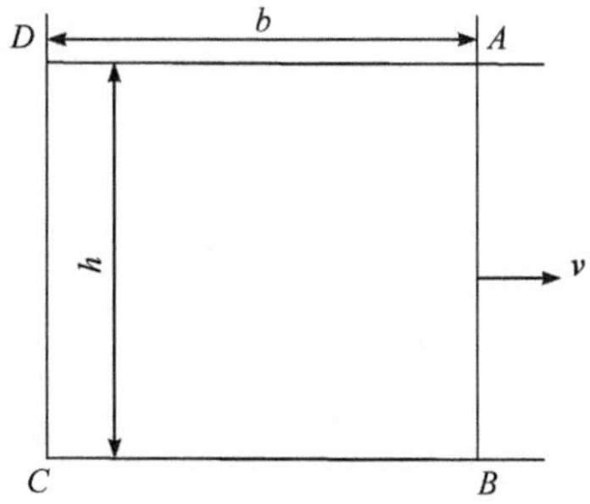

图题 1.8

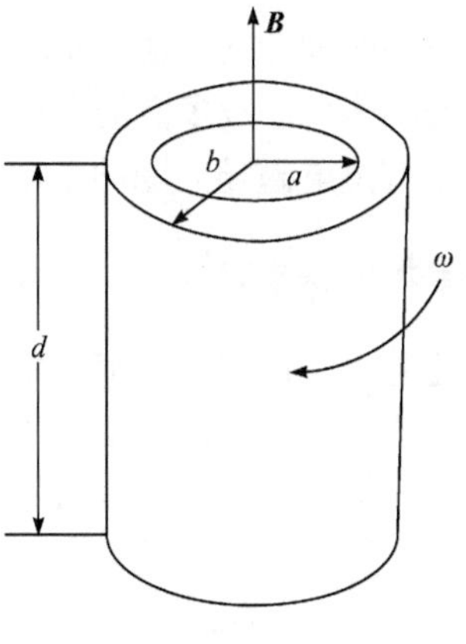

图题 1.11

1.12　求证：$\boldsymbol{E}\cdot\boldsymbol{B}$ 及 $B^2 - \dfrac{E^2}{c^2}$ 在洛伦兹变换下为不变量。

1.13　空间均匀电场 $\boldsymbol{E} = E_y \boldsymbol{e}_y$、均匀磁场 $\boldsymbol{B} = B_z \boldsymbol{e}_z$。

(1) 当 $E_y < B_z c$ 时，是否能找到一个运动的坐标系，其中电场为零？如果能找到，其中磁场是多少？

(2) 当 $E_y < B_z c$ 时，是否能找到一个运动的坐标系，其中磁场为零？如果能找到，其中电场是多少？

(3) 当 $E_y > B_z c$ 时，重复(1)问。

(4) 当 $E_y > B_z c$ 时，重复(2)问。

第 2 章　静电场的基本性质和方程

本章讨论静电场，它是电磁场的一种特殊情形。首先，从麦克斯韦方程组得到静电场的基本方程，由此讨论静电场的基本性质，并引入电位函数。其次，介绍静电场的几个基本定理。接着，分析电偶极子和多极子的场，并对任意电荷分布的电位展开作了分析。然后，讨论场在无限远处的性质和积分收敛问题，以及场强和电位的连续性问题。最后，介绍静电场的能量和静电力，以及有关的重要定理。

2.1　静电场的一般特性

静电场是电磁场中的一种重要的特殊情形，它满足如下两个条件：

$$\frac{\partial}{\partial t}(\text{物理量}) = 0 \quad \text{和} \quad \boldsymbol{J} = 0$$

即场量都不随时间变化，且电荷静止不动[1]。这就是静电场问题。由于近代电磁场问题能够精确求解的不多，一般多借助静电场方法来得到近似解，所以静电场方法的掌握十分重要，它是进一步解决电磁场问题的基础。

2.1.1　静电场的基本方程

把上述静电条件代入麦克斯韦方程组中，得到

$$\nabla \times \boldsymbol{E} = 0 \tag{2.1.1}$$

$$\nabla \cdot \boldsymbol{D} = \rho \tag{2.1.2}$$

$$\nabla \times \boldsymbol{H} = 0 \tag{2.1.3}$$

$$\nabla \cdot \boldsymbol{B} = 0 \tag{2.1.4}$$

这就是在静电条件下电磁场满足的方程。可以看出，$\boldsymbol{E}$、$\boldsymbol{D}$ 与 $\boldsymbol{B}$、$\boldsymbol{H}$ 分别满足两组方程，它们彼此间没有联系，这就说明在静电条件下电场和磁场可以分别求解。因此，静电场的基本方程为

$$\nabla \times \boldsymbol{E} = 0 \tag{2.1.5}$$

$$\nabla \cdot \boldsymbol{D} = \rho \tag{2.1.6}$$

相应地，穿过不同媒质分界面时，衔接条件为

$$\boldsymbol{n} \times (\boldsymbol{E}_2 - \boldsymbol{E}_1) = 0 \tag{2.1.7}$$

$$\boldsymbol{n} \cdot (\boldsymbol{D}_2 - \boldsymbol{D}_1) = \sigma \tag{2.1.8}$$

式中，$\boldsymbol{n}$ 是由媒质 1 指向媒质 2 的分界面上的单位法向矢量；σ 是分界面上的自由电荷面密度。

2.1.2　电位及其微分方程

由于静电场具有无旋性，显然它是保守场。因此，可以引入标量位函数 φ 来描述静电场，并定义

$$\boldsymbol{E} = -\nabla \varphi \tag{2.1.9}$$

通常 φ 简称电位。

在各向同性的线性均匀媒质中，电位满足的微分方程为

$$\nabla^2 \varphi = -\frac{\rho}{\varepsilon} \tag{2.1.10}$$

这就是大家熟知的泊松(Poisson)方程。在无电荷分布的空间区域中，电位满足拉普拉斯方程，即

$$\nabla^2 \varphi = 0 \tag{2.1.11}$$

因此，引入电位后，就把求解静电场问题归结为求解电位 φ 的偏微分方程问题。或者说，就是在适当的边界条件下求解泊松方程或拉普拉斯方程，称为求解静电场的边值问题，这是静电场的基本问题。对于边值问题的处理，涉及一些特殊的求解方法，这些求解方法都是基于位场的基本定理而建立起来的。

2.1.3　静电场的边界条件

在场域 D 的边界面 S 上给定边界条件有以下三种类型。

(1) 已知在场域 D 的边界面 S 上各点的电位值，即给定：

$$\varphi\big|_S = f_1(s) \tag{2.1.12}$$

这种形式的边界条件称为第一类边界条件。这类问题称为第一类边值问题。在数学上，第一类边值问题也称为狄利克雷(Dirichlet)问题。

(2) 已知在场域 D 的边界面 S 上各点的电位法向导数值，即给定：

$$\left.\frac{\partial \varphi}{\partial n}\right|_S = f_2(s) \tag{2.1.13}$$

这种形式的边界条件称为第二类边界条件。这类问题称为第二类边值问题。在数学上，第二类边值问题也称为诺依曼(Neumann)问题。

(3) 已知在场域 D 的边界面 S 上各点电位和电位法向导数的线性组合值，即给定：

$$\left.\left(\alpha\varphi + \beta\frac{\partial \varphi}{\partial n}\right)\right|_S = f_3(s) \tag{2.1.14}$$

这种形式的边界条件称为第三类边界条件。这类问题称为第三类边值问题。

如果待研究场域伸展到无限远，则必须提出无限远处的边界条件。对于电荷分布在有限区域的情况，在无限远处电位为有限值，即有

$$\lim_{r\to\infty} r\varphi = \text{有限值} \tag{2.1.15}$$

这种边界条件称为自然边界条件。

此外，当在边值问题所定义的整个场域中，媒质并不是完全均匀的，但能分成几个均匀的媒质子区域时，应按各媒质子区域分别写出泊松方程或拉普拉斯方程。作为定解条件，还必须相应地引入不同媒质分界上的衔接条件。在不同媒质分界面上，衔接条件式(2.1.7)和式(2.1.8)用电位φ可以分别表示成：

$$\varphi_2 = \varphi_1 \tag{2.1.16}$$

$$\varepsilon_1 \frac{\partial \varphi_1}{\partial n} - \varepsilon_2 \frac{\partial \varphi_2}{\partial n} = \sigma \tag{2.1.17}$$

式中，φ_1和φ_2分别是分界面附近媒质 1 一侧和媒质 2 一侧的电位。于是，在给定电荷分布和边界条件的情形下，便可以利用泊松方程和衔接条件确定电位φ。然后，利用$\boldsymbol{E} = -\nabla\varphi$求得电场$\boldsymbol{E}$。但是，从理论的角度来看还需要进一步讨论的是，这样的方法决定的电场是不是唯一的。

2.2　位场的基本定理

2.2.1　格林定理

格林定理是在电磁场中广泛应用的一个重要定理，它是基于散度定理推导出来的。已知散度定理为

$$\int_V \nabla \cdot \boldsymbol{F} \mathrm{d}V = \oint_S \boldsymbol{F} \cdot \mathrm{d}\boldsymbol{S}$$

式中，$\boldsymbol{F}$为在闭合面S包围的体积V内所定义的任意矢量场。设$\boldsymbol{F} = \phi\nabla\psi$，而$\phi$和$\psi$是具有连续的一阶和二阶导数的任意函数。又知

$$\nabla \cdot (\phi\nabla\psi) = \phi\nabla^2\psi + \nabla\phi \cdot \nabla\psi \quad \text{和} \quad \phi\nabla\psi \cdot \boldsymbol{n} = \phi\frac{\partial\psi}{\partial n}$$

式中，$\partial\psi/\partial n$是面S上的外法向导数。将上两式代入上述散度定理中，即得到格林第一公式：

$$\int_V (\phi\nabla^2\psi + \nabla\phi \cdot \nabla\psi)\mathrm{d}V = \oint_S \phi\frac{\partial\psi}{\partial n}\mathrm{d}S \tag{2.2.1}$$

将式(2.2.1)减去该式中ϕ和ψ交换位置后所得公式，可使$\nabla\phi\cdot\nabla\psi$项对消。于是，得到格林第二公式为

$$\int_V (\phi\nabla^2\psi - \psi\nabla^2\phi)\mathrm{d}V = \oint_S \left(\phi\frac{\partial\psi}{\partial n} - \psi\frac{\partial\phi}{\partial n}\right)\mathrm{d}S \tag{2.2.2}$$

式(2.2.2)又称为格林定理。

2.2.2　静电场的唯一性定理

静电场的唯一性定理表述如下：设某区域V内的自由电荷分布ρ及边界面S上的电位φ值或电位φ的法向导数$\partial\varphi/\partial n$值为已知，则该区域内$V$的电位分布被唯一地确定。

现在，利用格林第一公式来证明解的唯一性。为此假定在求解区域V内泊松方程有两个不同的解φ_1和φ_2。因为它们都满足具有同一个电荷分布的泊松方程，所以它们的差

$\Phi=\varphi_1-\varphi_2$ 必然满足拉普拉斯方程:

$$\nabla^2\Phi=0$$

又由于 φ_1 和 φ_2 必须满足同一个边界条件，所以在边界面 S 上有

$$\Phi=0 \quad 或 \quad \frac{\partial\Phi}{\partial n}=0$$

令 $\phi=\psi=\Phi$，由格林第一公式可知:

$$\int_V(\Phi\nabla^2\Phi+\nabla\Phi\cdot\nabla\Phi)\mathrm{d}V=\oint_S\Phi\frac{\partial\Phi}{\partial n}\mathrm{d}S$$

利用 Φ 在体积 V 内和边界面 S 上的特殊性质，对于第一类边界条件和第二类边界条件，上式均简化为

$$\int_V|\nabla\Phi|^2\,\mathrm{d}V=0$$

由于 $|\nabla\Phi|^2$ 是恒正值的，上式成立的条件为

$$\nabla\Phi=0$$

即

$$\Phi=C,\quad C\text{是一个常数}$$

对于已知边界面 S 上电位值的第一类边界条件情况，在 S 上 $\Phi=0$，即在 V 内，$\varphi_1-\varphi_2=0$，解是唯一的。对于已知边界面 S 上的 $\partial\varphi/\partial n$ 值的第二类边界条件情况，在面 S 上 $\partial\Phi/\partial n=0$，即在 V 内 $\varphi_1-\varphi_2=$ 常数，说明两个解 φ_1 和 φ_2 只差一个常数。但是这个常数对梯度无贡献，两个解将给出同一电场强度分布，因此，除去不重要的常数外，解也是唯一的。至此，已经证明了静电场的唯一性定理[5]。

唯一性定理和泊松方程以及边界条件一起构成了静电问题的完整理论基础，这是处理一切静电问题的基本出发点，对于求解实际的静电问题起着重要的作用。它不仅指明了决定静电场的因素，从而给求解静电场指明了方向，而且按照唯一性定理，不管通过什么方法提出尝试的解，只要它能满足问题的条件，它就是唯一的真正的解。这样就给求解静电场问题带来了很大的方便。

2.2.3　格林互易定理

格林互易定理是用于将问题的已知解变换为待求的其他问题的解。设有 n 个导体，各个导体的表面分别为 $S_1,S_2,S_3,\cdots,S_k,\cdots,S_n$。如图 2.2.1 所示，假设 S_0 为一个大闭合面，它将 n 个导体全部包围在其内部，并且已知只有导体本身带有电荷，而在导体之间的空间中没有其他电荷分布。当 n 个导体所带电荷各为 $q_k(k=1,2,3,\cdots,n)$ 时，各个导体的电位为 $\varphi_k(k=1,2,3,\cdots,n)$。如果 n 个导体所带电荷各改变 $q'_k(k=1,2,3,\cdots,n)$，那么各个导体的电位 $\varphi'_k(k=1,2,3,\cdots,n)$ 一定满足如下关系式，即

$$\sum_{k=1}^{n}\varphi_k q'_k=\sum_{k=1}^{n}\varphi'_k q_k \tag{2.2.3}$$

式(2.2.3)称为格林互易定理。

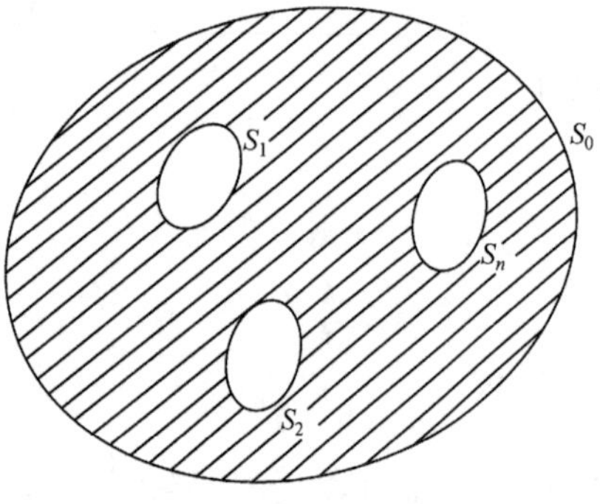

图 2.2.1　由 $S_1,S_2,S_3,\cdots,S_k,\cdots,S_n$ 和 S_0 共同构成的闭合面 S

利用格林定理可以证明格林互易定理。令 $\phi=\varphi$ 和 $\psi=\varphi'$，则式(2.2.2)将成为

$$\int_V(\varphi\nabla^2\varphi'-\varphi'\nabla^2\varphi)\mathrm{d}V=\oint_S\left(\varphi\frac{\partial\varphi'}{\partial n}-\varphi'\frac{\partial\varphi}{\partial n}\right)\mathrm{d}S \tag{2.2.4}$$

式中，$S=\sum_{k=0}^{n}S_k$；V 是闭合面 S 所包围的体积，就是在图 2.2.1 中的阴影体积。在图 2.2.1 中的阴影体积内，电位 φ 和 φ' 都满足拉普拉斯方程，即

$$\nabla^2\varphi=0\quad 和\quad \nabla^2\varphi'=0$$

因此，式(2.2.4)的右边将等于零，即

$$\oint_S\left(\varphi\frac{\partial\varphi'}{\partial n}-\varphi'\frac{\partial\varphi}{\partial n}\right)\mathrm{d}S=0 \tag{2.2.5}$$

由于 n 个导体位于空间中的有限范围内，如果令 $S_0\to\infty$，则在整个 S_0 面上 φ 和 φ' 都将趋近于零。那么在式(2.2.5)中 S_0 面对积分的贡献为零。因此，式(2.2.5)可以写成：

$$\sum_{k=1}^{n}\oint_{S_k}\left(\varphi\frac{\partial\varphi'}{\partial n}-\varphi'\frac{\partial\varphi}{\partial n}\right)\mathrm{d}S=0 \tag{2.2.6}$$

在导体面 S_k 上，φ 和 φ' 都为常数，且有 $\varphi=\varphi_k$ 和 $\varphi'=\varphi_k'$，所以有

$$\begin{aligned}\oint_{S_k}\left(\varphi\frac{\partial\varphi'}{\partial n}-\varphi'\frac{\partial\varphi}{\partial n}\right)\mathrm{d}S&=\varphi_k\oint_{S_k}\frac{\partial\varphi'}{\partial n}\mathrm{d}S-\varphi_k'\oint_{S_k}\frac{\partial\varphi}{\partial n}\mathrm{d}S\\&=\frac{1}{\varepsilon}\left(\varphi_k\oint_{S_k}\varepsilon\frac{\partial\varphi'}{\partial n}\mathrm{d}S-\varphi_k'\oint_{S_k}\varepsilon\frac{\partial\varphi}{\partial n}\mathrm{d}S\right)\\&=\frac{1}{\varepsilon}(\varphi_k'q_k-\varphi_kq_k')\end{aligned}$$

这里，已经假设在阴影体积内填充电介质的介电常数为 ε，并且考虑到 $-\varepsilon\frac{\partial\varphi}{\partial n}$ 或 $-\varepsilon\frac{\partial\varphi'}{\partial n}$ 是在 k 导体表面上的面电荷密度 σ 或 σ'。因此，式(2.2.6)可以写成：

$$\frac{1}{\varepsilon}\left(\sum_{k=1}^{n}\varphi_kq_k'-\sum_{k=1}^{n}\varphi_k'q_k\right)=0$$

结果就是式(2.2.3)。

不难证明，当体电荷 ρ 和面电荷 σ 共同存在时，如果首先令 $\rho=\rho$ 和 $\sigma=\sigma$，则 $\varphi=\varphi$；而当 ρ 改变为 ρ'、σ 改变为 σ' 时，φ 相应地改变为 φ'，有如下关系式：

$$\int_V\varphi\rho'\mathrm{d}V+\sum_{k=1}^{n}\int_{S_k}\varphi\sigma'\mathrm{d}S=\int_V\varphi'\rho\mathrm{d}V+\sum_{k=1}^{n}\int_{S_k}\varphi'\sigma\mathrm{d}S \tag{2.2.7}$$

这是格林互易定理的普遍形式。

【例 2.2.1】　求证：格林定理对点电荷系统是成立的。

证明　设有n个点电荷，其中在电荷q_k处的电位由其他电荷在该处所产生的电位φ_k来表示，即

$$\varphi_k = \frac{1}{4\pi\varepsilon_0}\sum_{i=1(i\neq k)}^{n}\frac{q_i}{r_{ik}} \tag{2.2.8}$$

换句话说，如果置于同一点的电荷q_i'在相同位置产生相应的电位φ_k'，则类似的关系仍然适用，即

$$\varphi_k' = \frac{1}{4\pi\varepsilon_0}\sum_{i=1(i\neq k)}^{n}\frac{q_i'}{r_{ik}} \tag{2.2.9}$$

以方程式(2.2.8)乘以q_k'，以方程式(2.2.9)乘以q_k，可分别求得对于下标k的表达式之和为

$$\sum_{k=1}^{n}\varphi_k q_k' = \frac{1}{4\pi\varepsilon_0}\sum_{k=1}^{n}\sum_{i=1(i\neq k)}^{n}\frac{q_i q_k'}{r_{ik}}$$

$$\sum_{k=1}^{n}\varphi_k' q_k = \frac{1}{4\pi\varepsilon_0}\sum_{k=1}^{n}\sum_{i=1(i\neq k)}^{n}\frac{q_i' q_k}{r_{ik}}$$

方程乘积中的求和下标i和k可进行交换，于是

$$\sum_{k=1}^{n}\varphi_k q_k' = \sum_{k=1}^{n}\varphi_k' q_k$$

这说明格林互易定理也可以推广到点电荷系统。

【例 2.2.2】　求证：当导体 1 上有电荷q时，在不带电导体 2 上所感应的电位，恰好等于导体 2 上有电荷q时，在不带电导体 1 上所感应的电位。不管导体的尺寸及形状如何，这一结论都是正确的。

证明　在式(2.2.3)中，如果令

$$q_2 = q_3 = q_4 = \cdots = q_n = 0$$

和

$$q_2' = q_3' = q_4' = \cdots = q_n' = 0$$

并且

$$q_1 = q_1' = q$$

则由式(2.2.3)可以得到

$$\varphi_1 = \varphi_1'$$

证毕。

2.2.4　静电场的叠加原理

实验结果表明，电场强度服从叠加原理：每一个电荷所激发的电场不因其他电荷的存在而改变，当空间有许多电荷同时存在时，空间各点总电场强度等于各个电荷在该点所激

发的电场强度的矢量和，即

$$\boldsymbol{E}=\sum_i \boldsymbol{E}_i \tag{2.2.10}$$

必须指出，叠加原理并不是一个理所当然的结果，它反映了一个新的实验事实，即电的作用没有三体力存在。因而叠加原理是电场的一个基本性质，它是计算任意复杂电荷系统的总电场强度的理论基础[5]。

由叠加原理很容易推出，当静电场中的电荷分布密度都相应地增加几倍时，场的结构、等位面的形状都不会变化，只是各点场强的值和电位值都增加几倍。

这个原理还指出，泊松方程在数学上的完整解答是它的一个特解 φ_{T} 加上它的齐次解 φ_{Q}，φ_{Q} 就是拉普拉斯方程的解。在数学上满足拉普拉斯方程的解称为调和函数。一系列调和函数 $\varPhi_1,\varPhi_2,\varPhi_3,\cdots$ 一旦确定，那么这些函数的线性组合也将是拉普拉斯方程的一个解。因此，如果取

$$\varphi=\varphi_{\mathrm{T}}+\varphi_{\mathrm{Q}}=\varphi_{\mathrm{T}}+\sum_{k=1}^{n} A_k \varPhi_k \tag{2.2.11}$$

只要能够选择适当的方法，由调整组合系数 A_k 来满足边界条件，就可以得到泊松方程在给定边界条件下唯一真实的解。

【例 2.2.3】 由格林互易定理解释静电场的叠加原理。

解 在格林互易定理式(2.2.3)：

$$\sum_{k=1}^{n}\varphi_k q_k'=\sum_{k=1}^{n}\varphi_k' q_k$$

的两边加上 $\sum\limits_{k=1}^{n}\varphi_k q_k$，可得

$$\sum_{k=1}^{n}\varphi_k (q_k'+q_k)=\sum_{k=1}^{n}(\varphi_k'+\varphi_k) q_k \tag{2.2.12}$$

比较式(2.2.3)和式(2.2.12)，便可看出：设有 n 个导体，每个导体上的电荷 q_k 产生电位 φ_k，又电荷 q_k' 产生电位 φ_k'，则电荷 q_k+q_k' 产生电位 $\varphi_k+\varphi_k'$。这就是叠加原理的一个证明。

2.3　三维泊松方程的积分解

对于一个具体的静电场问题，要计算电场，必须知道它的源。计算有界区域内的电场，内部可以有源也可无源，但是区域的边界条件必须给定。在 2.4 节中将看到，这也是给定源，因为边界条件等价于源，它反映了区域以外的源的作用[3-5]。

为了依据 V 内的 ρ 和边界面 S 上的 φ 和 $\dfrac{\partial\varphi}{\partial n}$ 来获得 $\varphi(\boldsymbol{r})$ 的解析表达式，就必须借助于格林第二公式：

$$\int_V(\phi\nabla^2\psi-\psi\nabla^2\phi)\mathrm{d}V=\oint_S\left(\phi\frac{\partial\psi}{\partial n}-\psi\frac{\partial\phi}{\partial n}\right)\mathrm{d}S$$

式中，S 是包围体积 V 的闭合曲面；$\dfrac{\partial\phi}{\partial n}$ 或 $\dfrac{\partial\psi}{\partial n}$ 是面 S 上的外法向导数。

如图 2.3.1 所示，任意取点 O 为原点，令点 $\boldsymbol{r}$ 是体积 V 内的一个固定的观察点(或场点)，而 $\boldsymbol{r}'$ 是体积 V 内的动点。令 $\phi=\varphi$，即 ϕ 为电位，且 $\nabla^2\varphi=-\dfrac{\rho}{\varepsilon}$；并令 $\psi=\dfrac{1}{R}=\dfrac{1}{|\boldsymbol{r}-\boldsymbol{r}'|}$，这里 R 是体积 V 内的动点 $\boldsymbol{r}'$ 到定点 $\boldsymbol{r}$ 的距离。容易求得 $\nabla'^2\left(\dfrac{1}{R}\right)=-4\pi\delta(\boldsymbol{r}-\boldsymbol{r}')$，即 $R=0$ 处是一个奇点。为了避开这个奇点，可以取 $\boldsymbol{r}$ 点为中心，以 a 为半径画一个小球面 S_0，其体积为 V_0。这样，体积 $V-V_0$ 就被两个闭合面 S (从外面)和 S_0 (从内部)包围。在体积 $V-V_0$ 中，φ 和 ψ 现在都满足格林第二公式连续性的要求，并且 $\nabla'^2\psi=0$，于是，格林第二公式可变成：

$$\int_{V-V_0}\frac{\nabla'^2\varphi}{R}\mathrm{d}V'=\oint_{S+S_0}\left[\frac{1}{R}\frac{\partial\varphi}{\partial n'}-\varphi\frac{\partial}{\partial n'}\left(\frac{1}{R}\right)\right]\mathrm{d}S' \tag{2.3.1}$$

显然，这时面积分扩展到 S 和 S_0 两个面上。

在球面 S_0 上正法向矢量指向 $\boldsymbol{r}$ 点，因此在 S_0 上，有

$$\frac{\partial\varphi}{\partial n'}=-\frac{\partial\varphi}{\partial R},\quad \frac{\partial}{\partial n'}\left(\frac{1}{R}\right)\bigg|_{R=a}=\frac{1}{a^2} \tag{2.3.2}$$

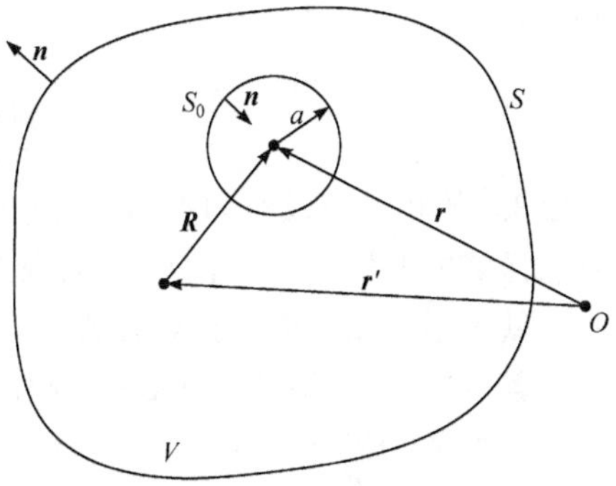

图 2.3.1　三维泊松方程积分解示意图

由于在球面 S_0 上 $R=a$ (为常数)，因此 S_0 面上的面积分为

$$-\frac{1}{a}\oint_{S_0}\frac{\partial\varphi}{\partial R}\mathrm{d}S'-\frac{1}{a^2}\oint_{S_0}\varphi\mathrm{d}S'=-\frac{1}{a}\cdot4\pi a^2\left[\frac{\partial\varphi}{\partial R}\right]_{\text{平均值}}-\frac{1}{a^2}\cdot4\pi a^2[\varphi]_{\text{平均值}} \tag{2.3.3}$$

式中，$\left[\dfrac{\partial\varphi}{\partial R}\right]_{\text{平均值}}$ 和 $[\varphi]_{\text{平均值}}$ 分别是在 S_0 上 $\dfrac{\partial\varphi}{\partial R}$ 和 φ 的平均值。当 $a\to0$ 时，式(2.3.3)等号右端只剩下第二项 $-4\pi[\varphi]_{\text{平均值}}=-4\pi\varphi(\boldsymbol{r})$ (此时 $[\varphi]_{\text{平均值}}$ 就是 S_0 内 $\boldsymbol{r}$ 点的 $\varphi(\boldsymbol{r})$)，代入式(2.3.1)中，同时注意到 $\lim\limits_{a\to0}(V-V_0)=V$，得到

$$\varphi(\boldsymbol{r})=-\frac{1}{4\pi}\int_V\frac{\nabla'^2\varphi}{R}\mathrm{d}V'+\frac{1}{4\pi}\oint_S\left[\frac{1}{R}\frac{\partial\varphi}{\partial n'}-\varphi\frac{\partial}{\partial n'}\left(\frac{1}{R}\right)\right]\mathrm{d}S' \tag{2.3.4}$$

式(2.3.4)称为格林第三公式。

对于各向同性的线性均匀介质，根据泊松方程 $\nabla^2\varphi=-\dfrac{\rho}{\varepsilon}$，式(2.3.4)变为

$$\varphi(\boldsymbol{r})=\frac{1}{4\pi\varepsilon}\int_V\frac{\rho(\boldsymbol{r}')}{R}\mathrm{d}V'+\frac{1}{4\pi}\oint_S\left[\frac{1}{R}\frac{\partial\varphi}{\partial n'}-\varphi\frac{\partial}{\partial n'}\left(\frac{1}{R}\right)\right]\mathrm{d}S' \tag{2.3.5}$$

这就是根据 V 内的 ρ 和 S 面上的 φ 及 $\dfrac{\partial\varphi}{\partial n}$ 给出的闭合边界面内三维泊松方程的积分解，称为格林积分解[5-7]。

显然，式(2.3.5)等号右边第一项代表在体积 V 中体分布源 $\rho(\boldsymbol{r}')$ 在 $\boldsymbol{r}$ 点产生的电位的总

和；第二项是与边界上约束条件等价的源在 $\boldsymbol{r}$ 点产生的电位，实际上它代表了体积 V 外所有源对 V 内 $\boldsymbol{r}$ 点电位的贡献。若在体积 V 外部完全没有电荷，则面积分必然为零。从数学意义上讲，式(2.3.5)等号右边第一项是泊松方程 $\nabla^2\varphi=-\dfrac{\rho}{\varepsilon}$ 的特解，而第二项是齐次方程 $\nabla^2\varphi=0$ 的通解。它不仅可以用于计算 V 内任一点的场，也可以用于计算边界上各点的场，但不可用于计算边界外各点的场。

式(2.3.5)说明，S 内任一点的电位单值地决定于 S 面内的电荷分布和 S 面上的电位 φ 及其法向导数 $\dfrac{\partial\varphi}{\partial n}$。由此得出结论：

(1) 如果 S 面趋于无限大，S 上的电场衰减比 $\dfrac{1}{R}$ 快，则面积分为零，式(2.3.5)简化为熟知的结果：

$$\varphi(\boldsymbol{r})=\frac{1}{4\pi\varepsilon}\int_V\frac{\rho(\boldsymbol{r}')}{R}\mathrm{d}V' \tag{2.3.6}$$

式(2.3.6)的积分遍及空间中的所有电荷。这就是泊松方程在无界空间中的特解，它是分布在有限区域内的体积电荷 $\rho(\boldsymbol{r}')$ 在无限大各向同性、线性、均匀媒质中产生的电位 φ 的积分式解，就是通常用的电位计算公式。

若以 $\sigma(\boldsymbol{r}')\mathrm{d}S$ 取代 $\rho(\boldsymbol{r}')\mathrm{d}V'$，则由式(2.3.6)得到一个曲面 S 上的任意面电荷密度 $\sigma(\boldsymbol{r}')$ 所产生的电位的积分式解：

$$\varphi(\boldsymbol{r})=\frac{1}{4\pi\varepsilon}\int_S\frac{\sigma(\boldsymbol{r}')}{R}\mathrm{d}S' \tag{2.3.7}$$

(2) 如果体积 V 内不存在电荷，体积 V 内任意点的电位仅由体积 V 边界面 S 上的电位及其法向导数决定，即

$$\varphi(\boldsymbol{r})=\frac{1}{4\pi}\oint_S\left[\frac{1}{R}\frac{\partial\varphi}{\partial n'}-\varphi\frac{\partial}{\partial n'}\left(\frac{1}{R}\right)\right]\mathrm{d}S' \tag{2.3.8}$$

这就是三维拉普拉斯方程的积分解，也称为调和函数的积分表达式。它说明，对于在 $V+S$ 上有连续一阶偏导数的调和函数 φ，它在区域内任意点 $\boldsymbol{r}$ 的值，可由这个函数及其法线方向导数在边界面 S 上的值来表示。

【例 2.3.1】 求证：在无电荷的空间中，任一点的电位值等于以该点为球心的任一球面上电位的平均值。(这就是电位的均值定理)

证明 设所求电位为 P 点的值，以 P 点为球心，以任一半径 a 作一个完全落在无电荷空间中的球面，即闭合面 S。根据给定条件，在 S 面内 $\rho\equiv0$，所以式(2.3.8)在这里成立，即

$$\varphi(P)=\frac{1}{4\pi}\oint_S\frac{1}{R}\frac{\partial\varphi}{\partial n'}\mathrm{d}S'-\frac{1}{4\pi}\oint_S\varphi\frac{\partial}{\partial n'}\left(\frac{1}{R}\right)\mathrm{d}S' \tag{2.3.9}$$

如果注意到，在球面 S 上 $\dfrac{1}{R}=\dfrac{1}{a}$，$\dfrac{\partial}{\partial n'}\left(\dfrac{1}{R}\right)=\dfrac{\partial}{\partial R}\left(\dfrac{1}{R}\right)=-\dfrac{1}{a^2}$，则式(2.3.9)变为

$$\varphi(P)=\frac{1}{4\pi a}\oint_S\frac{\partial\varphi}{\partial n'}\mathrm{d}S'+\frac{1}{4\pi a^2}\oint_S\varphi\mathrm{d}S' \tag{2.3.10}$$

由于在闭合面 S 内没有电荷，有 $\nabla^2\varphi=0$，因此 $\oint_S \frac{\partial\varphi}{\partial n'}\mathrm{d}S'=\oint_S \nabla'\varphi\cdot\mathrm{d}\boldsymbol{S}'=\int_V \nabla'^2\varphi\mathrm{d}V'=0$。这样，由式(2.3.10)得到

$$\varphi(P)=\frac{1}{4\pi a^2}\oint_S \varphi\mathrm{d}S'=[\varphi]_{\text{平均值}} \tag{2.3.11}$$

这就是所要证明的结果，称为平均值公式。

2.4　格林等效层定理

这里，利用三维泊松方程的积分解来说明一个在求解静电场问题中有重要应用的定理，即格林等效层定理[3,5-7]。它说明了如何将某一区域 V 内的电荷分布对 V 外某一点场的贡献转化为包围 V 的闭合面 S 上的等效源的贡献。

假定空间电荷密度 $\rho(\boldsymbol{r}')$ 已给定，并且它迅速地在无限远处趋于零，即没有电荷分布在无限远处。这样，任一点 P 的电位可根据式(2.4.1)求得

$$\varphi(P)=\frac{1}{4\pi\varepsilon}\int_V \frac{\rho(\boldsymbol{r}')}{R}\mathrm{d}V' \tag{2.4.1}$$

式中，积分应遍及整个空间电荷分布。现在，作一个闭合面 S 把整个空间体积 V 分成两部分体积 V_1 和 V_2。如图 2.4.1 所示，体积 V_1 被闭合面 S 从外面包围，另一部分体积 V_2 则在 S 面之外，那么式(2.4.1)可写成两个体积分之和：

$$\varphi(P)=\frac{1}{4\pi\varepsilon}\int_{V_1} \frac{\rho(\boldsymbol{r}')}{R}\mathrm{d}V'+\frac{1}{4\pi\varepsilon}\int_{V_2} \frac{\rho(\boldsymbol{r}')}{R}\mathrm{d}V' \tag{2.4.2}$$

式中，点 P 既可以在 V_1 内，也可以在 V_2 内。

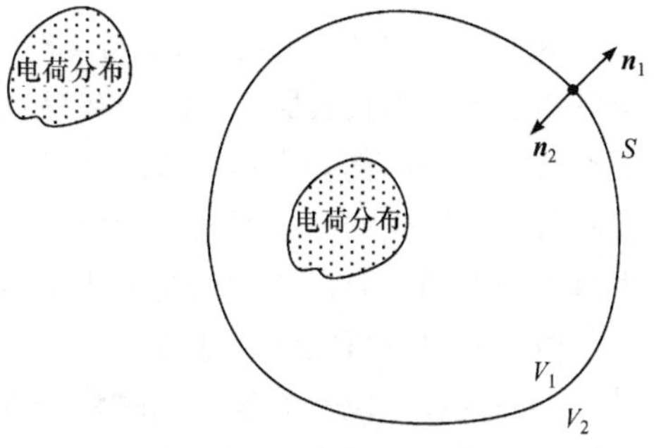

图 2.4.1　格林等效层定理示意图

1. 点 P 在 V_1 内的情况

如果点 P 限制在 V_1 内，记 P 为 P_i，由式(2.3.5)可知，点 P_i 的电位还可以写成：

$$\varphi(P_\mathrm{i})=\frac{1}{4\pi\varepsilon}\int_{V_1} \frac{\rho(\boldsymbol{r}')}{R}\mathrm{d}V'+\frac{1}{4\pi}\oint_S\left[\frac{1}{R}\frac{\partial\varphi}{\partial n_1'}-\varphi\frac{\partial}{\partial n_1'}\left(\frac{1}{R}\right)\right]\mathrm{d}S' \tag{2.4.3}$$

式中，$\boldsymbol{n}_1$ 是 S 面向外的单位法向矢量。比较式(2.4.3)和式(2.4.2)，得到

$$\frac{1}{4\pi}\int_{V_2} \frac{\rho(\boldsymbol{r}')}{R}\mathrm{d}V'=\frac{1}{4\pi}\oint_S \frac{1}{R}\frac{\partial\varphi}{\partial n_1'}\mathrm{d}S'-\frac{1}{4\pi}\oint_S \varphi\frac{\partial}{\partial n_1'}\left(\frac{1}{R}\right)\mathrm{d}S' \tag{2.4.4}$$

现在，解释式(2.4.4)的物理意义。它说明 V_2 内的电荷分布对 V_2 外(即 V_1 内)一点 P_i 场的贡献等效于在 V_2 的内边界面上置一层面电荷分布和一层电偶极子对 V_2 外一点场的贡献，且面电荷密度 σ 和电偶极层密度 $\boldsymbol{\tau}$ 分别为

$$\sigma = \varepsilon \frac{\partial \varphi}{\partial n_1} \quad 和 \quad \boldsymbol{\tau} = -\varepsilon \varphi \boldsymbol{n}_1 \tag{2.4.5}$$

2. 点 P 在 V_2 内的情况

如果点 P 限制在 V_2 内，记 P 为 P_e，由式(2.3.5)可知，点 P_e 的电位还可以写成：

$$\varphi(P_e) = \frac{1}{4\pi\varepsilon}\int_{V_2} \frac{\rho(\boldsymbol{r}')}{R} \mathrm{d}V' + \frac{1}{4\pi}\oint_S \left[\frac{1}{R}\frac{\partial \varphi}{\partial n_2'} - \varphi \frac{\partial}{\partial n_2'}\left(\frac{1}{R}\right)\right] \mathrm{d}S' \tag{2.4.6}$$

式中，$\boldsymbol{n}_2$ 是 S 面向内的单位法向矢量。因此，$\boldsymbol{n}_2 = -\boldsymbol{n}_1$，如图 2.4.1 所示。比较式(2.4.6)和式(2.4.2)，得到

$$\frac{1}{4\pi\varepsilon}\int_{V_1} \frac{\rho(\boldsymbol{r}')}{R} \mathrm{d}V' = \frac{1}{4\pi}\oint_S \frac{1}{R}\frac{\partial \varphi}{\partial n_2'} \mathrm{d}S' - \frac{1}{4\pi}\oint_S \varphi \frac{\partial}{\partial n_2'}\left(\frac{1}{R}\right) \mathrm{d}S' \tag{2.4.7}$$

现在，解释式(2.4.7)的物理意义。它说明 V_1 内的电荷分布对 V_1 外(即 V_2 内)任一点 P_e 场的贡献等效于在 V_1 边界面 S 上置一层面电荷分布和一层电偶极子对 V_1 外一点场的贡献，且面电荷密度 σ 和电偶极层密度 $\boldsymbol{\tau}$ 分别为

$$\sigma = \varepsilon \frac{\partial \varphi}{\partial n_2} \quad 和 \quad \boldsymbol{\tau} = -\varepsilon \varphi \boldsymbol{n}_2 \tag{2.4.8}$$

这种等效关系式(2.4.5)或式(2.4.8)意味着，若取某一区域 V_0，可以将 V_0 内的电荷对 V_0 外场的贡献转化为其表面 S 上的分布等效源的贡献，这在任何方面都不致影响 V_0 外点的电场。把这种等效关系称为格林等效层定理。但是，这些面分布等效源在 V_0 内产生的电场，与真实源分布所产生的完全不同。相反，必须强调指出，虽然这些等效源在 V_0 外所有点都能产生真正的电场，但在 V_0 内的每一点恰好是使电位 φ 和电场强度 $\boldsymbol{E}$ 变为零值所需要的。

由这一讨论可以清楚地看到，人们总可以用一个曲面将静电场的任意一部分隔离，使其外部的场和电位变为零，同时将外部电荷对内部场的影响归结为分界面上的电荷层和电偶极层分布。下面看几个简单的例子。

【例 2.4.1】 在真空中，有两个同心的均匀球面电荷，内、外球面的半径分别为 $R-d/2$ 和 $R+d/2$，所带总电荷分别为 $-q$ 和 $+q$。求：(1)外球面外部空间中的电位；(2)在 $d \ll R$ 条件下，内球面内部空间中的电位。(注：当 $d \ll R$ 时，把这两个同心的均匀、异号球面电荷所组成的系统，称为电偶极层或电偶层)

解 (1) 由于均匀球面电荷在球外的电场相当于把球面上的电荷集中到球心的一个点电荷的电场，因此有

$$\varphi(r) = \frac{q}{4\pi\varepsilon_0 r} + \frac{-q}{4\pi\varepsilon_0 r} = 0, \quad R + d/2 < r < \infty$$

(2) 由于均匀球面电荷在球内任一点的电位就等于球面上的电位，因此有

$$\begin{aligned}\varphi(r) &= \frac{q}{4\pi\varepsilon_0(R+d/2)} + \frac{-q}{4\pi\varepsilon_0(R-d/2)} \\ &= \frac{q}{4\pi\varepsilon_0} \cdot \frac{-d}{R^2 - (d/2)^2}, \quad r < R - d/2\end{aligned}$$

当 $d/R \ll 1$ 时，有 $R^2-(d/2)^2 \approx R^2$，所以上式近似成：

$$\varphi(r) \approx \frac{-qd}{4\pi\varepsilon_0 R^2} = \frac{-\sigma d}{\varepsilon_0} = \frac{-\boldsymbol{\tau}\cdot\boldsymbol{r}^0}{\varepsilon_0}, \quad r < R-d/2$$

式中，$\sigma = \dfrac{q}{4\pi R^2}$ 是球面上的面电荷密度；$\boldsymbol{\tau} = \sigma \boldsymbol{r}^0$ 是面分布电偶极子的偶极密度，它的正方向是从负电荷侧指向正电荷侧，与径向方向单位矢量 $\boldsymbol{r}^0$ 相同。

这个例题的结果很有趣，它表明在球面分布电偶极层的任意一边，电位值都是处处相同的，但电位在穿过球面电偶极层时会发生突变。在 2.8 节中，将对这一结果做比较详细的分析。

【例 2.4.2】 球心电荷与球面电荷层和电偶层的电位[5]。

解 考虑一个半径为 a 的球面，其球心处有一电荷 q。已知点电荷的电位为

$$\varphi_0 = \frac{q}{4\pi\varepsilon r}, \quad 0 < r < \infty$$

如果在球面上加上面电荷层，其密度为 $\sigma = \varepsilon \dfrac{\partial \varphi}{\partial r}\Big|_{r=a} = -\dfrac{q}{4\pi a^2}$，则它产生的电位为

$$\varphi_1 = \begin{cases} -\dfrac{q}{4\pi\varepsilon a}, & r < a \\ -\dfrac{q}{4\pi\varepsilon r}, & r > a \end{cases}$$

如果在球面上再加电偶层，其密度为 $\boldsymbol{\tau} = -\varepsilon\varphi\boldsymbol{r}^0\Big|_{r=a} = -\dfrac{q}{4\pi a}\boldsymbol{r}^0$，则它产生的电位为

$$\varphi_2 = \begin{cases} \dfrac{q}{4\pi\varepsilon a}, & r < a \\ 0, & r > a \end{cases}$$

所有电位的总和为

$$\varphi = \varphi_0 + \varphi_1 + \varphi_2 = \begin{cases} \dfrac{q}{4\pi\varepsilon r}, & r < a \\ 0, & r > a \end{cases}$$

由此可见，在球面上加上面电荷层和电偶层，使在球面外部点电荷的场恰好被球面电荷层和电偶层的场对消掉。也就是说，消去了点电荷 q 在 S 面外部区域的场，而 S 内的电场却未改变。

由这个例题的结果可以推论，如果 V_1 内场点的电位应用 V_2 内的电位计算公式(2.4.6)来计算，则由此而得的电位将为零；反之，如果 V_2 内场点的电位应用 V_1 内的电位计算公式(2.4.3)来计算，则由此得到的电位也将为零。这一事实表明，格林等效层定理仅对被等效的体积 V_1(或 V_2)以外的点是成立的，称 V_1(或 V_2)以外的区域为有效区域；而对 V_1(或 V_2)内的点是不适用的。因此，在应用格林等效层定理时，必须注意哪个区域是有效区域。

【例 2.4.3】 求证：由等电位面 S 包围的体积 V 内电荷分布在 V 外所产生的场，等效于

面 S 上一层面电荷分布在 V 外所产生的场。

证明　根据格林等效层定理，体积 V 内电荷分布在 V 外一点所产生的电位可以表示为

$$\varphi(\boldsymbol{r})=\frac{1}{4\pi\varepsilon}\int_V\frac{\rho(\boldsymbol{r}')}{R}\mathrm{d}V'=\frac{1}{4\pi}\oint_S\varphi\frac{\partial}{\partial n'}\left(\frac{1}{R}\right)\mathrm{d}S'-\frac{1}{4\pi}\oint_S\frac{1}{R}\frac{\partial\varphi}{\partial n'}\mathrm{d}S' \tag{2.4.9}$$

式中，$\boldsymbol{n}$ 是 S 面向外的单位法向矢量。由题意知，在面 S 上 $\varphi=C=$ 常数，则式(2.4.9)右边第一项面积分为

$$\frac{1}{4\pi}\oint_S\varphi\frac{\partial}{\partial n'}\left(\frac{1}{R}\right)\mathrm{d}S'=\frac{C}{4\pi}\oint_S\nabla'\left(\frac{1}{R}\right)\cdot\mathrm{d}\boldsymbol{S}'=\frac{C}{4\pi}\int_V\nabla'^2\left(\frac{1}{R}\right)\mathrm{d}V'=0$$

应该注意到，因为 $\boldsymbol{r}$ 点在 V 外，而 $\boldsymbol{r}'$ 点在 V 内，在 V 内完成上述积分过程中，$\boldsymbol{r}$ 点与 $\boldsymbol{r}'$ 点不会重合，所以 $\nabla'^2\left(\frac{1}{R}\right)=0$。这一结果表明，在式(2.4.9)中不存在等效电偶极层，只有等效面电荷层，而且等效面电荷的总电荷为

$$\begin{aligned}\oint_S\sigma(\boldsymbol{r}')\mathrm{d}S'&=-\varepsilon\oint_S\frac{\partial\varphi}{\partial n'}\mathrm{d}S'=-\varepsilon\oint_S\nabla'\varphi(\boldsymbol{r}')\mathrm{d}\boldsymbol{S}'\\&=-\varepsilon\int_V\nabla'^2\varphi(\boldsymbol{r}')\mathrm{d}V'=\int_V\rho(\boldsymbol{r}')\mathrm{d}V'\end{aligned}$$

对于这道例题的结果能够这样解释：如果用一个无限薄的导体面 S 代替场中某一闭合等电位面 S，从物理意义上来说，导体面 S 的引入不会改变原来场的分布。此时，在导体面 S 内、外两侧会出现异号而量值相等的感应面电荷分布(注意：面 S 外侧感应面电荷的总电荷量等于它所包围的体积 V 内分布的总电荷量)，面 S 内部体积 V 中的电荷对面 S 外任一点场的贡献只由导体面 S 外侧的感应面电荷分布决定。如果把 V 内分布的电荷都搬到导体面 S 上与其内侧的反号感应面电荷相消，剩下的就只有导体外表面上同号感应面电荷，那么 V 内的电场就不再存在，而 V 外仍然是原来的电场。

推论 1： 如果在包围体积 V 的某一个等电位面 S 上置一个无限薄的导体面 S，并将 V 内分布的电荷都搬到导体面上，那么 V 内分布的电荷在 V 外产生的场与该导体面上的电荷所产生的场是相同的。如果这样做，V 外仍然是原来的电场分布，而 V 内就不再存在电场。可以这样理解，在体积 V 内用导体填满，将电荷赶到包围体积 V 的等电位面 S 上，就能得到这样的结果。

推论 2： 用导体面 S 内某种等效电荷分布来代替带电导体表面上的面电荷分布，只要它能够产生与导体表面完全重合的等电位面，那么该等效电荷分布在带电导体外部空间所产生的电场与带电导体表面上的面电荷分布所产生的电场是相同的。

2.5　二维泊松方程的积分解

利用二维格林公式，在二维的情况下，可以证明泊松方程的积分解为

$$\varphi(x,y)=\frac{1}{2\pi\varepsilon}\iint_D\rho(x',y')\ln\frac{1}{R}\mathrm{d}x'\mathrm{d}y'+\frac{1}{2\pi}\oint_l\left[\frac{\partial\varphi}{\partial n'}\ln\frac{1}{R}-\varphi\frac{\partial}{\partial n'}\left(\ln\frac{1}{R}\right)\right]\mathrm{d}l' \tag{2.5.1}$$

式中，如图 2.5.1 所示，$\varphi(x,y)$ 是观察点 $\boldsymbol{r}(x,y)$ 处的电位；D 是以闭合曲线 $\boldsymbol{l}$ 为边界的二维

区域；R 是动点 $\boldsymbol{r}'(x',y')$ 到观察点 $\boldsymbol{r}(x,y)$ 之间的距离；$\boldsymbol{n}$ 是曲线 $\boldsymbol{l}$ 的单位外法向矢量。

现在，给出式(2.5.1)的导出过程。由二维格林公式

$$\iint_D\left(\frac{\partial u}{\partial x}-\frac{\partial v}{\partial y}\right)\mathrm{d}x\mathrm{d}y=\oint_l(v\mathrm{d}x+u\mathrm{d}y) \tag{2.5.2}$$

出发，作变量替换：

$$u=\phi\frac{\partial\psi}{\partial x}\quad 和\quad v=-\phi\frac{\partial\psi}{\partial y}$$

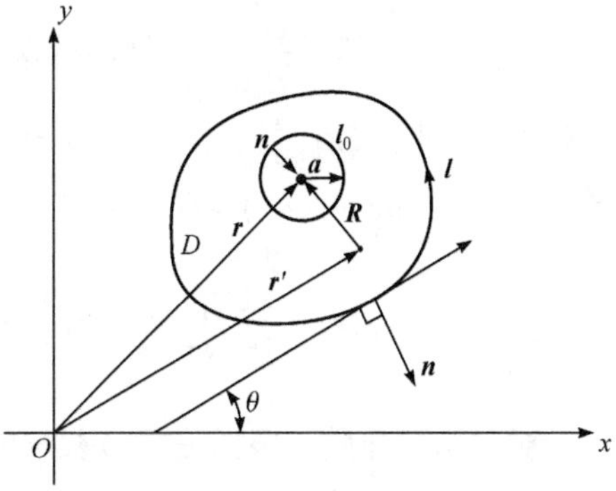

图 2.5.1　二维泊松方程积分解示意图

注意到

$$\oint_l\phi\left(\frac{\partial\psi}{\partial x}\mathrm{d}y-\frac{\partial\psi}{\partial y}\mathrm{d}x\right)=\oint_l\phi\left(\frac{\partial\psi}{\partial x}\sin\theta\mathrm{d}l-\frac{\partial\psi}{\partial y}\cos\theta\mathrm{d}l\right) \tag{2.5.3}$$

式中，各量的含义见图 2.5.1。利用式(2.5.2)，由式(2.5.3)可得到

$$\iint_D\phi\nabla^2\psi\mathrm{d}x\mathrm{d}y=-\iint_D\nabla\phi\cdot\nabla\psi\mathrm{d}x\mathrm{d}y+\oint_l\phi\frac{\partial\psi}{\partial n}\mathrm{d}l \tag{2.5.4}$$

又把式(2.5.4)中的 ϕ 和 ψ 互换，得到

$$\iint_D\psi\nabla^2\phi\mathrm{d}x\mathrm{d}y=-\iint_D\nabla\psi\cdot\nabla\phi\mathrm{d}x\mathrm{d}y+\oint_l\psi\frac{\partial\phi}{\partial n}\mathrm{d}l \tag{2.5.5}$$

式(2.5.4)与式(2.5.5)左、右两边分别相减，就有

$$\iint_D(\phi\nabla^2\psi-\psi\nabla^2\phi)\mathrm{d}x\mathrm{d}y=\oint_l\left(\phi\frac{\partial\psi}{\partial n}-\psi\frac{\partial\phi}{\partial n}\right)\mathrm{d}l \tag{2.5.6}$$

现在，令 $\psi=-\ln\frac{1}{R}$；$\phi=\varphi$，即 ϕ 为电位，且 $\nabla^2\varphi=-\frac{\rho}{\varepsilon}$，并代入式(2.5.6)中。但是，容易求得 $\nabla'^2\ln\frac{1}{R}=-2\pi\delta(\boldsymbol{r}-\boldsymbol{r}')$，即 $R=0$ 处是一个奇点。为了避开这个奇点，可以取观察点 $\boldsymbol{r}$ 为中心以 a 为半径画一个小圆环 $\boldsymbol{l}_0$，其面积为 D_0。这样，区域 $D-D_0$ 就被两条闭合曲线 $\boldsymbol{l}_0$ (从内部)和 $\boldsymbol{l}$ (从外面)包围。在区域 $D-D_0$ 中，φ 和 ψ 现在都满足式(2.5.6)连续性的要求，并且 $\nabla^2\psi=0$。于是，式(2.5.6)可变成：

$$\iint_{D-D_0}\nabla'^2\varphi\ln\frac{1}{R}\mathrm{d}x'\mathrm{d}y'=\oint_{l+l_0}\left[\varphi\frac{\partial}{\partial n'}(\ln R)+\frac{\partial\varphi}{\partial n'}\ln\frac{1}{R}\right]\mathrm{d}l' \tag{2.5.7}$$

在闭合曲线 $\boldsymbol{l}_0$ 上正法向矢量指向观察点 $\boldsymbol{r}$，因此在 $\boldsymbol{l}_0$ 上，有

$$\frac{\partial\varphi}{\partial n'}=-\frac{\partial\varphi}{\partial R},\quad \frac{\partial}{\partial n'}(\ln R)\bigg|_{R=a}=-\frac{1}{a} \tag{2.5.8}$$

由于在 $\boldsymbol{l}_0$ 上 $R=a$ (常数)，所以 $\boldsymbol{l}_0$ 上的线积分为

$$-\frac{1}{a}\oint_{l_0}\varphi\mathrm{d}l'-\left(\ln\frac{1}{a}\right)\oint_{l_0}\frac{\partial\varphi}{\partial R}\mathrm{d}l'=-\frac{1}{a}\cdot2\pi a[\varphi]_{平均值}-\left(\ln\frac{1}{a}\right)\cdot2\pi a\left[\frac{\partial\varphi}{\partial R}\right]_{平均值} \tag{2.5.9}$$

式中，$[\varphi]_{平均值}$ 和 $\left[\dfrac{\partial\varphi}{\partial R}\right]_{平均值}$ 分别是 $\boldsymbol{l}_0$ 上 φ 和 $\dfrac{\partial\varphi}{\partial R}$ 的平均值。当 $a\to 0$ 时，式(2.5.9)等号右端只剩下第一项 $-2\pi[\varphi]_{平均值}=-2\pi\varphi(\boldsymbol{r})$ (此时 $[\varphi]_{平均值}$ 即 $\boldsymbol{l}_0$ 内 $\boldsymbol{r}$ 点的 $\varphi(\boldsymbol{r})$)，代入式(2.5.7)中，同时注意到 $\lim\limits_{a\to 0}(D-D_0)=D$，得到

$$\varphi(\boldsymbol{r})=\frac{-1}{2\pi}\iint_D \nabla'^2\varphi\ln\frac{1}{R}\mathrm{d}x'\mathrm{d}y'+\frac{1}{2\pi}\oint_l\left[\varphi\frac{\partial}{\partial n'}(\ln R)+\left(\ln\frac{1}{R}\right)\frac{\partial\varphi}{\partial n'}\right]\mathrm{d}l' \tag{2.5.10}$$

对于均匀介质，根据泊松方程 $\nabla^2\varphi=-\dfrac{\rho}{\varepsilon}$，便有

$$\varphi(\boldsymbol{r})=\frac{1}{2\pi\varepsilon}\iint_D \rho(\boldsymbol{r}')\ln\frac{1}{R}\mathrm{d}x'\mathrm{d}y'+\frac{1}{2\pi}\oint_l\left[\frac{\partial\varphi}{\partial n'}\ln\frac{1}{R}-\varphi\frac{\partial}{\partial n'}\left(\ln\frac{1}{R}\right)\right]\mathrm{d}l' \tag{2.5.11}$$

这就是根据 D 内的 ρ 与闭合曲线 $\boldsymbol{l}$ 上的 φ 和 $\dfrac{\partial\varphi}{\partial n}$ 来给出 D 内二维泊松方程的积分解。与三维情况中的一样，也称为格林积分解。必须注意到，它只是二维泊松方程在 D 内的积分解。

显然，式(2.5.11)等号右边第一项代表在 D 内的分布源 $\rho(\boldsymbol{r}')$ 在 $\boldsymbol{r}$ 点产生的电位的总和；第二项代表了 D 外所有源对 D 内 $\boldsymbol{r}$ 点电位的贡献。若在 D 外没有源，则闭合线积分必然为零。从数学形式或物理意义来看，它说明 D 外的电荷分布对 D 内某一点场的贡献等效于在闭合曲线 $\boldsymbol{l}$ 上一面电荷层和一电偶极层对 D 内该点场的贡献。这就是在二维情况下的格林等效层定理。

2.6　场在无限远处的性质和积分收敛问题

2.6.1　电场和电位在无限远处的性质

在许多场合中，了解电场和电位在离开带电体系统很远处如何变化是极为重要的。

现在来分析当电荷分布于有限范围时，由它引起的电场和电位在无限远处的性质。任意取定一个原点 O，并假设所有可能的电荷分布形式都在离原点有限距离内，且设想这些电荷都能够被包围在闭合面 S 内，如图 2.6.1 所示。在闭合面 S 以外，任意场点 P 的电位可表示成：

$$\varphi(x,y,z)=\frac{1}{4\pi\varepsilon}\int_V\frac{\rho(x',y',z')}{(r^2+r'^2-2rr'\cos\theta)^{1/2}}\mathrm{d}V' \tag{2.6.1}$$

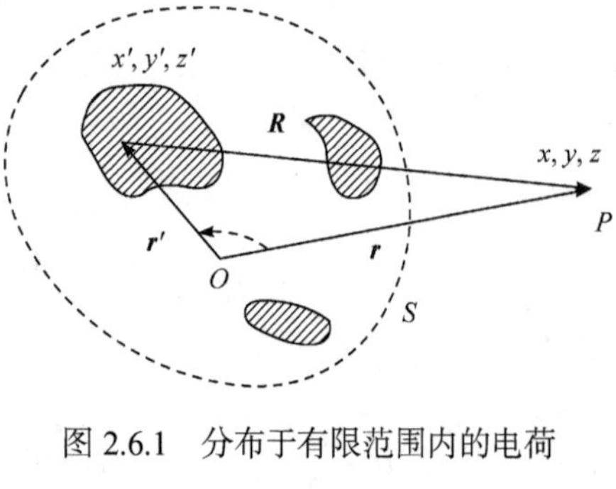

图 2.6.1　分布于有限范围内的电荷

当点 P 移动到离开带电体系统很远处时，r'^2 和 $2rr'\cos\theta$ 与 r^2 相比，都可以忽略不计，这时电位的极限值为

$$\lim_{r\to\infty}\varphi(x,y,z)=\frac{1}{4\pi\varepsilon r}\int_V\rho(x',y',z')\mathrm{d}V'=\frac{q}{4\pi\varepsilon r} \tag{2.6.2}$$

式中，q 是该系统中的总电荷。

式(2.6.2)说明，放在空间有限范围内的任何一个总电荷不为零的带电系统，对距离比此有限范围的尺度大很多的地方来说，可以当作一个点电荷 q。由此可知，对于任何放在空间有限范围内而总电荷不为零的带电体系统，其电位在无限远处按 $1/r$ 趋于零，而电场强度则按 $1/r^2$ 趋于零。换句话说，当 $r \to \infty$ 时，乘积 $r\varphi$ 和 $r^2|\boldsymbol{E}|$ 都为有限值，说明电位和电场在无限远处都是正则的[6]。

如果组成系统的各带电体的电荷总和等于零，则电位和电场都将更快地衰减到无限小。例如，后面要讲到的电偶极子，在离电偶极子很远的地方，它的电位按 $1/r^2$ 减小，而电场强度则按 $1/r^3$ 减小。因此，对于任何在有限范围内总电荷为零的带电体系统，电位在无限远处的衰减不慢于 $1/r^2$，而电场强度则不慢于 $1/r^3$。如果在电荷系统分解成的电偶极子中，有个别电偶极子的轴取向相反，因而这些电偶极子的场互相减弱，这种情况下电位和电场都会衰减得更快一些。

2.6.2　积分的收敛性

在电位和电场强度的积分计算式中，被积函数的分母都含有 $R=[(x-x')^2+(y-y')^2+(z-z')^2]^{1/2}$ 或 R^2。因为在计算电荷分布区域内一点处的电位或电场强度时，会发生场点 (x,y,z) 和源点 (x',y',z') 重合的情况，结果使得 $R\to 0$，使该点上的被积函数趋向无限大。这样，积分是否有意义是一个值得讨论的问题。下面证明这个积分是收敛的[6]。

令 P 是在电荷分布区域中的一个要计算电位或电场强度的场点，用任意形状的闭合面 S 把 P 点包围起来，这样就把电荷所占区域分成两部分，面 S 内的 V_1 和面 S 外的 V_2。点 $P(x,y,z)$ 位于 V_1 内。把点 P 的电位看成由两部分电荷所引起的电位的叠加，由 V_1 内电荷产生的电位用 φ_1 表示，V_2 内电荷所产生的电位用 φ_2 表示，则 $\varphi=\varphi_1+\varphi_2$。

对于 φ_2，可以写成：

$$\varphi_2=\frac{1}{4\pi\varepsilon}\int_{V_2}\frac{\rho(x',y',z')}{R}\mathrm{d}V'$$

这一积分显然是有界的，因为在积分过程中 $\boldsymbol{r}'$ 和 $\boldsymbol{r}$ 不会发生重合，$R=|\boldsymbol{r}-\boldsymbol{r}'|\neq 0$，因此可以说，面 S 外的电荷对于位于 S 内的点 P 的合成电位提供一有限值的贡献 φ_2。

再来分析 φ_1。假设在 V_1 内电荷的体密度 ρ 是有限值，因此总可以找到一个正的常数 m，且 $|\rho|\leqslant m$。对于这一上限值 m，有

$$\left|\frac{\rho(x',y',z')}{R}\right|\leqslant\frac{m}{R}\quad 和 \quad\left|\int_{V_1}\frac{\rho(x',y',z')}{R}\mathrm{d}V'\right|\leqslant m\left|\int_{V_1}\frac{1}{R}\mathrm{d}V'\right|$$

为了避免对该积分计算的不便，以点 $P(x,y,z)$ 为中心，以 a 为半径作一个外切球面，将 V_1 包围起来。这样，对于 V_1 的积分值必定小于或至多等于被球面包围的体积的积分值，即

$$\int_{V_1}\frac{1}{R}\mathrm{d}V'\leqslant 2\pi a^2$$

显然，它将随着 $a\to 0$ 而趋于零。由此可见，球面内电荷在自身中心处所产生的电位是有限

的，而且当 $a \to 0$ 时，它变得很小甚至消失。这说明了当闭合面 S 收缩到点 P 时，V_1 内的电荷对于点 P 的电位 φ_1 的贡献将趋于无限小。因此，对于一个电荷分布的内点和外点，计算电位的公式

$$\varphi = \frac{1}{4\pi\varepsilon}\int_V \frac{\rho(x',y',z')}{R}\mathrm{d}V' \tag{2.6.3}$$

都是收敛的。

同样，对于一个电荷分布的内点和外点，计算电场强度的公式

$$\boldsymbol{E} = \frac{1}{4\pi\varepsilon}\int_V \frac{\rho(x',y',z')\boldsymbol{e}_R}{R^2}\mathrm{d}V' \tag{2.6.4}$$

也是收敛的。

因此，电位与电场强度在场源内、外部都是一定的位置函数。此外，在电荷体密度 ρ 的间断点上(例如，在带电物体的边界上)也是如此。

另外，还可以证明，若 ρ 及其所有 n 阶的导数均为连续的，则电位 φ 具有所有低于 $n+1$ 阶的连续导数。

2.7　多极子展开

2.7.1　电偶极子

电偶极子是由一对等值异号的点电荷相距一段很小的距离 l 所组成的系统。设正、负点电荷到场点 P 的距离为 R_+ 和 R_-，如图 2.7.1 所示。

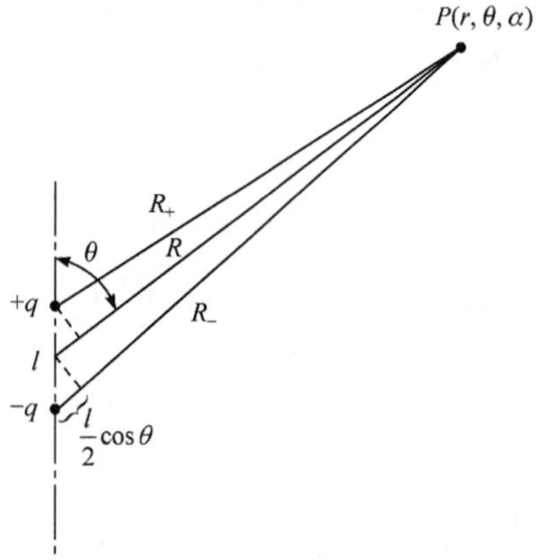

图 2.7.1　电偶极子

若选择无限远处为参考点，则点 P 的电位为

$$\varphi = \frac{q}{4\pi\varepsilon}\left(\frac{1}{R_+} - \frac{1}{R_-}\right)$$

当 $R \gg l$ 时，有

$$R_+ \approx R - \frac{l}{2}\cos\theta = R\left(1 - \frac{l}{2R}\cos\theta\right)$$

$$R_- \approx R + \frac{l}{2}\cos\theta = R\left(1 + \frac{l}{2R}\cos\theta\right)$$

因此最后得到

$$\varphi = \frac{ql\cos\theta}{4\pi\varepsilon R^2}$$

令

$$\boldsymbol{p} = q\boldsymbol{l}$$

式中，$\boldsymbol{p}$ 称为电偶极子的偶极矩；$\boldsymbol{l}$ 的方向由 $-q$ 指向 $+q$。电位 φ 的表达式可改写为

$$\varphi = \frac{\boldsymbol{p}\cdot\boldsymbol{e}_R}{4\pi\varepsilon R^2} \tag{2.7.1}$$

电偶极子产生的电场强度 $\boldsymbol{E}$ 为

$$\boldsymbol{E}=\frac{p}{4\pi\varepsilon R^3}(\boldsymbol{e}_r 2\cos\theta+\boldsymbol{e}_\theta\sin\theta) \tag{2.7.2}$$

类似地，还可以引入电四极子和更高阶的电多极子的概念。正如前面所熟知的，电偶极子是两个等量异号电荷在它们之间的距离趋于零时的极限情况下所形成的一个复合体。与此相仿，电四极子则是两个大小相等、方向相反，并且两者之间的距离趋于零的电偶极子所构成的复合体。图 2.7.2 所示的两种情形或许对于建立电四极子的直观图像是有益的。

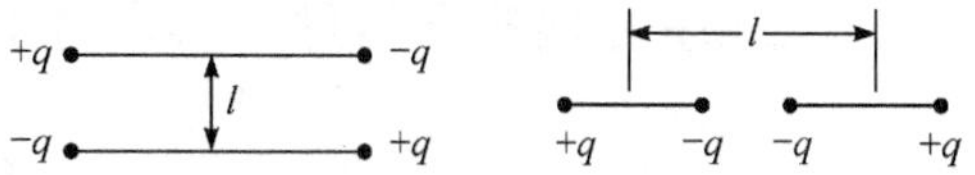

图 2.7.2　电四极子

在研究原子核物理和电磁辐射时，电四极子及更高阶的电多极子有重要意义。例如，如果要研究原子核电荷分布对原子光谱的影响(超精细结构)，则需要考虑原子核的电四极子的场。在原子核物理中，由于更高阶的效应目前还不能观察到，因而电四极子是研究原子核静电作用的重要依据之一。

2.7.2　电位的多极子展开

若在真空中电荷系统集中在空间很小的区域内，而研究其在远处产生的电场，可以采用多极子展开的方法。

如图 2.7.3 所示，设有限区域 V' 内，有 n 个点电荷，任意取定坐标原点(为方便起见，常取在 V' 内部或它的附近)，各源点的矢径为 $\boldsymbol{r}_i(i=1,2,3,\cdots,n)$，场点 P 的矢径为 $\boldsymbol{r}$，则点 P 的电位为

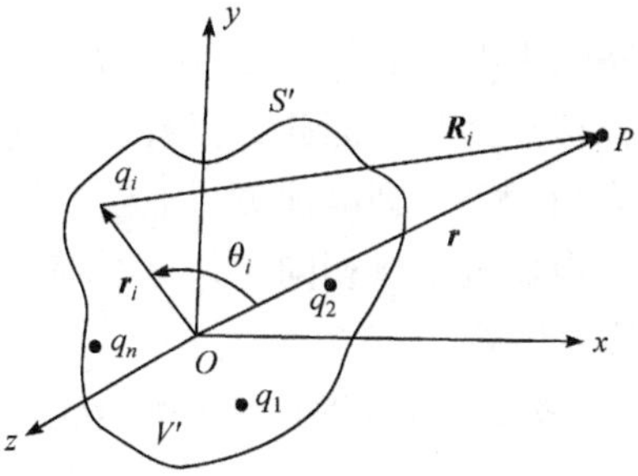

图 2.7.3　计算 n 个点电荷产生的电位

$$\varphi=\sum_{i=1}^{n}\frac{q_i}{4\pi\varepsilon_0 R_i} \tag{2.7.3}$$

式中，$R_i=|\boldsymbol{r}-\boldsymbol{r}_i|=(r^2+r_i^2-2rr_i\cos\theta_i)^{1/2}$。

如果点 P 在 V' 外足够远，以致对所有的点电荷，都有 $r\gg r_i$，于是

$$\frac{1}{R_i}=\frac{1}{r}(1+t)^{-1/2}=\frac{1}{r}\left(1-\frac{1}{2}t+\frac{3}{8}t^2-\frac{5}{16}t^3+\cdots\right) \tag{2.7.4}$$

式中

$$t=\left(\frac{r_i}{r}\right)^2-2\left(\frac{r_i}{r}\right)\cos\theta_i \tag{2.7.5}$$

将式(2.7.5)代入式(2.7.4)中，再代入式(2.7.3)中，经整理后得

$$\begin{aligned}\varphi&=\frac{1}{4\pi\varepsilon_0 r}\sum_{i=1}^{n}q_i+\frac{1}{4\pi\varepsilon_0 r^2}\sum_{i=1}^{n}q_i r_i\cos\theta_i+\frac{1}{4\pi\varepsilon_0 r^3}\sum_{i=1}^{n}\frac{q_i r_i^2}{2}(3\cos^2\theta_i-1)+\cdots\\&=\frac{1}{4\pi\varepsilon_0}\sum_{l=0}^{\infty}\frac{1}{r^{l+1}}\left[\sum_{i=1}^{n}q_i r_i^l \mathrm{P}_l(\cos\theta_i)\right]\end{aligned} \tag{2.7.6}$$

式(2.7.6)称为电位的多极子展开式[6-8]。其中，$\mathrm{P}_l(\cos\theta_i)$ 是 l 阶第一类勒让德函数。

可以看出，式(2.7.6)包含无穷多项。各项的物理意义如下：

第一项是一个点电荷Q的电位，相当于V'内的点电荷都集中在原点时Q在点P所产生的电位，即

$$Q=\sum_{i=1}^{n}q_i \tag{2.7.7}$$

第二项是电偶极子的电位。点电荷体系相应的总偶极矩为

$$\boldsymbol{P}=\sum_{i=1}^{n}q_i\boldsymbol{r}_i \tag{2.7.8}$$

这里求和号中的每一项都是电荷与距离的乘积，类似力学力矩(力乘以距离)。

第三项是体系的电四极子的电位。第四项、第五项等则是更高阶的电多极子的电位。式(2.7.6)表明，各项按$1/r, 1/r^2, 1/r^3, \cdots$递减，更高阶的电多极子项越来越小。每一项代表一种场源产生的电位。它也说明，一个小区域内的点电荷体系在远处的电位可以看成一系列多极子在远处的电位的叠加。

同样，也可以得到这样的结论，一个小区域内连续分布的电荷体系在远处的电位也可以看成一系列电多极子在远处的电位的叠加。或者说，一个小区域内连续分布的电荷在离它足够远(距离远大于其本身的线度)处的行为与一系列电多极子等效。不过这时，有

$$Q=\int_{V'}\rho\mathrm{d}V' \tag{2.7.9}$$

$$\boldsymbol{P}=\int_{V'}\rho\boldsymbol{r}'\mathrm{d}V' \tag{2.7.10}$$

等。记住这一结论对于我们进一步理解电多极子的意义和处理某些问题或许都是有益的。

进一步地分析，如果电荷分布是对原点对称的，则电偶极矩为零。因此，只有对原点不对称的电荷分布，才有电偶极子电位的修正项。如果总电荷为零，则电偶极子电位即为主要项。作为一次近似，中性的电荷组所产生的场和等效的电偶极子场相同，并且不难证明，电场作用于这一电荷组的力与作用在等效电偶极子上的力相等。

【例 2.7.1】 在真空中，电荷q均匀分布在长为a的一段直线上，即线电荷密度$\tau=q/a$。原点选在直线段的中心，且坐标系的z轴与直线段重合。

(1) 计算电位φ的多极子展开式中的零阶项、一阶项和二阶项；

(2) 当r等于何值时，二阶项小于零阶项的1%？r是由观察点到电荷中心的距离。

解 (1) 由电位φ的多极子展开式，零阶项为

$$\varphi_0=\frac{1}{4\pi\varepsilon_0 r}\int_{-a/2}^{a/2}\tau\mathrm{d}z'=\frac{q}{4\pi\varepsilon_0 r}$$

一阶项为

$$\varphi_1=\frac{1}{4\pi\varepsilon_0 r^2}\int_{-a/2}^{a/2}(x'\cos\alpha+y'\cos\beta+z'\cos\gamma)\tau\mathrm{d}z'$$

式中，$\cos\alpha$、$\cos\beta$和$\cos\gamma$是原点和观察点连线的方向余弦，且$x'=0$，$y'=0$，所以

$$\varphi_1 = \frac{1}{4\pi\varepsilon_0 r^2}\int_{-a/2}^{a/2} z'\tau\cos\gamma \mathrm{d}z' = \frac{q}{4\pi\varepsilon_0 r^2 a}\cdot\frac{z'^2}{2}\bigg|_{-a/2}^{a/2} = 0$$

二阶项为

$$\begin{aligned}\varphi_2 &= \frac{1}{4\pi\varepsilon_0 r^3}\int_{-a/2}^{a/2}\frac{1}{2}(3\cos^2\gamma - 1)z'^2\tau \mathrm{d}z' \\ &= \frac{\tau}{8\pi\varepsilon_0 r^3}(3\cos^2\gamma - 1)\int_{-a/2}^{a/2} z'^2 \mathrm{d}z' = \frac{qa^2}{96\pi\varepsilon_0 r^3}(3\cos^2\gamma - 1)\end{aligned}$$

(2) 令二阶项表达式中的 $\gamma = 0$，即只考察 $\cos\gamma = 1$ 的情况，按题意应为

$$\frac{2qa^2}{96\pi\varepsilon_0 r^3} \leqslant \frac{q}{4\pi\varepsilon_0 r}\cdot\frac{1}{100}$$

解之，$r \geqslant 2.9a$。当 $r \geqslant 2.9a$ 时，二阶项的值小于零阶项的值的 1%。

【例 2.7.2】 设只有一个带单位电量的点电荷 q，其矢径为 $\boldsymbol{r}'$，场点 P 的矢径为 $\boldsymbol{r}$，则根据式(2.7.6)，在场点 P 的电位为 $\varphi = \frac{q}{4\pi\varepsilon_0}\sum_{l=0}^{\infty}\frac{r'^l}{r^{l+1}}\mathrm{P}_l(\cos\theta)$，或者直接表示为 $\varphi = \frac{1}{4\pi\varepsilon_0 R}$，称为基本解。其中，$R = |r - r'|$。从这两式相比较看出，有 $\frac{1}{R} = \sum_{l=0}^{\infty}\frac{r'^l}{r^{l+1}}\mathrm{P}_l(\cos\theta)$。另外，应用勒让德函数的母函数也能得到这一结果。试证明：若场点 $\boldsymbol{r}$ 和源点 $\boldsymbol{r}'$ 的距离为 R，则基本解的勒让德函数级数展开式的截断误差为 $\mathrm{ERROR}_p < \frac{1}{4\pi\varepsilon_0 a}\left(\frac{1}{2}\right)^{p+1}\frac{1}{\sqrt{2p+3}}$，其中，$a$ 表示点集的半径。

证明　由题意，不难得到

$$\begin{aligned}\mathrm{ERROR}_p &= \frac{1}{4\pi\varepsilon_0}\left|\frac{1}{R} - \left(\frac{1}{R}\right)_p\right| = \frac{1}{4\pi\varepsilon_0}\left|\sum_{l=0}^{\infty}\frac{r'^l}{r^{l+1}}\mathrm{P}_l(\cos\theta) - \sum_{l=0}^{p}\frac{r'^l}{r^{l+1}}\mathrm{P}_l(\cos\theta)\right| \\ &= \frac{1}{4\pi\varepsilon_0}\left|\sum_{l=p+1}^{\infty}\frac{r'^l}{r^{l+1}}\mathrm{P}_l(\cos\theta)\right| \leqslant \frac{1}{4\pi\varepsilon_0}\left|\sum_{l=p+1}^{\infty}\frac{r'^l}{r^{l+1}}\right|\left|\mathrm{P}_{p+1}(\cos\theta)\right|\end{aligned}$$

应用勒让德函数的正交性，可得 $\mathrm{P}_{p+1}(\cos\theta) \leqslant \sqrt{\frac{1}{2(p+1)+1}}$，则

$$\mathrm{ERROR}_p \leqslant \frac{1}{4\pi\varepsilon_0}\sqrt{\frac{1}{2(p+1)+1}}\left|\sum_{l=p+1}^{\infty}\frac{r'^l}{r^{l+1}}\right|$$

根据等比级数求和公式，有

$$\sum_{l=p+1}^{\infty}\frac{r'^l}{r^{l+1}} = \frac{1}{r}\sum_{l=p+1}^{\infty}\left(\frac{r'}{r}\right)^l = \frac{1}{r}\cdot\frac{\left(\frac{r'}{r}\right)^{p+1}}{1 - \frac{r'}{r}} = \frac{\left(\frac{r'}{r}\right)^{p+1}}{r - r'}$$

则

$$\mathrm{ERROR}_p \leqslant \frac{1}{4\pi\varepsilon_0}\frac{1}{r-r'}\left(\frac{r'}{r}\right)^{p+1}\frac{1}{\sqrt{2p+3}}$$

根据远、近场划分准则，r 大于点集半径 a 的 2 倍，r' 小于点集的半径 a。$\min(r-r')>a$，$\max\left(\frac{1}{r-r'}\right)<\frac{1}{a}$，相对距离 $\frac{r}{r'}>2$，则 $\max\left(\frac{r'}{r}\right)<\frac{1}{a}$，相对距离 $\frac{r}{r'}>2$，则 $\max\left(\frac{r'}{r}\right)<\frac{1}{2}$，可得

$$\mathrm{ERROR}_p < \frac{1}{4\pi\varepsilon_0 a}\left(\frac{1}{2}\right)^{p+1}\frac{1}{\sqrt{2p+3}}$$

至此，得证。

请读者自证，在球坐标系下，电位梯度(即电场强度)的各个分量的截断误差分别为 $\Delta\mathrm{ERROR}_{pr}$、$\Delta\mathrm{ERROR}_{p\theta}$ 和 $\Delta\mathrm{ERROR}_{p\phi}$，则

$$\begin{aligned}\left\|\Delta E_p\right\| &= \sqrt{(\Delta\mathrm{ERROR}_{pr})^2+(\Delta\mathrm{ERROR}_{p\theta})^2+(\Delta\mathrm{ERROR}_{p\phi})^2} \\ &\leqslant \frac{1}{4\pi\varepsilon_0 a^2}\sqrt{\frac{(3p+4)(p+2)}{2p+3}}\left(\frac{1}{2}\right)^{p+1}\end{aligned}$$

2.8　场强和电位的连续性问题

在 2.1 节中，已经给出了不同媒质分界面上的衔接条件式(2.1.7)和式(2.1.8)，或用电位表示的式(2.1.16)和式(2.1.17)。一般来说，当场量或者它的导数在穿过有面电荷分布的表面时，会发生不连续性问题。在这一节中，我们试图按照电荷的不同分布，对此分别加以详细讨论。

2.8.1　体电荷分布和面电荷分布[6]

在 2.6 节中曾经证明，对于以体密度 ρ 分布的电荷，只要 ρ 的值是有界的且分段连续，则积分计算式(2.3.6)收敛，并且是 x、y、z 的连续函数。因此，对于 ρ 不连续变化界面的两边，φ 和 $\boldsymbol{E}$ 分别具有相同的值。但是，$\boldsymbol{E}$ 的导数一般不连续。

作为一个例子，考虑一个半径为 a 的球形电荷分布，其电荷密度为常数 ρ。容易求得，电场强度 $\boldsymbol{E}$ 和电位 φ 分别为

$$\boldsymbol{E}=\begin{cases}\dfrac{q}{4\pi\varepsilon_0}\dfrac{r}{a^3}\boldsymbol{e}_r, & r<a \\ \dfrac{q}{4\pi\varepsilon_0}\dfrac{1}{r^2}\boldsymbol{e}_r, & r>a\end{cases}$$

和

$$\varphi=\begin{cases}\dfrac{q}{8\pi\varepsilon_0}\left(\dfrac{3}{a}-\dfrac{r^2}{a^3}\right), & r<a\\ \dfrac{q}{4\pi\varepsilon_0 r}, & r>a\end{cases}$$

式中，q是分布在球内的总电荷量。$\boldsymbol{E}$和φ对r的关系，分别示于图 2.8.1 中。可以看出，在穿过$r=a$的表面，也就是穿过电荷体密度的突变面时，电位和场强都是连续的。但是由于ρ的不连续，$\boldsymbol{E}$的一阶导数(φ的二阶导数)发生突变。

可以证明，对于一个以密度为$\boldsymbol{P}$的电偶极子的体分布，只要$\boldsymbol{P}$有界且分段连续，那么由它产生的电位将是一个连续的函数，即在$\boldsymbol{P}$不连续的界面两边，电位φ具有相同的值。但是，在$\boldsymbol{P}$不连续的表面上，电场强度$\boldsymbol{E}$的法向分量是不连续的。

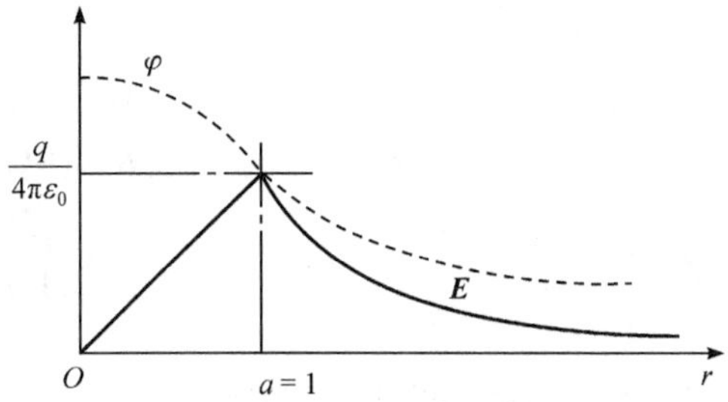

图 2.8.1　球形电荷的电位和电场

也可以证明，由任一曲面S上的面电荷分布产生的电位，在面上和面外的所有点都是位置的有界且连续的函数。但是在穿过面S时，电场强度要发生一个突变$\sigma_{\mathrm{t}}/\varepsilon_0$($\sigma_{\mathrm{t}}$既包含自由电荷，又包含极化电荷)，且与面$S$的几何形状无关。

2.8.2　电偶极层(电壳)

电偶极层(简称电壳)是由距离d无限小的相邻两个面S所构成的，每个面上分布有等值异号的面电荷密度$\sigma(\boldsymbol{r}')$，正电荷位于面S的正侧，负电荷位于面S的负侧，如图 2.8.2 所示。电偶极层的电偶极矩密度$\boldsymbol{\tau}(\boldsymbol{r}')$定义为

$$\boldsymbol{\tau}(\boldsymbol{r}')=\boldsymbol{n}\lim(\sigma d),\quad 当 d\to 0 时，\quad \sigma\to\infty \tag{2.8.1}$$

其正方向是从负电荷侧指向正电荷侧，且垂直于面S。因此，$\boldsymbol{\tau}(\boldsymbol{r}')$代表单位面积的电偶极矩。

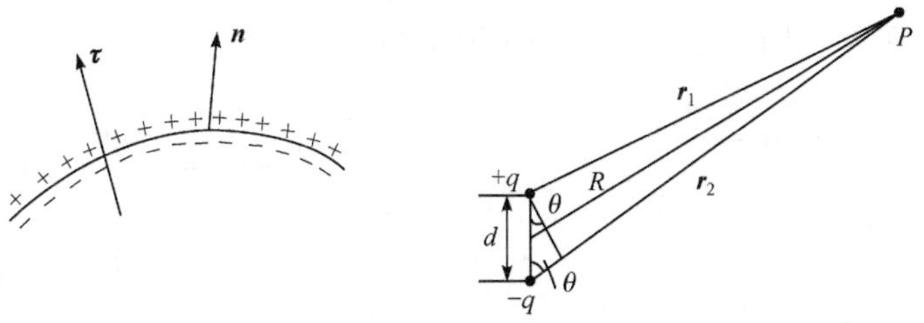

(a) 电偶极层的电荷分布　(b) 电偶极子的电位计算用图

图 2.8.2　电偶极层示意图

现求面S上电偶极层产生的电位。与电偶极层上面积元$\mathrm{d}S'$对应有电偶极矩$\tau\mathrm{d}S'$，它在面外一点$P(x,y,z)$引起的电位为

$$\mathrm{d}\varphi=\frac{1}{4\pi\varepsilon_0}\frac{\tau\cos\theta}{R^2}\mathrm{d}S'$$

式中，$\frac{\cos\theta}{R^2}\mathrm{d}S'$ 是面积元 $\mathrm{d}S'$ 对观察点 $P(x,y,z)$ 所张的立体角 $\mathrm{d}\Omega$。如果从观察点指向面积元 $\mathrm{d}S'$ 的矢径 $\boldsymbol{R}$ 与 $\mathrm{d}S'$ 的法向方向 $\boldsymbol{n}$ 的夹角为锐角，规定 $\mathrm{d}\Omega$ 为正；如果为钝角，则 $\mathrm{d}\Omega$ 为负。从图 2.8.3 看出，面积元 $\mathrm{d}S'$ 对点 P_1 张的是正立体角，对点 P_2 张的是负立体角。

根据图 2.8.2 所示，$\mathrm{d}\Omega=\frac{\cos(180°-\theta)}{R^2}\mathrm{d}S'=-\frac{\cos\theta}{R^2}\mathrm{d}S'$，即 $\frac{\cos\theta}{R^2}\mathrm{d}S'=-\mathrm{d}\Omega$。因此，整个电偶极层在点 P 产生的电位为

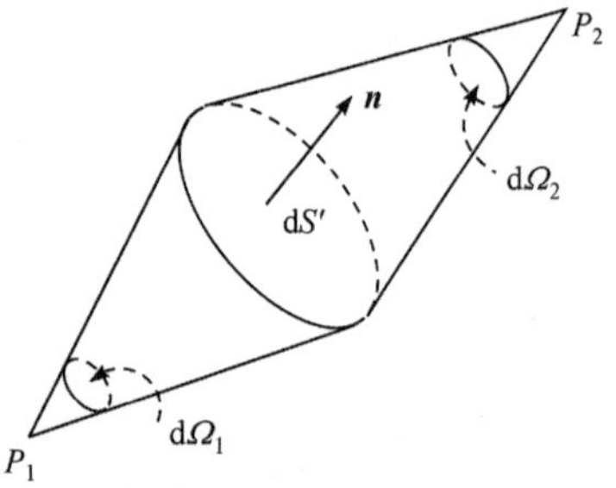

图 2.8.3　面积元 $\mathrm{d}S'$ 张的立体角

$$\varphi=\frac{1}{4\pi\varepsilon_0}\int_S\frac{\tau\cos\theta}{R^2}\mathrm{d}S'=-\frac{1}{4\pi\varepsilon_0}\int_\Omega\tau\mathrm{d}\Omega \tag{2.8.2}$$

式中，Ω 是表面 S 对点 P 所张开的立体角，冠以负号是因从负电荷侧观察电位应为负，而立体角为正[8,9]。

在电偶极层两边，电位的值不同。如果表面 S 是包围体积 V 的一个闭合面，且电偶极层以恒定密度 τ 分布，则

$$\varphi=-\frac{1}{4\pi\varepsilon_0}\int_\Omega\tau\mathrm{d}\Omega=\begin{cases}-\dfrac{\tau}{\varepsilon_0}, & P\in V\\ 0, & P\notin V\end{cases}$$

设 φ_+ 和 φ_- 分别表示外点和内点的电位，则在电偶层两侧，有电位差：

$$\varphi_+-\varphi_-=\frac{\tau}{\varepsilon_0} \tag{2.8.3}$$

它说明电位在穿过闭合电偶极层时会发生突变。实际上，即便面 S 不是闭合面，或 τ 不是常量而是空间坐标的函数，式(2.8.3)仍然是正确的。但在电偶极层内电位的法向导数连续。式(2.8.3)还表明，第一类边界条件(φ 等于某一定值)等价于电偶极层的双层源。

必须指出，在穿过电偶极层的每一面时，$\varepsilon_0\frac{\partial\varphi}{\partial n}$ 发生突变 σ，但两次突变等值异号。因此从电偶极层的一侧到另一侧，D_n 保持不变。

电偶极层的存在，不仅引起电位的突变，如果 τ 不均匀，还可能使电场的切向分量 E_t 不连续。如图 2.8.4 所示，因为这时 1 和 2 两点的电位差为

$$\varphi_1-\varphi_2=\frac{\tau_1}{\varepsilon_0}$$

而 3 和 4 两点的电位差为

$$\varphi_4-\varphi_3=\frac{\tau_2}{\varepsilon_0}$$

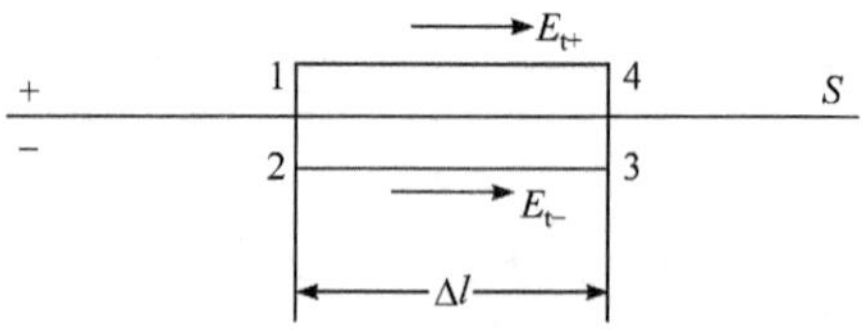

图 2.8.4　电偶极层两侧的 E_t

由于 $\tau_1\neq\tau_2$(非均匀电偶层)，所以 $\varphi_1-\varphi_2\neq\varphi_4-\varphi_3$，由此得到

$$\varphi_1-\varphi_4\neq\varphi_2-\varphi_3$$

两边除以 Δl，即

$$E_{\mathrm{t}+}\neq E_{\mathrm{t}-}$$

由此可见，电偶极层两侧 $\boldsymbol{E}$ 的切向分量大小可能不同。

【例 2.8.1】 有一电偶极矩大小 τ 为常数，半径为 a 的电偶极层圆板，求垂直于圆板的对称轴上任一点的电位 φ。

解 已知面电荷密度为 σ，半径为 a 的均匀带电圆板轴线上 P 点的电位 φ 的计算公式为

$$\varphi=\frac{\sigma}{2\varepsilon_0}\left[\left(a^2+z^2\right)^{1/2}-z\right],\quad z>0$$

式中，z 是 P 点到圆板中心的距离。现在，让电偶极层的两层圆板面电荷 σ 和 $-\sigma$ 分别位于 $z=d$ 和 $z=0$ 处，那么它们在垂直于圆板的对称轴上任一点所产生的电位 φ 为

$$\begin{aligned}\varphi&=\lim_{d\to0}\left\{\frac{\sigma}{2\varepsilon_0}\left[\left(a^2+(z-d)^2\right)^{1/2}-(z-d)\right]-\frac{\sigma}{2\varepsilon_0}\left[\left(a^2+z^2\right)^{1/2}-z\right]\right\}\\&=\lim_{d\to0}\frac{\sigma}{2\varepsilon_0}\left[\left(a^2+(z-d)^2\right)^{1/2}-\left(a^2+z^2\right)^{1/2}+d\right]\\&=\lim_{d\to0}\frac{\sigma d}{2\varepsilon_0}\left[1-\frac{\left(a^2+z^2\right)^{1/2}-\left(a^2+(z-d)^2\right)^{1/2}}{d}\right]\\&=\frac{\tau}{2\varepsilon_0}\left(1-\frac{z}{\sqrt{a^2+z^2}}\right),\quad z>0\end{aligned}$$

应当注意到，在这里考虑了当 $d\to0$ 时，$\sigma\to\infty$。同理，可得

$$\varphi=-\frac{\tau}{2\varepsilon_0}\left(1+\frac{z}{\sqrt{a^2+z^2}}\right),\quad z<0$$

另外，应用立体角概念，也能得到上面的结果。留给读者自己练习完成。

2.9　静电场中的能量

一个点电荷在静电场中要受力而运动，这说明静电场是有能量的，或者说在静电场中储存着能量。把静电场中的储能称为静电能量。在这里，将讨论静电能量的计算以及它的分布方式，然后介绍关于静电能量的几个重要定理。

2.9.1　静电能量与能量密度

静电能量是在电场的建立过程中，由外力做功转化而来的，因此，可以根据建立该电场时，外力所做的功来计算能量。

很容易得出，n 个点电荷系统中的静电能 W_{e} 为

$$W_{\mathrm{e}}=\frac{1}{2}\sum_{i=1}^{n}q_i\varphi_i \tag{2.9.1}$$

式中，φ_i 是第 i 个点电荷 q_i 处的电位。它是除了点电荷 q_i 之外，其余所有电荷在电荷 q_i 处产生的电位之和，所以这个能量只是点电荷之间的相互作用能，即将各点电荷从无穷远移至所在位置时外力所做的功。在式(2.9.1)中，没有包含点电荷 q_i 在自身所在处产生的电位，它表示点电荷 q_i 的场对自身的作用，称为自有能。对于点电荷，自有能为无限大，因此，它未包括在式(2.9.1)内。

对于连续的电荷分布，也可以分割成许多体积元，而每一个小体积元相当于一个点电荷，因此式(2.9.1)即化为

$$W_e = \frac{1}{2}\int_V \rho\varphi \mathrm{d}V \tag{2.9.2}$$

应该注意，由点电荷系的式(2.9.1)改写为连续分布电荷形式的式(2.9.2)时，不仅是形式的改变，而且有本质的区别。这是因为在连续的电荷分布形式中，包含了自有能项。$\varphi(\boldsymbol{r})$ 是空间所有电荷在 $\boldsymbol{r}$ 处产生的电位，其中也包括 $\boldsymbol{r}$ 处电荷元在 $\boldsymbol{r}$ 处的贡献。因此，式(2.9.2)包括相互作用能和自有能。对于连续电荷分布，自有能这一项不会为无限大或发散。

类似地，对于连续的面电荷分布，有

$$W_e = \frac{1}{2}\int_S \sigma\varphi \mathrm{d}S \tag{2.9.3}$$

利用 $\boldsymbol{E} = -\nabla\varphi$ 和 $\nabla\cdot\boldsymbol{D} = \rho$，代入式(2.9.2)中，并经过分部积分得

$$W_e = \frac{1}{2}\int_V \boldsymbol{D}\cdot\boldsymbol{E} \mathrm{d}V \tag{2.9.4}$$

这是用场量 $\boldsymbol{D}$ 和 $\boldsymbol{E}$ 表示的静电能量。注意式(2.9.2)的积分体积 V 只需遍及电荷所占的区域，而式(2.9.4)的积分体积 V 则要遍及电场存在的整个空间。只有在这样的条件下，这两种表达式才等效。

从前面的分析，可以看到静电能有两种表达式。一种是

$$W_e = \frac{1}{2}\int_V \boldsymbol{D}\cdot\boldsymbol{E} \mathrm{d}V$$

它的物理含义是，凡是静电场不为零的空间中都储存着静电能量，且是以密度 $w_e = \frac{1}{2}\boldsymbol{D}\cdot\boldsymbol{E}$ 的形式在空间连续分布。能量被解释为存在于电荷周围的静电场中，电场是能量的负载者，这是场的观点。另一种表达式是

$$W_e = \frac{1}{2}\int_V \rho\varphi \mathrm{d}V$$

它表示能量只与存在电荷分布的空间有关，但它并不意味着 $\frac{1}{2}\rho\varphi$ 就是电场的能量密度。这一表达式给人的印象是，电荷是能量的负载者，这是超距作用观点。在静电学中，这两种表达式对静电能的两种不同解释只能看作两种不同的观念。但当研究随时间迅速变化的电磁场时，电磁场可以脱离电荷、电流而独立传播，电磁场是具有能量的。因此，静电能量是分布在电场空间中的，静电能量是电场能量的观念才显示出更强的说服力。

【例 2.9.1】 计算欲使一个半径为 a 的球体均匀带电所必需的能量 W_e，设球体总电荷

为 Q。并由此估计电子的半径 r_e。

解　利用式(2.9.2)，不难求得

$$W_e = \frac{3}{5}\frac{Q^2}{4\pi\varepsilon_0 a}$$

这是一个均匀带电球体的电场能量。若带电球的半径 $a \to 0$ 而 Q 保持不变，则 $W_e \to \infty$，即点电荷具有无穷大的自有能。电子为最小的带电体，若把电子看作点电荷，则其自有能将趋于无穷大，在理论上造成发散困难。为了避免发散困难，必须假定电子的电荷 e 分布在具有一定体积的区域中，例如，分布在半径为 r_e 的球体内。当自有能一定时，r_e 的大小与电荷在球内的分布方式有关。这里具体讨论下列两种可能的分布方式。

(1) 若认为电子的电荷 e 均匀分布在半径为 r_e 的球体内，并假设电子的静止质量能是来自电子的静电自有能，则有

$$W_e = \frac{3}{5}\frac{e^2}{4\pi\varepsilon_0 r_e} = m_0 c^2$$

由此得

$$r_e = \frac{3}{5}\frac{1}{4\pi\varepsilon_0}\frac{e^2}{m_0 c^2}$$

(2) 若认为电子的电荷 e 均匀分布在球体的表面上，则可求得其静电自有能量为

$$W_e = \frac{1}{2}\frac{e^2}{4\pi\varepsilon_0 r_e}$$

同理，假设电子的静止质量能是来自电子的静电自有能，则有

$$W_e = \frac{1}{2}\frac{e^2}{4\pi\varepsilon_0 r_e} = m_0 c^2$$

由此得

$$r_e = \frac{1}{2}\frac{1}{4\pi\varepsilon_0}\frac{e^2}{m_0 c^2}$$

不难看出，如果再设想一种球对称的电荷分布，所得结果只是前面的系数 $3/5$ 和 $1/2$ 改变而已。实际上，由于电子的电荷分布方式究竟如何并不清楚，所以习惯上就把前面的系数取为 1，而把电子的经典半径定义为

$$r_e = \frac{1}{4\pi\varepsilon_0}\frac{e^2}{m_0 c^2} = 2.8178\times10^{-15}\,\text{m}$$

必须注意，r_e 并不是电子严格的几何线度，它只是根据上述经典模型对电子电荷分布区域的线度的一种估计。

1895 年，汤姆孙(Thomson)从阴极射线的实验中发现了具有最小的带有负电的粒子，称为电子。它说明电荷是量子化的。已有的实验表明，带电体所带的电量 Q 总是某一基本电量的整数倍(这个基本电量的值为 $1.602\times10^{-19}\,\text{C}$，以 e 表示)，即 $Q = ne$，这里的 n 为整数。

换句话说，电量是不连续变化的，只能取基本电量的整数倍值。电荷的这种只能取分立的、不连续的量值的性质，称为电荷的量子化。电荷的量子就是 e。量子化是近代物理的一个基本概念，当研究的范围在原子线度大小时，很多物理量如质量、能量等也都是量子化的。

2.9.2 导体系的静电能量

对于带电的导体系，其电荷只分布在每个导体表面上，设第 i 个导体上的电荷为 q_i，面电荷密度为 σ_i，则由式(2.9.3)可得导体系的静电能量为

$$W_{\mathrm{e}}=\frac{1}{2}\sum_{i=1}^{n}\oint_{S_i}\sigma_i\varphi_i\mathrm{d}S_i=\frac{1}{2}\sum_{i=1}^{n}\varphi_i\oint_{S_i}\sigma_i\mathrm{d}S_i=\frac{1}{2}\sum_{i=1}^{n}q_i\varphi_i \tag{2.9.5}$$

这里 φ_i 是第 i 个导体的电位，是所有电荷(包括第 i 个导体)共同产生的。

2.9.3 静电能量的几个定理[6]

(1) 汤姆孙定理。汤姆孙定理是讨论导体系统达到静电平衡条件下的定理。根据该定理，只有当每个导体处于等电位体的情况下，才能达到静电平衡。对此，在下面给出直接的证明。

考虑这样一个虚过程：处在静电平衡状态的导体上的电荷有一无穷小的虚位移(保持导体上的总电荷不变)，从而导致体系的能量有一定变化，由 $W_{\mathrm{e}}=\dfrac{1}{2}\int_V \boldsymbol{D}\cdot\boldsymbol{E}\mathrm{d}V$ 得

$$\delta W_{\mathrm{e}}=\int_V \boldsymbol{E}\cdot\delta\boldsymbol{D}\mathrm{d}V$$

应该注意到，这里的体积 V 是指包括各个导体所占体积在内的整个无穷大空间。把 $\boldsymbol{E}=-\nabla\varphi$ 代入上式，应用 $\nabla\cdot(\varphi\delta\boldsymbol{D})=\varphi\nabla\cdot\delta\boldsymbol{D}+\nabla\varphi\cdot\delta\boldsymbol{D}$，并应用散度定理，得到

$$\delta W_{\mathrm{e}}=\int_V\left[\varphi\nabla\cdot\delta\boldsymbol{D}-\nabla\cdot(\varphi\delta\boldsymbol{D})\right]\mathrm{d}V=\int_V\varphi\delta\rho\mathrm{d}V-\oint_S\varphi\delta\boldsymbol{D}\cdot\mathrm{d}\boldsymbol{S}$$

上式右边的面积分项应为零，而体积分又可写成对于每一导体相应积分之和，即

$$\delta W_{\mathrm{e}}=\sum_{i=1}^{n}\int_{V_i}\varphi_i\delta\rho_i\mathrm{d}V_i$$

由于导体上的总电荷不变，即

$$\int_{V_i}\delta\rho_i\mathrm{d}V_i=\delta q_i=0$$

于是，如果导体上的电位 φ_i 是常数，则

$$\delta W_{\mathrm{e}}=\sum_{i=1}^{n}\int_{V_i}\varphi_i\delta\rho_i\mathrm{d}V_i=\sum_{i=1}^{n}\varphi_i\int_{V_i}\delta\rho_i\mathrm{d}V_i=\sum_{i=1}^{n}\varphi_i\delta q_i=0$$

这说明导体是等电位体时，能量为极小值，体系处于平衡状态。因此，若导体系的导体曲面位置固定不变，每一曲面上放置一定的总电荷，则当电荷的分布使每一导体曲面呈等电位时，体系达到静电平衡。这就是汤姆孙定理。

汤姆孙定理的另一表述是：真实的静电场能量与电荷沿导体体积作其他任何分布时所产生的电场能量相比较总是极小值。

(2) 恩绍(Earnshaw)定理。可以证明，一个电荷体系不可能处于纯静电平衡状态。或者说，由带电粒子所构成的物质结构，不可能是静电学结构，而必须是一个动力学系。实际上，这一观点是近代物理中的一个基本概念，并且在一系列的物理现象中已得到证实。从经典电磁理论看，这一观念就是恩绍定理，其内容是：仅受静电力作用的带电体，不可能在一个电场中静止地处于稳定平衡。

证明这个定理，只要考虑一个点电荷系的稳定性即可。由前面可知，点电荷系的相互作用能为

$$W_e = \frac{1}{2}\sum_{i=1}^{n} q_i \varphi_i$$

由力学原理可知，一个体系的稳定平衡条件是势能为极小值，在静电场中，W_e 即势能。W_e 具有极小值的充要条件是，W_e 对所有电荷的坐标的一阶微商必须为零，而二阶微商必须恒大于零。然而，这是不能满足的，因为

$$\nabla^2 W_e = \frac{1}{2}\sum_{i=1}^{n} q_i \nabla^2 \varphi_i$$

式中，φ_i 是除 q_i 之外所有其他电荷在第 i 个点电荷处产生的电位，因此必有 $\nabla^2\varphi_i = 0$，所以

$$\nabla^2 W_e = 0$$

可见 W_e 不可能有极小值，这样各点电荷间稳定的静止状态不可能形成。因此，不存在任何稳定的静电系统。

以上分析结果说明，任何静电体系的形成都必须有其他约束力参与。如果没有一种非静电的约束力，导体上的各个电荷元将在相互斥力的作用下向各个方向飞散到无限远处，孤立的带电导体就不复存在。为此，在静电学中总是假定存在着某种非静电的约束力。

例如，在原子核内部，质子之间有静电斥力。显然，这种斥力不能使原子核构成一个稳定系统。要使原子核构成一个稳定系统，必须在核子之间存在一种更强的相互吸引力，这种力叫作核子力，简称核力。核力具有如下性质：与电荷无关，是短程力，是具有饱和性的交换力。不管核子带电与否，任意两个核子之间的核力大致相等。例如，质子与质子、中子与中子或质子与中子之间都具有相同的核力，且核力与电磁作用相比要强得多，大约为电磁作用的 10^3 倍。核力虽然作用很强，但是作用的距离只有 10^{-15}m，距离大于这个数量级时，核力就会很快减小而接近于零，所以这种力为短程力。此外，核力的作用是这样的，一个核子只与附近的几个核子起作用，而不是和原子核中所有核子起作用，这种性质叫作核力的饱和性。

(3) 不带电导体的能量定理。这个定理的内容是，如果把一个不带电导体引入一组电量固定的电荷系的电场中，电场的总能量将减小。关于此定理的证明从略。

(4) 介电常数增加的效应定理。根据这个定理得到一个重要的结果，在场源保持不变的情况下，若使一部分介质的介电常数增加，介质中总能量将会减少。

2.10 静 电 力

在这一节中，讨论静电场的力效应，首先介绍虚功原理求力的方法，随后讨论分析体积力密度与应力的关系，以及体积力如何归结为表面力。

2.10.1 应用虚功原理计算静电场中的力

带电体间的作用力，可以由在一小虚位移下计算系统总静电能量的改变来得到。计算作用力时，设想介质体有一小位移∂g，其相应的能量变化为∂W_{e}。于是，作用在介质体上的力为

$$F_{\mathrm{g}}=-\left.\frac{\partial W_{\mathrm{e}}}{\partial g}\right|_{q=\text{常数}}=+\left.\frac{\partial W_{\mathrm{e}}}{\partial g}\right|_{\varphi=\text{常数}} \tag{2.10.1}$$

式中，下标q和φ分别表示电荷和电位保持不变。

2.10.2 电场体积力与表面力[5]

通常，作用于处在外电场$\boldsymbol{E}$中体分布电荷ρ上的总力为

$$\boldsymbol{F}=\int_V \boldsymbol{f}\mathrm{d}V \tag{2.10.2}$$

其中，力的体密度称为体积力密度，即

$$\boldsymbol{f}=\rho\boldsymbol{E} \tag{2.10.3}$$

上述公式包含电荷和电场，没有说明力是通过什么传递的。按场论的观点，完全可以根据电场来求力，只要给定体积元表面上场的条件，就可以计算给定体积元上的净力。这表示场是应力的传递媒质，电荷间的作用力是通过电力线来传递的。由于场内的电荷分布在任意表面上，则作用于电荷上的总力必定穿过带电面，其值等于应力函数遍及任意面的积分。下面研究以应力张量表示体积力的密度$\boldsymbol{f}$。

设作用于给定体积上的力是通过体积边界上的面元传递的，则这个传递力可以由电应力张量$\vec{\boldsymbol{T}}$来表述，其每一点之值仅与该点上的场和表面积有关。电应力张量$\vec{\boldsymbol{T}}$的i、j分量T_{ij}表示力$\mathrm{d}\boldsymbol{F}$的i分量$\mathrm{d}F_i$穿过面元$\mathrm{d}\boldsymbol{S}$的j方向的分量$\mathrm{d}S_j$传递的力，即

$$\mathrm{d}F_i=\sum_{j=1}^{3}T_{ij}\mathrm{d}S_j$$

按照上式，对给定体积上作用的总力为

$$\boldsymbol{F}=\oint_S \vec{\boldsymbol{T}}\cdot\mathrm{d}\boldsymbol{S} \tag{2.10.4}$$

另外，体积力的总和应该与之相等，即

$$\boldsymbol{F}=\int_V \boldsymbol{f}\mathrm{d}V=\oint_S \vec{\boldsymbol{T}}\cdot\mathrm{d}\boldsymbol{S} \tag{2.10.5}$$

由散度定理，有

$$\boldsymbol{f} = \nabla \cdot \vec{\boldsymbol{T}} \tag{2.10.6}$$

或者

$$\begin{cases} f_x = \dfrac{\partial T_{xx}}{\partial x} + \dfrac{\partial T_{xy}}{\partial y} + \dfrac{\partial T_{xz}}{\partial z} \\ f_y = \dfrac{\partial T_{yx}}{\partial x} + \dfrac{\partial T_{yy}}{\partial y} + \dfrac{\partial T_{yz}}{\partial z} \\ f_z = \dfrac{\partial T_{zx}}{\partial x} + \dfrac{\partial T_{zy}}{\partial y} + \dfrac{\partial T_{zz}}{\partial z} \end{cases} \tag{2.10.7}$$

由此可见，如果电应力张量是恒值，则任意体积上的合力为零。

若能求出电应力张量 $\vec{\boldsymbol{T}}$,则与求出体积力密度 $\boldsymbol{f}$ 是等效的,等效的充要条件为式(2.10.7),及 $T_{jk} = T_{kj}$ ，或者说电应力张量是对称的。限于篇幅，这里不再证明。

现在，可以导出以场量表示的电应力张量 $\vec{\boldsymbol{T}}$ ，由体积力密度 $\boldsymbol{f}$ 的表达式(2.10.3)，有

$$\boldsymbol{f} = (\nabla \cdot \boldsymbol{D})\boldsymbol{E} \tag{2.10.8}$$

对式(2.10.8)的 x 分量为

$$f_x = E_x \nabla \cdot \boldsymbol{D}$$

因为矢量恒等式

$$\nabla \cdot (E_x \boldsymbol{D}) = E_x \nabla \cdot \boldsymbol{D} + \boldsymbol{D} \cdot \nabla E_x$$

所以

$$f_x = \nabla \cdot (E_x \boldsymbol{D}) - \boldsymbol{D} \cdot \nabla E_x = \nabla \cdot (E_x \boldsymbol{D}) - \varepsilon \left(E_x \frac{\partial E_x}{\partial x} + E_y \frac{\partial E_x}{\partial y} + E_z \frac{\partial E_x}{\partial z} \right)$$

已知静电场满足 $\nabla \times \boldsymbol{E} = 0$ ，即 $\dfrac{\partial E_y}{\partial x} - \dfrac{\partial E_x}{\partial y} = 0$ 和 $\dfrac{\partial E_x}{\partial z} - \dfrac{\partial E_z}{\partial x} = 0$ ，因此

$$\begin{aligned} f_x &= \nabla \cdot (E_x \boldsymbol{D}) - \varepsilon \left(E_x \frac{\partial E_x}{\partial x} + E_y \frac{\partial E_y}{\partial x} + E_z \frac{\partial E_z}{\partial x} \right) \\ &= \nabla \cdot (E_x \boldsymbol{D}) - \frac{1}{2} \varepsilon \frac{\partial E^2}{\partial x} \\ &= \frac{\partial}{\partial x}(E_x D_x) + \frac{\partial}{\partial x}\left(\frac{-1}{2} \varepsilon E^2 \right) + \frac{\partial}{\partial y}(E_x D_y) + \frac{\partial}{\partial z}(E_x D_z) \end{aligned} \tag{2.10.9}$$

同理，可得 f_y 和 f_z 的表达式。与式(2.10.7)相比较，显然有

$$T_{xx} = \varepsilon E_x^2 - \frac{1}{2} \varepsilon E^2, \quad T_{xy} = \varepsilon E_x E_y, \quad T_{xz} = \varepsilon E_x E_z$$

等。以此类推，则对应于电应力张量 $\vec{\boldsymbol{T}}$ 的矩阵表达式为

$$[T]=\begin{bmatrix} \frac{\varepsilon}{2}(E_x^2-E_y^2-E_z^2) & \varepsilon E_xE_y & \varepsilon E_xE_z \\ \varepsilon E_xE_y & \frac{\varepsilon}{2}(E_y^2-E_z^2-E_x^2) & \varepsilon E_yE_z \\ \varepsilon E_zE_x & \varepsilon E_zE_y & \frac{\varepsilon}{2}(E_z^2-E_x^2-E_y^2) \end{bmatrix} \tag{2.10.10}$$

这就是介质中麦克斯韦电应力张量。可以看出，麦克斯韦电应力张量是一个二阶对称张量。

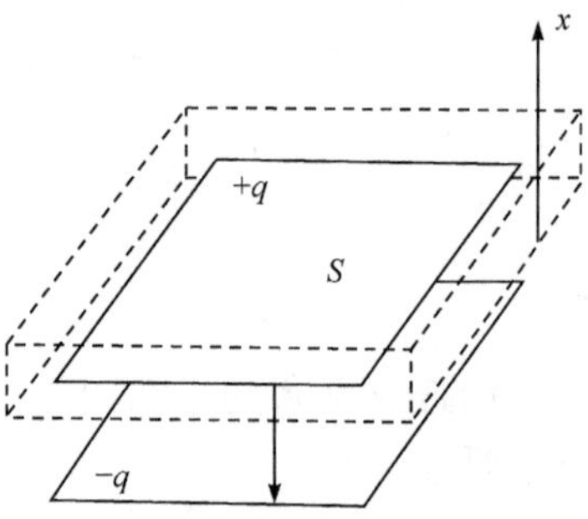

图 2.10.1　带电平板间的力

【例 2.10.1】 应用麦克斯韦电应力张量，计算带电平板间的力。

解　如图 2.10.1 所示，为了求板上的力，可以用矩阵盒包围上方一个平板。因为力仅存于两极板间，$\boldsymbol{E}$ 的非零值也仅出现在矩形盒下表面，由 $\boldsymbol{E}$ 的均匀性可知：

$$\int_S \vec{\boldsymbol{T}}\cdot \mathrm{d}\boldsymbol{S}=\left(-\frac{\varepsilon_0E^2}{2}\int_S \mathrm{d}S\right)\boldsymbol{e}_x=-\frac{\varepsilon_0E^2S}{2}\boldsymbol{e}_x$$

2.10.3　关于作用在介质上的静电力的讨论[1]

由于处于静电场中的介质产生极化，所以可以把介质等效为电偶极子的分布，则由式(2.10.3)就能得到体积力密度。研究表明，这种力一部分为材料本身所承受，表现为内应力，可能导致材料实体的变形或破裂，称为场致伸缩；另一部分表现为材料总体上的净余力，可能导致材料实体的运动或作用于其他物体，称为显质力。

一般说来，介电常数 ε 不仅是空间的函数，而且是介质的质量密度 ρ_{m} 的函数。假定介质发生一个无穷小的位移 $\boldsymbol{g}$，则静电能量的变化为

$$\delta W_{\mathrm{e}}=\frac{1}{2}\delta\int_V \frac{D^2}{\varepsilon}\mathrm{d}V=\int_V \boldsymbol{E}\cdot\delta\boldsymbol{D}\mathrm{d}V-\frac{1}{2}\int_V E^2\delta\varepsilon\mathrm{d}V$$

应该注意到，这里的体积 V 是电场所占的整个体积，而 $\boldsymbol{E}=-\nabla\varphi$ 和 $\nabla\cdot\boldsymbol{D}=\rho$，$-\nabla\varphi\cdot\delta\boldsymbol{D}=-\nabla\cdot(\varphi\delta\boldsymbol{D})+\varphi\delta(\nabla\cdot\boldsymbol{D})=-\nabla\cdot(\varphi\delta\boldsymbol{D})+\varphi\delta\rho$，所以

$$\delta W_{\mathrm{e}}=\int_V \varphi\delta\rho\mathrm{d}V-\frac{1}{2}\int_V E^2\delta\varepsilon\mathrm{d}V$$

这里，利用散度定理把散度的体积分化成无穷大的闭合面积分，其值为零。

对于介质的一个给定位移 $\boldsymbol{g}$，而相应于空间中的一个固定的体积 V_0 来说，必有

$$\int_{V_0}\delta\rho\mathrm{d}V=-\oint_{S_0}\rho\boldsymbol{g}\cdot\mathrm{d}\boldsymbol{S}=-\int_{V_0}\nabla\cdot(\rho\boldsymbol{g})\mathrm{d}V$$

因此，有

$$\delta\rho=-\nabla\cdot(\rho\boldsymbol{g})$$

同理，介质的质量密度 ρ_{m} 也有类似的关系式：

$$\delta\rho_{\mathrm{m}}=-\nabla\cdot(\rho_{\mathrm{m}}\boldsymbol{g})$$

由于ε是质量密度ρ_{m}的函数，所以有

$$\delta\varepsilon=\frac{\mathrm{d}\varepsilon}{\mathrm{d}\rho_{\mathrm{m}}}\delta\rho_{\mathrm{m}}=-\frac{\mathrm{d}\varepsilon}{\mathrm{d}\rho_{\mathrm{m}}}\nabla\cdot(\rho_{\mathrm{m}}\boldsymbol{g})$$

这样

$$\delta W_{\mathrm{e}}=-\int_V\varphi\nabla\cdot(\rho\boldsymbol{g})\mathrm{d}V+\frac{1}{2}\int_V E^2\frac{\mathrm{d}\varepsilon}{\mathrm{d}\rho_{\mathrm{m}}}\nabla\cdot(\rho_{\mathrm{m}}\boldsymbol{g})\mathrm{d}V$$

利用

$$\varphi\nabla\cdot(\rho\boldsymbol{g})=\nabla\cdot(\varphi\rho\boldsymbol{g})-\rho\boldsymbol{g}\cdot\nabla\varphi$$

和

$$E^2\frac{\mathrm{d}\varepsilon}{\mathrm{d}\rho_{\mathrm{m}}}\nabla\cdot(\rho_{\mathrm{m}}\boldsymbol{g})=\nabla\cdot\left(E^2\frac{\mathrm{d}\varepsilon}{\mathrm{d}\rho_{\mathrm{m}}}\rho_{\mathrm{m}}\boldsymbol{g}\right)-\rho_{\mathrm{m}}\boldsymbol{g}\cdot\nabla\left(E^2\frac{\mathrm{d}\varepsilon}{\mathrm{d}\rho_{\mathrm{m}}}\right)$$

最后得到

$$\delta W_{\mathrm{e}}=-\int_V\boldsymbol{g}\cdot\left[\rho\boldsymbol{E}+\frac{\rho_{\mathrm{m}}}{2}\nabla\left(E^2\frac{\mathrm{d}\varepsilon}{\mathrm{d}\rho_{\mathrm{m}}}\right)\right]\mathrm{d}V$$

其中，已把有关散度的体积分化成了无穷大闭合面上的积分而消去了。当介质位移$\boldsymbol{g}$时，电场对介质做的功等于总的静电能量的减少，即

$$\int_V\boldsymbol{g}\cdot\boldsymbol{f}\mathrm{d}V=-\delta W_{\mathrm{e}}$$

比较上两式，即得

$$\boldsymbol{f}=\rho\boldsymbol{E}+\frac{\rho_{\mathrm{m}}}{2}\nabla\left(E^2\frac{\mathrm{d}\varepsilon}{\mathrm{d}\rho_{\mathrm{m}}}\right)$$

在利用$\nabla\varepsilon=\dfrac{\mathrm{d}\varepsilon}{\mathrm{d}\rho_{\mathrm{m}}}\nabla\rho_{\mathrm{m}}$后，上式又可写成：

$$\boldsymbol{f}=\rho\boldsymbol{E}-\frac{1}{2}E^2\nabla\varepsilon+\frac{1}{2}\nabla\left(E^2\frac{\mathrm{d}\varepsilon}{\mathrm{d}\rho_{\mathrm{m}}}\rho_{\mathrm{m}}\right)\tag{2.10.11}$$

这里注意到，$\nabla\left(E^2\dfrac{\mathrm{d}\varepsilon}{\mathrm{d}\rho_{\mathrm{m}}}\rho_{\mathrm{m}}\right)=\rho_{\mathrm{m}}\nabla\left(E^2\dfrac{\mathrm{d}\varepsilon}{\mathrm{d}\rho_{\mathrm{m}}}\right)+E^2\dfrac{\mathrm{d}\varepsilon}{\mathrm{d}\rho_{\mathrm{m}}}\nabla\rho_{\mathrm{m}}=\rho_{\mathrm{m}}\nabla\left(E^2\dfrac{\mathrm{d}\varepsilon}{\mathrm{d}\rho_{\mathrm{m}}}\right)+E^2\nabla\varepsilon$。这就是静电场中介质受静电力的一般公式。对式(2.10.11)作以下几点讨论：

(1) 第一项代表静电场作用于介质中自由电荷的力。

(2) 第二项对不均匀的介质才存在，可用来计算在两种不同介质分界面上出现的显质力。这在应用上有重要意义，特别是在介质和真空的界面上，它显示了存在垂直于界面的作用力。为了说明这一点，举例如下。

【例 2.10.2】 如图 2.10.2 所示，一个平行板电容器，两个极板间距为d，极板面积为A。该电容器内部充有介电常数为ε的介质，其侧面面积为S。计算电场对介质的作用力。

解 由于介质内部均匀，所以介质内力密度为零，对于介质的作用力只出现在由介质到真空的过渡层中。显然，作用在极板上、下面介质的作用力的大小相等，但方向相反。在侧面上，假定由介质到真空的介电常数是迅速而连续地从ε降到ε_0，略去边缘效应后有$\boldsymbol{E}_1=\boldsymbol{E}_2=\boldsymbol{E}$，因此作用在介质上的总力只需要对侧面$S_{侧}$的过渡层积分即可：

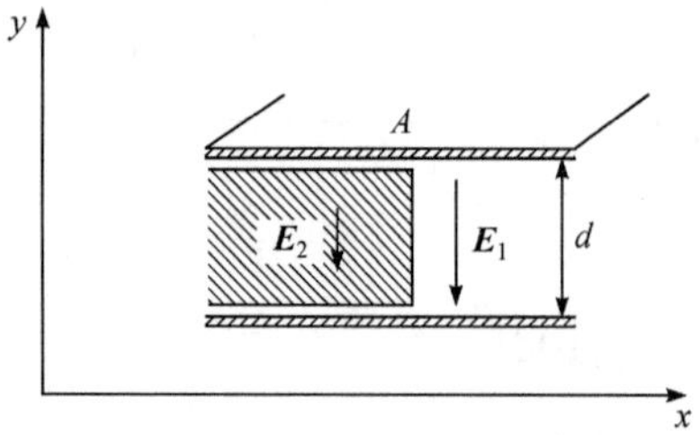

图 2.10.2　平行板电容器中介质的受力

$$\boldsymbol{F}=-\frac{1}{2}\int_V E^2\nabla\varepsilon\mathrm{d}V=-\frac{1}{2}E^2\int_V\frac{\partial\varepsilon}{\partial x}\boldsymbol{e}_x\mathrm{d}x\mathrm{d}y\mathrm{d}z$$
$$=\frac{1}{2}(\varepsilon-\varepsilon_0)E^2S_{侧}\boldsymbol{e}_x$$

所以介质将被拉进电容器内。

(3) 第三项也是场对介质的作用力，但是只有在ε是介质的质量密度ρ_{m}的函数时，它才存在，所以常称为场致伸缩力。值得指出，它对总的体积力没有贡献，原因是体积分为零，即

$$\int_V\nabla\left(E^2\frac{\mathrm{d}\varepsilon}{\mathrm{d}\rho_{\mathrm{m}}}\rho_{\mathrm{m}}\right)\mathrm{d}V=\oint_S\left(E^2\frac{\mathrm{d}\varepsilon}{\mathrm{d}\rho_{\mathrm{m}}}\rho_{\mathrm{m}}\right)\mathrm{d}\boldsymbol{S}=0$$

因为总可以适当扩展界面而使界面上$\rho_{\mathrm{m}}=0$，所以在计算总体积力时应该略去此项。

(4) 如果ε是ρ_{m}的线性函数，设$\varepsilon=k\rho_{\mathrm{m}}+\varepsilon_0$，则$\dfrac{\partial\varepsilon}{\partial\rho_{\mathrm{m}}}=k$，$\rho_{\mathrm{m}}\dfrac{\partial\varepsilon}{\partial\rho_{\mathrm{m}}}=k\rho_{\mathrm{m}}=\varepsilon-\varepsilon_0$。当介质中无自由电荷时，它所受到的静电力$\boldsymbol{f}=\dfrac{\varepsilon-\varepsilon_0}{2}\nabla E^2$。这就是说，静电场中的电介质所受力的密度正比于电场强度的平方的梯度；或者说，电介质被吸引到电场强度最大的区域，这就解释了带电导体会吸引纸屑的这一常见现象。

(5) 对于液体和气体类的电介质来说，在平衡时，场对介质的力密度必须被压强梯度平衡，即

$$-\nabla p-\frac{1}{2}E^2\nabla\varepsilon+\frac{1}{2}\nabla\left(E^2\frac{\mathrm{d}\varepsilon}{\mathrm{d}\rho_{\mathrm{m}}}\rho_{\mathrm{m}}\right)=0\tag{2.10.12}$$

或者

$$-\nabla p+\frac{1}{2}\rho_{\mathrm{m}}\nabla\left(E^2\frac{\mathrm{d}\varepsilon}{\mathrm{d}\rho_{\mathrm{m}}}\right)=0\tag{2.10.13}$$

【例 2.10.3】 如图 2.10.3 所示，一个平板电容器竖直浸入不可压缩的、介电常数为ε、质量密度为ρ_{m}的液体中，电容器的板间距为d、外加电压为U。求电容器内液体上升的高度h。

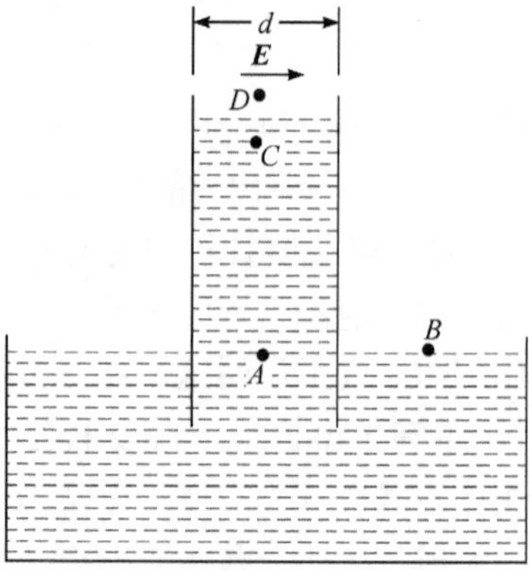

图 2.10.3　液体受到的静电力

解　如图 2.10.3 所示，点B是电场外液面上的点，点D是电场内液面上的点，点C是电场内液面内的点。由题意可知，电场强度$E=U/d$。设大气压为p_0，则

$$p_D=p_0\quad 和\quad p_B=p_0$$

同时根据式(2.10.12)，作点C到点D的积分就得到点C和点D间压强的关系：

$$p_C = p_D + \left(\frac{1}{2}E^2\varepsilon\right)\Big|_C^D - \left(\frac{1}{2}E^2\frac{\mathrm{d}\varepsilon}{\mathrm{d}\rho_{\mathrm{m}}}\rho_{\mathrm{m}}\right)\Big|_C^D$$

$$= p_D - \frac{1}{2}(\varepsilon-\varepsilon_0)E^2 + \frac{1}{2}E^2\frac{\mathrm{d}\varepsilon}{\mathrm{d}\rho_{\mathrm{m}}}\rho_{\mathrm{m}}$$

因此，点 A 和点 D(大气压)的压强关系为：

$$p_A = p_C + \rho_{\mathrm{m}}gh = p_0 + \rho_{\mathrm{m}}gh - \frac{1}{2}(\varepsilon-\varepsilon_0)E^2 + \frac{1}{2}E^2\frac{\mathrm{d}\varepsilon}{\mathrm{d}\rho_{\mathrm{m}}}\rho_{\mathrm{m}}$$

另外，点 A 与点 B 在同一水平面上，由式(2.10.12)得点 A 与点 B 间压强关系：

$$p_A = p_B + \left(\frac{1}{2}E^2\varepsilon\right)\Big|_A^B - \left(\frac{1}{2}E^2\frac{\mathrm{d}\varepsilon}{\mathrm{d}\rho_{\mathrm{m}}}\rho_{\mathrm{m}}\right)\Big|_A^B$$

$$= p_B + \frac{1}{2}E^2\frac{\mathrm{d}\varepsilon}{\mathrm{d}\rho_m}\rho_{\mathrm{m}} = p_0 + \frac{1}{2}E^2\frac{\mathrm{d}\varepsilon}{\mathrm{d}\rho_{\mathrm{m}}}\rho_{\mathrm{m}}$$

所以，比较上两式即得液面升高值：

$$h = \frac{\varepsilon-\varepsilon_0}{2g\rho_{\mathrm{m}}}E^2 = \frac{\varepsilon-\varepsilon_0}{2g\rho_{\mathrm{m}}}\left(\frac{U}{d}\right)^2$$

习　题　2

2.1　(1) 试证明：对于一对带有量值相等和符号相反的电荷的无限长导线，所产生的电位在无限远处是按 $1/r$ 趋于零的，而电场强度则是按 $1/r^2$ 趋于零。

(2) 由上面的结果说明，任何无限长的平行导线系统，若导线彼此之间的距离是有限的而总电荷等于零，都可以分成一些带等量而异号电荷的导线对。因此，这样的系统的电位在无限远处的衰减不慢于 $1/r$，而电场强度的衰减不慢于 $1/r^2$。

2.2　一个半径为 a 的金属球，在与球心相距为 d 处有一点电荷 q，而 $d>a$。试证明：假定球面接地，球面上从点电荷可见的部分与其余部分所带电荷之比为 $\sqrt{\dfrac{d+a}{d-a}}$。(提示：用高斯定律。可见部分球面对点电荷 q 所张立体角为 $\Omega = 2\pi(1-\cos\theta)$，其中 $\theta = \arcsin(a/d)$)

2.3　设在球坐标系中某个区域内电位为 $\varphi = \dfrac{K\mathrm{e}^{-\alpha r}}{r}$，式中，$K$ 和 α 均为常数。求该区域内的电荷分布，并用高斯定律验证所得的结果。

2.4　试问下列矢量

$$\boldsymbol{A} = (6x^2 - 6xy - 6y^2)\boldsymbol{e}_x + (-3x^2 - 12xy + 3y^2)\boldsymbol{e}_y$$

能否代表某一静电场，为什么？

2.5　已知点电荷 q 位于两接地平板之间，与第一、第二板分别相距 l_1 和 l_2，试求两板上的感应电荷 q_1 和 q_2。(提示：应用格林互易定理)

2.6　在电位为 φ_1 的闭合导体面内含有一个电位为 φ_0 的导体，同时在这两个导体间某点 P 的电位等于 φ_P。现在令这两个导体都接地，而在点 P 放置一个点电荷 q。计算在这两个

导体上将分别感应出多少电荷？(提示：应用格林互易定理)

2.7　试证明：$\nabla^2\left(\dfrac{1}{R}\right)=-4\pi\delta(R)$，这里 $R=|\boldsymbol{r}-\boldsymbol{r}'|$。

2.8　试证明：在无电荷空间中，任意一点的电位值等于以该点为球心的任一球面上的平均值(电位均值定理)。(提示：应用 $\varphi(\boldsymbol{r})=\dfrac{1}{4\pi}\oint_S\left[\dfrac{1}{R}\dfrac{\partial\varphi}{\partial n'}-\varphi\dfrac{\partial}{\partial n'}\left(\dfrac{1}{R}\right)\right]\mathrm{d}S'$)

2.9　设 l 是平面上包围面积 S 的任意闭合周线，且 φ 为二维电位函数。由格林定理，试证明：

$$2\pi u(x,y)=\int_S \ln R\nabla'^2\varphi\mathrm{d}S'-\oint_l\left(\frac{\partial\varphi}{\partial n'}\ln R-\varphi\frac{\partial}{\partial n'}\ln R\right)\mathrm{d}l'$$

若 (x,y) 为一内点，式中的 $u(x,y)=\varphi(x,y)$；若 (x,y) 为一外点，则 $u(x,y)=0$。在该式中

$$\nabla'^2\varphi=\frac{\partial^2\varphi}{\partial x'^2}+\frac{\partial^2\varphi}{\partial y'^2},\quad R=\sqrt{(x-x')^2+(y-y')^2}$$

$\boldsymbol{n}$ 为自周线向外所作的一个单位法线矢量。

2.10　在二维空间中作一个半径为 a 的圆。圆上的位置由 θ' 确定，圆上的电位给定为 $f(a,\theta')$。试证明：圆外任何点(其极坐标为 r、θ)上的电位为

$$\varphi(r,\theta)=\frac{1}{2\pi}\int_0^{2\pi}f(a,\theta')\frac{r^2-a^2}{r^2+a^2-2ra\cos(\theta-\theta')}\mathrm{d}\theta'$$

这是泊松得出的一个积分公式。

2.11　试证明：如果没有其他点电荷存在，则能够使某一个接地导体感应等量电荷的单个点电荷所在的那些点的轨迹，与该导体的场的等位面相重合。

2.12　圆盘轴上一点从带电层一侧至另一侧电位没有突变，试证明：电偶层中电位的法向导数保持连续。

2.13　有一电偶极矩为 $\boldsymbol{p}$ 的电偶极子，位于距无限大导体平面 h 处，试求导体平面对电偶极子的吸引力。

2.14　一个均匀带电、半径为 a 的圆环，其线电荷密度为 τ。求此系统的电偶极矩、电四极矩在远处的电位。

2.15　设在一个边长为 a 的正方形的四个顶角上分别放置电荷 $\pm q$，相邻的两顶角上的电荷具有不同的符号。求远处空间各点的电位。

2.16　一个球心与坐标原点相重合，半径为 a 的球形带电体，已知其电位分布为

$$\varphi=\begin{cases}V_0, & r\leqslant a\\ V_0\dfrac{a}{r}, & r>a\end{cases}$$

求此静电场中的储能。

2.17　应用电应力张量，求一个半径为 R 的接地导体球放在点电荷 q 的电场中所受的力。设 q 与导体球心的距离为 d。

2.18　应用电应力张量计算两等值异号电荷之间的电场力。

2.19　一个点电荷 q 放置在真空中，它与充满 $z\leqslant 0$ 半空间的均匀电介质表面的距离为 h，电

介质的介电常数为 ε。应用电应力张量，计算点电荷与介质的相互作用力。计算时分两种情况：

(1) 包围电介质的面取在 $z>0$ 的空间(即在介质面外)；

(2) 包围电介质的面取在 $z<0$ 的空间(即在介质表面内)。

这两种情况计算结果为何不同？

2.20　有一半径为 a 的导体球，它是由两个半球拼合而成的。当导体球带有电荷 q 时，由于静电排斥，两个半球必然分开。应用电应力张量计算，若使这两个半球不分开，至少应加多大的外力。

2.21　有一个介电常数为 ε_2 的不带电的电介质块，位于介电常数为 ε_1 的电介质内。试证明：如果 $\varepsilon_2>\varepsilon_1$，电介质块就被吸引向电场强度较大的区域；如果 $\varepsilon_2<\varepsilon_1$，电介质块就被排除出这个区域。

第 3 章　恒定磁场的基本性质和方程

本章主要讨论电磁场的另一种特殊形式，即由稳恒电流激发的磁场(简称恒定磁场)，首先根据稳恒电流的条件，由麦克斯韦方程组得到描述稳恒电流的电场和磁场的基本方程，由于电场和磁场分别满足的两组方程彼此无联系，因而这两个场可以分开加以研究。

根据恒定磁场的无散性，引入矢量磁位 $\boldsymbol{A}$，并导出它应遵循的泊松方程。由于恒定磁场不是无旋场，一般不能引入标量位，但在无电流区域中可以引入标量磁位 φ_{m}，以简化计算。

另外，本章将介绍小区域电流分布磁场的多极子展开，讨论各展开项的物理意义；还将讨论恒定磁场中的连续性问题，导出矢量格林公式，并将该公式应用于求解矢量磁位 $\boldsymbol{A}$ 的泊松方程；最后，介绍磁场能量及其分布密度，并讨论磁场力的计算。读者应注意在物理图像和解法上把恒定磁场和静电场相比较，这无疑是有益的。

3.1　恒定电流及其电场

3.1.1　电流恒定分布的必要条件

我们对电流强度这一概念已经十分熟悉，它描述了在一根导线中的电流流动的整体情况，反映了单位时间内通过导线某一截面的总电荷量，却没有反映电流在该截面上各点的流动情况。一般说来，即便是在同一截面上，不同位置处的电流流动也是不一样的。显然，只有用电流密度 $\boldsymbol{J}$ 才能细致地刻画出各点的电流流动图景。电流密度 $\boldsymbol{J}$ 是一个矢量，其方向与带正电的载流子定向运动速度的方向相同，大小等于单位时间内通过垂直于电流方向的单位面积的电荷量。

导电媒质(习惯上，把导电媒质也称作导体。因此，在后面会不加区别地使用“导电媒质”和“导体”这两个词)中的自由电子在外电场的作用下产生定向运动，形成电流。实验证明，电流密度与电场强度有如下关系：

$$\boldsymbol{J} = \gamma \boldsymbol{E} \tag{3.1.1}$$

式中，γ 是导电媒质的电导率。式(3.1.1)就是欧姆定律的微分形式。它表明导电媒质中一点的电流密度由该点的电场强度决定。

在电流恒定情况下，导电媒质中各点的电流密度不随时间变化，这就要求电场强度和电荷分布也不随时间变化。这种由稳恒流动的电荷产生的电场，称为恒定电场。

产生电流的条件是存在自由运动的电荷和迫使电荷做定向运动的电场力，但是仅具备这两个条件却不一定能够维持电流的稳恒流动。自由电荷在导电媒质内移动时，不可避免地会与其他质点(如金属导体的晶格)发生碰撞，将动能转变为原子的热振动，造成能量损耗，不断产生焦耳热。因此，如果要在导电媒质内维持恒定电流，就必须持续地给自由电荷提供能量，这些能量最终都转化为焦耳热。当然，依靠电场是无法实现这一要求的，必须存在一种本质上不同于静电力的作用力，才能形成稳恒电流流动。这种作用力被称为非静电起源的作用力，只有在电源内部才存在这种非静电力，它能使“正电荷”从低电位处向高电位处运动。

电源是一种能将其他形式的能量(机械能、化学能、热能等)转换成电能的装置，它能把电源内导电媒质的原子或分子中的正、负电荷分开，使其正、负极之间的电压维持恒定，从而使与它相连的(电源外)导电媒质两端的电压也恒定，并在导电媒质内维持一个恒定电场。在电源内部，除了存在一个反映作用于单位正电荷的非静电力的等效电场强度 $\boldsymbol{E}_{\mathrm{e}}$ 外，还存在由两极板上电荷所引起的库仑电场强度 $\boldsymbol{E}$，因此其中的合成电场强度应为两者之和 $(\boldsymbol{E}+\boldsymbol{E}_{\mathrm{e}})$。这时，在电源内部，欧姆定律可以推广为

$$\boldsymbol{J}=\gamma(\boldsymbol{E}+\boldsymbol{E}_{\mathrm{e}}) \tag{3.1.2}$$

应该注意，$\boldsymbol{E}$ 与 $\boldsymbol{E}_{\mathrm{e}}$ 是反向的，前者由正极指向负极，后者则由负极指向正极，且 $\boldsymbol{E}_{\mathrm{e}}$ 不是真正的电场强度。$\boldsymbol{E}_{\mathrm{e}}$ 是某种非静电力的等价电场，它不属于电磁场问题，在这里往往假定它是已知的，我们感兴趣的只是 $\boldsymbol{E}_{\mathrm{e}}=0$ 的电源外部空间内 $\boldsymbol{E}$ 和 $\boldsymbol{B}$ 的分布。

似乎电流的形成与静电起源的电场 $\boldsymbol{E}$ 无关，维持恒定电流的流动完全要靠外非静电起源的电场 $\boldsymbol{E}_{\mathrm{e}}$，但是，欧姆定律式(3.1.1)却清楚地表明，在 $\boldsymbol{E}_{\mathrm{e}}=0$ 的导电媒质内，$\boldsymbol{J}$ 完全由 $\boldsymbol{E}$ 决定。可见电流密度 $\boldsymbol{J}$ 与 $\boldsymbol{E}$ 有密切的联系，$\boldsymbol{E}$ 对稳恒电流的建立与调节起着重要的作用。例如，在导电媒质联结至电源的瞬间，电流并不稳定，因为在导电媒质表面内部附近的电流并不沿着表面的切向方向流动，这致使在导电媒质表面上会积累一定的电荷分布。这些电荷分布将改变导电媒质内部的电场分布，最终使导电媒质表面内部附近的电场沿着其表面的切向方向，从而使得稳恒电流的条件得到满足，电流趋于稳定。由此可见，在稳恒电场中，电场 $\boldsymbol{E}$ 的作用是非常重要的，它促使电荷定向运动的形成，在电流达到稳恒的过程中，又起着重要的调节作用。

前面已经指出，要在导电媒质中维持电流稳恒流动，必须持续地由电源给自由电荷提供能量。根据坡印亭定理，能量转化和守恒方程为

$$\int_V \boldsymbol{J}\cdot\boldsymbol{E}_{\mathrm{e}}\mathrm{d}V=\int_V \frac{J^2}{\gamma}\mathrm{d}V+\oint_A(\boldsymbol{E}\times\boldsymbol{H})\cdot\mathrm{d}\boldsymbol{A} \tag{3.1.3}$$

式(3.1.3)表示，外来力所做的功等于体系内焦耳热损耗和从体积的表面流出去的能量的总和。

3.1.2　恒定电流的电场

根据麦克斯韦方程组，在导电媒质中，恒定电流及其电场均应满足如下方程：

$$\nabla\times\boldsymbol{E}=0 \tag{3.1.4}$$

$$\nabla\cdot\boldsymbol{D}=\rho \tag{3.1.5}$$

$$\boldsymbol{J}=\gamma\boldsymbol{E} \tag{3.1.6}$$

$$\nabla\cdot\boldsymbol{J}=0 \tag{3.1.7}$$

可以看出，在 $\partial\rho/\partial t=0$ 的稳恒条件下，恒定电场满足的方程与静电场的方程相同，从而求解的方法与静电场也一样。

引入电位φ，令$\boldsymbol{E}=-\nabla\varphi$，且利用$\boldsymbol{J}=\gamma\boldsymbol{E}$和$\nabla\cdot\boldsymbol{J}=0$，则得

$$\nabla\cdot(\gamma\nabla\varphi)=0 \tag{3.1.8}$$

如果导电媒质是均匀或分区均匀的，则对每一分区，有

$$\nabla^2\varphi=0 \tag{3.1.9}$$

相应的分界面衔接条件为

$$\boldsymbol{n}\times(\boldsymbol{E}_2-\boldsymbol{E}_1)=0 \tag{3.1.10}$$

$$\boldsymbol{n}\cdot(\boldsymbol{J}_2-\boldsymbol{J}_1)=0 \tag{3.1.11}$$

用电位φ表示上述分界面上的关系，则有

$$\varphi_2=\varphi_1 \tag{3.1.12}$$

$$\gamma_1\frac{\partial\varphi_1}{\partial n}=\gamma_2\frac{\partial\varphi_2}{\partial n} \tag{3.1.13}$$

因此，引入电位φ后，就把求解恒定电场问题归结为求解电位φ的偏微分方程问题，称为求解恒定电场的边值问题，这是恒定电场的基本问题。式(3.1.9)、式(3.1.12)和式(3.1.13)就是分区均匀的稳定电流体系的电场所满足的方程和衔接条件。若整个体系的边界条件已知，就可以求出恒定电场的分布和电流的分布。

从式(3.1.5)可以求得导体内的电荷分布为

$$\rho=\nabla\cdot(\varepsilon\boldsymbol{E})=\nabla\cdot\left(\frac{\varepsilon}{\gamma}\boldsymbol{J}\right)=\boldsymbol{J}\cdot\nabla\left(\frac{\varepsilon}{\gamma}\right) \tag{3.1.14}$$

从式(3.1.14)看出，在稳恒电流情况下，电荷不可能积聚在均匀的导电媒质内部。因此，如果有电荷，也只能分布在导电媒质表面上或不同导电媒质的接触面上。因为在这些面上，导电媒质在沿着电流流动方向上不均匀。这一点与式(3.1.14)是一致的。对于分区均匀的导电媒质，在导电媒质分界面上分布的面电荷密度为

$$\sigma=\boldsymbol{n}\cdot(\boldsymbol{D}_2-\boldsymbol{D}_1)=\boldsymbol{n}\cdot\left(\frac{\varepsilon_2}{\gamma_2}\boldsymbol{J}_2-\frac{\varepsilon_1}{\gamma_1}\boldsymbol{J}_1\right)$$

利用$\boldsymbol{n}\cdot(\boldsymbol{J}_2-\boldsymbol{J}_1)=0$得到面电荷密度为

$$\sigma=\left(\frac{\varepsilon_2}{\gamma_2}-\frac{\varepsilon_1}{\gamma_1}\right)\boldsymbol{n}\cdot\boldsymbol{J} \tag{3.1.15}$$

可见，如果分界面两侧各自的介电常数与电导率的比值相等，则在分界面上也不存在面电荷密度。

3.1.3　电流分布的规律

电流的分布规律完全可以由以上的方程和边界条件唯一确定，但是，从更一般的观点看，导电媒质中的恒定电流取这样的分布，它使体系的焦耳热损耗极小。这是导电媒质中电流分布所遵循的一条普遍定理。下面给出这个定理的证明过程[1]。

已知能量损耗由焦耳定律决定，即

$$P=\int_V \frac{1}{\gamma}J^2\mathrm{d}V$$

为了对 P 求极值，利用拉格朗日不定乘子法。根据约束条件 $\nabla\cdot\boldsymbol{J}=0$，并设不定乘子为 $-\varphi$，即得

$$\begin{aligned}P&=\int_V\left(\frac{1}{\gamma}J^2-2\varphi\nabla\cdot\boldsymbol{J}\right)\mathrm{d}V=\int_V\left[\frac{1}{\gamma}J^2-2\nabla\cdot(\varphi\boldsymbol{J})+2\boldsymbol{J}\cdot\nabla\varphi\right]\mathrm{d}V\\&=\int_V\left(\frac{1}{\gamma}J^2+2\boldsymbol{J}\cdot\nabla\varphi\right)\mathrm{d}V\end{aligned}$$

最后一步利用散度定理把散度体积分化成面积分而使结果为零。现在，由极值条件 $\delta P=0$，得

$$\boldsymbol{J}=-\gamma\nabla\varphi$$

显然，与欧姆定律相比较可知，不定乘子 φ 就是电位。上式两边取散度、旋度，分别得到

$$\nabla\cdot(\gamma\nabla\varphi)=0\quad 和\quad \nabla\times\left(\frac{\boldsymbol{J}}{\gamma}\right)=0$$

此结果即为恒定电流及其电场的基本方程。

上述事实说明，真实的电流流动与电流在导体体积内做其他任何流动时所产生的焦耳热损耗为极小值。

【例 3.1.1】 地球周围的大气层受宇宙线电离而形成一种非均匀的导电媒质，电导率实测为 $\gamma=\gamma_0+\alpha(r-R)^2$；$R$ 是地球的半径，r 是大气层中一点到地球球心的半径，$\gamma_0=3\times10^{-14}\,\mathrm{S/m}$ 和 $\alpha=0.5\times10^{-20}\,\mathrm{S/m^3}$。天晴时，地球表面的电场强度为 $100\,\mathrm{V/m}$。计算：

(1) 大气层中恒定电流的电场强度和电流；

(2) 大气层中的电荷密度和地球表面上的电荷分布；

(3) 地球表面的电位；

(4) 如果地球上电荷得不到补充，电流把地球上的电荷中和需多少时间？[1]

解 (1) 因为电流随时间变化很慢，所以近似地认为电流是恒定的。由 $\nabla\cdot\boldsymbol{J}=0$，即得

$$\frac{1}{r^2}\frac{\partial}{\partial r}(r^2J)=0$$

$$J=\frac{C}{r^2}=\gamma E$$

在地球表面 $E|_{r=R}=E(R)$，所以 $C=\gamma_0E(R)R^2$，于是

$$J=\frac{\gamma_0E(R)R^2}{r^2}$$

由 $\boldsymbol{J}=\gamma\boldsymbol{E}$，可得到大气中的电场强度为

$$E=\gamma_0E(R)R^2\left[\gamma_0r^2+\alpha(r-R)^2r^2\right]^{-1}$$

流向整个地球的总电流为

$$I=\oint_S\boldsymbol{J}\cdot\mathrm{d}\boldsymbol{S}=J(R)4\pi R^2\approx1350\mathrm{A}$$

(2) 若设大气层的介电常数 $\varepsilon=\varepsilon_0$，则大气层中的电荷密度为

$$\rho=\nabla\cdot\boldsymbol{D}=-\varepsilon_0\frac{1}{r^2}\frac{\partial}{\partial r}(r^2E)=\frac{2\varepsilon_0\gamma_0\alpha(r-R)R^2E(R)}{r^2\gamma^2}$$

大气层中的电荷是正的，它应当被地球表面的负电荷相平衡。把地球表面看成理想导体表面，则地球表面上的电荷分布为

$$\sigma=\varepsilon_0\boldsymbol{n}\cdot(\boldsymbol{E}_2-\boldsymbol{E}_1)=-\varepsilon_0E(R)=-8.85\times10^{-10}\ \mathrm{C/m^2}$$

(3) 大气层最外层与地球表面之间的电位差为

$$\begin{aligned}\varphi&=\int_{\infty}^{R}\boldsymbol{E}\cdot\mathrm{d}\boldsymbol{l}=-\int_{R}^{\infty}\boldsymbol{E}\cdot\mathrm{d}\boldsymbol{l}=\int_{R}^{\infty}E(r)\mathrm{d}l\\&=\gamma_0E(R)R^2\int_{R}^{\infty}\frac{\mathrm{d}r}{r^2\left[\gamma_0+\alpha(r-R)^2\right]}\\&=\frac{\gamma_0E(R)R^2}{\alpha\left(R^2+\dfrac{\gamma_0}{\alpha}\right)^2}\left[R\ln\frac{\gamma_0}{\alpha R^2}+\frac{R^2+\dfrac{\gamma_0}{\alpha}}{R}+\frac{\dfrac{\pi}{2}\left(R^2-\dfrac{\gamma_0}{\alpha}\right)}{\sqrt{\gamma_0/\alpha}}\right]\end{aligned}$$

因为 $\dfrac{\gamma_0}{\alpha}\ll R^2$，所以

$$\varphi\approx\frac{\gamma_0E(R)}{\alpha R^2}\left[R\left(\ln\frac{\gamma_0}{\alpha R^2}+1\right)+\frac{\pi R^2}{2\sqrt{\gamma_0/\alpha}}\right]\approx384000\mathrm{V}$$

(4) 要估计地球上负电荷被电流中和的时间，只要估算大气层中电荷密度衰减的弛豫时间。把 $\boldsymbol{J}=\gamma\boldsymbol{E}$ 代入连续性方程

$$\frac{\partial\rho}{\partial t}+\nabla\cdot\boldsymbol{J}=0$$

中，得到

$$\frac{\partial\rho}{\partial t}+\frac{\gamma}{\varepsilon_0}\rho+\boldsymbol{E}\cdot\nabla\gamma=0$$

在作数量级估计时，可以把第三项略去，就有

$$\rho=\rho(\boldsymbol{r},t)=\rho(\boldsymbol{r},0)\mathrm{e}^{-t/\tau}$$

其中，$\tau=\dfrac{\varepsilon_0}{\gamma}\approx300\mathrm{s}$。由此可见，既然天晴时地球表面上总保持有一定的负电荷，那就必定存在一个等效的“电池”不断给地球充负电荷，这就是地球上局部地区频繁发生的天地之间的闪电现象。

【例 3.1.2】 求梯形导电板的电阻。如图 3.1.1(a)所示，有一块梯形导电板，电导率为 γ，板的厚度为 b。求两条垂直边间的电阻 R。

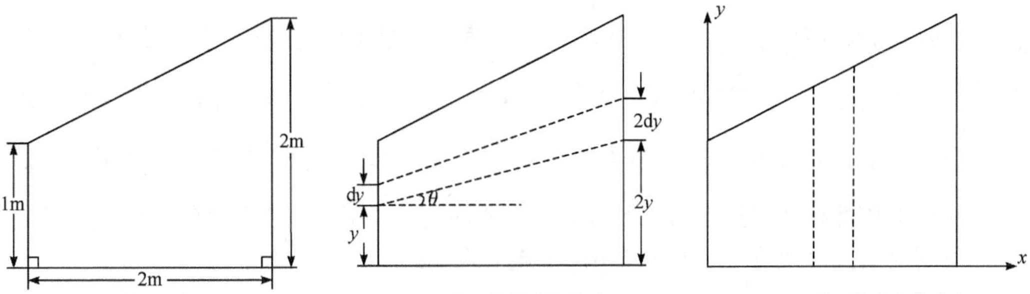

(a) 梯形导电板 (b) 一种可能的电流流动 (c) 一种可能的电位分布

图 3.1.1 梯形导电板的电阻

解 首先考虑可能的电流流动情况，如图 3.1.1(b)所示。图中典型的窄条的电阻为

$$\mathrm{d}R=\frac{1}{\gamma b}\cdot\frac{2\sec\theta}{1.5\mathrm{d}y\cos\theta}$$

而 $y=2\tan\theta$。因此，可由下式求得电导为

$$\frac{1}{R}=\int_0^{\arctan\frac{1}{2}}1.5\gamma b\mathrm{d}\theta=0.6955\gamma b$$

由此得到，$R_+=1.438/(\gamma b)$，称为 R 的上界。这个值让人觉得有点可疑，因为采用了图 3.1.1(b)中电流管的平均宽度，而且电流管端部取的模型也不正确，因为进入和离开平板的电流必须垂直于两条垂直边。

现在，考虑如图 3.1.1(c)所示的可能的电位分布，则有

$$\mathrm{d}R=\frac{\mathrm{d}x}{\gamma by}$$

式中，$y=1+x/2$。因此，R 的下界为

$$R_-=\frac{2}{\gamma b}\ln 2=\frac{1.386}{\gamma b}$$

R_+ 和 R_- 的平均值是 $1.412/(\gamma b)$，上、下界的差是平均值的 3.65%。可以有把握地说，平均值在准确值的 2%以内。

这个例题的目的是，提供一个能满足一定要求准确度的极其简单的计算方法。而采用普通的场解法将需要进行比较复杂的计算。换句话说，求电阻的近似值不需要解拉普拉斯方程。实际上，工程师通常不希望解拉普拉斯方程，他们需要的是有一定精确度的计算公式，至于这个计算公式是严格地从电磁场理论得到的，还是用其他某种方式得到的，他们并不感兴趣。

应用这个例题的方法也能求电阻电路的输入电阻的近似值。如图 3.1.2(a)所示，求端口 ab 的输入电阻 R_{in}。应用简单的串并联计算，很容易得到 $R_{\text{in}}=0.625R$ 这个准确值。现在，应用这个例题的方法。首先假定一组支路电流服从基尔霍夫电流定律，但给出错误的电压，如图 3.1.2(b)所示，不难计算出功率 $P=1^2\times R+2^2\times R+1^2\times R+1^2\times 2R=8R$。由于输入电流

$I_{in}=3$，所以输入电阻 $R_{in}=\dfrac{8}{9}R=0.889R$。然后，考虑一组支路电压服从基尔霍夫电压定律，如图 3.1.2(c)所示，其功率是 $P=3^2\times R+1^2\times R+2^2\times R+1^2\times R+1^2\times R=16R$。由于输入电压 $U_{in}=3R$，所以输入电阻 $R_{in}=\dfrac{9}{16}R=0.563R$。上、下界的平均值是 $0.725R$，误差是 16%。虽然电流和电压都是随意指定的，但这个平均值却是一个很接近实际值的估计。注意到，上界是由改变电流得到的，而下界是由改变电压得到的。

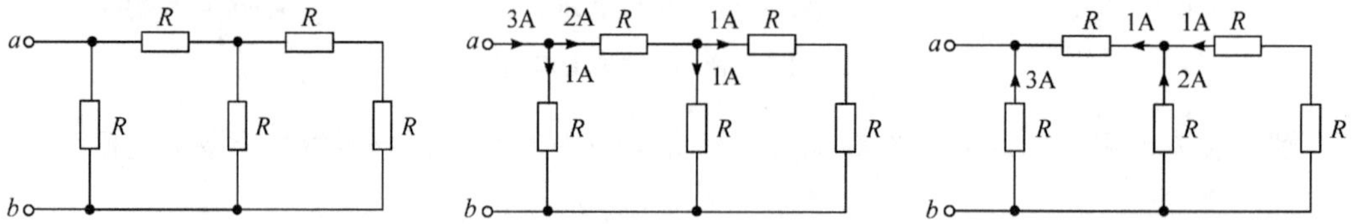

(a) 简单电阻电路　(b) 一组支路电流　(c) 一组支路电压

图 3.1.2　简单电阻电路的输入电阻

总之，这种方法的结果是：猜测比较粗糙，但得到的计算结果还不坏。这个例题所用方法的理论依据就是前面介绍过的导电媒质中电流分布所遵循的普遍定理。

3.2　恒定电流的磁场及其一般特性

3.2.1　恒定磁场的基本方程

恒定磁场的基本方程是

$$\nabla\times\boldsymbol{H}=\boldsymbol{J} \tag{3.2.1}$$

$$\nabla\cdot\boldsymbol{B}=0 \tag{3.2.2}$$

相应地，穿过不同媒质分界面时，衔接条件为

$$\boldsymbol{n}\times(\boldsymbol{H}_2-\boldsymbol{H}_1)=\boldsymbol{K} \tag{3.2.3}$$

$$\boldsymbol{n}\cdot(\boldsymbol{B}_2-\boldsymbol{B}_1)=0 \tag{3.2.4}$$

从式(3.2.1)和式(3.2.2)可以看出，恒定磁场是一个有旋和无散场。场中的 $\boldsymbol{B}$ 线既无始端又无终端，它们或者自行闭合，或者在无限远处起始和终止。

3.2.2　恒定磁场的矢量磁位

由于静电场的无旋性质，所以可以引入电位来描述静电场，但是，由于磁场 $\boldsymbol{B}$ 的无散性，可以引入一个矢量位 $\boldsymbol{A}$，令

$$\boldsymbol{B}=\nabla\times\boldsymbol{A} \tag{3.2.5}$$

显然，式(3.2.5)定义的 $\boldsymbol{B}$ 满足 $\nabla\cdot\boldsymbol{B}=0$，称 $\boldsymbol{A}$ 为恒定磁场的矢量磁位。现在，只要求 $\boldsymbol{A}$ 满足方程式(3.2.1)。

在线性各向同性的均匀媒质中，$\boldsymbol{B}=\mu\boldsymbol{H}$，将此式与式(3.2.5)一起代入式(3.2.1)，得到

$$\nabla(\nabla\cdot\boldsymbol{A})-\nabla^2\boldsymbol{A}=\mu\boldsymbol{J}$$

利用库仑规范条件$\nabla\cdot\boldsymbol{A}=0$，则上式变为

$$\nabla^2\boldsymbol{A}=-\mu\boldsymbol{J} \tag{3.2.6}$$

这就是矢量磁位$\boldsymbol{A}$满足的微分方程，它是我们熟知的泊松方程。因此，引入矢量磁位$\boldsymbol{A}$后，就把求解恒定磁场问题归结为在适当的边界条件下求解泊松方程(或拉普拉斯方程)，称为求解恒定磁场的边值问题。

如果媒质是分区均匀的，则每个分区都可以应用方程式(3.2.6)，但不同分区的分界面上应满足式(3.2.3)和式(3.2.4)的衔接条件。如果应用矢量磁位$\boldsymbol{A}$，则有

$$\boldsymbol{n}\times\left[\frac{1}{\mu_2}(\nabla\times\boldsymbol{A}_2)-\frac{1}{\mu_1}(\nabla\times\boldsymbol{A}_1)\right]=\boldsymbol{K} \tag{3.2.7}$$

$$\boldsymbol{A}_2=\boldsymbol{A}_1 \tag{3.2.8}$$

最后，如果再给出体系的边界条件，就可以从方程式(3.2.6)及分界面衔接条件式(3.2.7)和式(3.2.8)唯一地解出$\boldsymbol{A}$和$\boldsymbol{B}$。

对于充满线性各向同性的均匀媒质的无界空间，很容易证明

$$\boldsymbol{A}(\boldsymbol{r})=\frac{\mu}{4\pi}\int_V\frac{\boldsymbol{J}(\boldsymbol{r}')\mathrm{d}V'}{R} \tag{3.2.9}$$

是方程式(3.2.6)的一个特解。因此，式(3.2.9)就是无限空间中恒定磁场的矢量磁位$\boldsymbol{A}$的解。只要给定空间中的电流分布，由式(3.2.9)即可求得矢量磁位$\boldsymbol{A}$，从而取旋度得到磁感应强度分布。对于线电流情况，式(3.2.9)化为

$$\boldsymbol{A}(\boldsymbol{r})=\frac{\mu I}{4\pi}\oint_l\frac{\mathrm{d}\boldsymbol{l}'}{R} \tag{3.2.10}$$

3.2.3　恒定磁场的标量磁位

对于恒定磁场，虽然在上面已经引入了矢量磁位$\boldsymbol{A}$，但在一般情况下，它不像静电场中的电位那样会给计算带来更多的方便。恒定磁场的基本方程之一$\nabla\times\boldsymbol{H}=\boldsymbol{J}$说明它不同于静电场，不是一个无旋场。因此，一般说来，不能通过一个标量位函数来表征恒定磁场的特性。

不过，如果在分析的区域V内，传导电流密度$\boldsymbol{J}=0$，则

$$\nabla\times\boldsymbol{H}=0$$

因此，在传导电流密度$\boldsymbol{J}=0$处处成立的区域内，可设

$$\boldsymbol{H}=-\nabla\varphi_{\mathrm{m}} \tag{3.2.11}$$

式中，φ_{m}表示磁位，也称标量磁位。引入磁位的概念完全是为了使某些情况下的磁场计算简化，它并无物理意义。

应该注意的是，在静电场中，只要选定电位的参考点，场中各点的电位都有一个确定的值，而与积分路径无关。但在恒定磁场中，情况就不同了。对于恒定磁场中的任意一点来说，即使已经选定磁位的参考点，其磁位仍是一个多值函数。这是因为在恒定磁场中，

由安培环路定理$\oint_l \boldsymbol{H}\cdot \mathrm{d}\boldsymbol{l}=I$，即使在分析的区域内$\boldsymbol{J}$处处为零，也不能保证$\oint_l \boldsymbol{H}\cdot \mathrm{d}\boldsymbol{l}=0$。这样，磁位要随积分路径而变，具有多值性。磁位的多值性，对于计算磁感应强度$\boldsymbol{B}$和磁场强度$\boldsymbol{H}$并没有影响，但是可以作一些规定来消除多值性。例如，在电流回路所引起的磁场中，可以规定积分路径不准穿过电流回路限定的曲面(即磁屏障面)，这相当于把磁屏障面排除在区域V之外，就能保证磁场中各点磁位成为单值函数。

现在，讨论标量磁位φ_{m}满足的方程。由$\nabla\cdot\boldsymbol{B}=0$和$\boldsymbol{B}=\mu_0\boldsymbol{H}+\mu_0\boldsymbol{M}$，有

$$\nabla\cdot\boldsymbol{B}=\mu_0(\nabla\cdot\boldsymbol{H}+\nabla\cdot\boldsymbol{M})=0$$

考虑到$\boldsymbol{H}=-\nabla\varphi_{\mathrm{m}}$，可得标量磁位满足：

$$\nabla^2\varphi_{\mathrm{m}}=-\frac{\rho_{\mathrm{m}}}{\mu_0} \tag{3.2.12}$$

这就是标量磁位φ_{m}满足的泊松方程。这里，引入磁荷密度ρ_{m}这一概念，有

$$\rho_{\mathrm{m}}=-\mu_0\nabla\cdot\boldsymbol{M} \tag{3.2.13}$$

在无界空间中，式(3.2.12)的一个特解为

$$\varphi_{\mathrm{m}}(\boldsymbol{r})=\frac{1}{4\pi\mu_0}\int_V\frac{\rho_{\mathrm{m}}(\boldsymbol{r}')\mathrm{d}V'}{R} \tag{3.2.14}$$

对于均匀媒质，很容易证明$\rho_{\mathrm{m}}=0$。于是式(3.2.12)变为拉普拉斯方程。如果在研究的区域V内，媒质是分区均匀的，则在每一区域内$\rho_{\mathrm{m}}=0$，$\nabla^2\varphi_{\mathrm{m}}=0$。由于不同媒质的磁化强度$\boldsymbol{M}$不同，因而在分界面上会出现一层面磁荷分布，其密度$\sigma_{\mathrm{m}}$为

$$\sigma_{\mathrm{m}}=\mu_0(\boldsymbol{M}_2-\boldsymbol{M}_1)\cdot\boldsymbol{n} \tag{3.2.15}$$

两种不同媒质分界面上的衔接条件也可用磁位φ_{m}表示，它们是

$$\varphi_{\mathrm{m}2}=\varphi_{\mathrm{m}1} \tag{3.2.16}$$

和

$$\mu_2\frac{\partial\varphi_{\mathrm{m}2}}{\partial n}=\mu_1\frac{\partial\varphi_{\mathrm{m}1}}{\partial n}\quad 或\quad \frac{\partial\varphi_{\mathrm{m}1}}{\partial n}-\frac{\partial\varphi_{\mathrm{m}2}}{\partial n}=\frac{\sigma_{\mathrm{m}}}{\mu_0} \tag{3.2.17}$$

式(3.2.12)、式(3.2.16)和式(3.2.17)与场域的边界条件一起构成了用磁位φ_{m}描述的恒定磁场边值问题。它与静电场边值问题在数学形式上完全相同，可以采用求解静电场的方法来求解恒定磁场的标量磁位。

必须指出，用磁荷观点研究媒质中的磁场，应该看成纯粹的数学理论的结果或虚构的数学模型。因为磁荷是从等效作用出发，人为建立的概念，到现在还没有充分的实验验证磁荷的存在，只是在许多工程电磁问题的分析与计算中，引用它作为一个计算量，是比较方便和有效的。也就是说，磁荷的ρ_{m}和σ_{m}是虚拟的。然而，分析媒质中的磁场的另一种方法，即引入等效的磁化电流$\boldsymbol{J}_{\mathrm{m}}(=\nabla\times\boldsymbol{M})$和$\boldsymbol{K}_{\mathrm{m}}(=\boldsymbol{M}\times\boldsymbol{n})$的概念却是客观存在的。关于$\rho_{\mathrm{m}}$、$\sigma_{\mathrm{m}}$和$\boldsymbol{J}_{\mathrm{m}}$、$\boldsymbol{K}_{\mathrm{m}}$的深入研究及其应用的问题，将留在后面详细论述。但这里需要注意的是，在分析问题时，等效电流和磁荷两种概念绝不能同时采用。这就是说，认为有等效电流时，就必须认为假想磁荷不存在；反之，采用磁荷的概念时，就必须放弃等效电流的

观点。这实际上是分别作为散度源和旋度源来考虑的[8]。不论用磁荷还是用等效电流的概念研究媒质中的磁场，关键的一环是确定磁化强度 $\boldsymbol{M}$ 。

【例 3.2.1】 在 xOy 平面上有一个中心与坐标原点相重合、半径为 a 的电流圆环，流过的电流为 I 。已知在圆环轴线 z 轴上任意一点的磁场强度由下式给出：

$$\boldsymbol{H} = H_z \boldsymbol{e}_z = \frac{I}{2a}\left(1+\frac{z^2}{a^2}\right)^{-\frac{3}{2}} \boldsymbol{e}_z$$

求出偏离轴线上的磁场强度。

解 根据二项式展开，可得

$$(1+x)^{-\frac{3}{2}} = 1-\frac{3}{2}x+\frac{15}{8}x^2-\frac{105}{48}x^3+\cdots, \quad |x|<1$$

所以，对于 $z<a$ 来说，有

$$H_z\big|_{\text{轴线上}} = \frac{I}{2a}\left(1-\frac{3}{2}u+\frac{15}{8}u^2-\frac{105}{48}u^3+\cdots\right)$$

其中，$u=\left(\dfrac{z}{a}\right)^2$ 。

在没有电流的区域中，有

$$\boldsymbol{H} = -\nabla\varphi_{\mathrm{m}} \quad 和 \quad \nabla^2\varphi_{\mathrm{m}} = 0$$

首先，考虑 $r<a$ 的区域，则有

$$\varphi_{\mathrm{m}}(r,\theta) = \sum_{n=0}^{\infty} a_n \left(\frac{r}{a}\right)^n P_n(\cos\theta)$$

则

$$\varphi_{\mathrm{m}}(r,\theta)\big|_{\theta=0} = \sum_{n=0}^{\infty} a_n \left(\frac{z}{a}\right)^n$$

注意到，$P_n(\cos\theta)=1$ 。比较上式与 $H_z\big|_{\text{轴线上}}$ 的表达式，得到

$$a_0 = \frac{I}{2a}, \quad a_1 = 0, \quad a_2 = -\frac{3}{2}\left(\frac{I}{2a}\right), \quad a_3 = 0, \quad a_4 = \frac{15}{8}\left(\frac{I}{2a}\right)$$

所以，有

$$H_r(r,\theta) = \frac{I}{2a}\left[1-\frac{3}{2}\left(\frac{r}{a}\right)^2 P_2(\cos\theta)+\frac{15}{8}\left(\frac{r}{a}\right)^4 P_4(\cos\theta)+\cdots\right]$$

3.2.4 恒定磁场的唯一性定理

恒定磁场的唯一性定理表述如下：设区域 V 内的电流和媒质给定，且关系式 $\boldsymbol{B}=\mu\boldsymbol{H}$ 成立。与此同时，在边界面 S 上的 $\boldsymbol{A}$ 或 $\boldsymbol{H}$ 的切向分量给定，则 V 内的磁场唯一确定。下面给出恒定磁场唯一性定理的证明[4]。

设同一个磁场存在两组不同的解 $\boldsymbol{B}_1$ 和 $\boldsymbol{B}_2$ ，显然，有

$$\boldsymbol{B}_1 = \nabla \times \boldsymbol{A}_1, \quad \boldsymbol{B}_2 = \nabla \times \boldsymbol{A}_2$$

$$\boldsymbol{B}_1 = \mu \boldsymbol{H}_1, \quad \boldsymbol{B}_2 = \mu \boldsymbol{H}_2$$

$$\nabla \times \boldsymbol{H}_1 = \nabla \times \boldsymbol{H}_2 = \boldsymbol{J}$$

根据场的叠加性原理，构造一个新的场，即

$$\boldsymbol{B}' = \boldsymbol{B}_1 - \boldsymbol{B}_2, \quad \boldsymbol{H}' = \boldsymbol{H}_1 - \boldsymbol{H}_2$$

对应地，有

$$\boldsymbol{A}' = \boldsymbol{A}_1 - \boldsymbol{A}_2$$

对于这样一个新的场，显然

$$\nabla \times \boldsymbol{H}' = 0$$

现在来计算如下积分：

$$\begin{aligned}\frac{1}{2}\int_V \boldsymbol{B}' \cdot \boldsymbol{H}' \mathrm{d}V &= \frac{1}{2}V\int_V (\nabla \times \boldsymbol{A}') \cdot \boldsymbol{H}' \mathrm{d}V \\ &= \frac{1}{2}\int_V \left[\nabla \cdot (\boldsymbol{A}' \times \boldsymbol{H}') + \boldsymbol{A}' \cdot \nabla \times \boldsymbol{H}'\right] \mathrm{d}V\end{aligned}$$

考虑到$\nabla \times \boldsymbol{H}' = 0$及利用高斯散度定理，上式可以写成：

$$\begin{aligned}\int_V (\boldsymbol{B}_1 - \boldsymbol{B}_2) \cdot \frac{1}{\mu}(\boldsymbol{B}_1 - \boldsymbol{B}_2) \mathrm{d}V &= -\oint_S (\boldsymbol{A}_1 - \boldsymbol{A}_2) \cdot \left[\boldsymbol{n} \times (\boldsymbol{H}_1 - \boldsymbol{H}_2)\right] \mathrm{d}S \\ &= \oint_S \left[\boldsymbol{n} \times (\boldsymbol{A}_1 - \boldsymbol{A}_2)\right] \cdot (\boldsymbol{H}_1 - \boldsymbol{H}_2) \mathrm{d}S \qquad (3.2.18)\end{aligned}$$

如果在区域V的边界面S上$\boldsymbol{A}$的切向分量给定，即$A_{1\mathrm{t}}$和$A_{2\mathrm{t}}$给定，则由于是同一个磁场，边界值应一样，就有

$$\boldsymbol{n} \times \boldsymbol{A}_1 = \boldsymbol{n} \times \boldsymbol{A}_2$$

于是，由式(3.2.18)得到

$$\int_V \frac{1}{\mu}(\boldsymbol{B}_1 - \boldsymbol{B}_2) \cdot (\boldsymbol{B}_1 - \boldsymbol{B}_2) \mathrm{d}V = 0 \qquad (3.2.19)$$

同样，如果是给定边界上$\boldsymbol{H}$的切向分量的值，则有

$$\boldsymbol{n} \times \boldsymbol{H}_1 = \boldsymbol{n} \times \boldsymbol{H}_2$$

由式(3.2.18)，同样得到式(3.2.19)。

由于在区域V内磁导率μ总是一个正的值，要使积分值恒为零，被积函数必须恒等于零，即

$$\boldsymbol{B}_1 = \boldsymbol{B}_2 \quad \text{或} \quad \boldsymbol{H}_1 = \boldsymbol{H}_2$$

可见，所设的两个解是同一个解。于是，定理得证。

由唯一性定理可知：对于解的唯一性来说，并不要求在边界上的$\boldsymbol{H}$(或$\boldsymbol{A}$)的法向分量和切向分量的值都已知，而只要知道$\boldsymbol{H}$(或$\boldsymbol{A}$)在边界面上的切向分量就已足够了。

3.3　多极子展开

3.3.1　磁偶极子

作为处理磁场问题的例子，也由于它本身的重要性，在这里将首先比较详细地讨论磁偶极子的性质。

首先，任何一个尺度很小的环状电流都可以看作一个磁偶极子。为此，先考虑一个半径为 a，载电流 I 的圆环，看看它在远处产生的矢量磁位 $\boldsymbol{A}$。

如图 3.3.1 所示，取坐标原点于圆环中心，z 轴与圆环轴线重合。由于圆环对称于 z 轴，场与 α 无关，所以可取观察点 P 位于 $\alpha=0$ 的平面(即 xOz 面)上，这样并不失一般性。

利用 3.2 节的公式

$$\boldsymbol{A}(\boldsymbol{r})=\frac{\mu I}{4\pi}\oint_l \frac{\mathrm{d}\boldsymbol{l}'}{R}$$

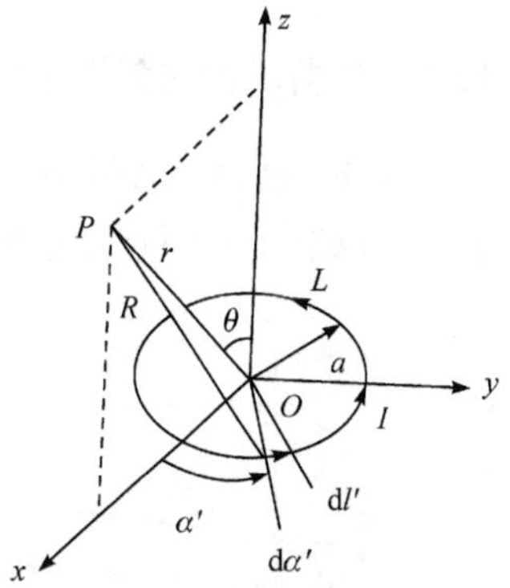

图 3.3.1　磁偶极子

来求矢量磁位 $\boldsymbol{A}$。由图 3.3.1，有

$$\mathrm{d}\boldsymbol{l}'=\mathrm{d}l'\boldsymbol{e}_\alpha=a\mathrm{d}\alpha'(-\boldsymbol{e}_x\sin\alpha'+\boldsymbol{e}_y\cos\alpha')$$

$$\begin{aligned}R&=\left[(x-x')^2+(y-y')^2+(z-z')^2\right]^{1/2}\\&=r\left(1+\frac{a^2}{r^2}-\frac{2a}{r}\sin\theta\cos\alpha'\right)^{1/2}\end{aligned}$$

考虑到 $r\gg a$，上式简化为

$$R\approx r\left(1-\frac{2a}{r}\sin\theta\cos\alpha'\right)^{1/2}$$

再利用展开式 $(1-x)^{-1/2}\approx 1+x/2$，则得

$$\frac{1}{R}\approx\frac{1}{r}\left(1+\frac{a}{r}\sin\theta\cos\alpha'\right)$$

将以上有关结果代入上述矢量磁位公式中，得

$$\begin{aligned}\boldsymbol{A}&=\frac{\mu_0 Ia}{4\pi r}\int_0^{2\pi}\left(1+\frac{a}{r}\sin\theta\cos\alpha'\right)(-\boldsymbol{e}_x\sin\alpha'+\boldsymbol{e}_y\cos\alpha')\mathrm{d}\alpha'\\&=\frac{\mu_0 I\pi a^2}{4\pi r^2}\sin\theta\boldsymbol{e}_y\end{aligned}$$

再利用直角与球坐标系中的坐标单位矢量之间的转换关系，并注意到场点 $\alpha=0$，有 $\boldsymbol{e}_y=\boldsymbol{e}_\alpha$，于是，上式又可改写为

$$\boldsymbol{A}=\frac{\mu_0 I\pi a^2}{4\pi r^2}\sin\theta\boldsymbol{e}_\alpha=\frac{\mu_0\boldsymbol{m}\times\boldsymbol{e}_r}{4\pi r^2}\tag{3.3.1}$$

式中

$$\boldsymbol{m} = I\pi a^2 \boldsymbol{e}_n \tag{3.3.2}$$

相应的磁感应强度为

$$\boldsymbol{B} = \nabla \times \boldsymbol{A} = \frac{\mu_0 2m\cos\theta}{4\pi r^3}\boldsymbol{e}_r + \frac{\mu_0 m\sin\theta}{4\pi r^3}\boldsymbol{e}_\theta \tag{3.3.3}$$

可见，它与用电偶极矩 $\boldsymbol{p}$ 表示的电偶极子的电场公式具有相同的形式。而 $\boldsymbol{m}$ 则与电偶极子的电偶极矩 $\boldsymbol{p}$ 的地位完全相当。这样，把一个尺度很小($a \ll r$)的环状电流看作一个磁偶极子是合适的。它的磁偶极矩就是 $\boldsymbol{m} = I\pi a^2\boldsymbol{e}_n = IS\boldsymbol{e}_n$，$\boldsymbol{e}_n$ 的方向与电流 I 沿回路的流动方向呈右手螺旋关系，它是表示电流分布的物理量。

类似地，还可以引入磁四极子和更高阶的磁多极子的概念。有关磁偶极子及其产生的场的表达式在实际中经常会用到，而更高阶极矩及其磁场原则上也可以写出来，但在实际中不常用到，这里就不再做具体讨论。

3.3.2　矢量磁位的多极子展开

现在，计算一个小区域 V 内的传导电流分布 $\boldsymbol{J}(\boldsymbol{r}')$ 在远处所激发的磁场。如图 3.3.2 所示，任意取坐标原点，根据无界空间中矢量磁位的泊松方程解，有

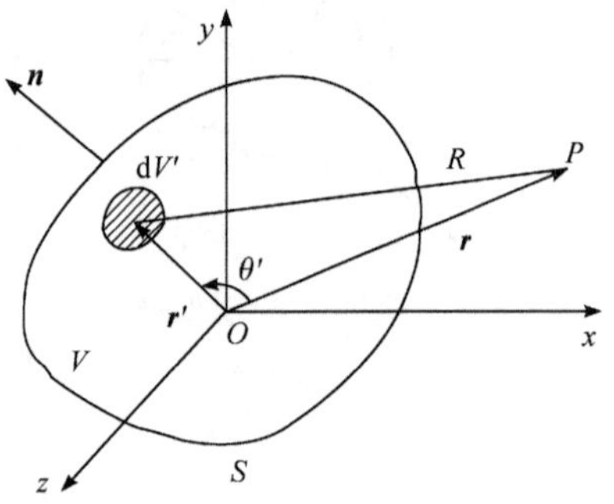

图 3.3.2　计算体积 V 外 P 点的场

$$\boldsymbol{A}(\boldsymbol{r}) = \frac{\mu}{4\pi}\int_V \frac{\boldsymbol{J}(\boldsymbol{r}')\mathrm{d}V'}{R} \tag{3.3.4}$$

式中，$R = |\boldsymbol{r} - \boldsymbol{r}'| = (r^2 + r'^2 - 2rr'\cos\theta')^{1/2}$。

如果 $r \gg r'$，对矢量磁位式(3.3.4)也可给出类似于式(2.7.6)的多极子展开式[6]：

$$\begin{aligned}\boldsymbol{A}(\boldsymbol{r}) &= \frac{\mu_0}{4\pi}\sum_{l=0}^{\infty}\frac{1}{r^{l+1}}\int_V \boldsymbol{J}(\boldsymbol{r}')r'^l P_l(\cos\theta')\mathrm{d}V' \\ &= \boldsymbol{A}^{(0)}(\boldsymbol{r}) + \boldsymbol{A}^{(1)}(\boldsymbol{r}) + \boldsymbol{A}^{(2)}(\boldsymbol{r}) + \cdots \end{aligned} \tag{3.3.5}$$

其中

$$\boldsymbol{A}^{(0)}(\boldsymbol{r}) = \frac{\mu}{4\pi r}\int_V \boldsymbol{J}(\boldsymbol{r}')\mathrm{d}V'$$

$$\boldsymbol{A}^{(1)}(\boldsymbol{r}) = \frac{\mu}{4\pi r^2}\int_V \boldsymbol{J}(\boldsymbol{r}')\boldsymbol{r}'\cdot\nabla'\frac{1}{R}\bigg|_{\boldsymbol{r}'=0}\mathrm{d}V'$$

现在，逐项地分析上面展开式(3.3.5)中前两项的物理意义。在稳恒电流条件下，电流总是构成闭合回路。这样，对于任意的体电流分布，总可以把它划分成许多个闭合的电流管。对于各个电流管，都有

$$\int_{V_i}\boldsymbol{J}_i(\boldsymbol{r}')\mathrm{d}V_i' = I_i\oint_{l_i}\mathrm{d}\boldsymbol{l}_i' = 0$$

于是

$$\int_V \boldsymbol{J}(\boldsymbol{r}')\mathrm{d}V' = 0$$

直观地说，恒定电流构成闭合回路，电流 $\boldsymbol{J}$ 是无源的，所以体积分总为零。相应地，

就有

$$A^{(0)}(r)=0 \tag{3.3.6}$$

经过数学变换，第二项 $A^{(1)}(r)$ 可改写成下述形式：

$$A^{(1)}=\frac{\mu}{4\pi}\frac{m\times e_r}{r^2} \tag{3.3.7}$$

其中

$$m=\frac{1}{2}\int_V r'\times J(r')\mathrm{d}V' \tag{3.3.8}$$

由此可以看出，第二项 $A^{(1)}(r)$ 是磁偶极子的矢量磁位。整个体积 V 中传导电流分布的总磁偶极矩为 m，即 m 代表小区域电流系统的磁偶极矩。

展开式(3.3.5)的其余诸项，是更高阶磁多极子的矢量磁位，因而小区域内的电流分布所激发的磁场与一系列磁多极子激发的磁场一样。这和小区域的电荷分布有惊人的相似之处。也就是说，把小区域内的电流分布等效为一系列的磁多极子之和是合适的。

由上述分析可见，在不考虑磁四极子及其他高阶磁多极子的作用时，闭合电流组在距离其相当远处产生的磁场完全由磁偶极子来决定。而磁多极子场的概念可以用于分析永久磁铁的磁场以及电机端部的磁场等，并且在研究原子核物理及电磁辐射时也有很重要的意义。

3.4　恒定磁场中连续性问题

在 3.2 节中，已经给出了不同媒质分界面上用场量 B 和 H 或 A 或 φ_m 表示的衔接条件。一般来说，场量或它的导数在穿过有面电流分布的表面时，会发生不连续性问题。这一节试图按照电流的不同分布，对此分别加以详细讨论。

3.4.1　体电流和面电流分布

设磁场是由带有体电流分布和面电流分布的载流导体所激发的，则矢量磁位

$$A(r)=\frac{\mu}{4\pi}\int_V\frac{J(r')\mathrm{d}V'}{R}+\frac{\mu}{4\pi}\int_S\frac{K(r')\mathrm{d}S'}{R} \tag{3.4.1}$$

若 $J(r')$ 和 $K(r')$ 是有界和分段连续的，则 A 在载流体以外的空间内将是连续而又有限的。在载流体内部除了与观察点相重合的那部分体电流 $J(r')\mathrm{d}V'$ 所产生的矢量磁位以外，其余的电流所产生的矢量磁位也必然是连续而有限的。现在的问题是，与观察点重合的体电流在观察点所产生的矢量磁位是否有限？为此可以以观察点为中心作一个半径无限小的球体，它在观察点所产生的矢量磁位应为

$$\lim_{r\to 0}\frac{\mu}{4\pi}\int_V J(r')r\sin\theta'\mathrm{d}\alpha'\mathrm{d}\theta'\mathrm{d}r'=0$$

如果载流体所带的是面电流，可以用同样的方法以观察点为中心作一个半径为无限小的圆盘，圆盘内电流在观察点所产生的矢量磁位应为

$$\lim_{r\to 0}\frac{\mu}{4\pi}\int_0^r \frac{2\pi r' K(\boldsymbol{r}')\mathrm{d}r'}{r'}=0$$

因为观察点处的电流在观察点所产生的矢量磁位为零，可知无论电流是体分布还是面分布，在通过载流体时总是连续的。

也可以证明，只要体电流 $\boldsymbol{J}(\boldsymbol{r}')$ 是有界和分段连续地分布于某一体积内，$\boldsymbol{B}(\boldsymbol{r})$ 也将处处是位置的连续函数。但是对于面电流分布来说，$\boldsymbol{B}(\boldsymbol{r})$ 的法向分量是连续地通过面电流，而 $\boldsymbol{H}(\boldsymbol{r})$ 的切向分量则有跃变，其跃变值等于面电流密度 $\boldsymbol{K}$ 。

对于一个密度为 $\boldsymbol{M}$ 的磁偶极子体分布，可以证明，只要 $\boldsymbol{M}$ 有界且分段连续，那么由它产生的矢量磁位 $\boldsymbol{A}$ 将处处是位置的连续函数，即在 $\boldsymbol{M}$ 不连续的界面两边，$\boldsymbol{A}$ 具有相同的值，但是在 $\boldsymbol{M}$ 不连续的表面上，磁感应强度 $\boldsymbol{B}(\boldsymbol{r})$ 的切向分量是不连续的。然而，如果磁偶极子是面分布，情况就不同了。

3.4.2 磁偶层

现在，讨论磁偶极子只是面分布的情况。磁偶极子分布在某一特定的表面上，就会形成一个磁偶极层(简称磁偶层，亦称磁壳)。在这种奇异面的附近，位和场都将呈现出某种不连续性。

设用矢量 $\boldsymbol{M}$ 表示表面 S 上单位面积的磁偶极矩。相对于表面 S 的正法线方向而言，$\boldsymbol{M}$ 的方向可以是任意的。一个磁偶极矩为 $\boldsymbol{m}$ 的磁偶极子所产生的矢量磁位为

$$\frac{\mu}{4\pi}\boldsymbol{m}\times\nabla'\left(\frac{1}{R}\right)$$

那么，表面 S 在面外空间所产的矢量磁位应为

$$\boldsymbol{A}(\boldsymbol{r})=\frac{\mu_0}{4\pi}\int_S \boldsymbol{M}\times\nabla'\left(\frac{1}{R}\right)\mathrm{d}S' \tag{3.4.2}$$

式(3.4.2)与下列磁场强度 $\boldsymbol{H}(\boldsymbol{r})$ 和面电流密度 $\boldsymbol{K}$ 的关系是完全相对应的：

$$\boldsymbol{H}(\boldsymbol{r})=\frac{\boldsymbol{B}}{\mu_0}=\frac{1}{4\pi}\int_S \boldsymbol{K}\times\nabla'\left(\frac{1}{R}\right)\mathrm{d}S' \tag{3.4.3}$$

于是，$\boldsymbol{A}$ 在通过磁偶层面时的变化规律可以和 $\boldsymbol{H}$ 通过面电流分布的面时的变化规律相比拟。由此可以得出结论，在通过磁偶层面时，矢量磁位 $\boldsymbol{A}$ 发生突变，有

$$\boldsymbol{n}\times(\boldsymbol{A}_+-\boldsymbol{A}_-)=\mu_0\boldsymbol{M} \tag{3.4.4}$$

式(3.4.4)表明，只有 $\boldsymbol{A}$ 的切向分量产生跃变，法线分量则是连续的，即

$$\boldsymbol{n}\cdot(\boldsymbol{A}_+-\boldsymbol{A}_-)=0 \tag{3.4.5}$$

磁偶层的存在，不仅引起矢量磁位 $\boldsymbol{A}$ 的突变，还会使磁感应强度 $\boldsymbol{B}$ 不连续。容易得到，$\boldsymbol{B}$ 在通过某一个分布有磁偶极子的表面时所呈现的不连续性可以表示为

$$\boldsymbol{B}_+-\boldsymbol{B}_-=-\mu_0\left[\nabla(\boldsymbol{n}\cdot\boldsymbol{M})+\nabla\times(\boldsymbol{n}\times\boldsymbol{M})\right] \tag{3.4.6}$$

求导限于与表面相切的方向。式(3.4.6)表明，$\boldsymbol{B}$ 的切向分量和法向分量都不连续。

标量磁位 φ_{m} 在通过磁偶层时也是不连续的。考虑到一个载流回路在某一点所产生的标

量磁位 φ_{m} 的表达式为

$$\varphi_{\mathrm{m}} = \frac{I}{4\pi}\int_S \frac{\boldsymbol{e}_n \cdot \boldsymbol{e}_R}{R^2}\mathrm{d}S' = \frac{I}{4\pi}\Omega$$

式中，Ω 为载流回路在观察点所张的立体角；I 为回路中的电流。对于一个磁偶极子来说，R^2 可以看作常量，因为 S 是一个微量，于是一个磁偶极子在观察点所产生的标量磁位应为

$$\frac{I\boldsymbol{S}\cdot\boldsymbol{e}_R}{4\pi r^2} = \frac{\boldsymbol{m}\cdot\boldsymbol{e}_R}{4\pi R^2}$$

对于整个界面，有

$$\varphi_{\mathrm{m}} = \frac{1}{4\pi}\int_S \frac{\boldsymbol{M}\cdot\boldsymbol{e}_R}{R^2}\mathrm{d}S' = -\frac{1}{4\pi}\int_\Omega M\mathrm{d}\Omega$$

式中，Ω 是磁偶层界面在观察点所张的立体角；$\boldsymbol{M}$ 指向观察点一方；$\boldsymbol{e}_R$ 的方向取得和 $\boldsymbol{M}$ 一致，所以立体角为负。如果磁偶层的 $\boldsymbol{M}$ 为常数，则磁偶层内表面的磁位 $\varphi_{\mathrm{m}+}$ 与外表面的磁位 $\varphi_{\mathrm{m}-}$ 之差，按照立体角的规定有如下关系：

$$\varphi_{\mathrm{m}+} - \varphi_{\mathrm{m}-} = M \tag{3.4.7}$$

这就是标量磁位 φ_{m} 在磁偶层附近所满足的边值关系。可以看出，标量磁位 φ_{m} 在通过磁偶层时有跃变，其跃变值等于磁偶层的密度 M。

3.5　矢量格林公式及其应用

在磁场计算中，经常要求解旋度方程：

$$\nabla\times\nabla\times\boldsymbol{A} = \mu\boldsymbol{J} \tag{3.5.1}$$

若利用矢量格林公式，则可直接用积分求出这个方程的积分解。现在先导出矢量格林公式，然后举例说明其应用。

3.5.1　矢量格林公式

设在面 S 包围的体积 V 中，$\boldsymbol{P}$ 和 $\boldsymbol{Q}$ 均是矢量函数，它们在整个 V 中及面 S 上有连续的一阶及二阶导数。若对矢量 $\boldsymbol{P}\times\nabla\times\boldsymbol{Q}$ 应用散度定理，有

$$\int_V \nabla\cdot(\boldsymbol{P}\times\nabla\times\boldsymbol{Q})\mathrm{d}V = \oint_S (\boldsymbol{P}\times\nabla\times\boldsymbol{Q})\cdot\mathrm{d}\boldsymbol{S}$$

将体积分中的被积函数展开，上式成为

$$\int_V (\nabla\times\boldsymbol{P}\cdot\nabla\times\boldsymbol{Q} - \boldsymbol{P}\cdot\nabla\times\nabla\times\boldsymbol{Q})\mathrm{d}V = \oint_S (\boldsymbol{P}\times\nabla\times\boldsymbol{Q})\cdot\mathrm{d}\boldsymbol{S} \tag{3.5.2}$$

这就是矢量格林第一公式。

如果把式(3.5.2)中 $\boldsymbol{P}$ 、$\boldsymbol{Q}$ 相互交换位置，再从原来的式(3.5.2)中减去调换位置后的方程式，则有

$$\int_V (\boldsymbol{Q}\cdot\nabla\times\nabla\times\boldsymbol{P} - \boldsymbol{P}\cdot\nabla\times\nabla\times\boldsymbol{Q})\mathrm{d}V = \oint_S (\boldsymbol{P}\times\nabla\times\boldsymbol{Q} - \boldsymbol{Q}\times\nabla\times\boldsymbol{P})\cdot\mathrm{d}\boldsymbol{S} \tag{3.5.3}$$

这就是矢量格林第二公式(矢量格林定理)。

3.5.2 方程$\nabla\times\nabla\times\boldsymbol{A}=\mu\boldsymbol{J}$的积分[6]

设体电流密度$\boldsymbol{J}$是有界的，和体积V被闭合面S包围。现在，在矢量格林第二公式中，令$\boldsymbol{P}$代表$\boldsymbol{A}$，且$\nabla\cdot\boldsymbol{A}=0$。$\mu$是各向同性线性均匀媒质的磁导率。类似于标量格林函数G，矢量格林函数$\boldsymbol{Q}$表示点$\boldsymbol{r}'$处作为点源的电流密度在点$\boldsymbol{r}$产生的矢量磁位$\boldsymbol{A}$，其数学表达式为

$$\boldsymbol{Q}=\frac{\boldsymbol{a}}{R} \tag{3.5.4}$$

式中，$\boldsymbol{a}$为$\boldsymbol{Q}$的作用方向的单位矢量，$R=|\boldsymbol{r}-\boldsymbol{r}'|$。

因此，有$\nabla\times\nabla\times\boldsymbol{P}=\nabla\times\nabla\times\boldsymbol{A}=\mu\boldsymbol{J}$，及

$$\nabla\cdot\boldsymbol{Q}=\boldsymbol{a}\cdot\nabla\left(\frac{1}{R}\right)$$

$$\nabla\times\nabla\times\boldsymbol{Q}=\nabla(\nabla\cdot\boldsymbol{Q})-\nabla^2\boldsymbol{Q}=\nabla\left[\boldsymbol{a}\cdot\nabla\left(\frac{1}{R}\right)\right]$$

和

$$\boldsymbol{P}\cdot\nabla\times\nabla\times\boldsymbol{Q}=\boldsymbol{A}\cdot\nabla\left[\boldsymbol{a}\cdot\nabla\left(\frac{1}{R}\right)\right]=\nabla\cdot\left[\boldsymbol{a}\cdot\nabla\left(\frac{1}{R}\right)\boldsymbol{A}\right]$$

利用上述关系，式(3.5.3)的左边可写成：

$$\int_V\left\{\mu\frac{\boldsymbol{a}}{R}\cdot\boldsymbol{J}-\nabla'\cdot\left[\boldsymbol{a}\cdot\nabla'\left(\frac{1}{R}\right)\boldsymbol{A}\right]\right\}\mathrm{d}V'=\mu\boldsymbol{a}\cdot\int_V\frac{\boldsymbol{J}}{R}\mathrm{d}V'-\boldsymbol{a}\cdot\oint_S(\boldsymbol{A}\cdot\boldsymbol{n})\nabla'\left(\frac{1}{R}\right)\mathrm{d}S' \tag{3.5.5}$$

式(3.5.3)的右边被积函数的两项可分别变换成$\left[\text{利用}\nabla\times\boldsymbol{Q}=\nabla\left(\frac{1}{R}\right)\times\boldsymbol{a}\right]$：

$$\begin{aligned}(\boldsymbol{P}\times\nabla\times\boldsymbol{Q})\cdot\boldsymbol{n}&=\boldsymbol{n}\cdot\left\{\boldsymbol{A}\times\left[\nabla\left(\frac{1}{R}\right)\times\boldsymbol{a}\right]\right\}=\left[\nabla\left(\frac{1}{R}\right)\times\boldsymbol{a}\right]\cdot(\boldsymbol{n}\times\boldsymbol{A})\\&=\boldsymbol{a}\cdot\left[(\boldsymbol{n}\times\boldsymbol{A})\times\nabla\left(\frac{1}{R}\right)\right]=\boldsymbol{a}\cdot\left[\nabla\left(\frac{1}{R}\right)\times(\boldsymbol{A}\times\boldsymbol{n})\right]\end{aligned}$$

及

$$(\boldsymbol{Q}\times\nabla\times\boldsymbol{P})\cdot\boldsymbol{n}=\boldsymbol{n}\cdot\left(\frac{\boldsymbol{a}}{R}\times\nabla\times\boldsymbol{A}\right)=\boldsymbol{n}\cdot\left(\frac{\boldsymbol{a}}{R}\times\boldsymbol{B}\right)$$

于是，式(3.5.3)可以变换成：

$$\mu\int_V\frac{\boldsymbol{J}}{R}\mathrm{d}V'=\oint_S(\boldsymbol{A}\cdot\boldsymbol{n})\nabla'\left(\frac{1}{R}\right)\mathrm{d}S'+\oint_S\nabla'\left(\frac{1}{R}\right)\times(\boldsymbol{A}\times\boldsymbol{n})\mathrm{d}S'+\oint_S\frac{\boldsymbol{n}\times\boldsymbol{B}}{R}\mathrm{d}S' \tag{3.5.6}$$

当$R=0$时，$\boldsymbol{Q}$有奇点。为了除去奇点($R=0$处)，以点$\boldsymbol{r}'=\boldsymbol{r}$为球心作一个半径为$R_0$的小球。这样体积$V$成为由小球表面和从外面包围它的闭合面$S$共同围成的区域。像第 2 章中一样，经过类似的数学演算，便可求得点$\boldsymbol{r}$的矢量磁位：

$$A(\boldsymbol{r})=\frac{\mu}{4\pi}\int_V\frac{\boldsymbol{J}}{R}\mathrm{d}V'-\frac{1}{4\pi}\oint_S\frac{\boldsymbol{n}\times\boldsymbol{B}}{R}\mathrm{d}S'-\frac{1}{4\pi}\oint_S(\boldsymbol{n}\times\boldsymbol{A})\times\nabla'\left(\frac{1}{R}\right)\mathrm{d}S'-\frac{1}{4\pi}\oint_S(\boldsymbol{n}\cdot\boldsymbol{A})\nabla'\left(\frac{1}{R}\right)\mathrm{d}S' \tag{3.5.7}$$

这就是方程 $\nabla\times\nabla\times\boldsymbol{A}=\mu\boldsymbol{J}$ 的积分解。可以证明，式(3.5.7)的散度为零，即 $\nabla\cdot\boldsymbol{A}=0$ 。这一点留给读者去证明。

显然，式(3.5.7)中右边的 3 个面积分项代表面 S 外所有场源对面内任一点 $\boldsymbol{r}$ 处矢量磁位的贡献。在 V 内各点，矢量磁位 $\boldsymbol{A}(\boldsymbol{r})$ [由式(3.5.7)确定]是一个连续且具有各阶连续导数的函数。根据面积分形式，可知穿过表面 S 时，$\boldsymbol{A}(\boldsymbol{r})$ 和它的导数有某些不连续性，并且在面 S 以外，实际上矢量磁位 $\boldsymbol{A}$ 处处都是零。下面给出证明。

式(3.5.7)等号右边第一个面积分可以看成面电流的贡献，其密度为

$$\boldsymbol{K}=-\frac{1}{\mu}(\boldsymbol{n}\times\boldsymbol{B}_-) \tag{3.5.8}$$

式中，$\boldsymbol{B}_-$ 的下标，说明 $\boldsymbol{B}$ 值取自闭合面 S 的内侧。前面已证明，面电流不会引起矢量磁位的跃变，但将使 $\boldsymbol{B}$ 不连续，即

$$\boldsymbol{n}\times(\boldsymbol{B}_+-\boldsymbol{B}_-)=\mu\boldsymbol{K}$$

若将式(3.5.8)代入上式中，显然在面 S 的外侧，有

$$\boldsymbol{n}\times\boldsymbol{B}_+=0 \tag{3.5.9}$$

式(3.5.7)等号右端的第二个面积分可等效看作面分布的磁偶极子引起的矢量磁位，其密度为

$$\boldsymbol{M}=\frac{1}{\mu}\boldsymbol{A}_-\times\boldsymbol{n} \tag{3.5.10}$$

在穿过这样一个表面层时，$\boldsymbol{A}(\boldsymbol{r})$ 的法向分量是连续的，但切向分量不连续地跃变到零，即

$$\boldsymbol{n}\times(\boldsymbol{A}_+-\boldsymbol{A}_-)=-\boldsymbol{n}\times\boldsymbol{A}_-+[\boldsymbol{n}\cdot(\boldsymbol{n}\times\boldsymbol{A}_+)]\boldsymbol{n}$$

由此得

$$\boldsymbol{n}\times\boldsymbol{A}_+=0 \tag{3.5.11}$$

对于式(3.5.7)右端的最后一项，可把它与密度为 $(\boldsymbol{A}_-\cdot\boldsymbol{n})$ 的面电荷的场强相比较，由此导致 $\boldsymbol{A}(\boldsymbol{r})$ 法向分量的不连续性：

$$\boldsymbol{n}\cdot(\boldsymbol{A}_+-\boldsymbol{A}_-)=-\boldsymbol{n}\cdot\boldsymbol{A}_-$$

其结果为

$$\boldsymbol{n}\cdot\boldsymbol{A}_+=0 \tag{3.5.12}$$

因此，由式(3.5.12)、式(3.5.11)和式(3.5.9)可以得出结论，在闭合面 S 的外侧，$\boldsymbol{A}(\boldsymbol{r})$ 的切向分量和法向分量以及 $\boldsymbol{B}$ 的切向分量处处为零。此外，由于 $\boldsymbol{A}(\boldsymbol{r})$ 的旋度的法向分量 $[\nabla\times\boldsymbol{A}]_n$ 只与该面相切方向的偏导数有关，所以在面 S 的外侧，$\boldsymbol{B}$ 的切向分量也必须为零。再考虑到在体积 V 以外，没有电流和磁偶极子存在，因为它们的作用，已被上述一些面积分等效替代了。这就证明了在闭合面 S 以外各点 $\boldsymbol{A}(\boldsymbol{r})$ 必定为零。

最后指出，矢量格林公式也和标量格林公式一样，在讨论电磁场问题解的唯一性以及电磁场许多其他问题的分析中都有广泛的应用。

3.6　恒定磁场中的能量

磁场和电场一样具有能量，这可以从磁场推动运动电荷或载流导体做功表现出来。把磁场中的储能称为磁场能量。在这里，将介绍磁场能量的计算及它的分布方式。

3.6.1　磁场能量与能量密度

磁场能量是在建立磁场时，由外力或外源做功转变而来的，对于稳恒电流回路系统中的磁场能量来说，就是回路中的电流在从零到恒定值的建立过程中，是由外电源提供的。

很容易得出，n个线形电流回路系统中的磁场能量W_{m}为

$$W_{\mathrm{m}}=\frac{1}{2}\sum_{i=1}^{n}\Phi_i I_i=\frac{1}{2}\sum_{i=1}^{n}L_i I_i^2+\frac{1}{2}\sum_{i=1}^{n}\sum_{\substack{j=1\\(j\neq i)}}^{n}M_{ij}I_i I_j \tag{3.6.1}$$

式中，Φ_i为穿过第i个回路的总磁通。磁场能量也可以用矢量磁位$\boldsymbol{A}$来表示。利用磁通Φ与$\boldsymbol{A}$的关系，式(3.6.1)可以写成：

$$\begin{aligned}W_{\mathrm{m}}&=\frac{1}{2}\sum_{i=1}^{n}\oint_{l_i}(\boldsymbol{A}_i\cdot\mathrm{d}\boldsymbol{l}_i)I_i=\frac{1}{2}\sum_{i=1}^{n}\oint_{l_i}\boldsymbol{A}_i\cdot(I_i\mathrm{d}\boldsymbol{l}_i)\\&=\frac{1}{2}\sum_{i=1}^{n}\int_{V_i}\boldsymbol{A}_i\cdot\boldsymbol{J}_i\mathrm{d}V_i\end{aligned}$$

式中，V_i为回路l_i的导体所占的体积。由于在导体所占空间外并无其他电流分布，所以上式体积分可遍及整个空间而不影响积分结果。于是，上式可以写成：

$$W_{\mathrm{m}}=\frac{1}{2}\int_V\boldsymbol{A}\cdot\boldsymbol{J}\mathrm{d}V \tag{3.6.2}$$

与电场能量一样，磁场能量也可以用场量来表示。利用矢量恒等式$\nabla\cdot(\boldsymbol{A}\times\boldsymbol{B})=\boldsymbol{B}\cdot\nabla\times\boldsymbol{A}-\boldsymbol{A}\cdot\nabla\times\boldsymbol{B}$及$\nabla\times\boldsymbol{H}=\boldsymbol{J}$，式(3.6.2)可改写成：

$$\begin{aligned}W_{\mathrm{m}}&=\frac{1}{2}\int_V\boldsymbol{A}\cdot\nabla\times\boldsymbol{H}\mathrm{d}V\\&=\frac{1}{2}\int_V\nabla\cdot(\boldsymbol{H}\times\boldsymbol{A})\mathrm{d}V+\frac{1}{2}\int_V\boldsymbol{H}\cdot\nabla\times\boldsymbol{A}\mathrm{d}V\\&=\frac{1}{2}\oint_S(\boldsymbol{H}\times\boldsymbol{A})\cdot\mathrm{d}\boldsymbol{S}+\frac{1}{2}\int_V\boldsymbol{H}\cdot\boldsymbol{B}\mathrm{d}V\end{aligned}$$

式中，S为包围体积V的封闭曲面。当将体积V扩充到整个空间，S趋于无限大时，等号右边第一项面积分趋于零，于是上式成为

$$W_{\mathrm{m}}=\frac{1}{2}\int_V\boldsymbol{H}\cdot\boldsymbol{B}\mathrm{d}V \tag{3.6.3}$$

式中的体积分应遍及存在磁场的整个空间。

至此，已经得到了磁场能量的 3 种不同表示形式。研究这 3 种形式的物理图像可能是

有趣的，也无疑是有益的。第一种形式，式(3.6.1)认为能量集中在相互作用的电流上。第二种形式，式(3.6.2)则认为磁场能量是电流处在场中的能量。最令人感兴趣的是第三种形式，即式(3.6.3)，在这种形式中电流不再出现，能量被解释为存在于电流周围的磁场中，且磁场的能量密度为

$$w_{\mathrm{m}} = \frac{1}{2}\boldsymbol{H} \cdot \boldsymbol{B} \tag{3.6.4}$$

这是一个相当重要的结果，它有非常重要的物理意义。与静电能量密度的表达式十分相似。它从场的观点对磁能作出了一个新的解释：磁场能量定域在磁场中，是磁场具有的能量，并以完全确定的能量密度分布于磁场内。

3.6.2　非线性媒质中的磁场能量

式(3.6.3)仅适宜磁场中媒质为线性时，磁场能量的计算。在这里，将研究非线性媒质存在时的磁场能量。

在一般情形下，磁场能量的变化关系为

$$\mathrm{d}W_{\mathrm{m}} = \int_V \boldsymbol{H} \cdot \mathrm{d}\boldsymbol{B}\mathrm{d}V \tag{3.6.5}$$

当磁场强度由零增至 $\boldsymbol{H}$ 时，总磁场能量为

$$W_{\mathrm{m}} = \int_V \int_0^H \boldsymbol{H} \cdot \mathrm{d}\boldsymbol{B}\mathrm{d}V \tag{3.6.6}$$

对于非线性媒质，式(3.6.6)的积分为一个不等于零的有限值，且与过去的磁化历史有关。

3.7　磁　场　力

载流体间的作用力与带电体间的作用力相似，也可以由在一小虚移下计算系统总磁场能量的改变来得到。因此，磁场作用于载流体上的力为

$$F_{\mathrm{g}} = -\left.\frac{\partial W_{\mathrm{m}}}{\partial g}\right|_{I=\text{常数}} = +\left.\frac{\partial W_{\mathrm{m}}}{\partial g}\right|_{\Phi=\text{常数}} \tag{3.7.1}$$

式中，下标 I 和 Φ 分别表示电流和磁通保持不变。

通常，作用于处在外场 $\boldsymbol{B}$ 中的体分布电流 $\boldsymbol{J}(\boldsymbol{r})$ 上的总力为

$$\boldsymbol{F} = \int_V \boldsymbol{f}\mathrm{d}V \tag{3.7.2}$$

其中，体积力密度为

$$\boldsymbol{f} = \boldsymbol{J} \times \boldsymbol{B} \tag{3.7.3}$$

与静电场的体积力一样，磁场的体积力也可归结为等效的磁应力张量。由体积力密度的表示式(3.7.3)，有

$$\boldsymbol{f} = (\nabla \times \boldsymbol{H}) \times \boldsymbol{B} = \mu \boldsymbol{H}(\nabla \cdot \boldsymbol{H}) - \frac{\mu}{2}\nabla(\boldsymbol{H} \cdot \boldsymbol{H}) \tag{3.7.4}$$

式中，利用了恒等式$\frac{1}{2}\nabla(\boldsymbol{A}\cdot\boldsymbol{A})=(\boldsymbol{A}\cdot\nabla)\boldsymbol{A}+\boldsymbol{A}\times\nabla\times\boldsymbol{A}$。再利用关系式$\int_V \nabla\cdot\boldsymbol{A}\mathrm{d}V=\oint_S \boldsymbol{A}\cdot\mathrm{d}\boldsymbol{S}$和$\int_V \nabla f\mathrm{d}V=\oint_S f\mathrm{d}\boldsymbol{S}$，式(3.7.4)的体积分为

$$\boldsymbol{F}=\oint_S\left[\mu\boldsymbol{HH}-\frac{\mu}{2}(\boldsymbol{H}\cdot\boldsymbol{H})\vec{\boldsymbol{I}}\right]\cdot\mathrm{d}\boldsymbol{S} \tag{3.7.5}$$

容易看出，上式中的被积函数即为磁应力张量：

$$\vec{\boldsymbol{T}}=\mu\boldsymbol{HH}-\frac{\mu}{2}(\boldsymbol{H}\cdot\boldsymbol{H})\vec{\boldsymbol{I}} \tag{3.7.6}$$

对于磁应力张量$\vec{\boldsymbol{T}}$的矩形表示为

$$[T]=\begin{bmatrix}\frac{\mu}{2}(H_x^2-H_y^2-H_z^2) & \mu H_xH_y & \mu H_xH_z\\ \mu H_xH_y & \frac{\mu}{2}(H_y^2-H_z^2-H_x^2) & \mu H_yH_z\\ \mu H_zH_x & \mu H_zH_y & \frac{\mu}{2}(H_z^2-H_x^2-H_y^2)\end{bmatrix} \tag{3.7.7}$$

因此，在静电场的电应力张量中，只要以μ和$\boldsymbol{H}$分别代替ε和$\boldsymbol{E}$就能得到磁场的磁应力张量。利用这一相似性，在静电场中的电应力张量所得到的一切结果均可直接应用到磁场的磁应力张量中[5]。

【例 3.7.1】 如图 3.7.1 所示，位于磁场中的载电流I的导体垂直于$\boldsymbol{B}_0$，应用磁应力张量求作用于单位长度导体电流元上的力[5]。

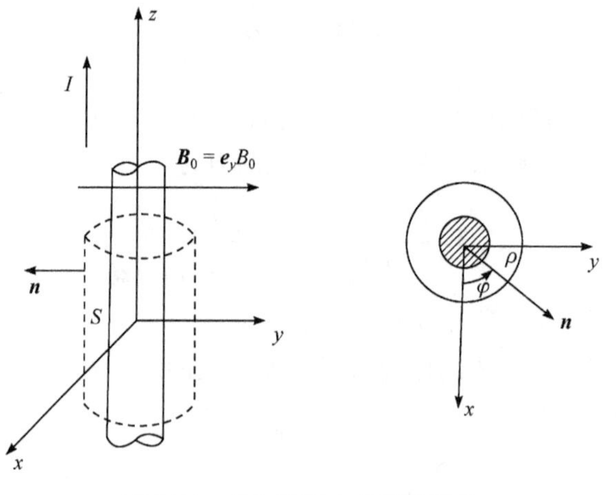

图 3.7.1　均匀磁场中的载流导体

解　取半径为ρ的单位长度同轴圆柱面，并计算式(3.7.5)的积分。已知

$$\boldsymbol{B}_\phi=\frac{\mu_0 I}{2\pi\rho}\boldsymbol{e}_\phi=\frac{\mu_0 I}{2\pi\rho}(-\boldsymbol{e}_x\sin\phi+\boldsymbol{e}_y\cos\phi)$$

因此

$$\boldsymbol{B}=\boldsymbol{B}_\phi+\boldsymbol{B}_0=-\boldsymbol{e}_x\frac{\mu_0 I}{2\pi\rho}\sin\phi+\boldsymbol{e}_y\left(B_0+\frac{\mu_0 I}{2\pi\rho}\cos\phi\right)$$

单位法线 $\boldsymbol{n}$ 为

$$\boldsymbol{n}=\boldsymbol{e}_\rho=\boldsymbol{e}_x\cos\phi+\boldsymbol{e}_y\sin\phi$$

式(3.7.5)的被积函数变为

$$\begin{aligned}\vec{\boldsymbol{T}}\cdot\boldsymbol{n}=&\left[-\boldsymbol{e}_x\frac{\mu_0 I\sin\phi}{2\pi\rho}+\boldsymbol{e}_y\left(B_0+\frac{\mu_0 I\cos\phi}{2\pi\rho}\right)\right]\left(-\frac{I\sin\phi\cos\phi}{2\pi\rho}+H_0\sin\phi+\frac{I\sin\phi\cos\phi}{2\pi\rho}\right)\\&-\frac{1}{2}\left[\frac{\mu_0 I^2\sin^2\phi}{4(\pi\rho)^2}+\left(B_0+\frac{\mu_0 I\cos\phi}{2\pi\rho}\right)\left(H_0+\frac{I\cos\phi}{2\pi\rho}\right)\right]\times(\boldsymbol{e}_x\cos\phi+\boldsymbol{e}_y\sin\phi)\end{aligned}$$

对于圆柱两端面 $\boldsymbol{H}\cdot\boldsymbol{n}=0$，且两端面上的 $\boldsymbol{n}$ 指向相反，$-(\mu_0/2)(\boldsymbol{H}\cdot\boldsymbol{H})\vec{\boldsymbol{I}}$ 项的积分也为零。问题归结为计算圆柱侧面上的力。已知单位长度圆柱侧面的面元 $\mathrm{d}S=\rho\mathrm{d}\phi$，当在 $0\sim2\pi$ 上积分时，利用三角函数的正交性，可知除 $\sin^2\phi$ 或 $\cos^2\phi$ 外均为零。于是，式(3.7.5)便为

$$\begin{aligned}\boldsymbol{F}&=-\boldsymbol{e}_x\frac{B_0 I}{2\pi\rho}\int_0^{2\pi}\rho\sin^2\phi\mathrm{d}\phi-\boldsymbol{e}_x\frac{B_0 I}{2\pi\rho}\int_0^{2\pi}\rho\cos^2\phi\mathrm{d}\phi\\&=-\boldsymbol{e}_x IB_0\end{aligned}$$

另外，利用安倍定律也能得到同样结果。

在 2.10 节中讨论了作用在电介质上的静电力。用类似方法可以导出作用在磁性媒质上的磁场力的力密度：

$$\boldsymbol{f}=\boldsymbol{J}\times\boldsymbol{B}-\frac{1}{2}\nabla\left(B^2\rho_{\mathrm{m}}\frac{\partial\frac{1}{\mu}}{\partial\rho_{\mathrm{m}}}\right)+\frac{1}{2}B^2\nabla\frac{1}{\mu}\tag{3.7.8}$$

式(3.7.8)只对线性媒质才成立，对非线性媒质不成立[1]。在一般情况下，μ 接近于 μ_0，所以有传导电流时，第一项的贡献是主要的，其余各项都是比较小的修正项。当然，若 $\boldsymbol{J}=0$，则外场对磁性媒质的作用力是由第二、三项决定的。对于非铁磁性的液体和固体来说，可以近似地认为 $\mu=\mu_0$，于是力密度为

$$\boldsymbol{f}=\boldsymbol{J}\times\boldsymbol{B}\tag{3.7.9}$$

习　题　3

3.1　求载有电流 I 的长直细导线外部的矢量磁位 $\boldsymbol{A}$。

3.2　试证明：矢量磁位

$$\boldsymbol{A}(\boldsymbol{r})=\frac{\mu}{4\pi}\int_V\frac{\boldsymbol{J}(\boldsymbol{r}')\mathrm{d}V'}{R}$$

是方程 $\nabla^2\boldsymbol{A}=-\mu\boldsymbol{J}$ 的解。

3.3　如果 $\boldsymbol{B}=\nabla\times\boldsymbol{A}$ 和 $\boldsymbol{H}=-\nabla\varphi_{\mathrm{m}}$，$\boldsymbol{A}$ 和 φ_{m} 分别由下列两式

$$\boldsymbol{A}(\boldsymbol{r})=\frac{\mu_0}{4\pi}\int_V\frac{\nabla'\times\boldsymbol{M}(\boldsymbol{r}')}{|\boldsymbol{r}-\boldsymbol{r}'|}\mathrm{d}V' \quad 和 \quad \varphi_{\mathrm{m}}(\boldsymbol{r})=\frac{-1}{4\pi}\int_V\frac{\nabla'\cdot\boldsymbol{M}(\boldsymbol{r}')}{|\boldsymbol{r}-\boldsymbol{r}'|}\mathrm{d}V'$$

给定，证明：$\boldsymbol{B}$ 和 $\boldsymbol{H}$ 满足关系式 $\boldsymbol{B}=\mu_0\boldsymbol{H}+\mu_0\boldsymbol{M}$。

3.4 一个细导线圆环，其平面与磁导率为常值的一半无限大媒质的平面平行。

(1) 求因媒质出现所引起的该细导线环的自感增量；

(2) 证明：若该细导线圆环平面与媒质的表面相重合，则自感量增加的倍数与环的形状无关。

3.5 利用 3.3 节中式(3.3.5)给出的矢量磁位展开式，计算一个磁四极子的磁场。并利用 n 个无限小的电流环对该磁四极子作出几何解释。

3.6 半径为 a 的圆板面上覆盖以连续均匀绕制的 N 匝螺旋形细导线绕组，从中心开始连续扩展至边缘为止，其中通以恒定电流 I。试求其磁偶极矩。

3.7 若在闭合面 S 所包围的区域 V 内，任何一点的电流密度为 $\boldsymbol{J}$，证明：在任何内点上，磁感应强度为

$$\boldsymbol{B}(\boldsymbol{r})=\frac{\mu}{4\pi}\int_V\boldsymbol{J}\times\nabla'\left(\frac{1}{R}\right)\mathrm{d}V'-\frac{1}{4\pi}\oint_S\left[(\boldsymbol{n}'\times\boldsymbol{B})\times\nabla'\left(\frac{1}{R}\right)+(\boldsymbol{n}'\cdot\boldsymbol{B})\nabla'\left(\frac{1}{R}\right)\right]\mathrm{d}S'$$

式中，$R=|\boldsymbol{r}-\boldsymbol{r}'|$。并证明：在外点上，面积分的值为零。

3.8 内、外半径分别为 a 和 b 的球壳被磁化，并具有均匀磁化强度 $\boldsymbol{M}$，试求球壳内、外空间中的 $\boldsymbol{B}$ 和 $\boldsymbol{H}$。如果球壳的内、外表面不是同心的，会产生什么效应？

3.9 一个具有圆形截面的圆环状永磁体如图题 3.9 所示。其磁化强度为 $\boldsymbol{M}=M_0\dfrac{a}{a+R\sin\theta}\boldsymbol{e}_\phi$。计算该永磁体内、外的 $\boldsymbol{B}$ 和 $\boldsymbol{H}$。

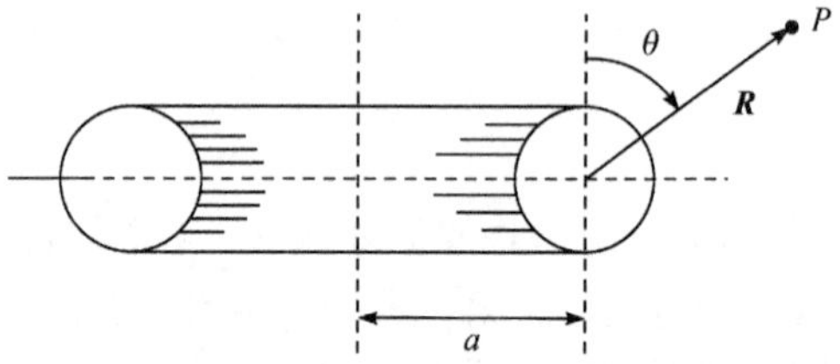

图题 3.9

3.10 在一个球面上所绕制的线圈中通以恒定电流 I 后，使球内的磁场为均匀磁场，试确定绕组是如何绕成的。

3.11 已知在源点 $\boldsymbol{r}'$ 处的电流元 $I\mathrm{d}\boldsymbol{l}'$ 在场点 $\boldsymbol{r}$ 处的磁感应强度的微分形式为

$$\mathrm{d}\boldsymbol{B}(\boldsymbol{r})=\frac{\mu}{4\pi}I\mathrm{d}\boldsymbol{l}'\times\frac{\boldsymbol{e}_R}{R^2}$$

由上式出发直接证明：载电流 I 的闭合回路在场点的磁感应强度为

$$\boldsymbol{B}(\boldsymbol{r})=\frac{\mu I}{4\pi}\nabla\Omega$$

式中，Ω 是回路对场点所张立体角。立体角的正、负按右手法则确定。如果引入标量磁位 φ_{m} 满足 $\boldsymbol{B}(\boldsymbol{r})=-\mu\nabla\varphi_{\mathrm{m}}$ 的定义，则磁感应强度对应的标量磁位为 $\varphi_{\mathrm{m}}=-\dfrac{I}{4\pi}\Omega$。

3.12 半径为 a 的细圆环的圆心与共面的无限长直导线相距为 d，载电流分别为 I_1 和 I_2。试证明：其间的相互作用力为 $F=\mu_0 I_1 I_2\left[1-\dfrac{d}{(d^2-a^2)^{1/2}}\right]$。

第 4 章　电磁波的辐射和传播

本章首先介绍随时间变化的电荷、电流体系产生的电磁辐射。其次，着重研究电磁场的波动性，也就是要从麦克斯韦方程组出发研究电磁波在电介质、导体中及其分界面上传播的特性，以及电磁波在以导体面为边界的波导和同轴传输线中的传播和谐振腔的电磁振荡特性。然后，讨论电磁波在等离子体中、磁各向异性媒质中和电各向异性媒质中的传播特性。接着，讨论表面电磁波及其存在条件和介质波导；最后介绍理想导电圆柱体对TM模平面波和TE模平面波的电磁散射。

4.1　辐射场与电磁波

在研究电磁波在各种媒质中的传播及不同媒质分界面的反射和折射问题之前，本节先讨论电磁波是怎样产生的，即电磁波的辐射问题。由尺寸有限的场源(时变电荷和时变电流)产生的时变电磁场，依靠电场和磁场之间的能量互相转换，脱离场源向外传播的现象，称为电磁波的辐射。产生电磁波辐射的装置称为天线。

本节讨论在给定天线上电流分布的情况下来求解辐射场问题。对于这个问题，一般来说用矢量位 $\boldsymbol{A}$ 来计算电磁波的辐射是方便的。

4.1.1　基尔霍夫公式

在 1.7 节中，曾得到达朗贝尔方程的特解：

$$\boldsymbol{A}(\boldsymbol{r},t)=\frac{\mu}{4\pi}\int_V \frac{\boldsymbol{J}(\boldsymbol{r}',t-R/v)}{R}\mathrm{d}V'$$

和

$$\varphi(\boldsymbol{r},t)=\frac{1}{4\pi\varepsilon}\int_V \frac{\rho(\boldsymbol{r}',t-R/v)}{R}\mathrm{d}V'$$

式中，$R=|\boldsymbol{r}-\boldsymbol{r}'|$ 是从元电荷 $\rho(\boldsymbol{r}',t-R/v)\mathrm{d}V'$ 或元电流 $\boldsymbol{J}(\boldsymbol{r}',t-R/v)\mathrm{d}V'$ 到场点 $\boldsymbol{r}$ 的距离，$v=1/\sqrt{\mu\varepsilon}$。由这两个公式可知：在 t 时刻，空间某一点 $\boldsymbol{r}$ 处的矢量位 $\boldsymbol{A}(\boldsymbol{r},t)$ 和标量位 $\varphi(\boldsymbol{r},t)$ 的值，不由时刻 t 的电流、电荷分布所决定，而是由较早时刻 $t-R/v$ 的电流、电荷分布所确定。因而把它们称为滞后位，而把 R/v 称为滞后时间。上述结果告诉我们，在被激发起来之后，空间中的电磁场是以有限速度 v 向外传播的。

值得注意的是，在上面两个公式中没有考虑边界效应。这意味着，积分是遍及整个空间的，因而它们是达朗贝尔方程在无界空间的解。现在，将讨论在给定区域内电荷、电流分布和边界条件为已知的情形下，达朗贝尔方程在该区域内的解。这个解可用于处理电磁波衍射问题。

设ψ代表一标量位，或一矢量位，或一场矢量在直角坐标系中的某一分量，且$g(\boldsymbol{r},t)$为源函数的密度。在整个区域V内，假定媒质是线性、均匀和各向同性的，且其电导率为零。在上述条件下，标量函数ψ满足以下方程：

$$\nabla^2\psi-\frac{1}{v^2}\frac{\partial^2\psi}{\partial t^2}=-g(\boldsymbol{r},t) \tag{4.1.1}$$

式中，$v=\dfrac{1}{\sqrt{\mu\varepsilon}}$为波速。

为了数学上推导简单，考虑方程式(4.1.1)的复数形式，即

$$\nabla^2\dot{\psi}+k^2\dot{\psi}=-\dot{g}(\boldsymbol{r}) \tag{4.1.2}$$

式中，$k=\dfrac{\omega}{v}$。

设V是被正则曲面S包围的封闭区域，且Φ和Ψ为两个任意标量函数，它们在V内和S上有连续的一阶和二阶导数，那么，如下的格林第二公式成立，即

$$\int_V(\Phi\nabla^2\Psi-\Psi\nabla^2\Phi)\mathrm{d}V=\oint_S(\Phi\nabla\Psi-\Psi\nabla\Phi)\cdot\mathrm{d}\boldsymbol{S}=\oint_S\left(\Phi\frac{\partial\Psi}{\partial n}-\Psi\frac{\partial\Phi}{\partial n}\right)\mathrm{d}S \tag{4.1.3}$$

式中，$\boldsymbol{n}$是边界面S上面元的外法向单位矢量。

现在，令$\Psi=\dot{\psi}$，$\Phi=\dot{\phi}$，并取

$$\dot{\phi}=\frac{\mathrm{e}^{-\mathrm{j}k|\boldsymbol{r}-\boldsymbol{r}'|}}{4\pi|\boldsymbol{r}-\boldsymbol{r}'|} \tag{4.1.4}$$

它满足方程：

$$\nabla^2\dot{\phi}+k^2\dot{\phi}=-\delta(\boldsymbol{r}-\boldsymbol{r}') \tag{4.1.5}$$

式中，$\boldsymbol{r}$是V内的一个固定观察点；$\boldsymbol{r}'$是V内或S面上的动点。那么，由式(4.1.3)并利用方程式(4.1.2)和式(4.1.5)，得到

$$\int_V\left\{\dot{\phi}\left[-k^2\dot{\psi}-\dot{g}(\boldsymbol{r})\right]+\dot{\psi}\left[k^2\dot{\phi}+\delta(\boldsymbol{r}'-\boldsymbol{r})\right]\right\}\mathrm{d}V=\oint_S\left(\dot{\phi}\frac{\partial\dot{\psi}}{\partial n}-\dot{\psi}\frac{\partial\dot{\phi}}{\partial n}\right)\mathrm{d}S \tag{4.1.6}$$

由此可得

$$\begin{aligned}\dot{\psi}(\boldsymbol{r})=&\frac{1}{4\pi}\int_V\frac{\dot{g}(\boldsymbol{r}')\mathrm{e}^{-\mathrm{j}kR}}{R}\mathrm{d}V'\\&+\frac{1}{4\pi}\oint_S\frac{1}{R}\left\{\frac{\partial\dot{\psi}(\boldsymbol{r}')}{\partial n'}+\left[\frac{1}{R}\dot{\psi}(\boldsymbol{r}')+\mathrm{j}k\dot{\psi}(\boldsymbol{r}')\right]\frac{\partial R}{\partial n'}\right\}\mathrm{e}^{-\mathrm{j}kR}\mathrm{d}S'\end{aligned} \tag{4.1.7}$$

应该注意到，在式(4.1.6)到式(4.1.7)中，对坐标$\boldsymbol{r}$和$\boldsymbol{r}'$进行了互换。这是基于$\dot{\phi}(\boldsymbol{r},\boldsymbol{r}')=\dot{\phi}(\boldsymbol{r}',\boldsymbol{r})$是成立的，这一点不难由式(4.1.4)得到验证。

式(4.1.7)称为正弦电磁场的基尔霍夫积分解[10]。如果$\dot{\psi}(\boldsymbol{r})$和$\dot{g}(\boldsymbol{r})$是场$\psi(\boldsymbol{r},t)$和源$g(\boldsymbol{r},t)$的频谱，可将式(4.1.7)乘以$\mathrm{e}^{\mathrm{j}\omega t}$，再对$\omega$积分，即得

$$\psi(\boldsymbol{r},t)=\frac{1}{4\pi}\int_V\frac{g(\boldsymbol{r}',t-R/v)}{R}\mathrm{d}V'$$
$$+\frac{1}{4\pi}\oint_S\frac{1}{R}\left\{\frac{\partial\psi(\boldsymbol{r}',t-R/v)}{\partial n'}+\left[\frac{\psi(\boldsymbol{r}',t-R/v)}{R}+\frac{1}{v}\frac{\partial\psi(\boldsymbol{r}',t-R/v)}{\partial t}\right]\frac{\partial R}{\partial n'}\right\}\mathrm{d}S' \quad (4.1.8)$$

式(4.1.8)就是非齐次标量波动方程式(4.1.1)的基尔霍夫公式[10-12]。

实际上，直接从式(4.1.1)出发，利用格林第二公式，也能得到基尔霍夫公式(4.1.8)[10]。但是，这一种推导过程是相当复杂的，在这里就不作介绍了。

式(4.1.8)中体积分的源分布 $g(\boldsymbol{r},t)$ 是指各种形式的一般源分布。如果取 $g(\boldsymbol{r},t)$ 分别表示 $\rho(\boldsymbol{r},t)$ 和 $\boldsymbol{J}(\boldsymbol{r},t)$，则可写出与 φ 和 $\boldsymbol{A}$ 相应的非齐次波动方程及其解的形式。

式(4.1.8)中的体积分是非齐次标量波动方程式(4.1.1)的特解，从物理意义来说，它代表 V 内所有源对 $\psi(\boldsymbol{r},t)$ 的贡献。S 面上的面积分代表在 S 面以外的所有源的作用。当 S 上的 ψ 值及其导数值给定时，在 S 内所有点上，场便完全确定。

如果区域 V 延伸到无限远处，现在分析式(4.1.7)中的面积分项[10]。如图 4.1.1 所示，此时，包围体积 V 的 S 面为无限大球面 S_∞。当 $r'\to\infty$ 时，有 $|\boldsymbol{r}-\boldsymbol{r}'|\to r'$ 和 $\frac{\partial}{\partial n'}\to\frac{\partial}{\partial r'}$，因而式(4.1.7)中的面积分项可以写成：

$$\frac{1}{4\pi}\oint_{S_\infty}\left[\frac{\mathrm{e}^{-\mathrm{j}kr'}}{r'}\frac{\partial\dot{\psi}(\boldsymbol{r}')}{\partial r'}+\dot{\psi}(\boldsymbol{r}')\left(\mathrm{j}k+\frac{1}{r'}\right)\frac{\mathrm{e}^{-\mathrm{j}kr'}}{r'}\right]\mathrm{d}S'$$
$$=\frac{1}{4\pi}\oint_{S_\infty}\left\{\left[\frac{\partial\dot{\psi}(\boldsymbol{r}')}{\partial r'}+\mathrm{j}k\dot{\psi}(\boldsymbol{r}')\right]\frac{\mathrm{e}^{-\mathrm{j}kr'}}{r'}+\dot{\psi}(\boldsymbol{r}')\frac{\mathrm{e}^{-\mathrm{j}kr'}}{r'^2}\right\}\mathrm{d}S'$$

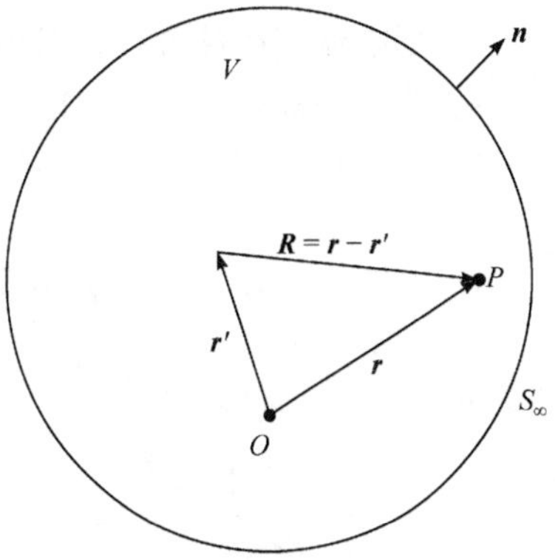

图 4.1.1　包围体积 V 的 S 面为无限大球面 S_∞

根据物理概念，当 $r'\to\infty$ 时，S_∞ 面上的积分应趋于零。这要求：

$$\oint_{S_\infty}\dot{\psi}(\boldsymbol{r}')\frac{\mathrm{e}^{-\mathrm{j}kr'}}{r'^2}\mathrm{d}S'\to 0$$

和

$$\oint_{S_\infty}\left[\frac{\partial\dot{\psi}(\boldsymbol{r}')}{\partial r'}+\mathrm{j}k\dot{\psi}(\boldsymbol{r}')\right]\frac{\mathrm{e}^{-\mathrm{j}kr'}}{r'}\mathrm{d}S'\to 0$$

因为 S_∞ 的面积与 r'^2 成正比，所以如果 $\dot{\psi}(\boldsymbol{r})$ 满足以下条件：

$$\lim_{r\to\infty} r\dot{\psi}(\boldsymbol{r})=\text{有限值} \quad (4.1.9)$$

$$\lim_{r\to\infty} r\left(\frac{\partial\dot{\psi}(\boldsymbol{r})}{\partial r}+\mathrm{j}k\dot{\psi}(\boldsymbol{r})\right)=\text{有限值} \quad (4.1.10)$$

则式(4.1.7)中的面积分为零。式(4.1.9)称为有限性条件，而式(4.1.10)称为辐射条件。它们是在求得无界空间中解的各种表达式时用以检验的条件。

实际上，对于源分布局限在有限区域内的实际问题，式(4.1.9)和式(4.1.10)所表示的条件都可以满足。因此，当区域 V 延伸至无限远时，在 S 面上的积分可以不考虑。这时即化成无界空间的解，其结果和前面所给出的完全一致。

最后，若电流 $\boldsymbol{J}(\boldsymbol{r},t)$ 和电荷 $\rho(\boldsymbol{r},t)$ 是以角频率 ω 作正弦变化，则由它们所激发的矢位和标位，也作相同频率正弦变化。这时，在无界空间中矢位和标位的复数形式解为

$$\dot{\boldsymbol{A}}(\boldsymbol{r})=\frac{\mu}{4\pi}\int_V\frac{\dot{\boldsymbol{J}}(\boldsymbol{r}')\mathrm{e}^{-\mathrm{j}kR}}{R}\mathrm{d}V' \tag{4.1.11}$$

$$\dot{\varphi}(\boldsymbol{r})=\frac{1}{4\pi\varepsilon}\int_V\frac{\dot{\rho}(\boldsymbol{r}')\mathrm{e}^{-\mathrm{j}kR}}{R}\mathrm{d}V' \tag{4.1.12}$$

式中，$k=\omega\sqrt{\mu\varepsilon}$，称 k 为相位常数。上两式中的因子 $\mathrm{e}^{-\mathrm{j}kR}$ 表示离源点 R 距离的观察点 $\boldsymbol{r}$ 处场的变化滞后于 $\boldsymbol{r}'$ 处源的变化的相位差为 kR。

4.1.2　辐射场的性质

这里，以一个最简单的例子来研究随时间变化的电流、电荷所激发的电磁场的性质。最简单的辐射元是一根长度 l 远小于波长的线电流元 $I\mathrm{d}\boldsymbol{l}$，如图 4.1.2 所示，并可假设电流元上各点的电流振幅相等且相位相同，可写成：

$$\dot{I}=I \tag{4.1.13}$$

而任何实际的线天线都可以分解成许多个线电流元。因此线电流元是辐射场源的基本组成单元，称为电基本振子。

根据电流连续性方程，在电流元的两端，必同时积累等值异号的时变电荷，相当于一个时变的电偶极子，如图 4.1.3 所示。因此，电基本振子又称为电偶极子。

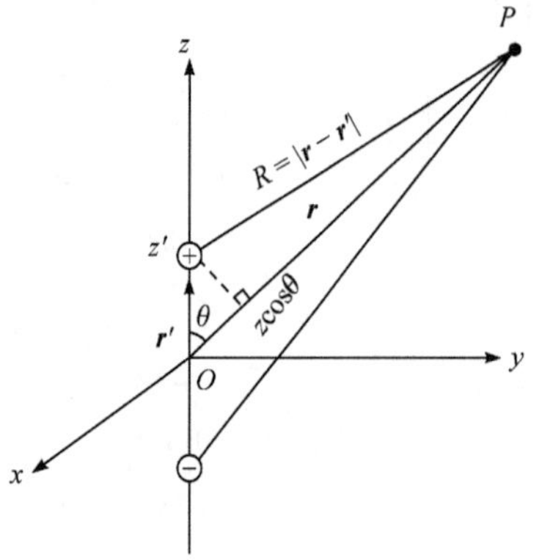

图 4.1.2　线电流元

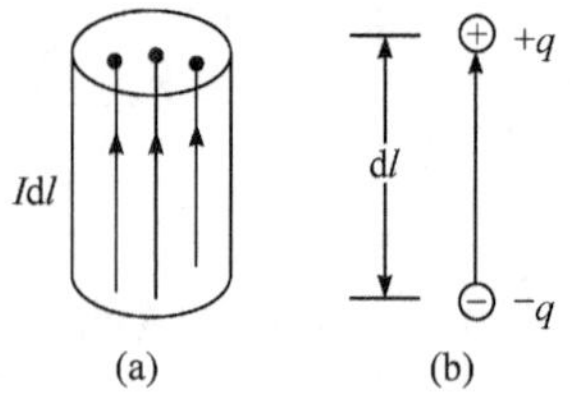

图 4.1.3　时变电偶极子

根据式(4.1.11)，得到电流元 $\dot{I}\mathrm{d}\boldsymbol{l}$ 产生的 $\dot{\boldsymbol{A}}$ 的表示式为

$$\dot{\boldsymbol{A}}(\boldsymbol{r})=\frac{\mu_0}{4\pi}\int_l\frac{\mathrm{e}^{-\mathrm{j}kR}\dot{I}\mathrm{d}\boldsymbol{l}}{R} \tag{4.1.14}$$

因为我们感兴趣的区域是 $r\gg l$，所以在式(4.1.14)的分母中 $R=|\boldsymbol{r}-\boldsymbol{r}'|\approx r$，在 $\mathrm{e}^{-\mathrm{j}kR}$ 中的相位因子 $kR\approx kr$。又因电流 $\dot{I}$ 沿 z 轴方向流动，所以 $\dot{I}\mathrm{d}\boldsymbol{l}=\dot{I}\mathrm{d}l\boldsymbol{e}_z$。因此，式(4.1.14)可以近似地化为

$$\dot{\boldsymbol{A}}(\boldsymbol{r})=\frac{\mu_0\dot{I}l}{4\pi r}\mathrm{e}^{-\mathrm{j}kr}\boldsymbol{e}_z \tag{4.1.15}$$

这就是电偶极子在 $r \gg l$ 的区域内所产生的电磁场的矢量磁位。将它代入 $\dot{\boldsymbol{H}} = \dfrac{1}{\mu_0}\nabla \times \dot{\boldsymbol{A}}$ 和 $\dot{\boldsymbol{E}} = \dfrac{1}{\mathrm{j}\omega\varepsilon_0}\nabla \times \dot{\boldsymbol{H}}$，得到

$$
\begin{cases}
\dot{E}_r = -\mathrm{j}\dfrac{\dot{I}l}{2\pi\omega\varepsilon_0}\left(\dfrac{\mathrm{j}k}{r^2} + \dfrac{1}{r^3}\right)\cos\theta \mathrm{e}^{-\mathrm{j}kr} \\
\dot{E}_\theta = -\mathrm{j}\dfrac{\dot{I}l}{4\pi\omega\varepsilon_0}\left(-\dfrac{k^2}{r} + \dfrac{\mathrm{j}k}{r^2} + \dfrac{1}{r^3}\right)\sin\theta \mathrm{e}^{-\mathrm{j}kr} \\
\dot{H}_\phi = \dfrac{\dot{I}l}{4\pi}\left(\dfrac{\mathrm{j}k}{r} + \dfrac{1}{r^2}\right)\sin\theta \mathrm{e}^{-\mathrm{j}kr} \\
\dot{E}_\phi = \dot{H}_r = \dot{H}_\theta = 0
\end{cases}
\tag{4.1.16}
$$

这就是电偶极子在自由空间中所激发的电磁场。讨论一下上述结果的意义将是十分有益的。下面分电偶极子附近区域和远离电偶极子区域两种情况进行讨论。

(1) 近区电磁场 $(kr \ll 1)$：在 $l \ll r \ll \lambda = 2\pi/k$ 区域，$kr \ll 1$，显然是 $1/r$ 的最高次项起主要作用。在这种情形下，忽略 $1/r$ 的其他低次项，得到

$$
\begin{cases}
\dot{E}_r = -\mathrm{j}\dfrac{\dot{I}l}{2\pi\omega\varepsilon_0 r^3}\cos\theta = \dfrac{\dot{p}}{2\pi\varepsilon_0 r^3}\cos\theta \\
\dot{E}_\theta = -\mathrm{j}\dfrac{\dot{I}l}{4\pi\omega\varepsilon_0 r^3}\sin\theta = \dfrac{\dot{p}}{4\pi\varepsilon_0 r^3}\sin\theta \\
\dot{H}_\phi = \dfrac{\dot{I}l}{4\pi r^2}\sin\theta \\
\dot{E}_\phi = \dot{H}_r = \dot{H}_\theta = 0
\end{cases}
\tag{4.1.17}
$$

应该注意到，在得出上述表达式时，利用了电流元终端的电荷 $\dot{q}$ 必须满足关系 $\mathrm{j}\omega\dot{q} = \dot{I}$，并且由于 r 很小，忽略了滞后效应。从上面的结果看到，$\dot{\boldsymbol{E}}$ 的形式与静电偶极子的电场强度完全相同，而 $\dot{\boldsymbol{H}}$ 则与电流元产生的恒定磁场形式完全相同。正因为如此，称这一部分场是似稳场。

在近区场内，电场和磁场相位差 $90°$，平均能流为零。也就是说，在近区场内没有能量的单向流动，能量只能在源和场之间来回振荡，存在于源的周围空间，没有能量向外辐射。

(2) 近区电磁场 $(kr \gg 1)$：这一区域是我们特别感兴趣的。在 $kr \gg 1$ 或 $r \gg \lambda$ 的区域内，可以略去 $1/r$ 的高次项，电磁场主要由含 $1/r$ 的项决定。这时电磁场量为

$$
\begin{cases}
\dot{E}_\theta = \mathrm{j}\dfrac{\dot{I}l}{2\lambda r}\dfrac{k}{\omega\varepsilon_0}\sin\theta \mathrm{e}^{-\mathrm{j}kr} \\
\dot{H}_\phi = \mathrm{j}\dfrac{\dot{I}l}{2\lambda r}\sin\theta \mathrm{e}^{-\mathrm{j}kr} \\
\dot{E}_r = \dot{E}_\phi = \dot{H}_r = \dot{H}_\theta = 0
\end{cases}
\tag{4.1.18}
$$

由式(4.1.18)看出，这一部分场有以下几个特点：

(1) 电场强度 $\dot{\boldsymbol{E}}$ 和磁场强度 $\dot{\boldsymbol{H}}$ 方向互相垂直，且 $\dot{E}_\theta/\dot{H}_\phi=\sqrt{\mu_0/\varepsilon_0}=\eta$。$\eta$ 称为自由空间的波阻抗。

(2) 与这一部分电磁场相应的坡印亭矢量为

$$\tilde{\boldsymbol{S}}=\dot{E}_\theta\dot{H}_\phi^*\boldsymbol{e}_r=\eta\left(\frac{Il}{2\lambda r}\right)^2\sin^2\theta\boldsymbol{e}_r \tag{4.1.19}$$

由此可见，这一部分电磁场的能量是沿矢径 $\boldsymbol{r}$ 方向向外传播的。这就是说，对于这部分场，电场强度 $\dot{\boldsymbol{E}}$、磁场强度 $\dot{\boldsymbol{H}}$ 和场的传播方向 $\boldsymbol{r}$ 三者互相垂直，且满足右手螺旋关系。而且由于滞后效应，它在真空中的传播速度等于真空中的光速 c。可以断言，这一部分场就是电磁波。

(3) 坡印亭矢量与 $\sin^2\theta$ 成正比，说明功率分布显然不是各向同性的，而且与观察点所处方位有关。为了描述这一性质，引入功率角分布的概念。它的定义是，单位时间通过单位立体角的能量。单位立体角内电流元所辐射的功率的平均值为

$$\frac{\mathrm{d}P}{\mathrm{d}\Omega}=(\tilde{\boldsymbol{S}}\cdot\boldsymbol{e}_r)r^2=\frac{\eta k^2(Il)^2}{16\pi^2}\sin^2\theta \tag{4.1.20}$$

总的辐射功率为

$$P=\oint_S(\tilde{\boldsymbol{S}}\cdot\boldsymbol{e}_r)r^2\mathrm{d}\Omega=80\pi^2\left(\frac{l}{\lambda}\right)^2I^2 \tag{4.1.21}$$

有趣的是，式(4.1.21)表明，虽然场强正比于 $1/r$，但是总功率与所取球面半径无关。这意味着一旦场被激发起来，这一部分场就与源脱离而自由地传播。正是因为这样，把这部分强度正比于 $1/r$ 的场称为辐射场。由此可以看到，电磁波就是随时间变化的电荷、电流所激发的那一部分与之脱离而自由地传播的辐射场。这样，就向读者说明了电磁波是如何产生的。

在结束这一节之前，再讨论一下电磁波的性质[2]。必须特别注意的是，不能把电磁波与通常的机械波(如水波、声波)混为一谈。正如人们所熟知的，机械波必须靠媒质来传递，它是依靠媒质传播的能量，例如，声波的传播是借助于空气分子的振动把能量传递出去的。因而机械波不能在真空中传播。如果我们处在真空中，即使在我们周围发生了剧烈的爆炸，我们也毫无所闻。电磁波则截然相反，它的传播是靠自由的电磁场本身的运动，完全不需要依赖媒质，所以，电磁波可以在真空中传播。

4.2　电磁波在理想介质中的传播

当在无限大的线性均匀各向同性的理想介质内讨论电磁波时，可以从 1.6 节中的电磁波方程式(1.6.7)和式(1.6.8)出发来加以考虑。为了解电磁波传播的基本特性，只研究电磁波方程的一个最基本最重要的解，即具有一定频率和传播方向的正弦均匀平面波。根据 Fourier 分析，一切复杂的电磁波总可以展开为一系列单频平面波的叠加。因而，要进一步研究电磁波的性质，只需研究单频平面波就足够了[11,12]。

设电磁波沿 x 方向传播，在与 x 轴垂直的平面上其场量在各点具有相同的值，即电场强度 $\boldsymbol{E}$ 和磁场强度 $\boldsymbol{H}$ 只与 x 和 t 有关，而与 y 和 z 无关。这种电磁波称为均匀平面波，若其随时间按正弦变化，则简称正弦均匀平面波。其波前面(由等相位点组成的面)为与 x 垂直的平面。在这种情形下，电磁波的电场强度 $\boldsymbol{E}$ 和磁场强度 $\boldsymbol{H}$ 满足的亥姆霍兹方程式(1.9.12)和式(1.9.13)均简化为一维的常微分方程：

$$\frac{\mathrm{d}^2\dot{\boldsymbol{H}}(x)}{\mathrm{d}x^2}+k^2\dot{\boldsymbol{H}}(x)=0 \tag{4.2.1}$$

$$\frac{\mathrm{d}^2\dot{\boldsymbol{E}}(x)}{\mathrm{d}x^2}+k^2\dot{\boldsymbol{E}}(x)=0 \tag{4.2.2}$$

式中，$k^2=\omega^2\mu\varepsilon$。其解为

$$\dot{\boldsymbol{H}}(x)=\dot{\boldsymbol{H}}_0\mathrm{e}^{\pm \mathrm{j}kx} \tag{4.2.3}$$

$$\dot{\boldsymbol{E}}(x)=\dot{\boldsymbol{E}}_0\mathrm{e}^{\pm \mathrm{j}kx} \tag{4.2.4}$$

相应的瞬时形式解为

$$\boldsymbol{H}(x,t)=\sqrt{2}\boldsymbol{H}_0\cos(\omega t\pm kx+\varphi_H) \tag{4.2.5}$$

$$\boldsymbol{E}(x,t)=\sqrt{2}\boldsymbol{E}_0\cos(\omega t\pm kx+\varphi_E) \tag{4.2.6}$$

对此做如下讨论。

(1) 由条件 $\nabla\cdot\boldsymbol{E}=0$，$\nabla\cdot\boldsymbol{H}=0$，得

$$\boldsymbol{E}\cdot\boldsymbol{e}_x=0 \quad 和 \quad \boldsymbol{H}\cdot\boldsymbol{e}_x=0 \tag{4.2.7}$$

这表明平面电磁波是横电磁波(简称 TEM 波)。电磁波的电场强度 $\boldsymbol{E}$ 和磁场强度 $\boldsymbol{H}$ 都和波的传播方向 x 垂直。

(2) 由于 $\nabla\times\boldsymbol{E}=-\dfrac{\partial\boldsymbol{B}}{\partial t}$ 和 $\nabla\times\boldsymbol{H}=\dfrac{\partial\boldsymbol{D}}{\partial t}$，则

$$\boldsymbol{e}_x\times\boldsymbol{E}=\omega\mu\boldsymbol{H} \quad 和 \quad \boldsymbol{e}_x\times\boldsymbol{H}=-\omega\varepsilon\boldsymbol{E} \tag{4.2.8}$$

式(4.2.8)表明，电磁波的电场强度 $\boldsymbol{E}$ 的方向、磁场强度 $\boldsymbol{H}$ 的方向和波的传播方向三者相互垂直，且满足右手螺旋关系。

(3) 由式(4.2.8)可得

$$\sqrt{\varepsilon}E=\sqrt{\mu}H \quad 或 \quad \varepsilon E^2=\mu H^2 \tag{4.2.9}$$

式(4.2.9)表明，理想介质中的电磁波的电场强度 $\boldsymbol{E}$ 和磁场强度 $\boldsymbol{H}$ 在时间上同相，即 $\varphi_E=\varphi_H$。其振幅之比为实数：

$$\eta=\frac{E}{H}=\sqrt{\frac{\mu}{\varepsilon}} \tag{4.2.10}$$

η 称为理想介质的波阻抗。式(4.2.9)还表明，电磁场能量是平均分配在电场和磁场中的。

(4) 平面电磁波的能流密度：

$$\boldsymbol{S}=\boldsymbol{E}\times\boldsymbol{H}=\sqrt{\frac{\varepsilon}{\mu}}E^2\boldsymbol{e}_x=vw\boldsymbol{e}_x \tag{4.2.11}$$

式中，$w=\frac{1}{2}(\varepsilon E^2+\mu H^2)$ 为电磁场能量密度。式(4.2.11)还表明，电磁场能量是以其传播速度 v 沿着传播方向流动的，但是这个结论不具有普遍意义，它只对平面波成立。同时式(4.2.11)还表明，在传播过程中能量密度保持不变。因此，在理想介质中，电磁波无衰减地传播，传播的均匀平面波是等振幅波。

(5) 现在研究相位因子 $\omega t-kx$ 的物理意义。在 $t=0$ 时刻，相位因子是 kx，$x=0$ 处的相位为零，即在 $x=0$ 的平面上电场处于峰值。在另一时刻 t，相位因子是 $\omega t-kx$，波峰平面移至 $\omega t-kx=0$ 处，即移至 $x=\omega t/k$ 处。因此 $\cos(\omega t-kx)$ 代表一个沿着正 x 方向传播的平面波，其相速度(定义为等相位点移动的速度)为

$$v_{\mathrm{p}}=\frac{\mathrm{d}x}{\mathrm{d}t}=\frac{\omega}{k}=\frac{1}{\sqrt{\mu\varepsilon}} \tag{4.2.12}$$

同理可知，$\cos(\omega t+kx)$ 代表一个沿着负 x 方向传播的平面波。

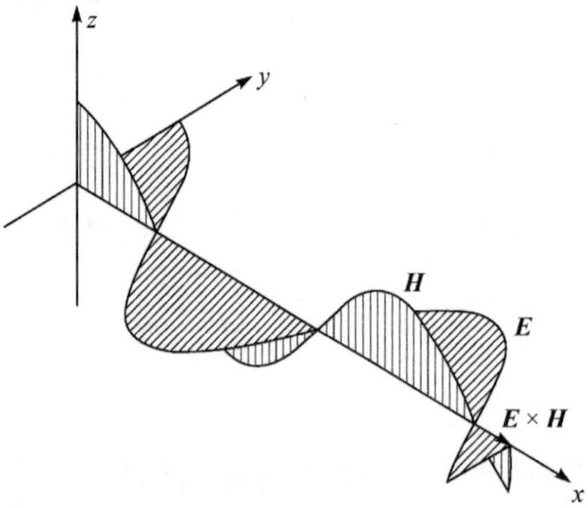

图 4.2.1　理想介质中平面波的电场和磁场

式(4.2.12)表明，平面电磁波的相速度与波传播的速度相同，它仅与介质的性质有关，而与波的频率 ω 无关。

(6) 由式(4.2.5)和式(4.2.6)可以看出，kx 代表相位角，k 表示电磁波传播单位距离时所滞后的相位，因此 k 称为相位常数或波传播常数。在传播方向上相位改变 2π 时的距离定义为波长，以 λ 表示，所以有

$$\lambda=\frac{2\pi}{k}\quad 或\quad \lambda=\frac{v}{f} \tag{4.2.13}$$

平面电磁波在理想介质中传播的情况如图 4.2.1 所示。

4.3　电磁波在导电媒质中的传播——集肤效应

导电媒质与理想介质的区别在于导电媒质中有自由电子存在。从而只要有电磁波存在，就必然伴随着出现传导电流 $\boldsymbol{J}=\gamma\boldsymbol{E}$。对正弦电磁波来说，导电媒质与理想介质的唯一差别就是要用方程

$$\nabla\times\dot{\boldsymbol{H}}=(\gamma+\mathrm{j}\omega\varepsilon)\dot{\boldsymbol{E}}$$

来替换方程 $\nabla\times\dot{\boldsymbol{H}}=\mathrm{j}\omega\varepsilon\dot{\boldsymbol{E}}$。因此，除了用等效介电常数 $\varepsilon'=\varepsilon+\frac{\gamma}{\mathrm{j}\omega}$ 替换 ε 外，4.2 节关于电磁波在理想介质中传播的数学处理方法和结果在这里仍然适用。于是，可由式(4.2.3)和式(4.2.4)求出磁场强度和电场强度，其中

$$k^2=\omega^2\mu\left(\varepsilon+\frac{\gamma}{\mathrm{j}\omega}\right) \tag{4.3.1}$$

可见，波传播常数 k 为复数。下面讨论具有复传播常数 k 的单频正弦均匀平面波的特点。

(1) 复传播常数 k 的物理意义。由式(4.3.1)可知，在导电媒质中，复传播常数 k 可以表示为

$$k=\beta-\mathrm{j}\alpha \tag{4.3.2}$$

式中，β 和 α 均为实数，将式(4.3.2)代入式(4.2.3)和式(4.2.4)中，得磁场强度和电场强度的瞬时形式解：

$$\boldsymbol{H}(x,t)=\sqrt{2}\boldsymbol{H}_0\mathrm{e}^{\pm\alpha x}\cos(\omega t\pm\beta x+\varphi_H) \tag{4.3.3}$$

$$\boldsymbol{E}(x,t)=\sqrt{2}\boldsymbol{E}_0\mathrm{e}^{\pm\alpha x}\cos(\omega t\pm\beta x+\varphi_E) \tag{4.3.4}$$

可见，这时平面波的磁场强度的振幅为 $\sqrt{2}\boldsymbol{H}_0\mathrm{e}^{\pm\alpha x}$，电场强度振幅为 $\sqrt{2}\boldsymbol{E}_0\mathrm{e}^{\pm\alpha x}$，而 $\mathrm{e}^{\pm\alpha x}$ 是衰减因子，它表示场量的振幅在传播方向上按指数规律衰减。衰减快慢取决于 α 的大小，因此称 α 为衰减常数。由此可见，复波传播常数表示电磁波有衰减。在导电媒质中，这种衰减表示电磁波的能量有损耗，衰减的原因是传导电流的欧姆损耗。

电磁波在导电媒质中衰减得快慢，除了用衰减常数 α 表示外，通常还用“透入深度”来表示。它定义为，波从导电媒质表面向内部传播，经过一段距离 d 后，其振值衰减到表面值的 $1/\mathrm{e}$ (即表面值的 0.368 倍)，这段距离 d 就称为该导电媒质的“透入深度”。根据这个定义，对于均匀平面波，$\alpha d=1$，即

$$d=\frac{1}{\alpha} \tag{4.3.5}$$

最后，β 称为相位常数，它决定波在传播过程中相位改变的快慢。

(2) α 和 β 的值。由式(4.3.1)和式(4.3.2)容易得到

$$\alpha=\omega\sqrt{\frac{\mu\varepsilon}{2}\left[\sqrt{1+\left(\frac{\gamma}{\omega\varepsilon}\right)^2}-1\right]} \tag{4.3.6}$$

$$\beta=\omega\sqrt{\frac{\mu\varepsilon}{2}\left[\sqrt{1+\left(\frac{\gamma}{\omega\varepsilon}\right)^2}+1\right]} \tag{4.3.7}$$

若导电媒质是良导体，这时 $\gamma/(\omega\varepsilon)\gg 1$，则这些公式可简化成：

$$\alpha=\beta\approx\sqrt{\frac{\omega\mu\gamma}{2}} \tag{4.3.8}$$

以及

$$d=\frac{1}{\alpha}=\sqrt{\frac{2}{\omega\mu\gamma}} \tag{4.3.9}$$

注意到，透入深度 d 的数值是很小的。例如，对于频率为 50Hz 的低频电磁波，在铜中 ($\gamma=5.8\times10^7\ \mathrm{S/m}$) 的透入深度 d 只有 0.94cm；当频率为 1000kHz 时，$d=6\times10^{-5}\mathrm{cm}$。由此可得出结论：对于高频电磁波，电磁场仅集中在导体表面内部附近很薄的一层内，相应的高频电流也集中在导体表面内部很薄的一层内流动，这种现象称为集肤效应。它在工业上有着很重要的应用，如电磁屏蔽、高频淬火等。集肤效应使得导线的高频电阻比低频时大，

高频电感比低频时小。

对于理想导体，$\gamma \to \infty$，$d = 0$。因而电磁波完全不能进入理想导体内部，它将在表面上完全被反射。也正是因为这样，在理想导体中，传导电流密度总是集中在表面内部附近一个趋于零的薄层内。电流密度 $\boldsymbol{J} \to \infty$。这就是理想导体表面电流密度 $\boldsymbol{K}$ 存在的原因。

(3) 相速度。因为等相位面方程是 $\omega t \pm \beta x =$ 常数，所以相速度为

$$v_{\mathrm{p}} = \frac{\mathrm{d}x}{\mathrm{d}t} = \frac{\omega}{\beta} \tag{4.3.10}$$

对于良导体，$\beta \approx \sqrt{\dfrac{\omega\mu\gamma}{2}}$，所以有

$$v_{\mathrm{p}} = \sqrt{\frac{2\omega}{\mu\gamma}} \tag{4.3.11}$$

可见在良导体中不同频率的电磁波的相速度不同，把这种现象称为色散现象。具有这一性质的媒质称为色散媒质，因此导电媒质是色散媒质，理想介质是非色散媒质。

(4) 电场强度 $\dot{\boldsymbol{E}}$ 和磁场强度 $\dot{\boldsymbol{H}}$ 之间的关系。导电媒质中电场强度和磁场强度的关系为

$$\frac{\dot{\boldsymbol{E}}}{\dot{\boldsymbol{H}}} = \sqrt{\frac{\mu}{\varepsilon'}} = \sqrt{\frac{\mu}{\varepsilon + \gamma/\mathrm{j}\omega}} = \dot{\eta} = |\dot{\eta}|\mathrm{e}^{\mathrm{j}\theta} \tag{4.3.12}$$

式(4.3.12)表明，导电媒质的波阻抗 $\dot{\eta}$ 是一个复数，电场强度和磁场强度不再同相。即在式(4.3.3)和式(4.3.4)中，$\varphi_E \neq \varphi_H$。在相位上 $\dot{\boldsymbol{H}}$ 比 $\dot{\boldsymbol{E}}$ 落后的角度为 θ。

在良导体情形，有

$$\dot{\eta} = \sqrt{\frac{\omega\mu}{2\gamma}}(1+\mathrm{j}) = \sqrt{\frac{\omega\mu}{\gamma}}\mathrm{e}^{\mathrm{j}\pi/4} \tag{4.3.13}$$

由式(4.3.13)可见，磁场 $\dot{\boldsymbol{H}}$ 比电场 $\dot{\boldsymbol{E}}$ 的相位落后 $45°$。磁场能量密度与电场能量密度之比为

$$\frac{\mu H^2}{\varepsilon E^2} \approx \frac{\gamma}{\omega\varepsilon} \gg 1 \tag{4.3.14}$$

这表明磁场能量远高于电场能量。这意味着良导体内部的电场相对于磁场而言是微不足道的，磁场远比电场重要。此时，分析应侧重于磁场和电流。

导电媒质中电磁波的传播特性如图 4.3.1 所示。

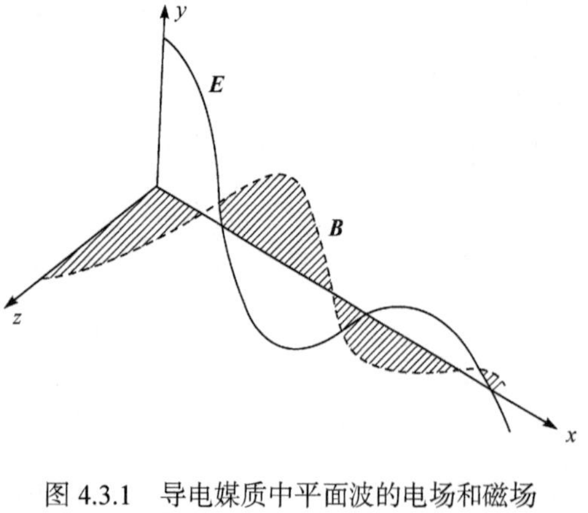

图 4.3.1　导电媒质中平面波的电场和磁场

4.4　电磁波的反射和折射——全反射

电磁波遇到两种媒质分界面时，将部分地被反射和部分地被折射。这里，从电磁现象的普遍规律出发来讨论反射和折射现象。

4.4.1　电介质分界面上的反射和折射[5]

设两个半无限大的线性、均匀、各向同性电介质的分界面为 $x=0$ 的平面，两种电介质的参数分别为 μ_1、ε_1 和 μ_2、ε_2，如图 4.4.1 所示。用 $\dot{\boldsymbol{E}}_0$ 和 $\dot{\boldsymbol{H}}_0$ 分布表示入射波的电场强度和磁场强度，并假设入射波的方向与 x 轴成 θ 角。这里，将入射波的入射线与分界面的法线所组成的平面称为入射面，就是如图 4.4.1 所示的 xOy 面。

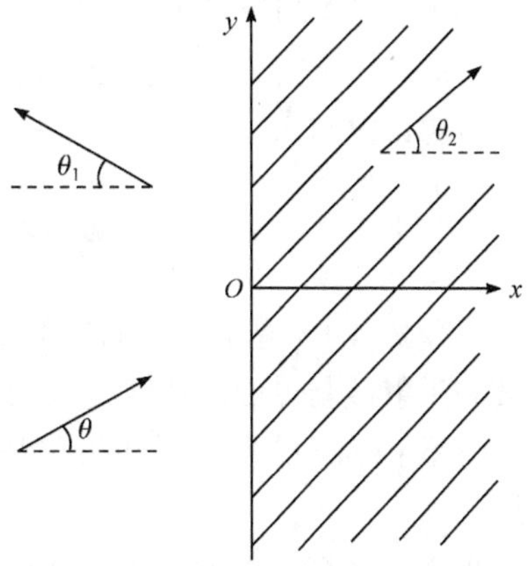

图 4.4.1　分界面 $x=0$ 平面上的反射和折射

1. 电场垂直于入射面的反射和折射

当入射波的电场强度 $\dot{\boldsymbol{E}}_0$ 垂直于入射面时，有

$$\begin{cases} \dot{E}_{0z} = E_0 \mathrm{e}^{-\mathrm{j}k_1(x\cos\theta + y\sin\theta)} \\ \dot{H}_{0x} = \dfrac{k_1\sin\theta}{\omega\mu_1}\dot{E}_{0z} \\ \dot{H}_{0y} = \dfrac{-k_1\cos\theta}{\omega\mu_1}\dot{E}_{0z} \end{cases} \tag{4.4.1}$$

而入射波的其余场分量为零。其中，$k_1=\omega\sqrt{\mu_1\varepsilon_1}$。

在 $x<0$ 的电介质1中，设反射平面波的场分量为

$$\begin{cases} \dot{E}_{1z} = E_1 \mathrm{e}^{-\mathrm{j}k_1(-x\cos\theta_1 + y\sin\theta_1)} \\ \dot{H}_{1x} = \dfrac{k_1\sin\theta_1}{\omega\mu_1}\dot{E}_{1z} \\ \dot{H}_{1y} = \dfrac{k_1\cos\theta_1}{\omega\mu_1}\dot{E}_{1z} \end{cases} \tag{4.4.2}$$

而在 $x>0$ 的电介质 2 中，设折射平面波的场分量为

$$\begin{cases} \dot{E}_{2z} = E_2 \mathrm{e}^{-\mathrm{j}k_2(x\cos\theta_2 + y\sin\theta_2)} \\ \dot{H}_{2x} = \dfrac{k_2\sin\theta_2}{\omega\mu_2}\dot{E}_{2z} \\ \dot{H}_{2y} = \dfrac{-k_2\cos\theta_2}{\omega\mu_2}\dot{E}_{2z} \end{cases} \tag{4.4.3}$$

式中，$k_2=\omega\sqrt{\mu_2\varepsilon_2}$。在 $x<0$ 的电介质1中合成波的电场由 $\dot{E}_{0z}+\dot{E}_{1z}$ 导出，而在 $x>0$ 的电介质 2 中折射波的电场由 $\dot{E}_{2z}$ 导出。

在 $x=0$ 平面上，$\dot{E}_z$ 的连续性要求：

$$E_0\mathrm{e}^{-\mathrm{j}k_1 y\sin\theta} + E_1\mathrm{e}^{-\mathrm{j}k_1 y\sin\theta_1} = E_2\mathrm{e}^{-\mathrm{j}k_2 y\sin\theta_2} \tag{4.4.4}$$

要使这个方程对所有的 y 都能成立，就要求：

$$k_1 \sin\theta = k_1 \sin\theta_1 = k_2 \sin\theta_2$$

这个方程可以写为

$$\theta_1 = \theta \quad 和 \quad \frac{\sin\theta_2}{\sin\theta} = \frac{k_1}{k_2} = \sqrt{\frac{\mu_1\varepsilon_1}{\mu_2\varepsilon_2}} \tag{4.4.5}$$

方程式(4.4.5)是电磁波的反射定律和折射定律，也就是光学中的斯涅耳(Snell)定律。入射波和反射波与界面的法线构成的角相等，即反射角 θ_1 等于入射角 θ。根据入射波所在媒质的参数积 $\mu_1\varepsilon_1$ 的大小可知折射波与界面法线构成较小的或者较大的角，这种现象称为折射。

现在，计算反射波与折射波的振幅，这时需要应用 $\dot{H}_y$ 连续的衔接条件。由这个条件得到

$$-\frac{k_1}{\mu_1}\cos\theta E_0 + \frac{k_1}{\mu_1}\cos\theta E_1 = -\frac{k_2}{\mu_2}\cos\theta_2 E_2 \tag{4.4.6}$$

并根据式(4.4.4)，有

$$E_0 + E_1 = E_2 \tag{4.4.7}$$

联立式(4.4.6)和式(4.4.7)，解得

$$E_1 = \frac{\eta_2\cos\theta - \eta_1\cos\theta_2}{\eta_2\cos\theta + \eta_1\cos\theta_2} E_0 = \dot{R}_\perp E_0 \tag{4.4.8}$$

和

$$E_2 = \frac{2\eta_2\cos\theta}{\eta_2\cos\theta + \eta_1\cos\theta_2} E_0 = \dot{T}_\perp E_0 \tag{4.4.9}$$

式(4.4.8)和式(4.4.9)就是垂直极化波的菲涅耳(Fresnel)公式。这里，$\eta_1(=\sqrt{\mu_1/\varepsilon_1})$ 和 $\eta_2(=\sqrt{\mu_2/\varepsilon_2})$ 分别是电介质1和电介质2的波阻抗，而 $\dot{R}_\perp$ 和 $\dot{T}_\perp$ 分别是反射系数和折射系数。

2. 磁场垂直于入射面的反射和折射

取：

$$\begin{cases} \dot{H}_{0z} = H_0 e^{-jk_1(x\cos\theta + y\sin\theta)} \\ \dot{E}_{0x} = \dfrac{-k_1\sin\theta}{\omega\varepsilon_1}\dot{H}_{0z} \\ \dot{E}_{0y} = \dfrac{k_1\cos\theta}{\omega\varepsilon_1}\dot{H}_{0z} \end{cases} \tag{4.4.10}$$

而入射波的其余场分量为零。设反射波的场分量 $\dot{H}_{1z}$ 为

$$\dot{H}_{1z} = H_1 e^{-jk_1(-x\cos\theta_1 + y\sin\theta_1)} \tag{4.4.11}$$

折射波的场分量 $\dot{H}_{2z}$ 为

$$\dot{H}_{2z} = H_2 e^{-jk_2(x\cos\theta_2 + y\sin\theta_2)} \tag{4.4.12}$$

用类似于电场垂直于入射面的分析方法，可知它也必须满足斯涅耳定律，并且

$$\dot{R}_{//} = \frac{E_1}{E_0} = \frac{\eta_2\cos\theta_2 - \eta_1\cos\theta}{\eta_2\cos\theta_2 + \eta_1\cos\theta} \tag{4.4.13}$$

和

$$\dot{T}_{//} = \frac{E_2}{E_0} = \frac{2\eta_2\cos\theta}{\eta_2\cos\theta_2 + \eta_1\cos\theta} \tag{4.4.14}$$

这就是平行极化波的菲涅耳公式，$\dot{R}_{//}$ 和 $\dot{T}_{//}$ 分别是反射系数和折射系数。

4.4.2 电介质分界面上的全反射和全折射[5]

下面着重讨论斜入射的两个重要现象，即波的全反射和全折射现象。

1. 全反射现象

一般电介质的磁导率 $\mu_1 \approx \mu_2 = \mu_0$，则式(4.4.5)中的第二式化为

$$\frac{\sin\theta_2}{\sin\theta} = \sqrt{\frac{\varepsilon_1}{\varepsilon_2}}$$

即

$$\sin\theta_2 = \sqrt{\frac{\varepsilon_1}{\varepsilon_2}}\sin\theta \tag{4.4.15}$$

入射角的变化范围是 $0 \sim \pi/2$，所以 $\sin\theta$ 的值是 $0 \sim 1$。当电磁波由光密介质射向光疏介质(即 $\varepsilon_1 > \varepsilon_2$)时，$\sqrt{\varepsilon_1/\varepsilon_2} > 1$，这时折射角 θ_2 将大于入射角 θ。当入射角 $\theta = \theta_c$，即

$$\theta_c = \arcsin\sqrt{\frac{\varepsilon_2}{\varepsilon_1}} \tag{4.4.16}$$

时，$\sin\theta_2 = 1$，即变 θ_2 为 $90°$，这时折射波沿着分界面切线方向传播。若入射角 θ 再增大，满足 $\theta > \theta_c$ (即 $\sin\theta > \sqrt{\varepsilon_2/\varepsilon_1}$)条件时，显然会出现 $\sin\theta_2 > 1$ 的情况，这时折射角 θ_2 为虚角。这说明在光疏介质中的折射波将不复存在，即电磁波被全部反射回光密介质中，这种现象称为全反射。θ_c 就是发生全反射时的临界角。

但是在全反射时，电介质 2 中的电磁场并不为零，否则，分界面上的衔接条件就不能够得到满足。现在，研究电介质 2 中的波的情况。折射波的传播因子可以写成：

$$e^{-jk_2(x\cos\theta_2 + y\sin\theta_2)} = e^{\pm k_2 x\sqrt{\sin^2\theta_2 - 1}} e^{-jk_2 y\sin\theta_2}$$

考虑到当 $x \to \infty$ 时，折射波的振幅应该为有限值，所以必须选择 $e^{-k_2 x\sqrt{\sin^2\theta_2 - 1}}$。因此，折射波的传播因子是

$$e^{-jk_2(x\cos\theta_2 + y\sin\theta_2)} = e^{-k_2 x\sqrt{\sin^2\theta_2 - 1}} e^{-jk_2 y\sin\theta_2}$$

这说明折射波沿 x 方向按指数规律衰减，沿 y 方向是行波。因此，这种电磁波只集中在分界

面附近电介质 2 内的一个薄层内传播，称为表面波。此时，虽然在介质 2 中有场，但是入射波带来的能量经过介质 2 后，将由反射波全部带出，即折射波沿垂直于分界面方向的平均能流密度为零，没有净能量进入介质 2 中，折射波平均能流密度只有 y 分量。

光纤通信就是利用全反射现象，将电磁波限制在光纤芯中连续不断地在内壁上全反射，使携带信息的电磁波由发送端传到接收端，达到通信的目的。

2. 全折射现象

若反射系数为零，则入射波在分界面上就发生全折射。对于电场垂直于入射面的电磁波，由式(4.4.8)可知，当 $\eta_2\cos\theta=\eta_1\cos\theta_2$ 时，$\dot{R}_\perp=0$，也就是

$$\sqrt{\frac{\mu_2}{\varepsilon_2}}\sqrt{1-\sin^2\theta}=\sqrt{\frac{\mu_1}{\varepsilon_1}}\sqrt{1-\sin^2\theta_2}$$

应用斯涅耳定律，上式可写成：

$$\sin\theta=\sqrt{\frac{1-(\mu_1\varepsilon_2/\mu_2\varepsilon_1)}{1-(\mu_1/\mu_2)^2}}$$

对于一般的非铁磁物质，$\mu_1\approx\mu_2=\mu_0$，上式右边为无限大，θ 无实数解。由此可见，垂直极化波入射不会发生全折射现象。

对于磁场垂直于入射面的电磁波，由式(4.4.13)可知，有 $\eta_2\cos\theta_2=\eta_1\cos\theta$，即

$$\sqrt{\frac{\mu_2}{\varepsilon_2}}\sqrt{1-\sin^2\theta_2}=\sqrt{\frac{\mu_1}{\varepsilon_1}}\sqrt{1-\sin^2\theta}$$

应用斯涅耳定律，上式可写成：

$$\sin\theta=\sqrt{\frac{1-(\mu_2\varepsilon_1/\mu_1\varepsilon_2)}{1-(\varepsilon_1/\varepsilon_2)^2}}$$

对于一般的非铁磁物质，$\mu_1\approx\mu_2=\mu_0$，于是上式可写成：

$$\sin\theta=\sqrt{\frac{\varepsilon_2}{\varepsilon_1+\varepsilon_2}}\quad\text{或}\quad\tan\theta=\sqrt{\frac{\varepsilon_2}{\varepsilon_1}}\tag{4.4.17}$$

当入射角 θ 满足式(4.4.17)时，入射波全部折射到电介质 2 中，在电介质 1 中没有反射波。满足上式的角称为布儒斯特(Brewster)角，用 θ_p 表示，即

$$\theta_\mathrm{p}=\arctan\sqrt{\frac{\varepsilon_2}{\varepsilon_1}}\tag{4.4.18}$$

由此可得出结论，在一般情况下 $(\varepsilon_1\neq\varepsilon_2,\mu_1\approx\mu_2)$，垂直极化波在两种电介质分界面处总有反射波产生，而平行极化波在满足 $\theta=\theta_\mathrm{p}$ 的条件下，反射波消失，能量全部进入介质 2 中。布儒斯特角的一个重要用途是将任意极化波中的垂直极化分量和平行极化分量分离开来。当任意极化波以 θ_p 角入射到分界面上时，平行极化分量因全折射而没有反射波，在反射波中只有垂直极化分量。由于 θ_p 具有这种极化滤波作用，因此 θ_p 也称为极化角或起偏角。

4.4.3　导电媒质表面上的反射和折射[5]

当 $x>0$ 区域的媒质具有导电性时，可以利用上面电磁波在电介质表面的反射和折射理论来研究电磁波在导电媒质表面上的反射和折射。具体地说，反射定律和折射定律以及菲涅耳公式的形式保持不变，只要把其中的 ε_2 用等效介电常数 ε_2' 代入即可。但是这些公式的含义与电介质中的公式不同。

首先 k_2 是复数，θ_2 也是复数。由式(4.4.5)得

$$\sin\theta_2=\sqrt{\frac{\mu_1\varepsilon_1}{\mu_2\varepsilon_2'}}\sin\theta=\sqrt{\frac{\mu_1\varepsilon_1}{\mu_2\varepsilon_2\left(1-\mathrm{j}\dfrac{\gamma}{\omega\varepsilon_2}\right)}}\sin\theta \tag{4.4.19}$$

此式表明，$\sin\theta_2$ 有正虚部，所以可取 $\cos\theta_2=a-\mathrm{j}b$，其中 a 和 b 是正的。于是，折射波的传播因子为

$$\mathrm{e}^{-\mathrm{j}k_2(x\cos\theta_2+y\sin\theta_2)}=\mathrm{e}^{\left\{-k_0(N_\mathrm{i}a+N_\mathrm{r}b)x-\mathrm{j}k_0\left[(N_\mathrm{r}a-N_\mathrm{i}b)x+N_1y\sin\theta\right]\right\}} \tag{4.4.20}$$

式中，$N_\mathrm{r}-\mathrm{j}N_\mathrm{i}=\sqrt{\dfrac{\mu_2\varepsilon_2'}{\mu_0\varepsilon_0}}$ 和 $N_1=\sqrt{\dfrac{\mu_1\varepsilon_1}{\mu_0\varepsilon_0}}$ 分别是两种媒质的折射指数；$k_0=\omega\sqrt{\mu_0\varepsilon_0}$。可见，折射波在 x 方向是衰减的。恒定振幅面是 $x=$ 常数的平面，而等相位面的方程是

$$(N_\mathrm{r}a-N_\mathrm{i}b)x+N_1y\sin\theta=\text{常数} \tag{4.4.21}$$

通常，恒定振幅面与等相位面是不一致的，在等相位面上振幅不再相等，就说这样的场是非均匀平面波。如果传播方向定义为垂直于等相位面的方向，那么折射角 ψ 为

$$\tan\psi=\frac{N_1\sin\theta}{N_\mathrm{r}a-N_\mathrm{i}b} \tag{4.4.22}$$

可以求得反射波和折射波的振幅和相位，但由于计算公式很冗长，在这里就不给出其表达式。应该注意到，实际中大多数媒质都是非磁性的，即 $\mu_1=\mu_2\approx\mu_0$，那么在垂直入射 $(\theta=0)$ 时，垂直极化波和平行极化波的反射系数模的值都是 $\left|(N_1-N_2)/(N_1+N_2)\right|$，也就是

$$\left|\dot{R}_\perp\right|=\left|\dot{R}_{//}\right|=\frac{(N_1-N_\mathrm{r})^2+N_\mathrm{i}^2}{(N_1+N_\mathrm{r})^2+N_\mathrm{i}^2} \tag{4.4.23}$$

不难看出，当 N_i 较大时，反射系数模的值就很接近 1。也就是说，在金属表面上入射波越强，被反射的波则越强。此时，折射光和反射光的色彩是互补的。例如，观察到银的薄膜的折射光是蓝色。另外，正是由于这一特性才能实现电磁波的屏蔽，并利用金属壁制成波导和谐振腔。

这里有必要讨论良导体这一极限情况。在大多数金属内，如果 ω 不太高，则 $\gamma_2/(\omega\varepsilon_2)\gg1$。此时，有

$$N_2=N_\mathrm{r}-\mathrm{j}N_\mathrm{i}=\sqrt{\frac{\mu_2\varepsilon_2}{\mu_0\varepsilon_0}\left(1-\mathrm{j}\frac{\gamma_2}{\omega\varepsilon_2}\right)}\approx(1-\mathrm{j})\sqrt{\frac{\mu_2\gamma_2}{2\omega\mu_0\varepsilon_0}} \tag{4.4.24}$$

因此，有

$$\sin\theta_2 = 0\left(\frac{2}{\gamma_2^{1/2}}\right) \quad 和 \quad \cos\theta_2 = 1 - 0\left(\frac{2}{\gamma_2}\right)$$

所以

$$\sin\psi \approx \sqrt{\frac{2\omega\mu_1\varepsilon_1}{\mu_2\gamma_2}}\sin\theta \tag{4.4.25}$$

当$\gamma_2 \to \infty$时，$\psi \to 0$。于是，等相位面近似平行于分界面。无论是什么入射角，折射波基本上是沿分界面的法线方向传播的。这表明，对于良导体，不管入射角θ如何，透入的电磁波近似地沿法线方向传播。不过，折射波是有衰减的，其形式为

$$\begin{cases} \dot{\boldsymbol{E}}_2 = \dot{\boldsymbol{E}}\mathrm{e}^{-\alpha x}\mathrm{e}^{-\mathrm{j}\beta x} \\ \dot{\boldsymbol{H}}_2 = \dfrac{1}{\omega\mu_2}(\beta - \mathrm{j}\alpha)(\boldsymbol{n}\times\dot{\boldsymbol{E}}_2) \end{cases} \tag{4.4.26}$$

式中，$\beta = \alpha = \sqrt{\omega\mu_2\gamma_2/2}$。在距离界面$d = \sqrt{2/(\omega\mu_2\gamma_2)}$处，电磁波的电场和磁场都衰减到各自表面值的$1/\mathrm{e}$，称$d$为透入深度。$d$一般很小。可见在良导体中，折射扰动总是限制在一定的薄层内，或者说是趋近于表面。这就是在前面介绍过的集肤效应。对电场方向既不垂直于入射面又不在入射面内的线性极化波来说，它将被反射为椭圆极化波。如果入射波的电场方向在入射面内时，80%以上的电磁能量将被反射而损失掉。例如，当垂直极化波在近似相切于海水面而入射时，如果波长大于300m，就会出现这种现象。

由于折射入良导体表面的电磁波，最终必然转化为焦耳热而被损耗掉，因此透入良导体表面的平均能流密度就代表了良导体表面单位面积的功率损耗。利用式(4.4.26)，并令$x = 0$时，$\dot{\boldsymbol{H}}_2 = \dot{\boldsymbol{H}}_0$，则透入良导体表面内部的平均能流为

$$\begin{aligned} \boldsymbol{S}_{\mathrm{av}} &= \mathrm{Re}[\dot{\boldsymbol{E}}\times\dot{\boldsymbol{H}}^*] = \mathrm{Re}\left[\frac{\omega\mu_2}{\alpha(1+\mathrm{j})}(\dot{\boldsymbol{H}}_0\times\boldsymbol{n})\times\dot{\boldsymbol{H}}_0^*\right] \\ &= \frac{\omega\mu_2}{2\alpha}\left|\dot{\boldsymbol{H}}_0\right|^2\boldsymbol{n} = \frac{\omega\mu_2 d}{2}\left|\dot{H}_{\mathrm{t}}\right|^2\boldsymbol{n} \end{aligned} \tag{4.4.27}$$

这里，$\dot{H}_{\mathrm{t}}$代表良导体表面外侧的磁场切向分量，式(4.4.27)的最后一个等式利用了切向分量连续条件。于是，良导体表面单位面积的功率损耗为

$$\frac{\mathrm{d}P}{\mathrm{d}a} = \boldsymbol{S}_{\mathrm{av}}\cdot\boldsymbol{n} = \sqrt{\frac{\omega\mu_2}{2\gamma_2}}\left|\dot{H}_{\mathrm{t}}\right|^2 \tag{4.4.28}$$

式(4.4.28)常用于计算波导、谐振腔在导体壁上的功率损耗。

利用式(4.4.26)，并令$x = 0$，得到金属表面内部附近的电场与磁场间的关系为

$$\dot{\boldsymbol{E}}_{\mathrm{t}} = (1+\mathrm{j})\sqrt{\frac{\omega\mu}{2\gamma}}\dot{\boldsymbol{H}}_{\mathrm{t}}\times\boldsymbol{n} \tag{4.4.29}$$

注意，这里的下脚标t表示沿着表面的切向分量。式(4.4.29)称为列昂托维奇(Leontovich)近似边界条件，利用它可以确定导体外的场。列昂托维奇近似边界条件是一种阻抗条件，它给出了良导体表面内侧(或外侧)的切向电场和切向磁场之间应满足的精确关系式，使沿良导

体传播的表面波问题的求解简化了许多，因为此时不必考虑透入导体内部的波。值得指出，它也适用于以任意入射角投射到弯曲的良导体表面的电磁波，只要该导体表面的曲率半径比波长大，此时，导体表面上的每个部分都可看作具有平面的特性，并且导体中的场被限制在薄层中。因此，当任何形状的良导体的表面曲率半径比波长大时，边界条件式(4.4.29)作为一次近似可以应用到其表面上去确定良导体外的电磁场。列昂托维奇和福克(Fock)在研究地波沿地球表面传播问题时首次使用了此条件。

最后，讨论高频时导体的折射现象。当频率足够高时，$\gamma_2/(\omega\varepsilon_2)\ll 1$。在这种情况下，大多数物质的特性和电介质的特性几乎是一样的，不同的是，折射波是有衰减的。对水和陆地来说，当频率高于1GHz时，这种近似是成立的。但是，大多数电介质在波长为几厘米(对水是 2.8cm)时，由于分子发生谐振，吸收大大增加。对金属来说，在红外波长以下，这个理论是适用的。

上述讨论表明：一切光学定律都可以由电磁理论推导出来。因而可以说光波就是电磁波。这无疑是一个十分重要的结论。

4.4.4　理想导体表面上的正入射和驻波

当平面电磁波的入射方向和两种媒质分界面相垂直时，称为正入射。若媒质 1 是理想介质，媒质 2 是理想导体(即波阻抗$\eta_2=0$)，当平面电磁波由理想介质正入射到理想导体表面时，把$\theta=0$和η_2=0 代入菲涅耳公式中，得

$$\dot{R}_{\perp}=\dot{R}_{//}=-1 \quad 和 \quad \dot{T}_{\perp}=\dot{T}_{//}=0 \tag{4.4.30}$$

可见，波被全部反射，没有透入理想导体中。不论是垂直极化波还是平行极化波，在分界面$x=0$处，$E_1=-E_0$，$H_1=H_0$。

如果在理想介质中，设入射波电场强度为

$$E_y^+(x,t)=\sqrt{2}E_0\cos(\omega t-k_1x)$$

则反射波的电场强度必为

$$E_y^-(x,t)=\sqrt{2}E_0\cos(\omega t+k_1x+180°)$$

那么，理想介质中的合成波电场强度为

$$E_y(x,t)=E_y^+(x,t)+E_y^-(x,t)=2\sqrt{2}E_0\sin(k_1x)\cos(\omega t-90°) \tag{4.4.31}$$

同理可得，理想介质中的合成波磁场强度为

$$H_z(x,t)=\frac{2\sqrt{2}E_0}{\eta_1}\cos(k_1x)\cos\omega t \tag{4.4.32}$$

可以看出，合成波电场强度$E_y(x,t)$的性质显然和入射波电场强度$E_y^+(x,t)$或反射波电场强度$E_y^-(x,t)$的性质完全不同。合成波磁场强度$H_z(x,t)$的性质和入射波磁场强度或反射波磁场强度的性质也完全不同，但和$E_y(x,t)$的性质相同。

分析式(4.4.31)和式(4.4.32)可以看出，理想介质中的合成波的场强有如下特点：

(1) 在 x 轴上任意点，电场和磁场都随时间正弦变化，但各点的振幅不同。如果在不同 ωt 值，画出 $E_y(x,t)$ 和 $H_z(x,t)$ 的图形，可见波驻定在空间，无波的移动。换句话说，空间各点的电场以不同的振幅随时间呈正弦振动，而沿 $\pm x$ 方向没有波的移动，磁场也是一样的。这说明入射波和反射波合成的结果形成了驻波。

(2) 在任意时刻，合成波电场强度 $E_y(x,t)$ 和合成波磁场强度 $H_z(x,t)$ 都在距离理想导体表面的某些位置有零或最大值。

电场强度 $E_y(x,t)$ 的零值和磁场强度 $H_z(x,t)$ 的最大值发生在

$$k_1 x = -n\pi \quad 或 \quad x = -\frac{n\lambda_1}{2}, \quad n = 0,1,2,\cdots \tag{4.4.33}$$

处。这些点称为电场的波节点或磁场的波腹点。而电场强度 $E_y(x,t)$ 的最大值和磁场强度 $H_z(x,t)$ 的零值发生在

$$k_1 x = -\frac{(2n+1)}{2}\pi \quad 或 \quad x = -\frac{(2n+1)\lambda_1}{4}, \quad n = 0,1,2,\cdots \tag{4.4.34}$$

处。这些点称为电场的波腹点和磁场的波节点。

电场(或磁场)的相邻波节点间的距离为 $\lambda_1/2$，相邻波腹点间的距离也是 $\lambda_1/2$。但波节点和相邻的波腹点之间的距离为 $\lambda_1/4$。磁场的波节点恰好与电场的波腹点相重合，而电场的波节点恰好是磁场的波腹点，说明电场和磁场在空间上错开了 $\lambda_1/4$。

(3) 在理想导体表面上，电场强度为零，磁场强度最大，因此出现了一层面电流，其密度为

$$\boldsymbol{K} = \boldsymbol{e}_{\text{n}} \times \boldsymbol{H} = \frac{2\sqrt{2}E_0}{\eta_1}\cos(\omega t)\boldsymbol{e}_y \tag{4.4.35}$$

(4) 合成电场 $E_y(x,t)$ 和合成磁场 $H_z(x,t)$ 存在 $\pi/2$ 的相位差，即在时间上有 $T/4$ 相移。因此，理想介质中总的电磁波的平均功率流密度为零。即在理想介质中没有电磁波能量的传输，只有电场能量和磁场能量间的相互交换。由于在波节点处功率流密度值为零，能量不能通过波节点传输，所以电场能量和磁场能量间的交换只能限于在波节点和相邻波腹点之间的 $\lambda_1/4$ 空间范围内进行。

不难看出，一个纯驻波里的电场能量密度为

$$w_{\text{e}} = 4\varepsilon_1 E_0^2 \sin^2(k_1 x)\sin^2(\omega t) \tag{4.4.36}$$

而磁场能量密度为

$$w_{\text{m}} = 4\varepsilon_1 E_0^2 \cos^2(k_1 x)\cos^2(\omega t) \tag{4.4.37}$$

比较式(4.4.36)和式(4.4.37)，当电场能量密度为零时，磁场能量密度最大。反之亦然。还有相邻电场能量密度和磁场能量密度最大值(或最小值)间的间隔为 1/4 波长。换言之，纯驻波里的电场能量密度和磁场能量密度，无论在空间上还是时间上都相差 90°。这是理想谐振腔的标准情形。能量在电和磁形式间来回变换。这种情况下的能量，通常称为无功或储存的

能量。能量只是从一种形式变为另一种形式，循环变化并不传送出去。在能量从磁的形式变换到电的形式的同时，在 1/4 波长距离内能量做往返运动，如图 4.4.2 所示，图中给出一个波长距离内的情形。在纯驻波中，也有能量传输。

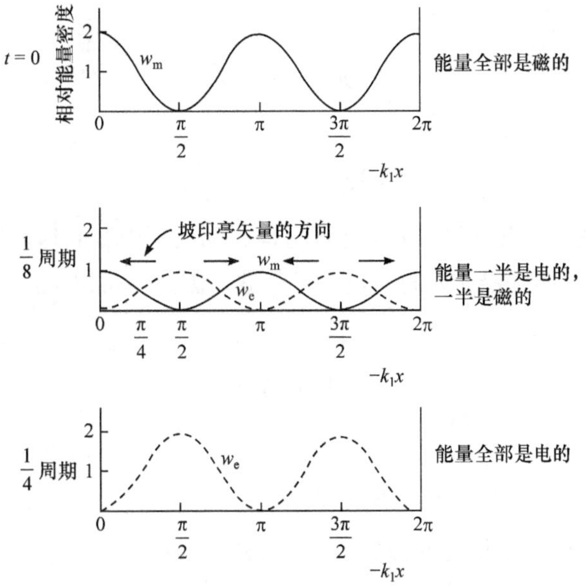

图 4.4.2　总的电能和磁能的密度

在驻波中常相位点以非均匀的速度移动，结果就会出现能量聚集或停留在一个地方的趋势。纯驻波就是这一情形的极端情形，这时常相位点是停止不动的，所以，局部化的能量聚集是与非均匀相速度或停止不动的相速度相关的。

4.5　电磁波在波导管中的传播

前面已讨论了电磁波在无限大媒质中的传播问题。本节要研究电磁波在有限空间中传播的问题。可以利用导体来引导电磁波在有限空间中传播，使它不至于扩散到漫无边际的空间中去。被导体引导着传播的电磁波称为导行电磁波。用来引导电磁波传播的导体称为波导。波导可以做成导线、导体面或导体管的形状，而导线又常称为传输线，为的是与其他形状的波导相区别。

除传输线外，最常用的波导是一个无限长的空心金属管，内壁常镀银。常见的波导有横截面为矩形或圆形的金属管。波导管的金属管壁把电磁波限制在管中，使其只能在管内且沿着管的轴线方向传播。它是一种微波传输工具。在这里，对于波导本身无意进行过多的讨论，因为这不是本书的目的。这里所涉及的将只限于从电磁波传播角度看来令人感兴趣的方面。为了数学上力求简单，把坐标系的 z 轴选作波导管的轴线方向，这样波导管的横截面就是 xOy 平面。

4.5.1 电磁波解的分类

所讨论的波导管具有轴向均匀性，即它们的横截面形状和媒质特性不沿轴线变化。设波导内填充均匀、线性、各向同性的理想介质，那么正弦电磁波的电场强度 $\dot{\boldsymbol{E}}$ 和磁场强度 $\dot{\boldsymbol{H}}$ 都满足齐次亥姆霍兹方程：

$$\nabla^2 \dot{\boldsymbol{E}} + k^2 \dot{\boldsymbol{E}} = 0 \tag{4.5.1}$$

和

$$\nabla^2 \dot{\boldsymbol{H}} + k^2 \dot{\boldsymbol{H}} = 0 \tag{4.5.2}$$

式中，$k = \omega\sqrt{\mu\varepsilon}$ 是波数。既然波导管轴沿 z 方向，那么不论波的传播情况在波导管内怎样复杂，其最终的效果只能是沿 z 方向前进的导行波。因此，可以把波导管内电场强度 $\dot{\boldsymbol{E}}$ 和磁场强度 $\dot{\boldsymbol{H}}$ 写成：

$$\dot{\boldsymbol{E}} = \boldsymbol{E}(x,y)\mathrm{e}^{-\varGamma z} \tag{4.5.3}$$

和

$$\dot{\boldsymbol{H}} = \boldsymbol{H}(x,y)\mathrm{e}^{-\varGamma z} \tag{4.5.4}$$

式中，$\boldsymbol{E}(x,y)$ 和 $\boldsymbol{H}(x,y)$ 都是待定函数；$\varGamma$ 也是待定常数。

将式(4.5.3)代入式(4.5.1)，得到

$$\nabla_{\mathrm{t}}^2 \boldsymbol{E}(x,y) + k_{\mathrm{c}}^2 \boldsymbol{E}(x,y) = 0 \tag{4.5.5}$$

这里 $\nabla_{\mathrm{t}}^2 = \dfrac{\partial^2}{\partial x^2} + \dfrac{\partial^2}{\partial y^2}$ 是横向拉普拉斯算子。式中

$$k_{\mathrm{c}}^2 = k^2 + \varGamma^2 \tag{4.5.6}$$

同理，有

$$\nabla_{\mathrm{t}}^2 \boldsymbol{H}(x,y) + k_{\mathrm{c}}^2 \boldsymbol{H}(x,y) = 0 \tag{4.5.7}$$

可以由式(4.5.5)和式(4.5.7)得到求解矢量 $\boldsymbol{E}(x,y)$ 和 $\boldsymbol{H}(x,y)$ 的各个分量的标量波动方程。但是，也可先求解纵向分量的波动方程，得到两个纵向分量 E_z 和 H_z，然后根据麦克斯韦方程组求得所有横向分量。纵向分量 E_z 和 H_z 满足的标量波动方程分别为

$$\frac{\partial^2 E_z}{\partial x^2} + \frac{\partial^2 E_z}{\partial y^2} + k_{\mathrm{c}}^2 E_z = 0 \tag{4.5.8}$$

和

$$\frac{\partial^2 H_z}{\partial x^2} + \frac{\partial^2 H_z}{\partial y^2} + k_{\mathrm{c}}^2 H_z = 0 \tag{4.5.9}$$

由上述两个方程式(4.5.8)和式(4.5.9)求得 E_z 和 H_z 后，即可从麦克斯韦方程组中的两个旋度方程得到 4 个横向分量：

$$
\begin{cases}
E_x = -\dfrac{1}{k_c^2}\left(\Gamma\dfrac{\partial E_z}{\partial x} + j\omega\mu\dfrac{\partial H_z}{\partial y}\right) \\
E_y = \dfrac{1}{k_c^2}\left(-\Gamma\dfrac{\partial E_z}{\partial y} + j\omega\mu\dfrac{\partial H_z}{\partial x}\right) \\
H_x = \dfrac{1}{k_c^2}\left(j\omega\varepsilon\dfrac{\partial E_z}{\partial y} - \Gamma\dfrac{\partial H_z}{\partial x}\right) \\
H_y = -\dfrac{1}{k_c^2}\left(j\omega\varepsilon\dfrac{\partial E_z}{\partial x} + \Gamma\dfrac{\partial H_z}{\partial y}\right)
\end{cases}
\tag{4.5.10}
$$

式(4.5.10)中的所有场量只与坐标 x 和 y 相关。

现在，讨论波导系统中的三种波(或模式)：TEM 波、TE 波及 TM 波。

1. 横电磁波(TEM 波)

此时，$E_z = 0$，$H_z = 0$。从式(4.5.10)可看出，只有当 $k_c = 0$ 时，横向分量才有可能不为零，所以，从式(4.5.6)，得到

$$\Gamma^2 = -k^2$$

或者

$$\Gamma = jk = j\omega\sqrt{\mu\varepsilon} \tag{4.5.11}$$

则式(4.5.5)和式(4.5.7)就变成：

$$\nabla_t^2 \boldsymbol{E}(x,y) = 0 \tag{4.5.12}$$

和

$$\nabla_t^2 \boldsymbol{H}(x,y) = 0 \tag{4.5.13}$$

这正是拉普拉斯方程。这表明，波导系统中 TEM 波在横截面上的场分布满足拉普拉斯方程，因此其分布应该与静态场中相同边界条件下的场分布相同。正是由于这一点，断定凡能维持二维静电场和二维恒定磁场的波导系统，都能传输 TEM 波。例如，双线传输线、同轴传输线等，即为了传输 TEM 波必须要有两个以上的导体。关于这一点可以解释为：由于 TEM 波在横截面上的电场分布具有与二维静电场相同的性质，它必定起始于一个导体而终止于另一个导体。

在空心金属波导管内部，由于不能维持二维静态场，因此不能传输 TEM 波。这是波导管中电磁波最显著的特点之一。

2. 横电波(TE 波)

当传播方向上有磁场的分量而无电场的分量($H_z \neq 0$，$E_z = 0$)时，此导行波为 TE 波。

对于 TE 波，需要研究确定 H_z 的方法，H_z 满足波动方程式(4.5.9)，且在金属导体壁内表面上的边界条件为

$$\left.\frac{\partial H_z}{\partial n}\right|_S = 0 \tag{4.5.14}$$

这表明对于TE波来说，主要归结为在第二类齐次边界条件下求解二维齐次亥姆霍兹方程的本征值k_c的问题。k_c由波导管的横截面的尺寸确定。

3. 横磁波(TM 波)

当传播方向上有电场的分量而无磁场的分量($E_z \neq 0$，$H_z = 0$)时，此导行波为TM波。

对于TM波，需要研究确定E_z的方法，E_z满足波动方程式(4.5.8)，且在金属导体壁内表面上的边界条件为

$$E_z\big|_S = 0 \tag{4.5.15}$$

这表明对于TM波来说，主要归结为在第一类齐次边界条件下求解二维齐次亥姆霍兹方程的本征值k_c的问题。同样，k_c也由波导管的横截面的尺寸确定。

4.5.2　截止频率 f_c

对于TE波和TM波，式(4.5.6)中$k_c^2 \neq 0$。因此，有

$$\Gamma = \begin{cases} \mathrm{j}\sqrt{k^2 - k_c^2} = \mathrm{j}\beta, & k > k_c \\ \sqrt{k_c^2 - k^2} = \alpha, & k < k_c \end{cases} \tag{4.5.16}$$

由式(4.5.3)和式(4.5.4)可知，当$k > k_c$时，波沿z方向传播，这种模式称为传播模式；当$k < k_c$时，波的振幅沿z方向指数衰减，波导内没有波的传播，这种模式称为非传播模式或者凋落模式。

从传播模式变为非传播模式发生在$k = k_c$处。因此，把$k = k_c$时的频率称为截止频率f_c，有

$$f_c = \frac{k_c}{2\pi\sqrt{\mu\varepsilon}} \tag{4.5.17}$$

把对应于截止频率f_c的自由空间波长称为截止波长λ_c，有

$$\lambda_c = \frac{2\pi}{k_c} \tag{4.5.18}$$

由上述式(4.5.17)和式(4.5.18)可见，波导的本征值k_c决定了它的截止频率f_c和截止波长λ_c。k_c由波导管的横截面的几何形状和尺寸确定。

当工作频率f比截止频率f_c高或者工作波长λ比截止波长λ_c短时，电磁波才可以在波导内传播，为传播模式。反之，电磁波不能在波导内传播，为非传播模式。这和传播TEM波的波导系统不同，TEM波模式是没有截止频率和截止波长的。因此，在双线传输线中既可以传播高频电磁波，也可以传播低频电磁波以致传导稳恒电流。

当$f > f_c$($k > k_c$)时，为传播模式，此时波导内沿传播方向上相位相差2π的两点间的距离，称为波导波长λ_g，有

$$\lambda_g = \frac{2\pi}{\beta} = \frac{\lambda}{\sqrt{1 - \left(\dfrac{f_c}{f}\right)^2}} \tag{4.5.19}$$

表明波导波长 λ_g 大于无限大媒质中的波长 λ (也称工作波长)。而相速度 v_p 为

$$v_p = \frac{\omega}{\beta} = \frac{v}{\sqrt{1-\left(\dfrac{f_c}{f}\right)^2}} \tag{4.5.20}$$

可见，波导中波的相速度 v_p 也大于无限大媒质中波的相速度 $v = 1/\sqrt{\mu\varepsilon}$ 。$v_p > v$ 也说明波在波导内的真实传播方向并不是 z 轴方向，而是曲折前进，这一点不同于 TEM 波。式(4.5.20)还表明 v_p 是频率 f 的函数，TE 波和 TM 波都是色散波。这种色散不同于前面介绍过的因导电媒质引起的色散，它是由波导的边界条件引起的，因此称它为几何色散。

4.5.3　矩形波导管

作为本节内容的具体应用，我们来讨论矩形波导管，它是一种最常用的波导。

由理想导体壁构成的截面为矩形的波导管，如图 4.5.1 所示。内壁面的长和宽分别为 a 和 b 。如前面所述，矩形波导中能传播的波是 TE 波和 TM 波。下面分别讨论 TE 波和 TM 波。

从物理概念上理解波导为什么能引导电磁波，对于波导问题的分析是十分有益的。一种理解是把矩形波导管看成平行双导线两侧并联上 $\lambda/4$ 长的短路平行平板传输线(或并联上无限条 $\lambda/4$ 短路线)构成。因为 $\lambda/4$ 短路线的输入阻抗为无穷大，并联一个无穷大的阻抗对双导线上波的传播没有影响，$\lambda/4$ 长短路平行平板传输线的并联就形成封闭结构——中空的金属矩形波导。但是，中空的金属矩形波导与平行双导线还是有本质差别的，它的场只能局限于金属矩形波导管内，而平行双导线的场在横截面上并不局限在某一有限的区域。

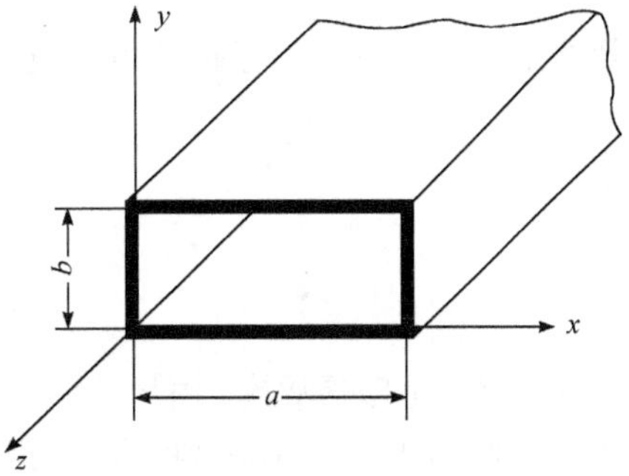

图 4.5.1　矩形波导管

1. TM 波

TM 波的 $H_z = 0$ ，其余的场分量可以利用式(4.5.10)由纵向电场 E_z 确定。E_z 是下列方程的解：

$$\begin{cases} \dfrac{\partial^2 E_z}{\partial x^2} + \dfrac{\partial^2 E_z}{\partial y^2} + k_c^2 E_z = 0 \\ E_z\big|_{x=0} = E_z\big|_{x=a} = 0 \\ E_z\big|_{y=0} = E_z\big|_{y=b} = 0 \end{cases} \tag{4.5.21}$$

显然，根据分离变量法不难证明，纵向电场 E_z 的解为

$$E_z = A_{mn} \sin\frac{m\pi x}{a} \sin\frac{n\pi y}{b} \tag{4.5.22}$$

$$k_c^2 = k_{mn}^2 = \left(\frac{m\pi}{a}\right)^2 + \left(\frac{n\pi}{b}\right)^2 \tag{4.5.23}$$

式中，A_{mn} 是振幅常数，由导行波的激励源强度决定；m 和 n 是不为零的任何正整数，否则，只要 m 和 n 中有一个为零，场量将全部为零。

2. TE 波

对于 TE 波，有 $E_z = 0$，其余的场分量可以利用式(4.5.10)由纵向磁场 H_z 确定，其方程和对应的边界条件为

$$\begin{cases} \dfrac{\partial^2 H_z}{\partial x^2} + \dfrac{\partial^2 H_z}{\partial y^2} + k_c^2 H_z = 0 \\ \left.\dfrac{\partial H_z}{\partial x}\right|_{x=0} = \left.\dfrac{\partial H_z}{\partial x}\right|_{x=a} = 0 \\ \left.\dfrac{\partial H_z}{\partial y}\right|_{y=0} = \left.\dfrac{\partial H_z}{\partial y}\right|_{y=b} = 0 \end{cases} \tag{4.5.24}$$

因此，满足上述边界条件的本征值问题的解为

$$H_z = A_{mn} \cos\frac{m\pi x}{a} \cos\frac{n\pi y}{b} \tag{4.5.25}$$

$$k_c^2 = k_{mn}^2 = \left(\frac{m\pi}{a}\right)^2 + \left(\frac{n\pi}{b}\right)^2 \tag{4.5.26}$$

式中，A_{mn} 是振幅常数，由导行波的激励源强度决定；m 和 n 是任何正整数和零，但 m 和 n 不能同时为零，否则场量将全部为零。

由式(4.5.6)和式(4.5.23)或式(4.5.26)，有

$$k^2 = -\Gamma^2 + \left(\frac{m\pi}{a}\right)^2 + \left(\frac{n\pi}{b}\right)^2 \tag{4.5.27}$$

这一条件，可以像无限大媒质情形的条件一样，称为色散方程式。在无限大媒质情形中，这个条件在 $a \to \infty$ 和 $b \to \infty$ 的情况下变为

$$k^2 = -\Gamma^2, \quad 即\ \Gamma = \mathrm{j}k \tag{4.5.28}$$

作如下的讨论：

(1) 在矩形波导管的横截面上，场是正弦变化的，其分布情况直接取决于 m 和 n 这两个常数的值。取不同 m 和 n 值，有不同的场分布，称为不同的模式，分别用 TE_{mn} 模和 TM_{mn} 模表示。在实际问题中，总是选取一个特定的模式来传送电磁波。

(2) 由式(4.5.17)和式(4.5.23)或式(4.5.26)可知，截止频率 f_c 为

$$f_c = \frac{1}{2\sqrt{\mu\varepsilon}} \sqrt{\left(\frac{m}{a}\right)^2 + \left(\frac{n}{b}\right)^2} \tag{4.5.29}$$

而相应的截止波长 λ_c 为

$$\lambda_c = \frac{2}{\sqrt{\left(\frac{m}{a}\right)^2 + \left(\frac{n}{b}\right)^2}} \tag{4.5.30}$$

可见，截止频率 f_c 和截止波长 λ_c 都与工作频率 f 无关，仅与矩形波导的尺寸和模式有关。

不同的波型可以具有相同的截止波长，这种现象称为简并现象，发生简并的模式称为简并模式。在 TE_{mn} 和 TM_{mn} 模中，除 TE_{0n} 和 TE_{m0} 模外，其他模式都是“双重简并的”，如 TE_{11} 与 TM_{11} 模、TE_{21} 与 TM_{21} 模等。

(3) 矩形波导可以工作在多模状态，也可以工作在单模状态。由式(4.5.30)可知，波导的尺寸一定，m 、n 的值越小，截止波长越长。TE_{10} 模和 TM_{11} 模分别是 TE 波和 TM 波中具有最长截止波长的模式，称为最低模式。而 TE_{10} 模的截止波长又比 TM_{11} 模的截止波长长，它具有最长的截止波长。因此，TE_{10} 模也称为主模，其他模式都称为高次模。

当 $b/a=1$ 时，基波双重简并，因为要求只激励单一模有困难，所以这种尺寸的波导不宜用作信息传输。当 $b/a=1/2$ 时，在 $2a>\lambda>a$ 的范围内只可能传输 TE_{10} 模。当 $b/a>1/2$ 时，则可能传输的单模范围变窄。如果 $b/a<1/2$，由导体损耗所引起的衰减随 b 增大而变小，所以 $b/a=1/2$ 的尺寸比最好。在市场上的矩形波导管就采用这种尺寸比。采用单一主模 TE_{10} 传输具有截止频率低、损耗小、波型稳定、波导尺寸小等优点。

值得指出，各种空心柱形长直波导的基本特性是相同的，只要理解了矩形波导的特性也就为理解其他类型波导的特性提供了基础。

4.5.4　波导模式[13,14]

通常，把满足波导横截面边界条件的一种可能的场分布称为波导模式，它充分反映了波导的工作特性，对以波导为基础的各类无源、有源器件的设计十分重要。在波导中，不同的波导模式有不同的场分布(或场结构)，它们都满足波导横截面的边界条件，所以能够独立存在。也就是说，在波导中可以存在的波导模式有无穷多个。这无穷多个波导模式中的任何一个都满足波导横截面的边界条件，它们都可以独立存在。在实际应用中，究竟存在多少个波导模式，对于纵向均匀的波导，则取决于工作频率以及波导的激励方式。

4.5.5　圆波导

除矩形波导外，圆波导也适合于厘米波、毫米波段的大功率传输。工作于微波波段的矩形波导和圆波导，它们的横截面尺寸一般在厘米级。圆波导具有损耗小与双极化特征，常用在天线馈线中。圆波导中波传播特性的分析方法与矩形波导是相同的，只不过矩形波导边界条件规则可以得到用初等函数表示的解析解，有关波导的各种概念能够得到清晰的解释，而圆波导只能得到用贝塞尔(Bessel)函数这种特殊函数表示的解析解。

与矩形波导一样，圆波导也有截止频率 f_c、截止波长 λ_c、波导模式等概念。例如，利用截止频率 f_c 或截止波长 λ_c 的概念，就能解释汽车进入隧道后车载调幅收音机很难收到电台信号这一现象。这是因为调幅广播信号载波频率低，波长较长。大地可以用导体近似，隧道相当于一个圆波导。由于载波波长大于隧道半径，此波导处于截止状态，因而调幅广播电台发射的电磁波一进入隧道口就很快衰减了，在隧道中就很难检测到。

4.5.6 波导腔壁的损耗

实际波导腔壁金属的电导率虽然很大，但总归是有限导电的情况，此时腔壁内表面的内外侧都有电磁场，但要找到腔中场和腔壁内侧场的严格解却是十分困难的。微扰技术是一种能够求腔壁损耗近似解的有效方法，不过其计算过程也比较复杂。这里，介绍一种简单直观的方法来处理腔壁损耗的计算。

已知，在微波工程中习惯用表面阻抗 $Z_s(=R_s+jX_s)$ 表示低损耗的导体对电磁波传播的影响。从物理意义上看，当平面电磁波正入射于半无限大良导体时，若在半无限大良导体的表面沿与表面相切的电场方向取一块单位边长的正方形表面，与电场方向平行的一个单位长度边长两端的电压与流过该正方形面积之下(单位宽度)无穷纵深导体柱的总电流比值，就是表面阻抗 Z_s：

$$Z_s=R_s+jX_s=\frac{\dot{E}_t}{\dot{H}_t}=\sqrt{\frac{\mu}{\varepsilon+\dfrac{\gamma}{j\omega}}}\approx\sqrt{\frac{\omega\mu}{2\gamma}}(1+j) \tag{4.5.31}$$

式中，$\dot{E}_t$ 和 $\dot{H}_t$ 分别为腔壁导体内的表面切向电场强度和表面切向磁场强度。

当平面电磁波以任意角度入射于良导体表面上时，波都几乎是按与导体表面相垂直方向透入导体内的，且其电场与磁场之比值仍是式(4.5.31)给出的 Z_s。这个结论具有一般性，只是导体表面的曲率半径相比波长较大。如果将它应用于腔壁损耗的计算，那么在单位面积腔壁导体内损耗的平均功率就是

$$\mathrm{Re}[\dot{E}_t\dot{H}_t^*]=\mathrm{Re}[Z_s\dot{H}_t\dot{H}_t^*]=R_s\left|\dot{H}_t\right|^2 \tag{4.5.32}$$

如果能找到导体壁内表面的切向磁场强度 $\dot{H}_t$，那么把式(4.5.32)在腔壁内表面上积分就能求得腔壁损耗的平均功率：

$$P=\int_S R_s\left|\dot{H}_t\right|^2\mathrm{d}S \tag{4.5.33}$$

式中，S 是腔壁的内表面。

但是，在进行实际计算时，还必须对 $\dot{H}_t$ 做出一些近似。作为一级近似，一般是把在理想导体条件下求得的在腔壁内表面上的切向磁场强度 $\dot{H}_t$ 取作在非理想导体条件下腔壁内表面上的切向磁场强度。容易理解，腔壁导体材料的表面电阻 R_s 越小，用这种近似方法得到的计算结果的误差就越小。

4.6 电磁波在同轴传输线中的传播

由前面一些讨论看出，矩形波导管中传播的电磁波在频率和波型上都受到很强的限制。例如，频率必须高于截止频率；波型或是 TE 波或是 TM 波，不可能传播 TEM 波。实际上，这些限制只对单连通截面的波导而言。对于多连通截面的波导，结论就完全不同，它不仅可以传播截止频率不为零的 TE 波或 TM 波，而且还可以传播截止频率为零的 TEM 波，TEM 波称为多连通截面波导的主波。多连通截面波导的最典型也最有实用价值的例子就是

同轴传输线。它由两个同轴的柱面构成，在结构上与空心金属波导管不同，电磁波在其中传播时与在空心金属波导管中传播时有一些不同的特点。

4.6.1　同轴传输线中的 TM 波和 TE 波

如图 4.6.1 所示，同轴传输线的内外圆柱面半径分别为 a 和 b，其间均匀电介质的介电常数为 ε，磁导率为 μ。求解同轴传输线中 TE 波和 TM 波的方法与矩形波导管相同，只是此时不仅要考虑外圆柱面的边界条件，还要考虑内圆柱面的边界条件。其边界条件为

$$\text{当}\ \rho=a\ \text{和}\ \rho=b\ \text{时，}\ E_z=0\,(\text{TM 波})\quad\text{或}\quad \frac{\partial H_z}{\partial n}=0\,(\text{TE 波}) \tag{4.6.1}$$

在边界条件式(4.6.1)下，求方程式(4.5.8)和式(4.5.9)的本征值问题的解，就能得到 TM 波和 TE 波的场分布[1]。由于其表达式太冗长，不在这里给出。

本征值 k_c 是下列超越方程的解：

$$\mathrm{J_m}(k_c a)\mathrm{Y_m}(k_c b)-\mathrm{J_m}(k_c b)\mathrm{Y_m}(k_c a)=0\quad(\text{TM 波}) \tag{4.6.2}$$

$$\mathrm{J'_m}(k_c a)\mathrm{Y'_m}(k_c b)-\mathrm{J'_m}(k_c b)\mathrm{Y'_m}(k_c a)=0\quad(\text{TE 波}) \tag{4.6.3}$$

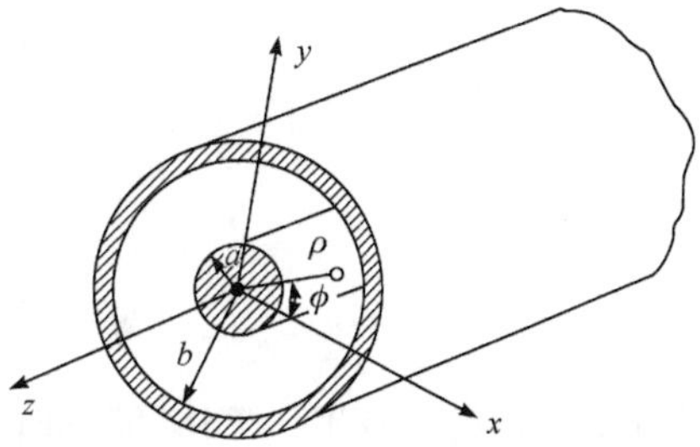

图 4.6.1　同轴传输线结构

式中，$\mathrm{J_m}(x)$ 和 $\mathrm{Y_m}(x)$ 分别是整数 m 阶贝塞尔函数和诺依曼函数。对不同的 m 取值，k_c 相应地有一个无穷系列根($n=1,2,3,\cdots$)。从而定义 TM 波和 TE 波中的各种波模，分别用 TM_{mn} 和 TE_{mn} 表示。

在同轴传输线中，TM 波的最低波型是 TM_{01} 模；TE 波的最低波型是 TE_{11} 模。它们的截止波长分别约为

$$\lambda_c=2(b-a)\,(\mathrm{TM}_{01}\ \text{模}),\quad \lambda_c=\pi(b+a)\,(\mathrm{TE}_{11}\ \text{模}) \tag{4.6.4}$$

当波长 $\lambda>\pi(b+a)$ 时，在同轴传输线中不可能有任何 TM 波和 TE 波传播，它们都将在激励点附近很快地按指数衰减。

4.6.2　同轴传输线中的 TEM 波

同轴传输线与空心波导管的最重要区别是，在同轴传输线中能传播 TEM 波。事实上，对于 TEM 波($k_c=0$)来说，由式(4.5.5)和式(4.5.7)可知 $\boldsymbol{E}(x,y)$ 和 $\boldsymbol{H}(x,y)$ 都满足二维拉普拉斯方程[1]，即

$$\nabla_t^2\boldsymbol{E}(x,y)=0\quad\text{和}\quad\nabla_t^2\boldsymbol{H}(x,y)=0 \tag{4.6.5}$$

式中，$\boldsymbol{E}(x,y)=\boldsymbol{e}_x E_x(x,y)+\boldsymbol{e}_y E_y(x,y)$；$\boldsymbol{H}(x,y)=\boldsymbol{e}_x H_x(x,y)+\boldsymbol{e}_y H_y(x,y)$。式(4.6.5)中的电场强度方程也可以由二维静电场方程

$$\nabla_t\cdot\boldsymbol{E}(x,y)=0\quad\text{和}\quad\nabla_t\times\boldsymbol{E}(x,y)=0 \tag{4.6.6}$$

得到。因此，说同轴传输线中 TEM 波的电场 $\boldsymbol{E}(x,y)$ [或磁场 $\boldsymbol{H}(x,y)$]等价于二维静电场(或二维恒定磁场)。TEM 波的 $\boldsymbol{E}(x,y)$ 可以由二维静电场方程 $\boldsymbol{E}=-\nabla_t\varphi$ 解出来，其中，φ 的方

程和边界条件为

$$\begin{cases}\dfrac{\partial^2\varphi}{\partial x^2}+\dfrac{\partial^2\varphi}{\partial y^2}=0\\ \varphi\big|_{\text{边界}}=\text{常数}\end{cases} \tag{4.6.7}$$

只要内、外圆柱面边界的电位不相等，边值问题式(4.6.7)就一定有非平凡解。或者说，一定可以建立静电场，因而也一定可以传播 TEM 波，并且对 TEM 波来说不存在截止频率，任何频率的电磁波都可以传播。这也是同轴传输线被广泛使用的原因之一[1]。

特别地，TEM 波的横电场在任何时刻都与同轴传输线内的静电场相对应，这个特点为求解 TEM 波场分布提供了极大的方便。现在，详细研究 TEM 波的特点。对 TEM 波，$k_{\mathrm{c}}=0$，使得 $\Gamma=\mathrm{j}k=\mathrm{j}\omega\sqrt{\mu\varepsilon}$。这时，电场和磁场的解为

$$\begin{cases}\dot{E}_\rho=\mathrm{j}k\dfrac{A}{\rho}\mathrm{e}^{-\mathrm{j}kz}\\ \dot{H}_\phi=\mathrm{j}\omega\varepsilon\dfrac{A}{\rho}\mathrm{e}^{-\mathrm{j}kz}\\ \dot{E}_\phi=\dot{E}_z=\dot{H}_\rho=\dot{H}_z=0\end{cases} \tag{4.6.8}$$

从式(4.6.8)可以看出，TEM 波的电场与磁场相互垂直。TEM 波的波阻抗为

$$\eta=\frac{\dot{E}_\rho}{\dot{H}_\phi}=\sqrt{\frac{\mu}{\varepsilon}} \tag{4.6.9}$$

相速度为

$$v_{\mathrm{p}}=\frac{\omega}{\beta}=\frac{1}{\sqrt{\mu\varepsilon}} \tag{4.6.10}$$

坡印亭矢量为

$$\dot{\tilde{\boldsymbol{S}}}=\dot{\boldsymbol{E}}\times\dot{\boldsymbol{H}}^*=\boldsymbol{e}_z\left|\frac{\dot{\boldsymbol{E}}}{\eta}\right|^2 \tag{4.6.11}$$

上述结果与均匀平面波在无界空间中传播时得到的波阻抗、相速度及坡印亭矢量完全相同。因此，除了同轴传输线中的 TEM 波是一个非均匀平面波外，同轴传输线中的 TEM 波与无界空间中的均匀平面波的特性基本相同。

TEM 波是同轴传输线中的最低波型，它不存在截止波长，而 TM 波和 TE 波均为高次模式。通常，希望同轴传输线以 TEM 波形式传输信息或输送电磁能，不出现高次模式。因此，应适当选择同轴传输线的截面尺寸，使得 $\lambda>\pi(b+a)$。否则，将出现高次模式，破坏同轴传输线的正常工作。

4.6.3　同轴传输线的电报方程

由前面的分析知道，在同轴传输线中传播的 TEM 波的电场只有横向分量 $E_\rho(\rho,t)$，如图 4.6.2 所示，且其在横截面上的分布与二维静电场相同。因此，可以引入内导体与外导

体间在同一横截面上的电压，称为横向电压 $V(z,t)$，它与电场横向分量 $E_\rho(\rho,t)$ 的关系为

$$E_\rho(\rho,t)=\frac{1}{\rho\ln(b/a)}V(z,t) \tag{4.6.12}$$

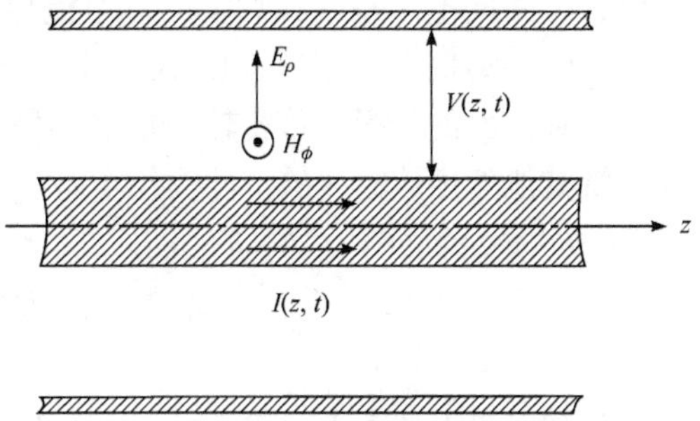

图 4.6.2　同轴传输线的子午面[3]

同样，TEM 波的磁场也只有横向分量 $H_\phi(\rho,t)$，且在横截面上的分布与二维恒定磁场相同。由安培环路定理，得到 $H_\phi(\rho,t)$ 与通过内导体的电流 $I(z,t)$ 的关系为

$$H_\phi(\rho,t)=\frac{1}{2\pi\rho}I(z,t) \tag{4.6.13}$$

将式(4.6.12)和式(4.6.13)代入如下麦克斯韦方程组

$$\frac{\partial E_\rho}{\partial z}=-\mu\frac{\partial H_\phi}{\partial t} \quad 和 \quad \frac{\partial H_\phi}{\partial z}=-\varepsilon\frac{\partial E_\rho}{\partial t}$$

中，则分别得到电压 $V(z,t)$ 和电流 $I(z,t)$ 所满足的方程：

$$\begin{cases}\dfrac{\partial V(z,t)}{\partial z}=-L_0\dfrac{\partial I(z,t)}{\partial t}\\[2ex]\dfrac{\partial I(z,t)}{\partial z}=-C_0\dfrac{\partial V(z,t)}{\partial t}\end{cases} \tag{4.6.14}$$

式中，$L_0\left(=\dfrac{\mu}{2\pi}\ln\dfrac{b}{a}\right)$ 和 $C_0\left(=\dfrac{2\pi\varepsilon}{\ln(b/a)}\right)$ 分别为同轴传输线单位长度上的电感和电容。式(4.6.14)称为电报方程。

将式(4.6.14)中的两个方程综合在一起，得到

$$\begin{cases}\dfrac{\partial^2 V(z,t)}{\partial z^2}-L_0C_0\dfrac{\partial^2 V(z,t)}{\partial t^2}=0\\[2ex]\dfrac{\partial^2 I(z,t)}{\partial z^2}-L_0C_0\dfrac{\partial^2 I(z,t)}{\partial t^2}=0\end{cases} \tag{4.6.15}$$

由此可见，同轴传输线的电压和电流都满足一维波动方程。波的传播速度 $v_{\mathrm{p}}=1/\sqrt{L_0C_0}=1/\sqrt{\mu\varepsilon}$。

考虑到 $E_\rho(\rho,t)/H_\phi(\rho,t)=\sqrt{\mu/\varepsilon}$，再利用式(4.6.12)和式(4.6.13)，可得电压和电流之间的关系为

$$\frac{V(z,t)}{I(z,t)}=\sqrt{\frac{L_0}{C_0}}=\frac{1}{2\pi}\sqrt{\frac{\mu}{\varepsilon}}\ln\frac{b}{a}=Z_0 \tag{4.6.16}$$

Z_0 称为同轴传输线的特性阻抗。

上述分析结果表明，同轴传输线导引的电压波和电流波与无限大理想介质中传播的均匀平面电磁波，有许多相似的特性。但是，电报方程只对 TEM 波才适用，而对 TM 波和 TE

波而言，横向电压是毫无意义的，电流也不一定是沿 z 方向流过。此外，当波长不满足条件 $\lambda > \pi(b+a)$ 时，电报方程也不适用，因为这时会出现TM波和TE波的传播。

各种截面的两根导体传输线的基本特性是相同的，只要理解了同轴传输线的特性也就为理解其他类型传输线的特性提供了基础。电报方程具有普适性。

4.7　电磁驻波与谐振腔

低频无线电技术中采用 LC 电路产生电磁振荡——电磁波。当频率很高时(如微波范围)，这种振荡回路有强烈的辐射损耗和焦耳损耗，不能有效地产生高频振荡。因此，必须用另一振荡器——谐振腔来激发高频电磁波。

凡是用理想导体围成的任意形状的空腔都有共振现象，它具有 LC 回路的性质，称为谐振腔。它在微波频段中广泛用于波长计、滤波器和介质测定器等器件。

现在，讨论矩形谐振腔，这是一种最常用的谐振腔。如图4.7.1所示，一个高为 b 、宽为 a 和长为 d 的矩形空腔。它是在矩形波导管两端加上端面构成的，端面与波导管长度方向的轴垂直。由这两个导体端面对电磁导波的反射作用而形成电磁驻波。电磁导波能够传输电磁能量，并在能量传输方向上表现出行波的性质，但电磁驻波不能传输电磁能量，它只能使电能和磁能的互相转换，在能量转换过程中表现出振荡现象。因此，封闭的导体空腔可以用作电磁振荡的谐振器[5]。

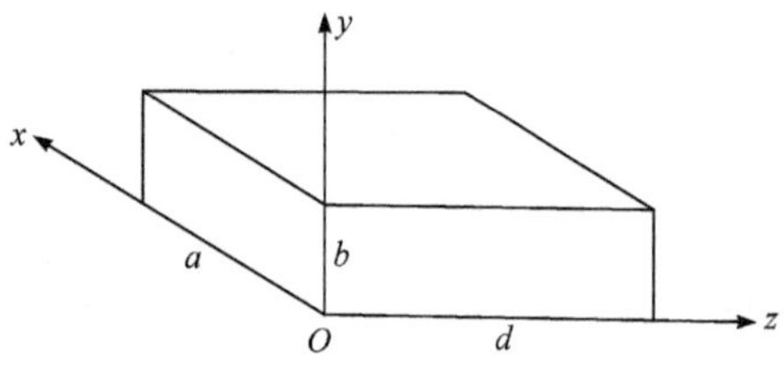

图 4.7.1　矩形谐振腔

对于矩形谐振腔，可不按普遍方法求解，而是从矩形波导管的解出发，利用波的反射定律来讨论，这要简单得多[5]。由于端面的存在，波导管内的场由两部分叠加而成：一是沿着 $+z$ 方向传播的入射波；二是沿着 $-z$ 方向的反射波。为了说明方法，这里研究一个特例。若 $b<a<d$ ，可看成高为 b 和宽为 a 的矩形波导管在 $z=0$ 和 $z=d$ 处用两块导电板使其闭合。其相应的矩形波导管中的 TE_{10} 模的场的解为

$$\begin{cases} H_z = (A^+ e^{-j\beta_{10}z} + A^- e^{j\beta_{10}z})\cos\dfrac{\pi x}{a} \\ H_x = \dfrac{j\beta_{10}a}{\pi}(A^+ e^{-j\beta_{10}z} + A^- e^{j\beta_{10}z})\sin\dfrac{\pi x}{a} \\ E_y = -\dfrac{jk_0\eta a}{\pi}(A^+ e^{-j\beta_{10}z} + A^- e^{j\beta_{10}z})\sin\dfrac{\pi x}{a} \end{cases} \tag{4.7.1}$$

式中，A^+ 和 A^- 分别为向 $+z$ 方向和 $-z$ 方向传播的波的振幅常数。由前面可知，这些场在波导的四壁上满足电场切向分量为零的边界条件。现在，需要满足在 $z=0$ 和 $z=d$ 处 E_y 为零的条件。

当 $z=0$ 时，有

$$E_y\Big|_{z=0} = -\frac{jk_0\eta a}{\pi}(A^+ + A^-)\sin\frac{\pi x}{a} = 0$$

由此得到

$$A^+ = -A^-$$

当 $z=d$ 时，有

$$\begin{aligned}
E_y\Big|_{z=d} &= -\frac{\mathrm{j}k_0\eta a}{\pi}(A^+\mathrm{e}^{-\mathrm{j}\beta_{10}d} + A^-\mathrm{e}^{\mathrm{j}\beta_{10}d})\sin\frac{\pi x}{a} \\
&= -\frac{\mathrm{j}k_0\eta a}{\pi}(-2\mathrm{j}A^+\sin\beta_{10}d)\sin\frac{\pi x}{a} = 0
\end{aligned}$$

必须取 $\beta_{10} = l\pi/d$ ， $l = 1,2,3,\cdots$ 。因为 $\Gamma^2 = (\mathrm{j}\beta_{10})^2$ ，且 $k_\mathrm{c}^2 = k^2 + \Gamma^2$ 。于是，得到

$$k^2 = k_\mathrm{c}^2 - \Gamma^2 = \left(\frac{\pi}{a}\right)^2 + \left(\frac{l\pi}{d}\right)^2$$

所以，对 TE_{10l} 模来说，谐振腔的谐振频率 f_0 为

$$(f_0)\Big|_{\mathrm{TE}_{10l}} = \frac{1}{2\pi\sqrt{\mu\varepsilon}}\sqrt{\left(\frac{\pi}{a}\right)^2 + \left(\frac{l\pi}{d}\right)^2} \tag{4.7.2}$$

对应的谐振波长为

$$(\lambda_0)\Big|_{\mathrm{TE}_{10l}} = \frac{2}{\sqrt{\left(\frac{1}{a}\right)^2 + \left(\frac{l}{d}\right)^2}} \tag{4.7.3}$$

以上结果表明，只有当波源的频率 $f = (f_0)\Big|_{\mathrm{TE}_{10l}}$ [或无限介质中的波长 $\lambda = (\lambda_0)\Big|_{\mathrm{TE}_{10l}}$]时，才可能在谐振腔中激发出 TE_{10l} 型的电磁振荡。

一般来说，与矩形波导管相对应，谐振腔内存在 TE 型振荡模式和 TM 型振荡模式。对于不同的 (m,n,l) 值，有不同的场分布，对应于不同的振荡模式，并以 TE_{mnl} 和 TM_{mnl} 模表示。容易求出，对于 TE_{mnl} 模和 TM_{mnl} 模，腔内电磁场的振荡频率 f_0 为

$$f_0 = \frac{1}{2\sqrt{\mu\varepsilon}}\sqrt{\left(\frac{m}{a}\right)^2 + \left(\frac{n}{b}\right)^2 + \left(\frac{l}{d}\right)^2} \tag{4.7.4}$$

谐振波长 λ_0 为

$$\lambda_0 = \frac{2}{\sqrt{\left(\frac{m}{a}\right)^2 + \left(\frac{n}{b}\right)^2 + \left(\frac{l}{d}\right)^2}} \tag{4.7.5}$$

这表明，当腔的尺寸 a 、b 和 d 给定时，随着 m 、n 和 l 取一系列不同的整数，即得出腔内一系列不连续的谐振频率 f_0 。频率的不连续性是封闭的金属空腔中电磁场的一个重要特性。这是由于边界条件的要求，腔内电磁场的频率只能取一系列特定的、不连续的数值，这是约束在空间有限范围内的波的普遍性。这一点又与无限空间中的电磁波不同。无限空间中波的频率由激发它的源的频率决定，因而可以连续变化。

这里还要强调的是，由于 m 、n 和 l 的不同组合，在空腔尺寸一定的条件下也可以构成不同模式有相同的谐振频率，这是谐振腔的简并模式。当腔的尺寸 $a>b>d$ 时，最低频率

的谐振模式为(1, 1, 0)，其谐振频率 f_0 为

$$(f_0)_{110}=\frac{1}{2\sqrt{\mu\varepsilon}}\sqrt{\left(\frac{1}{a}\right)^2+\left(\frac{1}{b}\right)^2} \tag{4.7.6}$$

谐振波长 λ_0 为

$$(\lambda_0)_{110}=\frac{2}{\sqrt{\left(\frac{1}{a}\right)^2+\left(\frac{1}{b}\right)^2}} \tag{4.7.7}$$

此波长与谐振腔的线度同数量级。在微波技术中，通常用谐振腔的最低模式来产生特定频率的电磁振荡。

应当指出，上述方法对于球形腔体以及其他形状的腔体并不一定适用，往往需要按普通方法求解一般腔体的电磁场分布和谐振频率。具体可参阅这方面的有关书籍。不过直观地从驻波观点看，一个驻波系统在两个波节之间能独立地进行电磁能量交换，为此腔壁间的距离应与驻波波节之间的距离有整数倍关系。因此，对给定谐振腔的尺寸，存在一系列驻波场的分布，这些驻波场的振荡频率为一个基本的驻波场频率的整数倍，称在谐振腔内存在一系列振荡模式。

最后，简单定性地说明谐振腔的调谐。一般来说，在谐振腔里，磁场强度较强的地方压进去(压缩一些体积，如引进金属螺杆)，磁通量减少，等效电感量减小，谐振频率提高，称为电感调谐方法。反之，在谐振腔里电场强度较强的地方压进去(压缩一些体积)，等效电容量增加，谐振频率降低，称为电容调谐方法。这个原则还可以推广到因谐振腔工艺不够好、有不规则性、有“凹”有“凸”的情况中，由于这样的不规则性，谐振腔的谐振频率将得到一些改变。研究这种现象的原理就称为“微扰”原理。应该说明的是，当压缩一些体积时，谐振频率降低或提高了，那等于什么呢？谐振频率的计算是一个比较复杂的问题，对此没有简单的计算公式。因为压缩一些体积后，腔里的场型会发生变化。因为场型比较复杂，是变化的，所以就得不出一个简单的计算公式。

4.8 群 速 度

到目前为止，讨论一直限于单频电磁波。这对于理解电磁波的基本性质是非常合适的。但这是一种理想情况，真实的电磁波往往是一个在某一角频率 ω_0 附近具有狭窄频带 $\Delta\omega$ 连续谱的脉冲波[1]。这个脉冲波原则上可以通过不同频率的平面波的叠加得到，叠加后的合成波会具有新的性质。如果选取坐标的 z 轴沿这个脉冲波的传播方向，且设这个平面波的频率限定在 ω_0 附近的一个小范围内，则可以用

$$E(z,t)=\int_{\omega_0-\Delta\omega/2}^{\omega_0+\Delta\omega/2}E_0(\omega)\mathrm{e}^{\mathrm{j}(\omega t-kz)}\mathrm{d}\omega \tag{4.8.1}$$

来表示这个脉冲波。如果 $E_0(\omega)$ 随 ω 的变化是缓慢的，则在 $\Delta\omega$ 范围内可把 $E_0(\omega)$ 用 $E_0(\omega_0)$ 代替，并记作 E_0。还可以将色散关系 $k(\omega)$ 在 $\omega=\omega_0$ 处附近进行泰勒级数展开，取一级近似，得到

$$k(\omega)=k_0+(\omega-\omega_0)\left(\frac{\mathrm{d}k}{\mathrm{d}\omega}\right)_{\omega=\omega_0}+\cdots \tag{4.8.2}$$

式中，$k_0=k(\omega_0)$。将式(4.8.2)代入式(4.8.1)中，得到

$$E(z,t)=E_0\int_{\omega_0-\Delta\omega/2}^{\omega_0+\Delta\omega/2}\mathrm{e}^{\mathrm{j}\left[\omega t-k_0 z-(\omega-\omega_0)\left(\frac{\mathrm{d}k}{\mathrm{d}\omega}\right)_{\omega=\omega_0}z\right]}\mathrm{d}\omega$$

$$=E_0\mathrm{e}^{\mathrm{j}(\omega_0 t-k_0 z)}\int_{\omega_0-\Delta\omega/2}^{\omega_0+\Delta\omega/2}\mathrm{e}^{\mathrm{j}\left\{(\omega-\omega_0)\left[t-\left(\frac{\mathrm{d}k}{\mathrm{d}\omega}\right)_{\omega=\omega_0}z\right]\right\}}\mathrm{d}\omega$$

完成对上式的积分，得到

$$E(z,t)=\frac{\sin\Phi}{\Phi}E_0\Delta\omega\mathrm{e}^{\mathrm{j}(\omega_0 t-k_0 z)} \tag{4.8.3}$$

式中，$\Phi=\left[t-\left(\frac{\mathrm{d}k}{\mathrm{d}\omega}\right)_{\omega=\omega_0}z\right]\frac{\Delta\omega}{2}$。可见 $\frac{\sin\Phi}{\Phi}E_0\Delta\omega$ 是单频电磁波 $\mathrm{e}^{\mathrm{j}(\omega_0 t-k_0 z)}$ 的振幅，而 $\omega_0 t-k_0 z$ 是波的相位因子。

振幅 $\frac{\sin\Phi}{\Phi}E_0\Delta\omega$ 与 z 和 t 有关。如图 4.8.1 所示，当 Φ 的值从零连续增大时，$\frac{\sin\Phi}{\Phi}$ 经过一系列的极大值和极小值，且极大值和极小值随 Φ 的增大而迅速地减小。因此，这种波基本上被局限在空间的一个有限范围内，即在 $\Phi=0$ 的附近，因此把它称为波包。波包也就是波形的包络线。由于决定波包的函数 Φ 是与 z 和 t 有关的，所以波包在空间的位置将随时间变化。波包在空间的移动速度可将 $\Phi=\left[t-\left(\frac{\mathrm{d}k}{\mathrm{d}\omega}\right)_{\omega=\omega_0}z\right]\frac{\Delta\omega}{2}=\mathrm{const}$ 对时间 t 求导得到。其结果是

$$v_{\mathrm{g}}=\left(\frac{\mathrm{d}\omega}{\mathrm{d}k}\right)_{\omega=\omega_0} \tag{4.8.4}$$

v_{g} 表示整个波包在空间运动的速度，称为波包的群速度。又因为能量与振幅的平方有关，所以群速度也代表与这一波包相应的能量的传播速度。

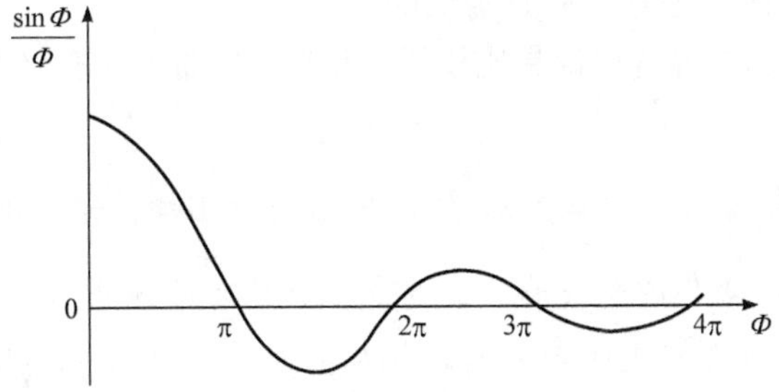

图 4.8.1　$\frac{\sin\Phi}{\Phi}$ 的变化曲线

相位因子 $\omega_0 t-k_0 z$ 也是 z 和 t 的函数，因而各种相位取值在空间的位置也将随时间变

化，反映这种相位变化状况的速度称为相速度，以 v_{p} 表示：

$$v_{\mathrm{p}} = \left(\frac{\omega}{k}\right)_{\omega=\omega_0} \tag{4.8.5}$$

换句话说，相位因子 $\omega_0 t - k_0 z$ 反映了载波是以速度 v_{p} 向 $+z$ 方向运动的，实际上 v_{p} 就是载波的相速。对于以前谈到的单频平面电磁波，其振幅为常数，相位变化是反映波的传播过程的唯一因子。因而只涉及一种速度，这就是在波动方程中出现的速度，即相速度。因此，只有在出现两个以上频率的波的叠加时才有群速度和相速度之分。

由前面知道，群速度与相速度的关系为

$$v_{\mathrm{g}} = \left(\frac{\mathrm{d}\omega}{\mathrm{d}k}\right)_{\omega=\omega_0} = v_{\mathrm{p}} + k\frac{\mathrm{d}v_{\mathrm{p}}}{\mathrm{d}k} \tag{4.8.6}$$

这表明，对于一般媒质来说，相速度与群速度是不相等的。只有在非色散介质(v_{p} 不随频率变化)中，或者 v_{p} 随 ω 变化很小，以至于可以近似地把 v_{p} 作为常数时，群速度和相速度是一致的。因此，随着时间的推移，波形将以固定的形状向 $+z$ 方向移动。而在色散介质中，随着时间的推移，虽然整个波形要向 $+z$ 方向移动，但载波和包络之间还要有相对运动。显然，群速度反映了信号包络的移动速度。

当 $v_{\mathrm{g}} \neq v_{\mathrm{p}}$ 时，载波就有相对于包络的运动这种现象，犹如人在行进的火车车厢中走动一样。很显然，只要波的包络还没有到达观察点，信号的能量就无法到达观察点。所以，从这个意义上看，有些情况下把 v_{g} 视为波群能量传播的速度。

特别地指出，在色散介质中，若 $\frac{\mathrm{d}v_{\mathrm{p}}}{\mathrm{d}k} < 0$，则 $v_{\mathrm{g}} < v_{\mathrm{p}}$，称为正常色散；若 $\frac{\mathrm{d}v_{\mathrm{p}}}{\mathrm{d}k} > 0$，则 $v_{\mathrm{g}} > v_{\mathrm{p}}$，称为非正常色散。当发生非正常色散时，群速的性质非常复杂，它可以大于光速，也可以小于光速，甚至可以达到无限大或取负值。

这里顺便指出，在前面的计算过程中，只保留到 k 对 $\omega - \omega_0$ 展开式的一次项。如果 k 随 ω 变化很快，而必须保持更高次项，如 $(\omega - \omega_0)^2$ 项，那么可以证明波包本身将不能保持固定的形状。在传播过程中，它将渐渐地展开，出现波包的扩散现象。在这种情况下，群速度也失去了其明确的物理意义。所以，严格地说，群速度只是一个近似的概念。把它当作一个具有严格意义的物理量或许未必是恰当的。

关于波速问题的更为严谨的讨论是比较复杂和相当困难的。有兴趣的读者请参阅文献[6]和其他参考书。

【例 4.8.1】 求证：如果将频率为 ω_1 和 ω_2 的两列波相加，会得到以平均频率 $\frac{1}{2}|\omega_1 + \omega_2|$ 振动而强度又按 $|\omega_1 - \omega_2|$ 变化的合成波。这就是一个带有低频调制的波。

证明 在数学上，只要将两个余弦函数相加并对结果进行一些整理，就能完成对这一例题的证明。假设在空间中有两列沿 $+x$ 方向行进的波，不妨设它们的振幅是相同的，但频率 ω_1 和 ω_2 不相等，它们的数学形式分别写成：

$$E_1 = E_{\mathrm{m}} \cos(\omega_1 t - k_1 x)$$

$$E_2 = E_{\mathrm{m}} \cos(\omega_2 t - k_2 x)$$

现在分析到达某一点 x_{p} 的合成波，即在点 x_{p} 处将上述两列波相加：

$$\begin{aligned} E_{合} &= E_1 + E_2 \\ &= 2E_{\mathrm{m}} \cos\left[\frac{(\omega_1 - \omega_2)t}{2} - \frac{(k_1 - k_2)x_{\mathrm{p}}}{2}\right]\cos\left[\frac{(\omega_1 + \omega_2)t}{2} - \frac{(k_1 + k_2)x_{\mathrm{p}}}{2}\right] \end{aligned}$$

假定两个频率 ω_1 和 ω_2 近似相等，这样 $\frac{1}{2}(\omega_1 + \omega_2)$ 就是合成波的频率，它与 ω_1 和 ω_2 几乎都相同。但是 $|\omega_1 - \omega_2|$ 远小于 ω_1 或 ω_2。这意味着，合成波是一个与开始时所具有的波相似的高频余弦波，但它的“大小”却在缓慢地移动，即以频率 $\frac{1}{2}|\omega_1 - \omega_2|$ 作脉动变化。虽然合成波的振幅随 $\cos\frac{(\omega_1 - \omega_2)t}{2}$ 变化，实际上，由合成波的表达式可知高频振动波包含在两个相反的余弦曲线之内。根据这一点，可以说振幅变化的频率是 $\frac{1}{2}|\omega_1 - \omega_2|$，但是如果要说波的强度，则必须认为它的频率两倍于此，这就是说，按强度而言，振幅的调制频率是 $|\omega_1 - \omega_2|$。因此，可以得出结论，将频率为 ω_1 与 ω_2 的两列波相加，就会得到以平均频率 $\frac{1}{2}(\omega_1 + \omega_2)$ 振动而强度按频率 $|\omega_1 - \omega_2|$ 变化的合成波动。

【例 4.8.2】 对于例 4.8.1，计算在合成波动中波、快速振动或波节的速度，以及调制的传播速度。

解 从合成波动的表达式中不难看出，波、快速振动或波节的速度基本上仍为

$$v_{\mathrm{p}} = \frac{\omega}{k}$$

式中，$k \approx k_1$ 或 k_2。把 v_{p} 称为相速度。但是，调制的传播速度却与 v_{p} 不相同。为了说明一定量的时间 t，x 应变化多大呢？这种调制波的传播速度就是比值：

$$v_{调} = \frac{\omega_1 - \omega_2}{k_1 - k_2}$$

调制速率有时称为群速度。假如取频率差 $\omega_1 - \omega_2$ 相当小，波数差 $k_1 - k_2$ 也相当小的情况，那么在极限情况下，上面的表达式就趋于

$$v_{\mathrm{g}} = \frac{\mathrm{d}\omega}{\mathrm{d}k}$$

换句话说，对于非常慢的调制和非常慢的拍而言，它们有一个确定的行进速率，而这个速率与波的相速度不同——这是一件多么不可思议的事(请读者自行解释其原因)。群速度就是将调制信号发送出去的速度。假如发出一个信号，即在波形中形成某种变化，使其他人在收听时能识别它(即一种调制)，倘若这个调制相当慢，它就以群速度行进(当调制很快时，分析起来要困难得多)。

4.9 电磁波在等离子体中的传播

等离子体就是电离了的气体，它是由离子和电子组成的，其中离子和电子所带的正、负电荷是近似地相等的。人们把等离子态看作物质的第四态。等离子体在自然界中广泛存在，例如，恒星内部、恒星附近、气态的星云和大量的星际氢太阳风都是等离子体，它们约占整个宇宙的99%。地球周围的大气层(50～500km 处的电离层)以及人们看到的北极光、闪电、荧光管和霓虹灯内的导电气体也都是等离子体。在宇宙物理学中、电工和无线空间通信等技术中，研究等离子体的性质均具有非常重要的意义。

下面讨论稀薄电离气体，这是一种特殊的等离子体。稀薄也就是可以忽略带电粒子间的互相碰撞的影响，只考虑电磁作用。此外，还忽略热运动因素。本节关心的是平面电磁波在这种等离子体内的传播[1,2]。

4.9.1 无磁场情况

当电磁波进入等离子体后，其中离子和电子都将受到电磁场的作用而运动，从而形成电流。为简单起见，假定离子的运动可以忽略，于是有等离子体中的传导电流密度为

$$\boldsymbol{J} = Ne\boldsymbol{v} \tag{4.9.1}$$

式中，N代表等离子体中的电子浓度；e是电子的电荷电量；$\boldsymbol{v}$是电子运动速度。相应地，电子的运动方程为

$$m_0 \frac{\mathrm{d}\boldsymbol{v}}{\mathrm{d}t} = e\boldsymbol{E} \tag{4.9.2}$$

式中，m_0是电子质量。这里，假定电子运动速度远小于真空中的光速，从而可以略去电磁波的磁场引起的磁场作用力。设入射波是正弦均匀平面电磁波，则与式(4.9.2)对应的复数形式为

$$\mathrm{j}\omega m_0 \dot{\boldsymbol{v}} = e\dot{\boldsymbol{E}}$$

由此得到

$$\dot{\boldsymbol{v}} = \frac{e}{\mathrm{j}\omega m_0}\dot{\boldsymbol{E}}$$

于是，得到电子集体运动形成的电流密度为

$$\dot{\boldsymbol{J}} = \frac{Ne^2}{\mathrm{j}\omega m_0}\dot{\boldsymbol{E}} \tag{4.9.3}$$

所以等离子体相应的电导率为

$$\gamma = \frac{Ne^2}{\mathrm{j}\omega m_0} \tag{4.9.4}$$

由此可见，等离子体的电导率是纯虚数，说明电子集体运动形成的电流比电场的相位滞后$\pi/2$，所以电流是电感性的。因此，在等离子体中没有焦耳热损耗。这意味着只要场建立，

电子虽然振动，但并不从场中汲取能量。这一结果与自由电子(忽略粒子碰撞)的假定一致。

将 $\dot{\boldsymbol{J}}=\gamma\dot{\boldsymbol{E}}$ 代入麦克斯韦方程组中，得到类似于导电媒质中的波动方程：

$$\nabla^2\dot{\boldsymbol{E}}+k^2\dot{\boldsymbol{E}}=0 \tag{4.9.5}$$

其中，波传播常数 k 为

$$k^2=\omega^2\mu_0\left(\varepsilon_0-\mathrm{j}\frac{\gamma}{\omega}\right)=\frac{\omega^2}{c^2}\left(1-\frac{Ne^2}{\omega^2 m_0\varepsilon_0}\right)=\frac{\omega^2}{c^2}\left[1-\left(\frac{\omega_\mathrm{p}}{\omega}\right)^2\right] \tag{4.9.6}$$

式中

$$\omega_\mathrm{p}^2=\frac{Ne^2}{m_0\varepsilon_0} \tag{4.9.7}$$

由式(4.9.7)可知，电磁波在等离子体中的传播情况取决于两个因素：一个是电磁波本身的角频率 ω，另一个是代表等离子体性质的参数 ω_p。ω_p 称为等离子体角频率，当 $\omega>\omega_\mathrm{p}$ 时，k 为实数，电磁波可以在其中传播，且相速度大于光速，等离子体比真空还光疏。这是等离子体的一个重要特点。当 $\omega<\omega_\mathrm{p}$ 时，k 为虚数，电磁波无法穿过等离子体，而在进入其表面后很快被反射回来。这说明电磁波在等离子体中传播时有一重要特性，即存在截止现象。因此，ω_p 又称为截止频率。

电磁波在等离子体中的截止现象有一些重要的应用。例如，在等离子体诊断中用它来测量电子浓度；在无线电通信技术中，地面上远距离的短波通信就是利用高空电离层中电磁波的截止现象，实现对无线电波的反射作用。如图 4.9.1 所示，如果让频率为 ω 的电磁波入射于地球高空的电离层中，由于电离层中的电子浓度 N 不均匀(由边缘处的最小值向内部逐渐增大)，电磁波刚射入电离层时，$\omega>\omega_\mathrm{p}$，可以向前传播一段距离。当深入到某一处($\omega=\omega_\mathrm{p}$)时，波的传播将发生截止现象，从而产生反射。

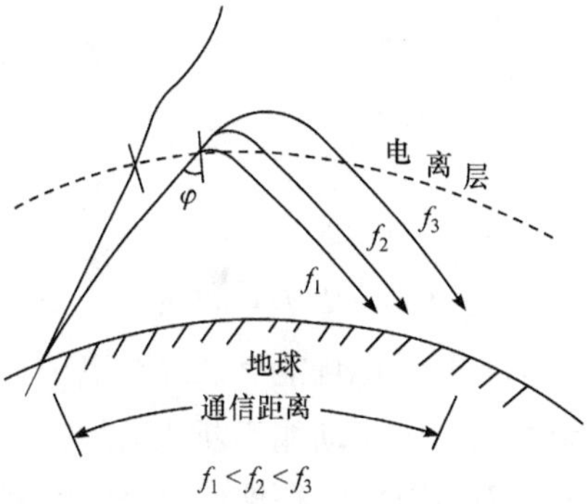

图 4.9.1　电离层对电磁波的反射[3]

地球高空的电离层高度为 50～500km，其最大截止频率 $f_\mathrm{p}\approx 10\mathrm{MHz}$。当然，其他因素也会影响电离层的最大截止频率，这样最高可用的地面短波通信频率小于 30MHz，然而，由于要穿过电离层到达外层空间，地面站与卫星之间的通信频率就要高于 30MHz。电视频段依靠通信卫星转播，才能实现远距离传递。由于太阳辐射的昼夜、季节和地理位置都会影响电离层的厚度和电子密度，所以短波通信的效果会在每天中午和午夜明显不同，夏季和冬季明显不同，以及远离的两个位置不同。

除大气电离层外，飞机和火箭发动机的高温喷焰也能激发等离子体；飞船、卫星、导弹以及陨石等，在进入大气层时，由于它们与大气的强烈摩擦，也会在它们周围形成一个等离子体外壳。因此，研究电磁波在等离子体中的传播就具有很重要的工程意义。例如，飞船、卫星和导弹进入大气层时，在它们周围形成的等离子体外壳中的电子密度要比大气电离层中的大，因而 ω_p 也就相应提高。为了使电磁波能穿过等离子体外壳，这些飞行器上的通信设备和电子引信等所用的射频通常应高于 200MHz 。再如，导弹发动机喷焰激发的等离子体尺寸和导弹进入大气层时的等离子体外壳尺寸都比导弹本身的尺寸大得多。因此，若能用雷达探测到这些等离子体的情况，就可提高防御体系的效能。使用工作频率在 100MHz 以上的雷达，就有可能实现这样的探测。

4.9.2 有磁场情况

1. 平行于外磁场方向传播的波

在等离子体中除了外界电场外，还有外界的恒定磁场 $\boldsymbol{B}_0$ 。把处于外加恒定磁场中的等离子体称为磁化等离子体，它是一种典型的各向异性电介质，称为回旋(gyrotropic)介质。例如，对于地球附近的等离子体就必须考虑地磁场的影响。现在设磁场 $\boldsymbol{B}_0$ 沿着 z 轴方向，那么电子的运动方程为

$$m_0\frac{\mathrm{d}\boldsymbol{v}}{\mathrm{d}t}=e(\boldsymbol{E}+\boldsymbol{v}\times\boldsymbol{B}_0) \tag{4.9.8}$$

设入射波是正弦电磁波，则得电子的漂移速度分量为

$$\begin{cases}\dot{v}_x=\dfrac{-e}{m_0}\dfrac{\mathrm{j}\omega}{\omega^2-\omega_\mathrm{g}^2}\dot{E}_x+\dfrac{e}{m_0}\dfrac{\omega_\mathrm{g}}{\omega^2-\omega_\mathrm{g}^2}\dot{E}_y\\ \dot{v}_y=\dfrac{-e}{m_0}\dfrac{\omega_\mathrm{g}}{\omega^2-\omega_\mathrm{g}^2}\dot{E}_x-\dfrac{e}{m_0}\dfrac{\mathrm{j}\omega}{\omega^2-\omega_\mathrm{g}^2}\dot{E}_y\\ \dot{v}_z=\dfrac{-e}{m_0}\dfrac{\mathrm{j}}{\omega}\dot{E}_z\end{cases} \tag{4.9.9}$$

式中， $\omega_\mathrm{g}=-eB_0/m_0$ 称为电子回旋角频率，即电子在磁场中做回旋运动时的圆频率。当 $\omega=\omega_\mathrm{g}$ 时，电场能有效地对电子不断加速，波能量转化为电子动能，这种现象称为电子回旋共振。电子动能不断地增加，可使等离子体不断加热。电子回旋共振是加热等离子体的一种有效方法。在地球上空的电离层中，由于地磁场的作用，电子做回旋运动，如果地磁场取其平均值 $B_0\approx5\times10^{-5}\,\mathrm{T}$ ，电子荷质比为 $1.76\times10^{11}\,\mathrm{C/kg}$ ，则 $f=\omega_\mathrm{g}/(2\pi)\approx1.4\mathrm{MHz}$ 。由于电子回旋共振，电离层对频率约为 1.4MHz 的波吸收最大，因此在无线电通信中应该避开这个频率。

电子运动形成的电流密度为

$$\dot{\boldsymbol{J}}=Ne\dot{\boldsymbol{v}}=Ne(\dot{v}_x\boldsymbol{e}_x+\dot{v}_y\boldsymbol{e}_y+\dot{v}_z\boldsymbol{e}_z)$$

将式(4.9.9)代入上式后，得到

$$J_i=\sum_{j=1}^{3}\gamma_{ij}E_j,\quad i=1,2,3 \tag{4.9.10}$$

式中

$$
\boldsymbol{\gamma} = \frac{\mathrm{j}Ne^2}{m_0\omega}\begin{bmatrix} \dfrac{-\omega^2}{\omega^2-\omega_{\mathrm{g}}^2} & \dfrac{-\mathrm{j}\omega\omega_{\mathrm{g}}}{\omega^2-\omega_{\mathrm{g}}^2} & 0 \\ \dfrac{\mathrm{j}\omega\omega_{\mathrm{g}}}{\omega^2-\omega_{\mathrm{g}}^2} & \dfrac{-\omega^2}{\omega^2-\omega_{\mathrm{g}}^2} & 0 \\ 0 & 0 & -1 \end{bmatrix} \tag{4.9.11}
$$

可见，当$\boldsymbol{B}_0 \neq 0$时，等离子体的电导率和一般导电媒质的电导率不同，这里需要用 9 个分量表示，而一般导电媒质只需用一个量表示。在磁等离子体(即$\boldsymbol{B}_0 \neq 0$的等离子体)中，电流和电场的关系为张量关系，γ_{ij}称为电导率张量$\boldsymbol{\gamma}$的分量。这时J_x不仅与E_x有关，而且还与电场的其他分量有关，J_y、J_z类似。具有这种特点的媒质称为各向异性媒质。

在磁等离子体中，麦克斯韦方程组为

$$
\begin{cases} \nabla\cdot\dot{\boldsymbol{D}} = 0 \\ \nabla\times\dot{\boldsymbol{E}} = -\mathrm{j}\omega\mu_0\dot{\boldsymbol{H}} \\ \nabla\cdot\dot{\boldsymbol{B}} = 0 \\ \nabla\times\dot{\boldsymbol{H}} = \sum\limits_{i,j}\gamma_{ij}\dot{E}_j\boldsymbol{e}_i + \mathrm{j}\omega\varepsilon_0\dot{\boldsymbol{E}} \end{cases} \tag{4.9.12}
$$

把式(4.9.12)中的第四个方程改写为

$$
\nabla\times\dot{\boldsymbol{H}} = \mathrm{j}\omega\sum_{i,j}\varepsilon_{ij}\dot{E}_j\boldsymbol{e}_i \tag{4.9.13}
$$

式中，$\varepsilon_{ij} = \varepsilon_0\delta_{ij} + \gamma_{ij}/(\mathrm{j}\omega)$，称为等效介电常数张量。于是，不难得到电场的波动方程为

$$
\nabla^2\dot{E}_i + \omega^2\mu_0\sum_j\varepsilon_{ij}\dot{E}_j - \left[\nabla(\nabla\cdot\dot{\boldsymbol{E}})\right]_i = 0 \tag{4.9.14}
$$

由波动方程(4.9.14)可以得到，在各向异性的等离子体中，平面电磁波有如下两个特点。

(1) 不存在线性极化波。设波沿 z 方向传播，极化方向沿$\boldsymbol{e}_x$；也就是说，只有$\dot{E}_x$分量，此时有

$$
\nabla^2\dot{E}_x + \omega^2\mu_0\varepsilon_{xx}\dot{E}_x = 0
$$

$$
\nabla^2\dot{E}_y + \omega^2\mu_0\varepsilon_{yx}\dot{E}_x = 0
$$

由第二式可以看出，因为$\dot{E}_y = 0$，$\varepsilon_{yx} \neq 0$，所以$\dot{E}_x = 0$。显然，这与假设相矛盾。

(2) 法拉第旋转。如设$\dot{\boldsymbol{E}} = (\dot{E}_0\boldsymbol{e}_x - \mathrm{j}\dot{E}_0\boldsymbol{e}_y)\mathrm{e}^{-\mathrm{j}kz}$，这是右旋圆极化波，代入式(4.9.14)中，得波传播常数为

$$
k^2 = \omega^2\mu_0(\varepsilon_{xx} - \mathrm{j}\varepsilon_{xy}) = \omega^2\mu_0\varepsilon_0\left(1 + \frac{\omega_{\mathrm{p}}^2/\omega}{\omega_{\mathrm{g}} - \omega}\right) \tag{4.9.15}
$$

如设$\dot{\boldsymbol{E}} = (\dot{E}_0\boldsymbol{e}_x + \mathrm{j}\dot{E}_0\boldsymbol{e}_y)\mathrm{e}^{-\mathrm{j}kz}$，这是左旋圆极化波，代入式(4.9.14)中，得波传播常数为

$$k^2 = \omega^2 \mu_0 (\varepsilon_{xx} + \mathrm{j}\varepsilon_{xy}) = \omega^2 \mu_0 \varepsilon_0 \left(1 - \frac{\omega_{\mathrm{p}}^2/\omega}{\omega_{\mathrm{g}} + \omega}\right) \tag{4.9.16}$$

由此可见，右旋圆极化波相速度和左旋圆极化波相速度不相等。如果一个线性极化波由各向同性的空间沿外界恒定磁场 $\boldsymbol{B}_0$ 的方向进入各向异性的等离子体中，由于一个线性极化波可以分解为等幅的左旋和右旋两个圆极化波，若波的频率高于这两者的截止频率，它们都可以传播，但左旋和右旋这两个圆极化波的相速度不同，经过一段距离后，合成的电磁波的极化方向会发生变化。因此，当一个线性极化波沿磁力线方向传播时，其极化方向以磁力线为轴而不断地旋转，这种现象称为法拉第旋转，如图 4.9.2 所示。

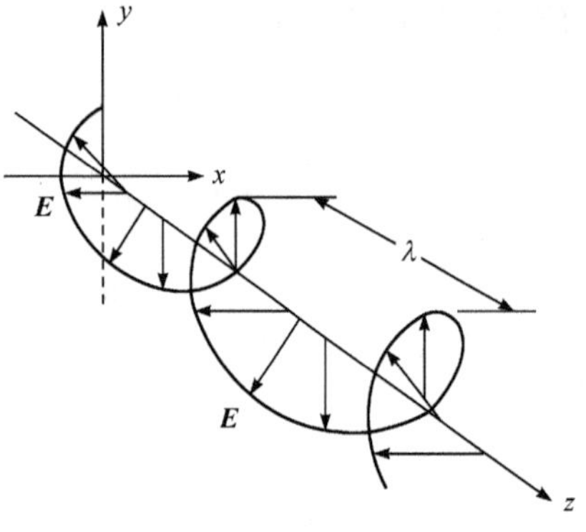

图 4.9.2 法拉第旋转现象

法拉第旋转角度的大小取决于 ω_{p} 的大小和传播距离，ω_{p} 正比于等离子体的电子浓度 N。因此，法拉第旋转现象也可以用来测定等离子体的平均电子浓度 N。

总之，当波的传播方向平行于外磁场方向时，旋转方向相反的两个圆极化波是波动方程的两个特解，它们的电场和磁场都与波传播方向相垂直，所以仍是 TEM 波。因为圆极化波的极化方向是旋转的，所以这种介质被称为回旋介质。从式(4.9.15)和式(4.9.16)看出，左旋圆极化波的等效介电常数随 ω 的增大是连续增加的，而当 $\omega \to \omega_{\mathrm{g}}$ 时，右旋圆极化波的等效介电常数的左、右极限分别为 $+\infty$ 和 $-\infty$，即当 $\omega \to \omega_{\mathrm{g}}$ 时色散曲线断裂，分成了两支。这种断裂是由右旋圆极化波与在恒定磁场 $\boldsymbol{B}_0$ 中做回旋运动的电子间发生的共振相互作用造成的，当 $\omega \to \omega_{\mathrm{g}}$ 时，电子的旋转同步于右旋圆极化波的旋转而强烈地吸收波的能量，但做右旋运动的电子却不能与左旋圆极化波之间产生这样的共振作用[15]。值得指出，左旋和右旋圆极化波的等效介电常数等于零，分别对应于它们的截止频率。左旋圆极化波在截止频率下不能传播，右旋圆极化波却存在一个趋近于 $\omega=0$ 的低通频带，在极低频下也能传播，这被用来解释哨声(whistlers)在电离层中的传播①。

在地球同步轨道卫星与地面站的通信中，电磁波穿过电离层时会因地磁场的影响而发生法拉第旋转。显然，如果使用线性极化波，由于法拉第旋转会给电磁波的有效接收带来一定的困难，所以在 C 波段(416GHz)的卫星通信系统中一般都使用圆极化波[16]。另外，由于法拉第旋转效应是一种不可逆效应，它在现代微波技术中得到有效应用，例如，微波铁氧体及钇铁石榴石(YIG)制作的不可逆微波元件。

2. 垂直于外磁场方向传播的波[15,16]

外磁场方向仍取为 z 轴方向，不失一般性，取波传播方向为 x 轴方向。这时，将平面电磁波的电场解

① JACKSON J D. Classical electromagnetics[M]. 2nd ed. New York: John Wiley & Sons, 1975. 或中译本：杰克逊 J D. 经典电动力学[M]. 朱培豫，译. 北京：人民教育出版社，1978.

$$\dot{\boldsymbol{E}} = (\dot{E}_{0x}\boldsymbol{e}_x + \dot{E}_{0y}\boldsymbol{e}_y + \dot{E}_{0z}\boldsymbol{e}_z) \tag{4.9.17}$$

代入波动方程(4.9.14)中，得到

$$\begin{bmatrix} -k_0^2\dfrac{\varepsilon_1}{\varepsilon_0} & \mathrm{j}k_0^2\dfrac{\varepsilon_2}{\varepsilon_0} & 0 \\ -\mathrm{j}k_0^2\dfrac{\varepsilon_2}{\varepsilon_0} & k^2 - k_0^2\dfrac{\varepsilon_1}{\varepsilon_0} & 0 \\ 0 & 0 & k^2 - k_0^2\dfrac{\varepsilon_3}{\varepsilon_0} \end{bmatrix} \begin{bmatrix} \dot{E}_{0x} \\ \dot{E}_{0y} \\ \dot{E}_{0z} \end{bmatrix} = 0 \tag{4.9.18}$$

式中，$k_0^2 = \omega^2\mu_0\varepsilon_0$，

$$\begin{cases} \varepsilon_1 = \varepsilon_0\left(1 - \dfrac{\omega_\mathrm{p}^2}{\omega^2 - \omega_\mathrm{g}^2}\right) \\ \varepsilon_2 = \varepsilon_0\dfrac{\omega_\mathrm{p}^2\omega_\mathrm{g}}{\omega(\omega^2 - \omega_\mathrm{g}^2)} \\ \varepsilon_3 = \varepsilon_0\left(1 - \dfrac{\omega_\mathrm{p}^2}{\omega^2}\right) \end{cases}$$

式(4.9.18)有非零解的条件为

$$\det\begin{bmatrix} -k_0^2\dfrac{\varepsilon_1}{\varepsilon_0} & \mathrm{j}k_0^2\dfrac{\varepsilon_2}{\varepsilon_0} & 0 \\ -\mathrm{j}k_0^2\dfrac{\varepsilon_2}{\varepsilon_0} & k^2 - k_0^2\dfrac{\varepsilon_1}{\varepsilon_0} & 0 \\ 0 & 0 & k^2 - k_0^2\dfrac{\varepsilon_3}{\varepsilon_0} \end{bmatrix} = 0 \tag{4.9.19}$$

容易看出它有两个解：

$$k = k_0\sqrt{\frac{\varepsilon_3}{\varepsilon_0}} = k_0\sqrt{1 - \frac{\omega_\mathrm{p}^2}{\omega^2}} \tag{4.9.20}$$

和

$$k = k_0\sqrt{\frac{\varepsilon_1^2 - \varepsilon_2^2}{\varepsilon_0\varepsilon_1}} \tag{4.9.21}$$

这两个解称为色散方程。

这两个解表示在磁化等离子体中可能存在的垂直于外磁场方向传播的两种平面波，它们具有不同的物理特性，分别称为寻常波和非寻常波。

(1) 寻常波。式(4.9.20)给出的解为寻常波。将式(4.9.20)代入波动方程式(4.9.18)中，可见电场仅有 z 分量：

$$\dot{\boldsymbol{E}} = \dot{E}_{0z}\mathrm{e}^{-\mathrm{j}kx}\boldsymbol{e}_z \tag{4.9.22}$$

电位移矢量也只有 z 分量：

$$\dot{\boldsymbol{D}} = \varepsilon_0 \dot{E}_{0z} \mathrm{e}^{-\mathrm{j}kx} \boldsymbol{e}_z \tag{4.9.23}$$

磁场仅有 y 分量：

$$\dot{\boldsymbol{H}} = \sqrt{\frac{\varepsilon_3}{\mu_0}} \dot{E}_{0z} \mathrm{e}^{-\mathrm{j}kx} \boldsymbol{e}_y \tag{4.9.24}$$

不难看到，这是一个相对于传播方向 x 轴的线性极化的横电磁波，它与 $\mu = \mu_0$ ，$\varepsilon = \varepsilon_3$ 的各向同性介质中的平面波性质相同，所以称为寻常波。波的极化方向与外磁场方向平行，由式(4.9.20)得到寻常波的相速度为

$$v_{\mathrm{p}} = \frac{1}{\sqrt{\mu_0 \varepsilon_3}} = \frac{c}{\sqrt{1 - \dfrac{\omega_{\mathrm{p}}^2}{\omega^2}}} \tag{4.9.25}$$

显然，只有当工作频率 ω 高于等离子体频率 ω_{p} 时，寻常波才能真正传播。

(2) 非寻常波。将式(4.9.21)代入波动方程式(4.9.18)中，可见电场有两个分量 $\dot{E}_x$ 和 $\dot{E}_y$ ，且它们的振幅之比为纯虚数：

$$\frac{\dot{E}_{0x}}{\dot{E}_{0y}} = \mathrm{j} \frac{\varepsilon_2}{\varepsilon_1} \tag{4.9.26}$$

因此，电场矢量 $\dot{\boldsymbol{E}}$ 处于 xOy 平面内，是一个椭圆极化波。容易看到，电位移矢量 $\dot{\boldsymbol{D}}$ 也在 xOy 平面内，但它与 $\dot{\boldsymbol{E}}$ 不平行。现在，存在沿波传播方向 x 的电场分量 $\dot{E}_x$，但 $\dot{\boldsymbol{D}}$ 和 $\dot{\boldsymbol{H}}$ (以及 $\dot{\boldsymbol{B}}$)没有沿波传播方向 x 的分量，只有横向分量 $\dot{D}_y$ 、$\dot{H}_y$ (以及 $\dot{B}_y$)：

$$\dot{D}_y = \varepsilon_0 \varepsilon_{\mathrm{eff}} \dot{E}_y \quad 和 \quad \dot{H}_y = \sqrt{\frac{\varepsilon_0}{\mu_0}} \sqrt{\varepsilon_{\mathrm{eff}}} \dot{E}_y \tag{4.9.27}$$

式中，$\varepsilon_{\mathrm{eff}} = \dfrac{\varepsilon_1^2 - \varepsilon_2^2}{\varepsilon_0 \varepsilon_1}$ 称为等效介电常数。在各向同性介质中，TEM 波没有这种异常的性质，所以称这种波为非寻常波。

由式(4.9.21)求得波的相速度为

$$v_{\mathrm{p}} = \frac{c}{\sqrt{\dfrac{\varepsilon_1^2 - \varepsilon_2^2}{\varepsilon_0 \varepsilon_1}}} = \frac{c}{\sqrt{\varepsilon_{\mathrm{eff}}}} \tag{4.9.28}$$

非寻常波的色散特性由等效介电常数

$$\varepsilon_{\mathrm{eff}} = \frac{\varepsilon_1^2 - \varepsilon_2^2}{\varepsilon_0 \varepsilon_1} = \frac{\omega^2 - \omega_{\mathrm{g}}^2 - 2\omega_{\mathrm{p}}^2 + \left(\dfrac{\omega_{\mathrm{p}}^2}{\omega}\right)^2}{\omega^2 - \omega_{\mathrm{g}}^2 - \omega_{\mathrm{p}}^2} \tag{4.9.29}$$

确定。可以看出，在 $\omega = \omega_0 = \sqrt{\omega_{\mathrm{g}}^2 + \omega_{\mathrm{p}}^2}$ 处，非寻常波的 $\varepsilon_{\mathrm{eff}}$ 作为 ω 的函数分成了两支。两个零点分别是

$$\omega_{1,2} = \frac{\omega_{\mathrm{g}}}{2}\left\{\pm 1 + \left[1 + \left(\frac{2\omega_{\mathrm{p}}}{\omega_{\mathrm{g}}}\right)^2\right]^{\frac{1}{2}}\right\} \tag{4.9.30}$$

在 ω_1 与 ω_0 之间为低通频带，$\omega > \omega_2$ 为高通频带。因此，磁化等离子体对于非寻常波的传播相当于带通滤波器。

另外，如果以电位移矢量 $\dot{\boldsymbol{D}}$ 的方向表示波的极化，那么寻常波和非寻常波都是线性极化的，且它们两者的极化是正交的。这个结论对于各向异性介质中的平面电磁波传播是普遍成立的。

4.10　电磁波在磁各向异性媒质中的传播

在本节中，将以磁化铁氧体中的平面波为例来分析电磁波在磁各向异性媒质中的传播特性[15]。

4.10.1　铁氧体的磁导率张量

铁氧体是一族化合物的总称，它是由一种或两种金属氧化物与三氧化二铁混合烧结而成的，属于一种非金属类磁性材料。铁氧体的电阻率要比铁的电阻率大 10^{12} 倍之多，其数值高达 $10^8\Omega\cdot\text{cm}$，所以电磁波能深入铁氧体内部与其中的电子发生相互作用。在微波频率下，铁氧体的介电常数的数值也很高，其相对介电常数的值为 10～20。铁氧体优异的介电性能和磁性能，使得铁氧体器件(例如，利用铁氧体的法拉第旋转原理制成的隔离器、非互易移相器和环行器)在微波、毫米波工程中成为一类用途广泛的重要元件。

当恒定磁场 $\boldsymbol{H}_0$ 在 z 方向使铁氧体达到饱和磁化强度 $\boldsymbol{M}_0$ 时，射频磁场强度 $\boldsymbol{h}$ 和射频磁感应强度 $\boldsymbol{b}$ 是由相对磁导率张量 $\bar{\boldsymbol{\mu}}_{\mathrm{r}}$ 相联系的：

$$\boldsymbol{b} = \mu_0 \bar{\boldsymbol{\mu}}_{\mathrm{r}} \cdot \boldsymbol{h} \tag{4.10.1}$$

式中，$\bar{\boldsymbol{\mu}}_{\mathrm{r}}$ 是一个反对称的二阶张量。其表达式如下：

$$\bar{\boldsymbol{\mu}}_{\mathrm{r}} = \begin{bmatrix} \mu_{xx} & \mu_{xy} & \mu_{xz} \\ \mu_{yx} & \mu_{yy} & \mu_{yz} \\ \mu_{zx} & \mu_{zx} & \mu_{zz} \end{bmatrix} = \begin{bmatrix} \mu_1 & -\mathrm{j}\mu_2 & 0 \\ \mathrm{j}\mu_2 & \mu_1 & 0 \\ 0 & 0 & 1 \end{bmatrix} \tag{4.10.2}$$

其中

$$\mu_1 = 1 + \frac{\omega_{\mathrm{g}}\omega_{\mathrm{m}}}{\omega_{\mathrm{g}}^2 - \omega^2} \tag{4.10.3}$$

$$\mu_2 = 1 + \frac{\omega\omega_{\mathrm{m}}}{\omega_{\mathrm{g}}^2 - \omega^2} \tag{4.10.4}$$

式中

$$\omega_{\mathrm{g}} = \gamma_{\mathrm{e}} H_0 \tag{4.10.5}$$

$$\omega_{\mathrm{m}} = \gamma_{\mathrm{e}} M_0 \tag{4.10.6}$$

式中，$\gamma_{\mathrm{e}} = \dfrac{e}{m_0} = -1.76\times 10^{11}\mathrm{C/kg}$，是一个常数，称为旋磁比。

式(4.10.2)说明，在高频下，铁氧体中在某一方向的射频磁场会同时产生与它相垂直方向上和相平行方向上的磁感应，即旋磁性。与磁化等离子体一样，磁化铁氧体也是一种回旋介质，具有不可逆性。

需要注意到，当无外磁场时，$\omega_{\mathrm{g}} = 0$，即铁氧体没有磁化，$\omega_{\mathrm{m}} = 0$，这时铁氧体内场很小，则 $\mu_1 = 1$，$\mu_2 = 0$，$\boldsymbol{b} = \mu_0 \boldsymbol{h}$。这说明未被磁化的铁氧体是一种均匀各向同性的介质，如果没有高频场($\omega = 0$)，则 $\mu_1 = 1 + \dfrac{\omega_{\mathrm{m}}}{\omega_{\mathrm{g}}}$，$\mu_2 = 0$，铁氧体就是一种磁性单轴晶体。当 $\omega = \omega_{\mathrm{g}}$ 时，$\mu_1 \to \infty$ 和 $\mu_2 \to \infty$，这是由铁氧体材料中自旋电子的一致进动引起的共振现象的结果，称为铁磁共振。只有在高频场是小信号(即 $h \ll H_0$)的情况下，磁导率才会成为张量，此时，$\boldsymbol{b}$ 和 $\boldsymbol{h}$ 的关系是线性的，在大信号时，磁导率张量不再适用，铁氧体将呈现出明显的非线性效应。

4.10.2 无限大磁化铁氧体中的平面波

设恒定磁场 $\boldsymbol{H}_0$ 在 z 方向，考虑平面电磁波在无限大磁化铁氧体中的传播。由麦克斯韦方程组中两个旋度方程：

$$\nabla \times \dot{\boldsymbol{h}} = \mathrm{j}\omega\varepsilon \dot{\boldsymbol{E}} \tag{4.10.7}$$

$$\nabla \times \dot{\boldsymbol{E}} = -\mathrm{j}\omega\mu_0 \overline{\boldsymbol{\mu}}_{\mathrm{r}} \cdot \dot{\boldsymbol{h}} \tag{4.10.8}$$

消去这两个方程中的 $\dot{\boldsymbol{E}}$，得到

$$\nabla^2 \dot{\boldsymbol{h}} - \nabla(\nabla\cdot\dot{\boldsymbol{h}}) + \omega^2\mu_0\varepsilon\overline{\boldsymbol{\mu}}_{\mathrm{r}} \cdot \dot{\boldsymbol{h}} = 0 \tag{4.10.9}$$

这是磁化铁氧体中电磁波的磁场分量 $\dot{\boldsymbol{h}}$ 的波动方程。

现在，考虑平面电磁波，其解的一般形式为

$$\dot{\boldsymbol{h}} = \dot{\boldsymbol{h}}_0 \mathrm{e}^{-\mathrm{j}\boldsymbol{k}\cdot\boldsymbol{r}} \tag{4.10.10}$$

其中，$\boldsymbol{k} = k_x\boldsymbol{e}_x + k_y\boldsymbol{e}_y + k_z\boldsymbol{e}_z$，为波矢，其大小 k 是传播常数；空间中点坐标 $\boldsymbol{r} = x\boldsymbol{e}_x + y\boldsymbol{e}_y + z\boldsymbol{e}_z$。而

$$\dot{\boldsymbol{h}}_0 = \dot{h}_{0x}\boldsymbol{e}_x + \dot{h}_{0y}\boldsymbol{e}_y + \dot{h}_{0z}\boldsymbol{e}_z \tag{4.10.11}$$

将式(4.10.10)代入式(4.10.9)中，得到

$$k^2\dot{\boldsymbol{h}}_0 - \boldsymbol{k}(\boldsymbol{k}\cdot\dot{\boldsymbol{h}}_0) - \omega^2\mu_0\varepsilon\overline{\boldsymbol{\mu}}_{\mathrm{r}} \cdot \dot{\boldsymbol{h}}_0 = 0 \tag{4.10.12}$$

设平面波传播方向在 xOz 平面上，即波矢 $\boldsymbol{k}$ 在 xOz 平面内，并设波矢 $\boldsymbol{k}$ 与 z 轴的夹角是 θ，则

$$\boldsymbol{k} = k\sin\theta\boldsymbol{e}_x + k\cos\theta\boldsymbol{e}_z \tag{4.10.13}$$

利用式(4.10.11)和式(4.10.13)，将矢量波动方程(4.10.12)分解成直角坐标分量方程后，可写出如下的矩阵形式：

$$\begin{bmatrix} k^2-k^2\sin^2\theta-k_0^2\mu_1\varepsilon_r & \mathrm{j}k_0^2\mu_2\varepsilon_r & -k^2\sin\theta\cos\theta \\ -\mathrm{j}k_0^2\mu_2\varepsilon_r & k^2-k_0^2\mu_1\varepsilon_r & 0 \\ -k^2\sin\theta\cos\theta & 0 & k^2-k^2\cos^2\theta-k_0^2\varepsilon_r \end{bmatrix}\begin{bmatrix} \dot{h}_{0x} \\ \dot{h}_{0y} \\ \dot{h}_{0z} \end{bmatrix}=0 \tag{4.10.14}$$

式中，$k_0=\omega_0\sqrt{\mu_0\varepsilon_0}$。

式(4.10.14)有非零解的必要条件是其系数矩阵的行列式为零，由此得到波矢量 $\boldsymbol{k}$ 的幅值 k 的两个解 $k^{\pm}$ 为

$$k^{\pm}=k_0\sqrt{\varepsilon_r}\left\{\frac{(\mu_1^2-\mu_2^2-\mu_1)\sin^2\theta+2\mu_1\pm[(\mu_1^2-\mu_2^2-\mu_1)^2\sin^2\theta+4\mu_2^2\cos\theta]^{\frac{1}{2}}}{2[(\mu_1-1)\sin^2\theta+1]}\right\}^{\frac{1}{2}} \tag{4.10.15}$$

在实际应用中，我们对 $\theta=0°$ 和 $\theta=90°$ 两种情况特别感兴趣，它们分别相应于波传播方向平行于或垂直于恒定磁场 $\boldsymbol{H}_0$，分别称为纵向传播的波和横向传播的波。

1. 纵向传播的波($\theta=0°$ 的情形)

取 $\theta=0°$，由式(4.10.15)，有

$$k^{\mp}=k_0\sqrt{\varepsilon_r}(\mu_1\pm\mu_2)^{\frac{1}{2}} \tag{4.10.16}$$

把式(4.10.16)代入波动方程式(4.10.14)中，可得

$$\dot{h}_{0z}=0\text{，}\quad \dot{h}_{0y}=\pm\mathrm{j}\dot{h}_{0x} \tag{4.10.17}$$

这是旋转方向相反的两个圆极化波，传播常数分别为 k^+ 和 k^-。对于左旋、右旋圆极化波，磁化铁氧体的有效磁导率都表现为标量，且分别为 $\mu_e^-=\mu_1+\mu_2$ 和 $\mu_e^+=\mu_1-\mu_2$。

利用麦克斯韦方程，对于电场也可导出：

$$\dot{E}_y=\pm\mathrm{j}\dot{E}_x \tag{4.10.18}$$

这表明电场也是圆极化的。

可以看出，波是相对于传播方向的横电磁波(TEM)，与各向同性介质中的平面电磁波性质相同，是一种寻常波。

式(4.10.16)表明，两个圆极化波的传播常数不同，因而它们在行进一段距离 l 后，相对于参考方向分别转过了 $\phi^+=k^+l$ 和 $\phi^-=k^-l$。

假设两个圆极化波都没有衰减或衰减相同，则合成线极化波的净转角为

$$\phi=\frac{\phi^--\phi^+}{2}=\frac{(k^--k^+)l}{2} \tag{4.10.19}$$

这个角又称为法拉第旋转角。它是平面波在各向异性的磁化铁氧体中传播时，分解成左、右旋圆极化波的相速度不同，从而使合成波的极化方向旋转。如果波在反向传播，可得相同转角，这表明磁化铁氧体这种各向异性介质是非互易的。这种非互易性质表明，法拉第旋转是非互易的，利用它可以制出许多非互易器件。

前进单位长度距离的净旋转角为

$$\frac{\phi}{l}=\frac{(k^{-}-k^{+})}{2}=\frac{\omega\sqrt{\mu_0\varepsilon}}{2}\left[(\mu_1+\mu_2)^{\frac{1}{2}}-(\mu_1-\mu_2)^{\frac{1}{2}}\right] \tag{4.10.20}$$

如果工作频率很高，即 $\omega\gg\omega_{\mathrm{g}}$ 和 $\omega\gg\omega_{\mathrm{m}}$，则式(4.10.20)可简化为

$$\frac{\phi}{l}=\frac{\omega_{\mathrm{m}}\sqrt{\mu_0\varepsilon}}{2}=\frac{\omega_{\mathrm{m}}}{2c} \tag{4.10.21}$$

此式表明，旋转角与频率无关，只依赖于铁氧体的饱和磁化强度，利用这种特性就可以把铁氧体在毫米波段制成宽带器件。例如，制成隔离器、非互易移相器和环行器。

与磁化等离子体的有效介电常数 $\varepsilon_{\mathrm{eff}}$ 一样，对于磁化铁氧体来说，左旋圆极化波的有效磁导率 μ_{e}^{-} 随 $\frac{\omega_{\mathrm{g}}}{\omega}$ 缓慢变化，并随 $\frac{\omega_{\mathrm{g}}}{\omega}$ 的增大而减小，然而，右旋圆极化波的有效磁导率 μ_{e}^{+} 从开始时是小的正值，并在 $\frac{\omega_{\mathrm{g}}}{\omega}=1-\frac{\omega_{\mathrm{m}}}{\omega}$ 处，$\mu_{\mathrm{e}}^{\prime}=0$，一直至极点 $\frac{\omega_{\mathrm{g}}}{\omega}=1$ 处是阻带，然后都是通带。因此，当 $\omega=\omega_{\mathrm{g}}$ 时，μ_{e}^{+} 具有共振特性，而 μ_{e}^{-} 为有限值，无共振特性。利用 $\omega=\omega_{\mathrm{g}}$ 时，μ_{e}^{+} 具有共振特性能制成谐振隔离器。此外，当 $\omega_{\mathrm{g}}<\omega$ 时，$\mu_{\mathrm{e}}^{-}\gg\mu_{\mathrm{e}}^{+}$，利用这一特性可以制成场移式隔离器和环行器。

2. 横向传播的波($\theta=90°$ 情形)

如果取 $\theta=90°$，式(4.10.15)有两个解，分别为

$$k=k_0\sqrt{\varepsilon_{\mathrm{r}}} \tag{4.10.22}$$

和

$$k=k_0\sqrt{\varepsilon_{\mathrm{r}}}\left(\frac{\mu_1^2-\mu_2^2}{\mu_1}\right)^{\frac{1}{2}} \tag{4.10.23}$$

把式(4.10.22)代入波动方程(4.10.14)中，可得 $\dot{\boldsymbol{h}}/\!/\dot{\boldsymbol{H}}_0$，即 $\dot{\boldsymbol{h}}$ 只有 z 轴方向的分量 $\dot{h}_z$。这说明，对于式(4.10.22)的解，射频磁场和恒定磁场方向一致(在 z 方向上)，射频电场则与恒定磁场和射频磁场都相垂直，此时射频磁场和自旋电子发生相互作用，因此传播常数 k 与铁氧体的磁化无关，或与铁氧体的各向异性特性无关，仅仅像在各向同性、均匀的简单介质中传播一样，所以这种波就是寻常波——线性极化 TEM 波。

把式(4.10.23)代入波动方程(4.10.14)中，可得 $\dot{\boldsymbol{h}}\perp\boldsymbol{H}_0$，即射频磁场 $\dot{\boldsymbol{h}}$ 是在垂直于恒定磁场 $\boldsymbol{H}_0$ 的 xOy 平面上。如果将波传播方向选在 x 轴方向，由波动方程(4.10.14)及式(4.10.23)可以分别求得射频电场和射频磁场如下：

$$\begin{cases}\dot{E}_{0x}=\dot{E}_{0y}=\dot{D}_{0x}=\dot{D}_{0y}=0,\quad \dot{E}_{0z}=-\sqrt{\dfrac{\mu_0\mu_{\mathrm{e}}}{\varepsilon}}\dot{h}_{0y}\\ \dot{h}_{0z}=0,\quad \dot{h}_{0y}=-\mathrm{j}\dfrac{\mu_1}{\mu_2}\dot{h}_{0x}\\ \dot{b}_{0x}=\dot{b}_{0z}=0,\quad \dot{b}_{0y}=\left(\dfrac{\mu_0k^2}{k_0^2\varepsilon_{\mathrm{r}}}\right)\dot{h}_{0y}=\mu_0\mu_{\mathrm{e}}\dot{h}_{0y}\end{cases} \tag{4.10.24}$$

由式(4.10.24)可见，射频磁场在波传播方向上有分量，这种波是 TE_x 波。由于 $\dot{h}_{0y}=-\mathrm{j}\dfrac{\mu_1}{\mu_2}\dot{h}_{0x}$，所以射频磁场强度 $\dot{\boldsymbol{h}}$ 是在 xOy 平面内椭圆极化的，它的传播常数 k 同时依赖于频率和恒定磁场，这是一种非寻常波。

上述分析结果表明，当电磁波传播方向与恒定磁场 $\boldsymbol{H}_0$ 方向相垂直($\theta=90°$)时，波将分离成两个分量，它们的射频磁场分别平行和垂直于恒定磁场 $\boldsymbol{H}_0$，且它们的传播常数也不相同，这种现象称为波的“双折射”。

4.11　电磁波在电各向异性媒质中的传播

前面介绍过的磁化等离子体就是一种电各向异性媒质。一般说来，在电各向异性媒质中，电位移 $\boldsymbol{D}$ 与电场强度 $\boldsymbol{E}$ 不是相互平行的，这时介电常数不再能够用标量来表示。对于无耗电各向异性的线性介质，$\boldsymbol{D}$ 与 $\boldsymbol{E}$ 的一般关系为

$$\boldsymbol{D}=\bar{\boldsymbol{\varepsilon}}\cdot\boldsymbol{E} \tag{4.11.1}$$

式中，$\bar{\boldsymbol{\varepsilon}}$ 是电各向异性介质的介电常数张量，可以表示成如下二阶张量形式：

$$\bar{\boldsymbol{\varepsilon}}=\begin{bmatrix}\varepsilon_{xx} & \varepsilon_{xy} & \varepsilon_{xz}\\ \varepsilon_{yx} & \varepsilon_{yy} & \varepsilon_{yz}\\ \varepsilon_{zx} & \varepsilon_{zy} & \varepsilon_{zz}\end{bmatrix} \tag{4.11.2}$$

其中，$\bar{\boldsymbol{\varepsilon}}$ 中的各个元素都是实数值，即 $\bar{\boldsymbol{\varepsilon}}$ 是一个实对称张量。

对于电各向异性介质，磁感应强度 $\boldsymbol{B}$ 和磁场强度 $\boldsymbol{H}$ 是相互平行的，所以磁导率 μ 仍为标量，即 $\boldsymbol{B}$ 和 $\boldsymbol{H}$ 的如下关系仍成立：

$$\boldsymbol{B}=\mu\boldsymbol{H} \tag{4.11.3}$$

从式(4.11.1)中看出，一个电场 E_x(或 E_y，或 E_z)分量可以感应出 D_x、D_y 和 D_z 三个分量。例如，矩阵中的元素 ε_{yx} 表示 E_x 分量对 E_y 分量的贡献系数。由于矩阵中各行两个元素的值一般不相等，使得在不同的方向上介电常数的值不同，所以各向异性介质中波传播特性与波传播的方向有关[15,16]。

4.11.1　无耗电各向异性介质中的波动方程

在无源、线性、无耗电各向异性介质中，麦克斯韦方程组的复数形式为

$$\nabla\times\dot{\boldsymbol{E}}=-\mathrm{j}\omega\mu\dot{\boldsymbol{H}} \tag{4.11.4}$$

$$\nabla\times\dot{\boldsymbol{H}}=\mathrm{j}\omega\bar{\boldsymbol{\varepsilon}}\cdot\dot{\boldsymbol{E}} \tag{4.11.5}$$

$$\nabla\cdot\dot{\boldsymbol{D}}=0 \tag{4.11.6}$$

$$\nabla\cdot\dot{\boldsymbol{H}}=0 \tag{4.11.7}$$

由此可以导出电磁场满足的波动方程：

$$\nabla\times\nabla\times\dot{\boldsymbol{E}}-\omega^2\mu\bar{\boldsymbol{\varepsilon}}\cdot\dot{\boldsymbol{E}}=\nabla\times\nabla\times\dot{\boldsymbol{E}}-k_0^2\bar{\boldsymbol{\varepsilon}}_{\mathrm{r}}\cdot\dot{\boldsymbol{E}}=0 \tag{4.11.8}$$

$$\nabla\times(\bar{\boldsymbol{\varepsilon}}_{\mathrm{r}}^{-1}\cdot\nabla\times\dot{\boldsymbol{H}})-k_0^2\dot{\boldsymbol{H}}=0 \tag{4.11.9}$$

其中，$\bar{\boldsymbol{\varepsilon}}_{\mathrm{r}}=\bar{\boldsymbol{\varepsilon}}/\varepsilon_0$；$k_0=\omega\sqrt{\mu_0\varepsilon_0}$。

不失一般性，分析平面电磁波在无耗电各向异性介质中的传播特性。以平面波解

$$\dot{\boldsymbol{E}}(\boldsymbol{r},t)=\dot{\boldsymbol{E}}_0\mathrm{e}^{-\mathrm{j}\boldsymbol{k}\cdot\boldsymbol{r}} \tag{4.11.10}$$

$$\dot{\boldsymbol{H}}(\boldsymbol{r},t)=\dot{\boldsymbol{H}}_0\mathrm{e}^{-\mathrm{j}\boldsymbol{k}\cdot\boldsymbol{r}} \tag{4.11.11}$$

分别代入波动方程(4.11.8)和式(4.11.9)中，得到

$$k^2\dot{\boldsymbol{E}}_0-\boldsymbol{k}(\boldsymbol{k}\cdot\dot{\boldsymbol{E}}_0)-k_0^2\bar{\boldsymbol{\varepsilon}}_{\mathrm{r}}\cdot\dot{\boldsymbol{E}}_0=0 \tag{4.11.12}$$

$$\boldsymbol{k}\times\bar{\boldsymbol{\varepsilon}}_{\mathrm{r}}^{-1}\cdot(\boldsymbol{k}\times\dot{\boldsymbol{H}}_0)+k_0^2\dot{\boldsymbol{H}}_0=0 \tag{4.11.13}$$

式中，$\dot{\boldsymbol{E}}_0$ 和 $\dot{\boldsymbol{H}}_0$ 分别是平面波的电场和磁场的复振幅矢量。式(4.11.12)和式(4.11.13)就是 $\dot{\boldsymbol{E}}_0$ 和 $\dot{\boldsymbol{H}}_0$ 必须满足的矢量方程。它们都是齐次方程，由其非零解条件所产生的方程称为色散方程，可用于求解平面电磁波的波矢 $\boldsymbol{k}$ 和频率 ω 间关系的函数。

如果将式(4.11.10)和式(4.11.11)分别代入散度方程(4.11.6)和式(4.11.7)中，得到

$$\boldsymbol{k}\cdot\dot{\boldsymbol{D}}_0=0 \tag{4.11.14}$$

$$\boldsymbol{k}\cdot\dot{\boldsymbol{H}}_0=0 \tag{4.11.15}$$

这表明 $\dot{\boldsymbol{D}}$ 和 $\dot{\boldsymbol{H}}$ (或 $\dot{\boldsymbol{B}}$)都与波矢 $\boldsymbol{k}$ 相垂直。

再以式(4.11.10)和式(4.11.11)代入式(4.11.5)中，得到

$$\boldsymbol{k}\times\dot{\boldsymbol{H}}_0=-\omega\dot{\boldsymbol{D}}_0 \tag{4.11.16}$$

这个结果意味着，$\dot{\boldsymbol{D}}_0$ 、$\dot{\boldsymbol{H}}_0$ ($\dot{\boldsymbol{B}}_0$)和 $\boldsymbol{k}$ 三个矢量间是满足右手螺旋关系且相互垂直的，但由于电各向异性介质的各向异性特性，$\dot{\boldsymbol{D}}_0$ 和 $\dot{\boldsymbol{E}}_0$ 一般是不平行的。

容易得到式(4.11.12)等号左边前两项：

$$k^2\dot{\boldsymbol{E}}_0-\boldsymbol{k}(\boldsymbol{k}\cdot\dot{\boldsymbol{E}}_0)=k^2\dot{\boldsymbol{E}}_0-k^2\dot{\boldsymbol{E}}_{0/\!/}=k^2\dot{\boldsymbol{E}}_{0\perp}$$

式中，$\dot{\boldsymbol{E}}_{0/\!/}$ 和 $\dot{\boldsymbol{E}}_{0\perp}$ 分别是电场平行和垂直于波矢 $\boldsymbol{k}$ 方向的两个分量。而式(4.11.12)等号左边第三项：

$$k_0^2\bar{\boldsymbol{\varepsilon}}_{\mathrm{r}}\cdot\dot{\boldsymbol{E}}_0=\omega^2\mu\varepsilon_0\bar{\boldsymbol{\varepsilon}}_{\mathrm{r}}\cdot\dot{\boldsymbol{E}}_0=\omega^2\mu\dot{\boldsymbol{D}}_0$$

由此可见

$$k^2\dot{\boldsymbol{E}}_{0\perp}=\omega^2\mu\dot{\boldsymbol{D}}_0$$

或者有

$$\dot{\boldsymbol{D}}_0=\frac{k^2}{\omega^2\mu}\dot{\boldsymbol{E}}_{0\perp} \tag{4.11.17}$$

上述结果表明，$\dot{\boldsymbol{E}}_0$ 垂直于 $\boldsymbol{k}$ 的分量 $\dot{\boldsymbol{E}}_{0\perp}$ 与 $\dot{\boldsymbol{D}}_0$ 相平行，或者说 $\dot{\boldsymbol{E}}_0$ 矢量位于 $\dot{\boldsymbol{D}}$ 和 $\boldsymbol{k}$ 构成的平面内。在这一点上，它与各向同性介质不相同。在各向异性介质中，平面波的电磁场矢量方向与波矢量 $\boldsymbol{k}$ 之间的关系如图 4.11.1 所示。

为了简单并不失一般性，这里讨论单轴介质中的平面波。石英、方解石就是两种典型的单轴介质，它们都有主对称轴(或轴对称性，在光学中称为光轴)，在与主对称轴垂直的两个主轴方向上的介电常数是相等的，如果主对称轴为 z 轴，其主轴系统中的介电常数张量可写作：

$$\bar{\bar{\boldsymbol{\varepsilon}}}=\begin{bmatrix}\varepsilon_\perp & 0 & 0\\ 0 & \varepsilon_\perp & 0\\ 0 & 0 & \varepsilon_{//}\end{bmatrix} \tag{4.11.18}$$

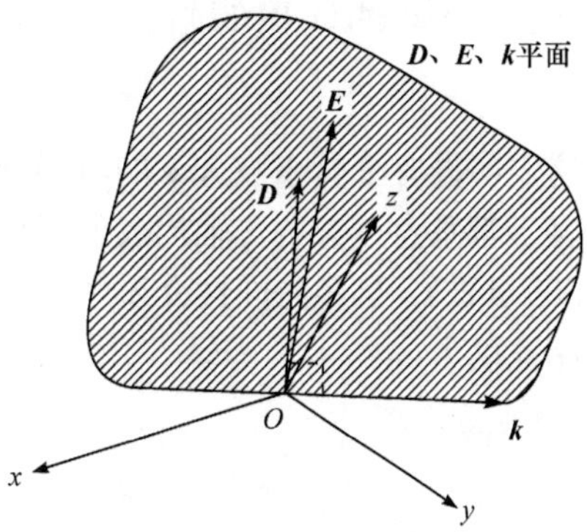

图 4.11.1　电各向异性介质中平面波的电磁场矢量与波矢量的关系

利用式(4.11.18)和式(4.11.14)，得到在单轴介质中有

$$\boldsymbol{k}\cdot\dot{\boldsymbol{E}}_0=\left(1-\frac{\varepsilon_{//}}{\varepsilon_\perp}\right)k_z\dot{E}_{0z} \tag{4.11.19}$$

利用这一结果，可以将波动方程(4.11.12)在直角坐标系中分离成三个分量方程，写成矩阵形式如下：

$$\begin{bmatrix}k^2-\omega^2\mu\varepsilon_\perp & 0 & -\left(1-\dfrac{\varepsilon_{//}}{\varepsilon_\perp}\right)k_xk_z\\ 0 & k^2-\omega^2\mu\varepsilon_\perp & -\left(1-\dfrac{\varepsilon_{//}}{\varepsilon_\perp}\right)k_yk_z\\ 0 & 0 & k_x^2+k_y^2+\dfrac{\varepsilon_{//}k_z^2}{\varepsilon_\perp}-\omega^2\mu\varepsilon_{//}\end{bmatrix}\begin{bmatrix}\dot{E}_{0x}\\ \dot{E}_{0y}\\ \dot{E}_{0z}\end{bmatrix}=0 \tag{4.11.20}$$

这是一个齐次方程。它有非零解的必要条件是其行列式等于零，由此就能得到波的色散方程。色散方程的解确定了平面波的波矢 k 和角频率 ω 间的关系。

容易得到，色散方程有两个解：

$$k^2=\omega^2\mu\varepsilon_\perp \tag{4.11.21}$$

和

$$k_x^2+k_y^2+\frac{\varepsilon_{//}k_z^2}{\varepsilon_\perp}=\omega^2\mu\varepsilon_{//} \tag{4.11.22}$$

它们意味着，在单轴电介质中可能存在具有相当不同的性质的两种平面波。

不失一般性，不妨设波矢量 $\boldsymbol{k}$ 在 yOz 平面内，且 θ 是 $\boldsymbol{k}$ 与 z 轴的夹角，那么 $k_x=0$ ，$k_y=k\sin\theta$ ，所以第二个解式(4.11.22)就可以写成更方便的形式：

$$k^2\left(\sin^2\theta+\frac{\varepsilon_{//}}{\varepsilon_\perp}\cos^2\theta\right)=\omega^2\mu\varepsilon_{//} \tag{4.11.23}$$

4.11.2　寻常波与非寻常波

1. 寻常波

对于解 $k^2=\omega^2\mu\varepsilon_\perp$ ，波动方程(4.11.20)的特征解为

$$\dot{E}_{0z}=0 \tag{4.11.24}$$

因此，由式(4.11.19)得到

$$\boldsymbol{k}\cdot\dot{\boldsymbol{E}}_0=0 \tag{4.11.25}$$

这表明没有平行于波矢 $\boldsymbol{k}$ 的电场分量，因此 $\dot{\boldsymbol{E}}_0$ 和 $\dot{\boldsymbol{D}}_0$ 相平行，它们两者都与光轴 z 方向相垂直，都垂直于 $\boldsymbol{k}$ 与 z 轴构成的平面。不难看到，这个波是一个相对于波矢方向的横电磁波(TEM 波)，与各向同性介质中的平面波性质相同，所以称为寻常波。由式(4.11.21)求得波的相速度为

$$v_{\mathrm{p}}=\frac{1}{\sqrt{\mu\varepsilon_{\perp}}} \tag{4.11.26}$$

2. 非寻常波

对于解式(4.11.23)，波动方程(4.11.20)的特征解为

$$\dot{E}_{0x}=0 \tag{4.11.27}$$

这表明电场 $\dot{\boldsymbol{E}}_0$ 位于 yOz 平面内。由式(4.11.17)可知，电位移 $\dot{\boldsymbol{D}}_0$ 也在 yOz 平面内，但是，$\dot{\boldsymbol{E}}_0$ 有沿波矢方向的分量，而 $\dot{\boldsymbol{D}}_0$ 和 $\boldsymbol{k}$ 总是相垂直的，所以 $\dot{\boldsymbol{E}}_0$ 和 $\dot{\boldsymbol{D}}_0$ 不再保持平行。在各向同性介质中传播的 TEM 波是不具有这种特殊性质的，所以称这个波为非寻常波。由式(4.11.23)求出这种非寻常波的相速度为

$$v_{\mathrm{p}}=\sqrt{\frac{\sin^2\theta}{\mu\varepsilon_{/\!/}}+\frac{\cos^2\theta}{\mu\varepsilon_{\perp}}} \tag{4.11.28}$$

可以看到，非寻常波的相速度与传播方向有关，这是它与寻常波的另一个区别。

如果以电位移 $\dot{\boldsymbol{D}}$ 的方向表示波的极化特性，那么寻常波与非寻常波都是线性极化的，但这两个波的极化方向是正交的。当一个任意极化方向的线性极化波斜入射到单轴晶片(晶片的晶面与主光轴 z 轴垂直)上时，它将分解为极化方向垂直于 yOz 平面的寻常波和极化方向在 yOz 平面内的非寻常波。由于这两种波的 k (波速 v_{p})值不同，折射角不同，在晶片内这两个波的传播方向将分离，这就是双折射现象，如图 4.11.2 所示。一般来说，由从晶片透出的这两个波合成的波是椭圆极化波。调整晶片的厚度和入射角就能获得所期待的极化。在工程中经常应用的 1/4 波板，就是利用这一原理得到圆极化光的。

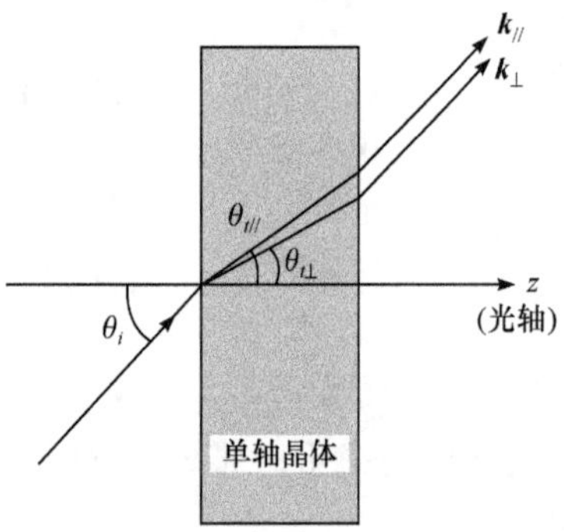

图 4.11.2 单轴晶体的双折射

【例 4.11.1】 有一块用电各向异性单轴介质构成的平板，如图 4.11.3 所示。假定一个线性极化波从左边入射到该介质板，该线极化波表示为

$$\dot{\boldsymbol{E}}=\dot{\boldsymbol{E}}_0(\boldsymbol{e}_x+\boldsymbol{e}_y)\mathrm{e}^{-\mathrm{j}kz} \quad (z<0,\ k=\omega\sqrt{\mu_0\varepsilon_0})$$

如果忽略在 $z=0$ 和 $z=d$ 边界处波的反射效应，问当平板厚度 d 为多少时，该波通过平板后

为圆极化波?

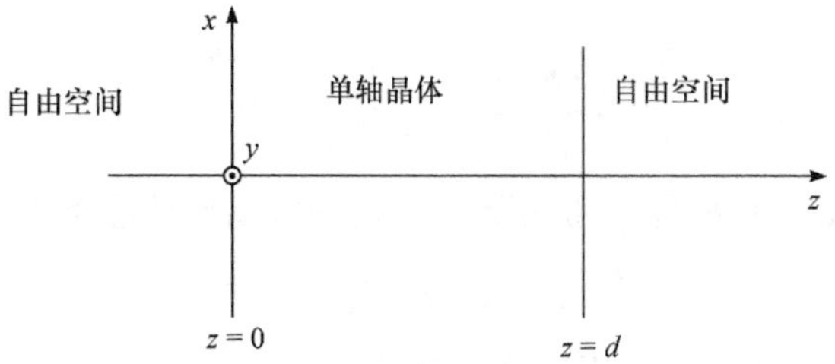

图 4.11.3 电各向异性介质平板对传输波极化的影响

解 该线性极化波通过电各向异性介质板时可表示为

$$\dot{\boldsymbol{E}} = \dot{\boldsymbol{E}}_0(\boldsymbol{e}_x \mathrm{e}^{-\mathrm{j}k_\mathrm{e}d} + \boldsymbol{e}_y \mathrm{e}^{-\mathrm{j}k_\mathrm{o}d})\mathrm{e}^{-\mathrm{j}k(z-d)} \quad (z > d)$$

式中，k 的下标 o 、e 分别表示寻常波和非寻常波。波通过电各向异性介质板后，其极化形式可由下式决定：

$$\frac{\dot{E}_y}{\dot{E}_x} = \mathrm{e}^{-\mathrm{j}k_\mathrm{o}d + \mathrm{j}k_\mathrm{e}d}$$

当

$$d = \frac{\pi}{2(k_\mathrm{e} - k_\mathrm{o})}$$

时，就能得到圆极化波，且介质板厚度最小。如果定义 $k_\mathrm{B} = k_\mathrm{e} - k_\mathrm{o}$ 和 $k_\mathrm{B}\lambda_\mathrm{B} = 2\pi$，那么 $d = \lambda_\mathrm{B} / 4$。将厚度为 $\lambda_\mathrm{B} / 4$ 的单轴介质平板称为 1/4 波板。

4.12 表面电磁波及其存在条件

沿某一波导传播的电磁波是导行电磁波。表面电磁波是一种特殊类型的导行电磁波，它的存在条件和传播特性与金属波导管内的导行电磁波是有明显不同的，在 4.12.1 节和 4.12.2 节中，将分别讨论这两个问题。

4.12.1 表面电磁波[16-20]

一个表面电磁波的最基本特征是波的电场和磁场均沿表面外法线方向按指数衰减。下面先来考虑两种不同电介质的无穷大平面分界面，如图 4.12.1 所示，分析沿这一分界面导行电磁波存在的条件和传播特性。

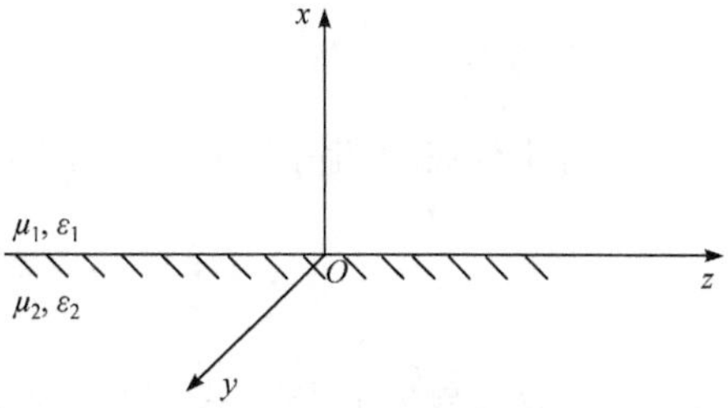

图 4.12.1 无穷大平面电介质分界面

在图 4.12.1 所示的直角坐标系中，两种电介质的分界面与 $x = 0$ 平面相重合。现在，先考虑沿 z 方向传播的 TM 波(H_z=0)，与金属波导管的分析方法相同，这里仍先求解纵向分量。由于在

$y=0$ 方向上场量是均匀的和伸向无限远，$\partial/\partial y=0$，所以仅有的纵向分量 E_z 所满足的方程式(4.5.8)可简化为

$$\frac{\mathrm{d}^2E_z(x)}{\mathrm{d}x^2}+k_\mathrm{c}^2E_z(x)=0 \tag{4.12.1}$$

对于两种电介质中的波，考虑到 $x=0$ 分界面上切向电场连续性条件，E_z 的解可分别设为

$$\begin{cases}E_{z1}(x)=A\mathrm{e}^{-\alpha_1 x}, & x>0\\ E_{z2}(x)=A\mathrm{e}^{+\alpha_1 x}, & x<0\end{cases} \tag{4.12.2}$$

把式(4.12.2)代入式(4.12.1)中，可得

$$\varGamma^2=-\omega^2\mu_1\varepsilon_1-\alpha_1^2 \quad 和 \quad \varGamma^2=-\omega^2\mu_2\varepsilon_2-\alpha_2^2 \tag{4.12.3a}$$

由此，有

$$\omega^2\mu_1\varepsilon_1+\alpha_1^2=\omega^2\mu_2\varepsilon_2+\alpha_2^2 \tag{4.12.3b}$$

对于 TM 波，场的唯一纵向分量是 $E_z(x)$。因此，再利用式(4.5.10)就可求得两种电介质中场的横向分量 $E_x(x)$ 和 $H_y(x)$。这里略去。

根据 $x=0$ 分界面上切向磁场 H_t 的连续性条件，得到

$$\varepsilon_1\alpha_2=-\varepsilon_2\alpha_1 \tag{4.12.4}$$

式(4.12.3b)和式(4.12.4)是确定 α_1 和 α_2 的方程式，称为特征方程。一般来说，大多数电介质都是非磁性的，可设 $\mu_1=\mu_2\approx\mu_0$，这时上述特征方程组的解为

$$\alpha_1^2=-\omega^2\mu_0\varepsilon_1\frac{\varepsilon_1}{\varepsilon_1+\varepsilon_2},\quad \alpha_2^2=-\omega^2\mu_0\varepsilon_2\frac{\varepsilon_2}{\varepsilon_1+\varepsilon_2} \tag{4.12.5}$$

1. 有损耗电介质表面

当其中一种电介质，例如，电介质 2 有损耗时，ε_2 为复数，由式(4.12.5)可知 α_1 和 α_2 都为复数，相应的波的电场式(4.12.2)在 x 方向是指数衰减的，场的分布集中于分界面附近，这样的波称为表面电磁波。如果两种电介质都是无损耗的，这时 ε_1 和 ε_2 都是实数，那么 α_1 和 α_2 都是纯虚数，式(4.12.2)就不是表面电磁波的电场。

因此，形成表面电磁波的必要条件是存在损耗电介质。

2. 良导体表面

一种十分典型的情况是空气与良导体分界面。此时，有

$$\varepsilon_1=\varepsilon_0,\quad \varepsilon_2\approx-\mathrm{j}\frac{\gamma}{\omega} \tag{4.12.6}$$

式中，γ 是良导体的电导率。因为对于良导体，$\dfrac{\gamma}{\omega\varepsilon_0}\gg 1$ 条件成立。

将式(4.12.6)代入式(4.12.5)和式(4.12.3a)中，可以求得波的横向波数 α_1、α_2 和纵向波数 $\varGamma$ 分别为

$$\begin{cases} \alpha_1 = \alpha_1' - \mathrm{j}\alpha_1'' = k_0\sqrt{\dfrac{\omega\varepsilon_0}{2\gamma}}(1-\mathrm{j}) \\ \alpha_2 = \alpha_2' + \mathrm{j}\alpha_2'' = \dfrac{1}{d}(1+\mathrm{j}) \\ \Gamma = \alpha + \mathrm{j}\beta = \mathrm{j}k_0\left(1 - \mathrm{j}\dfrac{\omega\varepsilon_0}{2\gamma}\right) \end{cases} \tag{4.12.7}$$

式中，$k_0 = \omega\sqrt{\mu_0\varepsilon_0}$；$d = \sqrt{\dfrac{2}{\omega\mu_0\gamma}}$ 为良导体的透入深度。

由于 $\alpha_1'' \ll \beta$，$\alpha_2'' \gg \beta$，所以在空气中波矢量 $\boldsymbol{k}_1(= -\alpha_1''\boldsymbol{e}_x + \beta\boldsymbol{e}_z)$ 几乎与 z 轴平行，而在良导体中波矢量 $\boldsymbol{k}_2(= -\alpha_2''\boldsymbol{e}_x + \beta\boldsymbol{e}_z)$ 则接近垂直于分界面，如图 4.12.2 所示。又由 $|\gamma/\alpha_1| \gg 1$ 和 $|\gamma/\alpha_2| \ll 1$，在空气中和良导体中的场振幅分别为 $|\dot{E}_{x1}| \gg |\dot{E}_{z1}|$ 和 $|\dot{E}_{z2}| \ll |\dot{E}_{x2}|$，所以，在空气中电场基本上沿 x 方向，在良导体中电场基本上沿 z 方向，如图 4.12.2 所示。

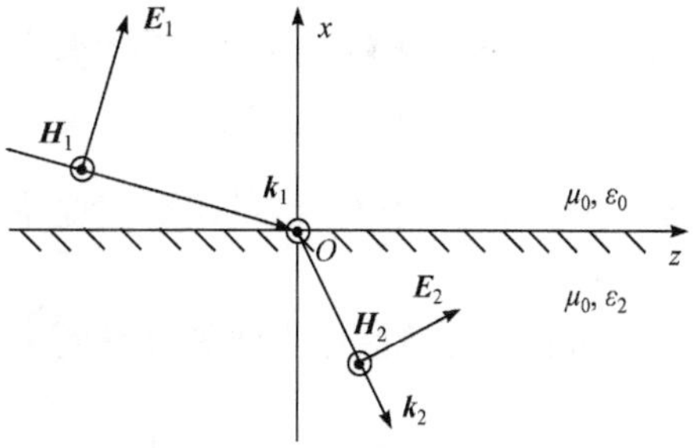

图 4.12.2　良导体与空气分界面

由于横向波数的实部 α_1' 和 α_2' 都为正实数，所以空气和良导体中的场振幅均分别沿 $\pm x$ 方向随离开分界面作指数衰减。在良导体中，由于透入深度 d 很小，波的衰减十分迅速，场主要集中在厚度为 d 的薄层中。在空气中，由于 $\alpha_1' = k_0\sqrt{\dfrac{\omega\varepsilon_0}{2\gamma}} \ll 1$，场的衰减相对缓慢，可延伸至离开分界面的几个波长的距离，所以这是一种松散地束缚于分界面附近的表面波。例如，在 $f = 10^4\,\mathrm{MHz}$ 条件下，铜可以看成良导体，求出 $\alpha_1' = 1.42\times10^{-2}\,\mathrm{m}^{-1}$，这表明在 $x = 1/\alpha' = 70\mathrm{m}$ 处的场才衰减到表面处的 36.7%，这种衰减速度显然太慢。能否用降低 γ 的办法来加快衰减速度呢？这是不可取的，因为 γ 较小时表明电磁波沿 z 方向的衰减也较快，使得传输距离变得更短。此外，γ 也不能小到越出良导体条件 $\dfrac{\gamma}{\omega\varepsilon_0} \gg 1$ 的范围。

1907 年，Zenneck 在讨论无线电波沿地球表面传播的问题时，使用了良导体与空气的平面分界面模型，所以这种表面波常称为 Zenneck 表面电磁波。在空气一侧，波沿 z 方向近似以光速传播，由于存在损耗，波在传播过程中将衰减，且衰减常数 $\alpha\left(= k_0\sqrt{\dfrac{\omega\varepsilon_0}{2\gamma}}\right)$ 随频率升高而增大，所以只有在低频情况下表面电磁波才能有效地传播。

如果将良导体换为海水，当 $f < 10^7\,\mathrm{Hz}$ 时，良导体条件能够满足，因此 Zenneck 波概念能很好地解释无线电波在海平面上的传播现象。但是，当频率 $f < 2\times10^4\,\mathrm{Hz}$ 时，典型的陆地才满足良导体条件，所以 Zenneck 波概念只能用于解释长波无线电波沿地表面的传播，但在中波频段沿地表面传播的 Zenneck 波会很快地被地面衰减掉。

此外，表面电磁波是一种非均匀平面波。不难从其传播因子 $\mathrm{e}^{-\alpha_1'x+\mathrm{j}\alpha_1''x}\mathrm{e}^{-\alpha z-\mathrm{j}\beta z}$ 看出，它是一种从左上方向右下方传播，振幅从左下方向右上方衰减的平面波，即等相面和等幅面不重合，所以是非均匀平面波。

这种非均匀平面波也可以用 TM 波从空气区对良导体表面以复数布儒斯特角入射时产生“全折射”(零反射)的观点给予解释[4]。

最后，对于 TE 表面波，也可进行类似的讨论。但是，对于 $\mu_1=\mu_2$ 的两种电介质分界面，TE 表面波是不存在的(读者可自行证明)。实际上，只要两种电介质都是非磁性的，μ_1 和 μ_2 就会相差甚小，TE 表面波仍然可以忽略，所以只有 TM 表面波是重要的。

4.12.2 表面电磁波的存在条件[17]

从不同观点阐述，可以给出表面电磁波存在条件的不同描述。

(1) 波矢量和相位常数。表面一侧区域中的波矢量 $\boldsymbol{k}$ 沿外法线方向的分量(外法线相位常数)具有负虚部是表面电磁波存在的条件。例如，当 $\boldsymbol{k}$ 位于 xOz 平面内而 x 方向为表面外法线方向时，有

$$\boldsymbol{k}=k_x\boldsymbol{e}_x+k_z\boldsymbol{e}_z=(k_x'-\mathrm{j}k_x'')\boldsymbol{e}_x+k_z\boldsymbol{e}_z \tag{4.12.8}$$

式中，k_x'' 为正实数。此时，与 x 有关的波传播因子为

$$\mathrm{e}^{-\mathrm{j}k_x x}=\mathrm{e}^{-k_x''x}\mathrm{e}^{-\mathrm{j}k_x'x} \tag{4.12.9}$$

不难看出，表面电磁波的场分量是沿表面外法线方向按指数衰减的，即波能量被束缚在分界面附近。

根据在该侧区域中波矢分量的关系：

$$k^2=\omega^2\mu\varepsilon=k_x^2+k_z^2=k_x'^2-k_x''^2-2\mathrm{j}k_x'k_x''+k_z^2$$

考虑到 $k^2=\omega^2\mu\varepsilon$ 是实数，所以 k_z 可为实数(当 $k_x'=0$ 时)，也可以为复数(当 $k_x'\neq 0$ 时)。这说明广义的表面电磁波有两种存在形式：一种是 $k_x'=0$ 的正规表面波，它的场量沿外法线方向只有衰减而无传播，此时 k_z 为实数，波无衰减地沿表面传播；另一种是 $k_x'\neq 0$ 时的非正规波，它的场量沿外法线方向既有衰减又有传播(通常是传向表面，见图 4.12.2)，此时 k_z 为复数，波沿表面有衰减地传播。非正规表面波的衰减是由于另一侧介质的损耗(导电损耗、介质损耗或漏波损耗)引起的。

(2) 全反射和“全投射”。正规表面波可看作均匀平面波对着衰减场侧区域以大于临界角的入射角投射于表面，产生全反射时的透射波。非正规表面波可看作由均匀平面波以复数布儒斯特角从衰减场侧区域投射于表面引起“全透射”而产生的。这里“全透射”不是对电介质而言的，而是对非理想导体而言的。此时，透射媒质的 $\varepsilon'=\varepsilon\left(1-\mathrm{j}\dfrac{\gamma}{\omega\varepsilon}\right)$，复数布儒斯特角为

$$\theta_{\mathrm{B}}=\arctan\sqrt{\frac{\varepsilon'}{\varepsilon_0}}=\arctan\sqrt{\varepsilon_r-\mathrm{j}\frac{\gamma}{\omega\varepsilon_0}} \tag{4.12.10}$$

那么，表面两侧的场量都沿法线方向向外按指数规律衰减。在良导体一侧的法向衰减是由集肤效应所引起的，但是波沿 z 方向传播时的衰减却是由导体的导电损耗所引起的。

(3) 表面阻抗。从表面阻抗看，表面电磁波的存在条件是表面阻抗应为感抗或容抗。有

兴趣的读者可以参考相关文献，这里就不再介绍了。

上面所述的都只是表面电磁波存在的必要条件，要真正产生表面电磁波还得使用适当的波源来激励。显然，用均匀平面波作为波源来激励表面电磁波是不现实的，因为在实际中没有能提供和维持均匀平面波的任何一种源。另外，支撑表面电磁波的表面的另一侧的场沿横向应该是驻定的，不能像上面单个电介质那样只有透射波成为表面电磁波而另一侧的反射波沿横向有传输，使得在整个半空间内充满了场。为了把场限制在一定空间内加以引导，实际应用中的表面电磁波波导都会在反射波区域中离开分界面的某个距离处有一个全反射的表面(金属的或介质的)。例如，电介质平板波导就是利用这一原理工作的。这样，表面电磁波就有离散谱了。

4.12.3　沿圆柱传播的波

1899 年，索末菲(A. Sommerfeld)首先研究了电磁波沿圆柱形单导线传输的可能性，结论是当导线具有有限电阻率时这是可能的[21]。他研究了具有轴对称场分布的 TM 主波(有 E_z、E_ρ 和 H_ϕ 三个分量)，这种主波称为索末菲波。但对于金属圆柱表面，仅当频率高于 10^{10}Hz时才能形成导体表面的场分布，成为可以实际传输的表面电磁波。

在 1950～1959 年，郭柏(G. Goubau)指出了索末菲理论结果上的限制，并且发现当导体表面覆盖有电介质薄层或导体表面有周期性皱折而形成电抗性表面时，可在较低频率下形成密集于导体表面的表面电磁波[22]。这种类型的传输线称作郭柏线，曾被期望成为一种适用于通信的单根导体传输线，但是在雨雪环境下，其传输损耗显著增大，而且易于受到外界干扰，如鸟类栖息其上等，终未成为现实。然而，郭柏的这种概念后来却被成功地用于包层光纤中。

4.13　介 质 波 导

在前面，曾经以矩形波导为例，讨论了金属波导管中电磁波传播的特性。当电磁波的频率在毫米波段(大于 20GHz)时，金属波导管已无法在工艺上实现，且损耗很大，取而代之的是介质波导。介质波导，就是一种利用不同介质的分界面引导电磁波传播的波导。例如，电介质棒或电介质平板就是一种典型的介质波导。早在 1910 年，就有人对于介质棒的波导问题进行了研究，早于金属波导管的研究大约 20 年，但介质波导得到应用却要晚得多，直到激光技术和毫米波技术发展以后，介质波导才得以应用。今天，介质波导在集成光学系统中已得到了许多应用。

这里只讨论由介质平板引导的电磁波，由此简单地介绍介质波导的工作原理[23]。

4.13.1　介质平板中波解的形式

如图 4.13.1 所示，介质平板的介电常数为 ε，其周围为自由空间，它们的磁导率都为 μ_0，介质平板的厚度为 $2d$，沿 y 和 z 方向都伸向无限远处。设电磁波沿 $+z$ 方向传播，并且在 y 方向上是均匀的，其延伸至无限远。

与金属波导的分析方法相同，这里仍先求解出场的纵向分量。由于场量的变化在 y 方

向上是均匀的，所以式(4.5.8)和式(4.5.9)可以分别简化为

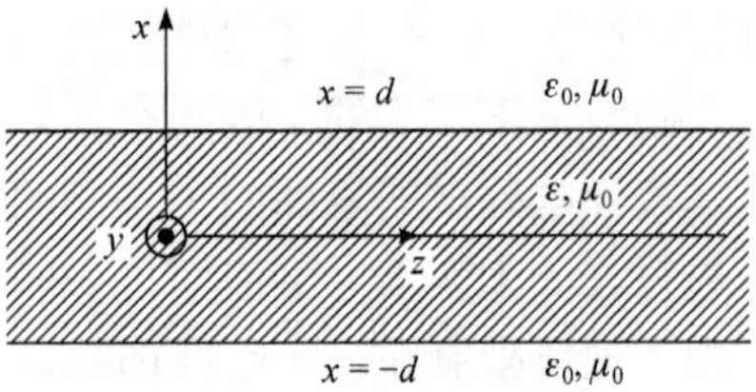

图 4.13.1　介质平板内电磁波的传播

$$\frac{\mathrm{d}^2 E_z(x)}{\mathrm{d}x^2} + k_\mathrm{c}^2 E_z(x) = 0 \tag{4.13.1}$$

和

$$\frac{\mathrm{d}^2 H_z(x)}{\mathrm{d}x^2} + k_\mathrm{c}^2 H_z(x) = 0 \tag{4.13.2}$$

这里，为建立波导模式，场在介质平板外部沿横向 x 必须衰减。因此，当 $|x| > d$ 时，电磁波在自由空间中沿 x 方向随着离开板的距离的增加而衰减，所以 k_c^2 必须是负实数。这里取 $k_\mathrm{c}^2 = -k_1^2$，其中 k_1 是正实数。因此，在介质平板外部，式(4.5.6)写成：

$$k_\mathrm{c}^2 = \omega^2 \mu_0 \varepsilon_0 + \Gamma^2 = -k_1^2 \tag{4.13.3}$$

当 $|x| < d$ 时，电磁波在介质平板中沿 x 方向应呈驻波分布，所以 k_c^2 必须是正实数。这里取 $k_\mathrm{c}^2 = k_2^2$，其中 k_2 是正实数。因此，在介质平板内部，式(4.5.6)写成：

$$k_\mathrm{c}^2 = \omega^2 \mu_0 \varepsilon + \Gamma^2 = k_2^2 \tag{4.13.4}$$

不难得到，式(4.13.1)的一般解为

$$E_z(x) = \begin{cases} A\mathrm{e}^{-k_1|x|}, & |x| > d \\ C_1 \sin(k_2 x) + C_2 \cos(k_2 x), & |x| < d \end{cases} \tag{4.13.5}$$

而式(4.13.2)的一般解为

$$H_z(x) = \begin{cases} B\mathrm{e}^{-k_1|x|}, & |x| > d \\ D_1 \sin(k_2 x) + D_2 \cos(k_2 x), & |x| < d \end{cases} \tag{4.13.6}$$

式中，A、C_1、C_2、B、D_1 和 D_2 都为待定常数。

将式(4.13.5)和式(4.13.6)分别代入式(4.5.3)和式(4.5.4)中，得沿 z 方向传播的电磁波的纵向电场 $\dot{E}_z(x,z)$ 和纵向磁场 $\dot{H}_z(x,z)$ 的一般解形式为

$$\dot{E}_z(x,z) = \begin{cases} A\mathrm{e}^{-k_1|x|}\mathrm{e}^{-\Gamma z}, & |x| > d \\ [C_1 \sin(k_2 x) + C_2 \cos(k_2 x)]\mathrm{e}^{-\Gamma z}, & |x| < d \end{cases} \tag{4.13.7}$$

和

$$\dot{H}_z(x,z) = \begin{cases} B\mathrm{e}^{-k_1|x|}\mathrm{e}^{-\Gamma z}, & |x| > d \\ [D_1 \sin(k_2 x) + D_2 \cos(k_2 x)]\mathrm{e}^{-\Gamma z}, & |x| < d \end{cases} \tag{4.13.8}$$

可见，与金属波导相似，在介质板内部 $\dot{E}_z(x,z)$ 和 $\dot{H}_z(x,z)$ 沿 x 方向也是呈正弦变化的，即呈驻波形式。下面按 TE、TM 模式来分别讨论电磁波在介质平板波导内的传播特性。

4.13.2　TE 波

此时 $\dot{E}_z = 0$，$\dot{H}_z \neq 0$。在介质板内部 $\dot{H}_z$ 沿 x 方向有两种驻波形式：一种是偶函数

$\cos(k_2x)$；另一种是奇函数 $\sin(k_2x)$，它们分别简称 TE 波的偶模和奇模。

对于 TE 波的偶模，场的唯一纵向分量 $\dot{H}_z(x,z)$ 可由式(4.13.8)得到

$$\dot{H}_z(x,z)=\begin{cases}Be^{-k_1|x|}e^{-\Gamma z}, & |x|>d\\ D_2\cos(k_2x)e^{-\Gamma z}, & |x|<d\end{cases} \tag{4.13.9}$$

因此，再利用式(4.5.10)，就可得到各个区域中场的横向分量 $\dot{E}_x$、$\dot{E}_y$、$\dot{H}_x$ 和 $\dot{H}_y$。限于篇幅，这里略去。

在介质平板的表面($x=\pm d$ 处)两侧，场的切向分量 $\dot{H}_z$、$\dot{E}_y$ 都必须连续。因此，有

$$Be^{-k_1d}=D_2\cos(k_2d)$$

和

$$\frac{1}{k_1}Be^{-k_1d}=-\frac{1}{k_2}D_2\sin(k_2d)$$

上面两式左、右两边分别相除，并整理得到

$$k_1d=-k_2d\cot(k_2d) \tag{4.13.10}$$

这是一个关于 k_1 和 k_2 的超越方程。由式(4.13.3)和式(4.13.4)，可得 k_1 和 k_2 的另一个关系式如下：

$$k_1^2+k_2^2=\omega^2\mu_0\varepsilon-\omega^2\mu_0\varepsilon_0$$

或改写为

$$(k_1d)^2+(k_2d)^2=(\omega d)^2\mu_0(\varepsilon-\varepsilon_0) \tag{4.13.11}$$

联立求解式(4.13.10)和式(4.13.11)，可得 k_1 和 k_2，从而最后确定出 Γ 的值。但是，由于式(4.13.10)是一个关于 k_1 和 k_2 的超越方程，所以一般采用图解法求解。现在，取 k_2d 为横坐标，k_1d 为纵坐标。式(4.13.11)是一个圆心位于坐标原点且半径为 $\omega d\sqrt{\mu_0(\varepsilon-\varepsilon_0)}$ 的圆方程，它与超越方程(4.13.10)的交点(在第 I 象限内，有限个点)就是 TE 波偶模的本征值 k_1 和 k_2，如图 4.13.2 所示。

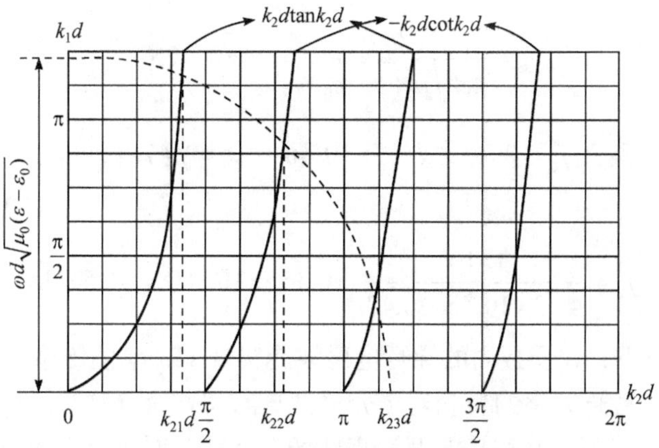

图 4.13.2　平板介质波导的特征方程的图解

对于TE波的奇模，场的唯一纵向分量$\dot{H}_z(x,z)$可由式(4.13.8)得到

$$\dot{H}_z(x,z)=\begin{cases}B\mathrm{e}^{-k_1|x|}\mathrm{e}^{-\Gamma z}, & |x|>d\\ D_1\sin(k_2x)\mathrm{e}^{-\Gamma z}, & |x|<d\end{cases} \tag{4.13.12}$$

与上述TE波偶模的分析过程相类似，可得TE波奇模的本征值方程为

$$k_1d=k_2d\tan(k_2d) \tag{4.13.13}$$

同理，联立求解式(4.13.13)和式(4.13.11)，可以求得TE波奇模的本征值k_1和k_2。这里仍然采用图解法，如图4.13.2所示。

从图4.13.2中可以看出，当频率变化时，圆的半径以及圆与类正切曲线的交点也随之变化。频率越高，圆的半径越大，与圆相交的类正切曲线的条数也就增加，说明在介质平板波导中可以传播的模式更多。把各条类正切曲线与圆相交点上的k_1、k_2值按大小顺序排列为$(k_1、k_2)_0,(k_1、k_2)_1,\cdots$，对应的TE波模式为$\mathrm{TE}_0,\mathrm{TE}_1,\mathrm{TE}_2,\cdots$。

当给定频率，由图解法求出k_1和k_2后，由式(4.13.3)或式(4.13.4)可以求出纵向相位常数$\beta(=-\mathrm{j}\Gamma)$。

截止频率是指传播某一种波模能够存在的最低频率。显然，在$\Gamma^2\to-(\omega^2\mu_0\varepsilon_0)$时截止。不难看出，从类正切曲线与横轴的交点可以确定出各个导模的截止频率。因为此时$k_1=0$，开始辐射，过此交点的圆所对应的频率即为截止频率。从图4.13.2中看出，基模TE_0是永远不截止的。在此情况下，因$k_1\to0$，所以场量沿x方向就没有衰减。这样，$k_1=0$对应着临界状态。在本征值方程(4.13.10)中，令$k_1=0$，得到

$$\cot(k_2d)=0 \quad 或 \quad k_2d=\frac{(2n+1)\pi}{2},\quad n=0,1,2,\cdots$$

将$k_1=0$和上式代入式(4.13.11)中，可得TE波偶模的截止频率为

$$f_\mathrm{c}=\frac{2n+1}{4d\sqrt{\mu_0(\varepsilon-\varepsilon_0)}},\quad n=0,1,2,\cdots \tag{4.13.14}$$

同理，可得TE波奇模的截止频率为

$$f_\mathrm{c}=\frac{2n}{4d\sqrt{\mu_0(\varepsilon-\varepsilon_0)}},\quad n=0,1,2,\cdots \tag{4.13.15}$$

对于基本的TE_0模，$f_\mathrm{c}=0$。设$d=3\times10^{-6}\mathrm{m}$，$\varepsilon=1.47\varepsilon_0$，可求出第一个高阶$\mathrm{TE}_1$模的截止频率为

$$f_\mathrm{c}=\frac{3\times10^8}{4\times3\times10^{-6}\times\sqrt{0.47}}=0.365\times10^{14}\mathrm{Hz}=36.5\mathrm{THz}$$

因此，在36.5THz以下，介质板内的导行电磁波能实现TE_0单模传输。

但是需要注意，截止频率的概念对于介质波导有着与金属波导不同的解释。对于金属波导，在截止频率f_c以下，其截止波型为衰减场。然而，对于介质波导，在截止频率f_c以上，它可以无衰减(Γ是纯虚数)地传播某种模式；在f_c以下，传播就有衰减($\Gamma=\alpha+\mathrm{j}\beta$是

复数)，即介质波导的截止波型为辐射场。由于介质是无损耗的，这种衰减必然表现为波在行进中的能量辐射，工作于辐射模式的介质波导(在 f_c 以下)可用作天线。

当工作频率低于某一波模的截止频率，即 $f < f_c$ 时，$k_1 d$ 在实数域内无解，在式(4.13.11)中，$(\omega d)^2 \mu_0(\varepsilon-\varepsilon_0) < (k_2 d)^2$，即 $(k_1 d)^2 = \left[(\omega d)^2 \mu_0(\varepsilon-\varepsilon_0)-(k_2 d)^2\right] < 0$，$k_1$ 为虚数。从式(4.13.7)和式(4.13.8)中看出，在 $|x| > d$ 区域内，当 k_1 为虚数时，场沿 x 方向呈行波。因此，有能量沿横向 x 辐射。这时 $\Gamma(=\alpha+\mathrm{j}\beta)$ 为复数，仍然有行波沿 z 方向传播，但由于沿横向 x 的不断辐射，形成了辐射损耗，必然导致纵向功率不断衰减，这就达不到导引电磁波沿一定方向传播的目的。在这种情况下，介质平板就成为辐射体，这就是介质天线或表面波天线。由此可知，介质波导的截止概念与金属波导的不同。

当 $f = f_c$ 时，$v = \dfrac{\omega}{\beta} = \dfrac{1}{\sqrt{\mu_0 \varepsilon_0}}$，即沿 z 方向的相速度等于介质波导外自由空间中的光速。这正是入射角等于临界角的状态。当 $f \to \infty$ 时，$v \to \dfrac{1}{\sqrt{\mu_0 \varepsilon}}$，沿 z 方向的相速度等于介质波导内介质中的光速，也就相当于均匀平面波在介质波导内传播，这就是入射角等于 90° 的状态。

4.13.3　TM 波

此时 $\dot{E}_z \neq 0$，$\dot{H}_z = 0$。TM 波的分析方法及特点与 TE 波类似。偶模情况的本征值方程为

$$k_1 d = -\frac{\varepsilon_0}{\varepsilon} k_2 d \cot(k_2 d) \tag{4.13.16}$$

而奇模的本征值方程为

$$k_1 d = \frac{\varepsilon_0}{\varepsilon} k_2 d \tan(k_2 d) \tag{4.13.17}$$

TM 波与 TE 波具有相同的截止频率 f_c，因此不再讨论。

除了上面介绍的介质平板波导能传播电磁波外，其他能传播电磁波的开放式介质波导还有平面导体上的介质片、介质棒等。它们的分析方法与上面所述方法相似。开放式波导之所以能传输电磁波，在于它能将分布在空间中的电磁波能量的大部分约束在波导表面附近。因此，介质波导传输的电磁波也称为表面电磁波。正是由于这种波沿着介质的分界面传播，其场分布集中于介质分界面附近而得名“表面波”。

介质波导的工作原理还可解释为，利用了从光密媒质到光疏媒质分界面上波的全反射。例如，若有一个介质棒，其介电常数 ε_1 大于周围媒质的介电常数 ε_2，且入射波射线和分界面法线间的夹角 θ_i 大于临界角 θ_c 时，由分界面出现全反射，电磁波就可沿介质棒跳跃式前进(图 4.13.3)。这就是介质波导的工作原理的一种简明解释。

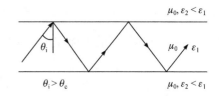

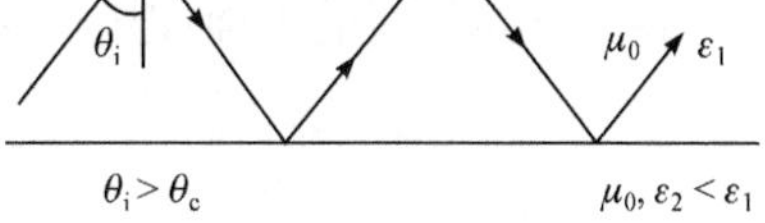

图 4.13.3　介质波导

4.14 电磁波的散射

电磁波的散射是指被入射波照射的物体表面曲率较大甚至不光滑时，物体又将成为新的波源向四周发射波动，其二次辐射波在角域上按一定的规律分散传播的现象。如果物体的线度远小于波长，散射并不显著。物体的线度越大，散射越显著，使沿原来方向传播的波的强度有所减弱。但是，如果物体的线度远大于波长，可以把物体当作一个大的障碍物来处理，这样就会产生有规则的反射和折射。频率极低的波，由于波长很长，只有在碰到非常大的障碍物或媒质分界面时，才会发生明显的反射和折射。如果频率很高，看似很小的物体(物体的线度是波的数个波长)就能产生有规则的反射和折射。这说明，高频电磁波的最明显特征之一就是方向性良好，能够定向传播。

本节以理想导电圆柱体对平面波的散射为例，分析障碍物对电磁波的散射特性和规律[24]。

4.14.1 平面波用柱面波表示

把某一种坐标系中的基本波函数用另一种坐标系中的基本波函数来表示，称为波的变换。分析电磁散射问题会涉及波的变换，例如，求解圆柱体对平面波的散射问题，就必须进行波的变换，这样会给计算带来很大的方便。

首先，讨论平面波 e^{-jkx} 用柱面波来展开。此波在原点是有限的，并对 ϕ 呈现为 2π 的周期性，所以，它可以表示为

$$e^{-jx}=e^{-j\rho\cos\phi}=\sum_{-\infty}^{\infty}a_n J_n(\rho)e^{jn\phi}$$

式中，a_n 是常数。根据三角函数的正交性，有

$$\int_0^{2\pi}e^{-j\rho\cos\phi}e^{-jm\phi}d\phi=2\pi a_m J_m(\rho)$$

在 $\rho=0$ 处，对上式左边求 ρ 的 m 次导数的计算结果是

$$j^{-m}\int_0^{2\pi}\cos^m\phi e^{-jm\phi}d\phi=\frac{2\pi j^{-m}}{2^m}$$

而在 $\rho=0$ 处，对上式右边求 ρ 的 m 次导数的计算结果是 $2\pi a_m/2^m$。因此，求得 $a_m=j^{-m}$。

这样，沿 $+x$ 方向传播的平面波用柱面波展开，有如下变换式：

$$e^{-jx}=e^{-j\rho\cos\phi}=\sum_{-\infty}^{\infty}j^{-n}J_n(\rho)e^{jn\phi} \tag{4.14.1}$$

而沿 $-x$ 方向传播的平面波用柱面波展开，有如下变换式：

$$e^{jx}=e^{j\rho\cos\phi}=\sum_{-\infty}^{\infty}j^{n}J_n(\rho)e^{jn\phi} \tag{4.14.2}$$

也证明了有如下关系式：

$$J_n(\rho)=\frac{j^n}{2\pi}\int_0^{2\pi}e^{-j\rho\cos\phi}e^{-jn\phi}d\phi \tag{4.14.3}$$

4.14.2　理想导电圆柱体对 TM 模平面波的散射

如图 4.14.1 所示，一根轴线沿 z 轴的无限长的理想导电圆柱体，其横截面半径为 a。设入射平面波是 z 向极化，且沿 x 方向传播，那么其电场强度为

$$\dot{E}_z^i = \dot{E}_0 \mathrm{e}^{-\mathrm{j}kx} = \dot{E}_0 \mathrm{e}^{-\mathrm{j}k\rho\cos\phi} \tag{4.14.4}$$

现在，分析无限长理想导电圆柱体对该平面波所产生的散射场。

因为散射体表面为圆柱面，为方便利用边界条件，需要将入射波和散射波都用柱面波展开。应用式(4.14.1)，将入射波表示为

$$\dot{E}_z^i = \dot{E}_0 \sum_{n=-\infty}^{\infty} \mathrm{j}^{-n} \mathrm{J}_n(k\rho)\mathrm{e}^{\mathrm{j}n\phi} \tag{4.14.5}$$

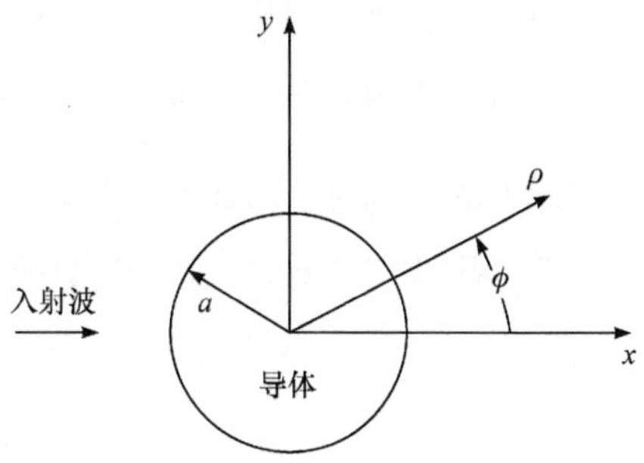

图 4.14.1　入射于无限长的理想导电圆柱体的平面波

当有导电圆柱体存在时，总场是入射场 $\dot{E}_z^i$ 与散射场 $\dot{E}_z^s$ 之和，即

$$\dot{E}_z = \dot{E}_z^i + \dot{E}_z^s$$

由于散射场是自圆柱面向外传播的柱面波，所以其展开式必须取如下形式：

$$\dot{E}_z^s = \dot{E}_0 \sum_{n=-\infty}^{\infty} \mathrm{j}^{-n} a_n \mathrm{H}_n^{(2)}(k\rho)\mathrm{e}^{\mathrm{j}n\phi} \tag{4.14.6}$$

式中，系数 a_n 决定于边界条件。

因此，总场是

$$\dot{E}_z = \dot{E}_z^i + \dot{E}_z^s = \dot{E}_0 \sum_{n=-\infty}^{\infty} \mathrm{j}^{-n} \left[\mathrm{J}_n(k\rho) + a_n \mathrm{H}_n^{(2)}(k\rho) \right] \mathrm{e}^{\mathrm{j}n\phi} \tag{4.14.7}$$

由于在理想导电圆柱表面 $\rho = a$ 上，总场的切向分量 $\dot{E}_z = 0$，因此应该取系数

$$a_n = -\frac{\mathrm{J}_n(ka)}{\mathrm{H}_n^{(2)}(ka)} \tag{4.14.8}$$

将式(4.14.8)代入式(4.14.6)和式(4.14.7)中，得到散射场和总场分别为

$$\dot{E}_z^s = -\dot{E}_0 \sum_{n=-\infty}^{\infty} \mathrm{j}^{-n} \frac{\mathrm{J}_n(ka)}{\mathrm{H}_n^{(2)}(ka)} \mathrm{H}_n^{(2)}(k\rho)\mathrm{e}^{\mathrm{j}n\phi} \tag{4.14.9}$$

和

$$\dot{E}_z = \dot{E}_0 \sum_{n=-\infty}^{\infty} \mathrm{j}^{-n} \frac{\mathrm{J}_n(k\rho)\mathrm{H}_n^{(2)}(ka) - \mathrm{J}_n(ka)\mathrm{H}_n^{(2)}(k\rho)}{\mathrm{H}_n^{(2)}(ka)} \mathrm{e}^{\mathrm{j}n\phi} \tag{4.14.10}$$

圆柱体表面上的电流分布为

$$\dot{K}_z = \dot{H}_\phi \Big|_{\rho=a} = \frac{1}{\mathrm{j}\omega\mu} \frac{\partial \dot{E}_z}{\partial \rho} \Big|_{\rho=a}$$

应用式(4.14.10)以及汉克尔函数的导数公式，得

$$\dot{K}_z = \frac{-2\dot{E}_0}{\omega\mu\pi a}\sum_{n=-\infty}^{\infty}\frac{\mathrm{j}^{-n}\mathrm{e}^{\mathrm{j}n\phi}}{\mathrm{H}_n^{(2)}(ka)} \tag{4.14.11}$$

不难看出，如果导电圆柱体的半径 a 很小，在式(4.14.11)中 $n=0$ 是主要的一项，可以近似为线电流。应用 $\mathrm{H}_0^{(2)}(ka)$ 的小自变量渐近公式，求得总电流 $\dot{I}=\int_0^{2\pi}\dot{K}_z a\mathrm{d}\phi = \dfrac{2\pi\dot{E}_0}{\mathrm{j}\omega\mu\ln(ka)}$。这根细线上的电流与入射场的相位差为 90°。

在远离圆柱体处，利用 $\mathrm{H}_n^{(2)}(ka)$ 的渐近公式，式(4.14.9)简化为

$$\dot{E}_z^s\Big|_{(k\rho)\to\infty} = -\dot{E}_0\sqrt{\frac{2\mathrm{j}}{\pi k\rho}}\mathrm{e}^{-\mathrm{j}k\rho}\sum_{n=-\infty}^{\infty}\frac{\mathrm{J}_n(ka)}{\mathrm{H}_n^{(2)}(ka)}\mathrm{e}^{\mathrm{j}n\phi}$$

所以在远离圆柱体处，散射场与入射场的幅值之比是

$$\frac{\left|\dot{E}_z^s\right|}{\left|\dot{E}_z^i\right|} = \sqrt{\frac{2}{\pi k\rho}}\left|\sum_{n=-\infty}^{\infty}\frac{\mathrm{J}_n(ka)}{\mathrm{H}_n^{(2)}(ka)}\mathrm{e}^{\mathrm{j}n\phi}\right| \tag{4.14.12}$$

这就是散射场图的计算公式。其中，级数收敛的快慢与理想导电圆柱体半径 a 的相对大小有关。半径 a 相对于波长 λ 越小，级数收敛越快；反之，级数收敛越慢。

当 $ka\ll 1$ 时，在式(4.14.12)中 $n=0$ 是主要的一项，有下列渐近公式：

$$\left.\frac{\left|\dot{E}_z^s\right|}{\left|\dot{E}_z^i\right|}\right|_{ka\to 0} = \frac{\pi}{2\ln(ka)}\sqrt{\frac{2}{\pi k\rho}} \tag{4.14.13}$$

显然，散射场图是一个圆。这是因为当导电圆柱体的半径 a 很小时，可以近似为线电流。这也说明，当 $ka\ll 1$ 时，散射场 $\dot{E}_z^s$ 与 ϕ 无关。

4.14.3　理想导电圆柱体对 TE 模平面波的散射

当入射场是对 z 的横向极化时，入射波的磁场强度 $\dot{\boldsymbol{H}}$ 矢量与导电圆柱体轴线平行。它可以表示为

$$\dot{H}_z^i = \dot{H}_0\mathrm{e}^{-\mathrm{j}kx} = \dot{H}_0\sum_{n=-\infty}^{\infty}\mathrm{j}^{-n}\mathrm{J}_n(k\rho)\mathrm{e}^{\mathrm{j}n\phi} \tag{4.14.14}$$

散射场可写为

$$\dot{H}_z^s = \dot{H}_0\sum_{n=-\infty}^{\infty}\mathrm{j}^{-n}b_n\mathrm{H}_n^{(2)}(k\rho)\mathrm{e}^{\mathrm{j}n\phi} \tag{4.14.15}$$

那么，在导电圆柱体外的总场就是入射场与散射场之和，即

$$\dot{H}_z = \dot{H}_0\sum_{n=-\infty}^{\infty}\mathrm{j}^{-n}\left[\mathrm{J}_n(k\rho)+b_n\mathrm{H}_n^{(2)}(k\rho)\right]\mathrm{e}^{\mathrm{j}n\phi} \tag{4.14.16}$$

在导电圆柱体表面上($\rho=a$)，边界条件是 $E_\phi=0$。根据电磁场基本方程组，有

$$\begin{aligned}\dot{E}_{\phi} &= \frac{1}{\mathrm{j}\omega\varepsilon}\left(\nabla\times\dot{\boldsymbol{H}}\right)_{\phi} = -\frac{1}{\mathrm{j}\omega\varepsilon}\frac{\partial\dot{H}_z}{\partial\rho} \\ &= \frac{\mathrm{j}k}{\omega\varepsilon}\dot{H}_0\sum_{n=-\infty}^{\infty}\mathrm{j}^{-n}\left[\mathrm{J}_n'(k\rho)+b_n\mathrm{H}_n^{(2)'}(k\rho)\right]\mathrm{e}^{\mathrm{j}n\phi}\end{aligned}$$

利用在导电圆柱体表面上($\rho=a$)的边界条件，$\dot{E}_{\phi}\big|_{\rho=a}=0$，可得

$$b_n = -\frac{\mathrm{J}_n'(ka)}{\mathrm{H}_n^{(2)'}(ka)} \tag{4.14.17}$$

因此，在导电圆柱体外的总场和散射场分别为

$$\dot{H}_z = \dot{H}_0\sum_{n=-\infty}^{\infty}\mathrm{j}^{-n}\frac{\mathrm{J}_n(k\rho)\mathrm{H}_n^{(2)'}(ka)-\mathrm{J}_n'(ka)\mathrm{H}_n^{(2)}(k\rho)}{\mathrm{H}_n^{(2)'}(ka)}\mathrm{e}^{\mathrm{j}n\phi} \tag{4.14.18}$$

和

$$\dot{H}_z^s = -\dot{H}_0\sum_{n=-\infty}^{\infty}\mathrm{j}^{-n}\frac{\mathrm{J}_n'(ka)}{\mathrm{H}_n^{(2)'}(ka)}\mathrm{H}_n^{(2)}(k\rho)\mathrm{e}^{\mathrm{j}n\phi} \tag{4.14.19}$$

而在圆柱体表面上的电流分布是

$$\dot{K}_{\phi} = \dot{H}_z\big|_{\rho=a} = \frac{\mathrm{j}2H_0}{\pi ka}\sum_{n=-\infty}^{\infty}\frac{\mathrm{j}^{-n}\mathrm{e}^{\mathrm{j}n\phi}}{\mathrm{H}_n^{(2)'}(ka)} \tag{4.14.20}$$

在式(4.14.20)中，$n=0$ 项是一条 z 向线磁流，而 $n=\pm1$ 两项则是 y 向电偶极子。当 $ka\ll1$ 时，这一条 z 向线磁流是主要的一项，但 y 向电偶极子却能更有效地产生辐射，也不能忽略。

当圆柱体的半径 a 很小时，即 $ka\ll1$ 时，得到

$$-\frac{\mathrm{J}_n'(ka)}{\mathrm{H}_n^{(2)'}(ka)} = \begin{cases}\dfrac{\mathrm{j}\pi(ka)^2}{4}, & n=0 \\ -\dfrac{\mathrm{j}\pi(ka)^2}{4}, & |n|=1 \\ -\dfrac{\mathrm{j}\pi(ka/2)^{2|n|}}{|n|!(|n|-1)!}, & |n|>1\end{cases} \tag{4.14.21}$$

在远离圆柱处，散射场可简化为

$$\dot{H}_z^s\big|_{k\rho\to\infty} = -\dot{H}_0\sqrt{\frac{2\mathrm{j}}{\pi k\rho}}\mathrm{e}^{-\mathrm{j}k\rho}\sum_{n=-\infty}^{\infty}\frac{\mathrm{J}_n'(ka)}{\mathrm{H}_n^{(2)'}(ka)}\mathrm{e}^{\mathrm{j}n\phi}$$

这样，散射场与入射场的幅值之比值是

$$\frac{\left|\dot{H}_z^s\right|}{\left|\dot{H}_z^i\right|} = \sqrt{\frac{2}{\pi k\rho}}\left|\sum_{n=-\infty}^{\infty}\frac{\mathrm{J}_n'(ka)}{\mathrm{H}_n^{(2)'}(ka)}\mathrm{e}^{\mathrm{j}n\phi}\right| \tag{4.14.22}$$

当 $ka\ll1$ 时，利用式(4.14.21)，由式(4.14.22)得到细线导电圆柱体散射场图的计算公式为

$$\left.\frac{\left|\dot{H}_z^s\right|}{\left|\dot{H}_z^i\right|}\right|_{(ka)\to 0}=\frac{\pi(ka)^2}{4}\sqrt{\frac{2}{\pi k\rho}}\left|1-2\cos\phi\right| \tag{4.14.23}$$

可以看出，此时散射场 $\dot{H}_z^s$ 仍然与 ϕ 有关。

4.14.4　理想导电球对平面波的散射

如图 4.14.2 所示，一个半径为 a 的理想导电球受到入射平面波的照射。设入射波为 x 方向极化和沿 z 方向传播，入射波的电场强度分量和磁场强度分量分别表示为

$$\begin{cases}\dot{E}_x^i=\dot{E}_0\mathrm{e}^{-\mathrm{j}kz}=\dot{E}_0\mathrm{e}^{-\mathrm{j}kr\cos\theta}\\ \dot{H}_y^i=\dfrac{\dot{E}_0}{\eta}\mathrm{e}^{-\mathrm{j}kz}=\dfrac{\dot{E}_0}{\eta}\mathrm{e}^{-\mathrm{j}kr\cos\theta}\end{cases} \tag{4.14.24}$$

根据散射截面积(反射面积) A_e 的如下定义：

$$A_\mathrm{e}=\lim_{r\to\infty}\left(4\pi r^2\frac{\left|\dot{E}_x^s\right|^2}{\left|\dot{E}_0\right|^2}\right) \tag{4.4.25}$$

可以计算出理想导电球的 A_e。这里，略去了 A_e 的具体表达式，但在图 4.14.3 中示出了 $\dfrac{A_\mathrm{e}}{\lambda^2}$ 的曲线。当 $ka\ll 1$ 时，式(4.4.25)有如下近似结果：

$$A_\mathrm{e}\big|_{ka\to 0}=\frac{9\lambda^2}{4\pi}(ka)^6\propto\frac{1}{\lambda^4} \tag{4.4.26}$$

当 $a/\lambda<0.1$ 时，式(4.4.26)的近似效果很好，称为瑞利散射定律。它说明小球的反射面积是按 λ^{-4} 变化的，即波长越短，散射场就越强。

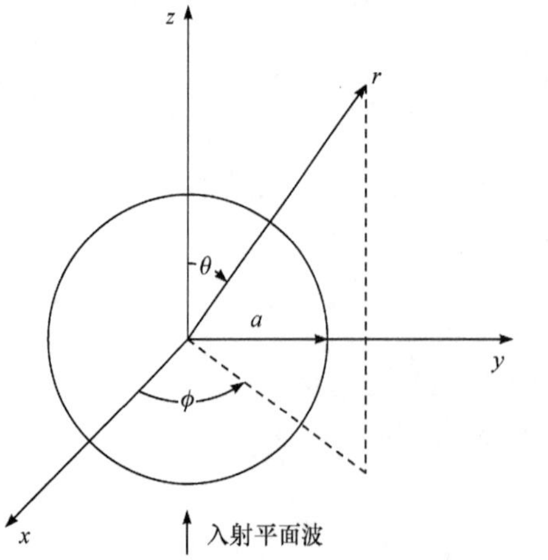

图 4.14.2　一个理想导电球受到入射平面波的照射

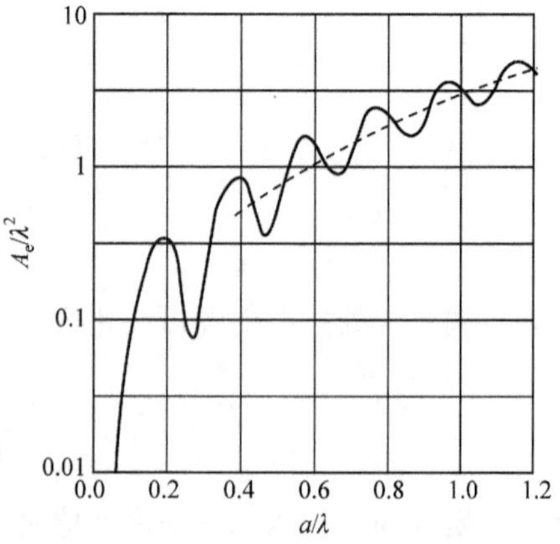

图 4.14.3　半径为 a 的理想导电球的散射截面积(反射面积)(虚线表示光学近似)

瑞利散射规律是由英国物理学家瑞利(Rayleigh)于 1900 年发现的。发生瑞利散射的要

求是，微粒的直径必须远小于入射波的波长，通常上界大约是波长的 1/10(1～300nm)，此时散射波的强度与入射波波长的 4 次方成反比，也就是说，波长越短，散射越强。另外，散射波在入射波前进方向和反方向上的强度是相同的，而在与入射波垂直的方向上程度最低。

利用瑞利散射规律可以解释一些光学现象。例如，最早用于解释天空的蓝度。由于瑞利散射的强度与波长的 4 次方成反比，所以太阳光谱中波长较短的蓝紫光比波长较长的红光散射更明显，而短波中又以蓝光能量最大。在雨过天晴或秋高气爽时(空中较粗微粒比较少，以分子散射为主)，由于大气中水滴的尺寸相对于日光波长很小，所以波长较短的蓝光的散射场较强，在大气分子的强烈散射作用下，蓝色光被散射至弥漫天空，这就是天空呈现蔚蓝色的缘故。另外，由于大气密度随高度急剧降低，大气分子的散射效应相应减弱，天空的颜色也随高度由蔚蓝色变为青色(约 8km)、暗青色(约 11km)、暗紫色(约 13km)、黑紫色(约 21km)，再往上，空气非常稀薄，大气分子的散射效应极其微弱，天空便被黑暗所湮没。可以说，瑞利散射减弱了太阳投射到地表的能量。正是由于波长较短的光易于被散射，而波长较长的红光不易于被散射，它的穿透能力也比波长短的蓝、绿光强，因此用红光作指示灯，可以让司机在大雾弥漫的天气里更容易看清指示灯，防止交通事故的发生。

晚霞颜色的解释。当日落或日出时，太阳几乎在我们视线的正前方，此时太阳光在大气中要走相对很长的路程，我们所看到的直射光中的波长较短的蓝光大部分都被散射了，只剩下红橙色的光，这就是为什么日落时太阳附近呈现红色，而云也因为反射太阳光而呈现红色，但天空仍然是蓝色的。

海水颜色的解释。海水颜色即海面向上辐射的可见光所呈现的表观颜色，其与海水包含的物质成分密切相关。在清洁的海水中，悬浮颗粒少，粒径小，分子散射起着主要的作用，其散射服从瑞利散射规律，呈深蓝色(峰值的波长约为 470nm)。

完美控制的激光束能够被一个微粒准确地散射，产生出命定性的结果，如图 4.14.4 所示。这样的状况也会发生于雷达散射，目标大多数是宏观物体，像飞机或火箭。散射和散射理论在科技领域有许多显著的应用，如超声波检查、半导体芯片检验、聚合过程监视、计算机成像等。

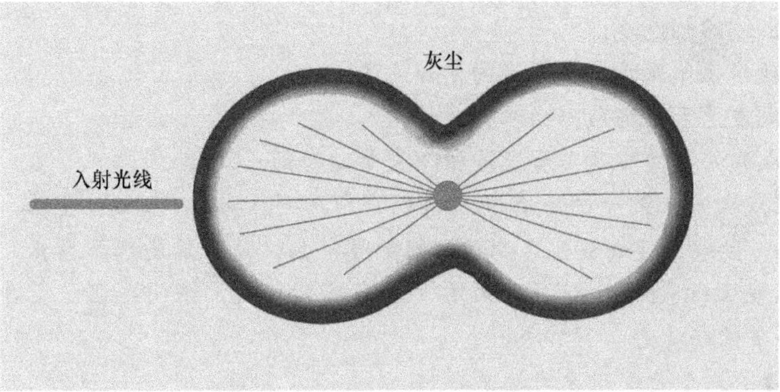

图 4.14.4　一粒灰尘对一平行光束的散射

对于大的导电球，即 $ka \gg 1$ 时，有

$$A_e\big|_{(a/\lambda)\to\infty}=\pi a^2 \tag{4.4.27}$$

这是物理(几何)光学的近似解。

习 题 4

4.1 有一个半径为 a，圆心在原点并位于平面 $z=0$ 的圆环，其上电流为 $i(t)=\sqrt{2}I_0\cos\omega t$。如果 $a\ll\lambda$，用类似于在 4.1 节中的计算方法，证明：远离原点处的电场强度为

$$\dot{E}_\phi=\frac{k^2a^2I_0}{4\omega\varepsilon_0 r}\sin\theta\,\mathrm{e}^{-\mathrm{j}kr}$$

并导出该环与磁偶极矩为 $\boldsymbol{m}=\boldsymbol{e}_z\mu_0I_0\pi a^2\cos\omega t$ 的磁偶极子有相同的远辐射场。

4.2 平面电磁波垂直入射到金属表面上，证明：透入金属内部的电磁波能量全部转变为焦耳热。

4.3 全反射时有什么特点？若要使线性极化的入射波通过全反射成为圆极化波，则对介质有什么要求？

4.4 有一个以平面 $x=0$ 和 $x=d$ 为界限的电介质层，其介电常数为 ε_2，它将介电常数为 ε_1 和 ε_3 的两种电介质隔开($\mu_1=\mu_2=\mu_0$)。试问：电介质层的厚度 d 多大时反射最小？ε_1、ε_2 和 ε_3 间存在什么关系时就没有反射？

4.5 设空气中有一块很大的电介质平板，其媒质参数 $\varepsilon_\mathrm{r}=2.5$，$\mu_\mathrm{r}=1$。若电磁波由空气斜入射到平板上，求使电磁波中平行于入射面的电场不产生反射波的入射角。若电磁波由介质平板射入空气，求在介质平板与空气的分界面处电磁波产生全反射时的临界角 θ_c。

4.6 证明：入射波以布儒斯特角入射时($\theta_\mathrm{i}=\theta_\mathrm{p}$)，折射波的射线与反射波的射线相垂直，即有 $\theta_\mathrm{p}+\theta_\mathrm{t}=\pi/2$。

4.7 一个线性极化的平面电磁波，频率 $f=1\mathrm{GHz}$，由空气向理想导体斜入射，入射角 $\theta_\mathrm{i}=\pi/4$。入射波电场在导体表面处的振幅 $E_{\mathrm{i}0}=1\mathrm{V/m}$，方向与导体表面平行。

(1) 写出入射波、反射波和合成波的电场与磁场的复数表达式；

(2) 求合成波的相速度；

(3) 写出理想导体表面电流密度的复数表达式；

(4) 问合成波是否是均匀平面波？为什么？

(5) 求合成波的复坡印亭矢量及坡印亭矢量的时间平均值。

4.8 有一线性极化波从第一种介质(μ_0,ε_1)以 θ 角入射于第二种介质(μ_0,ε_2)的无限大平面分界面上。设电磁波的极化方向与入射角成 α 角，试计算反射系数 R。

4.9 求光线自玻璃($n=1.5$)到空气的临界角和布儒斯特角。证明：在一般情形下，临界角总是大于布儒斯特角。

4.10 在良导体中，平面电磁波的相速为

$$v_\mathrm{p}=\frac{\omega}{\beta}=\sqrt{\frac{2\omega}{\mu\gamma}}$$

证明：群速为 $v_g = 2v_p$。

4.11　一对无限大的平行理想导体板，相距为 b，电磁波沿着平行于板面的 z 方向传播。求其中可能传播的波型的场分布及其相应的截止频率。

4.12　矩形波导的尺寸为 $1\text{cm}\times 5\text{cm}$。试问：初始 5 个模式的截止频率分别为多大？如果波导在 20GHz 频率上激励，则这 5 个模式的传播常数分别为多大？如果波导在 50GHz 频率上激励，将有多少模式传播？

4.13　求尺寸为 $a=b=d=10$ cm 的铜制矩形谐振腔中 TE_{101} 模的谐振频率。

4.14　如果要在矩形波导管中传播频率为 4×10^9Hz 的 TE_{10} 波。应如何选择波导管的尺寸，才能防止 TE_{20} 波出现？

4.15　$f=10$ MHz 的均匀平面波在等离子体中传播，设 $B_0=0$ 及等离子体的频率为 8 MHz，求：(1)等离子体中的相速；(2)等离子体中的波长。

4.16　已知等离子体的介电常数为 $\varepsilon=\varepsilon_0\left(1-\omega_p^2/\omega^2\right)$，求平面波在等离子体中传播的相速度和群速度，并讨论之。

4.17　设 $\begin{bmatrix} D_x \\ D_y \\ D_z \end{bmatrix} = \begin{bmatrix} 4\varepsilon_0 & 0 & 0 \\ 0 & 9\varepsilon_0 & 0 \\ 0 & 0 & 2\varepsilon_0 \end{bmatrix}$，有一频率为 $f=10^9$Hz 的均匀平面波沿 z 轴方向传播，求 E_x、E_y 沿轴方向的相速。当该波从原点出发，行进多远距离可使该处的 E_x 和 E_y 间的相位差为 π？

4.18　设有一个在题 4.17 所述媒质中沿 z 方向传播的均匀平面波，其中 $\boldsymbol{E}$ 取向于 xOy 平面的平分角线上。试证明：$\boldsymbol{E}$ 和 $\boldsymbol{H}$ 并不正交，并求出 $z=0$ 处 $\boldsymbol{E}$ 和 $\boldsymbol{H}$ 之间的夹角。

4.19　考虑图 4.13.1 所示的介质板波导，令 $\varepsilon=4\varepsilon_0$ 和 $2d=\lambda_0$，λ_0 是自由空间中的波长。试求哪些模式能在板中传播而不被衰减。

第 5 章　电磁场与媒质的相互作用

在这一章中将研究电磁场与媒质相互作用的问题，电子运动仍用经典力学描述，所得结果可以给出定性概念。从宏观和微观两个角度来讨论媒质的极化理论与磁化理论。应用经典的电子模型来说明介质色散现象和导体色散现象。最后，简要介绍超导体的电磁性质及为研究这些性质而建立起的超导体电动力学，简要介绍等离子体中的电磁场和电磁超材料。

5.1　电介质退极化场的分析

本节讨论电介质在静电场中的表现。电介质就是绝缘体。它在电场的影响下没有可以在物质内部穿行的自由电荷。在电介质中，所有的电子是被束缚的。从微观上来说，无论什么介质都是由带正、负电的粒子组成的集合，介质的存在相当于真空中存在着大量的带电粒子。宏观电磁理论并不是考察个别粒子产生的微观电磁场，而是考察它们的宏观平均值。显然，由于电介质在外加电场的作用下其内部带电粒子的分布会发生变化，于是就有可能出现电介质中的电荷分布不平衡，即出现宏观的附加电荷。这些附加电荷也要激发电场。现在，需要研究的是电介质中可能出现哪些附加电荷并确定它们的分布。

5.1.1　电介质的极化与极化强度

组成电介质的分子有两类：

(1) 无极分子。这类分子的正、负电荷中心在无外电场时是重叠在一起的。其电偶极矩为零。

(2) 有极分子。这类分子的正、负电荷分布可以等效地看成相距一定距离的正电中心与负电中心，存在固有电偶极矩。在没有外电场时，由于分子的热运动，它们原有的电偶极矩排列方向是杂乱无章的，因此在宏观上并不产生平均效果，即总的电偶极矩为零。

因此，不论是由哪一种分子组成的电介质，在无外电场时都保持电中性。但在有外电场的情况下，每个分子中正、负电荷受到不同方向力的作用。无极分子的正、负电荷中心发生定向移动，于是产生了沿外电场方向的电偶极矩。另外，正、负电荷本来就有一定距离的极性分子在外电场作用下按一定方向有序排列，电偶极矩总和不再为零。从宏观效果来看，这两种行为都相当于产生了电偶极矩，从而在一个宏观体积元内或面积元上出现一定的体积电荷或面电荷分布，如图 5.1.1 所示。把这种现象称为电介质的极化，引进极化强度 $\boldsymbol{P}$ 来描述。由极化产生的体积电荷或面电荷，称为极化电荷或束缚电荷。

极化强度 $\boldsymbol{P}$ 的定义是

$$\boldsymbol{P}=\lim_{\Delta V\to 0}\frac{\sum\limits_{i}\boldsymbol{p}_i}{\Delta V} \tag{5.1.1}$$

式中，$\boldsymbol{p}_i$ 是介质中第 i 个分子的电偶极矩；$\sum_i$ 是对体积元 ΔV 中的所有分子求和。因此，极化强度 $\boldsymbol{P}$ 就是每单位体积内分子电偶极矩的矢量和。

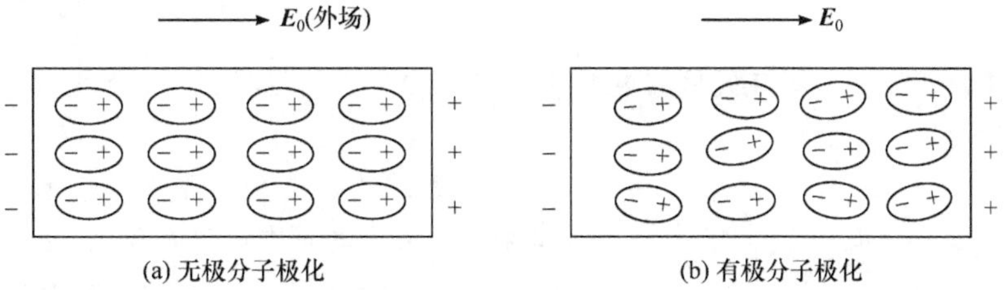

图 5.1.1　电介质的极化[3]

5.1.2　电介质的退极化场

极化的结果使得在电介质内部出现连续的电偶极子分布。这些电偶极子形成附加电场(称为电介质的退极化场)，从而引起原来电场分布的变化。极化的电介质可视为体分布的电偶极子，因此它引起的退极化场可视为这些电偶极子形成的退极化场的叠加。

设电介质的体积是 V，极化后的电偶极矩体密度即极化强度为 $\boldsymbol{P}(\boldsymbol{r}')$，则在点 $\boldsymbol{r}$ 处由位于点 $\boldsymbol{r}'$ 的电偶极子 $\boldsymbol{P}(\boldsymbol{r}')\mathrm{d}V'$ 所产生的电位是

$$\mathrm{d}\varphi=\frac{1}{4\pi\varepsilon_0}\frac{\boldsymbol{P}\cdot\boldsymbol{e}_R}{R^2}\mathrm{d}V'=\frac{1}{4\pi\varepsilon_0}\boldsymbol{P}\cdot\nabla'\frac{1}{R}\mathrm{d}V'$$

应注意到，为了书写简单起见，在式中省去了 $\boldsymbol{P}(\boldsymbol{r}')$ 中的自变量 $\boldsymbol{r}'$。对整块电介质进行积分给出：

$$\varphi=\frac{1}{4\pi\varepsilon_0}\int_V\boldsymbol{P}\cdot\nabla'\frac{1}{R}\mathrm{d}V' \tag{5.1.2}$$

利用矢量恒等式 $\nabla'\cdot(f\boldsymbol{A})=f\nabla'\cdot\boldsymbol{A}+\boldsymbol{A}\cdot\nabla'f$，式中的被积函数可写成：

$$\boldsymbol{P}\cdot\nabla'\frac{1}{R}=-\frac{\nabla'\cdot\boldsymbol{P}}{R}+\nabla'\cdot\left(\frac{\boldsymbol{P}}{R}\right)$$

将此式代入式(5.1.2)中，并利用散度定理，得

$$\varphi=\frac{1}{4\pi\varepsilon_0}\int_V\frac{-\nabla'\cdot\boldsymbol{P}}{R}\mathrm{d}V'+\frac{1}{4\pi\varepsilon_0}\oint_S\frac{\boldsymbol{P}\cdot\boldsymbol{n}}{R}\mathrm{d}S' \tag{5.1.3}$$

式中，S 是包围体积内电介质的闭合面；$\boldsymbol{n}$ 是 S 上向外的单位法向矢量。

式(5.1.3)中，两个积分都包含因子 $1/R$，而且乘以 $1/(4\pi\varepsilon_0)$。由此得出了以下值得注意的结论，这两项正好是由以下的体积电荷分布和面电荷分布所产生的电位：

$$\rho_{\mathrm{P}}=-\nabla\cdot\boldsymbol{P} \tag{5.1.4}$$

$$\sigma_{\mathrm{P}}=\boldsymbol{P}\cdot\boldsymbol{n} \tag{5.1.5}$$

式中，$\boldsymbol{n}$ 是电介质表面上的外法向单位矢量。由此可得

$$\varphi=\frac{1}{4\pi\varepsilon_0}\int_V\frac{\rho_{\mathrm{P}}}{R}\mathrm{d}V'+\frac{1}{4\pi\varepsilon_0}\oint_S\frac{\sigma_{\mathrm{P}}}{R}\mathrm{d}S' \tag{5.1.6}$$

因此，可以把电介质换成极化电荷分布 ρ_P 和 σ_P，而不影响电介质的退极化场。把 ρ_P 和 σ_P 分别称为体极化电荷密度和面极化电荷密度。电介质极化后，由电偶极矩激发的电场等效于体积内和表面极化电荷产生的电场。可以证明，极化电荷密度 ρ_P 和 σ_P 代表了实在的电荷聚集。

【例 5.1.1】 求一个均匀极化的电介质球在球心产生的退极化场，已知极化强度为 $\boldsymbol{P}$，如图 5.1.2 所示。

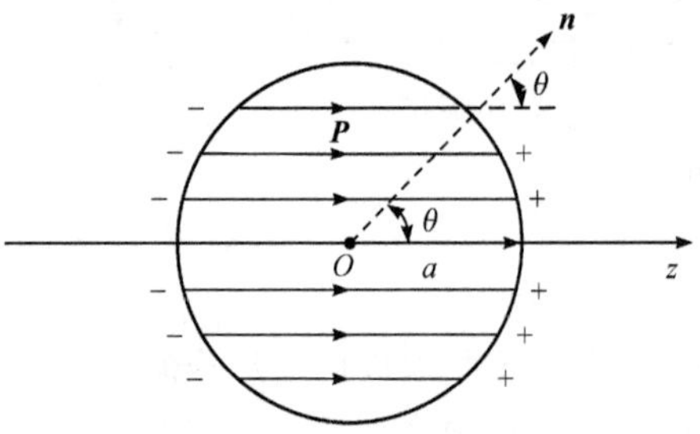

图 5.1.2 一个均匀极化电介质球球心的退极化场

解 取球心 O 为坐标原点，极轴 z 与 $\boldsymbol{P}$ 平行的球坐标系。由于电介质球均匀极化，$\rho_P=-\nabla\cdot\boldsymbol{P}=0$，所以在电介质球内没有体极化电荷分布，只有在球表面上的面极化电荷分布。由于轴对称性，表面上任一点的面极化电荷密度 σ_P 只与 θ 角有关。θ 角就是该点外法向单位矢量 $\boldsymbol{n}$ 与 $\boldsymbol{P}$ 的夹角，因此得到

$$\sigma_P=P\cos\theta$$

已知电荷分布后，可用叠加原理来计算退极化场 $\boldsymbol{E}_P$。根据轴对称性，球心电场只有 z 分量，其值大小为

$$\begin{aligned}E_P&=\frac{1}{4\pi\varepsilon_0}\int_S\frac{\sigma_P}{a^2}(-\cos\theta')\mathrm{d}S'\\&=\frac{1}{4\pi\varepsilon_0}\int_0^{2\pi}\int_0^{\pi}\frac{-P\cos^2\theta'}{a^2}a^2\sin\theta'\mathrm{d}\theta'\mathrm{d}\phi'=-\frac{P}{3\varepsilon_0}\end{aligned}$$

最后，得到均匀极化的电介质球在球心产生的退极化场为

$$\boldsymbol{E}_P=-\frac{1}{3\varepsilon_0}\boldsymbol{P}\tag{5.1.7}$$

应该注意，在外加均匀电场中，一个均匀电介质球中心的电场强度不等于 $-\dfrac{1}{3\varepsilon_0}\boldsymbol{P}$。外加均匀电场中的均匀电介质球是一个边值问题，但均匀极化的电介质球的退极化场问题却不是一个边值问题。

5.1.3 电介质中的电场

由前面的讨论看到，电介质存在时，空间电荷包括自由电荷和极化电荷，即

$$\rho_t=\rho+\rho_P=\rho-\nabla\cdot\boldsymbol{P}$$

式中，ρ_t 表示总电荷。因此，只要把介质中由极化产生的极化电荷的贡献考虑进去，就可以把真空中的电场的结果推广应用到介质中去，有

$$\nabla\cdot\boldsymbol{E}=\frac{\rho_t}{\varepsilon_0}=\frac{\rho-\nabla\cdot\boldsymbol{P}}{\varepsilon_0}$$

或者

$$\nabla\cdot(\varepsilon_0\boldsymbol{E}+\boldsymbol{P})=\rho$$

引入一个新的矢量

$$\boldsymbol{D}=\varepsilon_0\boldsymbol{E}+\boldsymbol{P} \tag{5.1.8}$$

则

$$\nabla\cdot\boldsymbol{D}=\rho \tag{5.1.9}$$

这就是高斯定律的微分形式，引入的新矢量 $\boldsymbol{D}$ 称为电位移矢量。

尽管以上的讨论解释了我们对于电介质中极化效应的理解，但是仍不能用它来计算宏观电场 $\boldsymbol{E}$，因为不知道如何把 $\boldsymbol{P}$ 和 $\boldsymbol{E}$ 联系起来。极化强度 $\boldsymbol{P}$ 与电场 $\boldsymbol{E}$ 的关系从静电学理论是无法解决的，它与电介质的物理性质有关，只能通过实验或物质结构理论来确定。实验指出，对于各向同性、线性电介质，有

$$\boldsymbol{P}=\chi_e\varepsilon_0\boldsymbol{E} \tag{5.1.10}$$

式中，χ_e 称为电介质的电极化率，它是一个物质常数，一般与 $\boldsymbol{E}$ 无关，但也有少数例外情形(如铁电物质)。由式(5.1.8)和式(5.1.10)，得到

$$\boldsymbol{D}=\varepsilon\boldsymbol{E} \tag{5.1.11}$$

式中，ε 称为电介质的介电常数。对于给定的物质，在一定的物理条件(如温度、密度)下，这些物质常数 ε 和 χ_e 都是定值。

在各向异性媒质(如晶体)中，$\boldsymbol{P}$ 和 $\boldsymbol{E}$ 的方向不同，所以 $\boldsymbol{D}$ 和 $\boldsymbol{E}$ 的方向也不一致。但实验证明，$\boldsymbol{D}$ 和 $\boldsymbol{E}$ 仍存在线性关系，一般可表示为

$$D_i=\sum_{j=1}^{3}\varepsilon_{ij}E_j\quad(i=1,2,3) \tag{5.1.12}$$

因此，这时 $\boldsymbol{D}$ 和 $\boldsymbol{E}$ 的关系需要用一个张量形式的 ε_{ij} 来表示，有时也称 ε_{ij} 为介电张量。

顺便指出，把电位移矢量理解为自由电荷在介质中激发的那一部分场是不恰当的。另外，把导体的介电常数看作无限大也不正确。在静电平衡下，导体内部电场强度为零是感应自由电荷所激发的场与外电场相互抵消的结果；而介电常数则是反映极化电荷贡献的，这两者之间丝毫没有关系。

5.1.4　人工电介质

电介质材料的某些性质可以用人工方法模仿出来。把用人工方法模仿出来的电介质称为人工电介质。真实电介质是由微观尺寸的原子或分子颗粒组成的，而人工电介质是由宏观尺寸的离散金属颗粒或介质颗粒组成的。例如，如图 5.1.3 所示，模仿真实电介质的原子排列，把许多个很小的金属球按三维方式进行排列，就能构成一种三维人工电介质。只不过在人工电介质中的金属球三维排列，要比真实电介质中的原子排列的规模小得多。如果金属球是空心的，则人工电介质可做得比相应的真

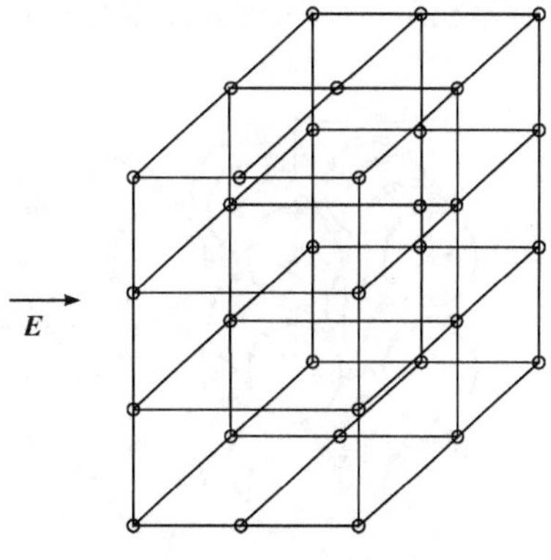

图 5.1.3　由三维方式排列的金属球组成的电介质板

实电介质轻很多。这是人工电介质的一个主要优点。

现在来求由金属球所构成的人工电介质的介电常数。如图 5.1.3 所示，如果把由金属球组成的人工电介质放于一个均匀外电场 $\boldsymbol{E}$ 中，则电场 $\boldsymbol{E}$ 将在每个金属球表面上感应出电荷[图 5.1.4(a)]。因此，金属球变得与真实电介质中的极化原子相似，此时每个金属球可用一个等效电偶极子来表示[图 5.1.4(b)]。在均匀外电场中，一个半径为 a 的金属球的等效电偶极子的电偶极矩为

$$\boldsymbol{P} = 4\pi\varepsilon_0 a^3 \boldsymbol{E} \tag{5.1.13}$$

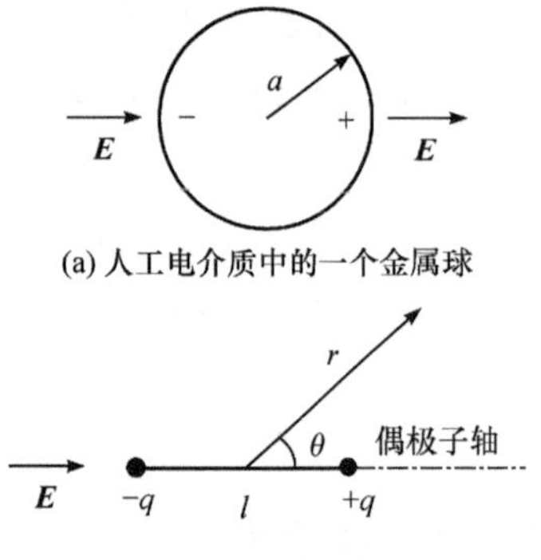

(a) 人工电介质中的一个金属球

(b) 等效电偶极子

图 5.1.4　人工电介质分析

按照电极化强度的定义，人工电介质的电极化强度 $\boldsymbol{P}$ 等于单位体积中的净电偶极矩，有

$$\boldsymbol{P} = N 4\pi\varepsilon_0 a^3 \boldsymbol{E} \tag{5.1.14}$$

式中，N 为单位体积中的金属球数目。

利用式(5.1.8)和式(5.1.11)，在各向同性、线性电介质中，可以得到 $\boldsymbol{E}$ 、$\boldsymbol{P}$ 和 ε 之间的关系：

$$\boldsymbol{P} = (\varepsilon - \varepsilon_0)\boldsymbol{E} \tag{5.1.15}$$

将式(5.1.15)代入式(5.1.14)中，得到人工电介质的介电常数：

$$\varepsilon = \varepsilon_0 (1 + 4\pi N a^3) \tag{5.1.16}$$

因此，人工电介质的介电常数决定于单位体积中的金属球数目和球的大小。

在上述导出由金属球组成的人工电介质的介电常数计算公式时，假定每个金属球都位于同一均匀电场中，即忽略了金属球间的相互作用，其必要条件是金属球的半径远比球与球的间隔小。虽然，这是一个近似的计算方法，但它能很好地说明极化的意义和在实际问题中的应用。

采用金属圆盘替换金属球，也能构成一种人工电介质，如图 5.1.5 所示。采用细长金属圆柱体，能够构成一种二维人工电介质，这些细长金属圆柱体呈周期排列，如图 5.1.6 所示。但是注意，这两种人工电介质的介电常数大小与外加电场的方向都有关。

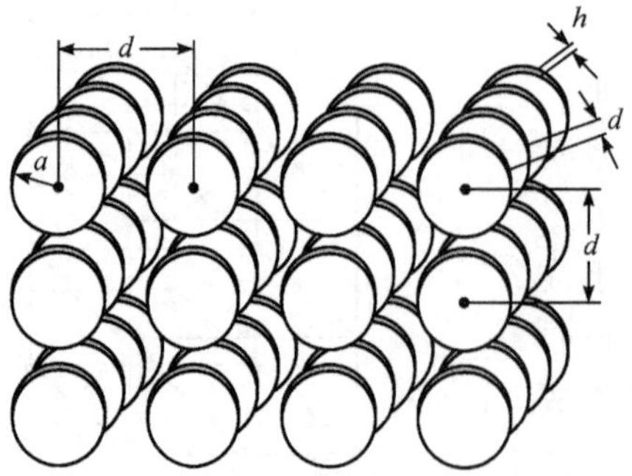

图 5.1.5　由金属圆盘组成的人工电介质

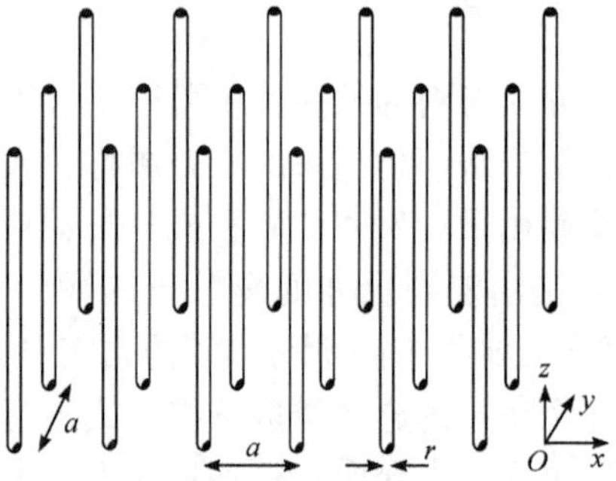

图 5.1.6　由细金属棒组成的人工电介质

5.2　电介质的极化理论

电介质的极化可以有两类：一是无极分子的电子“位移”极化；二是有极分子的固有电偶极矩的转向极化。在这一节中，将从微观的角度来讨论电介质的极化，严格地讲，应该用量子力学观点进行讨论，但下面仍用简单的经典电子模型进行微观计算。

5.2.1　无极分子情况

前面曾经指出，电场的作用使无极分子因电子“位移”极化而产生电偶极矩。分子电偶极矩 $\boldsymbol{p}$ 是与作用在分子上的有效电场强度 $\boldsymbol{E}_{\text{eff}}$ 成正比的。现在，问题是 $\boldsymbol{E}_{\text{eff}}$ 是否就是介质中的宏观平均电场强度 $\boldsymbol{E}$ 。一般地说，介质中分子所感受到的电场并不等于宏观平均电场强度 $\boldsymbol{E}$ 。因为宏观平均电场强度 $\boldsymbol{E}$ 是对整个介质中的分子进行平均的，因而它也包含了所考虑的这个分子中的电荷所激发的电场强度。在考虑该分子所受电场作用力时，自然应该除去自作用力。因此，分子所受到的有效电场 $\boldsymbol{E}_{\text{eff}}$ 则为

$$\boldsymbol{E}_{\text{eff}} = \boldsymbol{E} - \boldsymbol{E}_{\text{P}}$$

式中，$\boldsymbol{E}_{\text{P}}$ 表示该分子极化所产生的电场，它相当于在均匀极化的介质中，一个球形电介质表面上的极化电荷在球心产生的退极化场。在例 5.1.1 中，已经求得 $\boldsymbol{E}_{\text{P}} = -\dfrac{1}{3\varepsilon_0}\boldsymbol{P}$ ，于是作用在分子上的有效电场强度为

$$\boldsymbol{E}_{\text{eff}} = \boldsymbol{E} + \frac{1}{3\varepsilon_0}\boldsymbol{P} \tag{5.2.1}$$

有时，把 $\boldsymbol{E}_{\text{eff}}$ 也称为局部电场强度，而式(5.2.1)则称为洛伦兹关系。

在绝大多数无极分子电介质中，分子的正、负电荷分离的距离是与 $\boldsymbol{E}_{\text{eff}}$ 成正比的，而且方向相同，即

$$\boldsymbol{p} = \alpha\varepsilon_0\boldsymbol{E}_{\text{eff}} = \alpha\varepsilon_0\left(\boldsymbol{E} + \frac{1}{3\varepsilon_0}\boldsymbol{P}\right) \tag{5.2.2}$$

式中，常数 α 称为分子极化系数。因此，介质的电极化强度 $\boldsymbol{P}$ (即单位体积中的电偶极矩)是

$$\boldsymbol{P} = N\boldsymbol{p} = N\alpha\varepsilon_0\boldsymbol{E}_{\text{eff}} = N\alpha\varepsilon_0\left(\boldsymbol{E} + \frac{1}{3\varepsilon_0}\boldsymbol{P}\right) \tag{5.2.3}$$

式中，N 是介质中单位体积内的分子数。另外，

$$\boldsymbol{P} = \chi_{\text{e}}\varepsilon_0\boldsymbol{E} = \varepsilon_0(\varepsilon_{\text{r}} - 1)\boldsymbol{E} \tag{5.2.4}$$

由式(5.2.3)和式(5.2.4)消去 $\boldsymbol{P}$ 和 $\boldsymbol{E}$ ，得到

$$\frac{\varepsilon_{\text{r}} - 1}{\varepsilon_{\text{r}} + 2} = \frac{N\alpha}{3} \tag{5.2.5}$$

或者

$$\frac{\varepsilon_r - 1}{\varepsilon_r + 2} = \frac{N_A \rho_m \alpha}{3M} \tag{5.2.6}$$

式中，ρ_m 是介质的质量密度；N_A 是阿伏伽德罗(Avogadro)常数；M 是分子量。式(5.2.6)称为克劳修斯-莫索提(Clausius-Mossotti)方程。它把相对介电常数 ε_r 与物质的质量密度等参数联系起来。对于气体介质来说，上述结果一般与实验符合较好。而对于无极分子液体和固体只是近似有效。

如果一种电介质是由几种不同的分子和原子组成的混合物，则式(5.2.6)应写成：

$$\frac{\varepsilon_r - 1}{\varepsilon_r + 2} = \frac{1}{3}\sum_i N_i \alpha_i \tag{5.2.7}$$

式中，N_i 和 α_i 是第 i 种分子或原子的相应数值。

5.2.2 有极分子情况

对于有极分子电介质，因固有电偶极矩之间的相互作用产生了远比前面的简单模型复杂的极化，克劳修斯-莫索提方程就不再成立了。现在，考虑分子具有固有电偶极矩的电介质。

当引入外电场后，有极分子组成的电介质的固有电偶极子将趋于沿电场方向整齐排列。但是，由于热运动的影响，它不能完全有秩序地按电场方向整齐排列起来，而且它的有序程度将随着温度的升高而降低。设在电介质每单位体积中有 N 个分子，每一个分子的电偶极矩为 $\boldsymbol{p}$，又设每一个电偶极矩矢量都经过一个单位半径球体的球心。现在，就来确定相对于外电场 $\boldsymbol{E}$ 方向夹角在 θ 和 $\theta + \mathrm{d}\theta$ 之间的电偶极子的数目。

在外电场作用下，各个电偶极子都要向外电场方向转动，它在电场中具有位能，且仅为 θ 的函数。这是因为电偶极子在有效电场 $\boldsymbol{E}_{\mathrm{eff}}$ 中具有的位能为

$$W_p = -\boldsymbol{p} \cdot \boldsymbol{E}_{\mathrm{eff}} = -pE_{\mathrm{eff}} \cos\theta$$

在温度为 T 的热平衡状态下，根据玻尔兹曼(Boltzmann)统计，分子具有能量 W_p 的概率与因子 $\mathrm{e}^{-\frac{W_p}{kT}}$ 成正比。因此，在 $\theta + \mathrm{d}\theta$ 之间的电偶极子个数为

$$\mathrm{d}N = C\mathrm{e}^{-\frac{W_p}{kT}}\mathrm{d}S = C\mathrm{e}^{-\frac{W_p}{kT}} 2\pi\sin\theta \mathrm{d}\theta$$

式中，C 是比例因子，由 $\int_0^N \mathrm{d}N = N$ 决定，有

$$C = \frac{N}{2\pi\int_0^\pi \mathrm{e}^{\frac{pE_{\mathrm{eff}}\cos\theta}{kT}} \sin\theta \mathrm{d}\theta}$$

在单位体积内方向在 $\theta \sim \theta + \mathrm{d}\theta$ 的电偶极子的数目是

$$\mathrm{d}N = \frac{N\mathrm{e}^{\frac{pE_{\mathrm{eff}}\cos\theta}{kT}} \sin\theta \mathrm{d}\theta}{\int_0^\pi \mathrm{e}^{\frac{pE_{\mathrm{eff}}\cos\theta}{kT}} \sin\theta \mathrm{d}\theta} \tag{5.2.8}$$

式中，k 是玻尔兹曼常量 $1.381\times10^{-23}\ \text{J/K}$；$T$ 是热力学温度。

于是，电偶极矩方向在角度间隔 $\theta\sim\theta+\mathrm{d}\theta$ 的分子，在有效电场 $\boldsymbol{E}_{\text{eff}}$ 的方向上的总电偶极矩是

$$\mathrm{d}P = p\mathrm{d}N\cos\theta = pN\frac{\mathrm{e}^{\frac{pE_{\text{eff}}\cos\theta}{kT}}\sin\theta\cos\theta\mathrm{d}\theta}{\int_0^{\pi}\mathrm{e}^{\frac{pE_{\text{eff}}\cos\theta}{kT}}\sin\theta\mathrm{d}\theta} \tag{5.2.9}$$

为了得出单位体积内的总电偶极矩 $\boldsymbol{P}$，现在把式(5.2.9)中的分子从 $\theta=0$ 到 $\theta=\pi$ 进行积分，得到

$$P = Np\left(\coth\frac{pE_{\text{eff}}}{kT} - \frac{kT}{pE_{\text{eff}}}\right) \tag{5.2.10}$$

这个公式称为朗之万 (Langevin) 公式。

图 5.2.1 画出了 $P/(Np)$ 作为 $u=pE_{\text{eff}}/(kT)$ 的函数的图形。可以看出，当 u 很大，即电场很强或温度很低时，P 趋向于 Np，这时所有的电偶极子都顺着电场方向排列，介质的极化趋于饱和。但是，这种饱和在实际中是很难实现的。例如，水分子的电偶极矩约为 $6.20\times10^{-30}\text{C}\cdot\text{m}$。假如，当取 $p=10^{-30}\text{C}\cdot\text{m}$ 和 $T=300\text{K}$ 时，要使 $u\gg1$，就要求电场强度：

$$E_{\text{eff}} \gg \frac{kT}{p} \approx 3\times10^{9}\ \text{V/m}$$

这相当于要在相距为 1cm 的两个平板电极之间维持千万伏的高压。这意味着，在远未达到饱和以前，介质就已被击穿。

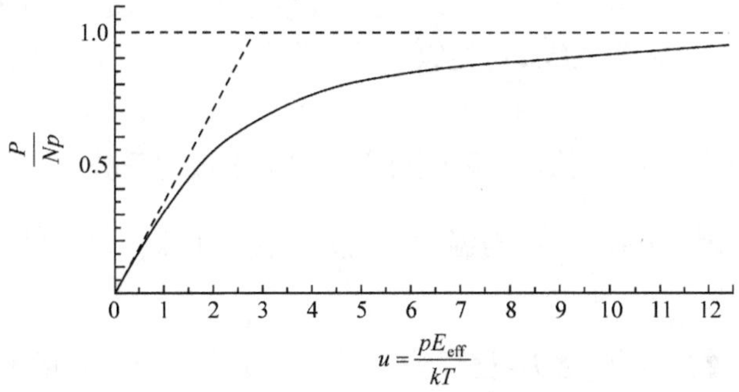

图 5.2.1　朗之万函数

实际上有意义的是当温度高而电场弱时，$pE_{\text{eff}}/kT\ll1$ 的情况，$\coth\frac{pE_{\text{eff}}}{kT}-\frac{kT}{pE_{\text{eff}}}\approx\frac{pE_{\text{eff}}}{3kT}$，则有电介质的电极化强度：

$$\boldsymbol{P} = \frac{Np^2}{3kT}\boldsymbol{E}_{\text{eff}} \tag{5.2.11}$$

这一结果表明，当 $pE_{\text{eff}}/(kT)\ll1$ 时，有极分子组成的电介质的固有电偶极矩在电场中取向产生的电极化强度矢量是与介质的温度成反比的，即极化系数是与温度成反比的。从实际

观点来看，有极性电介质与无极性电介质的唯一不同之处仅仅在于极化系数对温度的依赖关系，也就是相对介电常数对温度的依赖关系。

通常，实际的有极性电介质，在电场中除了有取向极化外，也会有正、负电荷中心移动而引起的位移极化。考虑这两种极化效应，把式(5.2.3)和式(5.2.11)组合起来，有

$$\boldsymbol{P}=N\left(\alpha\varepsilon_0+\frac{p^2}{3kT}\right)\boldsymbol{E}_{\text{eff}} \tag{5.2.12}$$

式中，$\boldsymbol{E}_{\text{eff}}=\boldsymbol{E}+\dfrac{1}{3\varepsilon_0}\boldsymbol{P}$。对于线性介质，利用式(5.2.4)，有

$$\boldsymbol{E}_{\text{eff}}=\frac{\varepsilon_{\text{r}}+2}{3}\boldsymbol{E} \tag{5.2.13}$$

所以

$$\boldsymbol{P}=\varepsilon_0(\varepsilon_{\text{r}}-1)\boldsymbol{E}=N\left(\alpha\varepsilon_0+\frac{p^2}{3kT}\right)\frac{\varepsilon_{\text{r}}+2}{3}\boldsymbol{E}$$

由此得到

$$\frac{\varepsilon_{\text{r}}-1}{\varepsilon_{\text{r}}+2}=\frac{N}{3\varepsilon_0}\left(\alpha\varepsilon_0+\frac{p^2}{3kT}\right) \tag{5.2.14}$$

或者

$$\frac{\varepsilon_{\text{r}}-1}{\varepsilon_{\text{r}}+2}=\frac{N_A\rho_{\text{m}}}{3\varepsilon_0 M}\left(\alpha\varepsilon_0+\frac{p^2}{3kT}\right) \tag{5.2.15}$$

与克劳修斯-莫索提方程一样，这是一个适用于有极分子电介质的方程，称为朗之万-德拜(Langevin-Debye)公式。它与式(5.2.6)类似，只是添上了一项由于有极分子的取向作用而来的 $p^2/(3kT)$。

从原理上说，应用朗之万-德拜方程既可以定出分子极化系数 α，又可以定出分子的固有电偶极矩 p。这是因为 $\alpha\varepsilon_0+\dfrac{p^2}{3kT}$ 与温度的倒数呈线性关系，因此可以通过实验分别测定 α 和 p 的值。

这里顺便指出，在推导朗之万-德拜公式时，已作了一个重要的假设：有效电场公式 $\boldsymbol{E}_{\text{eff}}=\boldsymbol{E}+\dfrac{1}{3\varepsilon_0}\boldsymbol{P}$ 既适用于位移极化，又适用于取向极化。同时，假设电场不改变固有电偶极矩的量值，且假设分子的电偶极矩也不受温度影响。除此之外，也没有考虑液体和固体中分子的复杂结合方式。这里，只是讨论了极化过程的基本特点，但是要准确地定出分子极化系数 α 和固有电偶极矩 p，必须建立在更为深入的处理方法的基础上。

5.3　电介质的色散理论

前面讨论了由静态的，即不随时间变化的电场所引起的极化。在静态情况下，电场强

度和由它所产生的极化强度是相称的；在动态情况下，电场强度随时间而变，介质的极化强度可能跟不上电场的变化速度，因而不一定能与电场相称。例如，在正弦电场作用下，电介质的介电常数要随所施电场的角频率而变，这就是色散现象。事实上，色散是所有介质的共同特性，介电常数的频率色散特性正是一个极为重要的研究问题。

5.3.1　介电常数的色散定律

显然，在迅变电场的情况下，介质的电极化跟不上电场的变化。此时，$\boldsymbol{D}$ 和 $\boldsymbol{E}$ 之间的瞬时关系已不成立，它们之间存在着时间非局域关系。$\boldsymbol{D}(t)$ 和前一时刻 $\boldsymbol{E}(t)$ 的值之间最普遍的线性关系可以写成下述积分形式：

$$\boldsymbol{D}(t)=\varepsilon_0\boldsymbol{E}(t)+\int_0^{\infty}f(t')\varepsilon_0\boldsymbol{E}(t-t')\mathrm{d}t' \tag{5.3.1}$$

式中，$f(t)$ 为时间 t 的函数，与介质的性质有关。按照与静态下的类比，可以把式(5.3.1)从形式上写为

$$\boldsymbol{D}(t)=\hat{\varepsilon}\boldsymbol{E}(t)$$

$\hat{\varepsilon}$ 为线性积分算子。对于单频正弦电场，$\boldsymbol{D}$ 和 $\boldsymbol{E}$ 满足：

$$\boldsymbol{D}=\varepsilon(\omega)\boldsymbol{E}$$

显然，由傅里叶变换可直接从式(5.3.1)得出

$$\varepsilon(\omega)=\varepsilon_0+\varepsilon_0\int_0^{\infty}f(t')\mathrm{e}^{-\mathrm{j}\omega t'}\mathrm{d}t' \tag{5.3.2}$$

式中，$\varepsilon(\omega)$ 称为电介质的复介电常数。它规定了电介质在不同频率的正弦电场中的宏观特性，其实部和虚部都与所施加电场的角频率 ω 有关。$\varepsilon(\omega)$ 对频率的依赖关系称为色散定律。$\varepsilon(\omega)$ 有下面几个重要性质。

(1) 函数 $\varepsilon(\omega)$ 是一复数，可以令

$$\varepsilon(\omega)=\varepsilon'(\omega)+\mathrm{j}\varepsilon''(\omega) \tag{5.3.3}$$

从式(5.3.2)中，可以直接看出：

$$\varepsilon(-\omega)=\varepsilon^*(\omega) \tag{5.3.4}$$

把实、虚部分开后，则有

$$\varepsilon'(-\omega)=\varepsilon'(\omega)\quad 和 \quad \varepsilon''(-\omega)=-\varepsilon''(\omega) \tag{5.3.5}$$

可见，介电常数的实部是频率的偶函数，虚部是频率的奇函数。

(2) $\varepsilon(\omega)$ 的解析性。当 $\omega\to\infty$ 时，$\varepsilon(\omega)\to\varepsilon_0$，这是电场随时间变化很快以致电介质中的极化过程根本来不及发生所致。而当 ω 很小时，可以把 $\varepsilon(\omega)$ 展开成 ω 的幂级数。根据性质(1)，实部和虚部可分别展开成：

$$\varepsilon'(\omega)=\sum_{n=-\infty}^{\infty}c_n\omega^{2n}\quad 和 \quad \varepsilon''(\omega)=\sum_{n=-\infty}^{\infty}d_n\omega^{2n+1}$$

对于电介质来说，由于 $\omega\to 0$ 时，$\varepsilon(\omega)\to\varepsilon_{静态}=常数$，所以不保留负次幂部分，即

$$\varepsilon(\omega)=\varepsilon(0)+\mathrm{j}d_0\omega+\sum_{n=1}^{\infty}(c_n\omega^{2n}+\mathrm{j}d_n\omega^{2n+1})$$

可见，在低频下，电介质的介电常数$\varepsilon(\omega)=\varepsilon(0)+\mathrm{j}d_0\omega$。

对导电介质来说，由前面第 4 章中引入的等效介电常数$\varepsilon'=\varepsilon-\mathrm{j}\dfrac{\gamma}{\omega}$可以看出，在$\omega$很小的情况下，展开式应当从负一次幂开始，包括零次幂和正幂部分，即

$$\varepsilon(\omega)=-\mathrm{j}\frac{\gamma}{\omega}+\varepsilon(0)+\mathrm{j}d_0\omega+\sum_{n=1}^{\infty}(c_n\omega^{2n}+\mathrm{j}d_n\omega^{2n+1})$$

式中，$\varepsilon(0)$为导体的静态介电常数。所以，对于低频下的导体，介电常数$\varepsilon(\omega)=\varepsilon(0)-\mathrm{j}\dfrac{\gamma}{\omega}$。

由此可见，函数$\varepsilon(\omega)$的又一重要特性：如果把ω看成复变函数$\omega=\omega'+\mathrm{j}\omega''$，则$\varepsilon(\omega)$在复平面$\omega$的上半平面解析，且只在实轴的$\omega=0$处存在一阶奇点。有关$\varepsilon(\omega)$的解析性问题的较严格的讨论请参看杰克逊《经典电动力学》中的 7.10 节。

(3) 由性质(1)和(2)，可导出$\varepsilon(\omega)$的实部和虚部的函数关系式为

$$\begin{cases}\varepsilon'(\omega_0)-\varepsilon_0=\dfrac{2}{\pi}P\displaystyle\int_0^{\infty}\frac{\omega\varepsilon''(\omega)}{\omega^2-\omega_0^2}\mathrm{d}\omega\\[2ex]\varepsilon''(\omega_0)=-\dfrac{1}{\pi}\left[P\displaystyle\int_{-\infty}^{\infty}\frac{\varepsilon'(\omega_0)-\varepsilon_0}{\omega-\omega_0}\mathrm{d}\omega-\frac{\pi\gamma}{\omega_0}\right]\end{cases}\tag{5.3.6}$$

式(5.3.6)即为克拉默斯-克勒尼希(Kramers-Kronig，K-K)关系，它在物理学的许多领域内极为有用。其中，第二式中等号右边的第二项是对金属而言的；而在电介质中，因γ=0，第二项自动消失。第一项特别有用，对于给定的介质，一旦从实验上测出了$\varepsilon''(\omega)$的经验规律，就可以从它计算出函数$\varepsilon'(\omega)$。介质的吸收特性是由一些谱线很窄的吸收线构成的，吸收线容易测量，甚至可以借助于经验知识得到，通过第一项就可以计算出较难测量的色散特性。

导出克拉默斯-克勒尼希关系时所依据的基本原则除因果律以外，仅要求系统是线性的，因此它具有普遍性。

5.3.2 介质色散的经典模型

前面研究了$\varepsilon(\omega)$的某些一般性质，现在用经典的电子模型来具体地说明色散的物理内容。为简单起见，设电介质由同一种分子组成，分子中的离子由于质量较大可看成静止不动的，电子运动采用经典的谐振子模型。电子在入射电磁波的作用下受到一个有效电场$\boldsymbol{E}_{\text{eff}}=\boldsymbol{E}_0\cos\omega t$的作用。在有效电场的作用下，电子受迫振动，其运动方程为

$$\frac{\mathrm{d}^2\boldsymbol{r}}{\mathrm{d}t^2}+\varGamma\frac{\mathrm{d}\boldsymbol{r}}{\mathrm{d}t}+\omega_0^2\boldsymbol{r}=\frac{e}{m_0}\boldsymbol{E}_0\cos\omega t\tag{5.3.7}$$

式中，$\varGamma$是量度电子所受阻力的量；m_0是电子的质量；ω_0是电子的自由振荡角频率，又称本征频率或自然频率。在可见光至紫外频段内，本征频率的典型值为ω_0 = $(10^4\sim10^6)\,2\pi$ rad/s。显然，在正弦稳态情况下，上述方程的解为

$$\dot{\boldsymbol{r}} = \frac{e\boldsymbol{E}_0/m_0}{\omega_0^2 - \omega^2 + \mathrm{j}\Gamma\omega} \tag{5.3.8}$$

由此立即得到，电介质的电极化强度为

$$\dot{\boldsymbol{P}} = Ne\dot{\boldsymbol{r}} = \frac{Ne^2/m_0}{\omega_0^2 - \omega^2 + \mathrm{j}\Gamma\omega}\boldsymbol{E}_0 = N\alpha\varepsilon_0\boldsymbol{E}_0 \tag{5.3.9}$$

式中，N 为电介质单位体积中的电偶极子数。其中

$$\alpha = \frac{e^2/(m_0\varepsilon_0)}{\omega_0^2 - \omega^2 + \mathrm{j}\Gamma\omega} \tag{5.3.10}$$

对于各向同性的均匀电介质，设极化后的极化强度为 $\dot{\boldsymbol{P}}$ ，介质中的宏观平均电场强度为 $\dot{\boldsymbol{E}}$ 。那么，根据式(5.2.1)，作用在介质分子上的有效电场强度为

$$\dot{\boldsymbol{E}}_0 = \dot{\boldsymbol{E}} + \frac{1}{3\varepsilon_0}\dot{\boldsymbol{P}} \tag{5.3.11}$$

这就是介质中谐振子所受到的有效电场，将式(5.3.11)代入式(5.3.9)中，得到

$$\dot{\boldsymbol{P}} = N\alpha\varepsilon_0\left(\dot{\boldsymbol{E}} + \frac{1}{3\varepsilon_0}\dot{\boldsymbol{P}}\right) \tag{5.3.12}$$

另外，$\dot{\boldsymbol{P}} = (\varepsilon_\mathrm{r} - 1)\varepsilon_0\dot{\boldsymbol{E}}$ ，结合式(5.3.12)，得到

$$\frac{\varepsilon_\mathrm{r} - 1}{\varepsilon_\mathrm{r} + 2} = \frac{N\alpha}{3} \tag{5.3.13}$$

考虑到 α 是复数且是 ω 的函数，所以式(5.3.13)说明 ε_r 不仅是复数，也是 ω 的函数，它反映了介质的色散关系。

液体和固体的色散特性十分复杂，这里只考虑气体。气体是各向同性的电介质，在压力不太大时，分子之间的距离比较大，相互作用可以忽略。因此，无论是非极性气体还是极性气体，可以认为有效电场就是宏观平均电场，即 $\dot{\boldsymbol{E}}_\mathrm{eff} = \dot{\boldsymbol{E}}$ ，那么式(5.3.13)可以简化为

$$\varepsilon_\mathrm{r}(\omega) = 1 + N\alpha \tag{5.3.14}$$

这就是气体的色散关系。习惯上，式(5.3.14)用电介质对电磁波的折射率 n 和吸收系数 χ 写成：

$$\sqrt{\varepsilon_\mathrm{r}(\omega)} = n + \mathrm{j}\chi \tag{5.3.15}$$

利用式(5.3.10)和式(5.3.14)，容易得到

$$\begin{cases} n = 1 + \dfrac{Ne^2}{2\varepsilon_0 m_0}\dfrac{\omega_0^2 - \omega^2}{(\omega_0^2 - \omega^2)^2 + \Gamma^2\omega^2} \\ \chi = -\dfrac{Ne^2}{2\varepsilon_0 m_0}\dfrac{\Gamma\omega}{(\omega_0^2 - \omega^2)^2 + \Gamma^2\omega^2} \end{cases} \tag{5.3.16}$$

可以看出，当外电场频率远离本征频率 ω_0 时，设 $(\omega_0^2 - \omega^2)^2 \gg \Gamma^2\omega^2$ ，那么吸收将很小，$\chi \approx 0$ ，而折射率 n 为

$$n = 1 + \frac{Ne^2}{2\varepsilon_0 m_0} \frac{1}{(\omega_0^2 - \omega^2)} \tag{5.3.17}$$

这一公式表明，若 $\omega \gg \omega_0$，则折射率随频率增大而增大，这是正常色散。反之，如果 $\omega \ll \omega_0$，则 $n = 1 + \frac{Ne^2}{2\varepsilon_0 m_0 \omega_0^2}$，即没有色散现象。

对于大多数普通气体(如空气、大多数无色气体、氢气、氦气等)，其中电子振荡的本征频率对应于紫外线。这些频率高于可见光的频率，即 ω_0 远大于可见光的频率，作为一级近似，与 ω_0^2 相比较，可以忽略 ω^2。这样，人们发现折射率为常数。因此，对于气体来说，其折射率近似为常数。这一点对大多数透明物质(如玻璃)也成立。但是，如果稍稍仔细地分析一下式(5.3.17)，就会注意到，当 ω 增大时，折射率 n 随频率提高而缓慢地增大。蓝光的折射率比红光的大，这就是棱镜使蓝光弯折得比红光厉害的道理。如果在紫外区测量像玻璃这类材料的折射率(在此区 ω 接近 ω_0)，将会看到在频率十分接近本征频率时，折射率会变得非常大，因为分母会趋于零。例如，当以 X 射线照射玻璃这样的材料时，就会发生这种情况。如果向自由电子气上发射无线电波(或光)，也会发生类似的情形。对于自由电子来说，$\omega_0 = 0$(没有弹性恢复力)。在式(5.3.17)中，令 $\omega_0 = 0$，$\omega_0^2 - \omega^2$ 项就变成负的，于是得到 n 小于 1 的结果。这意味着自由电子气中波的有效速度比光速 c 还快！这是正确的吗？这是正确的，在前面的“电磁波在等离子体中的传播”一节中已经看到了这一事实。尽管人们说传递信号的速度不可以比光快，但是在特定频率下，物质的折射率可以大于 1 也可以小于 1，这一点是真的。这仅仅意味着散射光产生的相移可以是正的也可以是负的。然而，可以证明，能用来传递信号的速率并不取决于一个频率上的折射率，而是取决于许多个频率上的折射率。折射率告诉人们的是波的节(或峰)传播的速度。波的节(或峰)本身并不是一个信号。一个完善的波，没有任何调制，也就是说，一个稳定的振动，在这样的波中，不能确切地说明它何时“开始”，所以就不能用它作计时信号。传送信号，必须在一定程度上改变这个波，例如，在其上造成一个凹口，或使它稍微宽一点或狭窄一点。这意味着必须在波中有一个以上的频率，并且可以证明信号传播的速度并不仅仅取决于折射率，而是取决于折射率随频率变化的情况。尽管作为数学点的波节确实比光速传播得快，但实际上，此速度并不比光速快。

当外电场频率在本征频率 ω_0 附近区域时，特别当 $\omega \to \omega_0$ 时，有

$$\begin{cases} n - 1 = \left(\dfrac{Ne^2}{4\varepsilon_0 m_0 \omega_0 \Gamma}\right) \dfrac{(\omega_0 - \omega)\Gamma}{(\omega_0 - \omega)^2 + \Gamma^2/4} \\ \chi = -\left(\dfrac{Ne^2}{2\varepsilon_0 m_0 \omega_0 \Gamma}\right) \dfrac{\Gamma^2/4}{(\omega_0 - \omega)^2 + \Gamma^2/4} \end{cases} \tag{5.3.18}$$

气体介质在本征频率 ω_0 附近的色散曲线如图 5.3.1 所示。可以看出，在本征频率 ω_0 附近，n 随频率升高而减小，这是一种与正常色散相反的反常色散。伴随着反常色散的出现，在本征频率 ω_0 附近，气体电介质表现出强烈的吸收。强烈吸收说明电子能够有效地从外电场中得到能量，接近出现共振，即电子以外电场的频率做简谐振动。一般说来，吸收与色散是共存的，这是一条普遍的物理规律。

通常，如在玻璃中，光的吸收是很少的。这可以从式(5.3.16)中看出，因为分母中的 $(\Gamma\omega)^2$ 远小于 $(\omega_0^2-\omega^2)^2$ 项。但若光频 ω 十分接近 ω_0，则共振项 $\omega_0^2-\omega^2$ 与 $\Gamma\omega$ 相比较就变得很小，折射率几乎为零，吸收率达到最大。光的吸收变为占优势的效应。正是这一效应使得接收到太阳光谱中的暗线。来自太阳表面的光通过太阳的大气(如同地球的大气一样)，而光就在太阳大气中原子的共振频率处被强烈地吸收掉。对于太阳光中这种谱线的观察，使我们了解到太阳大气中原子的共振频率，从而能说出其化学成分。

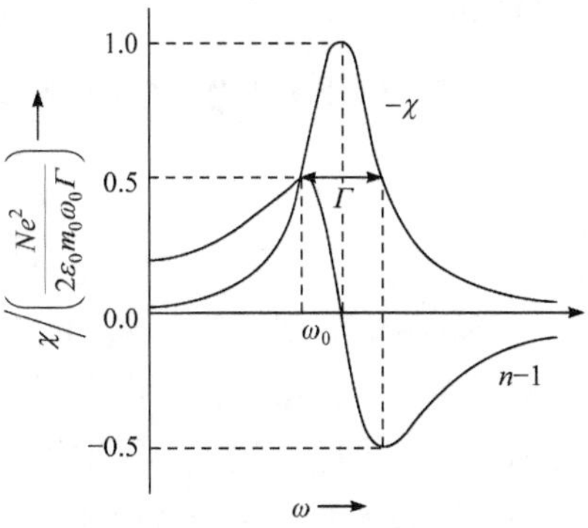

图 5.3.1　气体介质在本征频率附近的色散关系[3]

应当指出，在电场力作用下，要严格地确定电介质的色散与吸收规律，这是一个复杂的量子力学问题。然而，量子力学理论指出，在分子内由于受电场力和原子核电荷库仑力的作用，电子云的运动与简谐振子的运动是相似的，也即电子云将以其平衡位置为中心做受迫的简谐振动。因此，上述应用经典电子论所得到的色散与吸收规律，才能够定性地与实验结果相一致。因此，介质色散和损耗的经典理论正是经典电子论中尚有存在价值的主要部分。

5.3.3　导体的色散

这里仍用经典电子论来解释导体的色散。与电介质相比较，在导体中只是有一部分电子能够在构成导体的离子晶格中"自由"地运动。根据分析(限于篇幅，推导过程从略)，可以得到

$$\varepsilon(\omega)=\left[\varepsilon_0+\frac{Ne^2}{m_0}\sum_{i\neq 0}\frac{f_i}{(\omega_i^2-\omega^2)+\mathrm{j}\Gamma_i\omega}\right]-\mathrm{j}\frac{Ne^2}{m_0\omega}\frac{f_0}{(\Gamma_0+\mathrm{j}\omega)} \tag{5.3.19}$$

式中，f_0 是每个原子中自由电子的数目，它们的本征频率 $\omega_0=0$，阻尼系数为 Γ_0；等号右边第一项是所有束缚电子的贡献；第二项就是自由电子的贡献。

这是一个描述在许多物质中观察到的折射率的完整公式，它在量子力学中仍然有效，但对它的解释有些不同。以式(5.3.19)描写的折射率随频率的变化曲线大致如图 5.3.2 所示。

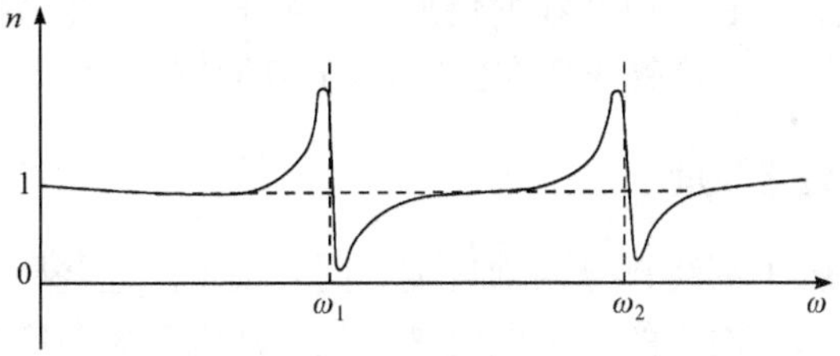

图 5.3.2　折射率与频率的关系

可以注意到，只要 ω 不太接近某一共振频率，曲线的斜率总是正的。这种正的斜率称为"正常"色散(显然，因为它是最通常发生的情况)。但当 ω 十分接近共振频率时，有一小段的 ω 内其斜率是负的，常把这种负的斜率称为"反常"(即不正常)色散。因为当它首次被

观察到时，似乎是不平常的。从现在的观点来看，正、负两种斜率都是十分“正常”的。

如果把式(5.3.19)与导体的等效介电常数$\varepsilon' = \varepsilon - \mathrm{j}\frac{\gamma}{\omega}$相比较，不难得到其电导率为

$$\gamma = \frac{Ne^2 f_0}{m_0(\varGamma_0 + \mathrm{j}\omega)} \tag{5.3.20}$$

这就是导体电导率的德鲁德(Drude)模型。这是关于金属中自由电子在外电场中运动的经典模型。在这个模型中，自由电子的运动被看作与气体分子的运动相似，称为自由电子气。实际上，自由电子气与金属中不运动的正离子就构成了一种固态等离子体。在常温下，当$\omega \ll 10^{13}\,\mathrm{Hz}$时，电导率近似值为

$$\gamma = \frac{Ne^2 f_0}{m_0 \varGamma_0} \tag{5.3.21}$$

式(5.3.21)表明，在微波频段甚至超过微波频段，导体的电导率γ为实数，欧姆定律是成立的。

当外加电场的频率远远超过最高本征频率时，$\omega \gg \omega_i$，导体将成为等离子体，这时所有电子都是自由的。由式(5.3.19)，不难得到其等离子体频率为

$$\omega_{\mathrm{p}} = \sqrt{\frac{NZe^2}{\varepsilon_0 m_0}} \tag{5.3.22}$$

式中，NZ为单位体积内的电子数。显然，当$\omega > \omega_{\mathrm{p}}$时，导体对电磁波将是透明的，电磁波就能穿透导体。这一现象一般出现在紫外波段。有兴趣的读者可以参阅 Pines 的专著 *Elementary Excitation in Solids*(New York：W. A. Benjamin, Inc.，1963)，其中对导体在光频段和紫外段的介电特性有深入的讨论。

5.4 磁介质退磁化场的分析

电介质放在外电场中，电介质的极化会引起电场的变化。与电介质一样，如果把磁介质放在外磁场中，磁介质的磁化也会引起磁场的变化。这里所指的磁介质是一切能够磁化的物质。与静电场类似，在磁介质存在的情形下，由于发生磁化效应，就必须考虑磁介质对磁场的反应。本节将着重讨论磁介质在恒定磁场中的表现。

5.4.1 磁介质的磁化与磁化强度

物质分子中的每个电子都绕自身的轴自旋，同时又不停地绕原子核运动着。带电粒子的这两种运动可以用分子中内在的分子电流来等效。从电磁场角度来看，每个分子电流可以看成是一个小的环形电流。这种环形电流相当于一个磁偶极子，其磁偶极矩为$\boldsymbol{m}_i$，它必然会产生磁效应。

在没有外磁场作用时，磁介质中的分子电流排列是杂乱无章的，磁偶极矩取向是随机的。因此它们产生的磁场在宏观上是相互抵消的，并不呈现任何宏观效果。这时$\sum \boldsymbol{m}_i = 0$。

但当受到外磁场作用时，分子电流分布就呈现出一定规则，这时分子电流不会完全相互抵消，有 $\sum \boldsymbol{m}_i \neq 0$ 。因此，磁介质呈现出宏观效应，这就是磁化现象。在磁化后，宏观效应不为零，即出现大量微观分子电流所引起的宏观剩余电流，称为磁化电流。这些磁化电流产生了附加磁场，因而引起了磁场的变化。

不同磁介质进入磁化状态的情况是不同的，与讨论电介质时引入电极化强度 $\boldsymbol{P}$ 一样，通常用磁化强度 $\boldsymbol{M}$ 这样一个宏观量来表征磁介质的磁化程度。$\boldsymbol{M}$ 的定义是单位体积内的磁偶极矩的矢量和：

$$\boldsymbol{M} = \lim_{\Delta V \to 0} \frac{\sum \boldsymbol{m}_i}{\Delta V} \tag{5.4.1}$$

顺便指出，磁介质情况比较复杂，有一类磁介质在外加磁场的作用消失时完全退磁化，这类磁介质还分为顺磁质和反磁质两类。然而，还有一类磁介质，在外加磁场消失之后，仍然保持它的磁化，这类磁介质称为铁磁质。铁磁质不仅会因为它的存在而使电流的磁场分布发生改变，而且它能独立地激发磁场，这是不以外磁场的存在与否为转移的，即形成永磁体。

5.4.2　磁介质的退磁化场

设磁介质的体积是 V ，磁化后的磁偶极矩体密度为 $\boldsymbol{M}(\boldsymbol{r}')$ ，则在点 $\boldsymbol{r}$ 处由位于点 $\boldsymbol{r}'$ 的磁偶极子 $\boldsymbol{M}(\boldsymbol{r}')\mathrm{d}V'$ 所产生的 $\mathrm{d}\boldsymbol{A}$ 是

$$\mathrm{d}\boldsymbol{A} = \frac{\mu_0}{4\pi} \frac{\boldsymbol{M}(\boldsymbol{r}')\mathrm{d}V' \times \boldsymbol{e}_R}{R^2}$$

对整个磁介质进行积分给出：

$$\boldsymbol{A} = \frac{\mu_0}{4\pi} \int_V \frac{\boldsymbol{M}(\boldsymbol{r}') \times \boldsymbol{e}_R}{R^2} \mathrm{d}V' \tag{5.4.2}$$

根据恒等式

$$\nabla \times (f\boldsymbol{F}) = \nabla f \times \boldsymbol{F} + f \nabla \times \boldsymbol{F}$$

和

$$\int_V \nabla' \times \boldsymbol{F} \mathrm{d}V' = \oint_S \mathrm{d}\boldsymbol{S}' \times \boldsymbol{F} = \oint_S \boldsymbol{n} \times \boldsymbol{F} \mathrm{d}S'$$

式(5.4.2)便可以写成：

$$\boldsymbol{A} = \frac{\mu_0}{4\pi} \int_V \frac{\nabla' \times \boldsymbol{M}(\boldsymbol{r}')}{R} \mathrm{d}V' + \frac{\mu_0}{4\pi} \oint_S \frac{\boldsymbol{M}(\boldsymbol{r}') \times \boldsymbol{n}}{R} \mathrm{d}S' \tag{5.4.3}$$

式中，S 是包围体积 V 内磁介质的曲面；$\boldsymbol{n}$ 是 S 上的外法向单位矢量。

式(5.4.3)中，两个积分都包含因子 $1/R$ ，而且乘以 $\mu_0/(4\pi)$ 。与静电场中介质退极化场分析相类似，得出了以下值得注意的结论，这两项正好是由以下的体电流分布和面电流分布所产生的磁矢位：

$$\boldsymbol{J}_{\mathrm{m}} = \nabla \times \boldsymbol{M} \tag{5.4.4}$$

$$\boldsymbol{K}_{\mathrm{m}} = \boldsymbol{M} \times \boldsymbol{n} \tag{5.4.5}$$

式中，$\boldsymbol{n}$ 是磁介质表面上的外法向单位矢量。由此可得

$$\boldsymbol{A}=\frac{\mu_0}{4\pi}\int_V \frac{\boldsymbol{J}_{\mathrm{m}}(\boldsymbol{r}')}{R}\mathrm{d}V'+\frac{\mu_0}{4\pi}\oint_S \frac{\boldsymbol{K}_{\mathrm{m}}(\boldsymbol{r}')}{R}\mathrm{d}S' \tag{5.4.6}$$

因此，可以把磁介质换成磁化电流分布 $\boldsymbol{J}_{\mathrm{m}}$ 和 $\boldsymbol{K}_{\mathrm{m}}$，而不影响磁介质的退磁化场。把 $\boldsymbol{J}_{\mathrm{m}}$ 和 $\boldsymbol{K}_{\mathrm{m}}$ 分别称为体磁化电流密度和面磁化电流密度。磁介质磁化后由磁偶极矩激发的磁场等效于体内和表面的磁化电流产生的磁场。必须指出，磁化体的磁化电流 $\boldsymbol{J}_{\mathrm{m}}$ 和 $\boldsymbol{K}_{\mathrm{m}}$ 是客观存在的。

5.4.3 磁介质中的磁场

前面的讨论说明磁化磁介质中的分子电流的磁场效应，在宏观上可以用磁化电流在真空中产生的磁场来等效。这样，要计算有磁介质存在时的磁感应强度，只需要把磁化电流考虑进去，与传导电流一起计算它们在真空中产生的磁感应强度即可。因此，在具有磁介质的磁场中，有

$$\nabla\times\boldsymbol{B}=\mu_0(\boldsymbol{J}+\boldsymbol{J}_{\mathrm{m}})$$

把式(5.4.4)代入上式，经过移项整理，并引入如下关系

$$\boldsymbol{B}=\mu_0\boldsymbol{H}+\mu_0\boldsymbol{M} \tag{5.4.7}$$

后，得到

$$\nabla\times\boldsymbol{H}=\boldsymbol{J} \tag{5.4.8}$$

这里，称引入的新矢量 $\boldsymbol{H}$ 为磁场强度。式(5.4.8)就是一般形式的安培环路定理。

这里顺便指出，在静电场中，基本场量是 $\boldsymbol{E}$，而不是 $\boldsymbol{D}$；在恒定磁场中，基本场量是 $\boldsymbol{B}$，而不是 $\boldsymbol{H}$。$\boldsymbol{D}$ 和 $\boldsymbol{H}$ 分别是为了方便讨论电介质和磁介质对场的影响而引入的辅助量。电场强度 $\boldsymbol{E}$ 和磁感应强度 $\boldsymbol{B}$ 才分别是真正反映了电介质中电场和磁介质中磁场特征的物理量。

与静电场类似，为了解出 $\boldsymbol{B}$，还需要知道 $\boldsymbol{M}$ 和 $\boldsymbol{H}$ 之间的关系。实验指出，在一定条件下，例如，各向同性磁介质，它和磁场强度的关系为

$$\boldsymbol{M}=\boldsymbol{M}_0+\chi_{\mathrm{m}}\boldsymbol{H} \tag{5.4.9}$$

式中，χ_{m} 是磁介质的磁化率，它是物质常数；$\boldsymbol{M}_0$ 代表物质的固有磁化强度。$\boldsymbol{M}_0\neq 0$ 表示即使没有外磁场时，物质也会保留一定的磁化。

不同磁介质的磁性是不完全相同的。在通常情况下，铁磁质的 $\boldsymbol{M}_0\neq 0$，而且 χ_{m} 的数值很大。铁磁质的磁学性质非常复杂，在这里不准备做进一步讨论。对于顺磁质和反磁质这两种磁介质，它们都没有固有磁化($\boldsymbol{M}_0=0$)，而且磁化强度与磁场强度成正比，即

$$\boldsymbol{M}=\chi_{\mathrm{m}}\boldsymbol{H} \tag{5.4.10}$$

由式(5.4.7)得到

$$\boldsymbol{B}=\mu_0(\boldsymbol{H}+\boldsymbol{M})=\mu_0(1+\chi_{\mathrm{m}})\boldsymbol{H}$$

则

$$\boldsymbol{B}=\mu\boldsymbol{H} \tag{5.4.11}$$

式中，$\mu=\mu_0\mu_{\mathrm{r}}$ 称为磁导率，$\mu_{\mathrm{r}}=1+\chi_{\mathrm{m}}$ 称为相对磁导率，都是物质常数，它们由实验确定。

当 $\mu_r > 1$ 时，为顺磁质；$\mu_r < 1$ 时，为反磁质。但典型的 μ_r 值和 1 只相差十万分之几。

在各向异性的磁介质中，$\boldsymbol{M}$ 和 $\boldsymbol{H}$ 的方向不同，所以 $\boldsymbol{B}$ 和 $\boldsymbol{H}$ 的方向也不一致，但实验证明，$\boldsymbol{B}$ 和 $\boldsymbol{H}$ 间仍存在线性关系，一般可表示为

$$B_i = \sum_{j=1}^{3} \mu_{ij} H_j, \quad i = 1,2,3 \tag{5.4.12}$$

因此，这时 $\boldsymbol{B}$ 和 $\boldsymbol{H}$ 的关系需要用一个张量形式的 μ_{ij} 来表示，有时也称 μ_{ij} 为磁导率张量。

5.5　磁介质的磁化理论

在 5.4 节中曾经指出，磁介质可分为顺磁质、反磁质和铁磁质三类。这一节将用分子场(有效场或局部场)理论来分析顺磁质和反磁质这两类磁介质的磁化。下面先考虑反磁质。

5.5.1　反磁质

对于反磁质，由于每一个分子内部的电子都成对地沿相反方向运动，因而在没有外加磁场时，每个分子的净磁偶极矩都为零。当有了外磁场以后，由于沿相反方向运动的电子所受原子核的电场力不变，但磁场力方向相反，从而使它们所受的向心力不再相同。在轨道半径保持不变的条件下，这意味着它们的角速度将不同，如图 5.5.1 所示。这样，便产生了净的分子磁偶极矩。也就是说，外加磁场使反磁质产生了感应磁偶极矩。现在计算感应磁偶极矩的大小和方向[2]。

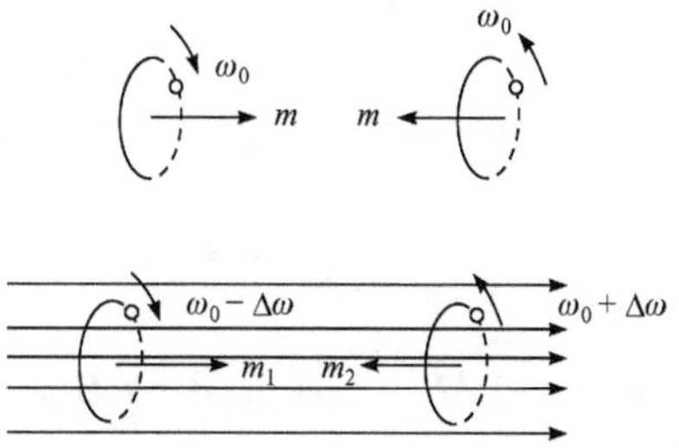

图 5.5.1　分子磁偶极矩

由于除去铁物质以外，一切媒质的磁化强度矢量都很小，$\mu_r \approx 1$，因而在计算过程中将不区别宏观平均磁感应强度 $\boldsymbol{B}$ 和局部磁感应强度 $\boldsymbol{B}_{\text{eff}}$。为了计算感应磁偶极矩，考虑一个由磁介质分子中某一电子的轨道所形成的闭合回路，如图 5.5.2 所示。

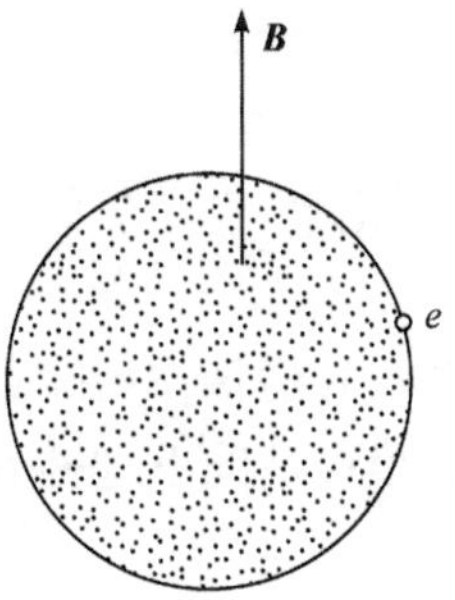

图 5.5.2　电子运动形成的电流回路

设有一个由纸面向外的磁场，当由零值增至值 $\boldsymbol{B}$ 时，根据法拉第电磁感应定律，有

$$\oint_l \boldsymbol{E} \cdot \mathrm{d}\boldsymbol{l} = -\int_S \frac{\partial \boldsymbol{B}}{\partial t} \cdot \mathrm{d}\boldsymbol{S}$$

考虑到问题的对称性，对上式求积分给出：

$$\boldsymbol{E} = -\frac{r}{2}\frac{\partial B}{\partial t}\boldsymbol{\varphi}_1$$

式中，r 为电子的轨道半径；$\boldsymbol{\varphi}_1$ 是沿电流回路的切向单位矢量。由此立即得到电子的运动方程：

$$m_0 \frac{\mathrm{d}\boldsymbol{v}}{\mathrm{d}t} = -e\frac{r}{2}\frac{\partial B}{\partial t}\boldsymbol{\varphi}_1$$

式中，m_0 为轨道电子的质量。当磁感应强度由零值增至 $\boldsymbol{B}$ 时，对上式积分，得出电子速度

的改变量为

$$\Delta \boldsymbol{v} = -\frac{er}{2m_0} B \boldsymbol{\varphi}_1$$

由于电流方向和电子运动方向相反，因而这相当于引起了一个沿方向 $\boldsymbol{\varphi}_1$ 的电流增量：

$$\Delta I = \frac{-e}{2\pi r} \Delta v = \frac{e^2 B}{4\pi m_0}$$

这就相当于一个垂直于纸面向内，即和外磁场方向相反的感应磁偶极矩：

$$\boldsymbol{m} = \frac{-e^2 r^2}{4m_0} \boldsymbol{B}$$

实际上，由于各个电子轨道平面的大小和取向是各不相同的，因而必须把 r^2 换成它在垂直于磁场平面内的投影 $(a\sin\theta)^2$ 的平均值。这里，a 是电子轨道的平均半径。由于

$$(a\sin\theta)^2{}_{\text{平均}} = \frac{1}{4\pi a^2}\int_0^{2\pi}\int_0^{\pi}(a\sin\theta)^2 a\sin\theta \mathrm{d}\phi a\mathrm{d}\theta = \frac{1}{4\pi}\int_0^{2\pi}\mathrm{d}\phi\int_0^{\pi} a^2\sin^3\theta \mathrm{d}\theta = \frac{2}{3}a^2$$

因而感应磁偶极矩为

$$\boldsymbol{m} = \frac{-e^2 a^2}{6m_0} \boldsymbol{B}$$

设每个分子中有 n 个电子，单位体积磁介质中的分子数为 N，则有磁化强度 $\boldsymbol{M}$ 为

$$\boldsymbol{M} = \frac{-Nne^2 a^2}{6m_0} \boldsymbol{B}$$

那么，由 $\boldsymbol{M} = \chi_{\mathrm{m}} \boldsymbol{H}$ 及 $\boldsymbol{B} = \mu \boldsymbol{H}$，得到

$$\frac{\chi_{\mathrm{m}}}{\mu} = \frac{-Nne^2 a^2}{6m_0}$$

或者

$$\chi_{\mathrm{m}} = \frac{-\mu_0 Nne^2 a^2}{6m_0} \Bigg/ \left(1 + \frac{\mu_0 Nne^2 a^2}{6m_0}\right) \tag{5.5.1}$$

可见，感应磁偶极矩对磁化强度 $\boldsymbol{M}$ 的贡献与外场 $\boldsymbol{B}$ 的方向相反，磁化率 χ_{m} 是负值，所以相对磁导率 $\mu_{\mathrm{r}} < 1$。因此，称这种磁介质为反磁质。

应该指出，所有物质都具有抗磁性。也就是说，不管分子在没有外磁场作用时是否具有净磁矩，对于所有的分子来说，都具有上述的反磁效应，只是在很多情况下这种效应常被同时出现的较强的顺磁的或铁磁的性质所掩盖。

5.5.2 顺磁质

构成顺磁质的每一分子，其固有磁偶极矩不为零。但是，在没有外加磁场的情形下，由于排列混乱，这些分子磁偶极矩彼此抵消，因而它们的平均效果为零。当有外磁场存在时，由于磁场力的作用，各个分子磁偶极矩在一定程度上沿着磁场方向整齐地排列起来，

从而显示出净的效果。

设在顺磁质中，每单位体积含有 N 个分子，每一个分子的磁偶极矩为 $\boldsymbol{m}$ ，又设表示每一个分子磁偶极矩的矢量都经过一个单位球的球心，现在确定相对于外磁场 $\boldsymbol{H}$ 方向夹角在 θ 和 $\theta+\mathrm{d}\theta$ 之间的分子磁偶极子数 $\mathrm{d}N$ 。

在外磁场作用下，各分子磁偶极子都要向外磁场方向转动，每一分子磁偶极子在磁场中具有位能：

$$W_{\mathrm{p}}=-mH\cos\theta$$

在温度为 T 的热平衡状态下，根据玻尔兹曼统计，分子具有能量为 W_{p} 的概率是与因子 $\mathrm{e}^{-W_{\mathrm{p}}/(kT)}$ 成正比的。k 是玻尔兹曼常量，在前面提到的 θ 和 $\theta+\mathrm{d}\theta$ 之间的分子磁偶极子个数为

$$\mathrm{d}N=C\mathrm{d}S\mathrm{e}^{-\frac{W_{\mathrm{p}}}{kT}}=2\pi C\mathrm{e}^{\frac{mH\cos\theta}{kT}}\sin\theta\mathrm{d}\theta$$

式中，C 是比例因子，它取决于 $\int_0^N \mathrm{d}N=N$ 。这样就有

$$2\pi C\int_0^{\pi}\mathrm{e}^{\frac{mH\cos\theta}{kT}}\sin\theta\mathrm{d}\theta=N$$

所以

$$C=\frac{N}{2\pi}\Big/\int_0^{\pi}\mathrm{e}^{\frac{mH\cos\theta}{kT}}\sin\theta\mathrm{d}\theta$$

于是，每单位体积内沿外磁场方向的总磁偶极矩，即磁化强度 M 为

$$M=\frac{Nm\int_0^{\pi}\mathrm{e}^{\frac{mH\cos\theta}{kT}}\sin\theta\cos\theta\mathrm{d}\theta}{\int_0^{\pi}\mathrm{e}^{\frac{mH\cos\theta}{kT}}\sin\theta\mathrm{d}\theta}$$

完成上面的积分有

$$M=Nm\left(\coth u-\frac{1}{u}\right)\tag{5.5.2}$$

式中，$u=\dfrac{mH}{kT}$ 。式(5.5.2)称为朗之万公式。当 $u\left(=\dfrac{mH}{kT}\right)$ 很小时，磁化强度 M 与磁场强度 H 呈线性关系；当 u 很大时，顺磁质将饱和。

对于磁场不太强和温度不太低的情形，$u\ll 1$ ，磁化强度 $\boldsymbol{M}$ 可以写成：

$$\boldsymbol{M}=\frac{Nm^2}{3kT}\boldsymbol{H}\tag{5.5.3}$$

因此

$$\chi_{\mathrm{m}}=\frac{Nm^2}{3kT}\tag{5.5.4}$$

式(5.5.4)就是居里(Curie)定律。它说明顺磁质的磁化率 χ_{m} 与温度成反比。但是，反磁质的

磁化率 χ_m 与温度无关。

事实上，对于顺磁质，在外加磁场的变化过程中同样也要引起感应磁偶极矩。考虑到这一点，其磁化强度 $\boldsymbol{M}$ 应该写成：

$$\boldsymbol{M} = N\left(\alpha_m + \frac{m^2}{3kT}\right)\boldsymbol{H} \tag{5.5.5}$$

式中，$\alpha_m = \dfrac{-\mu_0 n e^2 a^2}{6m_0} \Bigg/ \left(1 + \dfrac{\mu_0 N n e^2 a^2}{6m_0}\right)$。当 $\boldsymbol{m} \neq 0$ 时，在一般情形下总有 $\dfrac{m^2}{3kT} \gg \alpha_m$，这时 $\boldsymbol{M}$ 与 $\boldsymbol{H}$ 平行，这就是顺磁质这一名称的来源；反之，当 $\boldsymbol{m} = 0$ 时，$\boldsymbol{M}$ 与 $\boldsymbol{H}$ 反平行，反磁质的名称就来源于此。此外，式(5.5.5)也解释了对于有一些顺磁质，它们的 $1/\chi_m$ 与 T 的关系是一条不经过坐标原点的直线，相应的方程式是

$$\frac{1}{\chi_m} = \frac{1}{C}(T - \theta) \tag{5.5.6}$$

式中，C 是常数。把式(5.5.6)称为居里-外斯(Curie-Weiss)定律。

5.6 铁磁质的磁化

铁磁质与前面两种磁介质的性质有很大的差别。它是一种发生在铁、钴和镍以及它们的合金中的独特现象。这些物质的磁学性质非常复杂，它们的特点是，在同样的外磁场下，具有远比一般媒质大的磁化强度 $\boldsymbol{M}$，通常要大几百万倍。不太大的磁场便可使它饱和，而且在外加磁场撤去后，仍能保留相当一部分磁性，这种现象称为磁滞。关于铁磁质的性质这里不准备作深入的讨论，有兴趣的读者可以参阅关于铁磁学的书籍。考虑到铁磁质在电力设备、电子器件、微波器件等很多方面的应用范围日益扩大，本节着重介绍铁磁质的基本概念。

5.6.1 铁磁质的外斯理论

实际上，铁磁质是一种特殊顺磁质。外斯(Weiss)首先引进“分子场”的概念，给出铁磁性质的理论解释。外斯认为：

(1) 在铁磁质内部存在很多小区域，这些小区域即使没有外加磁场也有很强的自发磁化，所以这些小区域称为磁畴(即微小的自然磁化区域)。不同的磁畴其磁化方向不同，一般说来，无外加磁场时，平均起来铁磁质不呈现磁性。

(2) 在磁畴内存在自发磁化表明磁畴内的分子磁偶极矩趋向于平行排列，每一磁畴都自发磁化到饱和值 $\boldsymbol{M}_s$，其动力学原因是存在“分子场 $\boldsymbol{H}_m$”。这样作用于铁磁质中的总磁场 $\boldsymbol{H}_t$ 应该为外加磁场 $\boldsymbol{H}$ 与分子场 $\boldsymbol{H}_m$ 之和，即

$$\boldsymbol{H}_t = \boldsymbol{H} + \boldsymbol{H}_m = \boldsymbol{H} + \upsilon\boldsymbol{M} \tag{5.6.1}$$

式中，υ 为分子场常数。

在外加磁场作用下磁化的过程，首先是使具有与外加磁场 $\boldsymbol{H}$ 有同向分量的 $\boldsymbol{M}_s$ 的磁畴扩展其线度，直至扩展到所有区域。如果继续增强 $\boldsymbol{H}$，磁畴将旋转到使其 $\boldsymbol{M}_s$ 与 $\boldsymbol{H}$ 同向(或

者近似于同向)为止，此时铁磁物质对外将处于饱和状态。但在整个磁化过程中，外加磁场的作用并不能产生更多的磁畴，也未改变 $\boldsymbol{M}_s$ 的大小，只能使与外加磁场同向的磁畴数目增加或磁畴的线度增大，这种解释已经得到实验的证实。但是有很多因素可以影响磁畴的扩展和旋转，如物质的各向异性、杂质的存在和内应力等。因此，在永久磁铁中，往往掺以少量杂质以保存磁性，反之在软磁物质内必须清除杂质并用缓慢的退火方法消除内应力。

外斯提出的上述“分子场”理论，可以成功地解释许多关于铁磁质的规律。例如，铁磁质的磁化与温度的奇特关系：在某一特定温度之下，随着温度的上升，饱和磁化强度逐渐减小；当达到 T_C 时，饱和磁化强度降为零。温度在 T_C 以上时，这种铁磁质和顺磁质一样，其磁化率为

$$\chi_m = \frac{C}{T - T_C}$$

T_C 称为居里点温度。反之，在足够低的温度下，所有的顺磁质都可以变成铁磁质。

下面应用“分子场”理论来研究饱和磁化强度 $\boldsymbol{M}_s$ 如何随温度变化，它的居里点温度是如何确定等。可以把铁磁质看成处于很强的分子场作用下的顺磁质。这样借助于顺磁质的磁化理论，可以得到

$$\frac{M_s}{M_0} = \coth u - \frac{1}{u} \tag{5.6.2}$$

式中，M_0 是温度为 0K 时的饱和磁化强度。$u = mH_t/(kT)$。当外加磁场 $\boldsymbol{H}$ 为零，即只有分子场 $\boldsymbol{H}_m$ 时，有

$$u = \frac{mH_m}{kT} = \frac{m\upsilon M_s}{kT}$$

或者

$$\frac{M_s}{M_0} = \left(\frac{kT}{m\upsilon M_0}\right)u \tag{5.6.3}$$

这是一种线性关系，相应的直线的斜率正比于热力学温度。用作图法求解式(5.6.2)和式(5.6.3)联立的方程组，两者的交点即决定了饱和磁化强度 M_s。如图 5.6.1 所示，式(5.6.2)为指数曲线，式(5.6.3)为一条直线。

从图 5.6.1 中看出，如果改变温度(使升高)，其结果是使得直线依逆时针方向绕着原点旋转，从而使交点 P 沿着指数曲线下降。温度为 $T_2(T_2 > T_1)$ 时的直线，与指数曲线相切于原点，自发磁化强度消失，因此 T_2 就等于居里点温度 T_C。在大于 T_C 的温度下，如 T_3，材料变成顺磁性。由上述可知，居里点温度 T_C 就可以根据直线 2 的斜率与指数曲线在原点的斜率(等于 1/3)二者相等这一事实求得。有

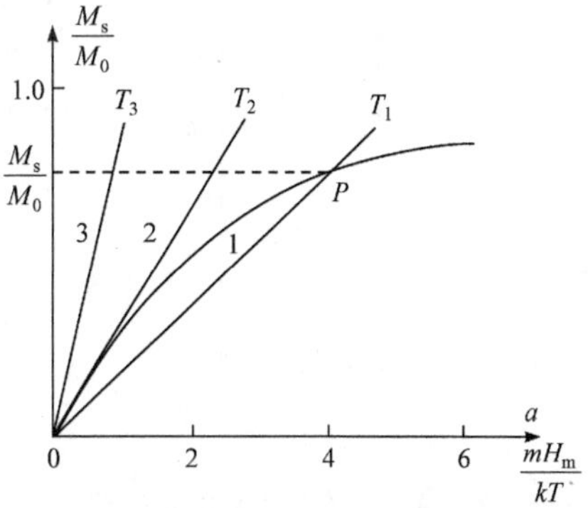

图 5.6.1　饱和磁化强度 M_s 的确定

$$T_C = \frac{m\upsilon M_0}{3k} \tag{5.6.4}$$

与实验结果一致。

从上述的讨论看到，引入“分子场”以后，经典理论较好地解释了铁磁质的性质。但是，“分子场”是否存在呢？量子理论指出，这种“分子场”并不存在，磁畴内分子磁偶极矩的有规律排列是由于分子间存在交换力，这种交换力是量子现象特有的。有关交换力的详细讨论已超出本书的范围，这里不再叙述。

5.6.2 永磁体

永磁体是一种具有固有磁化强度 $\boldsymbol{M}_0$ 的特殊介质。这时，尽管 $\boldsymbol{M}$ 与场的关系是非线性的，但 $\boldsymbol{B}=\mu_0\boldsymbol{H}+\mu_0\boldsymbol{M}$ 总是成立的。因此，永磁体中的磁场有两种形式的方程组：

$$\begin{cases}\nabla\times\boldsymbol{H}=\boldsymbol{J}\\ \nabla\cdot\boldsymbol{H}=-\nabla\cdot\boldsymbol{M}\end{cases} \tag{5.6.5}$$

或者

$$\begin{cases}\nabla\times\boldsymbol{B}=\mu_0(\boldsymbol{J}+\nabla\times\boldsymbol{M})\\ \nabla\cdot\boldsymbol{B}=0\end{cases} \tag{5.6.6}$$

这是分别关于 $\boldsymbol{H}$ 和 $\boldsymbol{B}$ 的方程。它们是等价的，且是通过关系式 $\boldsymbol{B}=\mu_0\boldsymbol{H}+\mu_0\boldsymbol{M}$ 相互联系的。但这两组方程的表示形式确有很大的差异，这种差异反映了永磁体对 $\boldsymbol{H}$ 和 $\boldsymbol{B}$ 发生影响的性质和方式不同。$\boldsymbol{M}$ 对 $\boldsymbol{H}$ 的影响是以磁荷形式出现，即可以等效地认为 $\rho_{\mathrm{m}}=-\mu_0\nabla\cdot\boldsymbol{M}$；而 $\boldsymbol{M}$ 对 $\boldsymbol{B}$ 的影响是以电流形式出现的，即 $\boldsymbol{J}_{\mathrm{m}}=\nabla\times\boldsymbol{M}$。若永磁体的 $\boldsymbol{M}$ 已给定，则既可以由方程组(5.6.5)求解 $\boldsymbol{H}$，也可以由方程组(5.6.6)求解 $\boldsymbol{B}$。但是，如果永磁体内无传导电流(即 $\boldsymbol{J}=0$)，这时方程组(5.6.5)和方程组(5.6.6)在解法上有很大差别。下面以具体问题为例来进行讨论。

【例 5.6.1】 计算沿轴向均匀磁化的永磁棒在其轴线上所产生的磁场。设磁化强度为 $\boldsymbol{M}$，如图 5.6.2 所示。

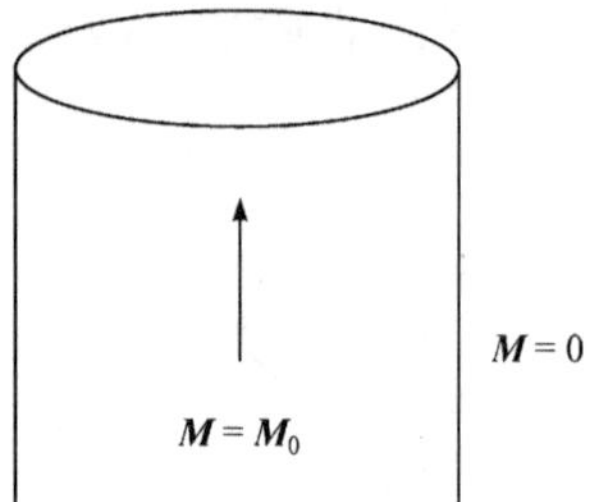

图 5.6.2 沿轴向均匀磁化的永磁棒

解 (1) 如果应用磁化电流的观点，磁化的效果相当于在永磁棒侧面出现了环形磁化电流。沿轴向单位长度上的电流 $K_{\mathrm{m}}=M$，它就像一个均匀密绕的“螺线管”一样。根据螺线管轴线上磁感应强度 B 的计算公式，不难计算出在永磁棒轴线中心点上：

$$B=\frac{\mu_0 Ml}{\sqrt{d^2+l^2}}$$

式中，d 为棒的直径；l 为棒的长度。而

$$H=\frac{B}{\mu_0}-M=M\left(\frac{l}{\sqrt{d^2+l^2}}-1\right)$$

(2) 如果应用磁荷的观点，磁化的效果相当于在永磁棒的两端面上出现了面磁荷分布，其磁荷面密度 $\pm\sigma_{\mathrm{m}}=\pm\mu_0 M$，它们相当于一对彼此相距 l、直径为 d 的带均匀磁荷的圆盘，可以计算出它们在永磁棒轴线中心点上的磁场为(注：这里

略去具体推导过程。其实可借用静电场中一个均匀带电圆盘轴线上的电场公式。只需要把面电荷密度σ换成σ_{m}，ε换成μ_0，E换成H，并乘以2(因有两个圆盘))

$$H=\frac{\sigma_{\mathrm{m}}}{\mu_0}\left(\frac{l}{\sqrt{d^2+l^2}}-1\right)=M\left(\frac{l}{\sqrt{d^2+l^2}}-1\right)$$

从而

$$B=\mu_0 H+\mu_0 M=\frac{\mu_0 Ml}{\sqrt{d^2+l^2}}$$

可以看出，虽然两种观点的出发点不同，但计算出的 **B** 和 **H** 完全一样。从计算方法上看，磁荷的观点简单得多。由于磁荷与电荷在真空中产生的场的规律一样，静电场中有关概念、定理、计算方法以及计算结果，都能借用过来。

图 5.6.3 示出均匀磁化棒的磁场强度 **H** 的分布和磁感应强度 **B** 的分布。**H** 的法向分量是不连续的，**B** 是连续的。可以看出，永磁体和传导电流所激发的磁场有所不同。这是由于永磁体是一种特殊的介质，它在磁场中(包括自身激发的磁场)又会产生磁化，而且有其特殊的磁导率。

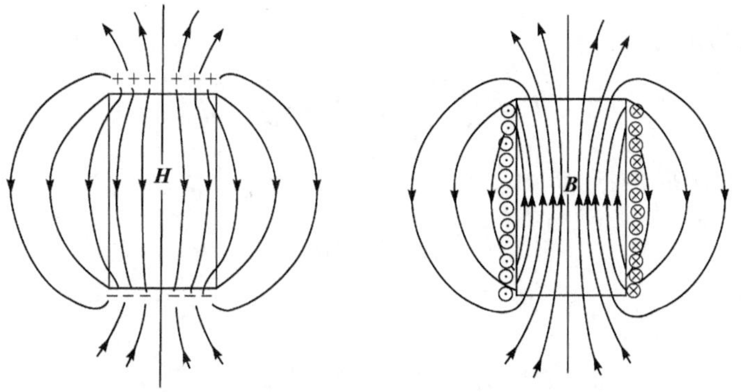

(a) 磁场强度$\boldsymbol{H}$的分布　　(b) 磁感应强度$\boldsymbol{B}$的分布

图 5.6.3　均匀磁化棒的磁场强度 **H** 的分布和磁感应强度 **B** 的分布

【例 5.6.2】 计算在一个均匀磁化永磁球中心处的磁场。如图 5.6.4 所示，设磁化强度 **M** 为恒量，球的半径为a。

解　(1) 首先应用磁化电流的观点。因为均匀磁化，只是在球的表面上有面磁化电流分布，有

$$\boldsymbol{K}_{\mathrm{m}}=\boldsymbol{M}\times\boldsymbol{n}=M\boldsymbol{e}_z\times\boldsymbol{n}=M\sin\theta\boldsymbol{e}_\phi$$

如图 5.6.5 所示，把整个球面分成许多球带，通过宽度为$a\mathrm{d}\theta$的一条球带上的磁化电流为

$$K_{\mathrm{m}}a\mathrm{d}\theta=Ma\sin\theta\mathrm{d}\theta$$

利用圆环电流轴线上磁场的计算公式(注：$B=\dfrac{\mu_0 IR^2}{2(R^2+l^2)^{3/2}}$，其中$R$是圆环电流的半径，$l$是计算点$P$到圆心的距离，$I$为圆环中的电流。)可知球带电流在轴线上$O$点的磁场为

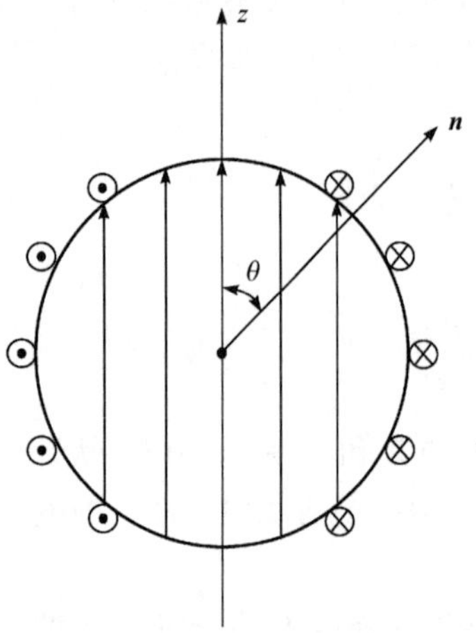

图 5.6.4　均匀磁化永磁球上的面磁化电流分布

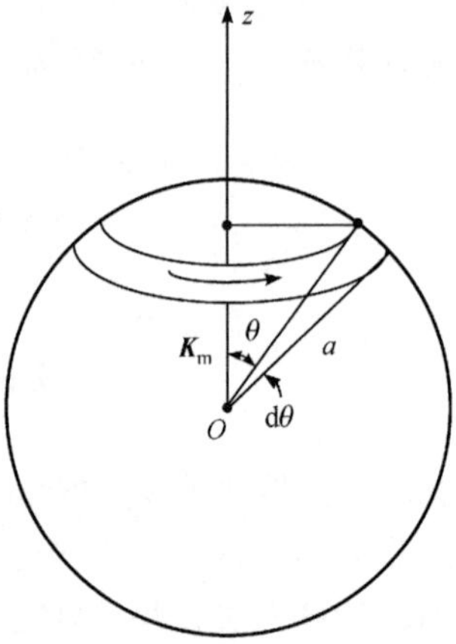

图 5.6.5　均匀磁化永磁球心上磁感应强度的计算

$$dB = \frac{\mu_0 M a^3}{2} \frac{\sin^3\theta d\theta}{(a^2\sin^2\theta + a^2\cos^2\theta)^{3/2}} = \frac{\mu_0 M}{2}\sin^3\theta d\theta$$

于是，球心 O 点的磁场为

$$B = \frac{\mu_0 M}{2}\int_0^{\pi}\sin^3\theta d\theta = \frac{2}{3}\mu_0 M$$

其方向平行于磁化强度 $\boldsymbol{M}$，即

$$\boldsymbol{B} = \frac{2}{3}\mu_0 \boldsymbol{M}$$

从而

$$\boldsymbol{H} = \frac{\boldsymbol{B}}{\mu_0} - \boldsymbol{M} = -\frac{1}{3}\boldsymbol{M}$$

(2) 应用磁荷的观点。因为均匀磁化只是在球的表面上有面磁化磁荷分布，有

$$\sigma_m = \mu_0 \boldsymbol{M}\cdot\boldsymbol{n} = \mu_0 M \boldsymbol{e}_z\cdot\boldsymbol{n} = \mu_0 M\cos\theta$$

根据轴对称性，球心的磁场只有 z 分量：

$$H = \frac{1}{4\pi\mu_0}\int_S \frac{\sigma_m}{a^2}(-\cos\theta)dS = \frac{-M}{4\pi}\int_0^{2\pi}\int_0^{\pi}\cos^2\theta\sin\theta d\theta d\phi = -\frac{1}{3}M$$

其方向平行于磁化强度 $\boldsymbol{M}$，即

$$\boldsymbol{H} = -\frac{1}{3}\boldsymbol{M}$$

从而

$$\boldsymbol{B} = \mu_0\boldsymbol{H} - \mu_0\boldsymbol{M} = \frac{2}{3}\mu_0\boldsymbol{M}$$

同样，可以看出，应用两种观点计算出的 $\boldsymbol{B}$ 和 $\boldsymbol{H}$ 完全一样。

图 5.6.6 示出均匀磁化永磁球体的磁感应强度 $\boldsymbol{B}$ 的分布和磁场强度 $\boldsymbol{H}$ 的分布。$\boldsymbol{H}$ 的法向分量是不连续的，$\boldsymbol{B}$ 是连续的。再一次可以看出，永磁体和传导电流所激发的磁场有所不同。这是由于永磁体是一种特殊的介质，它在磁场中(包括自身激发的磁场)又会产生磁化，而且有其特殊的磁导率。

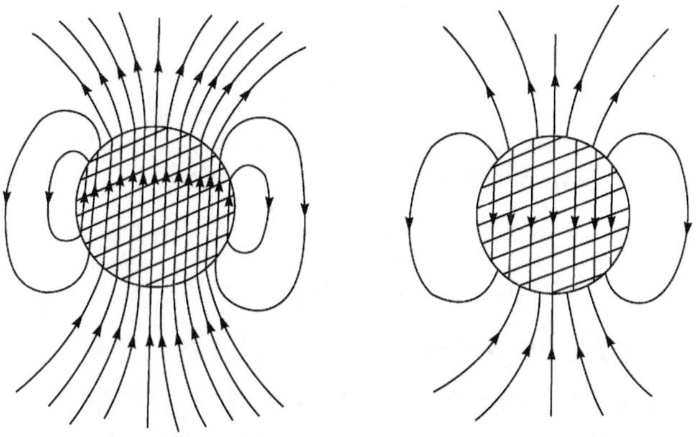

(a) 磁感应强度$\boldsymbol{B}$的分布　　(b) 磁场强度$\boldsymbol{H}$的分布

图 5.6.6　均匀磁化永磁球体的磁感应强度 $\boldsymbol{B}$ 的分布和磁场强度 $\boldsymbol{H}$ 的分布

再次强调，永磁体的等效电流 $\boldsymbol{J}_{\mathrm{m}}$ 和 $\boldsymbol{K}_{\mathrm{m}}$ 是客观存在的，而等效磁荷 ρ_{m} 和 σ_{m} 是虚拟的。在分析问题时，等效电流和等效磁荷两种观点绝不能同时采用。也就是说，认为有等效电流时，就必须认为等效磁荷不存在；反之，采用等效磁荷的观点时，就必须放弃等效电流的观点。

5.7　电磁场的非线性问题

电磁场的非线性问题主要是指 $\boldsymbol{B}$ 与 $\boldsymbol{H}$ 的非线性关系。处理电磁场的非线性问题是一个很复杂的问题，这里将介绍由铁磁饱和现象所引起的非线性。

5.7.1　非线性磁介质[9]

磁场中的非线性问题，都是由铁磁物质受饱和影响、磁化特性的非线性所引起的。因此，关键在于如何处理非线性的磁化曲线。首先从原始磁化曲线出发来介绍有关概念，这是因为原始磁化曲线比较接近交流时的平均磁化曲线。

在铁磁质中，有下列关系式：

$$B = f_1(H) = \mu(H)H \tag{5.7.1}$$

式中，μ 不是常量而是 H 的函数。因此，当场强 H 不同时，有

$$\mu = \frac{B}{H} = f_2(H) \tag{5.7.2}$$

现在，分析磁感应强度 B 的时间变化率：

$$\frac{\partial B}{\partial t}=\frac{\partial}{\partial t}(\mu H)=\mu\frac{\partial H}{\partial t}+H\frac{\partial \mu}{\partial t}=\mu\frac{\partial H}{\partial t}+H\frac{\partial \mu}{\partial H}\frac{\partial H}{\partial t}$$
$$=\left(\mu+H\frac{\partial \mu}{\partial H}\right)\frac{\partial H}{\partial t}$$

定义

$$\mu_{\mathrm{d}}=\mu+H\frac{\partial \mu}{\partial H}=f_3(H) \tag{5.7.3}$$

并称 μ_{d} 为动态磁导率。所以在场的方程中计算 $\frac{\partial B}{\partial t}$ 时，应有

$$\frac{\partial B}{\partial t}=\mu_{\mathrm{d}}\frac{\partial H}{\partial t} \tag{5.7.4}$$

这一点应该足够重视，因为 μ_{d} 与 μ 的差别不总是可以忽略的。另外，由于铁磁质磁化过程的不可逆性，场强增加与减小两种情况下，动态磁导率 μ_{d} 差别很大。

由上述可见，磁化曲线非线性的解析表示有着明显的重要性。在文献中出现的磁化曲线的公式种类很多，不少于几十种，每种公式时常对某个特定问题的优点才显著，而很难有一个普适的公式。这里扼要介绍常见的一些公式。

(1) 幂函数。

$$H=\alpha_1 B+\alpha_2 B^3+\alpha_3 B^5+\cdots,\quad -\infty<B<+\infty$$

式中，α_1、α_2 和 α_3 系数在大范围内使用时，可以按照磁化曲线上的三个点 (H_1,B_1)、(H_2,B_2) 和 (H_3,B_3) 确定。

(2) 线性分式。这类表达式中，最简单的是

$$B=\alpha-\frac{B}{H}$$

此式在一个不太大的范围中 $(0.6\mathrm{T}<B<2\mathrm{T})$ 经常应用。而在更大的范围中，采用

$$B-H=\frac{\alpha_1}{\alpha_2+\alpha_3 H}$$

效果较好。

研究电机的力矩等问题时，常采用下面的公式：

$$\mu_{\mathrm{d}}=\frac{K}{a+1/a}$$

(3) 其他代数函数。例如，$B=\alpha H^{\beta}$，或更加复杂的形式如

$$B=K_1+K_2 H+K_3/H+(K_4+K_5 H+K_6/H)\sqrt{K_7 H^2+K_8}$$

(4) 折线化表示。它是把曲线表示为直线段的组合。特别对于矩形性很强的材料，可以简单地写为

$$B = B_s \text{sign} H$$

式中，sign$H$ 为符号函数，如图 5.7.1 所示。当 $H>0$ 时，sign$H$ 为 $+1$；当 $H<0$ 时，它为 -1。B_s 表示饱和磁通密度。

如果要求细致地表示磁化曲线，可以用许多折线段，或者许多半无限长线段的叠加。

以上列举的公式不是全面的，其他表示方法还很多。采用上列各表达式，常有较好的正确性。实际上，过高的精度要求并无必要，因为同牌号的铁磁材料，也可能有高达 10% 的差别，所以要根据不同的应用场合和求解方法，选择合适的逼近公式。用阶跃函数 $B = B_s \text{sign} H$，对应于理想矩形磁化曲线，精度较差，然而在饱和程度较高时，这是一个合理的近似。阿加瓦尔(Agarwal)利用它分析整块和叠片铁心中的涡流损耗，得到了满意的解析解，并且用探测线圈观察感应电势波形，证实了理论分析的正确性。

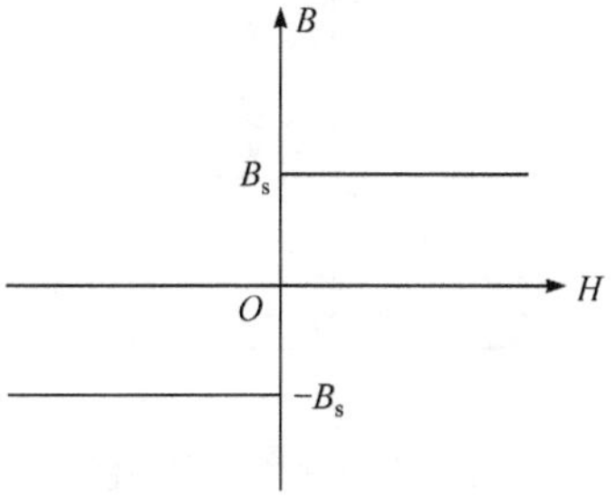

图 5.7.1　跃变形磁化曲线

5.7.2　复磁导率和有效磁导率[9]

1. 复磁导率 $\dot{\mu}$

在研究铁磁质中周期性的电磁过程时，磁滞现象会在交变场中产生磁滞损失。考虑铁磁质的磁滞效应，在电磁计算中是一个复杂的问题。为了使计算方法具有实用意义，一般可以在电磁场方程中引入复磁导率 $\dot{\mu}$ 把它考虑进去。但复磁导率 $\dot{\mu}$ 概念的应用也是有限制的，一般只能用于正弦变化的 H 或是可以近似为正弦变化的 H。

现在，先不考虑铁磁质的非线性，即暂时忽略饱和及谐波的作用，先研究磁滞损失。因此，复磁导率 $\dot{\mu}$ 等于磁感应强度复数值与磁场强度复数值之比：

$$\dot{\mu} = \frac{\dot{B}}{\dot{H}} = \mu e^{-j\psi} = \mu(\cos\psi - j\sin\psi) \tag{5.7.5}$$

式中，模值 μ 是磁感应强度和磁场强度的有效值之比 B/H。角度 ψ 则是磁感应强度在相位上滞后于磁场强度的角度，它的大小决定于磁滞损失的大小。

引入复磁导率相当于把磁滞回线用相同面积的等效椭圆来代替。假设

$$H(t) = H_m \sin\omega t \quad 和 \quad B(t) = B_m \sin(\omega t - \psi)$$

则在 B-H 平面上的轨迹为一椭圆，如图 5.7.2 所示。椭圆的面积代表在一个周期内单位体积的磁滞损失 W_h，有

$$W_h = \oint H \mathrm{d}B = \int_0^{2\pi} H_m \sin(\omega t) B_m \cos(\omega t - \psi) \mathrm{d}(\omega t) = \frac{\pi}{\mu} B_m^2 \sin\psi$$

所以

$$\sin\psi = \frac{\mu W_h}{\pi B_m^2} \tag{5.7.6}$$

此式说明，ψ 由 W_h、B_m 和 H_m 的大小而定。此外，从图 5.7.2 看出，角 ψ 的数值等于等效椭圆的长轴与 H 轴所成的夹角。

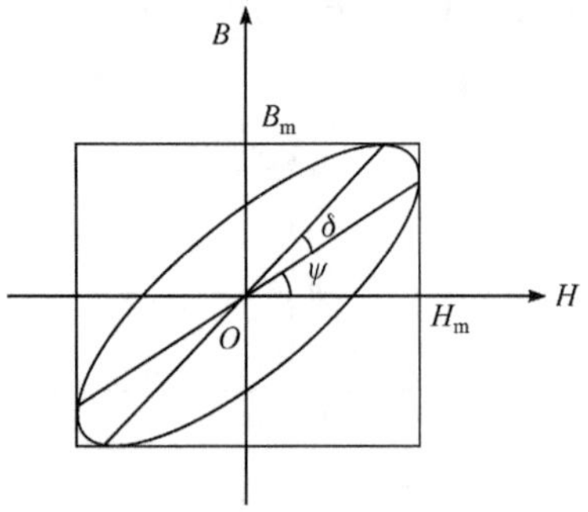

图 5.7.2 复磁导率代表的椭圆回线

这里顺便指出，如果 H 含有高次谐波，复磁导率 $\dot{\mu}$ 将没有意义，这是因为 B 的各次谐波振幅不能从 H 的各次谐波振幅乘以同一个复磁导率 $\dot{\mu}$ 来求得。因为磁滞回线决定于 H 的振幅，对应于不同振幅的 H，应有不同的磁滞回线。

2. 有效磁导率 μ_e

由于交变磁场中铁磁质的磁导率 μ 随着 H(或 B)在一周期内瞬时变化，所以 B 和 H 不可能都是正弦量。其中有些包含高次谐波，要作严格的数学分析，必然十分复杂。引用有效磁导率 μ_e 和用复磁导率 $\dot{\mu}$ 一样，在数学上可用复数运算，大大简化了分析过程，并能得到符合工程精度要求的近似解。

有效磁导率 μ_e 的概念是从能量密度等效的角度提出的，即在一个周期内(忽略磁滞损失)，用 μ_e 和 H_m 求出的平均磁能密度，与用瞬时磁导率 $\mu(t)$ 和瞬时场强 $H(t)$ 求出的平均磁能密度相等，用数学公式表示为

$$\frac{1}{4}\mu_e H_m^2 = \frac{1}{T}\int_0^T H(t)B(t)\mathrm{d}t = \frac{1}{T}\int_0^T \mu(t)H^2(t)\mathrm{d}t = W_m \tag{5.7.7}$$

式中，H_m 为 $H(t)$ 波的等效正弦波的振幅；T 为周期；W_m 为一个周期内的平均磁能密度。

给定 $H(t)$ 波，即可求出 H_m，并根据所用材料的磁化曲线，逐点从 $B(t)/H(t)$ 求出 $\mu(t)$。然后代入式(5.7.7)中，便可求出对应 $H(t)$ 某点的有效磁导率 μ_e。

前面仅仅介绍了处理非线性磁化特性的一些方法。在整个非线性磁场的分析中，数值计算常常是有效的方法，有时甚至是唯一可行的方法。

5.8 超导体的电磁性质

本节简要介绍超导体的电磁性质，以及为研究这些性质而用经典的概念唯象地建立的超导体电动力学。严格地说，超导电性的自洽理论必须是量子的。

5.8.1 超导现象[1]

超导体是昂内斯(Onnes)在 1911 年首次发现的。他观察到当水银冷却时，其电阻急剧地降低，当温度下降到 4.2K 附近，电阻完全消失。到目前为止，已发现上千种元素、化合物和合金，当温度低于某个临界温度时，其电阻就转变为零。把这种电阻率为零的性质称为超导电性，而具有超导电性的导体就称为超导体。超导体与普通导体有许多不同的电磁性质。现在简要介绍如下。

1. 零电阻性

水银在温度 4.2K 附近进入了一个新的物态，称为超导态，此时电阻消失。它所具有的

零电阻性质称为超导电性。已经发现了许多金属也具有这种超导电现象。当温度下降到某一定值 T_C 时，金属开始失去电阻，这一特定的温度 T_C 称为转变温度或临界温度。在 T_C 以上，金属具有电阻时的状态称为正常态，在 T_C 以下，电阻消失后的状态为超导态。正如人们所熟知，在电磁场理论中习惯于把电阻为零的导体称为理想导体，超导体这种电阻率为零的性质可称为理想导电性。

2. 临界磁场和临界电流

实验结果还表明，磁场和超导体所带的电流都会对超导体的状态产生影响。当把超导体放进磁场中，并逐渐增大磁场强度到某一特定值后，超导体就又出现电阻，超导电性遭到破坏。这个特定的磁场强度值 H_C 称为临界磁场。H_C 与临界温度 T_C 密切相关，经验公式为

$$H_C(T) = H_C(0)[1-(T/T_C)^2] \tag{5.8.1}$$

临界磁场 H_C 与临界温度 T_C 的函数曲线如图 5.8.1 所示，称它为相变曲线。T_C 是零值磁场时的临界温度，$H_C(0)$ 是零值热力学温度时的临界磁场。

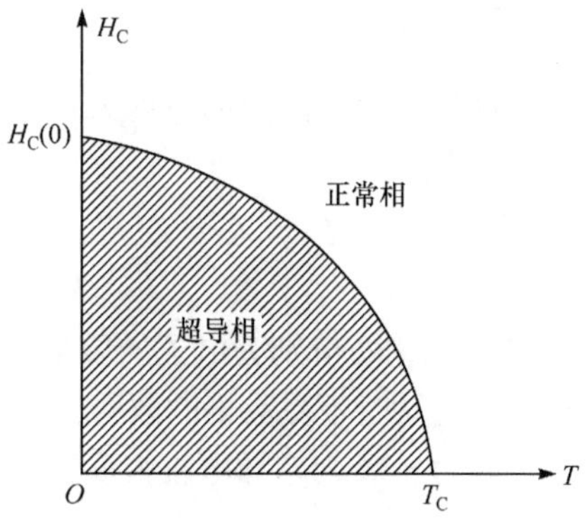

图 5.8.1　相变曲线

由于超导体受到临界磁场的限制，因而当超导体流有电流时，其电流增加到某一特定的值 I_C 也会破坏超导体的零电阻性。I_C 称为超导体的临界电流。临界电流 I_C 也与温度有关：

$$I_C(T) = I_C(0)[1-(T/T_C)^2] \tag{5.8.2}$$

实际上，临界电流是临界磁场的另一种表现形式。

3. 完全抗磁性

实验结果还表明，如果样品已处于超导态，那么，当加上外磁场时，磁场将不会进入样品内部；如果样品处于正常态，那么外加磁场将进入样品内部。但是，如果把样品温度降低到 T_C 以下使其转入超导态后，样品中的磁场将全部被排斥出来。因而，不论样品进入超导态前其内部是否有磁场存在，一旦样品进入超导态，则其内部的磁场 $\boldsymbol{B}$ 总是等于零。超导体的这种性质称为完全抗磁性。这种现象是迈斯纳 (Meissner) 在 1933 年首先发现的，所以又称迈斯纳效应。

必须指出，理想导电性和完全抗磁性是超导体的两个完全相互独立的性质。迈斯纳效应不能用超导体的零电阻性解释。因为电阻率为零，即 $\gamma \to \infty$，超导体内的电场 $\boldsymbol{E}=0$，根据法拉第电磁感应定律得到 $\partial \boldsymbol{B}/\partial t = 0$，所以 $\boldsymbol{B}$ 为常矢量(即 $\boldsymbol{B}$ 保持不变)，该常矢量是否为零与 $\boldsymbol{B}$ 的历史有关。显然，这个结论与完全抗磁性相矛盾。由此说明，理想导电性并不包含完全抗磁性。完全抗磁性是超导体的另一个独立的重要性质，它要比超导体的零电阻这种电的性质的意义更深刻，而且通常的电磁场理论无法对它进行解释。

5.8.2　伦敦方程[1]

对超导体的理想导电性和完全抗磁性的严密阐明必须要用量子理论，但是人们仍然可

以从经典电动力学的角度进行唯象近似的描述。这里介绍最简单的二流体模型及其伦敦方程。

1. 二流体模型

电磁系统的基本规律是麦克斯韦方程组，不管体系是何种性质的媒质，它们的宏观电磁现象都由这个方程组描述。唯一要注意的是，媒质的不同意味着电磁性质的本构关系的差别。因此从电磁理论意义上来说，超导体不过是一种具有奇特电磁性质的导体。

1934 年，戈特(Gorter)和卡西米尔(Casimir)提出了超导电性的二流体模型。这个模型把超导体内的电子分为两类：一类是做杂乱运动的正常电子，另一类是结合成电子对[库柏(Cooper)对]的超导电子。从而超导体内存在两种电流：一种是正常电子产生的正常电流 $\boldsymbol{J}_{\mathrm{n}}$，另一种是超导电子产生的超导电流 $\boldsymbol{J}_{\mathrm{s}}$。正常电流密度 $\boldsymbol{J}_{\mathrm{n}}$ 满足欧姆定律 $\boldsymbol{J}_{\mathrm{n}}=\gamma\boldsymbol{E}$，超导电流密度 $\boldsymbol{J}_{\mathrm{s}}$ 与电磁场的关系则应该遵守新的本构关系。

2. 伦敦方程

这是超导电流与电磁场关系的新的物质方程。应用二流体模型，超导电子在电场中的运动方程为

$$m_0\frac{\mathrm{d}\boldsymbol{v}}{\mathrm{d}t}=e\boldsymbol{E} \tag{5.8.3}$$

式中，m_0 和 e 分别为电子的质量与电荷量；$\boldsymbol{v}$ 为超导电子的运动速度。因为超导电子在超导体中运动时不受晶格的散射，所以在式(5.8.3)中只有电场的作用力。若单位体积内的超导电子数为 n_{s}，则超导电流密度为

$$\boldsymbol{J}_{\mathrm{s}}=n_{\mathrm{s}}e\boldsymbol{v} \tag{5.8.4}$$

由式(5.8.3)和式(5.8.4)，可得

$$\frac{\partial\boldsymbol{J}_{\mathrm{s}}}{\partial t}=\alpha\boldsymbol{E} \tag{5.8.5}$$

式中，$\alpha=n_{\mathrm{s}}e^2/m_0$。式(5.8.5)称为伦敦第一方程。它反映了超导体的零电阻性。显然，若超导电流是恒定的，即 $\partial\boldsymbol{J}_{\mathrm{s}}/\partial t=0$，则 $\boldsymbol{E}=0$，于是 $\boldsymbol{J}_{\mathrm{n}}=\gamma\boldsymbol{E}=0$。因此，此时的超导体内只有无损耗的超导电流；但若超导电流是交变的，则 $\dfrac{\partial\boldsymbol{J}_{\mathrm{s}}}{\partial t}=\alpha\boldsymbol{E}\neq0$，因而 $\boldsymbol{J}_{\mathrm{n}}$ 不为零，这时在超导体中就出现了交流损耗。

为了解释迈斯纳效应，现将式(5.8.5)代入麦克斯韦方程：

$$\nabla\times\boldsymbol{E}=-\frac{\partial\boldsymbol{B}}{\partial t}$$

得到

$$\nabla\times\left(\frac{1}{\alpha}\frac{\partial\boldsymbol{J}_{\mathrm{s}}}{\partial t}\right)=-\frac{\partial\boldsymbol{B}}{\partial t}$$

或者

$$\frac{\partial}{\partial t}\left(\nabla\times\boldsymbol{J}_{\mathrm{s}}+\alpha\boldsymbol{B}\right)=0$$

将上式对时间积分，给出：

$$\nabla\times\boldsymbol{J}_{\mathrm{s}}+\alpha\boldsymbol{B}=\text{常矢量(与时间无关)}$$

伦敦假定上式右端常矢量为零，从而得到

$$\nabla\times\boldsymbol{J}_{\mathrm{s}}+\alpha\boldsymbol{B}=0 \tag{5.8.6}$$

这是伦敦第二方程。它反映了超导电流与磁场的关系。

伦敦第一方程和第二方程分别描写了超导电流与电场、磁场之间的关系，在这一点上其意义与普通导体中的欧姆定律相对应。需要强调的是，普通导体中的电流由电场来维持；但超导体则完全不同。超导电流是靠磁场来维持的，电场只是起加速超导电子运动的作用。伦敦第二方程反映了迈斯纳效应，这可从下面的计算看出。

在 $\boldsymbol{J}_{\mathrm{s}}$ 恒定的情况下，$\boldsymbol{E}=0$ 和 $\boldsymbol{J}_{\mathrm{n}}=\gamma\boldsymbol{E}=0$，对麦克斯韦方程 $\nabla\times\boldsymbol{B}=\mu_0\boldsymbol{J}=\mu_0\boldsymbol{J}_{\mathrm{s}}$ 两边取旋度，并利用 $\nabla\cdot\boldsymbol{B}=0$，有

$$\nabla^2\boldsymbol{B}=-\mu_0\nabla\times\boldsymbol{J}_{\mathrm{s}}$$

再利用式(5.8.6)，上式化为

$$\nabla^2\boldsymbol{B}=\mu_0\alpha\boldsymbol{B} \tag{5.8.7}$$

为简单起见，如果设超导体占据 $z>0$ 的半无限空间，且磁场方向与 $z=0$ 的表面平行，则根据对称性可知 $\boldsymbol{B}$ 与坐标 x、y 无关，式(5.8.7)简化为

$$\frac{\mathrm{d}^2B}{\mathrm{d}z^2}-\frac{\mu_0 n_{\mathrm{s}}e^2}{m_0}B=0$$

上式的解为

$$B(z)=B(0)\mathrm{e}^{-z/\lambda} \tag{5.8.8}$$

式中，$\lambda=\left[m_0/(\mu_0 n_{\mathrm{s}}e^2)\right]^{1/2}$。显然，磁场在超导体内沿垂直表面方向按指数衰减，不能深入到超导体内部，其透入深度为 λ。数值估计 $\lambda\approx10^{-8}\mathrm{m}$。由此可见，在稳恒电流条件下，磁场只能透入超导体表面内部很薄的一层。对于大样品，其线度 $d\gg\lambda$，所以可以近似地说，超导体内部 $\boldsymbol{B}=0$。这就解释了迈斯纳效应。

伦敦理论认为，迈斯纳效应归结为外磁场在超导体表面层感生了一层超导电流，其大小和分布正好把外磁场完全屏蔽掉。

5.8.3　超导体电动力学方程[1]

伦敦方程不能取代麦克斯韦方程组。伦敦方程给出了超导电流 $\boldsymbol{J}_{\mathrm{s}}$ 与 $\boldsymbol{E}$、$\boldsymbol{B}$ 间的定量关系，它是超导体这种特殊媒质的电磁性质的本构关系。超导体的电磁现象应当受麦克斯韦方程组和伦敦方程共同制约。因此，超导体电动力学方程为麦克斯韦方程组与物质方程的结合。

麦克斯韦方程组：

$$\nabla\times\boldsymbol{E}=-\frac{\partial\boldsymbol{B}}{\partial t} \tag{5.8.9}$$

$$\nabla \times \boldsymbol{H} = \boldsymbol{J} + \frac{\partial \boldsymbol{D}}{\partial t} \tag{5.8.10}$$

$$\nabla \cdot \boldsymbol{B} = 0 \tag{5.8.11}$$

$$\nabla \cdot \boldsymbol{D} = \rho \tag{5.8.12}$$

式中，$\boldsymbol{D} = \varepsilon_0 \boldsymbol{E}$，$\boldsymbol{B} = \mu_0 \boldsymbol{H}$，$\boldsymbol{J} = \boldsymbol{J}_{\mathrm{n}} + \boldsymbol{J}_{\mathrm{s}}$，而且

$$\frac{\partial \rho}{\partial t} + \nabla \cdot \left(\boldsymbol{J}_{\mathrm{n}} + \boldsymbol{J}_{\mathrm{s}} \right) = 0 \tag{5.8.13}$$

物质方程：

$$\boldsymbol{J}_{\mathrm{n}} = \gamma \boldsymbol{E} \tag{5.8.14}$$

$$\frac{\partial \boldsymbol{J}_{\mathrm{s}}}{\partial t} = \alpha \boldsymbol{E} \tag{5.8.15}$$

$$\nabla \times \boldsymbol{J}_{\mathrm{s}} + \alpha \boldsymbol{B} = 0 \tag{5.8.16}$$

以上方程的总和形成了超导体电动力学的基本方程。

还必须指出，伦敦理论是一种定域理论，即空间某点的电流密度是由同一点的电磁场决定的。它虽然能很好地描述超导体的一些重要性质，但有些问题仍不能解决。例如，它不能说明实验上得到的穿透深度明显地依赖于电子平均自由程的现象。关于超导电性的微观理论已超出本书范围，不再介绍。有兴趣的读者可选读有关超导物理的书。

5.8.4　超导体的复电导率[16]

根据二流体模型与伦敦方程结合形成的宏观理论，可以导出超导体的复电导率为

$$\gamma_{\mathrm{eff}} = \gamma' - \mathrm{j}\gamma'' = \gamma_{\mathrm{n}} \frac{n_{\mathrm{n}}}{n} - \mathrm{j}\frac{1}{\omega \mu_0 \lambda^2} \tag{5.8.17}$$

式中，$\gamma_{\mathrm{n}} = \dfrac{e^2 n \tau}{m_0}$ 为正常态导体的电导率；τ 为正常态导体的弛豫时间；$n(= n_{\mathrm{s}} + n_{\mathrm{n}})$ 为单位体积内自由电子总数；n_{n} 为单位体积内的正常自由电子数。实验表明，如果随温度变化，n_{s} 和 n_{n} 之间的比例按如下的分配规律：

$$\frac{n_{\mathrm{s}}}{n_{\mathrm{n}}} = 1 - \left(\frac{T}{T_{\mathrm{C}}} \right)^4, \quad T < T_{\mathrm{C}} \tag{5.8.18}$$

那么，超导体的热力学性质与实验符合得比较好。它说明在 0K 时，全部自由电子都结合为电子对。这也说明，等效复电导率 γ_{eff} 的实部是与温度有关的正常态导体的电导。

对于非磁性的超导体，$\mu = \mu_0$。由超导体电动力学方程，不难导得超导体中的电磁波方程为

$$\nabla^2 \boldsymbol{E} - \frac{1}{\lambda^2} \boldsymbol{E} - \mu_0 \gamma' \frac{\partial \boldsymbol{E}}{\partial t} - \mu_0 \varepsilon \frac{\partial^2 \boldsymbol{E}}{\partial t^2} = 0 \tag{5.8.19}$$

$$\nabla^2 \boldsymbol{H} - \frac{1}{\lambda^2} \boldsymbol{H} - \mu_0 \gamma' \frac{\partial \boldsymbol{H}}{\partial t} - \mu_0 \varepsilon \frac{\partial^2 \boldsymbol{H}}{\partial t^2} = 0 \tag{5.8.20}$$

式中，γ' 和 λ 都是温度的函数。显然，若超导电流是恒定的，即 $\dfrac{\partial}{\partial t}=0$，则上面两个方程的形式与式(5.8.7)相同。

对于正弦稳态情况，上面两个方程变为亥姆霍兹方程式：

$$\nabla^2 \dot{\boldsymbol{E}} + \omega^2 \mu_0 \varepsilon_{\text{eff}} \dot{\boldsymbol{E}} = 0 \tag{5.8.21}$$

$$\nabla^2 \dot{\boldsymbol{H}} + \omega^2 \mu_0 \varepsilon_{\text{eff}} \dot{\boldsymbol{H}} = 0 \tag{5.8.22}$$

式中，$\varepsilon_{\text{eff}}\left[=\varepsilon\left(1-\mathrm{j}\dfrac{\gamma_{\text{eff}}}{\omega\varepsilon}\right)\right]$ 称为等效复介电常数。可以看到，它与正常态导体中亥姆霍兹方程在形式上是相同的，所以电磁波在超导体中传播时也会产生衰减。超导体的波阻抗 $\dot{\eta}$ 为

$$\dot{\eta}=\sqrt{\frac{\mathrm{j}\omega\mu_0}{\gamma_{\text{eff}}}}=\frac{1}{2}\gamma_{\text{n}}\left(\frac{n_{\text{n}}}{n}\right)(\omega\mu_0)^2\lambda^3+\mathrm{j}\omega\mu_0\lambda \tag{5.8.23}$$

与良导体的波阻抗式(4.3.13)相比较，正常态良导体的波阻抗的实部随 $\omega^{1/2}$ 增加，而超导体的波阻抗的实部随 ω 以平方律增大，它们两者的频率特性不相同。实际上，式(5.8.23)给出的超导体的波阻抗就是超导体的表面阻抗 $Z_{\text{s}}=R_{\text{s}}+\mathrm{j}X_{\text{s}}$，它在微波工程中经常用到，表示低损耗的导体对电磁波传播的影响。值得注意，超导体的表面电阻 R_{s} 与正常态的良导体的表面电阻 R_{s} 在数量级上有很大的差别。因为 λ 小于 $0.1\,\mu\text{m}$，即使在频率相当高时超导体的 R_{s} 也远小于正常态的良导体的 R_{s}。例如，在工作温度 $T=77\text{K}$ 时，铝制微带线的传输损耗要比 Ba-Y-Cu-O 陶瓷高温超导材料制作的微带线的传输损耗高 3 个数量级。

5.8.5　Ⅰ型超导体和Ⅱ型超导体[16]

超导体一般分为Ⅰ型超导体和Ⅱ型超导体，早期发现的是Ⅰ型超导体。它们的超导电性是相同的，但是迈斯纳效应却很不一样。就临界磁场来说，Ⅱ型超导体有上、下临界磁场值 H_{c2} 和 H_{c1}，$H_{\text{c1}}<H_{\text{c2}}$。当外磁场 H 小于临界磁场值 H_{c} 时，Ⅰ型超导体会发生完全的迈斯纳效应。对于Ⅱ型超导体，仅当外磁场 H 低于下临界磁场值 H_{c1} 时，才发生完全的迈斯纳效应；当 $H_{\text{c1}}<H<H_{\text{c2}}$ 时，会发生不完全的迈斯纳效应，此时磁通可部分地透入Ⅱ型超导体中，但呈现出极不均匀的分布，部分体积保持超导态。随着外磁场 H 的增强，保持超导态的体积减小，直至外磁场 H 到达 H_{c2} 时，超导态完全消失。

与Ⅰ型超导体的临界磁场值 H_{c} (典型值 $\mu_0 H_{\text{c}}$ 约为 10^{-2} T)相比，Ⅱ型超导体可以保持的上临界磁场值 H_{c2} 要高很多，达到百倍以上。由于 H_{c} 很低，Ⅰ型超导体不适用于产生强磁场的应用场合。而Ⅱ型超导体无阻尼的超导电流在强磁场下可以维持，在强磁体制造工业中有许多重要应用，如起重用的强电磁铁、磁悬浮高速列车等。

5.9　等离子体中的电磁场

在第 4.9 节中介绍电磁波在等离子体中的传播时，忽略了带电粒子间的互相碰撞的影响，只考虑电磁作用，实际上这是一种特殊的等离子体——稀薄电离气体。严格说来，等离子体是一种复杂的物态，目前，要用一个统一的理论来解释其中发生的各种电磁现象，

是极其困难的。通常有轨道理论、流体理论和运动学理论，它们可作为对不同电磁现象近似分析的依据。本节作为有关等离子体现象的入门，将仅简略地介绍这些理论，对于等离子体的一些重要物理性质也仅作简要的介绍[4]。

5.9.1　磁流体方程

当等离子体的密度较大时，可把它整个地看作一个流动的导电媒质，或者说流动的导电液体。因此，在分析时既要用到流体动力学的基本方程组又要应用电磁场基本方程组，一般来说，这是相当复杂的。但若只限于分析低频的小信号电磁量，那么就要简单得多了。

在这样的等离子体内，需要用到的流体动力学基本方程如下：

$$\nabla\cdot(\rho_{\mathrm{m}}\boldsymbol{v})=-\frac{\partial\rho_{\mathrm{m}}}{\partial t} \tag{5.9.1}$$

它和电磁场中的电流连续性方程类似，称为质量流连续性方程。其中，ρ_{m} 表示等离子体的质量密度，$\boldsymbol{v}$ 表示等离子体的流动速度。还有，流体动力学中的运动方程：

$$\rho_{\mathrm{m}}\frac{\partial\boldsymbol{v}}{\partial t}=-\nabla p+\boldsymbol{J}\times\boldsymbol{B} \tag{5.9.2}$$

式中，p 表示由电子和离子的热运动在等离子体中引起的机械压强。其中，等号右边第一项是由压强梯度引起在单位体积中的机械力；等号右边第二项是由等离子体内部电流密度和磁场相互作用产生在单位体积中的电磁力。应该说明，这里忽视了重力及黏滞力。

由于只分析在低频条件下等离子体中发生的现象，所以可以认为电荷净密度为零(表示电子和离子的电荷密度总量为零)，同时等离子体中的位移电流相对于传导电流和运流电流可以忽略不计，因此电磁场方程组为

$$\nabla\times\boldsymbol{E}=-\frac{\partial\boldsymbol{B}}{\partial t} \tag{5.9.3}$$

$$\nabla\times\boldsymbol{B}=\mu\boldsymbol{J} \tag{5.9.4}$$

$$\nabla\cdot\boldsymbol{B}=0 \tag{5.9.5}$$

$$\nabla\cdot\boldsymbol{E}=0 \tag{5.9.6}$$

且有电流密度 $\boldsymbol{J}$ 、电场强度 $\boldsymbol{E}$ 和磁感应强度 $\boldsymbol{B}$ 三者之间的关系为

$$\boldsymbol{J}=\gamma(\boldsymbol{E}+\boldsymbol{v}\times\boldsymbol{B}) \tag{5.9.7}$$

式中，γ 是流动导体的电导率。式(5.9.7)仅适用于导体的运动速度远小于光速的情况。

对于完纯的流动导体(即 $\gamma\to\infty$)，式(5.9.7)可表示成：

$$\boldsymbol{E}+\boldsymbol{v}\times\boldsymbol{B}=0 \tag{5.9.8}$$

式(5.9.1)、式(5.9.2)与式(5.9.8)和电磁场方程组统称为完纯导体的磁流体方程，简称 MHD (magneto-hydrodynamics)方程。

5.9.2　等离子体的一些物理性质

利用 MHD 方程，可以解释在等离子体中的下述三种重要的现象。

1. 反磁性

将 $\nabla\times\boldsymbol{B}=\mu_0\boldsymbol{J}$ 代入式(5.9.2)中等号右边的第二项，可得

$$\rho_{\mathrm{m}}\frac{\partial\boldsymbol{v}}{\partial t}=-\nabla p-\nabla\left(\frac{1}{2\mu_0}B^2\right)+\frac{1}{\mu_0}(\boldsymbol{B}\cdot\nabla)\boldsymbol{B} \tag{5.9.9}$$

应注意到，这里利用了 $\boldsymbol{B}\times\nabla\times\boldsymbol{B}=\nabla\left(\frac{1}{2}B^2\right)-(\boldsymbol{B}\cdot\nabla)\boldsymbol{B}$。式(5.9.9)等号右边第二项中的 $\frac{B^2}{2\mu_0}$ 是磁能密度，但起了磁压的作用，若以 p_{m} 表示磁压，则

$$p_{\mathrm{m}}=\frac{B^2}{2\mu_0} \tag{5.9.10}$$

必须指出，磁场的作用不仅表现在磁压梯度上，还表现在 $\frac{1}{\mu_0}(\boldsymbol{B}\cdot\nabla)\boldsymbol{B}$ 上。当 $\boldsymbol{J}=0$ 时，从 $\boldsymbol{J}\times\boldsymbol{B}=0$ 中可知，这两部分的作用互相抵消。

若在某些简单的几何结构中，$\boldsymbol{B}$ 只有一个方向的分量，又由于 $\nabla\cdot\boldsymbol{B}=\frac{\partial B_x}{\partial x}+\frac{\partial B_y}{\partial y}+\frac{\partial B_z}{\partial z}=0$，可见在该方向 B 是不变的。换句话说，B 的变化方向与 $\boldsymbol{B}$ 的方向垂直。因此，有

$$(\boldsymbol{B}\cdot\nabla)\boldsymbol{B}=B_x\frac{\partial\boldsymbol{B}}{\partial x}+B_y\frac{\partial\boldsymbol{B}}{\partial y}+B_z\frac{\partial\boldsymbol{B}}{\partial z}=0$$

式(5.9.9)便可写成：

$$\rho_{\mathrm{m}}\frac{\partial\boldsymbol{v}}{\partial t}=-\nabla(p+p_{\mathrm{m}})$$

当等离子体处于平衡状态时，有

$$p+p_{\mathrm{m}}=\text{常数} \tag{5.9.11}$$

式(5.9.11)表明，等离子体内机械压强的任何改变必定会被磁压的改变所平衡。

设等离子体是有界的，则在紧接边界处 $p=0$，设该处的磁通密度为 B_{ob}，则有

$$p+p_{\mathrm{m}}=\frac{B_{\mathrm{ob}}^2}{2\mu_0} \tag{5.9.12}$$

而在等离子体内部，$p+p_{\mathrm{m}}=p+\frac{B^2}{2\mu_0}$，由于 $p\neq 0$，所以内部的 B 小于边界处的 B_{ob}。

上述结果表明，等离子体内部的磁感应强度一定小于等离子体边界上的磁感应强度，这反映出等离子体具有反磁性。电子和离子在恒定均匀外磁场中做回旋运动时会形成圆环形电流，它们产生的磁场都和外磁场的方向相反，呈反磁性。

2. 箍缩效应

设在图 5.9.1 所示的金属管的外边界上，沿轴向切开，就形成一个电容器。若有一个高压电源对此电容器充电，则在金属管中将有一个沿圆柱侧面流动的电流，这些电流会产生

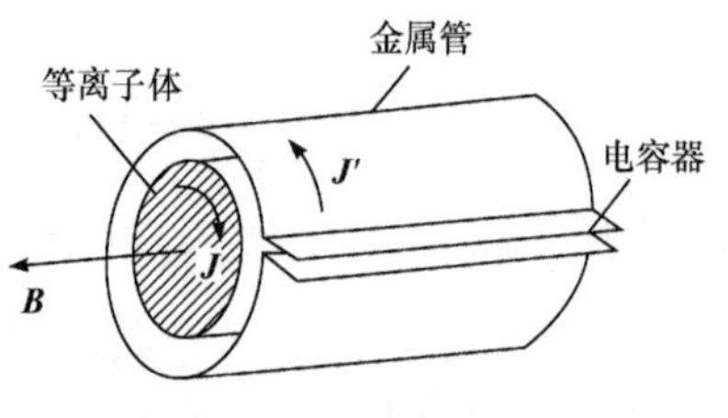

图 5.9.1　箍缩效应

轴向磁场。在等离子体内部形成一个类似的反向电流，它将产生反方向的磁场。金属管内部的电磁力密度 $\boldsymbol{J}\times\boldsymbol{B}$ 即磁压梯度 ∇p_{m} 迫使等离子体向轴线“集中”，而机械压力梯度 ∇p 迫使等离子体向外“扩散”。当“集中”和“扩散”的效应平衡时，等离子体才处于平衡状态。可见等离子体内的不均匀磁场可使等离子体局限于某一区域内。也就是说，不均匀磁场有约束或挟紧等离子体的作用。这种作用称为箍缩效应。

应用磁约束原理，把高温等离子体约束在规定的范围内使它不向外扩散。这种装置就成为储存等离子体的容器，它在受控热核反应堆中得到了应用。由于该容器中的温度高达近亿摄氏度，用一般的物质作为容器是不可能的。

图 5.9.1 中的磁场只有轴向分量，等离子体由于受到径向力而向轴线集中，但在轴向没有受到阻力，因此可沿轴向运动。若在某一区域的端部，除了磁场的轴向分量，还有径向分量，即该处的磁力线不是彼此平行而是向轴线密集，如图 5.9.2 所示，且磁力线的分布具有圆柱对称性。在这种系统中，当等离子体向磁力线密集的方向运动时，除了受到径向的磁场力外，还受到反运动方向的磁场力，迫使等离子体减速，最后向相反方向运动。等离子体这种从强磁场方向反射的现象称为磁镜。显然，同时应用磁镜和箍缩效应就可以把等离子体约束在某一密闭区域内。这样的设备称为磁瓶，如图 5.9.3 所示。

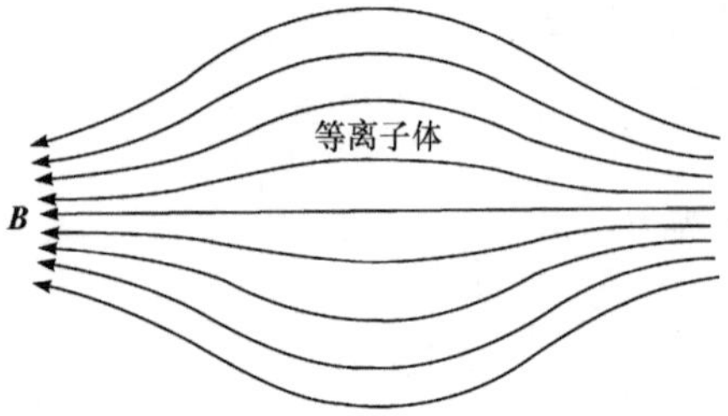

图 5.9.2　磁镜现象

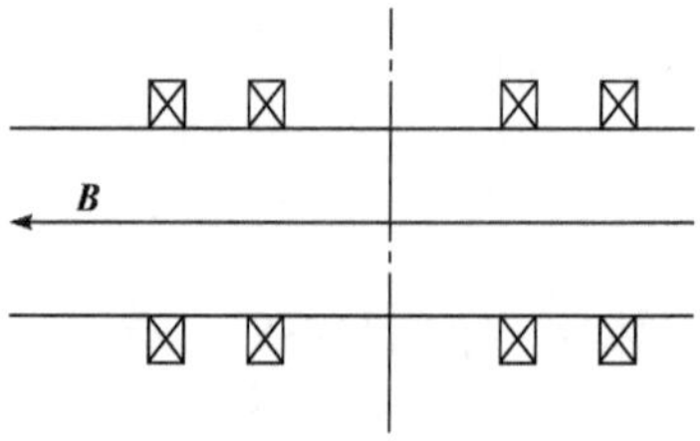

图 5.9.3　磁瓶

3. 电中性趋势

等离子体在宏观尺度内有保持电中性的趋向。设想在等离子内部的一个球形体积中，有一个扰动量，即负电荷过剩，它将产生一个电场，其场强方向按径向指向球内，该电场给等离子体的电子一个向球体外的作用力，迫使电子按径向离开。由于电子有惯性，在一段时间内，离去的电子将多于原来过剩的电子，使小球内有过剩的正离子，它所产生的电场方向和原有的相反，又迫使电子向球内运动。这样，电子沿径向来回运动形成了等离子体的振荡，这个振荡频率很高，从时间平均意义上来说，等离子体呈电中性。由于正离子太重，根本跟不上电子的运动，它被看作静止的。

现在来做定量分析，用 N_0 表示等离子体平衡时单位体积中的固有电子数，N' 表示由扰动量引起的过剩电子数。当过剩的负电荷较少时，质量流连续性方程可简化成：

$$N_0\nabla\cdot\boldsymbol{v}=-\frac{\partial N'}{\partial t}\tag{5.9.13}$$

由于电子受到电场力，若忽略粒子之间的碰撞，则其运动方程为

$$m_0\frac{\partial \boldsymbol{v}}{\partial t}=e\boldsymbol{E} \quad 或 \quad \frac{\partial \boldsymbol{v}}{\partial t}=\frac{e}{m_0}\boldsymbol{E} \tag{5.9.14}$$

等离子体总电荷密度为

$$\rho=(N_0+N')e-N_0e=N'e$$

上式中等号右边第一项表示单位体积中的合成电子(其数目为 $N=N_0+N'$)的电荷密度，第二项表示正离子的电荷密度。考虑到关系式：

$$\nabla\cdot\boldsymbol{E}=\frac{\rho}{\varepsilon_0}=\frac{N'e}{\varepsilon_0} \tag{5.9.15}$$

综合式(5.9.13)、式(5.9.14)和式(5.9.15)，可得

$$\frac{\partial^2 N'}{\partial t^2}=-\omega_{\mathrm{p}}^2 N' \tag{5.9.16}$$

式中

$$\omega_{\mathrm{p}}=\sqrt{\frac{N_0e^2}{m_0\varepsilon_0}}$$

就是等离子体的角频率。由于 m_0 很小，因此 ω_{p} 很大。式(5.9.16)的稳态解为

$$N'(\boldsymbol{r},t)=\mathrm{Re}[\dot{N}(\boldsymbol{r})\mathrm{e}^{\mathrm{j}\omega_{\mathrm{p}}t}]$$

可见，若在等离子体内部出现了微小的扰动，则它将引起电子的简谐振动。

不难理解，$\boldsymbol{E}$ 及 $\boldsymbol{v}$ 等量对时间都按简谐规律变化，其角频率也为 ω_{p} 。此外，当等离子体振荡时，由电子运动引起的传导电流密度与由电场变化引起的位移电流密度等值异号，所以总电流密度为零，其内部不会产生磁场，也就不能形成电磁波。这种情况下的电场具有静电场的特性。

现在近似推导由扰动负电荷所产生的电位分布函数。根据流体热力学的规律可知，当有静电场作用时，电子和正离子的密度分别按式

$$N_e(\boldsymbol{r})=N_0\mathrm{e}^{-e\varphi(\boldsymbol{r})/(kT)}$$

和

$$N_i(\boldsymbol{r})=N_0\mathrm{e}^{e\varphi(\boldsymbol{r})/(kT)}$$

分布。式中，T 是等离子体的热力学温度；k 是玻尔兹曼常量；$\varphi(\boldsymbol{r})$ 是电位函数。

若扰动量很小，使成立条件 $|e\varphi(\boldsymbol{r})/(kT)|\ll 1$ ，则有近似式 $N_e(\boldsymbol{r})=N_0[1-e\varphi(\boldsymbol{r})/(kT)]$ 和 $N_i(\boldsymbol{r})=N_0[1+e\varphi(\boldsymbol{r})/(kT)]$ 。因此，等离子体内的电荷密度总量为

$$\begin{aligned}\rho(\boldsymbol{r})&=N_0e[1-e\varphi(\boldsymbol{r})/(kT)]-N_0e[1+e\varphi(\boldsymbol{r})/(kT)]\\&=-2N_0e^2\varphi(\boldsymbol{r})/(kT)\end{aligned} \tag{5.9.17}$$

$\varphi(\boldsymbol{r})$ 应满足泊松方程，即

$$\nabla^2\varphi(\boldsymbol{r})=-\frac{\rho(\boldsymbol{r})}{\varepsilon_0}=\frac{2N_0e^2}{kT\varepsilon_0}\varphi(\boldsymbol{r}) \tag{5.9.18}$$

由于位函数具有球对称性，故将式(5.9.18)在球坐标系中展开，得

$$\frac{1}{r^2}\frac{\mathrm{d}}{\mathrm{d}r}\left[r^2\frac{\mathrm{d}\varphi(\boldsymbol{r})}{\mathrm{d}r}\right]=\frac{2}{\lambda_{\mathrm{D}}^2}\varphi(\boldsymbol{r}) \tag{5.9.19}$$

式中

$$\lambda_{\mathrm{D}}=\sqrt{\frac{\varepsilon_0 kT}{N_0 e^2}}=\frac{1}{\omega_{\mathrm{p}}}\sqrt{\frac{kT}{m_0}} \tag{5.9.20}$$

不难求得，式(5.9.19)的解为

$$\varphi(\boldsymbol{r})=\frac{C}{4\pi\varepsilon_0 r}\mathrm{e}^{-\sqrt{2}\,r/\lambda_{\mathrm{D}}} \tag{5.9.21}$$

式中，C 为一个常数。可见，在等离子体内电位的分布按 $(\mathrm{e}^{-\sqrt{2}\,r/\lambda_{\mathrm{D}}})/r$ 的规律衰减，它将随 r 的增大而衰减得很快。

将式(5.9.21)代入式(5.9.17)中，可得

$$\rho(\boldsymbol{r})=-\frac{C}{2\pi r\lambda_{\mathrm{D}}^2}\mathrm{e}^{-\sqrt{2}\,r/\lambda_{\mathrm{D}}} \tag{5.9.22}$$

式(5.9.22)表明，等离子体内的总电荷密度也随着 r 的增大而迅速地减少。

上述结果表明，在等离子体内某处发生扰动时，其影响范围很小。其原因是：当某处出现扰动电荷时，同性电荷相斥，异性电荷相吸，等离子体内电荷重新分配，使扰动处的电场的影响局限在很小的范围内。换句话说，扰动处的电场被周围的电荷分布所屏蔽，使其影响达不到远处。

德拜(Debye)和休克尔(Hückel)首先导出了式(5.9.21)，通常称 $\varphi(\boldsymbol{r})$ 为德拜电位。式中，λ_{D} 称为德拜距离。等离子体内的扰动场，其影响主要限于德拜距离内。λ_{D} 的值一般很小，例如，高空电离层的 $\lambda_{\mathrm{D}}=2\times10^{-3}\,\mathrm{m}$。以扰动处为中心，以 λ_{D} 为半径所做的球称为德拜球。

前面研究的电子等离子体振荡是等离子体的整体行为的结果，即在德拜球内有大量的粒子和扰动场相互作用，所以只有 $N_0\lambda_{\mathrm{D}}^3\gg1$ 时，电子等离子体振荡才有意义。另外，等离子体被定义为具有宏观电中性，而在德拜距离内，等离子体已失去电中性，所以等离子体的几何尺寸 L 必须较 λ_{D} 大很多，总体来说，

$$L\gg\lambda_{\mathrm{D}}\gg N_0^{-1/3}$$

是等离子体的定量判据。

5.9.3　等离子体中的电磁波传播

在 4.9 节中分析电磁波的传播问题时，忽略了等离子体内部各种带电粒子间的相互作用。若把等离子体看成一种导电流体(即用 MHD 方程描述等离子体)，则电磁波的传播更为复杂，这里只分析一种最简单的情况。

设有一个向+z 方向传播的、沿 x 方向取向的线性极化均匀平面波，其电场强度的表达式为 $\boldsymbol{E}=E_x\boldsymbol{e}_x$，且各场量只是 z 和 t 的函数。又设在等离子体内存在外界恒定的磁场 $\boldsymbol{B}_0$，其方向也沿着 z 轴。这样，系统中的 $\boldsymbol{B}=\boldsymbol{B}_0+\boldsymbol{B}_1$，$\boldsymbol{B}_1$ 由感应电流产生。

将上述条件代入电磁场方程组的旋度方程，可得

$$-\frac{\partial B_{1y}}{\partial z}=\mu_0 J_x \tag{5.9.23}$$

$$\frac{\partial E_x}{\partial z}=-\frac{\partial B_{1y}}{\partial t} \tag{5.9.24}$$

设线性极化波的幅值很小，即电场、磁场及由它们引起的电流密度和速度等量都很小，则式(5.9.2)和式(5.9.8)可近似为

$$\rho_{\mathrm{m}}\frac{\partial \boldsymbol{v}}{\partial t}=\boldsymbol{J}\times\boldsymbol{B}_0 \tag{5.9.25}$$

和

$$\boldsymbol{E}+\boldsymbol{v}\times\boldsymbol{B}_0=0 \tag{5.9.26}$$

由此两式可得

$$\rho_{\mathrm{m}}\frac{\partial v_y}{\partial t}=-J_x B_0 \tag{5.9.27}$$

和

$$E_x=-v_y B_0 \tag{5.9.28}$$

消去式(5.9.23)和式(5.9.27)中的 J_x，可得

$$\frac{\partial v_y}{\partial t}=\frac{B_0}{\mu_0\rho_{\mathrm{m}}}\frac{\partial B_{1y}}{\partial z} \tag{5.9.29}$$

将式(5.9.28)代入式(5.9.29)中，可得

$$\frac{\partial E_x}{\partial t}=-\frac{B_0^2}{\mu_0\rho_{\mathrm{m}}}\frac{\partial B_{1y}}{\partial z} \tag{5.9.30}$$

消去式(5.9.24)和式(5.9.30)中的 E_x，可得

$$\frac{\partial^2 B_{1y}}{\partial z^2}-\frac{\mu_0\rho_{\mathrm{m}}}{B_0^2}\frac{\partial^2 B_{1y}}{\partial t^2}=0 \tag{5.9.31}$$

由此可见，B_{1y} 满足波动方程。若电磁波按正弦规律变化，则其解答形式为

$$B_{1y}(z,t)=A\cos\left(\omega t-\frac{\omega}{v}z\right) \tag{5.9.32}$$

式中

$$v=\frac{B_0}{\sqrt{\mu_0\rho_{\mathrm{m}}}} \tag{5.9.33}$$

E_x、J_x 和 v_y 等量都有与上述相类似的性质，各量只有和波前进方向垂直的分量，所以这一组波是横电磁波。其速度与频率无关，即使传播非正弦波也不会失真。这种波是磁流体波的一种，频率远低于等离子体的回旋频率，它的存在由瑞典物理学家阿尔文(H.O.G.Alfvén)

首先提出而得名，故称为阿尔文波。阿尔文波也存在于晶体中，它是在行星际空间中广泛存在的一种主要的 MHD 波模，太阳风尤其是高速流的绝大多数扰动都存在明显的阿尔文波特性。阿尔文波对空间等离子体的许多物理过程，如日冕加热、太阳风加速、地磁扰动的形成等，都有着重要的贡献，因而引起学者的广泛关注。

以上说明了若把等离子体整个作为导电媒质来看，且存在外磁场时，就可在其中激励起磁流体波，其速度和一般导电媒质中的波速不同。

最后必须指出，等离子体是一种复杂的物态，任何理论分析只能说明它的部分性质，所以应用实验来探知等离子体的性质，以作为理论分析的补充是很有必要的，也是目前普遍采用的方法。

5.10 电磁超材料

电磁超材料是一类具有天然材料所不具备的超常物理性质的人工复合结构或材料，所以又称人工电磁材料。它是一种由散射粒子或超粒子(metaparticles)构成的人工亚波长结构并具有天然材料所不具备的特性，例如，通过设计可以表现出负折射率、负磁导率、负介电常数、逆多普勒效应等超常的物理特性。超材料的发展历史比较早，1850 年就出现了由金和银纳米粒子复合而成的罗马变色玻璃环(Lycurgus cup)，但发展比较慢，早期的超材料制造依从经验原则，只是到 20 世纪末才得到人们的重视。今天，人们有望制作或构造所期望特性的材料。

限于篇幅，这里只介绍一些人工电磁材料，如人工负折射率介质[15]。

绝大多数天然介质的介电常数 ε 和磁导率 μ 的实部都是取正值。有些天然介质，如金属和等离子体，当电磁波的频率低于其等离子体频率时，ε 为负值，但在自然界中还没有发现磁导率 μ 为负值的介质。人工负折射率介质是指介电常数 ε 和磁导率 μ 都为负的介质。它是用人工方法设计出的一种电磁结构，电磁波在其中的传播性质与负折射率介质中传播性质相同。

1996 年，彭德(J.B.Pendry)等设计出一种金属棒阵列结构，如图 5.10.1 所示，并证明了当结构周期 p 远小于波长时，细长金属棒阵列可构成一种具有负 ε 和正 μ 的材料。受到电场扰动后，等离子体中原来正、负电荷均匀分布的电子会离开平衡位置，电子与离子的电荷中心不重合，将形成均匀分布的振荡电偶极子阵列。图 5.10.1(a)所示的周期金属棒阵列，如果外加扰动电场的方向与棒的轴向一致，沿轴就会有交变电流流动，它就相当于一个振荡电偶极子阵列。从这种意义上来看，在外加电场的扰动下，周期金属棒阵列与等离子体中均匀分布的振荡电偶极子阵列是相似的。因此，这种金属棒阵列是一种人工等离子型结构。根据等离子体的性质，周期金属棒阵列的等效介电常数在某一频率范围内取负值是有可能的。

彭德等证明，当结构周期 p 远小于电磁波波长时，这种人工等离子型结构的等离子体角频率为

$$\omega_{\mathrm{p}}=\sqrt{\frac{2\pi c^2}{p^2\ln(p/a)}} \tag{5.10.1}$$

式中，c 为真空中光速；p 是单元尺寸；a 是电导率为 γ 的金属棒的半径；金属棒长度 l 近似为无穷大($a \ll l$)，并且 $a \ll p \ll l$。如果选取结构的数据参数 $a = 1.0\times10^{-6}\,\text{m}$，$p = 5\text{mm}$，导线材料是铝($N = 1.086\times10^{29}\,\text{m}^{-3}$)，则实验结果是等离子体频率 $f_\text{p} = 8.3\text{GHz}$。

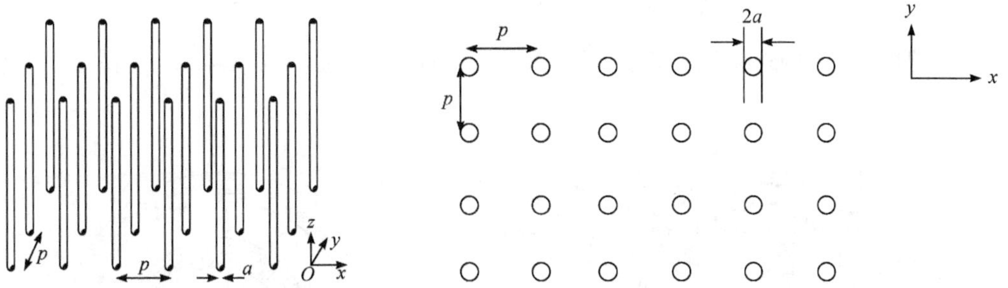

(a) 周期金属棒阵列结构的侧视图　　(b) 周期金属棒阵列结构的横截面

图 5.10.1　周期金属棒阵列结构

该结构等离子体频率的降低是由于电子被限制沿细导线运动所造成的。因为只在一部分空间中填充介质，所以有等效电子密度为

$$N_\text{eff} = \frac{\pi a^2}{p^2} N \tag{5.10.2}$$

在金属棒很细的假定条件下，棒具有很大的电感值，这样金属棒中电流值很难改变，相当于金属棒中流动的电子具有很大的有效质量 m_eff。根据经典电磁理论，在由导线电流所产生的磁场中，电子会受到附加的动量。通过考虑电子质量的有效值 m_eff，可以计及这个附加动量的效应，电子有效质量可近似表示为

$$m_\text{eff} = \frac{\mu_0 \pi a^2 N e^2}{2\pi} \ln\frac{p}{a} \tag{5.10.3}$$

利用有效电子密度 N_eff 和电子有效质量 m_eff，由式(4.9.7)得到周期金属棒阵列结构的等离子体角频率为

$$\omega_\text{p} = \sqrt{\frac{N_\text{eff} e^2}{m_\text{eff}\varepsilon_0}} = \sqrt{\frac{2\pi c^2}{p^2 \ln\,(p/a)}}$$

这就是式(5.10.1)。因此，在频率 $\omega < \omega_\text{p}$ 条件下，金属棒阵列结构具有负的等效介电常数。对于上述数据参数 $a = 1.0\times10^{-6}\,\text{m}$，$p = 5\text{mm}$ 和 $N = 1.086\times10^{29}\,\text{m}^{-3}$，等离子体频率的计算结果为 $f_\text{p} = 8.2\text{GHz}$。它与实验结果很接近。

值得注意，虽然在上述推导过程中用到了金属棒里的电子密度 N，但在式(5.10.1)中却与 N 无关，而只跟金属棒的尺寸和结构的周期长度有关。这意味着，周期金属棒阵列问题可用等效电容和等效电感来理解，限于篇幅，这里不再赘述，留给读者自行思考。

1999 年，彭德等又构造出在微波频段等效磁导率为负的周期开路圆环谐振器阵列结构，如图 5.10.2 所示。这种结构由一个与圆环平面垂直的磁场激励，表现出等离子体型的磁导率，由式(5.10.4)给出：

$$\mu=\mu_0\left(1-\frac{F\omega^2}{\omega^2-\omega_{0\mathrm{m}}^2}\right) \tag{5.10.4}$$

式中，$F=\pi\left(\frac{a}{p}\right)^2$ 和 $\omega_{0\mathrm{m}}=c\sqrt{\frac{3p}{\pi\ln(2wa^3/\delta)}}$，其中，$p$ 是空间周期，a 是小圆环的内半径，w 是圆环厚度，δ 是内外圆环之间的径向间距。可以看出，在 $\omega_{0\mathrm{m}}<\omega<\frac{\omega_{0\mathrm{m}}}{\sqrt{1-F}}$ 内，μ 为负值。

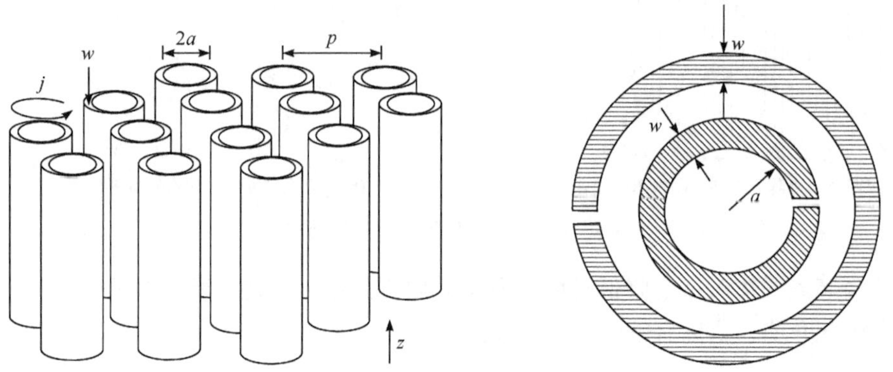

(a) 周期开路圆环谐振器阵列结构　　(b) 开路圆环谐振器单元

图 5.10.2　周期开路圆环谐振器阵列

在图 5.10.2 所示的周期开路圆环谐振器阵列中，每个谐振环相当于一个磁偶极子，根据电与磁的对偶原理，它与电偶极子相对偶，这就不难理解周期开路谐振环阵列在某一频率范围内的磁导率为负也是有可能的。因为周期金属棒阵列可等效为电偶极子阵列，当 $\omega<\omega_{\mathrm{p}}$ 时，其有效介电常数为负；而周期开路圆环谐振器阵列也能等效为磁偶极子阵列，也就有一个等效的磁等离子角频率 $\omega_{0\mathrm{m}}$。

2000 年，史密斯(D.R. Smith)等构造了第一个基于金属棒与周期开路圆环谐振器的人工负折射率材料。他们把这两种结构结合起来，印制在电路板上，如图 5.10.3 所示。适当的设计使得在同一频率范围内，周期金属棒阵列的有效介电常数与周期开路圆环谐振器的等效磁导率同时为负，就得到在该频率范围内的负折射率介质。

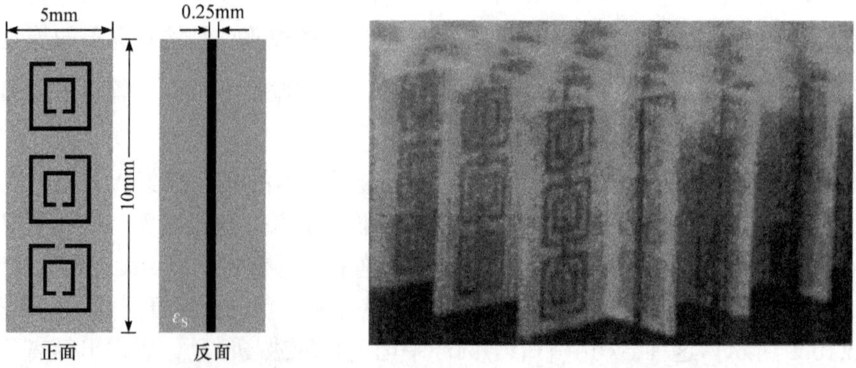

(a) 印制在FR4正、反面上的开路谐振环和金属棒　　(b) 人工负折射率介质

图 5.10.3　一种人工负折射率介质

除了周期金属棒阵列与周期开路谐振圆环阵列外，人们已提出了多种结构，它们能实现有效介电常数$\varepsilon<0$和等效磁导率$\mu<0$，这里不再介绍。

习　题　5

5.1　在极化介质中割出下列三种空隙：

(1) 一条与极化强度$\boldsymbol{P}$成直角的狭缝；

(2) 一条细长而与$\boldsymbol{P}$平行的狭缝；

(3) 一个球形空腔。

求：每种空隙表面上的极化电荷及它们各自在空隙中所产生的电场强度。

5.2　一个半径为a的均匀极化的介质球，设每单位体积的电偶极矩为$\boldsymbol{P}$，求电位及电场强度。

5.3　有一个介电常数为ε的空心介质球层，其内、外半径分别为a和b，球层中均匀带电，体电荷密度为ρ。求：

(1) 空间的电场分布；

(2) 在球层内的体极化电荷密度；

(3) 球层内、外表面上的面极化电荷密度。

5.4　氢原子中电子云的密度为$\rho(r)=\dfrac{e}{\pi a^2}\mathrm{e}^{-2r/a}$，式中，$a$为玻尔半径，$e$为电子电荷量。在弱电场下，氢原子受到极化，如果近似地认为电子云不发生形变，求氢原子的极化率。

5.5　有一种人造电介质，它由一些半径为a的相同理想导电金属球构成。这些金属球杂乱地分布在真空中。每单位体积中球的平均数为N。在这种人造电介质内有电磁波在传播。如果忽略作用在各个球上的有效场与合成场的差别，求这种人造电介质的介电常数ε和磁导率μ。问在什么条件下可以把它看作连续媒质？

5.6　在一般情况下，$\boldsymbol{D}(t)=\varepsilon_0\boldsymbol{E}(t)+\int_0^{\infty}f(\tau)\varepsilon_0\boldsymbol{E}(t-\tau)\mathrm{d}\tau$。如果在某种介质中$f(\tau)=A\mathrm{e}^{-\tau/a}$，$A$和$a$都是常数，计算$\varepsilon(\omega)$。

5.7　证明：在媒质中，当色散正常时，群速度小于其相速度。当色散反常时，群速度大于相速度。

5.8　一个半径为a的均匀磁化介质球，其磁化强度为$\boldsymbol{M}$。求空间中的磁场强度。

5.9　由伦敦第二方程和麦克斯韦方程组推导超导电流$\boldsymbol{J}_\mathrm{s}$的方程，并与磁感应强度$\boldsymbol{B}$的方程比较，讨论超导电流的分布。

5.10　厚度为$2a$的超导平板置于外磁场$\boldsymbol{B}_0$中。设表面在$x=\pm a$，$\boldsymbol{B}_0$沿着z轴方向，电流沿着y轴方向。求：

(1) 超导体内的电场分布和稳态电流分布；

(2) 平均磁化强度。

下篇　电磁场中的数学物理方法

在这一篇，讨论电磁场边值问题的解法，即电磁场中的数学物理方法。本篇共 5 章，包括分离变量法、复变函数法、格林函数法、电磁场积分方程法和计算机方法。它们各有优点和局限性。学习本篇时希望读者注意各种典型例题的解法及物理图像。

第 6 章介绍解电磁场偏微分方程的分离变量法。它是解边值问题的一种最基本和最古典的方法，包括直角坐标系中拉普拉斯方程的解、圆柱坐标系中拉普拉斯方程的解、球坐标系中拉普拉斯方程的解、叠片铁心中的涡流、导体中的电磁场——扩散过程、铁磁球体问题、一般正交曲线坐标系中的分离变量法、本征值及本征函数和非齐次问题。

第 7 章介绍二维拉普拉斯方程平行平面场问题的复变函数法，应用它可以得出许多实际问题的解析解，特别是一些较复杂几何形状的边界问题的解。复变函数法应用的方式有两种：一是复位函数法，它直接利用解析函数的实部和虚部都满足二维拉普拉斯方程这一特性，因此它们都代表一定的平行平面场。如果某一解析函数的实部(或虚部)描绘出的几何图形与所考虑的平行平面场的边界相吻合，则此解析函数就可用于解决这一问题。二是保角变换法，其基本思想是利用解析函数所代表的变换的几何性质，把所给定的边值问题中复杂的边界变为简单的边界，以便于求解。特别地，在这一章中着重介绍了施瓦兹变换及其应用。

第 8 章介绍应用格林函数处理电磁场问题。格林函数法是解电磁场边值问题的重要方法之一。从物理含义和数学形式来说，它是一种普遍的概念，相应的方法也是一种具有普遍意义的方法。这一章将结合电磁场理论中的泊松方程、拉普拉斯方程和亥姆霍兹方程，比较系统地论述格林函数法的原理和解法，重点阐述建立格林函数的各种数理方法以及它们之间的联系。

第 9 章介绍电磁场的积分方程，它是研究偏微分方程加边界条件的边值问题的一种重要的数学方法。求解电磁场问题的实践表明，可采用微分方程和积分方程两种形式，它们各有优点。积分方程和微分方程之间关系密切，某些积分方程能够从微分方程推演出或化归回去。根据待解电磁场量是标量还是矢量，电磁场的积分方程分为标量型和矢量型两种。从数学上来看，这些积分方程又可分为第一类和第二类弗雷德霍姆积分方程。因此，在计算具体的电磁场问题时，应该根据问题的性质，设法建立关于电磁场量的合适的积分方程。本章只着重介绍电磁场积分方程的建立过程。篇幅所限，积分方程的解法不予介绍。

第 10 章介绍电磁场问题的计算机方法。用计算数学的方法求解电磁场问题称为计算电磁学。近年来，随着高速大容量计算机技术的迅速发展，它很快地发展成为一门新兴的学科，是进一步解决电磁场问题的基础。从这个意义上讲，计算电磁学也可称为计算机方法。由于篇幅所限，不能对计算电磁学所涉及的各种数值方法都做论述，这一章将简要地介绍电磁场计算中广泛应用的有限差分法、有限元法、矩量法和边界元法。

第 6 章　分离变量法

本章将介绍解电磁场偏微分方程的分离变量法。它也是解边值问题的一种最基本和最古典的方法。

分离变量法的基本思想是：将多变量的偏微分方程化为一些单变量的常微分方程，找出满足边界条件的一些特解，用这些特解的线性组合构成问题的解。由于所得到的解往往具有傅里叶级数形式，因此又称傅里叶法。

一般来说，能否应用分离变量法，除了与方程的形式有关之外，坐标系的选择对分离变量法也是很重要的。如果选择适当的正交曲线坐标系，使问题的边界与一个坐标面或几个坐标面的部分重合，那么方程本身和边界条件就都能进行变量的分离。斜交坐标系做不到变量分离。艾森哈特(Eisenhart)证明了 11 种三维的正交坐标系对于拉普拉斯方程及亥姆霍兹方程可以进行简单的变量分离。高阶曲线构成的坐标系偶尔有人采用，但是最常用的还是直角坐标系、圆柱坐标系及球坐标系。下面将分别讨论这几种坐标系的分离变量法，最后简单介绍一般的正交曲线坐标系。

6.1　直角坐标系中拉普拉斯方程的解

在无源的空间中，静态电场、磁场的问题都划归为根据边界条件求解拉普拉斯方程的问题。当边界面与直角坐标系的坐标面一致时，应当选直角坐标系，可使得边界条件的表述比较简单。

直角坐标系中的拉普拉斯方程为

$$\frac{\partial^2\varphi}{\partial x^2}+\frac{\partial^2\varphi}{\partial y^2}+\frac{\partial^2\varphi}{\partial z^2}=0 \tag{6.1.1}$$

若在给出的定解条件下，变量是可分离的，则可假设分离变量形式的试探解为

$$\varphi(x,y,z)=X(x)Y(y)Z(z) \tag{6.1.2}$$

式中，$X(x)$ 仅为 x 的函数；$Y(y)$ 仅为 y 的函数；$Z(z)$ 仅为 z 的函数。将式(6.1.2)代入原方程式(6.1.1)中，并用 $X(x)$、$Y(y)$、$Z(z)$ 除之，便得

$$\frac{1}{X}\frac{\mathrm{d}^2X}{\mathrm{d}x^2}+\frac{1}{Y}\frac{\mathrm{d}^2Y}{\mathrm{d}y^2}+\frac{1}{Z}\frac{\mathrm{d}^2Z}{\mathrm{d}z^2}=0 \tag{6.1.3}$$

因为各项之和为零，而变量各异，所以各项均必须为常数。这样，就将拉普拉斯方程化成了 3 个常微分方程。为简单起见，不失一般性，可仅讨论二维情况，即设 $\mathrm{d}^2Z/\mathrm{d}z^2=0$，令

$$\frac{1}{X}\frac{\mathrm{d}^2X}{\mathrm{d}x^2}=k_n^2,\quad \frac{1}{Y}\frac{\mathrm{d}^2Y}{\mathrm{d}y^2}=-k_n^2 \tag{6.1.4}$$

这样就把二维的拉普拉斯方程分离成两个常微分方程。它们之间由常数 k_n 相关联，k_n 称为分离常数。

当 $k_n = 0$ 时，上面两个常微分方程的解为

$$X(x) = A_0 x + B_0, \quad Y(y) = C_0 y + D_0$$

而当 $k_n \neq 0$ 时，其解答形式为

$$X(x) = A_n \operatorname{ch}(k_n x) + B_n \operatorname{sh}(k_n x)$$

$$Y(y) = C_n \cos(k_n y) + D_n \sin(k_n y)$$

式中，A_0、B_0、C_0、D_0、A_n、B_n、C_n 和 D_n 都是待定常数。

因为拉普拉斯方程是线性的，适用叠加原理，k_n 取所有可能值的解的线性组合也是它的解，所以由式(6.1.2)得 $\varphi(x,y)$ 的通解是

$$\begin{aligned}\varphi(x,y) &= (A_0 x + B_0)(C_0 y + D_0) \\ &\quad + \sum_{n=1}^{\infty}[A_n \operatorname{ch}(k_n x) + B_n \operatorname{sh}(k_n x)][C_n \cos(k_n y) + D_n \sin(k_n y)]\end{aligned} \tag{6.1.5}$$

解答式(6.1.5)中的 $\varphi(x,y)$ 是 y 的周期函数，x 的双曲函数。若把式(6.1.4)中 k_n^2 换成 $-k_n^2$，则 $\varphi(x,y)$ 是 x 的周期函数，y 的双曲函数。因此，可得另外一个通解，即

$$\begin{aligned}\varphi(x,y) &= (A_0 x + B_0)(C_0 y + D_0) \\ &\quad + \sum_{n=1}^{\infty}[A_n \cos(k_n x) + B_n \sin(k_n x)][C_n \operatorname{ch}(k_n y) + D_n \operatorname{sh}(k_n y)]\end{aligned} \tag{6.1.6}$$

究竟如何选取分离常数 k_n，要由给定问题的具体边界条件情况而定。各待定常数 A_0、B_0、C_0、D_0、A_n、B_n、C_n 和 D_n 也按照给定的边界条件确定，即获得唯一的答案。

上述求待定常数的过程，实际上是一个将边界上给定条件展开为三角级数的过程。现在来看一个静电场例题。

【例 6.1.1】 无限长接地金属槽内的电场。如图 6.1.1 所示，有一个沿 z 轴无限长金属槽，其三壁接地，上盖是对地绝缘的且保持电位为 V_0，金属槽截面的长和宽分别为 a 和 b。求此金属槽内的电位分布。

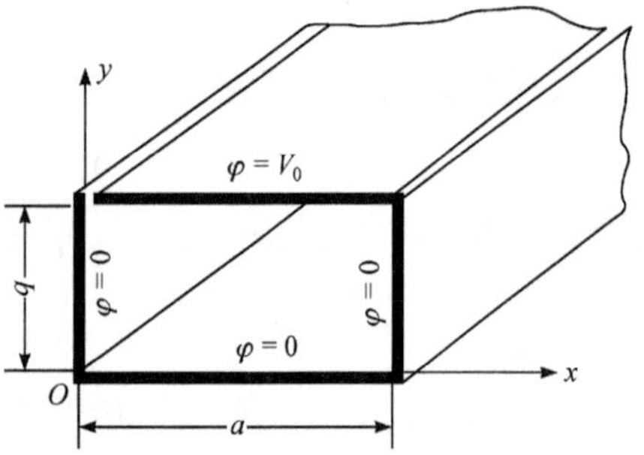

图 6.1.1　接地金属槽

解　由于金属槽无限长，所以槽内电位 φ 与坐标 z 无关。由于槽内各点上电荷密度 $\rho = 0$，所以槽内电位满足二维直角坐标系中的拉普拉斯方程。应用分离变量法，由前面的讨论可知，电位 $\varphi(x,y)$ 的通解应取式(6.1.6)，因它是 x 的周期函数。将给定的边界条件代入通解中，逐步来确定其中的各个待定常数。

(1) 在 $y = 0$ 处，$\varphi = 0$，有

$$0 = (A_0 x + B_0) D_0 + \sum_{n=1}^{\infty} C_n [A_n \cos(k_n x) + B_n \sin(k_n x)]$$

上式对于任意 x 值均成立，必有 $D_0=0$，$C_n=0$。

(2) 在 $x=0$ 处，$\varphi=0$，得 $B_0=0$，$A_n=0$。

(3) 在 $x=a$ 处，$\varphi=0$，得 $A_0=0$，$C_0=0$，$\sin(k_n a)=0$，$k_n=n\pi/a$；n 为正整数。将以上所得各常数代入式(6.1.6)中，即得电位 $\varphi(x,y)$ 的解：

$$\varphi(x,y)=\sum_{n=1}^{\infty}B_nD_n\sin\frac{n\pi x}{a}\mathrm{sh}\frac{n\pi y}{a}$$

(4) 在 $y=b$ 处，$\varphi=V_0$，所以有

$$V_0=\sum_{n=1}^{\infty}B_nD_n\sin\frac{n\pi x}{a}\mathrm{sh}\frac{n\pi b}{a}$$

上式两边同乘以 $\sin(m\pi x/a)$，然后从 $0\to a$ 对 x 进行积分后，并用 n 代换 m，得到

$$B_nD_n=\begin{cases}\dfrac{4V_0}{n\pi\mathrm{sh}\dfrac{n\pi b}{a}}, & n\text{为奇数}\\ 0, & n\text{为偶数}\end{cases}$$

最终，得电位 $\varphi(x,y)$ 的解为

$$\varphi(x,y)=\sum_{n=1,3,5}^{\infty}\frac{4V_0}{n\pi\mathrm{sh}\dfrac{n\pi b}{a}}\sin\frac{n\pi x}{a}\mathrm{sh}\frac{n\pi y}{a}$$

实际计算时，只要取级数的前两项或三项就足够了。

顺便指出，不能用分离变量法求金属槽外部空间中的电位分布。

综上所述，分离变量法的具体步骤如下：

(1) 按给定场域的形状选择适当的坐标系，使场域的边界能与坐标面相吻合。并写出给定边值问题在该坐标系中的表达式。

(2) 将偏微分方程通过“分离”变量转化为一组常微分方程。

(3) 解各常微分方程并组成偏微分方程的通解。通常含有“分离”常数和待定系数。

(4) 由边界条件确定“分离”常数和待定系数，得到问题的唯一确定解。

6.2　圆柱坐标系中拉普拉斯方程的解

在圆柱坐标系中，拉普拉斯方程的形式为

$$\frac{1}{r}\frac{\partial}{\partial r}\left(r\frac{\partial\varphi}{\partial r}\right)+\frac{1}{r^2}\frac{\partial^2\varphi}{\partial\alpha^2}+\frac{\partial^2\varphi}{\partial z^2}=0 \tag{6.2.1}$$

下面先讨论 φ 沿 z 方向没有变化时的二维平行平面场问题，然后讨论一般的问题。

6.2.1　平面极坐标中的情形

在圆柱坐标系中，若场与坐标 z 无关，则为平面极坐标系中二维场(平行平面场)的问题。拉普拉斯方程(6.2.1)简化为

$$\frac{1}{r}\frac{\partial}{\partial r}\left(r\frac{\partial \varphi}{\partial r}\right)+\frac{1}{r^2}\frac{\partial^2 \varphi}{\partial \alpha^2}=0 \tag{6.2.2}$$

令 $\varphi(r,\alpha)$ 的分离变量形式的试探解为

$$\varphi(r,\alpha)=R(r)Q(\alpha) \tag{6.2.3}$$

代入式(6.2.2)中，经过整理得

$$r^2\frac{\mathrm{d}^2 R}{\mathrm{d}r^2}+r\frac{\mathrm{d}R}{\mathrm{d}r}-n^2R=0$$

及

$$\frac{\mathrm{d}^2 Q}{\mathrm{d}\alpha^2}+n^2Q=0$$

这里 n 是分离常数，且为正整数。

当 $n=0$ 时，$R(r)=A_0\ln r+B_0$ 和 $Q(\alpha)=C_0\alpha+D_0$。

当 $n\neq 0$ 时，$R(r)=A_nr^n+B_nr^{-n}$ 和 $Q(\alpha)=C_n\cos(n\alpha)+D_n\sin(n\alpha)$。

于是，由这些解的相应乘积叠加组成拉普拉斯方程的通解，即

$$\begin{aligned}\varphi(r,\alpha)=&(A_0\ln r+B_0)(C_0\alpha+D_0)\\&+\sum_{n=1}^{\infty}(A_nr^n+B_nr^{-n})[C_n\cos(n\alpha)+D_n\sin(n\alpha)]\end{aligned} \tag{6.2.4}$$

式中，A_0、B_0、C_0、D_0 及 A_n、B_n、C_n、D_n 均为由边界条件决定的待定常数。

如果讨论的区域是 $0\leqslant\alpha\leqslant 2\pi$，则由物理解的单值性要求：$C_0$ 必须是零。如果讨论方位角限制在 $0\leqslant\alpha\leqslant\alpha_0(\alpha_0\neq 2\pi)$ 的边值问题，n 可以是(往往是)非整数。

从前面的讨论中可以看到，通解中有无穷多的可调参数，这些待定参数依靠边界条件逐一确定，而这一过程往往复杂而烦琐。如果从所讨论问题的物理图像的直观分析出发，根据特定边界条件的对称性，直接从物理角度由通解选出几个特解作为试解，这样就只引入了有限的几个可调参数，从而给求解带来许多方便。当然，这样做的关键是物理概念要清楚[1]。下面举例来说明解法的基本思路。

【例 6.2.1】 在均匀外电场 $\boldsymbol{E}=E_0\boldsymbol{e}_x$ 中有一半径为 a，线电荷密度为 τ 的带电无限长导体圆柱体，其轴线与外电场相垂直，求空间中的电场分布[1]。

解 把空间分成导体圆柱内、外两个区域，柱内区域的电场为零。在柱外区域中，电位满足：

$$\nabla^2\varphi=0$$

边界条件为

$$\varphi\big|_{r\to\infty}=-E_0r\cos\alpha,\quad \varphi\big|_{r=a}=\text{常数},\quad \oint_S\frac{\partial\varphi}{\partial n}\bigg|_{r=a}\mathrm{d}S=-\frac{\tau}{\varepsilon_0}$$

显然，此问题的通解为式(6.2.4)，且应该取 $C_0=0$。现在，根据物理图像的直观分析，直接挑选出有限的几项作为试解。

由于导体是带电的，所以试解必须存在 $\ln r$ 项；外场在试解中应当反映出来，这样应有

$-E_0 r\cos\alpha$ 项；均匀外电场的作用使导电圆柱体的侧面产生感应电荷，其效果相当于一个平面电偶极子，所以试解中还应包含一项 $\frac{1}{r}\cos\alpha$。因此，试解选为

$$\varphi(r,\alpha)=A_0+B_0\ln r-E_0 r\cos\alpha+\frac{B_1}{r}\cos\alpha$$

根据边界条件，容易求得上述待定常数分别为

$$A_0=\frac{\tau}{2\pi\varepsilon_0}\ln r_0,\quad B_0=-\frac{\tau}{2\pi\varepsilon_0},\quad B_1=E_0a^2$$

因此，电位为

$$\varphi(r,\alpha)=\frac{\tau}{2\pi\varepsilon_0}\ln\frac{r_0}{r}-E_0 r\cos\alpha+\frac{E_0a^2}{r}\cos\alpha$$

其中，A_0(即 φ 中的 r_0)值的选取与电位的参考点选取有关。但是，在带电圆柱体问题中不能选取 $r\to\infty$，$\varphi=0$。如果选取柱体表面上电位为参考点，则 $r_0=a$。

柱体外电场强度为

$$\boldsymbol{E}=\left(\frac{\tau}{2\pi\varepsilon_0}\frac{1}{r}+E_0\cos\alpha+\frac{a^2}{r^2}E_0\cos\alpha\right)\boldsymbol{e}_r+\left(-E_0\sin\alpha+\frac{E_0a^2}{r^2}\sin\alpha\right)\boldsymbol{e}_\alpha$$

在选取试解的时候，要注意试解中待定常数的数目与问题的边界条件应一致。

【例 6.2.2】 求半径为 a 的圆域内的静电问题：

$$\begin{cases}\nabla^2\varphi(r,\alpha)=0\\ \varphi(a,\alpha)=f(\alpha)\end{cases}$$

解 由于圆域 $r<a$ 内包括 $r=0$，且要求电位有性质 $\varphi(r,\alpha)=\varphi(r,\alpha+2\pi)$，因此，$r^{-n}$、$\ln r$ 和 α 项不能存在。所以应取 $A_0=0$、$C_0=0$ 和 $B_n=0$。于是，通解式(6.2.4)简化成：

$$\varphi(r,\alpha)=B_0D_0+\sum_{n=1}^{\infty}[A_nC_n\cos(n\alpha)+A_nD_n\sin(n\alpha)]r^n$$

利用在 $r=a$ 处的边界条件，$\varphi(a,\alpha)=f(\alpha)$，确定出：

$$\begin{cases}B_0D_0=\dfrac{1}{2\pi}\displaystyle\int_0^{2\pi}f(\alpha)\mathrm{d}\alpha\\ A_nC_n=\dfrac{1}{a^n\pi}\displaystyle\int_0^{2\pi}f(\alpha)\cos(n\alpha)\mathrm{d}\alpha\\ A_nD_n=\dfrac{1}{a^n\pi}\displaystyle\int_0^{2\pi}f(\alpha)\sin(n\alpha)\mathrm{d}\alpha\end{cases}$$

将这些系数代入通解中，经过简化后可得

$$\varphi(r,\alpha)=\frac{1}{\pi}\int_0^{2\pi}f(t)\left\{\frac{1}{2}+\sum_{n=1}^{\infty}\left(\frac{r}{a}\right)^n\cos[n(\alpha-t)]\right\}\mathrm{d}t$$

利用已知恒等式：

$$\frac{1}{2}+\sum_{n=1}^{\infty}k^n\cos n[(\alpha-t)]=\frac{1}{2}\frac{1-k^2}{1-2k\cos(\alpha-t)+t^2},\quad |k|<1$$

可将解改写成：

$$\varphi(r,\alpha)=\frac{1}{2\pi}\int_0^{2\pi}\frac{a^2-r^2}{r^2+a^2-2ra\cos(\alpha-t)}f(t)\mathrm{d}t$$

这就是圆域内问题的泊松积分公式。这种积分形式解便于理论上的研究。

同样，在圆域外可以求得如下的泊松积分公式：

$$\varphi(r,\alpha)=\frac{1}{2\pi}\int_0^{2\pi}\frac{r^2-a^2}{r^2+a^2-2ra\cos(\alpha-t)}f(t)\mathrm{d}t$$

6.2.2　圆柱坐标系中的情形

现在，考虑拉普拉斯方程式(6.2.1)的解。令解的形式为

$$\varphi(r,\alpha)=R(r)Q(\alpha)Z(z) \tag{6.2.5}$$

代入方程式(6.2.1)中，进行变量分离，得到 3 个常微分方程：

$$\frac{\mathrm{d}^2Z}{\mathrm{d}z^2}-k^2Z=0 \tag{6.2.6}$$

$$\frac{\mathrm{d}^2Q}{\mathrm{d}\alpha^2}+n^2Q=0 \tag{6.2.7}$$

$$r^2\frac{\mathrm{d}^2R}{\mathrm{d}r^2}+r\frac{\mathrm{d}R}{\mathrm{d}r}+(k^2r^2-n^2)R=0 \tag{6.2.8}$$

式中，k 和 n 都是分离常数(可以是实数、虚数或复数)。

式(6.2.6)和式(6.2.7)的解答形式分别为

$$Z(z)=A_1\mathrm{ch}(kz)+A_2\mathrm{sh}(kz) \tag{6.2.9}$$

$$Q(\alpha)=B_1\cos(n\alpha)+B_2\sin(n\alpha) \tag{6.2.10}$$

这些解的性质与分离常数 k 和 n 有关。由于在整个方位角内 φ 是单值的，解必须为 α 的周期函数，n 也必须为实整数。k 是任意待定值，由边界条件来决定。

径向方程(6.2.8)是贝塞尔微分方程，其解为

$$R(r)=C_1\mathrm{J}_n(kr)+C_2\mathrm{Y}_n(kr) \tag{6.2.11}$$

式中，$\mathrm{J}_n(kr)$ 是 n 阶第一类贝塞尔函数；$\mathrm{Y}_n(kr)$ 是 n 阶第二类贝塞尔函数或诺依曼函数。这两类贝塞尔函数的资料，可参考附录 E，或查阅有关的数学手册。

因此，在圆柱坐标系中拉普拉斯方程的特解有如下形式：

$$\varphi(r,\alpha,z)=[A_1\mathrm{ch}(kz)+A_2\mathrm{sh}(kz)][B_1\cos(n\alpha)+B_2\sin(n\alpha)]\left[C_1\mathrm{J}_n(kr)+C_2\mathrm{Y}_n(kr)\right] \tag{6.2.12}$$

此外，如果在式(6.2.6)、式(6.2.7)和式(6.2.8)中令 $k=0$ 和 $n=0$，则可求得

$$Z(z)=m_1+m_2z,\quad Q(\alpha)=m_3+m_4\alpha,\quad R(r)=m_5+m_6\ln r$$

考虑到场的单值性，得 $m_4=0$。因此，在必要时，在特解式(6.2.12)中可加上

$$(m_1 + m_2 z)(m_5 + m_6 \ln r) \tag{6.2.13}$$

作为补充解。

最后，如果令 $n \neq 0$，但 $k=0$，则可求得

$$Z(z) = m_1' + m_2' z,\quad Q(\alpha) = m_3' \cos(n\alpha) + m_4' \sin(n\alpha),\quad R(r) = m_5' r^n + m_6' r^{-n}$$

由此得到的另一个补充解是

$$(m_1' + m_2' z)[m_3' \cos(n\alpha) + m_4' \sin(n\alpha)](m_5' r^n + m_6' r^{-n}) \tag{6.2.14}$$

于是，φ 的更完善的特解是如下形式：

$$\begin{aligned}\varphi(r,\alpha,z) = &[A_1 \mathrm{ch}(kz) + A_2 \mathrm{sh}(kz)][B_1 \cos(n\alpha) + B_2 \sin(n\alpha)]\left[C_1 \mathrm{J}_n(kr) + C_2 \mathrm{Y}_n(kr)\right] \\ &+ (m_1 + m_2 z)(m_5 + m_6 \ln r) + (m_1' + m_2' z)[m_3' \cos(n\alpha) + m_4' \sin(n\alpha)](m_5' r^n + m_6' r^{-n})\end{aligned} \tag{6.2.15}$$

另一种情况，如果 $\varphi(r,\alpha,z)$ 与 α 无关，即轴对称情况 $\partial/\partial\alpha = 0$，必有 $n=0$，则拉普拉斯方程(6.2.1)变为

$$\frac{1}{r}\frac{\partial}{\partial r}\left(r\frac{\partial \varphi}{\partial r}\right) + \frac{\partial^2 \varphi}{\partial z^2} = 0 \tag{6.2.16}$$

其解为

$$\varphi(r,z) = (m_1 + m_2 z)(m_5 + m_6 \ln r) + [A_1 \mathrm{ch}(kz) + A_2 \mathrm{sh}(kz)]\left[C_1 \mathrm{J}_n(kr) + C_2 \mathrm{Y}_n(kr)\right] \tag{6.2.17}$$

如果在上述分离变量时在含 z 的方程中取常数 k^2 为负值，即

$$\frac{1}{Z}\frac{\mathrm{d}^2 Z}{\mathrm{d}z^2} = -k^2$$

则含变量 r 的方程化为下列形式：

$$r^2 \frac{\mathrm{d}^2 R}{\mathrm{d}r^2} + r\frac{\mathrm{d}R}{\mathrm{d}r} - (k^2 r^2 + n^2)R = 0 \tag{6.2.18}$$

此式称为修正的贝塞尔方程。其解答形式为

$$R(r) = C_1 \mathrm{I}_n(kr) + C_2 \mathrm{K}_n(kr) \tag{6.2.19}$$

式中，C_1、C_2 为待定常数；称 $\mathrm{I}_n(kr)$ 及 $\mathrm{K}_n(kr)$ 为修正的贝塞尔函数或开尔文函数。

【例 6.2.3】 图 6.2.1 示出一个有限长的金属圆柱罐，其半径为 a。底与柱面相连保持为零电位。柱长为 b，上盖与柱面绝缘，其电位分布为已知函数 $f(r)$。求罐中任意处的电场。

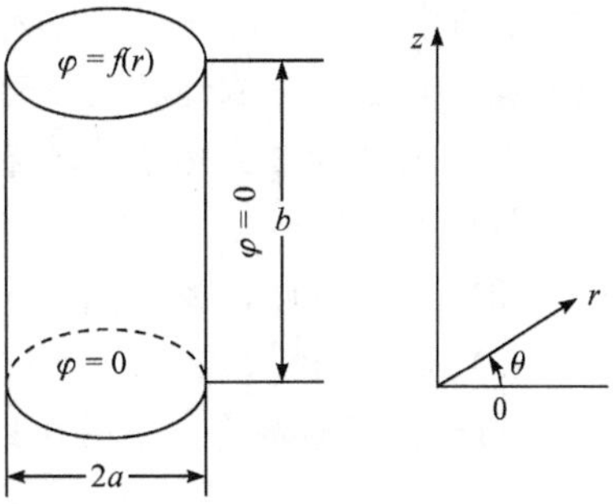

图 6.2.1　金属圆柱罐中的电场

解　待求电位满足拉普拉斯方程，现选用圆柱坐标系 (r,α,z)，$0 \leqslant z \leqslant b$，$0 \leqslant r < a$，边界条件可写为：

(1) 当 $z=0$ 时，$\varphi=0$；

(2) 当 $r=a$ 时，$\varphi=0$；

(3) 当 $z=b$ 时，$\varphi=f(r)$。

由电场对 z 轴的轴对称性$\left(\dfrac{\partial\varphi}{\partial\alpha}=0\right)$，应从特解式(6.2.17)出发。又因为圆柱罐中包含 $r=0$ 点，所以 $\ln r$ 和 $\mathrm{Y}_0(kr)$ 这两项不能存在，必须取 $m_6=0$ 和 $C_2=0$。另外，又因当 $z=0$ 时，$\varphi=0$，所以应取 $A_1=0$ 和 $m_1=0$。这样，特解形式为

$$A\mathrm{J}_0(kr)\mathrm{sh}(kz)+Bz$$

由于当 $r=a$ 时，$\varphi=0$，而 z 可为 $0\sim b$ 的任意值，所以应选 $B=0$，且常数 k 应使

$$\mathrm{J}_0(k_m a)=0$$

即 $k_m a$ 应为 $\mathrm{J}_0(x)$ 函数的根。根有无限多个 $x_m^{(0)}(m=1,2,3,\cdots)$。由此定出：

$$k_m=\frac{x_m^{(0)}}{a},\quad m=1,2,3,\cdots$$

因此，解答的形式为

$$\varphi(r,z)=\sum_{m=1}^{\infty}A_m\mathrm{J}_0(k_m r)\mathrm{sh}(k_m z)$$

当 $z=b$ 时，$\varphi=f(r)$，有

$$f(r)=\sum_{m=1}^{\infty}A_m\mathrm{J}_0(k_m r)\mathrm{sh}(k_m b)$$

所以确定解答中各个待定系数 A_m 的问题，就是将任意函数 $f(r)$ 展开为傅里叶-贝塞尔级数，成为求展开式各项系数的问题。利用傅里叶-贝塞尔级数定理，从上式可求得系数 A_m 为

$$A_m=\frac{2}{a^2\mathrm{J}_1^2(k_m a)\mathrm{sh}(k_m b)}\int_0^a rf(r)\mathrm{J}_0(k_m r)\mathrm{d}r$$

若 $f(r)$ 为恒值 V_0，则 A_m 简化为

$$A_m=\frac{2V_0}{k_m a\mathrm{J}_1(k_m a)\mathrm{sh}(k_m b)}$$

相应的电位 φ 的解答为

$$\varphi(r,z)=\sum_{m=1}^{\infty}\frac{2V_0}{k_m a\mathrm{J}_1(k_m a)}\frac{\mathrm{sh}(k_m z)}{\mathrm{sh}(k_m b)}\mathrm{J}_0(k_m r)$$

【例 6.2.4】 图 6.2.2(a)示出了高压静电电压表的剖面图，其两极板半径为 a，板间距为 b。图中黑点代表一系列电场屏蔽环，它们连接到分压器相应的点 z 上，从而各个黑点具有适当的电位值。求这种电压表两极板间的电压分布。

解 应用圆柱坐标系是适当的，电位的解可从式(6.2.15)出发求出。已知边界条件是：

(1) 当 $z=0$ 时，$\varphi=0$；

(2) 当 $z=b$ 时，$\varphi=V_0$；

(3) 当 $r=a$ 时，$\varphi=V(z)$。

$V(z)$ 由实验测得，如图 6.2.2(b)中的虚线所示，它可以写成：

$$V(z)=\frac{V_0}{b}z+V_0\sum_{n=0}^{\infty}\mathrm{G}_n\sin\frac{n\pi z}{b}$$

式中，等号右边第一项代表的是线性的电位分布，第二项是对线性的实际修正。

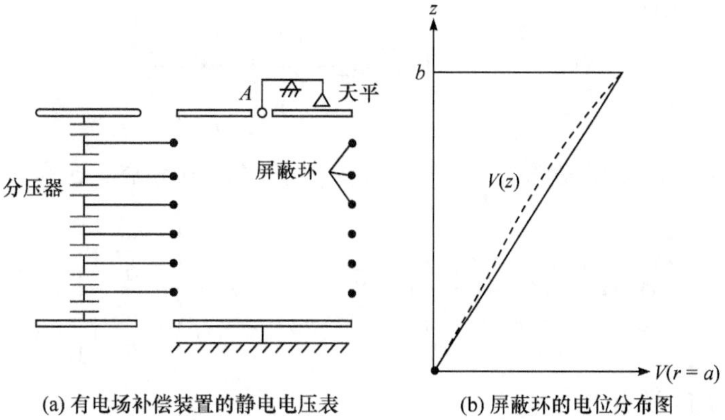

图 6.2.2 高压静电电压表的剖面图

(4) 当 $r=0$ 时，$\varphi=$有限值。

考虑到电场的轴对称分布特性，应取 $n=0$。又由条件(1)和(4)可知，应取

$$A_1=0,\quad m_1=0,\quad m_1'=0$$

$$C_2=0,\quad m_6=0,\quad m_6'=0$$

因此，式(6.2.15)简化为

$$\varphi(r,z)=A\mathrm{J}_0(kr)\mathrm{sh}(kz)+Bz$$

将条件(2)代入上式中，得

$$V_0=A\mathrm{J}_0(kr)\mathrm{sh}(kb)+Bb$$

要使上式对任意的 r 值都成立，必有

$$B=\frac{V_0}{b},\quad A\mathrm{sh}(kb)=0$$

显然，不能取 $A=0$，否则将得到一个平凡解。这里应取

$$k=\mathrm{j}\frac{n\pi}{b},\quad n=1,2,3,\cdots$$

这里，$\mathrm{j}=\sqrt{-1}$ 是虚数单位。于是，得电位 φ 的解答形式为

$$\varphi(r,z)=\frac{V_0}{b}z+\sum_{n=1}^{\infty}A_n\sin\frac{n\pi z}{b}\mathrm{J}_0\left(\mathrm{j}\frac{n\pi r}{b}\right)$$

利用条件(3)，由上式得到

$$\frac{V_0}{b}z+V_0\sum_{n=0}^{\infty}\mathrm{G}_n\sin\frac{n\pi z}{b}=\frac{V_0}{b}z+\sum_{n=1}^{\infty}A_n\mathrm{J}_0\left(\mathrm{j}\frac{n\pi a}{b}\right)\sin\frac{n\pi z}{b}$$

比较上式两边，得

$$A_n=\frac{V_0}{\mathrm{J}_0\left(\mathrm{j}\dfrac{n\pi a}{b}\right)}\mathrm{G}_n$$

最终，得到电位φ的解是

$$\varphi(r,z)=\frac{V_0}{b}z+V_0\sum_{n=1}^{\infty}G_n\frac{J_0\left(j\frac{n\pi r}{b}\right)}{J_0\left(j\frac{n\pi a}{b}\right)}\sin\frac{n\pi z}{b}$$

现在，求可动极板A所受的力。不难求出，极板A的电荷密度σ为

$$\sigma=\varepsilon\frac{\partial\varphi}{\partial z}\bigg|_{z=b}=\varepsilon\frac{V_0}{b}\left[1+\sum_{n=1}^{\infty}G_n n\pi(-1)^n\frac{J_0\left(j\frac{n\pi r}{b}\right)}{J_0\left(j\frac{n\pi a}{b}\right)}\right]$$

而作用于极板A上的吸引力为

$$F=\frac{1}{2}\int_S\frac{\sigma^2}{\varepsilon}\mathrm{d}S=\frac{1}{2\varepsilon}\int_0^{r_A}\sigma^2 2\pi r\mathrm{d}r$$

将电荷密度σ的式子代入上式中，并忽略G_n^2项，同时考虑到$\int_0^x xJ_0(x)\mathrm{d}x=xJ_1(x)$，得到

$$F=\frac{\varepsilon\pi V_0^2}{b}\left[\frac{r_A^2}{2}+\sum_{n=1}^{\infty}(-1)^n\frac{2G_n r_A bJ_1\left(j\frac{n\pi r_A}{b}\right)}{jJ_0\left(j\frac{n\pi a}{b}\right)}\right]$$

当吸引力F由天平测定后，即可按上式算出极板间的电压值V_0。

6.3　球坐标系中拉普拉斯方程的解

当给定问题的边界面呈球面形状特征时，宜在球坐标系中应用分离变量法展开。在球坐标系(r,α,θ)中，拉普拉斯方程的形式为

$$\frac{1}{r^2}\frac{\partial}{\partial r}\left(r^2\frac{\partial\varphi}{\partial r}\right)+\frac{1}{r^2\sin\theta}\frac{\partial}{\partial\theta}\left(\sin\theta\frac{\partial\varphi}{\partial\theta}\right)+\frac{1}{r^2\sin^2\theta}\frac{\partial^2\varphi}{\partial\alpha^2}=0 \tag{6.3.1}$$

设分离变量形式的解为

$$\varphi(r,\alpha,\theta)=R(r)Q(\alpha)P(\theta) \tag{6.3.2}$$

代入原方程(6.3.1)中，经过化简后，得

$$\frac{\sin^2\theta}{R}\frac{\mathrm{d}}{\mathrm{d}r}\left(r^2\frac{\mathrm{d}R}{\mathrm{d}r}\right)+\frac{\sin\theta}{P}\frac{\mathrm{d}}{\mathrm{d}\theta}\left(\sin\theta\frac{\mathrm{d}P}{\mathrm{d}\theta}\right)+\frac{1}{Q}\frac{\mathrm{d}^2Q}{\mathrm{d}\alpha^2}=0 \tag{6.3.3}$$

式中，前两项只与r和θ有关，第三项只和α有关，所以前两项之和以及最后一项均为常数。如果最后一项的分离常数取为$-m^2$，则有

$$\frac{\mathrm{d}^2Q}{\mathrm{d}\alpha^2}+m^2Q=0 \tag{6.3.4}$$

和

$$\frac{1}{R}\frac{\mathrm{d}}{\mathrm{d}r}\left(r^2\frac{\mathrm{d}R}{\mathrm{d}r}\right)+\left[\frac{1}{P\sin\theta}\frac{\mathrm{d}}{\mathrm{d}\theta}\left(\sin\theta\frac{\mathrm{d}P}{\mathrm{d}\theta}\right)-\frac{m^2}{\sin^2\theta}\right]=0 \tag{6.3.5}$$

式(6.3.5)的左边第一项只与 r 有关，方括号内的项只与 θ 有关。用类似的方法，式(6.3.5)可分离成两个常微分方程：

$$r^2\frac{\mathrm{d}^2R}{\mathrm{d}r^2}+2r\frac{\mathrm{d}R}{\mathrm{d}r}-n(n+1)R=0 \tag{6.3.6}$$

$$\frac{1}{\sin\theta}\frac{\mathrm{d}}{\mathrm{d}\theta}\left(\sin\theta\frac{\mathrm{d}P}{\mathrm{d}\theta}\right)+\left[n(n+1)-\frac{m^2}{\sin^2\theta}\right]P=0 \tag{6.3.7}$$

此处 $n(n+1)$ 是另一个分离常数。

若将式(6.3.7)中的 θ 代换为 $x=\cos\theta$，它将变换成：

$$(1-x^2)\frac{\mathrm{d}^2P}{\mathrm{d}x^2}-2x\frac{\mathrm{d}P}{\mathrm{d}x}+\left[n(n+1)-\frac{m^2}{1-x^2}\right]P=0 \tag{6.3.8}$$

这个方程称为连带勒让德方程。它的解为

$$P(x)=B_{1n}\mathrm{P}_n^m(x)+B_{2n}\mathrm{Q}_n^m(x) \tag{6.3.9}$$

函数 $\mathrm{P}_n^m(x)$ 和 $\mathrm{Q}_n^m(x)$ 分别称为第一类、第二类连带勒让德函数，它们是用复杂的级数展开式得到的。当 $x=\pm1$ 时，$\mathrm{Q}_n^m(x)\to\infty$，所以仅当极轴 $(\theta=0,\pi)$ 不在研究区域内时，它才有用，例如，适用于圆锥形问题。如果场域中包含 $\theta=0$ 和 π 的区域，则在式(6.3.13)中应取 $B_{2n}=0$。关于勒让德函数的资料，可参考附录 F，或查阅有关的数学手册。

式(6.3.4)的解是

$$Q(\alpha)=C_{1m}\cos(m\alpha)+C_{2m}\sin(m\alpha) \tag{6.3.10}$$

若在整个方位角内 φ 为单值，则 $Q(\alpha)$ 应是周期性函数。因此，m 必须是实整数。

式(6.3.6)的解是

$$R(r)=A_{1n}r^n+A_{2n}r^{-(n+1)} \tag{6.3.11}$$

于是，用分离变量法所得的通解是

$$\varphi(r,\alpha,\theta)=\sum_{n=0}^{\infty}\sum_{m=-n}^{n}\left[A_{1n}r^n+A_{2n}r^{-(n+1)}\right]T_{nm}(\theta,\alpha) \tag{6.3.12}$$

式中

$$T_{nm}(\theta,\alpha)=\left[B_{1n}\mathrm{P}_n^m(\cos\theta)+B_{2n}\mathrm{Q}_n^m(\cos\theta)\right]\left[C_{1m}\cos(m\alpha)+C_{2m}\sin(m\alpha)\right] \tag{6.3.13}$$

这里，对 m 的求和，终止于 n。因当 $m>n$ 时，有 $\mathrm{P}_n^m(x)=0$。称 $T_{nm}(\theta,\alpha)$ 为球谐函数。它对 θ 和 α 都是正交的，而且在球坐标系中，任何 θ 和 α 的函数均可展开为此函数的级数。待定系数 A_{1n}、A_{2n}、B_{1n}、B_{2n}、C_{1m} 和 C_{2m} 由给定问题的具体边界条件决定。

如果 φ 具有轴对称性，并取 z 轴为对称轴，则 φ 与 α 无关，即 $\dfrac{\partial\varphi}{\partial\alpha}=0$，必有 $m=0$。于是，式(6.3.8)变为

$$(1-x^2)\frac{\mathrm{d}^2P}{\mathrm{d}x^2}-2x\frac{\mathrm{d}P}{\mathrm{d}x}+n(n+1)P=0 \tag{6.3.14}$$

这个方程称为勒让德方程，其解 $\mathrm{P}_n(x)$ 称为 n 阶勒让德多项式。这时，φ 的通解是

$$\varphi(r,\theta)=\sum_{n=0}^{\infty}(A_{1n}r^n+A_{2n}r^{-(n+1)})\mathrm{P}_n(\cos\theta) \tag{6.3.15}$$

下面举例说明球坐标系中分离变量法的应用。

【例 6.3.1】 设半径为 a 的球面上，给定电位分布 $\varphi(a,\theta)=f(\theta)$，且在球内和球外没有其他的电荷分布。确定球内和球外区域中的电位。这就是球的狄利克雷问题[5]。

解 这个问题具有轴对称性，因此取 $m=0$，通解应是式(6.3.15)。球内和球外的电位分布是不同的，分别用 φ_1 和 φ_2 表示。考虑到球内包含 $r=0$ 的极值点，球外包含 $r=\infty$ 的极值点，则对 φ_1 应有 $A_{2n}=0$，而对 φ_2 应有 $A_{1n}=0$，这样有下列形式的解：

$$\varphi_1(r,\theta)=\sum_{n=1}^{\infty}A_{1n}r^n\mathrm{P}_n(\cos\theta),\quad r<a$$

$$\varphi_2(r,\theta)=\sum_{n=1}^{\infty}A_{2n}r^{-(n+1)}\mathrm{P}_n(\cos\theta),\quad r>a$$

令 $r=a$，由上两式得

$$\varphi_1(a,\theta)=f(\theta)=\sum_{n=1}^{\infty}A_{1n}a^n\mathrm{P}_n(\cos\theta)$$

$$\varphi_2(a,\theta)=f(\theta)=\sum_{n=1}^{\infty}A_{2n}a^{-(n+1)}\mathrm{P}_n(\cos\theta)$$

这表明，确定系数 A_{1n} 和 A_{2n} 也就是把 $f(\theta)$ 展开为傅里叶-勒让德级数的问题，有

$$A_{1n}=a^{-(2n+1)}A_{2n}=\frac{n+1}{2}\int_0^{\pi}f(\theta)\mathrm{P}_n(\cos\theta)\mathrm{d}\theta$$

如果 $f(\theta)=V_0(1+\cos\theta)$，容易得到球内、外的电位分别为

$$\varphi_1=V_0\left(1+\frac{r}{a}\cos\theta\right),\quad r<a$$

$$\varphi_2=V_0\left(\frac{a}{r}+\frac{a^2}{r^2}\cos\theta\right),\quad r>a$$

【例 6.3.2】 如图 6.3.1 所示，在均匀外电场 $\boldsymbol{E}_0$ 中引入一个半径为 a 的接地导体球，且均匀电场平行于极轴。确定空间的电位分布[5]。

解 此问题与 α 无关，取 $m=0$，解由式(6.3.15)确定。由于球是接地的，所以

$$\varphi=0,\quad r<a$$

这样，只需要求在球外 $(r\geqslant a)$ 的区域中的电位分布就可以了，现在的边界条件是：

(1) 当 $r=a$ 时，$\varphi=0$；

(2) 当 $r\to\infty$ 时，$\varphi(r,\theta)=-E_0z=-E_0r\cos\theta$。

这是因为在离导体球很远处，原来的均匀外电场不应该受导体球引入的影响。

在式(6.3.15)中，令 $r=a$，并利用条件(1)，有

$$\sum_{n=0}^{\infty}(A_{1n}a^n + A_{2n}a^{-(n+1)})\mathrm{P}_n(\cos\theta)=0$$

可见括号部分应为零，从而 $A_{2n}=-A_{1n}a^{2n+1}$。把它代回式(6.3.15)中，有

$$\varphi(r,\theta)=\sum_{n=0}^{\infty}A_{1n}\left(r^n-\frac{a^{2n+1}}{r^{n+1}}\right)\mathrm{P}_n(\cos\theta)$$

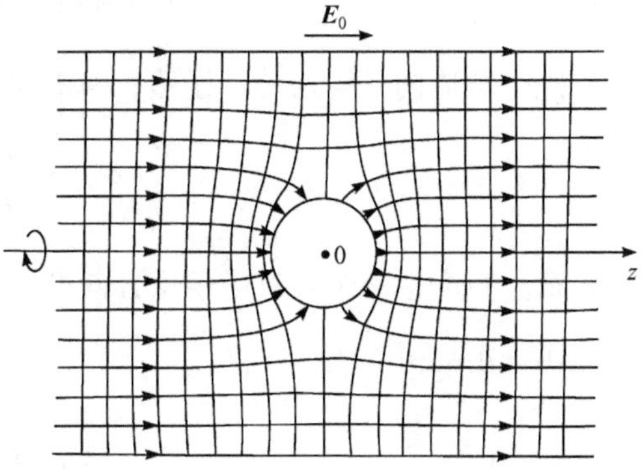

图 6.3.1　均匀电场中的导体球

将条件(2)代入上式中，得

$$-E_0 r\cos\theta = A_{10}+A_{11}r\cos\theta+\sum_{n=2}^{\infty}A_{1n}r^n\mathrm{P}_n(\cos\theta)$$

比较两边系数，可见

$$A_{10}=0,\quad A_{11}=-E_0,\quad A_{1n}=0,\quad n\geqslant 2$$

于是，最终得电位的表达式为

$$\varphi(r,\theta)=-E_0\left(r-\frac{a^3}{r^2}\right)\cos\theta,\quad r\geqslant a$$

如果将导体球改为介电常数为 $\varepsilon=\varepsilon_0\varepsilon_\mathrm{r}$ 的不带电的电介质球，求解步骤完全相同，仅边界条件不相同。此时，在 $r=a$ 处，利用 φ_1 和 φ_2 的分界面衔接条件，即可求出解：

$$\varphi_1(r,\theta)=-\frac{3}{\varepsilon_\mathrm{r}+2}E_0 r\cos\theta,\quad r<a$$

$$\varphi_1(r,\theta)=-E_0 r\cos\theta+\frac{\varepsilon_\mathrm{r}-1}{\varepsilon_\mathrm{r}+2}E_0\frac{a^3}{r^2}\cos\theta,\quad r>a$$

介质球内的电位不为零，在球内有一平行于外电场的均匀电场(图 6.3.2)，其大小为

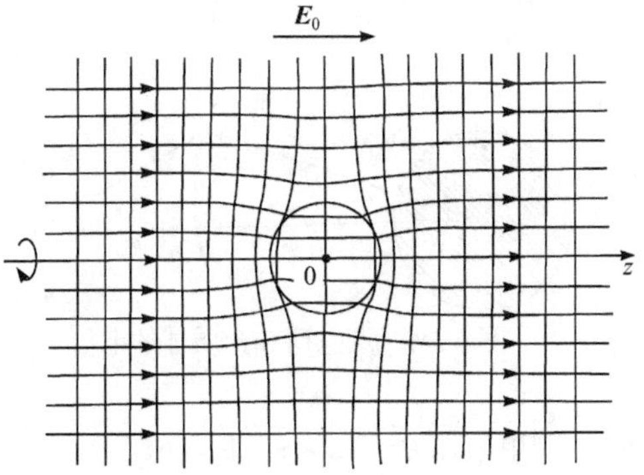

图 6.3.2　均匀电场中的介质球

$$E_{内}=\frac{3}{\varepsilon_\mathrm{r}+2}E_0<E_0$$

介质球外的电场受电介质球的影响，第二项增加了一个因子。球外的电位等于外场的电位加上一个电偶极子的电位。该电偶极子位于原点，其电偶极矩为

$$\boldsymbol{p}=4\pi\varepsilon_0 a^3\frac{\varepsilon_\mathrm{r}-1}{\varepsilon_\mathrm{r}+2}\boldsymbol{E}_0$$

电偶极子的方向与外电场一致。上述电偶极子可以解释为极化强度 $\boldsymbol{P}$ 的体积分。极化强度 $\boldsymbol{P}$ 为

$$\boldsymbol{P}=\varepsilon_0(\varepsilon_{\rm r}-1)\boldsymbol{E}=\frac{3\varepsilon_0(\varepsilon_{\rm r}-1)}{\varepsilon_{\rm r}+2}\boldsymbol{E}_0$$

它在整个球体内是均匀的。显然，面极化电荷密度为

$$\sigma_{\rm p}=\frac{3\varepsilon_0(\varepsilon_{\rm r}-1)}{\varepsilon_{\rm r}+2}E_0\cos\theta$$

该电荷分布产生一个与外场相反方向的电场，使球内的电场减至$\dfrac{3}{\varepsilon_{\rm r}+2}E_0$。因此，极化电荷在球内产生的电场为

$$\boldsymbol{E}_{内}-\boldsymbol{E}_0=-\frac{\varepsilon_{\rm r}-1}{\varepsilon_{\rm r}+2}\boldsymbol{E}_0$$

即

$$\boldsymbol{E}_{内}=\boldsymbol{E}_0-\frac{\varepsilon_{\rm r}-1}{\varepsilon_{\rm r}+2}\boldsymbol{E}_0=\boldsymbol{E}_0-\frac{1}{3\varepsilon_0}\boldsymbol{P}$$

式中，$\boldsymbol{P}$ 是极化强度，因子$\dfrac{1}{3}$称为退极化因子。

【例 6.3.3】 求点电荷和介质球的电位[5]。

解 首先考虑点电荷单独存在时的电位，如图 6.3.3 所示，令坐标轴的取向使电位具有轴对称性，在 $\boldsymbol{r}'$ 处的点电荷 q 在 $\boldsymbol{r}$ 处产生的电位是

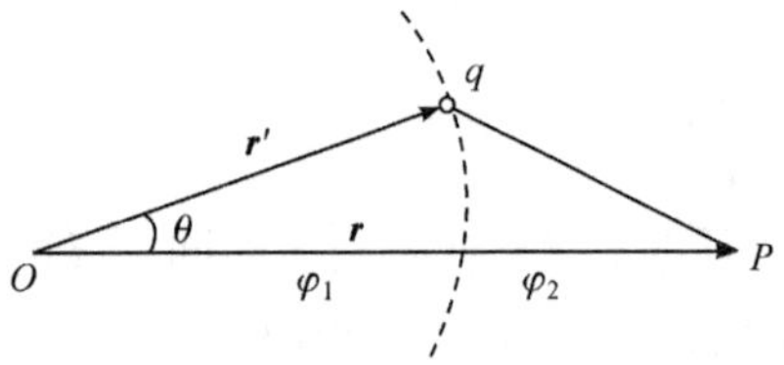

图 6.3.3 点电荷的电位

$$\varphi=\frac{q}{4\pi\varepsilon_0}\frac{1}{|\boldsymbol{r}-\boldsymbol{r}'|}$$

式中，$|\boldsymbol{r}-\boldsymbol{r}'|=\sqrt{r^2+r'^2-2rr'\cos\theta}$。上述解也可展开成：

$$\varphi(r,\theta)=\begin{cases}\dfrac{q}{4\pi\varepsilon_0 r'}\displaystyle\sum_{n=0}^{\infty}\left(\frac{r}{r'}\right)^n\mathrm{P}_n(\cos\theta), & r<r'\\[2ex] \dfrac{q}{4\pi\varepsilon_0 r}\displaystyle\sum_{n=0}^{\infty}\left(\frac{r'}{r}\right)^n\mathrm{P}_n(\cos\theta), & r>r'\end{cases}$$

现在进一步考虑一个半径为 a 的介质球，其球心与点电荷相距 $\boldsymbol{r}'$，如图 6.3.4 所示。显然，在不同区域内，电位可以用勒让德函数分别表示为

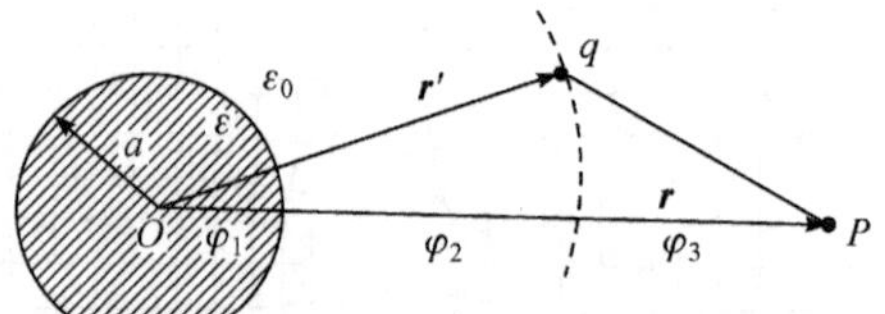

图 6.3.4 点电荷和介质球的电位

$$\varphi_1(r,\theta)=\sum_{n=0}^{\infty}A_n r^n\mathrm{P}_n(\cos\theta),\quad r<a$$

$$\varphi_2(r,\theta)=\frac{q}{4\pi\varepsilon_0 r'}\sum_{n=0}^{\infty}\left(\frac{r}{r'}\right)^n\mathrm{P}_n(\cos\theta)+\sum_{n=0}^{\infty}B_n r^{-(n+1)}\mathrm{P}_n(\cos\theta),\quad a<r<r'$$

$$\varphi_3(r,\theta)=\frac{q}{4\pi\varepsilon_0 r}\sum_{n=0}^{\infty}\left(\frac{r'}{r}\right)^n\mathrm{P}_n(\cos\theta)+\sum_{n=0}^{\infty}B_n r^{-(n+1)}\mathrm{P}_n(\cos\theta),\quad r'<r<+\infty$$

为了确定常数 A_n 和 B_n，利用在 $r=a$ 处的边界条件，得到

$$\begin{cases} A_n a^n = \dfrac{q}{4\pi\varepsilon_0 r'}\left(\dfrac{a}{r'}\right)^n + B_n a^{-(n+1)} \\ n\varepsilon_r A_n a^{n-1} = \dfrac{nq}{4\pi\varepsilon_0 r'}\dfrac{a^{n-1}}{r'^n} - (n+1)B_n a^{-(n+2)} \end{cases}$$

解上述联立方程组，就能求出常数 A_n 和 B_n。

【例 6.3.4】 如图 6.3.5 所示，在半径为 a、磁导率为 $\mu_0\mu_r$ 的球形铁心面上，绕有每单位高度 n 匝的线圈，并通以恒定电流 I。求球形铁心上线圈绕组电流所产生的磁场[5]。

解 铁心球面上的面电流密度可表示为

$$\boldsymbol{K} = nI\sin\theta\boldsymbol{e}_\alpha$$

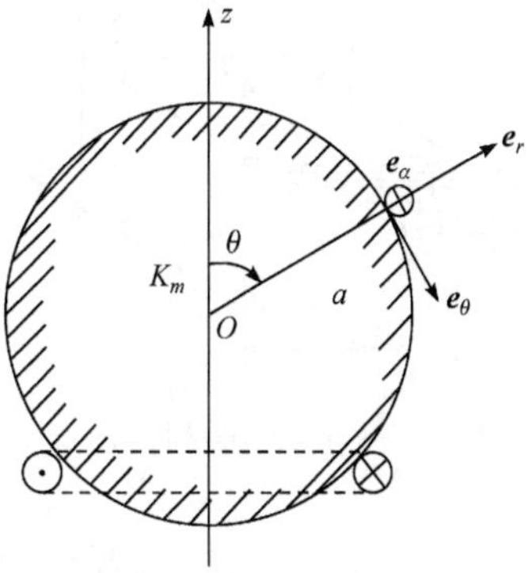

图 6.3.5　球形铁心上的线圈绕组

在不含电流的球内、外区域中，满足拉普拉斯方程的标量磁位的一般解为

$$\varphi_m(r,\theta) = \sum_{n=0}^{\infty}[A_n r^n + B_n r^{-(n+1)}]P_n(\cos\theta)$$

因此，有

$$\varphi_{m1}(r,\theta) = \sum_{n=0}^{\infty} A_n r^n P_n(\cos\theta), \quad r<a$$

$$\varphi_{m2}(r,\theta) = \sum_{n=0}^{\infty} B_n r^{-(n+1)} P_n(\cos\theta), \quad r>a$$

式中，常数 A_n 和 B_n 可以利用在 $r=a$ 处的边界条件来决定，有

$$\begin{cases} \mu_r \dfrac{\partial\varphi_{m1}}{\partial r} = \dfrac{\partial\varphi_{m2}}{\partial r} \\ \dfrac{1}{a}\dfrac{\partial\varphi_{m1}}{\partial\theta} - \dfrac{1}{a}\dfrac{\partial\varphi_{m2}}{\partial\theta} = nI\sin\theta \end{cases}$$

因此，得到

$$A_1 = -\frac{2nI}{\mu_r+2}, \quad B_1 = \frac{\mu_r nI}{\mu_r+2}a^3, \quad A_n = B_n = 0, \quad n>1$$

所以，标量磁位为

$$\varphi_{m1}(r,\theta) = -\frac{2nI}{\mu_r+2}r\cos\theta, \quad r<a$$

$$\varphi_{m2}(r,\theta) = \frac{\mu_r nI}{\mu_r+2}\cdot\frac{a^3}{r^2}\cos\theta, \quad r>a$$

再利用 $\boldsymbol{H} = -\nabla\varphi_m$ 就可以求得对应的磁场强度分布。

6.4　叠片铁心中的涡流

如图 6.4.1 所示，叠片铁心的矩形截面尺寸为$2a\times 2b$。考虑比较一般的情况，设平行于叠片方向(x方向)的电导率为γ_x，垂直于叠片方向(y方向)的电导率为γ_y，两个方向的磁导率都为μ。铁心绕组中通有正弦激励电流，它产生沿z方向的磁场。这里设铁心表面的磁场强度为$H_{\mathrm{s}}\sin(\omega t)$。

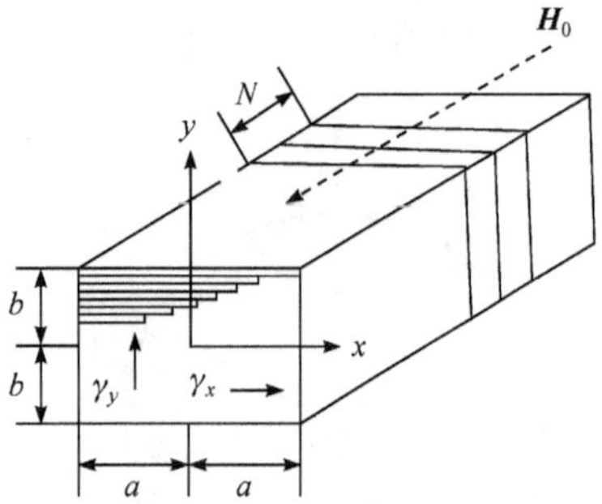

图 6.4.1　叠片铁心

xOy平面上的涡流将在叠片内流动且趋于抵消绕组中激励电流的磁场，合成磁场将只有z方向分量。同时，电场有y和x方向分量，而z方向分量为零。另外，电磁场都与坐标变量z无关，只是空间坐标(x,y)和时间t的函数，即

$$\boldsymbol{H}=H(x,y,t)\boldsymbol{e}_z \quad 和 \quad \boldsymbol{E}=E_x(x,y,t)\boldsymbol{e}_x+E_y(x,y,t)\boldsymbol{e}_y \tag{6.4.1}$$

这里，认为已达正弦稳态。因此，采用相量法分析，那么$\boldsymbol{H}$和$\boldsymbol{E}$的相量形式为

$$\dot{\boldsymbol{H}}=\dot{H}(x,y)\boldsymbol{e}_z \quad 和 \quad \dot{\boldsymbol{E}}=\dot{E}_x(x,y)\boldsymbol{e}_x+\dot{E}_y(x,y)\boldsymbol{e}_y \tag{6.4.2}$$

若把式(6.4.2)代入麦克斯韦方程$\nabla\times\dot{\boldsymbol{H}}=\gamma\dot{\boldsymbol{E}}$和$\nabla\times\dot{\boldsymbol{E}}=-\mathrm{j}\omega\mu\dot{\boldsymbol{H}}$中，容易得到

$$\frac{\partial\dot{H}}{\partial y}=\gamma_x\dot{E}_x,\quad -\frac{\partial\dot{H}}{\partial x}=\gamma_y\dot{E}_y,\quad \frac{\partial\dot{E}_y}{\partial x}-\frac{\partial\dot{E}_x}{\partial y}=-\mathrm{j}\omega\mu\dot{H}$$

把以上三式进行归并，得

$$\eta\frac{\partial^2\dot{H}}{\partial x^2}+\frac{\partial^2\dot{H}}{\partial y^2}=\alpha^2\dot{H} \tag{6.4.3}$$

式中，$\alpha^2=\mathrm{j}\omega\mu\gamma_x$，$\eta=\gamma_x/\gamma_y$。现在，叠片铁心中的磁场问题归结为求满足式(6.4.3)和如下边界条件：

$$\dot{H}=\dot{H}_{\mathrm{s}},\quad x=\pm a,\quad y=\pm b$$

的解。

可以考虑所求的解是由两部分叠加而成的，即

$$\dot{H}=\dot{H}_1+\dot{H}_2 \tag{6.4.4}$$

式中，$\dot{H}_1$是式(6.4.3)的一个与y无关的解，设它满足$x=\pm a$处的边界条件，容易求得

$$\dot{H}_1=\dot{H}_{\mathrm{s}}\frac{\mathrm{ch}(\lambda x)}{\mathrm{ch}(\lambda a)} \tag{6.4.5}$$

式中，取$\lambda=\alpha/\sqrt{\eta}$。

对于$\dot{H}_2$，要求它满足如下边界条件：

$$\dot{H}_2 = \begin{cases} \dot{H}_\mathrm{s} - \dot{H}_1, & y = \pm b \\ 0, & x = \pm a \end{cases} \tag{6.4.6}$$

令 $\dot{H}_2$ 的分离变量形式的试探解为

$$\dot{H}_2 = \dot{H}_\mathrm{s} \sum_{n=0}^{\infty} A_n \mathrm{ch}(\beta_n y) \cos\frac{n\pi x}{2a} \tag{6.4.7}$$

把它代入式(6.4.3)中，要求

$$\beta_n^2 = \alpha^2 + \frac{\eta n^2 \pi^2}{4a^2} \tag{6.4.8}$$

由于在 $x = \pm a$ 处，$\dot{H}_2 = 0$，n 只能取奇数 $1,3,5,\cdots$。此外，常数 A_n 还有待确定。通过式(6.4.5)和式(6.4.6)，可得

$$\dot{H}_\mathrm{s} \sum_{n=0}^{\infty} A_n \mathrm{ch}(\beta_n b) \cos\frac{n\pi x}{2a} = (\dot{H}_\mathrm{s} - \dot{H}_1)\Big|_{y=\pm b} = \dot{H}_\mathrm{s}\left[1 - \frac{\mathrm{ch}(\lambda x)}{\mathrm{ch}(\lambda a)}\right]$$

所以，系数 A_n 由傅里叶级数定理给出：

$$\begin{aligned} A_n &= \frac{1}{a\,\mathrm{ch}(\beta_n b)} \int_{-a}^{a} \left[1 - \frac{\mathrm{ch}(\lambda x)}{\mathrm{ch}(\lambda a)}\right] \cos\frac{n\pi x}{2a} \mathrm{d}x \\ &= \frac{4}{\pi} \frac{\sin\frac{n\pi}{2}}{n} \left(\frac{\alpha}{\beta_n}\right)^2 \frac{1}{\mathrm{ch}(\beta_n b)} \end{aligned}$$

于是，最终得

$$\dot{H} = \dot{H}_1 + \dot{H}_2 = \dot{H}_\mathrm{s} \frac{\mathrm{ch}(\lambda x)}{\mathrm{ch}(\lambda a)} + \dot{H}_\mathrm{s} \sum_{n=0}^{\infty} \frac{4}{\pi} \frac{\sin\frac{n\pi}{2}}{n} \left(\frac{\alpha}{\beta_n}\right)^2 \frac{\mathrm{ch}(\beta_n y)}{\mathrm{ch}(\beta_n b)} \cos\frac{n\pi x}{2a} \tag{6.4.9}$$

对于磁通 $\dot{\Phi}$，有

$$\dot{\Phi} = \int_{-a}^{a}\int_{-b}^{b} \mu \dot{H} \mathrm{d}x\mathrm{d}y = 4ab\mu \dot{H}_\mathrm{s} \left[\frac{\mathrm{th}(\lambda a)}{\lambda a} + \frac{8}{\pi^2} \sum_{n=1}^{\infty} \frac{1}{n^2} \left(\frac{\alpha}{\beta_n}\right)^2 \frac{\mathrm{th}(\beta_n b)}{\beta_n b}\right] \tag{6.4.10}$$

绕组中的感应电压 $\dot{U}$ 为

$$\dot{U} = \mathrm{j}\omega N \dot{\Phi}$$

相应地，叠片铁心内的涡流损耗 P 为 $\dot{U}$ 的实部与电流 $\dot{I}$ 的乘积除以 2，即

$$P = \mathrm{Re}\left[\frac{\dot{U}}{\sqrt{2}}\right] \frac{I}{\sqrt{2}} = \frac{1}{2} \mathrm{Re}[\dot{U}] \frac{H_\mathrm{s}}{N} = \frac{1}{2} \omega H_\mathrm{s} I_m \Phi \tag{6.4.11}$$

由上述看出，叠片铁心中的涡流问题实质上是一个各向异性截面(沿 x 和 y 方向具有不同的电导率 γ_x 和 γ_y)涡流问题。Bewley 于 1948 年导出了式(6.4.3)并给出了通解。

6.5　导体中的电磁场——扩散过程

电工设备中大量使用铁磁材料，这样在同样的绕组和电流时可以获得比较大的磁通。这些铁磁材料又时常是导电材料，在磁通的建立过程中铁心内会产生涡流。涡流的磁场是趋向于抵消激励电流的作用，使铁磁材料内部的磁场不能迅速增加，只能逐步达到稳定值，电磁场的透入有如热的传导或气体的扩散过程，需要一定的时间。也就是说，电磁场在导电媒质内部的建立(或消失)过程和电路中电流的建立(或消失)过程相仿，在到达稳定状态以前，要经历一段过渡过程。一般情况下，过渡过程不明显，往往可以不考虑；但在某些条件下(例如，磁场的建立和消失，脉冲磁场的施加等)必须考虑暂态作用。

以上所述的暂态过程的分析，都要从求解导电媒质内电磁场的扩散方程

$$\nabla^2 u-\mu\gamma\frac{\partial u}{\partial t}=0 \tag{6.5.1}$$

入手。这里，变量u可以是$\boldsymbol{E}$、$\boldsymbol{H}$、$\boldsymbol{J}$和$\boldsymbol{A}$等。本节分别就平板、矩形铁心、圆柱导体等不同情况，讨论磁场的建立和消失过程。

6.5.1　薄铁心片问题

首先，考虑当绕组中电流突变时，变压器叠片铁心中的磁场分布。近似认为所有叠片中磁场相同，所以只分析其中的一片，简化模型见图 6.5.1。另外，假设叠片的宽度和长度远远大于其厚度$2a$，因此对于场的突变只需考虑叠片的横向(图 6.5.1 中的x方向)。取坐标系使磁场指向y方向，即

$$\boldsymbol{H}(x,t)=H(x,t)\boldsymbol{e}_y \tag{6.5.2}$$

作为最简单的例子，先讨论叠片中原先的磁场H_0被开断的情况，即给定如下的边界条件和初始条件：

$$H(\pm a,t)=0 \tag{6.5.3}$$

$$H(x,0)=H_0 \tag{6.5.4}$$

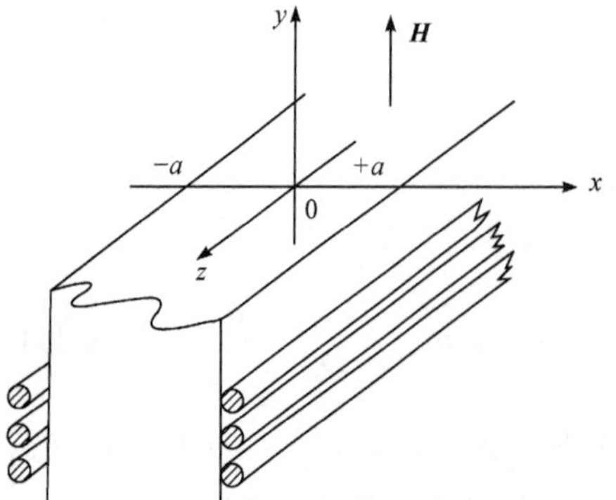

图 6.5.1　叠片的磁化过程

在现在的平板情况下，扩散方程(6.5.1)化为仅含有一个空间变量及时间变量的方程：

$$\frac{\partial^2 H(x,t)}{\partial x^2}=\mu\gamma\frac{\partial H(x,t)}{\partial t} \tag{6.5.5}$$

根据上述的边界条件及初始条件对式(6.5.5)求解。应用分离变量法，设

$$H(x,t)=X(x)T(t) \tag{6.5.6}$$

则代入式(6.5.5)后，可得出

$$X''T=\mu\gamma XT'$$

或者

$$\frac{X''}{X}=\mu\gamma\frac{T'}{T}=-k^2$$

式中，k 为分离常数。因此，解的形式为

$$\begin{cases}T=\mathrm{e}^{-\frac{k^2}{\mu\gamma}t}\\X=A\cos(kx)+B\sin(kx)\end{cases}\tag{6.5.7}$$

现在，考察图 6.5.1 和边界条件(6.5.3)。由于它是关于 x 偶对称的，所以 $B=0$；又由于在 $t\geqslant 0$ 时，它要求 $x=\pm a$ 处 H 等于零，显然，要令

$$\cos(ka)=0$$

因而 k 必须为下列特定离散值：

$$k=\frac{(2n-1)\pi}{2a},\quad n=1,2,3,\cdots$$

于是解的形式为

$$H(x,t)=\sum_{n=1}^{\infty}A_n\cos\frac{(2n-1)\pi x}{2a}\mathrm{e}^{-p_n t}$$

式中，$p_n=\left[(2n-1)^2\pi^2\right]\Big/\left(4a^2\mu\gamma\right)$。将初始条件式(6.5.4)代入上式，然后利用傅里叶级数定理就可确定系数 A_n。最终的解答形式为

$$H(x,t)=\sum_{n=1}^{\infty}\frac{4H_0}{(2n-1)\pi}\sin\frac{(2n-1)\pi}{2}\cos\frac{(2n-1)\pi x}{2a}\mathrm{e}^{-p_n t}\tag{6.5.8}$$

如果把问题改成以恒定值的电流脉冲激磁，则边界条件和初始条件为

$$H(\pm a,t)=H_0,\quad H(x,0)=0$$

类似地，能得到扩散方程(6.5.5)的解答为

$$H(x,t)=H_0-H_0\sum_{n=1}^{\infty}\frac{4}{(2n-1)\pi}\sin\frac{(2n-1)\pi}{2}\cos\frac{(2n-1)\pi x}{2a}\mathrm{e}^{-p_n t}\tag{6.5.9}$$

这个解答中等号右端有两项，前一项代表稳态值，后一项代表在过渡过程中与稳态值的差别。

利用 $\nabla\times\boldsymbol{H}=\boldsymbol{J}$，可以求得叠片中的涡流电流密度。例如，对应于式(6.5.8)，有

$$\boldsymbol{J}(x,t)=\boldsymbol{e}_z\sum_{n=1}^{\infty}\frac{-2H_0}{a}\sin\frac{(2n-1)\pi}{2}\sin\frac{(2n-1)\pi x}{2a}\mathrm{e}^{-p_n t}\tag{6.5.10}$$

6.5.2　矩形截面柱体铁心问题

如图 6.5.2 所示，矩形截面柱体铁心暂态过程的计算与叠片的计算方法基本上相同。现在的问题仍宜应用直角坐标系，并取 z 轴沿磁场强度方向，即 $\boldsymbol{H}(x,y,t)=H(x,y,t)\boldsymbol{e}_z$。这里先考虑磁场消失问题，然后讨论磁场的建立问题。

对于磁场消失问题，有如下的边界条件和初始条件：

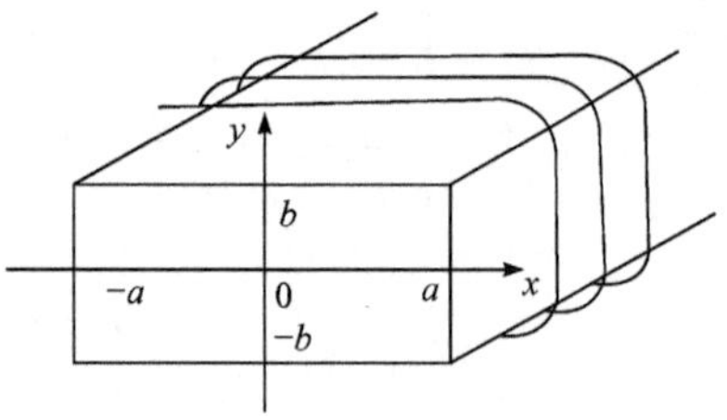

图 6.5.2　矩形截面柱体铁心的磁化过程

$$\begin{cases}H(\pm a,y,t)=0, \quad H(x,\pm b,t)=0 \\ H(x,y,t)=H_0\end{cases} \tag{6.5.11}$$

但此时的方程为

$$\frac{\partial^2 H}{\partial x^2}+\frac{\partial^2 H}{\partial y^2}-\mu\gamma\frac{\partial H}{\partial t}=0 \tag{6.5.12}$$

按分离变量法，设

$$H(x,y,t)=X(x)Y(y)T(t)$$

代入方程(6.5.12)中，得到

$$\frac{X''}{X}+\frac{Y''}{Y}=\mu\gamma\frac{T'}{T}=-k^2$$

所以有

$$T=\mathrm{e}^{-\frac{k^2}{\mu\gamma}t} \tag{6.5.13}$$

令

$$\frac{X''}{X}=-\alpha^2$$

可得

$$X=B_\alpha\cos(\alpha x)+B'_\alpha\sin(\alpha x)$$

再由

$$\frac{Y''}{Y}=-\beta^2(=-k^2+\alpha^2)$$

得

$$Y=C_\beta\cos(\beta y)+C'_\beta\sin(\beta y)$$

考虑到磁场 $\boldsymbol{H}(x,y,t)$ 分布，对于 x 轴和 y 轴都应该是偶对称的，所以在 X 和 Y 项中只能含有余弦项，即取 $B'_\alpha=C'_\beta=0$。另外，要满足式(6.5.11)中的边界条件，α 和 β 还必须取如下的特定值：

$$\alpha=\frac{m\pi}{2a}, \quad m=1,3,5,\cdots$$

$$\beta=\frac{n\pi}{2b}, \quad n=1,3,5,\cdots$$

于是，$H(x,y,t)$ 的解应是如下的形式：

$$H(x,y,t)=\sum_{m=1}^{\infty}\sum_{n=1}^{\infty}A_{mn}\cos\frac{m\pi x}{2a}\cos\frac{n\pi y}{2b}\mathrm{e}^{-p_{mn}t}, \quad m,n \text{ 同为奇数} \tag{6.5.14}$$

式中，$p_{mn}=\dfrac{\pi^2}{4\mu\gamma}\left(\dfrac{m^2}{a^2}+\dfrac{n^2}{b^2}\right)$。

再利用初始条件 $H(x,y,0)=H_0$，并进行傅里叶级数展开，就可定出系数 A_{mn}。最终，

得到磁场的解答形式为

$$H(x,y,t)=\sum_{m=1}^{\infty}\sum_{n=1}^{\infty}\frac{16H_0}{mn\pi^2}\sin\frac{m\pi}{2}\sin\frac{n\pi}{2}\cos\frac{m\pi x}{2a}\cos\frac{n\pi y}{2b}\mathrm{e}^{-p_{mn}t},\quad m,n\text{ 同为奇数} \tag{6.5.15}$$

对于磁场的建立过程，处理方法完全相同。但是边界条件和初始条件有变化，现在它们是

$$\begin{cases}H(\pm a,y,t)=H_0,\quad H(x,\pm b,t)=H_0\\ H(x,y,t)=0\end{cases} \tag{6.5.16}$$

在上述条件下，扩散方程(6.5.12)的解答为

$$H(x,y,t)=H_0-H_0\sum_{m=1}^{\infty}\sum_{n=1}^{\infty}\frac{16}{mn\pi^2}\sin\frac{m\pi}{2}\sin\frac{n\pi}{2}\cos\frac{m\pi x}{2a}\cos\frac{n\pi y}{2b}\mathrm{e}^{-p_{mn}t},\quad m,n\text{ 同为奇数} \tag{6.5.17}$$

对于磁场的建立过程，我们往往更关心在某一时刻铁心中所建立了的总磁通量 $\Phi(t)$ 。又知在稳定状态时，有

$$\Phi(\infty)=4\mu abH_0$$

因此，在过渡过程中总磁通量的相对值为

$$\frac{\Phi(t)}{\Phi(\infty)}=1-\frac{64}{\pi^4}\sum_{m=1}^{\infty}\sum_{n=1}^{\infty}\frac{1}{m^2n^2}\mathrm{e}^{-p_{mn}t},\quad m,n\text{ 同为奇数} \tag{6.5.18}$$

为了适合截面不同的边长比，令

$$k=\frac{a}{b},\quad \frac{\pi^2}{4}\frac{t}{\mu\gamma a^2}=\frac{\pi^2}{4}F_0$$

绘制出参变数 k 的一族曲线，每条曲线为给定 k 时 $\dfrac{\Phi(t)}{\Phi(\infty)}\sim F_0$ 的曲线。当 $k=0$ 时，即与平板的结果相同，当 $k=1$ 时，即为正方形截面的结果。

6.5.3　圆柱体铁心问题

如果铁心截面为圆，如图 6.5.3 所示。设柱为无限长，半径为 a ，磁场沿轴线方向。

显然，以选用圆柱坐标系为宜，如取 z 轴与圆柱导体的轴线相重合，则 $\dfrac{\partial \boldsymbol{H}}{\partial z}=0$ ，又因对称关系，知 $\boldsymbol{H}$ 仅为 r 及 t 的函数，因此可写成：

$$\boldsymbol{H}(r,t)=H(r,t)\boldsymbol{e}_z \tag{6.5.19}$$

而 $H(r,t)$ 满足的扩散方程在圆柱坐标系中为

$$\frac{\partial^2 H}{\partial r^2}+\frac{1}{r}\frac{\partial H}{\partial r}-\mu\gamma\frac{\partial H}{\partial t}=0 \tag{6.5.20}$$

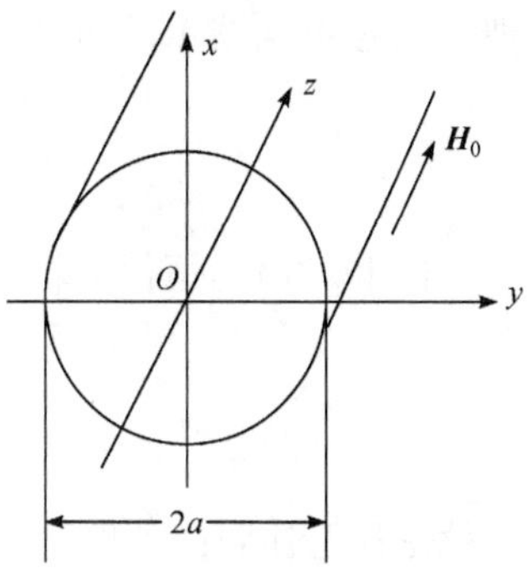

图 6.5.3　圆柱的磁化过程

先考虑磁场的消失过程，若 $t=0$ 时激磁电流突然断开，那么边界条件和初始条件是

$$H(a,t)=0 \quad \text{和} \quad H(r,0)=f(r) \tag{6.5.21}$$

用分离变量法，设

$$H(r,t)=R(r)T(t)$$

代入原方程(6.5.20)中，则有

$$\frac{R''}{R}+\frac{1}{r}\frac{R'}{R}=\mu\gamma\frac{T'}{T}=-k^2$$

k 是分离常数。因此，有

$$T=\mathrm{e}^{-\frac{k^2}{\mu\gamma}t} \tag{6.5.22}$$

而

$$r^2R''+rR'+k^2r^2R=0 \tag{6.5.23}$$

这是零阶贝塞尔方程，考虑到问题中包含了 $r=0$ 的极值点，因此，解的形式为

$$R=A\mathrm{J}_0(kr) \tag{6.5.24}$$

由边界条件 $H(a,t)=0$，有

$$R(a)=A\mathrm{J}_0(ka)=0$$

合适的 k 值有无穷多个，令

$$k_m=\frac{x_m^{(0)}}{a}, \quad m=1,2,\cdots \tag{6.5.25}$$

这里，$x_m^{(0)}$ 是 $\mathrm{J}_0(x)$ 的第 m 个根。

这样，$H(r,t)$ 的一般解为

$$H(r,t)=\sum_{m=1}^{\infty}A_m\mathrm{J}_0(k_mr)\mathrm{e}^{-\frac{k_m^2}{\mu\gamma}t}$$

其中的待定系数 A_m 可由初始条件 $H(r,0)=f(r)$ 求出，因为

$$f(r)=\sum_{m=1}^{\infty}A_m\mathrm{J}_0(k_mr)$$

把 $f(r)$ 展开为傅里叶-贝塞尔级数，即可定出系数：

$$A_m=\frac{2}{a^2\mathrm{J}_1^2(k_ma)}\int_0^a rf(r)\mathrm{J}_0(k_mr)\mathrm{d}r$$

如果 $f(r)$ 为恒值 H_0，则

$$H(r,t)=\frac{2H_0}{a}\sum_{m=1}^{\infty}\frac{\mathrm{J}_0(k_mr)}{k_m\mathrm{J}_1(k_ma)}\mathrm{e}^{-\frac{k_m^2}{\mu\gamma}t} \tag{6.5.26}$$

这就是在上述假设条件下圆柱体铁心中磁场的消失过程。

对于圆柱体铁心中磁场的建立过程，若 $t=0$ 时激磁电流接通，则边界条件和初始条件为

$$H(a,t)=H_0 \quad 和 \quad H(r,0)=0 \tag{6.5.27}$$

与上面的过程类似，可得到扩散方程(6.5.20)在条件式(6.5.27)下的解答为

$$H(r,t)=H_0-\frac{2H_0}{a}\sum_{m=1}^{\infty}\frac{\mathrm{J}_0(k_m r)}{k_m \mathrm{J}_1(k_m a)}\mathrm{e}^{-\frac{k_m^2}{\mu\gamma}t} \tag{6.5.28}$$

式中的 k_m 满足 $\mathrm{J}_0(k_m a)=0$ 。如果 $t>0$ 时表面磁场为 $f(t)$ ，可以用杜阿密尔积分求得 $H(r,t)$ 如下：

$$H(r,t)=\frac{2}{\mu\gamma a}\sum_{m=1}^{\infty}\frac{k_m \mathrm{J}_0(k_m r)}{\mathrm{J}_1(k_m a)}\mathrm{e}^{-\frac{k_m^2}{\mu\gamma}t}\int_0^t \mathrm{e}^{\frac{k_m^2}{\mu\gamma}\tau} f(\tau)\mathrm{d}\tau \tag{6.5.29}$$

这里顺便讨论一下管壁很薄的长导电圆柱管内磁场的消失和建立过程。设管子的内半径为 a ，外半径为 b ，管子的电导率为 γ ，管壁厚度 $h(=b-a)$ 远远小于透入深度 d 。在此情况下，电流密度 J_θ 可近似地认为与半径 r 无关。面电流密度

$$K_\theta = J_\theta h=\gamma E_\theta h$$

设 H_i (沿管轴方向)为管内磁场强度，因管子很长，可以将 H_i 看成均匀的。H_e 为管外表面的磁场强度。在 $t>0$ 时， $H_\mathrm{e}=H_0$ 。应用分界面衔接条件：

$$H_\mathrm{i}-H_\mathrm{e}=K_\theta=\gamma E_\theta h=\frac{\xi\gamma h}{2\pi a} \tag{6.5.30}$$

ξ 为感应电动势。而

$$\frac{\xi\gamma h}{2\pi a}=-\frac{\gamma h}{2\pi a}\pi a^2\mu_0\frac{\partial H_\mathrm{i}}{\partial t}=-\frac{\gamma h}{2}a\mu_0\frac{\partial H_\mathrm{i}}{\partial t}$$

将此式代入式(6.5.30)中，得

$$\frac{\gamma\mu_0 ah}{2}\frac{\partial H_\mathrm{i}}{\partial t}+H_\mathrm{i}=H_\mathrm{e}=H_0 \tag{6.5.31}$$

解这个微分方程，得

$$H_\mathrm{i}=H_0(1-\mathrm{e}^{-t/\tau}) \tag{6.5.32}$$

其中， $\tau=\dfrac{\gamma\mu_0 ah}{2}$ 。这就是薄导体壁管内磁场的建立过程。由于消失与建立过程是互补的，所以从式(6.5.32)得到 H_i 的消失过程为

$$H_\mathrm{i}=H_0\mathrm{e}^{-t/\tau} \tag{6.5.33}$$

6.6　铁磁球体问题

在这一节里，以铁磁球体内磁场的消失过程为例来讨论球坐标系中扩散方程的解，并且最后讨论铁磁球体在均匀正弦磁场中的稳态涡流及所吸收的功率问题。

6.6.1 铁磁球体中磁场的消失

设有一个铁磁球体放在均匀外磁场 $\boldsymbol{H}_0$ 中，如图 6.6.1 所示。在 $t=0$ 时刻，该磁场突然撤除，计算此时产生的效应。很显然，铁磁球体中的磁场不会立即消失，将有一个暂态过程。

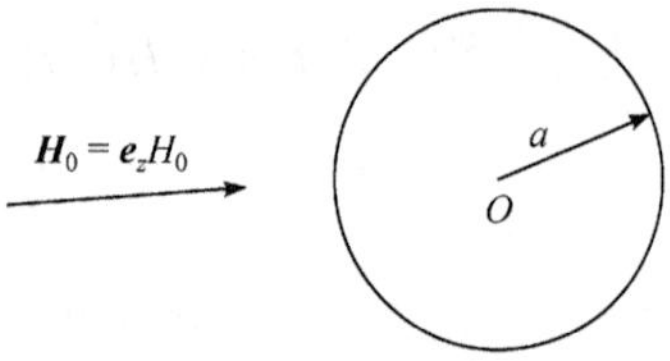

图 6.6.1　铁磁球体的磁化

若使均匀外磁场沿 z 轴方向，则球体内感应电流密度只有 α 方向的分量，磁矢位 $\boldsymbol{A}$ 也只有 α 方向分量，且仅是 r 和 θ 的函数，即 $\boldsymbol{A}=A(r,\theta,t)\boldsymbol{e}_\alpha$。因此在球坐标系下，铁磁球体内的电磁扩散方程(6.5.1)变成：

$$\nabla^2 A_{\mathrm{i}}-\frac{A_{\mathrm{i}}}{r^2\sin^2\theta}=\mu\gamma\frac{\partial A_{\mathrm{i}}}{\partial t} \tag{6.6.1}$$

在铁磁球体外部空间，有

$$\nabla^2 A_{\mathrm{e}}-\frac{A_{\mathrm{e}}}{r^2\sin^2\theta}=0 \tag{6.6.2}$$

现在的边界条件和初始条件是：

(1) 在 $r=a$ 处，$A_{\mathrm{i}}=A_{\mathrm{e}}$；

(2) 在 $r=a$ 处，$(\boldsymbol{H}_{\mathrm{i}})_\theta=(\boldsymbol{H}_{\mathrm{e}})_\theta$；

(3) 在 $t=0$ 时，$A_{\mathrm{i}}=\dfrac{3\mu_{\mathrm{r}}}{2(\mu_{\mathrm{r}}+2)}B_0 r\sin\theta$。

这是由于表面涡流阻止内部磁场的改变，所以铁磁球体内的 $\boldsymbol{H}_{\mathrm{i}}$ 是由原来的均匀外磁场 $\boldsymbol{H}_0$ 所产生的，它们之间的关系为

$$\boldsymbol{H}_{\mathrm{i}}=\frac{3}{\mu_{\mathrm{r}}+2}H_0\boldsymbol{e}_z$$

$$\boldsymbol{B}_{\mathrm{i}}=\mu\boldsymbol{H}_{\mathrm{i}}=\frac{3\mu_{\mathrm{r}}}{\mu_{\mathrm{r}}+2}B_0\cos\theta\boldsymbol{e}_r-\frac{3\mu_{\mathrm{r}}}{\mu_{\mathrm{r}}+2}B_0\sin\theta\boldsymbol{e}_\theta=\nabla\times\boldsymbol{A}_{\mathrm{i}}$$

由此不难定出 $t=0$ 时刻的 A_{i}。

用分离变量法，设

$$A_{\mathrm{i}}=r^{-1/2}R(r)P(\theta)\mathrm{e}^{-\frac{k^2}{\mu\gamma}t} \tag{6.6.3}$$

式中，k 是参变量。并令 $x=\cos\theta$，将式(6.6.3)代入扩散方程(6.6.1)中，得到

$$r^2\frac{\mathrm{d}^2R}{\mathrm{d}r^2}+r\frac{\mathrm{d}R}{\mathrm{d}r}+\left[k^2r^2-\left(n+\frac{1}{2}\right)^2\right]R=0 \tag{6.6.4}$$

和

$$(1-x^2)\frac{\mathrm{d}^2P}{\mathrm{d}x^2}-2x\frac{\mathrm{d}P}{\mathrm{d}x}+\left[n(n+1)-\frac{1}{1-x^2}\right]P=0 \tag{6.6.5}$$

式(6.6.4)是分数阶贝塞尔方程。考虑到 A_{i} 在 $r=0$ 处不能为无限值，则在解中不能包含第二类贝塞尔函数。因此，有

$$R(r) = B\mathrm{J}_{n+1/2}(kr) \tag{6.6.6}$$

而式(6.6.5)是 $m=1$ 的连带勒让德方程。由于场域中含有极轴 $\theta=0$ 和 π，所以在解中不应存在第二类连带勒让德函数。因此

$$P(\theta) = C\mathrm{P}_n^1(\cos\theta) \tag{6.6.7}$$

把 $R(r)$ 和 $P(\theta)$ 代回式(6.6.3)中，有

$$A_{\mathrm{i}} = \sum_s D_s r^{-1/2} \mathrm{J}_{n+1/2}(k_s r)\mathrm{P}_n^1(\cos\theta)\mathrm{e}^{-\frac{k_s^2}{\mu\gamma}t} \tag{6.6.8}$$

对于球外区域，同理也可得

$$A_{\mathrm{e}} = \sum_s B_s r^{-(n+1)}\mathrm{P}_n^1(\cos\theta)\mathrm{e}^{-\frac{k_s^2}{\mu\gamma}t} \tag{6.6.9}$$

下面确定常数 n、k_s、D_s 和 B_s。根据条件(3)，有

$$\sum_s D_s r^{-1/2}\mathrm{J}_{n+1/2}(k_s r)\mathrm{P}_n^1(\cos\theta) = \frac{3\mu_{\mathrm{r}}}{2(\mu_{\mathrm{r}}+2)}B_0 r\sin\theta$$

比较上式两边，因为 $n=1$ 时，$\mathrm{P}_1^1(\cos\theta)$ 才能为 $\sin\theta$，所以应取 $n=1$。因此，解的形式变成：

$$A_{\mathrm{i}} = \sum_s D_s r^{-1/2}\mathrm{J}_{3/2}(k_s r)\mathrm{P}_1^1(\cos\theta)\mathrm{e}^{-\frac{k_s^2}{\mu\gamma}t} \tag{6.6.10}$$

和

$$A_{\mathrm{e}} = \sum_s B_s r^{-(n+1)}\mathrm{P}_1^1(\cos\theta)\mathrm{e}^{-\frac{k_s^2}{\mu\gamma}t} \tag{6.6.11}$$

由条件(1)易知，D_s 和 B_s 有如下关系：

$$B_s = D_s a^{3/2}\mathrm{J}_{3/2}(k_s a) \tag{6.6.12}$$

由边界条件(2)，得

$$a\frac{\mathrm{d}}{\mathrm{d}a}\mathrm{J}_{3/2}(k_s a) + \frac{1+2\mu_{\mathrm{r}}}{2}\mathrm{J}_{3/2}(k_s a) = 0 \tag{6.6.13}$$

由这个方程就可确定出 k_s 的一系列特定离散值。

将条件(3)代入式(6.6.10)中，得到

$$\sum_s D_s \mathrm{J}_{3/2}(k_s r) = \frac{3\mu_{\mathrm{r}}B_0}{2(\mu_{\mathrm{r}}+2)}r^{3/2} \tag{6.6.14}$$

这是一个将函数 $\frac{3\mu_{\mathrm{r}}B_0}{2(\mu_{\mathrm{r}}+2)}r^{3/2}$ 展开为傅里叶-贝塞尔级数的问题，但是，k_s 必须满足下列 3 个条件之一，即

(1) $\mathrm{J}_n(k_s a) = 0$；

(2) $\mathrm{J}_n'(k_s a) = 0$；

(3) $k_s a J_n'(k_s a) + C J_n(k_s a) = 0$。

很显然，满足式(6.6.13)的 k_s 是满足第三种条件的。当 k_s 满足第三种条件时，可从式(6.6.15)求得 D_s：

$$D_s = \frac{2}{\left(a^2 + \dfrac{c^2 - n^2}{k_s^2}\right) J_n^2(k_s a)} \int_0^a r f(r) J_n(k_s r) dr \tag{6.6.15}$$

对于现在的问题，有 $n = \dfrac{3}{2}$，$c = \dfrac{1 + 2\mu_r}{2}$，$f(r) = \dfrac{3\mu_r B_0}{2(\mu_r + 2)} r^{3/2}$，代入式(6.6.15)中，得到

$$D_s = \frac{3\mu_r B_0 a^{3/2}}{\left[a^2 k_s^2 + (\mu_r + 2)(\mu_r - 1)\right] J_{3/2}(k_s a)}$$

因此，最终得铁磁球体内的磁矢位为

$$A_i = \sum_{s=1} \frac{3\mu_r B_0 a^{3/2}}{\left[a^2 k_s^2 + (\mu_r + 2)(\mu_r - 1)\right] J_{3/2}(k_s a)} r^{-1/2} J_{3/2}(k_s r) \sin\theta e^{-\frac{k_s^2}{\mu\gamma} t} \tag{6.6.16}$$

而铁磁球体外部的磁矢位为

$$A_e = \sum_{s=1} \frac{3\mu_r B_0 a^3}{\left[a^2 k_s^2 + (\mu_r + 2)(\mu_r - 1)\right] J_{3/2}(k_s a)} r^{-2} \sin\theta e^{-\frac{k_s^2}{\mu\gamma} t} \tag{6.6.17}$$

利用 $\boldsymbol{J} = -\gamma \dfrac{\partial \boldsymbol{A}}{\partial t} = J_\alpha \boldsymbol{e}_\alpha$，得到铁磁球体内的电流密度是

$$J_\alpha = -\frac{3B_0 a^{3/2} \sin\theta}{\mu_0 \sqrt{r}} \sum_{s=1} \frac{k_s^2}{a^2 k_s^2 + (\mu_r + 2)(\mu_r - 1)} \frac{J_{3/2}(k_s r)}{J_{3/2}(k_s a)} e^{-\frac{k_s^2}{\mu\gamma} t} \tag{6.6.18}$$

6.6.2 铁磁球体的正弦稳态

现在，考虑铁磁球体处于均匀正弦变化磁场 $\dot{B}_0$ 中的稳态问题。若采用相量形式，电磁扩散方程(6.6.1)写成：

$$\nabla^2 \dot{A}_i - \frac{\dot{A}_i}{r^2 \sin^2\theta} = j\omega\mu\gamma \dot{A}_i \tag{6.6.19}$$

用分离变量法容易得到铁磁球体内的通解为

$$\dot{A}_i(r,\theta) = r^{-1/2}\left[\dot{A}_n P_n^1(\cos\theta) + \dot{A}_n' Q_n^1(\cos\theta)\right]\left[\dot{B}_n I_{n+1/2}(kr) + \dot{B}_n' K_{n+1/2}(kr)\right] \tag{6.6.20}$$

和铁磁球体外的通解为

$$\dot{A}_e(r,\theta) = (\dot{C}_n r^n + \dot{C}_n' r^{-(n+1)})\left[\dot{D}_n P_n^1(\cos\theta) + \dot{D}_n' Q_n^1(\cos\theta)\right] \tag{6.6.21}$$

式中，$k^2 = j\omega\mu\gamma$。

考虑到外均匀正弦变化磁场 $\dot{B}_0$ 的复磁矢位为

$$\dot{\boldsymbol{A}}=\frac{1}{2}\dot{B}_0 r\sin\theta\boldsymbol{e}_\alpha=\frac{1}{2}\dot{B}_0 r\mathrm{P}_1^1(\cos\theta)\boldsymbol{e}_\alpha$$

因此，在通解式(6.6.20)和式(6.6.21)中应取 $n=1$，而且由于涡流在无限远处引起的磁矢位必定为零，故应取 $\dot{C}_n=0$；另外，考虑到 $\dot{A}_\mathrm{i}$ 在 $r=0$ 处有限，所以应取 $\dot{B}_n'=0$；由于场域中包含极轴 $\theta=0$ 和 π，还应取 $\dot{A}_n'=0$ 和 $\dot{D}_n'=0$。于是，得球内、外的复磁矢位的解答形式分别为

$$\dot{A}_\mathrm{i}=\frac{1}{2}\dot{B}_0\dot{C}r^{-1/2}\mathrm{I}_{3/2}(kr)\sin\theta \tag{6.6.22}$$

$$\dot{A}_\mathrm{e}=\frac{1}{2}\dot{B}_0(r+\dot{D}r^{-2})\sin\theta \tag{6.6.23}$$

在 $r=a$ 处的分界面衔接条件为

$$\dot{A}_\mathrm{i}=\dot{A}_\mathrm{e}\quad \text{和}\quad \mu_0\frac{\partial}{\partial r}(r\sin\theta\dot{A}_\mathrm{i})=\mu\frac{\partial}{\partial r}(r\sin\theta\dot{A}_\mathrm{e})$$

由此能够确定出式(6.6.22)和式(6.6.23)中的待定系数 $\dot{C}$ 和 $\dot{D}$ 分别为

$$\dot{C}=\frac{3\mu ka^{5/2}}{(\mu-\mu_0)ka\mathrm{I}_{-1/2}(ka)+\left[\mu_0(1+k^2a^2)-\mu\right]\mathrm{I}_{1/2}(ka)}$$

和

$$\dot{D}=\frac{(2\mu+\mu_0)ka\mathrm{I}_{-1/2}(ka)-\left[\mu_0(1+k^2a^2)+2\mu\right]\mathrm{I}_{1/2}(ka)}{(\mu-\mu_0)ka\mathrm{I}_{-1/2}(ka)+\left[\mu_0(1+k^2a^2)-\mu\right]\mathrm{I}_{1/2}(ka)}a^3$$

它们也可以表示成双曲函数的形式。

铁磁球体外任一点的磁场分量为

$$\dot{B}_{\mathrm{e}\theta}=-\left(1-\frac{\dot{D}}{2r^3}\right)\dot{B}_0\sin\theta$$

$$\dot{B}_{\mathrm{e}r}=\left(1+\frac{\dot{D}}{r^3}\right)\dot{B}_0\cos\theta$$

与恒定磁场相比较，便可看出，涡流的磁场如同半径为 a、载电流为 $\dot{I}$ 的磁偶极子的磁场，这里 $\mu_0a^2\dot{I}=2\dot{B}_0\dot{D}$。

如果磁场不是交变的，即 $\omega=0$，则从 $k^2=\mathrm{j}\omega\mu\gamma$ 看出，$k=0$，并且利用分数阶贝塞尔函数的渐近公式，简化系数 $\dot{C}$ 和 $\dot{D}$，从而使式(6.6.22)和式(6.6.23)变成：

$$A_\mathrm{i}=\frac{3\mu_\mathrm{r}}{2(\mu_\mathrm{r}+2)}B_0r\sin\theta \tag{6.6.24}$$

$$A_\mathrm{e}=\frac{1}{2}\left[r+\frac{2(\mu_\mathrm{r}-1)a^3}{(\mu_\mathrm{r}+2)r^2}\right]B_0\sin\theta \tag{6.6.25}$$

这两式为恒定磁场的准确表达式。

当频率很高时，有

$$\dot{A}_{\mathrm{i}} \to 0 \quad 和 \quad \dot{A}_{\mathrm{e}} = \frac{1}{2}(r - a^3/r^2)\dot{B}_0 \sin\theta \tag{6.6.26}$$

因此，铁磁球体内无磁场，涡流局限在球面上，这是预期的结果。

现在，计算铁磁球体所吸收的功率。在体积元 $\mathrm{d}V$ 中所吸收的功率为

$$\mathrm{d}P = \frac{1}{2}\frac{\dot{J}\cdot\dot{J}^*}{\gamma}\mathrm{d}V = \frac{\pi}{\gamma}\dot{J}\cdot\dot{J}^* r^2 \sin\theta \mathrm{d}r \mathrm{d}\theta$$

式中，$\dot{J} = -k^2\mu^{-1}\dot{A}_{\mathrm{i}}$。于是，整个球所吸收的功率为

$$P = \frac{\pi\gamma\omega^2 B_0^2}{3}\dot{C}\dot{C}^*\int_0^a \mathrm{I}_{3/2}(kr)\mathrm{I}_{3/2}(\mathrm{j}kr)r\mathrm{d}r$$

对上式求积分就能得最后结果。

上述方法同样能用于任何数目的同心厚球壳，例如，可以用来计算它们的屏蔽效应。所得结果要比这里给出的复杂得多。材料总量给定时，采用几层隔开的球壳将增强屏蔽效果，存在着最佳的厚度和间距分布。这是一个值得注意的问题。

6.7　一般正交曲线坐标系中的分离变量法

通常采用矢量形式描述电磁现象的一般规律，因而与坐标系无关。但是，在求解与实际边界形状有关的问题时，就得先选用合适的坐标系。例如，一般来说，与圆球形状相关的问题的求解，用球坐标系要比用直角坐标系方便得多。事实上，坐标系的种类很多，但大致上可分作正交曲线坐标系和非正交曲线坐标系。人们熟悉的直角、圆柱、球坐标系都属于正交曲线坐标系。这里，将进一步讨论一般的正交曲线坐标系。

6.7.1　正交曲线坐标系

1. 定义

如果空间里的点 P 的位置不是用直角坐标系来表示，而是用另外的 3 个有序数 u_1、u_2 和 u_3 来表示，并且每 3 个这样的有序数能完全确定一个空间点；反之，空间里的每一个点都对应着 3 个这样的有序数，则称 u_1、u_2 和 u_3 为空间点的一般的曲线坐标。

显然，曲线坐标 u_1、u_2 和 u_3 与直角坐标 x、y 和 z 之间必然存在着某种确定的单值连续函数关系，即

$$\begin{cases} u_1 = f_1(x,y,z) \\ u_2 = f_2(x,y,z) \\ u_3 = f_3(x,y,z) \end{cases} \tag{6.7.1}$$

反过来，直角坐标 x、y 和 z 也是曲线坐标 u_1、u_2 和 u_3 的单值连续函数：

$$\begin{cases} x = F_1(u_1,u_2,u_3) \\ y = F_2(u_1,u_2,u_3) \\ z = F_3(u_1,u_2,u_3) \end{cases} \tag{6.7.2}$$

容易看出，下面的 3 个方程$u_1 = f_1(x,y,z) = C_1$，$u_2 = f_2(x,y,z) = C_2$，$u_3 = f_3(x,y,z) = C_3$(其中，C_1、C_2和C_3都为常数)分别表示函数$f_1(x,y,z)$、$f_2(x,y,z)$和$f_3(x,y,z)$的等值曲面。C_1、C_2和C_3取不同的数值，就得到 3 族等值曲面，称它们为坐标曲面。在每个坐标曲面上有一个坐标为常数，而另外两个坐标为变数。此外，两个坐标面相交处的曲线称为坐标曲线，在这个曲线上有两个坐标为常数，只有另一个坐标为变数。

如果在空间里的每一点P处，曲线坐标系的三个坐标曲面互相垂直，或者三个坐标曲线都互相垂直，那么就称这种曲线坐标系为正交曲线坐标系。空间任一点的位置由三个坐标曲面的交点来表示，交点的坐标(u_1,u_2,u_3)即为决定这三个坐标曲面的常数。

另外，如果用$\boldsymbol{e}_1$、$\boldsymbol{e}_2$和$\boldsymbol{e}_3$依次表示坐标曲线u_1、u_2和u_3上的单位切线矢量，即坐标上的单位矢量(图 6.7.1)，那么任一矢量$\boldsymbol{A}$就可以表示成：

$$\boldsymbol{A} = A_1\boldsymbol{e}_1 + A_2\boldsymbol{e}_2 + A_3\boldsymbol{e}_3 \tag{6.7.3}$$

其中，A_1、A_2和A_3依次是矢量$\boldsymbol{A}$在$\boldsymbol{e}_1$、$\boldsymbol{e}_2$和$\boldsymbol{e}_3$方向上的投影。

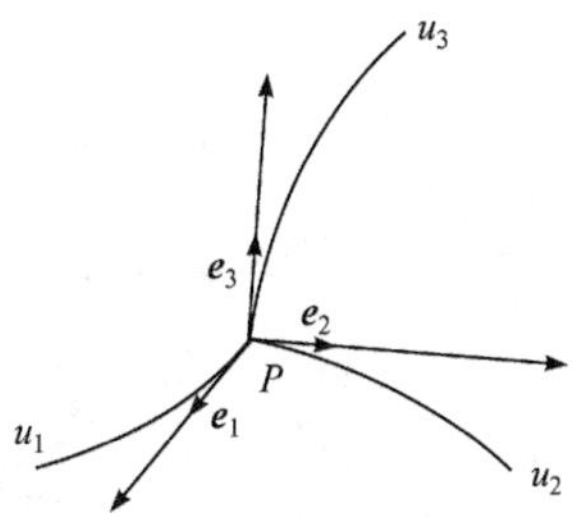

图 6.7.1　正交曲线坐标系

2. 拉梅系数

空间曲线的弧微分有如下形式：

$$\mathrm{d}l = \pm\sqrt{(\mathrm{d}x)^2 + (\mathrm{d}y)^2 + (\mathrm{d}z)^2}$$

在坐标曲线u_1上，由于有u_1变化，其他两个坐标u_2和u_3不变化，即$\mathrm{d}u_2 = \mathrm{d}u_3 = 0$，所以

$$\mathrm{d}x = \frac{\partial x}{\partial u_1}\mathrm{d}u_1,\quad \mathrm{d}y = \frac{\partial y}{\partial u_1}\mathrm{d}u_1,\quad \mathrm{d}z = \frac{\partial z}{\partial u_1}\mathrm{d}u_1$$

如果$\mathrm{d}l_1$表示坐标曲线u_1的弧微分，则有

$$\mathrm{d}l_1 = \sqrt{\left(\frac{\partial x}{\partial u_1}\mathrm{d}u_1\right)^2 + \left(\frac{\partial y}{\partial u_1}\mathrm{d}u_1\right)^2 + \left(\frac{\partial z}{\partial u_1}\mathrm{d}u_1\right)^2}$$

或者

$$\mathrm{d}l_1 = \sqrt{\left(\frac{\partial x}{\partial u_1}\right)^2 + \left(\frac{\partial y}{\partial u_1}\right)^2 + \left(\frac{\partial z}{\partial u_1}\right)^2}\,\mathrm{d}u_1 \tag{6.7.4}$$

应该注意到，一般取坐标曲线弧长增大的方向与对应的曲线坐标增加时坐标曲线的走向一致。依此，$\mathrm{d}l_1$与$\mathrm{d}u_1$就有相同的正负号。

同理，坐标曲线u_2和u_3的弧微分依次为

$$\mathrm{d}l_2 = \sqrt{\left(\frac{\partial x}{\partial u_2}\right)^2 + \left(\frac{\partial y}{\partial u_2}\right)^2 + \left(\frac{\partial z}{\partial u_2}\right)^2}\,\mathrm{d}u_2 \tag{6.7.5}$$

$$\mathrm{d}l_3 = \sqrt{\left(\frac{\partial x}{\partial u_3}\right)^2 + \left(\frac{\partial y}{\partial u_3}\right)^2 + \left(\frac{\partial z}{\partial u_3}\right)^2}\,\mathrm{d}u_3 \tag{6.7.6}$$

若令

$$h_i = \sqrt{\left(\frac{\partial x}{\partial u_i}\right)^2 + \left(\frac{\partial y}{\partial u_i}\right)^2 + \left(\frac{\partial z}{\partial u_i}\right)^2}, \quad i = 1,2,3 \tag{6.7.7}$$

则坐标曲线 u_i 上的弧微分可表示成：

$$\mathrm{d}l_i = h_i \mathrm{d}u_i, \quad i = 1,2,3 \tag{6.7.8}$$

称 $h_i \left(= \frac{\mathrm{d}l_i}{\mathrm{d}u_i}\right)$ 为度量系数或拉梅(Lamé)系数。它表示了当 u_i 有单位变化时，沿 u_i 方向坐标曲线的长度变化。一般地说，它们都是点 P 的坐标 (u_1,u_2,u_3) 的函数。

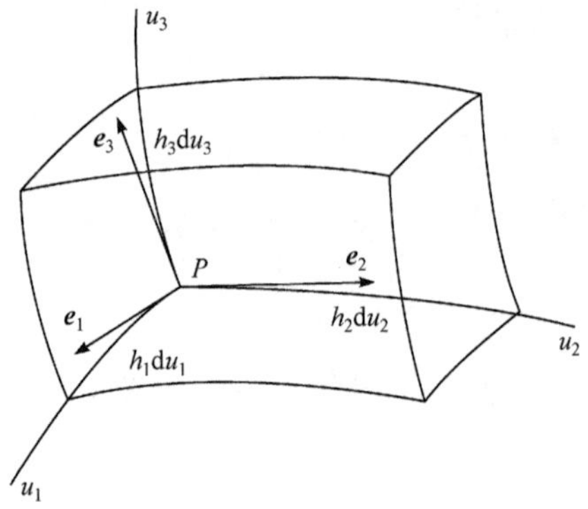

图 6.7.2　正交曲线坐标系中的体积元

因此，在正交曲线坐标系中，如图 6.7.2 所示，长度元 $\mathrm{d}l$ 、面积元 $\mathrm{d}S_{ij}$ 和体积元 $\mathrm{d}V$ 分别是

$$\mathrm{d}l = \sqrt{h_1^2 \mathrm{d}u_1^2 + h_2^2 \mathrm{d}u_2^2 + h_3^2 \mathrm{d}u_3^2} \tag{6.7.9}$$

$$\mathrm{d}S_{ij} = h_i h_j \mathrm{d}u_i \mathrm{d}u_j \tag{6.7.10}$$

$$\mathrm{d}V = h_1 h_2 h_3 \mathrm{d}u_1 \mathrm{d}u_2 \mathrm{d}u_3 \tag{6.7.11}$$

3. 微分算符的形式

参照图 6.7.2，可导出常用算符的公式如下：

$$\nabla \varphi = \boldsymbol{e}_1 \frac{\partial \varphi}{\partial l_1} + \boldsymbol{e}_2 \frac{\partial \varphi}{\partial l_2} + \boldsymbol{e}_3 \frac{\partial \varphi}{\partial l_3} = \frac{\boldsymbol{e}_1}{h_1}\frac{\partial \varphi}{\partial u_1} + \frac{\boldsymbol{e}_2}{h_2}\frac{\partial \varphi}{\partial u_2} + \frac{\boldsymbol{e}_3}{h_3}\frac{\partial \varphi}{\partial u_3} \tag{6.7.12}$$

$$\nabla \cdot \boldsymbol{A} = \frac{1}{h_1 h_2 h_3}\left[\frac{\partial}{\partial u_1}(h_2 h_3 A_1) + \frac{\partial}{\partial u_2}(h_1 h_3 A_2) + \frac{\partial}{\partial u_3}(h_1 h_2 A_3)\right] \tag{6.7.13}$$

$$\nabla \times \boldsymbol{A} = \frac{1}{h_1 h_2 h_3}\begin{vmatrix} h_1 \boldsymbol{e}_1 & h_2 \boldsymbol{e}_2 & h_3 \boldsymbol{e}_3 \\ \dfrac{\partial}{\partial u_1} & \dfrac{\partial}{\partial u_2} & \dfrac{\partial}{\partial u_3} \\ h_1 A_1 & h_2 A_2 & h_3 A_3 \end{vmatrix} \tag{6.7.14}$$

$$\nabla^2 \varphi = \frac{1}{h_1 h_2 h_3}\left[\frac{\partial}{\partial u_1}\left(\frac{h_2 h_3}{h_1}\frac{\partial \varphi}{\partial u_1}\right) + \frac{\partial}{\partial u_2}\left(\frac{h_1 h_3}{h_2}\frac{\partial \varphi}{\partial u_2}\right) + \frac{\partial}{\partial u_3}\left(\frac{h_1 h_2}{h_3}\frac{\partial \varphi}{\partial u_3}\right)\right] \tag{6.7.15}$$

4. 举例

经常遇到的正交曲线坐标系有圆柱坐标系、球坐标系、椭圆柱面坐标系、抛物柱面坐标系、回转抛物柱面坐标系、长回转椭球坐标系、扁回转椭球坐标系、双圆柱坐标系、圆球坐标系、双极坐标系、椭球坐标系等。它们在电磁场边值问题的求解中得到了应用。例如，若将二维截面上的椭圆曲线以短半轴为对称轴进行旋转，则得到扁回转椭球坐标系。此时，若令对称轴为直角坐标系的 z 轴，则长半轴旋转后形成 xOy 平面上的圆。因此，有

$$\begin{cases} x = r\cos\alpha = c\operatorname{ch}u\cos v\cos\alpha \\ y = r\sin\alpha = c\operatorname{ch}u\cos v\sin\alpha \\ z = c\operatorname{sh}u\sin v \end{cases} \tag{6.7.16}$$

这里，已取坐标系 $u_1 = u$ ，$u_2 = v$ ，$u_3 = \alpha$ 。式中，c 是椭圆曲线的半焦距长。按照式(6.7.7)，可得出

$$\begin{cases} h_1 = h_2 = c(\operatorname{sh}^2 u + \sin^2 v)^{1/2} \\ h_3 = c\operatorname{ch}u\cos v \end{cases} \tag{6.7.17}$$

6.7.2　带电金属盘的表面电荷分布

作为上述讨论的应用，我们研究韦伯(Weber)所提出的带电盘问题。设金属盘带有电荷，求解盘上各处的电荷密度。

金属盘本身必须为等位面，空间各处的电位 φ 应符合拉普拉斯方程。由于旋转对称，盘本身属于扁回转椭球坐标系的退化情况，所以应用扁回转椭球坐标系描述，如图 6.7.3 所示。与盘正交的另外两组坐标面不是等位面，则电位函数 φ 仅与一个坐标变量有关，即 $\varphi = \varphi(u)$ 。

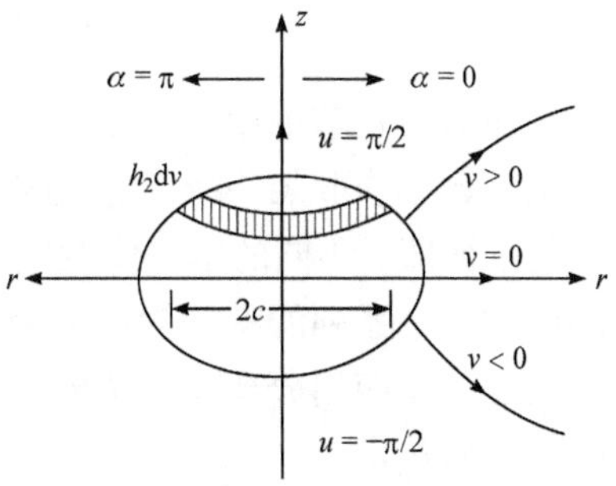

图 6.7.3　扁回转椭球坐标系

由式(6.7.15)，有

$$\nabla^2\varphi = \frac{1}{h_1h_2h_3}\frac{\partial}{\partial u_1}\left(\frac{h_2h_3}{h_1}\frac{\partial\varphi}{\partial u_1}\right) = \frac{\mathrm{d}}{\mathrm{d}u}\left(c\operatorname{ch}u\cos v\frac{\mathrm{d}\varphi}{\mathrm{d}u}\right) = 0 \tag{6.7.18}$$

因 φ 与 v 无关，可令 $c\cos v = 1/K_1$ ，K_1 为常数。将式(6.7.18)对 u 积分，得到

$$\varphi = \int K_1\frac{\mathrm{d}u}{\operatorname{ch}u} = C_1\arcsin\left(\frac{1}{\operatorname{ch}u}\right) + C_2 \tag{6.7.19}$$

电场强度 $\boldsymbol{E}$ 在扁回转椭球坐标系中也仅有一个分量，按梯度公式(6.7.12)，有

$$E_n = -\frac{1}{h}\frac{\mathrm{d}\varphi}{\mathrm{d}u} = -\frac{1}{c\sqrt{\operatorname{sh}^2 u + \sin^2 v}}\frac{C_1}{\operatorname{ch}u} \tag{6.7.20}$$

因为面电荷密度 $\sigma = D_n = \varepsilon E_n$ ，所以当带电扁回转椭球为 $u = u_0$ 的曲面时，面电荷密度为

$$\sigma = -\frac{\varepsilon C_1}{c\operatorname{ch}u_0\sqrt{\operatorname{sh}^2 u_0 + \sin^2 v}} \tag{6.7.21}$$

在 $h_2\mathrm{d}v$ 的圆环状带形曲面 $\mathrm{d}S$ 上有相同的电荷密度，由

$$\mathrm{d}S = 2\pi r h_2\mathrm{d}v = 2\pi c\operatorname{ch}u_0\cos v\cdot c\sqrt{\operatorname{sh}^2 u_0 + \sin^2 v}\mathrm{d}v$$

则

$$q = \oiint_S \sigma\mathrm{d}S = \int_{-\pi/2}^{\pi/2} -\varepsilon C_1 2\pi c\cos v\mathrm{d}v = -4\pi\varepsilon c C_1 \tag{6.7.22}$$

而电场强度为

$$E_n = \frac{q}{4\pi\varepsilon c\sqrt{\mathrm{sh}^2 u + \sin^2 v}} \frac{1}{c\mathrm{ch}u} \tag{6.7.23}$$

在盘上时，$u=0$，$z = c\mathrm{sh}u \sin v = 0$，$r = c\cos v$，所以电荷密度为

$$\sigma = \varepsilon E_n\big|_{u=0} = \frac{q}{4\pi c} \frac{1}{c\sin v} = \frac{q}{4\pi c} \frac{1}{\sqrt{c^2 - r^2}} \tag{6.7.24}$$

如果使焦距 $2c \to 0$，则化为 $R = c\mathrm{ch}u$ 的圆球。

有关正交曲线坐标系的应用例子很多，这些例子有着实际应用的价值。由于篇幅所限，有兴趣者请参阅有关专门的著作。这里需要指出的是，目前只有 11 种正交曲线坐标系可以对拉普拉斯方程及亥姆霍兹方程进行简单的变量分离。

6.8　本征值及本征函数

在前面几节中用分离变量法解电磁场的偏微分方程时，都会遇到分离常数，而且这些分离常数必须取某些特定数值(否则，只能得到恒等于零的无意义解)。把这些特定值称作问题的本征值。不同的本征值对应不同的常微分方程，这些常微分方程的特解都会有本征值，因而称这一系列的特解为本征函数。而把相应的常微分方程与其定解条件的结合称为本征值问题。在应用分离变量法解偏微分方程中，最常遇到的是齐次二阶线性常微分方程，它的普遍形式是

$$\frac{\mathrm{d}}{\mathrm{d}x}\left[p(x)\frac{\mathrm{d}u}{\mathrm{d}x}\right] - q(x)u + \lambda w(x)u = 0 \tag{6.8.1}$$

这里 $p(x)$、$q(x)$、$w(x)$ 都是连续函数，并有

$$p(x) > 0, \quad w(x) > 0$$

式(6.8.1)是施图姆-刘维尔 (Sturm-Liouville) 方程的齐次形式。λ 是一个参数，即分离变量时引入的分离常数。为了满足原来电磁场偏微分方程的给定边界条件，则只有当 λ 为特定值时，式(6.8.1)才有解。λ 的这些值称为本征值，所对应的满足边界条件的非零解称为本征函数。

例如，当 $p(x) = x$，$q(x) = n^2/x$，$\lambda = k^2$，$w(x) = x$ 时，式(6.8.1)可化为柱坐标中的典型贝塞尔方程：

$$\frac{\mathrm{d}}{\mathrm{d}x}\left(x\frac{\mathrm{d}u}{\mathrm{d}x}\right) + \left(k^2 x - \frac{n^2}{x}\right)u = 0$$

当 $p(x) = 1 - x^2$，$q(x) = 0$，$w(x) = 1$ 时，式(6.8.1)化为勒让德方程：

$$\frac{\mathrm{d}}{\mathrm{d}x}\left[(1-x^2)\frac{\mathrm{d}u}{\mathrm{d}x}\right] + \lambda u = 0$$

6.8.1　本征函数与本征值

从施图姆-刘维尔方程(6.8.1)来看，它并非在所有的 λ 值下都有解。从数学上可以证明

它在第一类、第二类及第三类边界条件下的本征值问题的本征值和本征函数必然存在，读者可参阅有关的数学书籍。本节中，我们所关心的是以下几个重要的共同性质。

(1) 如果 $p(x)$ 和 $q(x)$ 都是连续的函数，而且 $p(x)$ 还是连续可微的，则存在无穷多个本征值：

$$\lambda_1 \leqslant \lambda_2 \leqslant \lambda_3 \leqslant \cdots$$

相应地，有本征函数：

$$u_1(x), u_2(x), u_3(x), \cdots$$

(2) 当 $q(x) \geqslant 0$ 时，所有的本征值 λ_n 都是正实数。

(3) 对应于不同的本征值 λ_m 及 λ_n 的本征函数在 a 、b 区间以 $w(x)$ 为权，相互正交：

$$\int_a^b u_m(x)u_n(x)w(x)\mathrm{d}x = 0, \quad m \neq n \tag{6.8.2}$$

(4) 在一个区间内具有分段连续的一阶和二阶导数，并满足本征值问题的边界条件的任意函数 $f(x)$，可以展开为一个绝对而一致收敛、以相应的本征函数组为基的无穷级数，数学上可表示为

$$f(x) = \sum_{n=1}^{\infty} a_n u_n(x) \tag{6.8.3}$$

这也称为广义傅里叶级数展开。式中，a_n 为展开系数：

$$a_n = \frac{\int_a^b f(x)u_n(x)w(x)\mathrm{d}x}{\int_a^b [u_n(x)]^2 w(x)\mathrm{d}x} \tag{6.8.4}$$

式(6.8.4)中的分母

$$N(u_n) = \int_a^b [u_n(x)]^2 w(x)\mathrm{d}x$$

称为本征函数的模值。其中，$w(x)$ 称为权函数。

以上所讨论的都只限于一维的情况，在更普遍的三维情况下，也是相应成立的。

6.8.2 无穷区域问题

前面只讨论了有限区间的问题。对于无穷区域问题，这时离散的本征值将变为连续的，待求函数将由本征函数的线性组合变为积分表示。这里不作详细的讨论，只给出一些例子。

【例 6.8.1】 假设在图 6.1.1 中 $a \to \infty$，而 $y(x,b) = F(x)$，其他边界条件不变，求此时的电位分布 $\varphi(x,y)$。

解 利用给定 $\varphi(0,y)$ 和 $\varphi(x,0) = 0$ 的边界条件及电位与 z 无关，容易得到它的形式解为

$$A_k \mathrm{sh}(k_x x)\mathrm{sh}(k_y y) + m_k xy$$

再利用条件 $\varphi|_{x\to\infty} =$ 有限值，可知 $m_k = 0$，且 k_x 也应是一个纯虚数，即 $k_x = \mathrm{j}k$；相应地，$k_y = k$。于是，解答形式变为

$$A_k \sin(kx)\mathrm{sh}(ky)$$

考虑到上式在 k 为任意实数时都是正确的，于是

$$\varphi(x,y)=\sum_k A_k \sin(kx)\mathrm{sh}(ky)$$

式中，k 是任意实数，而不像例 6.1.1 中的 n 必须是整数，所以本征值 k 是一个“连续谱”，不是“离散谱”。这样解式的求和号 $\sum\limits_k$ 可以改成积分号，即

$$\varphi(x,y)=\int_{-\infty}^{\infty} A_k \sin(kx)\mathrm{sh}(ky)\mathrm{d}k$$

又考虑到 $\sin(kx)\mathrm{sh}(ky)$ 是 k 的偶函数，所以上式又可改写成：

$$\varphi(x,y)=\int_{0}^{\infty} A_k \sin(kx)\mathrm{sh}(ky)\mathrm{d}k$$

在上式中，令 $y=b$，得到

$$\varphi(x,b)=F(x)=\int_{0}^{\infty} A_k \sin(kx)\mathrm{sh}(kb)\mathrm{d}k$$

这实际上是如何用傅里叶积分代替 $F(x)$ 的问题。根据傅里叶积分定理知道：

$$A_k=\frac{1}{\mathrm{sh}(kb)}\cdot\frac{2}{\pi}\int_0^{\infty} F(\eta)\sin(k\eta)\mathrm{d}\eta$$

因此，得到

$$\begin{aligned}\varphi(x,y)&=\frac{2}{\pi}\int_0^{\infty}\int_0^{\infty} F(\eta)\sin(k\eta)\frac{\sin(kx)\mathrm{sh}(ky)}{\mathrm{sh}(kb)}\mathrm{d}\eta\mathrm{d}k\\&=\frac{2}{\pi}\int_0^{\infty} F(\eta)\mathrm{d}\eta\int_0^{\infty}\frac{\mathrm{sh}(ky)}{\mathrm{sh}(kb)}\left[\cos k(x-\eta)-\cos k(x+\eta)\right]\mathrm{d}k\end{aligned}$$

求积分，最后得

$$\varphi(x,y)=\frac{\sin\frac{\pi y}{b}}{2b}\int_0^{\infty} F(\eta)\left[\frac{1}{\mathrm{ch}\frac{(x-\eta)\pi}{b}+\cos\frac{\pi y}{b}}-\frac{1}{\mathrm{ch}\frac{(x+\eta)\pi}{b}+\cos\frac{\pi y}{b}}\right]\mathrm{d}\eta$$

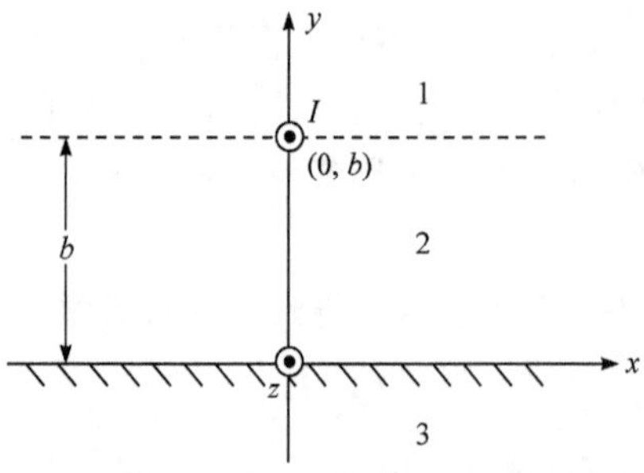

图 6.8.1　平行于厚金属板表面的线电流

【例 6.8.2】　受到线电流激励的厚金属板内的稳态涡流分析。在许多场合中，产生涡流的磁场往往是由几根载流导体所产生的，导体的截面较小，一般可用细线电流来代替。这里考虑一根平行于极厚金属板的长直导体(图 6.8.1)，例如，用以表示跨过船上甲板的电缆，或平行于变压器外壳的大电流连线，线电流为 $I=\mathrm{Re}\left[\dot{I}\mathrm{e}^{\mathrm{j}\omega t}\right]$[25]。

解　现在，先确定电流 $\dot{I}$ 单独在真空中产生的磁矢位 $\dot{\boldsymbol{A}}$。从拉普拉斯方程推出所需的乘积解形式为

$$\cos(kx)\mathrm{e}^{\pm k(y-b)}, \quad \sin(kx)\mathrm{e}^{\pm k(y-b)}$$

这里，正负指数分别适用于区域 2 和区域 1。由于问题对 x 的偶对称性，选取余弦函数是合适的。又因电流的分布并非周期性的，所以分离常数 k 不是整数，而是一个连续变量。因此，必须用傅里叶积分代替傅里叶级数。例如，对区域 2，有

$$\dot{A}_2 = \int_0^{\infty} C(k)\cos(kx)\mathrm{e}^{k(y-b)}\mathrm{d}k \tag{6.8.5}$$

在 $y=b$ 这个面上，电流为一总值为 $\dot{I}$ 的单一空间脉冲。设该脉冲位于 $-\tau \leqslant x \leqslant \tau$ 范围内，电流的面密度为常数 K_0，因而 $\dot{I}=2\tau K_0$，则用傅里叶积分表示时，电流密度为

$$\begin{aligned} K(x) &= \frac{1}{\pi}\int_0^{\infty}\cos(kx)\left[\int_{-\infty}^{\infty} K(\lambda)\cos(k\lambda)\mathrm{d}\lambda\right]\mathrm{d}k \\ &= \frac{1}{\pi}\int_0^{\infty}\cos(kx)\left[\int_{-\tau}^{\tau} K_0\cos(k\lambda)\mathrm{d}\lambda\right]\mathrm{d}k \\ &= \frac{1}{\pi}\int_0^{\infty}\frac{\dot{I}}{k\tau}\cos(kx)\sin(k\tau)\mathrm{d}k \end{aligned}$$

如果 τ 趋于零，则 $K(x)$ 最后将变为

$$K(x) = \frac{\dot{I}}{\pi}\int_0^{\infty}\cos(kx)\mathrm{d}k$$

在 $y=b$ 这个面上，应用分界面上的衔接条件：

$$\frac{1}{\mu_{i+1}}\frac{\partial \dot{A}_{i+1}}{\partial y} - \frac{1}{\mu_i}\frac{\partial \dot{A}_i}{\partial y} = \mu_0 K_{zi}$$

得到

$$2\int_0^{\infty} kC(k)\cos(kx)\mathrm{d}k = \mu_0 K(x) = \frac{\mu_0 \dot{I}}{\pi}\int_0^{\infty}\cos(kx)\mathrm{d}k$$

于是，看出

$$C(k) = \frac{\mu_0 \dot{I}}{2\pi k} \tag{6.8.6}$$

这样，孤立线电流的磁矢位得以完全确定。

现在，引入半无限厚板(图 6.8.1 中区域 3)，利用式(6.8.5)和式(6.8.6)，可以得出区域 2 内的合成磁矢位为

$$\dot{A}_2 = \frac{\mu_0 \dot{I}}{2\pi}\int_0^{\infty}\frac{1}{k}\cos(kx)\left[\mathrm{e}^{k(y-b)} + D_2\mathrm{e}^{-ky}\right]\mathrm{d}k \tag{6.8.7}$$

在区域 3 内，有

$$\dot{A}_3 = \frac{\mu_0 \dot{I}}{2\pi}\int_0^{\infty}\frac{1}{k}\cos(kx)C_3\mathrm{e}^{\beta y}\mathrm{d}k \tag{6.8.8}$$

式中，$\beta^2 = k^2 + \mathrm{j}\dfrac{2}{d^2}$；$d = \sqrt{\dfrac{2}{\omega\mu_3\gamma}}$。在交界面 $y=0$ 处应用分界面上的衔接条件，可求得系

数 D_2 和 C_3 分别为

$$D_2 = \frac{k\mu_3 - \beta}{k\mu_3 + \beta}\mathrm{e}^{-kb}, \quad C_3 = \frac{2k\mu_3}{k\mu_3 + \beta}\mathrm{e}^{-kb}$$

于是，有

$$\dot{A}_2 = \frac{\mu_0 \dot{I}}{2\pi}\int_0^\infty \frac{1}{k}\cos(kx)\left[\mathrm{e}^{k(y-b)} + \frac{k\mu_3 - \beta}{k\mu_3 + \beta}\mathrm{e}^{-k(y+b)}\right]\mathrm{d}k \tag{6.8.9}$$

$$\dot{A}_3 = \frac{\mu_3\mu_0 \dot{I}}{\pi}\int_0^\infty \frac{\mathrm{e}^{-kb}}{k\mu_3 + \beta}\mathrm{e}^{\beta y}\cos(kx)\mathrm{d}k \tag{6.8.10}$$

至此，区域 2 和区域 3 内的磁矢位得到了确定。但是，上述两式中积分的数值计算是值得研究的。

6.9　非齐次问题

在前面所讨论的偏微分方程都是限于齐次的，现在要讨论非齐次问题的解法。这里，以泊松方程为例，当然所用的方法对其他类型的非齐次方程也适用。

6.9.1　定解问题的分解

考虑如下非齐次电磁场边值问题：

$$\begin{cases} \nabla^2 \varphi = g \\ \varphi\big|_S = f\left(\text{或}\dfrac{\partial \varphi}{\partial n}\bigg|_S = f\right) \end{cases} \tag{6.9.1}$$

由线性问题的叠加原理可知，效应 φ 是由两部分干扰引起的：一是场源 g，二是边界。由物理意义看，效应 φ 可看成仅由场源引起的效应 u 和仅由边界引起的效应 v 的合成。因此，解可表示成：

$$\varphi = u + v \tag{6.9.2}$$

则上述问题可分解成如下两个定解问题：

$$\begin{cases} \nabla^2 u = g \\ u\big|_S = 0\left(\text{或}\dfrac{\partial u}{\partial n}\bigg|_S = 0\right) \end{cases} \tag{6.9.3}$$

和

$$\begin{cases} \nabla^2 v = 0 \\ v\big|_S = f\left(\text{或}\dfrac{\partial v}{\partial n}\bigg|_S = f\right) \end{cases} \tag{6.9.4}$$

关于拉普拉斯方程边值问题(6.9.4)的解，在前面已经熟悉了，所以，这里将只讨论泊松方程在齐次边界条件下的边值问题(6.9.3)的解法。

关于问题(6.9.3)的求解，有本征函数展开法、傅里叶积分变换法和格林函数法(又称杜阿密尔积分法)等。这一节重点介绍本征函数展开法，而格林函数法留在后面的第 8 章中作专门介绍。

6.9.2　本征函数展开法

在求非齐次方程边值问题的级数解时，本征函数展开法具有普遍的适用性。下面以二维平面问题说明这种方法。

设在平面区域 $D(x,y)$ 内，有

$$\nabla^2 u(x,y) = g(x,y) \tag{6.9.5}$$

在边界 $\varGamma$ 上，有

$$B\left[u(x,y)\right] = 0 \tag{6.9.6}$$

式中，B 是一个边界算子。若能得到在边界上满足 $B\left[u_{mn}(x,y)\right]=0$ 的函数系列 $u_{mn}(x,y)$，计算出

$$\nabla^2 u_{mn}(x,y) = V_{mn}(x,y) \tag{6.9.7}$$

若在区域 $D(x,y)$ 内能将 $g(x,y)$ 展开成二重傅里叶级数：

$$g(x,y) = \sum_{m=1}^{\infty}\sum_{n=1}^{\infty} C_{mn} V_{mn}(x,y) \tag{6.9.8}$$

则解 $u(x,y)$ 在形式上为

$$u(x,y) = \sum_{m=1}^{\infty}\sum_{n=1}^{\infty} C_{mn} u_{mn}(x,y) \tag{6.9.9}$$

至于选择函数系列 $u_{mn}(x,y)$ 的方法，用对同一区域的本征值问题

$$\begin{cases} \nabla^2 u(x,y) = \lambda u(x,y), & (x,y)\in D(x,y) \\ B\left[u(x,y)\right]\big|_{\varGamma} = 0 \end{cases} \tag{6.9.10}$$

的本征函数系列最为合适。因为它们一般在区域 $D(x,y)$ 内成完备正交系，所以用起来很方便。

此时，以 λ_{mn} 为本征值的本征函数系列 $u_{mn}(x,y)$ 满足如下方程：

$$\nabla^2 u_{mn}(x,y) = \lambda_{mn} u_{mn}(x,y) \tag{6.9.11}$$

且将 $g(x,y)$ 展开成如下二重傅里叶级数：

$$g(x,y) = \sum_{m=1}^{\infty}\sum_{n=1}^{\infty} a_{mn} u_{mn}(x,y) \tag{6.9.12}$$

然后，将式(6.9.9)和式(6.9.12)分别代入式(6.9.5)的左边和右边，并利用式(6.9.11)得到

$$\sum_{m=1}^{\infty}\sum_{n=1}^{\infty} C_{mn}\lambda_{mn} u_{mn}(x,y) = \sum_{m=1}^{\infty}\sum_{n=1}^{\infty} a_{mn} u_{mn}(x,y)$$

比较上式的左、右两边，显然，有

$$C_{mn} = \frac{a_{mn}}{\lambda_{mn}} \tag{6.9.13}$$

最后，将式(6.9.13)代入式(6.9.9)中，得到由下列级数给出的解：

$$u(x,y) = \sum_{m=1}^{\infty}\sum_{n=1}^{\infty}\frac{a_{mn}}{\lambda_{mn}}u_{mn}(x,y) \tag{6.9.14}$$

由前面叙述的过程中看出，这种方法采用了把未知函数 $u(x,y)$ 和 $g(x,y)$ 都按本征函数展开的方法，所以称为本征函数展开法。它的关键是确定本征函数系列。应注意的是，随着边界条件类型的不同，本征函数也不同。

【例 6.9.1】 对于截面为矩形的泊松方程问题，$D(x,y)$ 为矩形：$0<x<a$，$0<y<b$；Γ 为其周界，考虑解：在 $D(x,y)$ 内，$\nabla^2 u(x,y) = -2$；在边界 Γ 上，$u(x,y)=0$。

解 相应的本征值问题为：在 $D(x,y)$ 内，$\nabla^2 u(x,y) = -\lambda u(x,y)$；在边界 Γ 上，$u(x,y)=0$。本征函数 $u_{mn}(x,y)$ 和本征值分别为

$$u_{mn}(x,y) = \sin\frac{m\pi x}{a}\sin\frac{n\pi y}{b} \quad 和 \quad \lambda_{mn} = \left(\frac{m\pi}{a}\right)^2 + \left(\frac{n\pi}{b}\right)^2$$

在此将 $g(x,y)=2$ 用 $u_{mn}(x,y)$ 展开，则有

$$2 = \sum_{m=1}^{\infty}\sum_{n=1}^{\infty} a_{mn}\sin\frac{m\pi x}{a}\sin\frac{n\pi y}{b}$$

上式两边同乘以 $u_{sr}(x,y)$，在 $D(x,y)$ 内积分，就可确定出 a_{mn}，得到

$$a_{mn} = \begin{cases} \dfrac{32}{mn\pi^2}, & m,n\text{ 同为奇数} \\ 0, & m,n\text{ 同为偶数} \end{cases}$$

于是，由式(6.9.14)可得出下面的解：

$$u(x,y) = \frac{32}{\pi^4}\sum_{m=1}^{\infty}\sum_{n=1}^{\infty}\frac{\sin\dfrac{m\pi x}{a}\sin\dfrac{n\pi y}{b}}{mn\left(\dfrac{m^2}{a^2}+\dfrac{n^2}{b^2}\right)}$$

这是一个二重傅里叶级数。一般说来，它比之单重傅里叶级数收敛要慢，但是，它也可化为单重傅里叶级数。

【例 6.9.2】 矩形槽内导体的漏感。

解 为了说明本征函数展开法的实际应用，再研究图 6.9.1 所示矩形槽内的导体问题，这是在大型电机绕组中大都采用的。由于该槽处于磁导率为无限的块状材料之中，所以槽底与槽壁上可以认为 $\dfrac{\partial A}{\partial n}=0$。槽口的磁力线可以近似看成与 BB' 平行，导体内电流均匀分布，具体边界条件如下：

(1) 在 $x=0$ 和 $x=a$ 处，$\dfrac{\partial A}{\partial x}=0$；

(2) 在 $y=0$ 处，$\dfrac{\partial A}{\partial y}=0$；

(3) 在 $y=b$ 处，A 为常数(常数取为零就是把 $y=b$ 处的磁力线看成基线)。

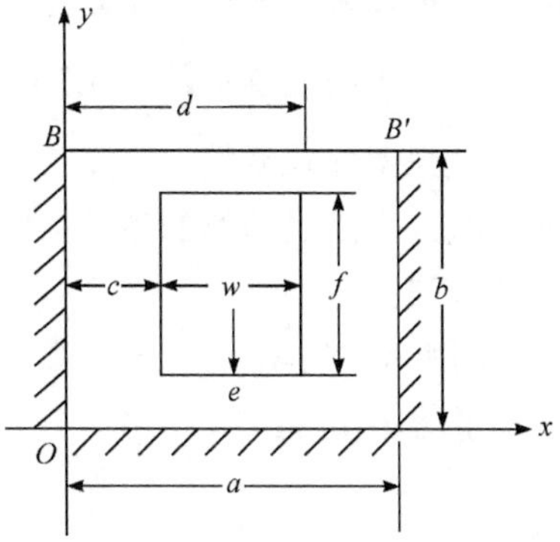

图 6.9.1　矩形开口槽(单层绕组)

考虑到边界条件(1)和(2)，磁矢位 A 将具有如下形式：

$$A(x,y)=\sum_{m,n}A_{mn}\cos(mx)\cos(ny)$$

从边界条件(1)和(3)，得到

$$m=\frac{(h-1)\pi}{a} \quad \text{和} \quad n=\frac{(2k-1)\pi}{2b}$$

k 和 h 为 $1\sim\infty$ 的整数。

在有电流的区域内，$A(x,y)$ 应满足泊松方程 $\dfrac{\partial^2 A}{\partial x^2}+\dfrac{\partial^2 A}{\partial y^2}=-\mu_0 J$，因此有

$$\sum_{m,n}(m^2+n^2)A_{mn}\cos(mx)\cos(ny)=\mu_0 J$$

不难求得系数 A_{mn} 为

$$A_{hk}=\frac{4\mu_0 J}{ab}\frac{1}{m_h^2+n_k^2}\left[\frac{\sin(m_h d)-\sin(m_h c)}{m_h}\right]\left[\frac{\sin(n_k f')-\sin(n_k e)}{n_k}\right]$$

式中，$f'=f+e$。如果 $m_h=0$，则

$$A_{hk}=\frac{2\mu_0 J}{ab}(d-c)\left[\frac{\sin(n_k f')-\sin(n_k e)}{n_k^3}\right]$$

最终，得磁矢位的解为

$$A(x,y)=\sum_{h=1}^{\infty}\sum_{k=1}^{\infty}A_{hk}\cos\frac{(h-1)\pi x}{a}\cos\frac{(2k-1)\pi y}{2b}$$

为了求漏感，将磁场能量 W_{m} 和自感 L 与 $\boldsymbol{A}$ 的关系写出：

$$W_{\mathrm{m}}=\int_V \frac{1}{2}\boldsymbol{A}\cdot\boldsymbol{J}\mathrm{d}V$$

因 $\boldsymbol{A}$ 与 $\boldsymbol{J}$ 同方向，$\boldsymbol{J}$ 是常数，所以单位长度的漏感

$$L_0=\frac{J}{I^2}\int_{S_0}(0-A)\mathrm{d}S$$

式中，S_0 为导体的截面面积；I 为总电流。将 A 的解代入上式，得

$$\begin{aligned}L_0&=\frac{1}{Iwf}\int_c^d\int_e^{f'}-\sum_{h=1}^{\infty}\sum_{k=1}^{\infty}A_{hk}\cos\frac{(h-1)\pi x}{a}\cos\frac{(2k-1)\pi y}{2b}\mathrm{d}y\mathrm{d}x\\&=-\frac{2ab}{\pi^2 Iwf}\sum_{h=1}^{\infty}\sum_{k=1}^{\infty}\left\{\frac{A_{hk}}{(h-1)(2k-1)}\left[\sin\frac{(h-1)\pi d}{a}-\sin\frac{(h-1)\pi c}{a}\right]\left[\sin\frac{(2k-1)\pi f'}{2b}-\sin\frac{(2k-1)\pi e}{2b}\right]\right\}\end{aligned}$$

6.9.3 近似方法——局部适合法

这里介绍一种近似方法——局部适合法。它的基本思想是，在展开的级数 $u=\sum C_k u_k$ 中，如果不要求系数 C_k 使 u 完全满足微分方程和边界条件，只要求它在区域中的或边界上的某些点上满足所给的条件。这种确定系数的方法称为局部适合法。很显然，这是一种近似的方法。

【例 6.9.3】 有关截面是正方形柱体内的静电问题。设正方形 D 为 $|x|<1$，$|y|<1$；它的周界为 Γ。在 D 内，有

$$\nabla^2\varphi=-1$$

而在周界 Γ 上，有

$$\varphi+\frac{\partial\varphi}{\partial n}=0$$

试确定的近似解。

解 考虑到对称性，很容易看出，取 φ 的近似形式为

$$\begin{aligned}\varphi(x,y)&=-\frac{1}{4}(x^2+y^2)+\sum_{k=0}^{\infty}C_k\operatorname{Re}(x+\mathrm{j}y)^{4k}\\&=-\frac{1}{4}(x^2+y^2)+C_0+C_1(x^4-6x^2y^2+y^4)+\cdots\end{aligned}$$

满足 $\nabla^2\varphi=-1$。取到第三项，对边界用局部适合法确定系数 C_0 和 C_1。

对于边界条件，由于

$$\left.\left(\varphi+\frac{\partial\varphi}{\partial x}\right)\right|_{x=1}=-\frac{3+y^2}{4}+C_0+C_1(5-18y^2+y^4)+\cdots$$

所以取到第三项，使其在 $y=1/4$ 和 $y=3/4$ 处满足边界条件，则有

$$C_0+C_1\frac{993}{256}=\frac{49}{64}\quad 和 \quad C_0-C_1\frac{1231}{256}=\frac{57}{64}$$

解之，得到

$$C_0=0.8214=\varphi(0,0)\quad 和 \quad C_1=-0.0144$$

而 $\varphi(0,0)$ 的精确解是 $\varphi(0,0)=0.82156\cdots\cdots$。可见，近似程度是比较好的。又由于对称性，如图 6.9.2 所示，共有 16 个点满足边界条件。

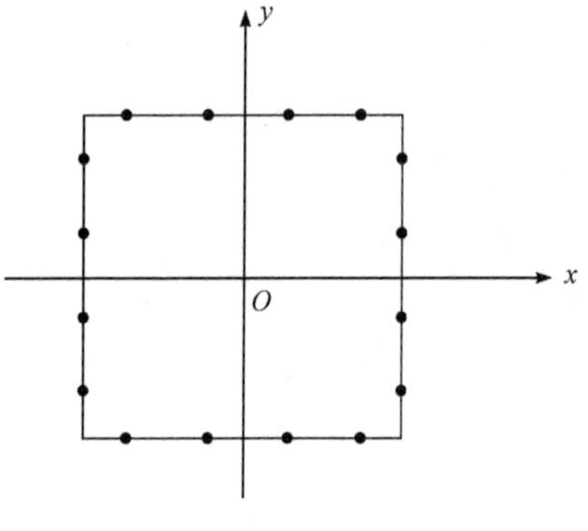

图 6.9.2 正方形管内的静电问题

习 题 6

6.1 在矩形区域 $0\leqslant x\leqslant a$，$0\leqslant y\leqslant b$ 内求解拉普拉斯方程 $\nabla^2\varphi=0$，使 φ 满足边界条件：

$$\varphi|_{x=0}=0,\quad \varphi|_{x=a}=Ay,\quad \left.\frac{\partial\varphi}{\partial y}\right|_{y=0}=0,\quad \left.\frac{\partial\varphi}{\partial y}\right|_{y=b}=0$$

6.2 求上半平面内静电场的电位，即解下列定解问题：

$$\begin{cases}\nabla^2\varphi(x,y)=0, \quad y>0 \\ \varphi\big|_{y=0}=f(x) \\ \lim\limits_{(x^2+y^2)\to 0}\varphi=0\end{cases}$$

6.3　考虑一维电磁场扩散方程：

$$\frac{\partial^2 u}{\partial x^2}=\mu\gamma\frac{\partial u}{\partial t}$$

如果k^2是分离常数，对于

(1) $k^2>0$；

(2) $k^2=0$；

(3) $k^2<0$；

分步讨论解的性质。

(4) 如果通解是

$$u(x,t)=C\mathrm{e}^{-\frac{k^2}{\mu\gamma}t}[A\cos(kx)+B\sin(kx)]$$

当$u(0,t)=u(l,t)=0$及$u(x,0)=u_0\sin\dfrac{n\pi x}{l}(0<x<l)$时，求特解。

6.4　在扇形域内，解下列定解问题：

$$\begin{cases}\nabla^2\varphi=0 \\ \varphi\big|_{\alpha=0}=\varphi\big|_{\alpha=\alpha_0}=0 \\ \varphi\big|_{r=a}=f(\alpha)\end{cases}$$

6.5　一根半径为a的中空圆柱体，其轴线在z轴上，两底面在$z=0$和$z=d$处。底面的电位为零；而圆柱面的电位在$-\dfrac{\pi}{2}<\alpha<\dfrac{\pi}{2}$处为$V_0$，在$\dfrac{\pi}{2}<\alpha<\dfrac{3\pi}{2}$处为$-V_0$。试求圆柱内的电位分布。

6.6　单位长度电量为τ的细导线，平行地放在半径为a、介电常数为$\varepsilon_r\varepsilon_0$的介质圆柱前，相距为$r$。证明：作用在细导线每单位长度上的力是$\dfrac{\varepsilon_r-1}{\varepsilon_r+1}\cdot\dfrac{a^2\tau^2}{2\pi\varepsilon_0(r^2-a^2)}$。

6.7　在柱坐标系中考虑$\boldsymbol{J}$为零的区域，且在该区域中仅存在磁矢位的一个分量：

(1) 设磁矢位的分量为A_α，且A_α与α无关，求A_α的通解；

(2) 设磁矢位的分量为A_z，求A_z的通解。

6.8　有一半径为a的无限长导体圆柱，其外表面覆盖有介电常数为ε、外半径为b的电介质。现将该圆柱置于与其轴线相垂直的均匀电场$\boldsymbol{E}_0$中，试分析该涂覆介质导体圆柱对均匀电场$\boldsymbol{E}_0$的畸变作用。

6.9　一个中空的内半径为a、外半径为b的高磁导率球壳，其磁导率为μ。若把该球壳置于一个均匀的磁场$\boldsymbol{H}_0$中，试分析其屏蔽效应。

6.10 有两个带电的半球壳，中间隔有一个小缝隙。上半球壳的电位为V_1，下半球壳的电位为V_2。求球内、外的电位分布。

6.11 在球面上所绕的线圈中通以恒定电流I后，使球内的磁场为均匀磁场，试确定线圈是什么绕组。

6.12 已知两共锥面$\theta=\alpha$和$\theta=\beta$上的电位分别为$\varphi_{s\alpha}=\sum_{n=1}^{\infty}\left[A_n r^{-n}+B_n r^{-(n+1)}\right]$和$\varphi_{s\beta}=0$，试求：

(1) 两共锥面间的电位分布；

(2) 若令$\varphi_{s\alpha}=V_0$，求两共锥面间的电位分布。已知$P_0(\cos\theta)=1$和$Q_0(\cos\theta)=-\ln[\tan(\theta/2)]$。

6.13 真空中有一半径为a的带电球面，其面电荷密度$\sigma=\sigma_0\cos\theta$，$\sigma_0$是常数。求带电球面内、外的电位和电场强度。

6.14 有一半径为a，均匀磁化的球形永久磁铁，其磁化强度为$\boldsymbol{M}=\boldsymbol{M}_0$，球外为真空。求永久磁铁内、外的磁场。

6.15 设二维本征值问题为

$$\begin{cases}\nabla^2 u(x,y)+\lambda u(x,y)=0, & 0<x<a,\quad 0<y<b\\ \left.\dfrac{\partial u}{\partial x}\right|_{x=0}=0, & \left.\dfrac{\partial u}{\partial x}\right|_{x=a}=0\\ u\big|_{y=0}=0, & u\big|_{y=b}=0\end{cases}$$

(1) 求本征值λ_{mn}及本征函数$u_{mn}(x,y)$；

(2) 把$f(x,y)=xy$按本征函数展开为二重傅里叶级数。

6.16 解泊松方程$\nabla^2\varphi=\cos^2\alpha$在圆内的第一边值问题。已知$\varphi(a,\alpha)=0$，应用本征函数展开法求解。

6.17 应用本征函数展开法解下列定解问题：

$$\begin{cases}\dfrac{\partial^2 u}{\partial x^2}+\dfrac{\partial^2 u}{\partial y^2}=\dfrac{\partial^2 u}{\partial t^2}\\ u\big|_{x=0}=0, & u\big|_{x=a}=0\\ u\big|_{y=0}=0, & u\big|_{y=b}=0\\ u\big|_{t=0}=xy(x-a)(x-b), & \left.\dfrac{\partial u}{\partial t}\right|_{t=0}=0\end{cases}$$

6.18 用本征函数展开法求解：

$$\begin{cases}\dfrac{\partial^2 u}{\partial t^2}=a^2\dfrac{\partial^2 u}{\partial x^2}+A(x)\sin(\omega t), & 0<x<l,\quad t>0\\ \left.\dfrac{\partial u}{\partial x}\right|_{x=0}=\left.\dfrac{\partial u}{\partial x}\right|_{x=l}=0, & t\geqslant 0\\ u\big|_{t=0}=\left.\dfrac{\partial u}{\partial t}\right|_{t=0}=0, & 0\leqslant x\leqslant l\end{cases}$$

式中，$A(x)$为已知函数；ω为常数。并讨论其共振条件。

第 7 章　复变函数法

很多属于解二维拉普拉斯方程的平行平面场问题，除了可以用分离变量法等来求其解析解外，复变函数论的方法也是研究这类问题的一种有力工具。应用它可以得出许多实际问题的解析解，特别是一些较复杂几何形状的边界问题的解。

复变函数法应用的方式有两种：一是复位函数法，它是直接利用解析函数的实部和虚部都满足二维拉普拉斯方程这一特性，因此它们都代表一定的平行平面场。如果某一解析函数的实部(或虚部)描绘出的几何图形与所考虑的平行平面场的边界相吻合，则此解析函数就可用于解决这一问题。二是保角变换法，其基本思想是利用解析函数所代表的变换的几何性质，把所给定的边值问题中复杂的边界变为简单的边界，以便于求解。

本章在介绍复变函数一些基本概念的基础上，将分别讨论复位函数法、保角变换法和施瓦兹(Schwartz)变换。

7.1　复变函数的一些基本概念

7.1.1　共轭调和函数

以复变数 $z = x + \mathrm{j}y$ 为自变量的函数 $w = f(z)$ 简称复变函数，其中 j 定义为 $\mathrm{j} = \sqrt{-1}$，称为虚数单位，所以

$$w = f(z) = f(x + \mathrm{j}y) = u(x, y) + \mathrm{j}v(x, y) \tag{7.1.1}$$

式中，$u(x, y)$ 称为 w 的实部；$v(x, y)$ 称为 w 的虚部。复变函数中除虚数单位外，实部或虚部本身仍为实数。

如果在复平面 Z 上的某一区域 D 内，复变函数 $w = f(z)$ 处处具有唯一确定的导数，则称 $f(z)$ 是 D 内的一个解析函数。对于一个解析函数 $f(z)$ 来说，其实部 $u(x, y)$ 和虚部 $v(x, y)$ 之间满足如下关系：

$$\frac{\partial u}{\partial x} = \frac{\partial v}{\partial y} \quad 和 \quad \frac{\partial u}{\partial y} = -\frac{\partial v}{\partial x} \tag{7.1.2}$$

式(7.1.2)称为柯西-黎曼(Cauchy-Riemann)条件，简称 C-R 条件，它是复变函数 $f(z) = u + \mathrm{j}v$ 在所定义域内解析的充分和必要条件。

利用 C-R 条件，还可以推出解析函数的一个重要性质：

$$\frac{\partial^2 u}{\partial x^2} + \frac{\partial^2 u}{\partial y^2} = 0 \quad 和 \quad \frac{\partial^2 v}{\partial x^2} + \frac{\partial^2 v}{\partial y^2} = 0 \tag{7.1.3}$$

这表明解析函数的实部 $u(x, y)$ 和虚部 $v(x, y)$ 都是调和函数。由于它们是同一解析函数的实部和虚部，所以又称 $u(x, y)$ 和 $v(x, y)$ 为共轭调和函数。

共轭调和函数的一个重要特点是 $u(x,y)=$ 常数和 $v(x,y)=$ 常数的两组曲线是互相正交的。将 C-R 条件两个式子的两端分别相乘，得到

$$\frac{\partial u}{\partial x}\frac{\partial v}{\partial x}+\frac{\partial u}{\partial y}\frac{\partial v}{\partial y}=0$$

或者写成：

$$\nabla u\cdot\nabla v=0 \tag{7.1.4}$$

式(7.1.4)表明 ∇u 和 ∇v 正交。解析函数的这一性质，使它在二维电磁场问题中得到了重要的应用[5]。这将在复位函数一节中得到详细介绍。

7.1.2 解析函数的保角性质

解析函数的另外一个重要性质是变换的保角性。这里通过研究在 $z=x+\mathrm{j}y$ 平面 Z 上某一轨迹的图像，与对应的 $w=f(z)=u+\mathrm{j}v$ 在 W 平面上图像之间的关系来说明这一性质。

设点 P 在 Z 平面内沿一条曲线 S_z 移动时，通过解析函数 $w=f(z)$，点 P 将在 W 平面内画出一条对应的曲线 S_w。这说明，解析函数 $w=f(z)$ 代表着 Z 平面上的曲线 S_z 与 W 平面上的曲线 S_w 之间的变换关系。对于 $f'(z)\neq 0$ 的这一类解析函数，如果在这两条曲线 S_w 和 S_z 上取相应两小段 Δw 和 Δz，根据导数定义，有

$$f'(z)=\lim_{\Delta z\to 0}\frac{\Delta w}{\Delta z}$$

可见，$|f'(z)|=\lim\limits_{\Delta z\to 0}\left|\frac{\Delta w}{\Delta z}\right|$ 代表着从 Z 平面变到 W 平面时，线段长度的放大率。由于 $|f'(z)|$ 的值或者说线段长度的放大率是逐点变化的，因而 Z 平面中的曲线 S_z 变换成 W 平面中的曲线 S_w 后，形状将大大改变，这正是从一种边界变到另一种边界所要求的，也是在保角变换法一节中要利用的[5]。

再看小线段的方向，已知 Z 平面上的小线段 $(z,z+\Delta z)$ 与实轴间的夹角为 $\arg(\Delta z)$，而 W 平面上相应的小线段 $(w,w+\Delta w)$ 与实轴间的夹角为 $\arg(\Delta w)$，则两者的差为

$$\arg(\Delta w)-\arg(\Delta z)=\arg\frac{\Delta w}{\Delta z}$$

当 $\Delta z\to 0$ 时，则有

$$\lim_{\Delta z\to 0}\arg\frac{\Delta w}{\Delta z}=\arg[f'(z)]$$

这就是说，将 Z 平面上的无限小线段 $\mathrm{d}z$ 变到 W 平面上的 $\mathrm{d}w$ 时，$\mathrm{d}w$ 与实轴的夹角比 $\mathrm{d}z$ 与实轴的夹角大了一个角度 $\arg[f'(z)]$，即把小线段 $\mathrm{d}z$ 的方向旋转了一个角度 $\arg[f'(z)]$，就得到在相应点 w 附近的相应小线段 $\mathrm{d}w$ 的方向[5]。

由于 $f'(z)$ 与 Δz 趋于零的方式无关，所以小线段旋转的角度是与 $\arg(\Delta z)$ 无关的。这就是说，对于通过 z 点的任意曲线来说，当变换到 W 平面上时，都将在相应点 w 转过一个同样的角度 $\arg[f'(z)]$。例如，如果在 Z 平面上有两条曲线 C_1 和 C_2 在点 z_0 相交，切线夹角为 α，而变换到 W 平面上，相应的两条曲线 C_1 和 C_2 在 $w_0=f(z_0)$ 处相交且都转过了同样的角度

$\arg[f'(z_0)]$，因此其切线夹角也是α，如图 7.1.1 所示。即变换具有“保角”的性质。由于这种保角性质，所以解析函数所代表的变换常称为保角变换(或保角映射)。特别是，通过保角变换，将把 Z 平面上的两组正交曲线(例如，静电场中的等位线和电力线)映射为 W 平面上的对应两组正交曲线(等位线和电力线)。这样，就可以从一种边界形状比较简单的已知图形内的电场分布出发，通过 $W(z)$ 变换求出另一个边界形状比较复杂的图形内的电场分布。关键在于如何找到所需要的变换函数 $f(z)$。

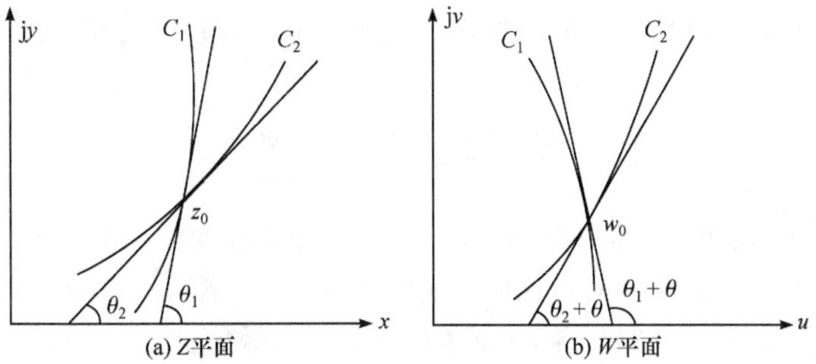

图 7.1.1　$W(z)$ 变换的保角性质

但应指出的是，保角的条件是 $f'(z)\neq 0$ 或 ∞。也就是说，除非 $f'(z)=0$ 或 ∞，否则变换都将是保角的。

7.2　复 位 函 数

这一节以二维(平面)静电场为例，介绍应用复位函数法解二维拉普拉斯方程的边值问题。

在平面静电场的无源区域中，若引入标量电位函数 $\varphi(x,y)$，则电场强度 $\boldsymbol{E}$ 的各个分量可表示为

$$E_x=-\frac{\partial\varphi}{\partial x},\quad E_y=-\frac{\partial\varphi}{\partial y} \tag{7.2.1}$$

而 $\varphi(x,y)=$ 常数的曲线表示等位线。另外，由于在无源的均匀介质区域中有 $\nabla\cdot\boldsymbol{E}=0$，可以引入静电场的矢量电位函数 $\boldsymbol{F}=\psi(x,y)\boldsymbol{e}_z$，令

$$\boldsymbol{E}=\nabla\times\boldsymbol{F}$$

则电场为

$$E_x=-\frac{\partial\psi}{\partial y},\quad E_y=\frac{\partial\psi}{\partial x} \tag{7.2.2}$$

ψ 所表示的物理意义可以从下面看出。因为电力线的方程是

$$\frac{\mathrm{d}x}{E_x}=\frac{\mathrm{d}y}{E_y}$$

把式(7.2.2)中的 E_x 和 E_y 代入上式中，得

$$\frac{\partial\psi}{\partial x}\mathrm{d}x+\frac{\partial\psi}{\partial y}\mathrm{d}y=0$$

或者

$$\mathrm{d}\psi=0,\quad \psi(x,y)=\text{常数} \tag{7.2.3}$$

式(7.2.3)说明，$\psi(x,y)=$常数的曲线族代表了二维平行平面静电场的电力线。所以$\psi(x,y)$又称为通量函数。

标量电位函数$\varphi(x,y)$和矢量电位函数$\boldsymbol{F}=\psi(x,y)\boldsymbol{e}_z$从两个不同的侧面描述了同一静电场，因此，应有

$$\frac{\partial\varphi}{\partial x}=\frac{\partial\psi}{\partial y},\quad \frac{\partial\varphi}{\partial y}=-\frac{\partial\psi}{\partial x} \tag{7.2.4}$$

式(7.2.4)恰好和解析函数满足的C-R条件相同，这个事实说明，二维平行平面静电场的标量电位函数$\varphi(x,y)$和通量函数$\psi(x,y)$构成了一个解析函数。若某一解析函数的实部是静电场的电位函数$\varphi(x,y)$，则它的虚部一定是该静电场的通量函数$\psi(x,y)$，反之亦然。也就是说，任一个二维平行平面静电场都能用一个合适的解析函数来描述。或者说，任意一个解析函数$w=u(x,y)+\mathrm{j}v(x,y)$的实部或虚部总代表着某种边界条件的平行平面静电场的电位φ。因而把该解析函数w称为复电位函数，或称复位函数。

不难得到

$$f'(z)=\frac{\mathrm{d}w}{\mathrm{d}z}=\frac{\partial u}{\partial x}-\mathrm{j}\frac{\partial u}{\partial y}=\frac{\partial v}{\partial y}+\mathrm{j}\frac{\partial v}{\partial x}$$

如果取u代表电位函数$\varphi(x,y)$，则v为通量函数$\psi(x,y)$。此时电场强度$\boldsymbol{E}$的各个分量可以由复位函数$w=f(z)$给出，为

$$\boldsymbol{E}=E_x+\mathrm{j}E_y=-\left[f'(z)\right]^* \tag{7.2.5}$$

若取v代表电位函数$\varphi(x,y)$，则u为通量函数$\psi(x,y)$，相应地，得到

$$\boldsymbol{E}=E_x+\mathrm{j}E_y=-\mathrm{j}\left[f'(z)\right]^* \tag{7.2.6}$$

由此可见，无论哪种情况，不论u还是v代表电位函数$\varphi(x,y)$，电场强度$\boldsymbol{E}$的模都由式(7.2.7)给出：

$$\left|\boldsymbol{E}\right|=\sqrt{E_x^2+E_y^2}=\left|\frac{\mathrm{d}w}{\mathrm{d}z}\right| \tag{7.2.7}$$

这表明电场强度$\boldsymbol{E}$的模就等于表征该电场的复位函数w的导数的模[5]。

通过通量函数$\psi(x,y)$可以求得通量。在静电场中，穿过如图7.2.1所示的任一条等位线$(u=u_2)$上的任意两条电力线v_1和v_2之间的、沿z轴每单位长度所形成的面积的电位移通量可表示成[5]：

$$\begin{aligned}\psi_D&=\int_1^2\boldsymbol{D}\cdot\mathrm{d}\boldsymbol{S}=\varepsilon\int_1^2\boldsymbol{E}\cdot\mathrm{d}\boldsymbol{S}=\varepsilon\int_1^2\boldsymbol{E}\cdot(\mathrm{d}\boldsymbol{l}\times\boldsymbol{e}_z)\\&=\varepsilon\int_1^2(\boldsymbol{E}\times\mathrm{d}\boldsymbol{l})\cdot\boldsymbol{e}_z\end{aligned}$$

$$= \varepsilon\int_1^2 \left[(E_x \boldsymbol{e}_x + E_y \boldsymbol{e}_y)\times(\mathrm{d}x\boldsymbol{e}_x + \mathrm{d}y\boldsymbol{e}_y)\right]\cdot \boldsymbol{e}_z$$

$$= \varepsilon\int_1^2 (E_x \mathrm{d}y - E_y \mathrm{d}x)$$

将式(7.2.2)代入上式中，有

$$\psi_D = -\varepsilon\int_1^2 \left(\frac{\partial \psi}{\partial y}\mathrm{d}y + \frac{\partial \psi}{\partial x}\mathrm{d}x\right) = \varepsilon(\psi_1 - \psi_2) \tag{7.2.8}$$

若取 u 为电位函数 $\varphi(x,y)$，则 v 代表通量函数 $\psi(x,y)$，所以式(7.2.8)写成：

$$\psi_D = \varepsilon(v_1 - v_2) \tag{7.2.9}$$

这表明，任意两点间的电位移通量可由该两点上的通量函数的差值来确定。

如果等位线是闭合的，且由此等位线和 z 轴方向的单位长度所构成的等位面是导体面，则其上所带的电量与穿过此等位面的电位移通量相等(高斯定律)，有

$$q = \psi_D = \varepsilon(v_1 - v_2) \tag{7.2.10}$$

如果 u_1 和 u_2 分别与两个导体面相重合，则两导体面间 z 轴方向的单位长度的电容为

$$C_0 = \frac{\varepsilon(v_1 - v_2)}{u_1 - u_2} \tag{7.2.11}$$

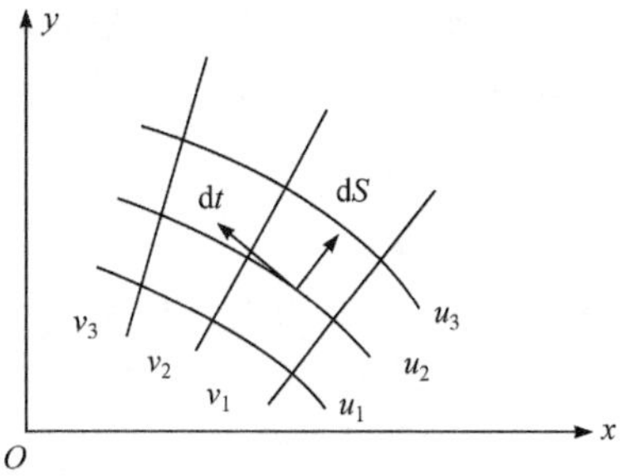

图 7.2.1　计算电通量的示意图

式(7.2.11)就是利用复变函数法计算电容的一个非常方便的公式。

根据以上讨论可以了解到：凡是以 $z = x + \mathrm{j}y$ 为变量的解析函数，其实部或虚部都是静电场电位可能的解答。只要找出了描写某种电极的复位函数后，该电极的电位分布、电位移通量密度或电荷密度就不难确定了。然而遗憾的是，在一般情况下，对于一个二维静电场问题，要寻求相应的复位函数，没有一定的方法和步骤可循，而且还是相当困难的。通常采用相反的途径，不是根据电场去找解析函数，而是先研究数学中的一些不同的解析函数，找出它们的实部和虚部所代表的曲线族的特征或电场的图形，再由这些电场图形推理出电极形状，然后确定该解析函数可以用来解决哪一类问题。如此积累了一些电场图形与解析函数之间的对应关系后，就可以根据所给出的问题的电极形状和位置(或边界)选出某一合适的解析函数作为该问题的一般解，再由给定的边界值确定一般解中的待定常数，从而得到需要的复位函数的表达式[5]。具体地说，可先找出其虚部或实部等于定值的某一曲线与位场中等位边界的迹影相重合的那个解析函数，然后根据已给的边界条件确定该解析函数中的待定常数，最终得相应的复位函数。

下面通过一些实例来说明。

(1) 考虑复变函数：

$$w = f(z) = k\ln z + C \tag{7.2.12}$$

式中，k 为实常数；C 为复常数 $C_1 + \mathrm{j}C_2$。令 $z = r\mathrm{e}^{\mathrm{j}\theta}$，代入式(7.2.12)中，有

$$u = k\ln r + C_1 \quad 和 \quad v = k\theta + C_2 \tag{7.2.13}$$

显然，$u =$ 常数是以原点为中心的同心圆族；$v =$ 常数是经过原点的径向直线族。因此，这

一解析函数能表示这样两种场：①具有任意夹角α的两半无限大带电导体平面间的电场，取$v=\varphi(x,y)$。②无限长圆柱形导体结构的电场，取$u=\varphi(x,y)$。

【例 7.2.1】 已知夹角为α的两块半无限大导体平板，设$\theta=0$时，$\varphi=V_1$；$\theta=\alpha$时，$\varphi=V_2$。试求此平板间的电位分布。

解 根据以上分析，由于导体平板与对数函数的虚部所表示的曲线重合，所以应选取：

$$\varphi=v=k\theta+C_2 \quad 和 \quad \psi=u=k\ln r+C_1$$

式中的系数由边界条件确定。当$\theta=0$时，有$V_1=C_2$；当$\theta=\alpha$时，有$V_2=k\alpha+C_2=k\alpha+V_1$，所以$k=(V_2-V_1)/\alpha$。因此，得

$$\varphi=\frac{V_2-V_1}{\alpha}\theta+V_1$$

下面确定常数C_1。若取$r=1$的一条$\boldsymbol{E}$线为参考线(或称为原线)，即通量函数$\psi=u=0$，则可定出常数$C_1=0$，所以，有

$$\psi=\frac{V_2-V_1}{\alpha}\ln r$$

最后，该问题的复位函数为

$$w=\frac{V_2-V_1}{\alpha}\ln r+\mathrm{j}\left(\frac{V_2-V_1}{\alpha}\theta+V_1\right)$$

(2) 考虑复变函数：

$$w=f(z)=A\ln z^{-1}+C \tag{7.2.14}$$

式中，A为实常数；C为复常数$C_1+\mathrm{j}C_2$。不难证明，它可用于解决：①位于坐标原点的无限长的线电荷引起的电场；②中心位于坐标原点，长直带电圆导体外的电场；③同轴圆柱形电容器等的电场问题。

相应地，复变函数

$$w=f(z)=\mathrm{j}A\ln\frac{1}{z-z_0}+C \tag{7.2.15}$$

的适用范围与式(7.2.14)的函数相同，只是线电荷及导电圆柱轴线不再在原点而在z_0处。通过叠加原理，不难理解，复变函数

$$w=f(z)=\mathrm{j}A\ln\frac{z-B}{z+B} \tag{7.2.16}$$

可以表示这样 4 种电场：①位于$z=\pm B$处，分别带有等值异号电荷的无限长导线的电场；②中心相距$2B$的二线传输线外的电场；③两平行、不同半径、轴线相距为d的圆柱导体的电场；④偏心电缆的电场。

(3) 考虑复变函数：

$$w=f(z)=A\arccos\frac{z}{C}+B \tag{7.2.17}$$

式中，A和C都是实常数；$B=B_1+\mathrm{j}B_2$是复常数。将$z=x+\mathrm{j}y$和$w=u+\mathrm{j}v$代入式(7.2.17)

中，得

$$\begin{cases} x = C\cos\left(\dfrac{u-B_1}{A}\right)\text{ch}\left(\dfrac{v-B_2}{A}\right) = C\cos u_1 \text{ch} v_1 \\ y = -C\sin\left(\dfrac{u-B_1}{A}\right)\text{sh}\left(\dfrac{v-B_2}{A}\right) = -C\sin u_1 \text{sh} v_1 \end{cases} \tag{7.2.18}$$

由式(7.2.18)可求出，当 $u=$ 常数和 $v=$ 常数时，Z 平面上的曲线方程为

$$\frac{x^2}{C^2\text{ch}^2 v_1} + \frac{y^2}{C^2\text{sh}^2 v_1} = 1 \tag{7.2.19}$$

$$\frac{x^2}{C^2\cos^2 u_1} - \frac{y^2}{C^2\sin^2 u_1} = 1 \tag{7.2.20}$$

可见，当 $v_1 = v - B_2 =$ 常数时，式(7.2.19)表示中心在原点的一族共焦椭圆，如图 7.2.2 所示。椭圆的长、短半轴分别为

$$a = C\text{ch}v_1 \quad 和 \quad b = C\text{sh}v_1 \tag{7.2.21}$$

半焦距为

$$F_1F_2 = \sqrt{a^2 - b^2} = C \tag{7.2.22}$$

当 $v_1 = 0$ 时，$a = C$，$b = 0$，椭圆退化为两焦点间的一段直线；当 $v_1 \to \infty$ 时，$\lim\limits_{v_1\to 0} b/a = 1$，椭圆退化为圆。

当 $u_1 = u - B_1 =$ 常数时，式(7.2.20)表示一族双曲线，如图 7.2.2 所示。双曲线实半轴 $a = C\cos u_1$，虚半轴 $b = C\sin u_1$，半焦距 $F_1F_2 = \sqrt{a^2 + b^2} = C$，可见，$u=$ 常数代表一族与 $v=$ 常数的椭圆有相同焦点的共焦双曲线。当 $u_1 = 0$ 时，双曲线退化为从 x 轴正向的焦点起沿 x 轴至 $+\infty$ 的直线；当 $u_1 = \pm\pi/2$ 时，双曲线退化为沿 y 轴的直线；当 $u_1 = \pi$ 时，双曲线退化为从 x 轴负向的焦点起沿 x 轴的负向至 $-\infty$ 的直线。由 $u=$ 常数和 $v=$ 常数的曲线看出，恰当地选择 u 或 v 代表电位函数，反余弦函数可表示以下几种类型的电场问题：

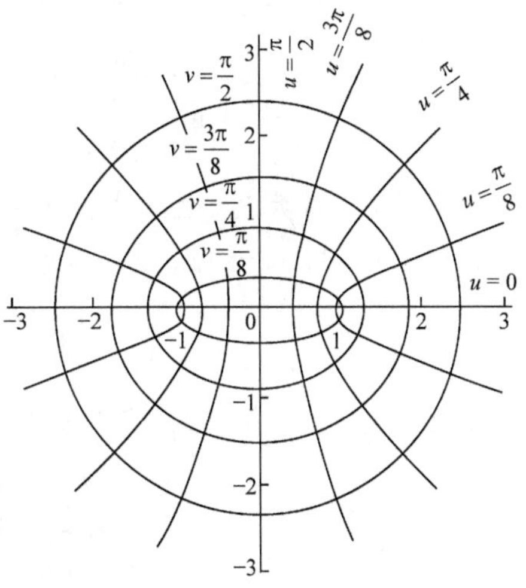

图 7.2.2　$w = A\arccos\dfrac{z}{C} + B$ 的图形

① 带电椭圆导体以及有限宽度的导体平板外的电场。此时，取 $v = \varphi$，$u = \psi$。

② 共交椭圆导体柱面间(包括椭圆柱面与介于两焦点间的导体平板间)的电场。此时，也取 $v = \varphi$，$u = \psi$。

③ 共焦双曲面导体间的电场；双曲柱面与自焦点延伸到无穷远的导体平面间的电场；相距 $2C$ 的两无限大共平面导体板间的电场。此时，取 $u = \varphi$，$v = \psi$。

④ 相距 C 的两个相互垂直的无限大平板间的电场，同③一样，也取 $u = \varphi$，$v = \psi$。

【例 7.2.2】　求椭圆柱形电容器之间的电场和电容。如图 7.2.3 所示，电容器的两个极

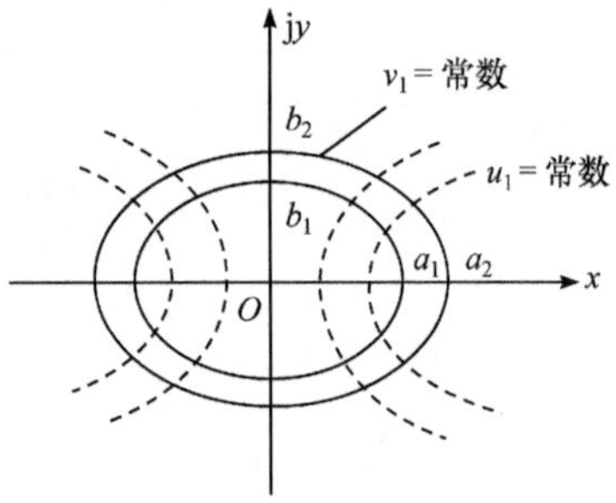

图 7.2.3 椭圆柱形电容器

板由共焦椭圆柱面组成，设内外椭圆的半轴分别为 a_1、b_1 和 a_2、b_2。内外导体柱间加电压 U_0。

解 设复位函数为

$$w = A\text{arccos}\frac{z}{C} + B_1 + \text{j}B_2 = u + \text{j}v = \psi + \text{j}\varphi$$

$\psi = u$ 为通量函数，$v = \varphi$ 为电位函数。下面根据边界值和电容器的尺寸确定各个待定常数 A、B_1、B_2 和 C。设内椭圆柱的电位为零，即

$$a = a_1 \text{ 或 } b = b_1 \text{ 时，} \quad v = \varphi = 0$$

外椭圆柱的电位为 U_0，则有

$$a = a_2 \text{ 或 } b = b_2 \text{ 时，} \quad v = \varphi = U_0$$

由于半焦距

$$C = \sqrt{a_1^2 - b_1^2} = \sqrt{a_2^2 - b_2^2}$$

将上两个边界值代入式(7.2.21)中的 $b = C\text{sh}\left(\dfrac{v - B_2}{A}\right)$ 内，得

$$b_1 = \sqrt{a_1^2 - b_1^2}\,\text{sh}\left(-\frac{B_2}{A}\right) \quad \text{和} \quad b_2 = \sqrt{a_2^2 - b_2^2}\,\text{sh}\left(\frac{U_0 - B_2}{A}\right)$$

联立求解上两式，并注意 $\text{arcsh}x = \ln\left(x + \sqrt{x^2 + 1}\right)$ 关系，即得

$$A = \frac{U_0}{\ln\left(\dfrac{a_2 + b_2}{a_1 + b_1}\right)} \quad \text{和} \quad B = -\frac{U_0}{\ln\left(\dfrac{a_2 + b_2}{a_1 + b_1}\right)}\ln\left(\frac{a_1 + b_1}{\sqrt{a_1^2 - b_1^2}}\right)$$

下面确定常数 B_1。因为电力线的原线可任意选择，设 $a_1 \leqslant x \leqslant a_2$，$y = 0$ 处为 $\psi = 0$ 的原线，并以 $y = 0$，$x = a_1$ 以及 $u = 0$ 和 $v = 0$ 代入式(7.2.18)的 y 式子，得到

$$0 = -C\sin\left(\frac{-B_1}{A}\right)\text{sh}\left(\frac{-B_2}{A}\right)$$

要使上式成立，只能有 $B_1 = 0$，从而得该问题的复位函数为

$$w = \frac{U_0}{\ln\left(\dfrac{a_2 + b_2}{a_1 + b_1}\right)}\left(\text{arccos}\frac{z}{\sqrt{a_1^2 - b_1^2}} - \text{j}\ln\frac{a_1 + b_1}{\sqrt{a_1^2 - b_1^2}}\right)$$

沿轴向单位长度的椭圆柱电极表面在第一象限内的电位移通量，取决于相应面积的起始和终止边界的通量函数 $\psi = u$ 的值。起始边界处 $(x = a_1, y = 0)$ 的 $\psi = u_1 = 0$；对于终止边界 $(x = 0, y = b_1)$ 的通量函数 $\psi = u$ 的值，可将该处的 $v = \varphi = 0$ 代入式(7.2.18)的 x 的式子中，求得 $\psi = u_2 = \pi A/2$。从而第一象限电极表面上的电荷量为

$$q' = \varepsilon(u_2 - u_1) = \frac{\varepsilon A\pi}{2}$$

沿轴向单位长度柱体表面的总电荷量 $q=4q'$。从而求得椭圆形电容器单位长度的电容为

$$C_0=\frac{q}{U_0}=\frac{2\pi\varepsilon A}{U_0}=\frac{2\pi\varepsilon}{\ln\left(\dfrac{a_2+b_2}{a_1+b_1}\right)}$$

虽然这个例题比较简单，但它能够说明应用复位函数法求解二维平行平面场的基本步骤。首先对问题中场的图像应有大致估计，并熟练地掌握一些解析函数的实部和虚部所代表的曲线族的电场图形，最后确定合适的解析函数作为给定问题的复位函数，再求取所需的答案。

7.3 保角变换

在 7.2 节中，利用解析函数的实部和虚部之间满足 C-R 条件，引入复位函数法解决了一些平行平面场问题。然而，利用它的另一个重要性质——变换的保角性，也能解决更多类型的平行平面场的问题。也就是说，引入了另一种方法——保角变换法。

保角变换法是利用某一解析函数所代表的变换，把给定问题中区域的复杂的边界变换成简单的边界，求出简单边界问题的解，然后通过变换方程求逆，就得到原问题的解。所以这是一种化难为易的实用方法。

容易证明，如果 $\varphi(x,y)$ 在 Z 平面的区域 D 中满足拉普拉斯方程，且 D 用解析函数 $w=f(z)$ 保角映射到 W 平面的区域 D'，$\varphi(x,y)$ 变成 u 和 v 的函数 $\varphi(u,v)$，则 $\varphi(u,v)$ 也满足拉普拉斯方程：

$$\frac{\partial^2\varphi}{\partial u^2}+\frac{\partial^2\varphi}{\partial y^2}=0$$

所以，既然保角变换把 Z 平面上区域 D 中的拉普拉斯方程变成 W 平面上区域 D' 中的拉普拉斯方程，那么如果在 Z 平面上由于场域 D 的边界形状比较复杂，求解发生困难时，就可借助于一个保角变换函数 $w=f(z)$，把场域 D 变为 W 平面上边界形状简单的区域 D'，且把 D 的边界值加在场域 D' 的相应边界上；在变换的边界下，在 D' 中解拉普拉斯方程 $\nabla^2\varphi(u,v)=0$，然后把解答 $\varphi(u,v)$ 用自变量 z 表示，则 $\varphi\left[u(x,y),v(x,y)\right]$ 就是原问题的解。

在 Z 平面与 W 平面上，场强的模值间的变换关系为

$$|\boldsymbol{E}|_z=|\boldsymbol{E}|_w\left|\frac{\mathrm{d}w}{\mathrm{d}z}\right| \tag{7.3.1}$$

这表明，场强的模值以几何变换率 $\left|\dfrac{\mathrm{d}w}{\mathrm{d}z}\right|$ 进行变换。也说明，在 W 平面上导体表面电荷密度值是 Z 平面上相应导体表面电荷密度值的 $\left|\dfrac{\mathrm{d}w}{\mathrm{d}z}\right|^{-1}$ 倍。由于两个平面上相应线段长度间的变换率为 $\left|\dfrac{\mathrm{d}w}{\mathrm{d}z}\right|$，即 W 平面上线段长度是 Z 平面上相应线段长度的 $\left|\dfrac{\mathrm{d}w}{\mathrm{d}z}\right|$ 倍。因此，W 平面上的导

体所带电量为 Z 平面上相应导体所带电量的 $\left|\frac{\mathrm{d}w}{\mathrm{d}z}\right|^{-1}\left|\frac{\mathrm{d}w}{\mathrm{d}z}\right|=1$ 倍。这一结果清楚地表明，保角变换前后相应导体的电量相等。因此，借助于保角变换法，同样能较容易地在 W 平面上计算电容、电感或电阻，它们与直接在 Z 平面按该处的场分布所得的计算值对应相等，即在 W 平面上求得的结果无须再返回到 Z 平面中去。

但应该指出，对于体电荷分布，因为

$$\rho_z \mathrm{d}x\mathrm{d}y = \rho_z \left|\frac{\mathrm{d}w}{\mathrm{d}z}\right|^{-2} \mathrm{d}u\mathrm{d}v = \rho_w \mathrm{d}u\mathrm{d}v \tag{7.3.2}$$

所以，在保角变换法中，当场域由 Z 平面变换为 W 平面时，二维泊松方程应为

$$\frac{\partial^2\varphi}{\partial u^2}+\frac{\partial^2\varphi}{\partial y^2}=-\frac{\rho_w}{\varepsilon} \tag{7.3.3}$$

即体电荷密度必须进行 $\left|\frac{\mathrm{d}w}{\mathrm{d}z}\right|^{-2}$ 倍的变换。

为了说明应用保角变换解电磁场问题的步骤，用两个众所熟知的静电场的例子。

【例 7.3.1】 利用保角变换重新解椭圆柱形电容器的电场和电容。

解 本例已在 7.2 节中应用复位函数法得到解答。以下分析表明，应用保角变换法则求解过程更为简单。如图 7.3.1 所示，由于边界为椭圆，采用余弦函数变换：

$$w = \arccos\frac{z}{C}$$

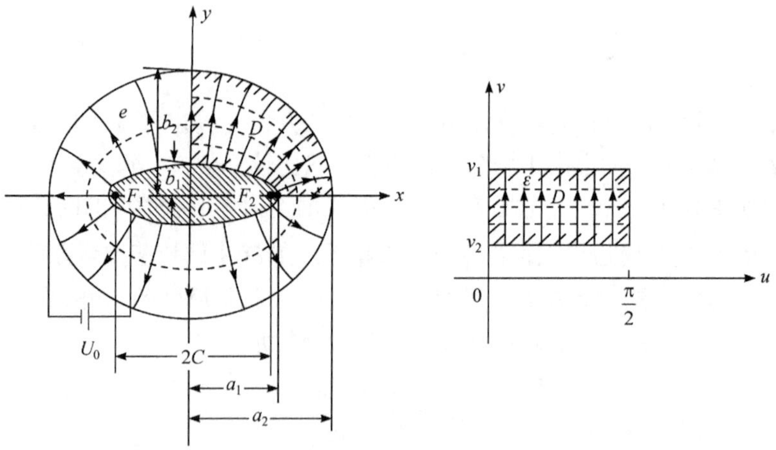

(a) Z平面　　(b) W平面

图 7.3.1　余弦函数变换

式中，C 为实常数。将 $w=u+\mathrm{j}v$ 和 $z=x+\mathrm{j}y$ 代入上式，可得

$$\frac{x^2}{C^2\mathrm{ch}^2v}+\frac{y^2}{C^2\mathrm{sh}^2v}=1 \quad 和 \quad \frac{x^2}{C^2\cos^2u}-\frac{y^2}{C^2\sin^2u}=1$$

由上式可见，$v=$ 定值的轨迹对应于 Z 平面上焦点在 $C=\sqrt{a_1^2-b_1^2}$ 的一族共焦椭圆曲线；$u=$

定值的轨迹对应于Z平面上与椭圆正交的一族共焦双曲线。因此，这表明在Z平面第一象限内的椭圆形场域边界$\left[\dfrac{x^2}{a_1^2}+\dfrac{y^2}{b_1^2}=1(x\geqslant 0,y\geqslant 0)\text{和}\dfrac{x^2}{a_2^2}+\dfrac{y^2}{b_2^2}=1(x\geqslant 0,y\geqslant 0)\right]$相应变换为$W$平面上的两段直线边界$\left(v_1=\mathrm{arsh}(b_1/C)=\mathrm{arch}(a_1/C),0\leqslant u\leqslant\dfrac{\pi}{2}\text{和}v_2=\mathrm{arsh}(b_2/C)=\mathrm{arch}(a_2/C),\ 0\leqslant u\leqslant\dfrac{\pi}{2}\right)$，如图 7.3.1(b)所示，即$Z$平面上两椭圆柱间第一象限的面积变成$W$平面上的矩形面积。于是，给定的椭圆柱电容器问题变换为W平面上的平板电容问题。这显然简化了问题的求解。

在W平面上，经变换而得的平板电容器的极板宽度为$\pi/2$，板间距为v_2-v_1，因此每单位长度该平板电容器的电容为

$$C'=\frac{\varepsilon S}{d}=\frac{\varepsilon\dfrac{\pi}{2}\times 1}{v_2-v_1}=\frac{\pi\varepsilon}{2\left(\mathrm{arsh}\dfrac{b_2}{C}-\mathrm{arsh}\dfrac{b_1}{C}\right)}=\frac{\pi\varepsilon}{2\ln\left(\dfrac{a_2+b_2}{a_1+b_1}\right)}$$

由此可得椭圆柱形电容器的总电容为

$$C=4C'=\frac{2\pi\varepsilon}{\ln\left(\dfrac{a_2+b_2}{a_1+b_1}\right)}$$

【例 7.3.2】　如图 7.3.2 所示，在两块接地无限大的平行导板中间置有一根无限长的线电荷，每单位长度的电量为τ。求平板间的电位分布。

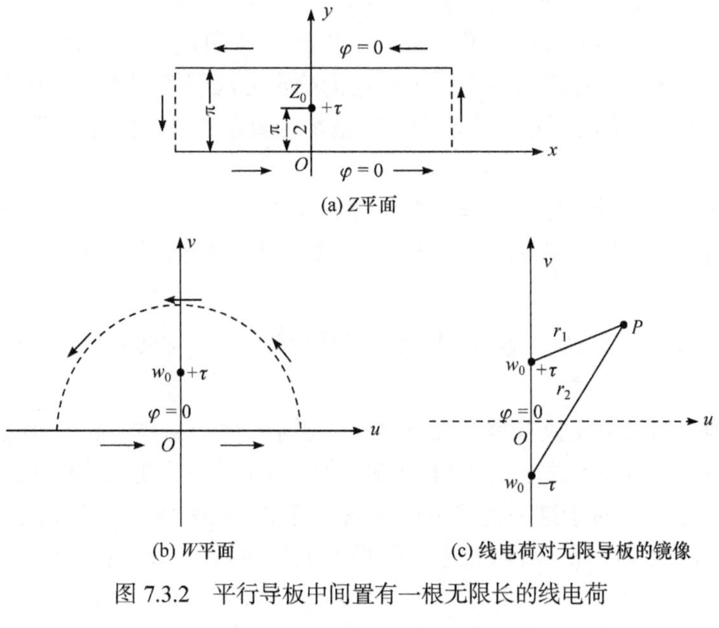

图 7.3.2　平行导板中间置有一根无限长的线电荷

解　本题可应用连续镜像法，但应用保角变换法将使解答相当简洁。注意到指数函数

$$w=\mathrm{e}^z$$

可把 Z 平面上的带状区域保角变换为 W 平面的上半平面。令 $z = x + \mathrm{j}y$ 和 $w = r\mathrm{e}^{\mathrm{j}\theta}$，代入上式，即得

$$r = \mathrm{e}^x \quad 和 \quad \theta = y$$

由此可见，Z 平面上带状区域的两侧边界 ($y = 0$ 和 $y = \pi$) 分别变为 W 平面上位于横坐标轴的 $\theta = 0$ 和 $\theta = \pi$ 的两条半无限长直线边界；无限伸展的带状域 ($0 < y < \pi$) 变为 W 平面的上半空间，如图 7.3.2(a)和(b)所示。显然，原来的场域因变换得到了简化。而 Z 平面上点 $z_0(0, \pi/2)$ 处的线电荷 τ 则变换为 W 平面上位于点 $w_0(1, \pi/2)$ 处，每单位长度所带电量仍为 τ。这样，原先的边值问题被转化为在一块接地的无限大导板上方线电荷 τ 所形成的电场问题，明显地简化了问题。

对于变换后的问题，再应用镜像法，如图 7.3.2(c)所示，即得 W 平面上半空间中任意点 P 的电位为

$$\varphi(u, v) = \frac{\tau}{2\pi\varepsilon} \ln \frac{r_2}{r_1}$$

显然，$r_1 = \left|w - w_0\right| = \left|\mathrm{e}^z - \mathrm{e}^{\mathrm{j}\pi/2}\right|$，$r_2 = \left|w - w_0^*\right| = \left|\mathrm{e}^z - \mathrm{e}^{-\mathrm{j}\pi/2}\right|$。将它们代入上式中，得带状区域中的电位的表达式为

$$\varphi(x, y) = \frac{\tau}{2\pi\varepsilon} \ln \frac{\sqrt{1 + 2\mathrm{e}^x \sin y + \mathrm{e}^{2x}}}{\sqrt{1 - 2\mathrm{e}^x \sin y + \mathrm{e}^{2x}}}$$

通过上面两个例题，了解了应用保角变换法求解二维静电场问题的基本步骤。关键是应熟悉一些基本的变换，对给定问题中场的图像应有大致估计，最后应用合适的变换函数将它变为典型的场，如均匀场，再求解所需的答案。有时，经过一次变换后，问题仍较难解决，可再进行一次变换或多次变换，直至在变换后的平面上成为简单的边界形状。对于边界为任意形状的场域，并没有一个普遍适用的确定方法能够用来寻求保角变换所需的解析函数。因此，在实际应用中总是先研究一些基本区域在各种解析变换下变换成什么区域，再加以利用。

研究几个常用的解析函数，如幂函数、对数函数、三角函数、反三角函数、分式线性函数等所构成的变化是非常有用的。限于篇幅，这些都留给读者去完成。

7.4　多边形边界的施瓦兹变换

应用复变函数的保角变换求解二维电磁场问题是一种有效的方法，但是对于具体的题目寻找一种适当的变换并不总是成功的。不过，在求解电磁场问题时，经常会遇到多边形(封闭的或不封闭的)边界，对于这一类多边形区域，通常的做法是先用施瓦兹变换把多边形变换成上半平面，再设法用保角变换把上半平面变成其他易于求解的形状，因此具有较强的通用性[5,26]。

7.4.1　施瓦兹变换[6,12]

施瓦兹变换是用来把 Z 平面上的多边形所包围的区域变换成 W 平面的上半平面，而将多边形的边界变换为 W 平面实轴上($-\infty \sim +\infty$)的连续线段，如图 7.4.1 所示。这时，多边形的顶点 $z_1,z_2,z_3,\cdots,z_n$ 分别落在 W 平面实轴上的各点 $w_1,w_2,w_3,\cdots,w_n$ 上。其变换式为

$$\frac{\mathrm{d}z}{\mathrm{d}w}=A\prod_{i=1}^{n}(w-w_i)^{-\alpha_i/\pi} \tag{7.4.1}$$

式中，n 是多边形的顶点或边的数目；$\alpha_1,\alpha_2,\alpha_3,\cdots,\alpha_n$ 是相应的各顶点的外角，而 α_i 的大小为 $|\alpha_i|<\pi$，α_i 的方向规定逆时针方向为正，顺时针方向为负(从序号小的边转到序号大的边)。在 Z 平面上的每一个顶点处，多边形的顶角 α_i' 为 $\pi-\alpha_i$。

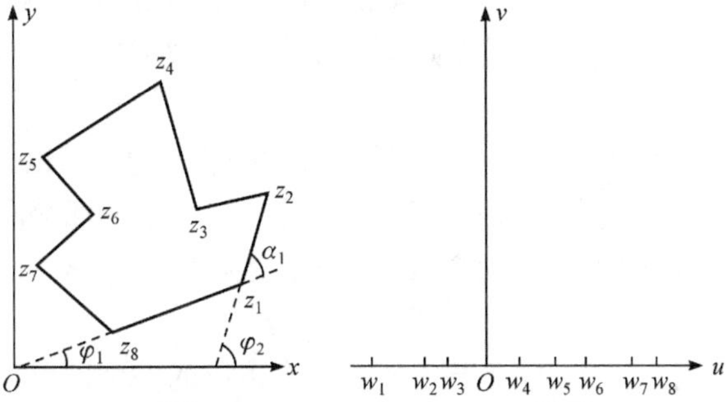

(a) Z平面　　(b) W平面

图 7.4.1　多边形的施瓦兹变换

变换式(7.4.1)也可改写成如下积分形式：

$$z=A\int(w-w_1)^{-\alpha_1/\pi}(w-w_2)^{-\alpha_2/\pi}\cdots(w-w_n)^{-\alpha_n/\pi}\mathrm{d}w+B \tag{7.4.2}$$

式(7.4.2)和式(7.4.1)所代表的变换就是施瓦兹变换。其中，A 和 B 都是复常数。显然，B 仅与 Z 平面上坐标系的原点的选取有关，而 A 的辐角则与坐标轴的方向有关。通常，当对坐标系进行适当的选择后，一般便可令 A 和 B 为预先给定的值。

上述变换式的正确性可以简单地说明，考虑沿多边形的周界各点变换到 W 平面上的角度变化。取式(7.4.1)的辐角：

$$\arg(\mathrm{d}z)=\arg(\mathrm{d}w)+\arg(A)-\sum_{i=1}^{n}\frac{\alpha_i}{\pi}\arg(w-w_i)$$

可以看出，当点 w 在实轴上任两个相邻点 w_{i-1} 和 w_i 之间移动时，$\arg(\mathrm{d}z)$ 不变，因此相应的点 z 在一条直线段上移动。而当点 w 取上半平面，由 w_i 左边绕到 w_i 右边时，$\arg(\mathrm{d}z)$ 跃变了一个角度 α_i，相应的点 z 也转到另一条直线上，两直线段的交角为 α_i。当点 w 由 $-\infty$ 起沿着实轴移动到 $+\infty$ 时，$\arg(\mathrm{d}z)$ 总共改变了 $\sum_{i=1}^{n}\alpha_i=2\pi$ (根据几何学可知，多边形的外角之和为 2π)。可见，相应的点 z 回到了出发点。此外，从对应边界的走向(区域在左)也看出多边形的内部与上半平面对应。

进一步要想把外角为 $\alpha_i(i=1,2,\cdots,n)$ 的一个已知多边形变成 W 平面的上半平面，那么

式(7.4.1)和式(7.4.2)都还不是所求的变换式，因为它只是把与已给多边形有相等的对应角的多边形变换成W平面的上半平面，所以还需要做两件事：①应适当地选取$w_i(i=1,2,\cdots,n)$的值，使式(7.4.1)或式(7.4.2)的变换能够把与给定多边形相似的多边形映射成W平面的上半平面；②经过线性变换(即确定A和B值)，使两个相似的多边形相重合。

7.4.2 施瓦兹变换式中常数和界点的确定[26]

选取$w_i(i=1,2,\cdots,n)$以及A和B的值往往是比较困难的，这里仅做一些简单的归纳。

(1) 若多边形为闭合的，则$w_i(i=1,2,\cdots,n)$以及A和B等常数中有3个可以任意选定。因为A和B为复数，共有4个常数，$w_i(i=1,2,\cdots,n)$中有n个未知数，$\alpha_i(i=1,2,\cdots,n)$中有$n-1$个未知独立数，故共有$2n+3$个未知实常数。它们都要根据图形确定，而n边形有n个顶点，相应地只需要n个复数，即$2n$个实常数，便可确定其形状、大小和位置。所以，n边形的n个顶点可以规定$2n$个常数，因而尚留有3个实常数可任意选定。选定它们后就可得到单一的变换。

(2) 任选常数的合理选择。由于有3个常数可供任意选定，所以选择不同的数值时，会得到不同的被积函数从而引起积分难易程度的不同，和W平面场分布复杂程度不同。一般说来，选择任意常数时应同时考虑这两个因素。为使变换简单，这3个常数通常选为-1、0、1或0、∞、$+1$或-1等。

(3) 如果在W平面内$w=\pm\infty$对应于Z平面内多边形的一个顶点，或多边形的一个顶点位于Z平面的∞处，这属于多边形变换退化的情形，可直接按如下方法处理。

当取$w_k=\infty$时，积分式中应去掉一个因子$w-w_k$，而变为$n-1$个因子相乘。这时3个任选的常数中，已定出一个是∞，尚留有两个可以任选。这样做，常常可简化变换公式。

若$z=\infty$(图7.4.2(a))，则相当于外角为π。若如图7.4.2(b)所示，一端无限长，则在A处相当于外角为$-\pi$。如图7.4.2(c)所示，则外角为0。

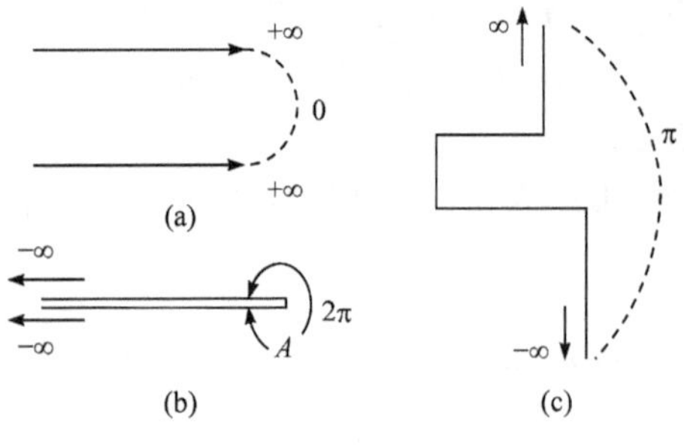

图 7.4.2　几种开多边形的外角

(4) 其余常数的选定。3个任选常数取定后，A、B和其余的常数也就唯一地确定了。确定的办法有两种：第一种方法是通过W平面和Z平面的对应关系，把W平面与Z平面对应点的坐标值代入积分后的变换式，即可确定某几个常数；第二种方法是回路积分法，这可在$z=Z(w)$变换函数求出之前进行。

当多边形具有在无穷远处闭合的平行边时，对于这些顶点，用回路积分法来确定待定常数最为合适。当$w=w_k\neq\infty$时，以w_k点为圆心作一个半径趋于零的上半圆进行回路积分；当$w=w_k=\pm\infty$时，则可取原点为圆心，做一个半径趋于∞的上半圆进行回路积分。

(5) 式(7.4.2)积分的难易程度，与多边形的边数有关，还与顶角的数值有关。一般说来，顶点数目越多，积分就越难。对应于外角为$\pm\dfrac{\pi}{2}$的顶点，便出现平方根项，因而可能变成椭圆积分，这就使得解答较为困难。这时，可查阅有关椭圆积分和椭圆函数的手册。

(6) 当多边形的边界具有两个不同的电(或磁)位时，常需做两次变换。一次将Z平面上的多边形变成W平面的上半平面，再一次把W平面的上半平面变换到另一个复平面(如t平面)上，而得到等位线和力线都是直线的规则电(或磁)场图形。

由以上所述看出，施瓦兹变换一方面对保角变换法具有比较普遍的意义，另一方面计算工作仍然是比较繁重的。

7.4.3　应用施瓦兹变换求解平板电容器的边缘电场[26]

如图 7.4.3 所示，为计算平板电容器边缘电场的参考图。首先，假设极板的宽度l远大于极板间距离$2d$，这样电极左右两边缘处的电场就可以认为互无影响，从而可以认为两电极的左边缘是伸向负无穷远处的。同时，考虑到两极板间的电场的零电位面是在x轴上，即在x轴上、下两部分电场是对称的，所以只计算x轴上面那部分电场就可以了。即认为电场是由于在上极板和零电位面(x轴)极板之间加电压V_0而出现的。因此，问题就变为求图 7.4.4 中Z平面两极板之间的电场。

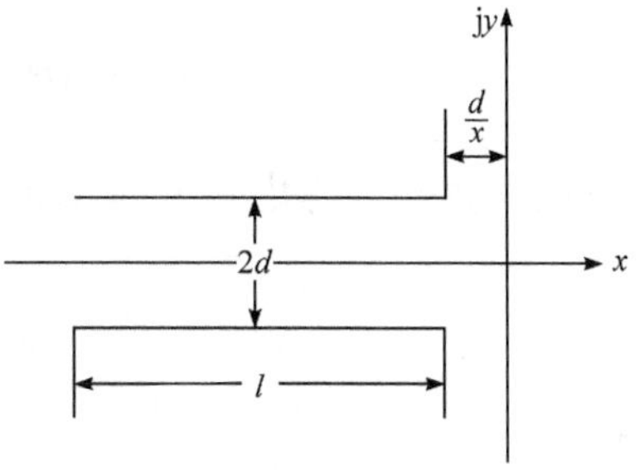

图 7.4.3　计算平板电容器电场的参考图

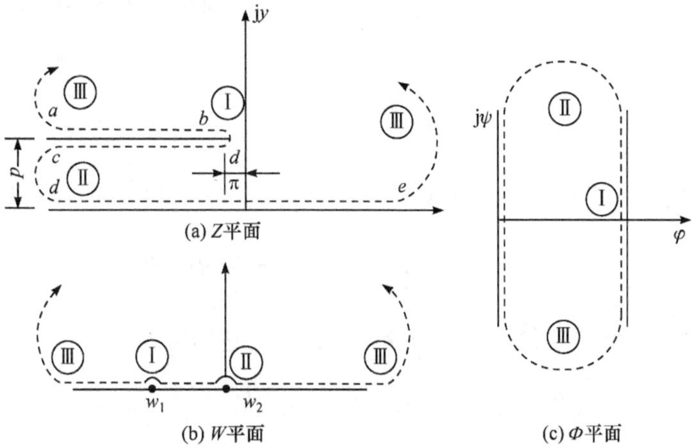

图 7.4.4　将Z平面上平板电容器的电场变为W平面上半平面的电场

Z平面的场域是由三个顶点组成的变态多边形所围成的，其边界是$abcdea$，顶点Ⅱ和Ⅲ均在无穷远处。顶点Ⅰ在Z平面上的坐标$z_1=-\dfrac{d}{\pi}+\mathrm{j}d$，外角为$-\pi$，它在$W$平面上的对应点$w_1$的坐标为$w_1=-1$。顶点Ⅱ在$Z$平面上的坐标$z_2$在左侧无穷远处，外角为$\pi$，它在$W$平面上的对应点$w_2$选在原点$w_2=0$处。顶点Ⅲ在$Z$平面上的坐标$z_3$及它在$W$平面上的对应点$w_3$选在无穷远处，可不予考虑。于是，施瓦兹微分方程为

$$\mathrm{d}z=A(w+1)(w-0)^{-1}\mathrm{d}w \tag{7.4.3}$$

积分后得到

$$z=A(w+\ln w)+B \tag{7.4.4}$$

为了确定积分常数A和B，将z_i及其对应点w_i的坐标值代入式(7.4.4)中。在z_1点，有

$$-\frac{d}{\pi}+\mathrm{j}d=A(-1+\mathrm{j}\pi)+B \tag{7.4.5}$$

在z_2点因坐标位于无穷远处，直接代入计算有困难，这时可按回路积分法进行计算。考虑到当在Z平面中动点z从上极板c点移至下极板d点(左侧无穷远处)时，可认为W平面中的动点w在坐标原点处沿一半径为无限小的半圆从左侧绕过原点而向右侧移动。在这个半圆上，动点w移动的轨迹可写成$w=r_0\mathrm{e}^{\mathrm{j}\theta}$，$r_0$为无限小半圆的半径。于是，根据式(7.4.3)得

$$\mathrm{d}z=A(w+1)(w-0)^{-1}\mathrm{d}w=A\frac{r_0\mathrm{e}^{\mathrm{j}\theta}+1}{r_0\mathrm{e}^{\mathrm{j}\theta}}r_0\mathrm{j}\mathrm{e}^{\mathrm{j}\theta}\mathrm{d}\theta$$

再对上式积分，考虑到z_2和w_2的坐标，有

$$\int_{-\infty+\mathrm{j}d}^{-\infty+\mathrm{j}0}\mathrm{d}z=A\int_{\pi}^{0}\mathrm{j}(r_0\mathrm{e}^{\mathrm{j}\theta}+1)\mathrm{d}\theta$$

即

$$-\mathrm{j}d=A(r_0\mathrm{e}^{\mathrm{j}\theta}+\mathrm{j}\theta)\Big|_{\pi}^{0}$$

当$r_0\to 0$时，上式右端趋于$-\mathrm{j}A\pi$，从而求出$A=d/\pi$，并代入式(7.4.5)中，定出$B=0$。最后，得

$$z=\frac{d}{\pi}(w+\ln w) \tag{7.4.6}$$

这就是所需的变换式，将w用极坐标$w=R\mathrm{e}^{\mathrm{j}\theta}$表示，于是从式(7.4.6)容易得到

$$x=\frac{d}{\pi}(R\cos\theta+\ln R) \quad 和 \quad y=\frac{d}{\pi}(R\sin\theta+\theta) \tag{7.4.7}$$

为了使式(7.4.7)中的x和y变得对称，令$R=\mathrm{e}^{\beta}$，于是它们可改写成:

$$x=\frac{d}{\pi}(\mathrm{e}^{\beta}\cos\theta+\beta) \quad 和 \quad y=\frac{d}{\pi}(\mathrm{e}^{\beta}\sin\theta+\theta) \tag{7.4.8}$$

已知W平面的实轴的左、右两半轴的电位值分别是V_0和0，容易得到W平面上半平面内的电位分布为

$$\varphi=\frac{V_0}{\pi}\theta \tag{7.4.9}$$

将这一结果代入式(7.4.8)中，有

$$x=\frac{d}{\pi}\left(\mathrm{e}^{\beta}\cos\frac{\varphi\pi}{V_0}+\beta\right) \quad 和 \quad y=\frac{d}{\pi}\left(\mathrm{e}^{\beta}\sin\frac{\varphi\pi}{V_0}+\frac{\varphi\pi}{V_0}\right) \tag{7.4.10}$$

给定φ为某个定值(如$\varphi=0.2V_0,0.4V_0,\cdots,0.8V_0$等)，而将$\beta$作为参数，计算出一系列$x$、$y$的值，就可以在$Z$平面上绘出一系列等位线，如图 7.4.5 所示的实线。同理，如果令β为某个定值，将φ作为参变数计算一系列x、y值，可绘出一系列电力线，如图 7.4.5 所示的虚线。从这个图中可以看出电极边缘处场的图景。

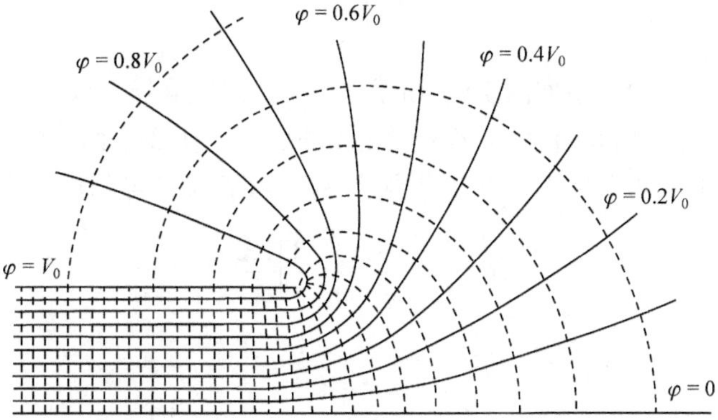

图 7.4.5 平板电容器的电场

Z 平面上任一点的电场强度的模是

$$\left|\boldsymbol{E}\right|_z=\left|\boldsymbol{E}\right|_w\left|\frac{\mathrm{d}w}{\mathrm{d}z}\right|=\frac{V_0}{d}\times\frac{1}{\sqrt{1+\mathrm{e}^{2\beta}+2\mathrm{e}^{\beta}\cos\theta}} \tag{7.4.11}$$

由图 7.4.5 可见，在任一等值面上(即 $\theta=$ 常数)的各点的电场强度 $\left|\boldsymbol{E}\right|_z$ 是不同的，为了求电场强度 $\left|\boldsymbol{E}\right|_z$ 的最大值 E_{m}，只要令式(7.4.11)中的 θ 为常数，而将 $\left|\boldsymbol{E}\right|_z$ 对 β 微分，并令 $\dfrac{\partial\left|\boldsymbol{E}\right|_z}{\partial\beta}=0$ 即可，于是得到

$$\mathrm{e}^{\beta}=-\cos\theta$$

将这一结果代回式(7.4.11)中，得到

$$E_{\mathrm{m}}=\frac{V_0}{d}\frac{1}{\sqrt{1-\cos^2\theta}} \tag{7.4.12}$$

令 E_{m} 等于均匀电场部分的场强 $\dfrac{V_0}{d}$，于是求出 $\theta=\dfrac{\pi}{2}$，即在 $\varphi=\dfrac{V_0}{2}$ 的等位线上任一点的场强都不会超过 $\dfrac{V_0}{d}$。如果令平板电容器的电极采用 $\varphi=\dfrac{V_0}{2}$ 的等位面的形状，那么在边缘部分的场强就不会比在电极中间部分的场强强，这种形状的电极称为罗戈夫斯基(Rogowski)电极，在电气绝缘技术和高电压工程中有着广泛的应用。

作为本节的结束，除了有将多边形内部区域变换为上半平面的施瓦兹变换外，还有将多边形外部区域变换为上半平面、从圆形边界变换成多边形边界的变换、从圆域到椭圆域的茹可夫斯基(Joukowski)变换等。这些变换的联合应用能解决许多复杂边界形状的二维电磁场问题。篇幅所限，有兴趣的读者可以参阅有关复变函数应用的专门著作。

7.5 椭圆积分和椭圆函数

在应用保角变换法解电场和磁场问题时，往往涉及椭圆积分和椭圆函数，这里只介绍一些有关的概念。

7.5.1　椭圆积分

设有可简化为二维的问题如图 7.5.1 所示，上半空间充满导电媒质，在其表面有两段等位线 AB 及 CD。若能找出 W 平面与 Z 平面之间的变换，使 Z 平面上的 A、B、C 和 D 四个点的位置位于矩形的 4 个顶点，则 W 平面上 AB 与 CD 间的电阻即可求出为

$$R=\frac{1}{\gamma}\left|\frac{\varphi_1-\varphi_2}{\psi}\right|=\frac{1}{\gamma}\left|\frac{2K}{K'}\right| \tag{7.5.1}$$

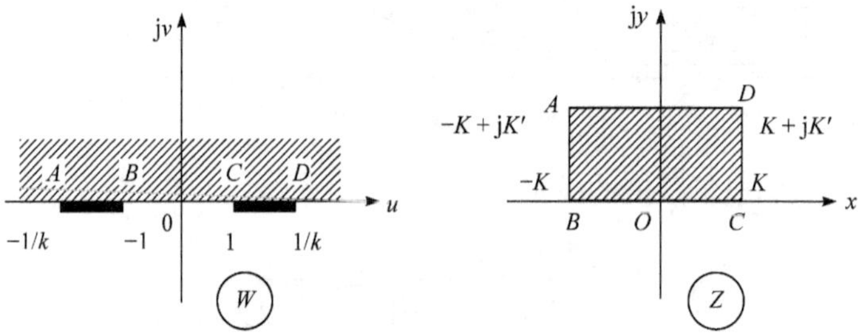

图 7.5.1　上半平面变换为矩形

为了找出相应的保角变换公式，可以按施瓦兹变换得出：

$$\mathrm{d}z=A(w-1)^{-1/2}\left(w-\frac{1}{k}\right)^{-1/2}(w+1)^{-1/2}\left(w+\frac{1}{k}\right)^{-1/2}\mathrm{d}w$$

式中，$k<1$。上式可记作：

$$z=A\int\frac{\mathrm{d}w}{(w^2-1)^{1/2}\left(w^2-\frac{1}{k}\right)^{1/2}}=C_1\int_0^w\frac{\mathrm{d}w}{\sqrt{(1-w^2)(1-k^2w^2)}}+C_2 \tag{7.5.2}$$

式(7.5.2)中的积分称为第一类椭圆积分的雅可比形式，一般写成：

$$\chi=\int_0^t\frac{\mathrm{d}t}{\sqrt{(1-t^2)(1-k^2t^2)}}=F(t,k) \tag{7.5.3}$$

式中，k 称为模 $(k<1)$；t 为幅；χ 为模及幅的函数，即 $F(t,k)$。

在许多实际问题中，k 通常为 0~1 的实数，所以 k 常用 $\sin\theta$ 定义，称 θ 为模角。若令 $t=\sin\varPhi$，称 $\varPhi$ 为幅角，则可得出：

$$\chi=\int_0^{\varPhi}\frac{\mathrm{d}\varPhi}{\sqrt{(1-k^2\sin^2\varPhi)}}=F(\varPhi,k) \tag{7.5.4}$$

上式称为第一类椭圆积分的勒让德形式。

若取式(7.5.4)中积分的上限为 $\varPhi=\pi/2$，或式(7.5.3)中积分上限 $t=1$，这个定积分则称为第一类完全椭圆积分。此函数记为 $K(k)$，$K(k)$ 总是一个实数。

若令 $k'=\sqrt{1-k^2}$，则称 k' 为 k 的补模，或 $k'=\cos\theta$。对应于补模 k' 的第一类完全椭圆积分 $K'(k)$ 或 $K(k')$ 为

$$K'(k)=\int_0^1\frac{\mathrm{d}t}{\sqrt{(1-t^2)(1-k'^2t^2)}}=\int_0^{\pi/2}\frac{\mathrm{d}\Phi}{\sqrt{1-k'^2\sin^2\Phi}} \tag{7.5.5}$$

可以证明：

$$K'(k)=\int_1^{1/k}\frac{\mathrm{d}t}{\mathrm{j}\sqrt{(1-t^2)(1-k^2t^2)}} \tag{7.5.6}$$

这是用模 k 表示的 $K'(k)$ 的方程。它与 $K(k)$ 的方程相仿，但是上下限变了，且积分是虚数。不难得出公式：

$$\int_0^{1/k}\frac{\mathrm{d}t}{\sqrt{(1-t^2)(1-k^2t^2)}}=K(k)+\mathrm{j}K'(k) \tag{7.5.7}$$

由上述几个公式，不难找出在 Z 平面上对应的 A、B、C 和 D 点的坐标 $A(-K+\mathrm{j}K')$、$B(-K)$、$C(K)$ 及 $D(K+\mathrm{j}K')$。因此，有式(7.5.1)的结果。关于已知 k 时对应的 $K(k)$ 和 $K'(k)$ 的数值，可在数学手册中查到。

现在，讨论另外一个例子，需要用到第二类椭圆积分。如图 7.5.2 所示的矩形凸起，按照施瓦兹变换公式，有

$$\mathrm{d}z=A(w-1)^{-1/2}(w+1)^{-1/2}\left(w-\frac{1}{k}\right)^{1/2}\left(w+\frac{1}{k}\right)^{1/2}\mathrm{d}w$$

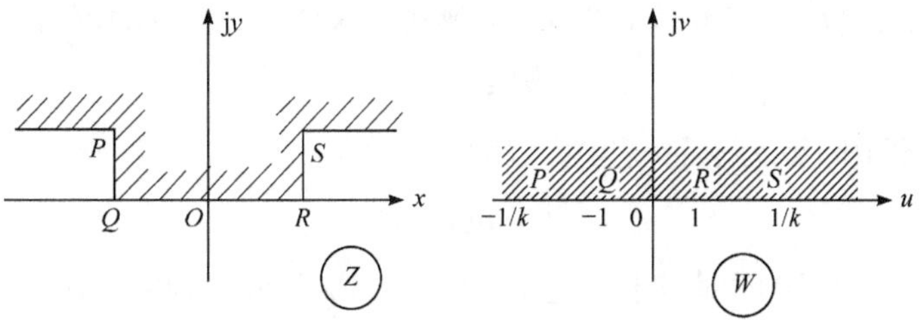

图 7.5.2　第二类椭圆积分的变换

经积分为

$$z=Ak^2\int\frac{(1-k^2w^2)^{1/2}}{(1-w^2)^{1/2}}\mathrm{d}w \tag{7.5.8}$$

若令 $w=\sin\Phi$，则得

$$E(\Phi,k)=\int_0^{\Phi}(1-k^2\sin^2\Phi)^{1/2}\mathrm{d}\Phi \tag{7.5.9}$$

称 $E(\Phi,k)$ 为第二类椭圆积分的勒让德形式。相应地，第二类椭圆积分的雅可比形式为

$$E(t,k)=\int_0^t\frac{\sqrt{1-k^2t^2}}{\sqrt{1-t^2}}\mathrm{d}t \tag{7.5.10}$$

若取式(7.5.10)中积分的上限为 $\Phi=\pi/2$，或 $t=1$ 时，这个定积分则称为第二类完全椭圆积分。此函数记为 $E(k)$。积分数值可参阅有关的数学手册。

若第二类椭圆积分对应于补模 k' 的完全积分用 $E'(k)$ 或 $E(k')$ 表示，则有表达式：

$$E'(k)=\int_0^1\frac{\sqrt{1-k'^2t^2}\,\mathrm{d}t}{\sqrt{1-t^2}} \tag{7.5.11}$$

并有公式：

$$\int_1^{1/k}\frac{\sqrt{1-k^2t^2}}{\sqrt{1-t^2}}\mathrm{d}t=\mathrm{j}\left[K'(k)-E'(k)\right] \tag{7.5.12}$$

7.5.2 椭圆函数

考虑式(7.5.3)，当模 k 固定时，χ 仅是上限 t 的函数。在 $k=0$ 的特殊情况下，有

$$\chi=\int_0^t\frac{\mathrm{d}t}{\sqrt{1-t^2}}=\arcsin t \tag{7.5.13}$$

或

$$t=\sin\chi \tag{7.5.14}$$

这时，积分就相当于正弦函数的反函数，反过来说正弦函数是积分的反演结果。

一般说来，若 $k\neq 0$，则可由椭圆积分的反演来引入椭圆函数，即椭圆函数是椭圆积分的反函数。若令

$$t=\sin\Phi$$

则第一类椭圆积分式(7.5.3)将化为式(7.5.4)的形式，这个积分的反演可写作：

$$\Phi=\mathrm{am}\chi \tag{7.5.15}$$

式中，am 表示幅角(即 Φ 为 χ 的幅角)。因而

$$t=\sin(\mathrm{am}\chi) \tag{7.5.16}$$

这里，$\sin(\mathrm{am}\chi)$ 就是 $k\neq 0$ 时对应于上述正弦函数 $\sin\chi$ 的椭圆函数，它是积分式(7.5.3)的反演。当 $k=0$ 时，$\sin(\mathrm{am}\chi)$ 就变成 $\sin\chi$。为了简化记法，把式(7.5.16)缩写为

$$t=\mathrm{Sn}\chi \quad \text{或} \quad t=\mathrm{Sn}(\chi,k) \tag{7.5.17}$$

称为椭圆函数，读作“sin am”或“ess en”。由于雅可比首先运用并发展了椭圆函数，所以工程上常称为雅可比椭圆函数。

从式(7.5.17)，自然地有

$$\chi=\mathrm{arcSn}t=\mathrm{arcSn}(t,k) \tag{7.5.18}$$

除椭圆正弦函数 $\mathrm{Sn}\chi$ 外，经常用到的还有椭圆余弦函数 $\mathrm{Cn}\chi$ 和椭圆增量函数 $\mathrm{dn}\chi$。它们的定义是

$$\mathrm{Cn}\chi=\cos(\mathrm{am}\chi)=\sqrt{1-t^2}=\sqrt{1-\mathrm{Sn}^2\chi} \tag{7.5.19}$$

$$\mathrm{dn}\chi=\Delta(\mathrm{am}\chi)=\sqrt{1-k^2t^2}=\sqrt{1-k^2\mathrm{Sn}^2\chi} \tag{7.5.20}$$

$\mathrm{Sn}\chi$、$\mathrm{Cn}\chi$ 和 $\mathrm{dn}\chi$ 是三个主要的雅可比椭圆函数。由它们可以导出其他椭圆函数。例如，椭圆正切函数：

$$\mathrm{tn}\chi = \frac{\mathrm{Sn}\chi}{\mathrm{Cn}\chi} \tag{7.5.21}$$

7.5.3　椭圆函数的性质及几个特殊值

(1) $\mathrm{Sn}\chi$ 是奇函数，$\mathrm{Cn}\chi$ 和 $\mathrm{dn}\chi$ 是偶函数，即

$$\begin{cases} \mathrm{Sn}(-\chi) = -\mathrm{Sn}\chi \\ \mathrm{Cn}(-\chi) = \mathrm{Cn}\chi \\ \mathrm{dn}(-\chi) = \mathrm{dn}\chi \end{cases} \tag{7.5.22}$$

(2) 椭圆函数的微分，有

$$\begin{cases} \mathrm{Sn}'\chi = \mathrm{Cn}\chi\mathrm{dn}\chi \\ \mathrm{Cn}'\chi = -\mathrm{Sn}\chi\mathrm{dn}\chi \\ \mathrm{dn}'\chi = -k^2\mathrm{Sn}\chi\mathrm{Cn}\chi \end{cases} \tag{7.5.23}$$

(3) 椭圆函数的周期，$\mathrm{Sn}\chi$、$\mathrm{Cn}\chi$ 和 $\mathrm{dn}\chi$ 都是具有双周期的半纯函数。它们的周期如下。

$\mathrm{Sn}\chi$：　$4K$ 和 $\mathrm{j}2K'$

$\mathrm{Cn}\chi$：　$4K$ 和 $2K + \mathrm{j}2K'$

$\mathrm{dn}\chi$：　$2K$ 和 $\mathrm{j}4K'$

(4) 椭圆函数的几个特殊值：

$$\begin{cases} \mathrm{Sn}(0) = 0, \quad \mathrm{Sn}(\chi,0) = \sin\chi \\ \mathrm{Cn}(0) = 1, \quad \mathrm{Cn}(\chi,0) = \cos\chi \\ \mathrm{dn}(0) = 1, \quad \mathrm{dn}(\chi,0) = 1 \\ \mathrm{Sn}(K) = 1, \quad \mathrm{Sn}(K + \mathrm{j}K') = \dfrac{1}{k} \end{cases} \tag{7.5.24}$$

(5) 用椭圆函数表示椭圆积分。

由式(7.5.3)可知：

$$F(t,k) = \mathrm{arcSn}(t,k) \tag{7.5.25}$$

这就是用椭圆函数来表示的第一类椭圆积分。

由

$$E(\varPhi,k) = \int_0^{\varPhi} \sqrt{1 - k^2\sin^2\varPhi}\,\mathrm{d}\varPhi$$

令 $\sin\varPhi = \mathrm{Sn}u$，则 $\cos\varPhi\mathrm{d}\varPhi = \mathrm{Cn}u\mathrm{dn}u\mathrm{d}u$，即 $\mathrm{d}\varPhi = \dfrac{\mathrm{Cn}u\mathrm{dn}u}{\sqrt{1-\mathrm{Sn}^2u}}\mathrm{d}u$。于是

$$E(\varPhi,k) = E(u,k) = \int_0^u \sqrt{1 - k^2\mathrm{Sn}^2u}\,\mathrm{dn}u\mathrm{d}u = \int_0^u \mathrm{dn}^2u\mathrm{d}u \tag{7.5.26}$$

这就是用椭圆函数表示第二类椭圆积分。通常可以查表求其值。

将矩形内部区域变换至另一平面的上半平面，将矩形边界变换成圆形边界都会用到椭圆函数。用它已很好地解决了两有限带电共面导体平板的电场、带电矩形导体外部的电场、

电机槽深有限时槽内磁场等实际问题的计算。它在微波工程、电路综合设计等方面也有着广泛的应用。

习　题　7

7.1　在 $x=0$ 处，有一无限大接地平板。在 $y=0$，$x=a$ 处，有一半无限大导体平板，电位为 $\varphi=V_0$，试用复位函数法求 $x=y=2a$ 处的电位值。

7.2　一条很深的接地导体槽，截面如题图 7.2 所示。宽为 π，在其中心线的高为 a 的地方，有一长直导线，带有线电荷密度 τ。直导线与槽平行。求导体槽内的电位分布。

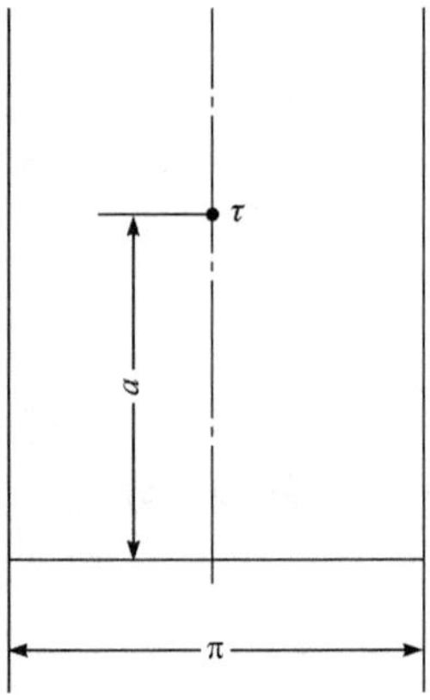

题图 7.2　接地导体槽的截面

7.3　利用复位函数法求两个不同半径的平行圆柱导体之间的单位长度电容。

7.4　应用施瓦兹变换法，试证明：如题图 7.4 所示的直角对平行板的电场为

$$\left|\boldsymbol{E}\right|_z=\frac{V_0}{d}\left|\frac{1}{\sqrt{w+1}}\right|$$

7.5　有两块被窄缝分开的共面无限大导体板，其间外加电压 V_0。利用保角变换法求空间中的电位分布。

7.6　有一线电荷密度为 τ 的无限长直线电荷与一块半无限大接地导体平面共面，两者相距为 a，如题图 7.6 所示。求空间中的电位分布。(提示：复变函数 $w=z^{1/2}$)

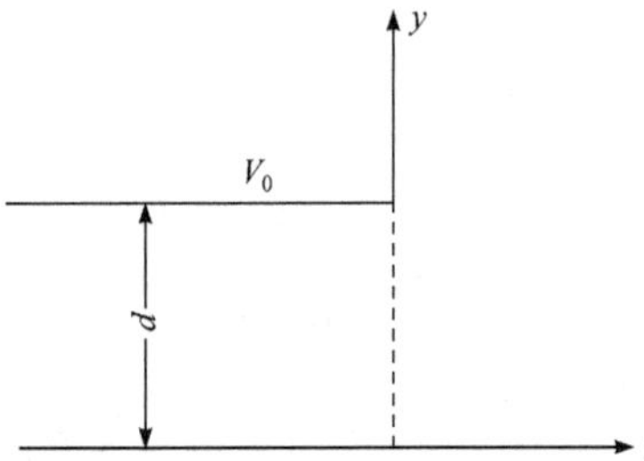

题图 7.4　直角对平行板

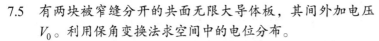

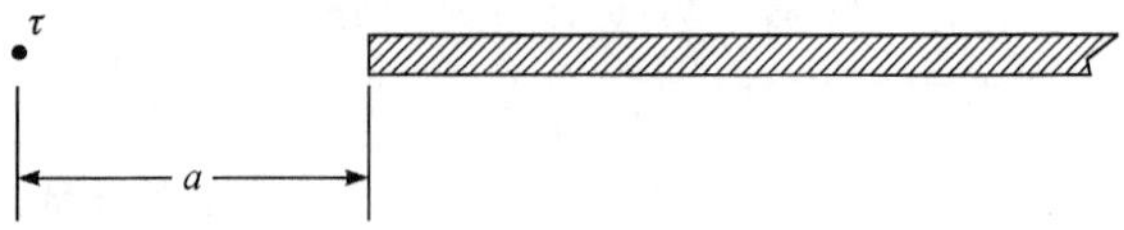

题图 7.6　无限长直线电荷与半无限大接地导体平面

7.7　试证明：

(1) $F(1,k)=K(k)$；　　(2) $F(1/k,k)=K+\mathrm{j}K'$；

(3) $E(1,k)=E(k)$；　　(4) $E(1/k,k)=E+\mathrm{j}(K'-E')=\int_0^{1/k}\sqrt{\dfrac{1-k^2t^2}{1-t^2}}\mathrm{d}t$。

第 8 章　格林函数法

在某些场合中，应用格林函数处理电磁场问题能使解的表达式更加简洁，处理方法更为巧妙。更有意义的是，格林函数法是处理电磁场边值问题的重要方法之一。从物理含义和数学形式来说，格林函数是一种普遍的概念，相应的方法也是一种具有普遍意义的方法。

格林函数法是先找出与给定问题的边界相同，但边界条件更为简单的单位点源的解——格林函数，通过叠加原理来求边界相同而边界条件更为复杂的场源分布问题的解。例如，就静电场来说，就是借助于点电荷的较简单的边值问题来解决一般电荷分布的普遍边值问题。

这一章将结合电磁场理论中的泊松方程、拉普拉斯方程和亥姆霍兹方程，比较系统地论述格林函数法的原理和解法，重点阐述建立格林函数的各种数理方法以及它们之间的联系。

8.1　格林函数和狄拉克 δ 函数简述

从数学上讲，一个单位源的方程的解称为格林(Green)函数。而从电磁场理论上来看，一个单位源所产生的场称为格林函数。对于线性媒质中的电磁场问题，首先考察一点(即仅在一点上的值非零)的干扰——“点源”所对应的解，并把连续分布的干扰——“连续分布场源”看成离散的分布点源的极限，而把它们的影响叠加起来，从而找到问题的解。把这种方法称为点源影响函数法，通常称作格林函数法。可以看出，格林函数法是先找出与给定问题的边界相同，但边界条件更简单的单位点源的解——格林函数，通过叠加原理来求边界相同，而边界条件和场源分布都更为复杂问题的解。这常常是研究复杂现象的基本手段。在进一步讨论之前，先介绍点源的概念及其数学表示。

8.1.1　点源的概念及其数学表示

在宏观世界中，物理量在空间、时间分布上有连续和离散两种模型。例如，电荷和电流在空间中的连续分布；电压源在一定的时间段内持续地作用于某一网络，这是体现连续性的模型。而点电荷、单位冲激等，则是体现离散性的模型。

研究离散型物理量的数量表示，有助于解决连续型物理量的一些问题。例如，在研究连续分布的量作用时，可以把它近似地看成离散分布的量，而考察其单个离散元的作用。如果问题是线性的，那么通过叠加的办法就能求得整体的效果。这常常是研究复杂现象的基本手段。例如，如果能够求得位于 $\boldsymbol{r}'$ 点处的单位场源密度在无界空间中所引起的静电电位为 $G(\boldsymbol{r},\boldsymbol{r}')$，那么由任意场源分布 $\rho(\boldsymbol{r}')$ 在无界空间中所产生的电位可通过积分式：

$$\varphi(\boldsymbol{r})=\int_V \rho(\boldsymbol{r}')G(\boldsymbol{r},\boldsymbol{r}')\mathrm{d}V' \tag{8.1.1}$$

求得。

上述方法的基本思想是，首先考察在一点(即仅在一点上的值非零)的“点源”所对应的解，并把连续分布源看成离散的分布点源的极限，而把它们的影响叠加起来，从而找到问题的解。把这种方法称为点源影响函数法，通常称作格林函数法。式(8.1.1)中的$G(\boldsymbol{r},\boldsymbol{r}')$就是格林函数。

在进一步介绍格林函数法之前，需要先介绍一下点源的数学表示。从物理上来说，如果将一个点质量或一个点电荷看作一个单位点源，是指当体积收缩为一点时密度和体积的乘积是有限值。从数学上看，这是指当体积变为“0”时其密度变为无限大。因为它们的积是一个常数，所以可任意选择该常数为 1。因此，就得到一个单位点源，其密度函数称为狄拉克(Dirac) δ 函数。在数学上已经证明，δ 函数可以看作某些古典函数的广义极限。常常用其“筛”或“取样”的特性来定义 δ 函数，即

$$\int_V f(\boldsymbol{r})\delta(\boldsymbol{r}-\boldsymbol{r}_0)\mathrm{d}V=\begin{cases}f(\boldsymbol{r}_0), & \boldsymbol{r}_0\text{在}V\text{中}\\0, & \boldsymbol{r}_0\text{不在}V\text{中}\end{cases} \tag{8.1.2}$$

式中，$f(\boldsymbol{r})$可以是标量函数或是矢量函数，但是$f(\boldsymbol{r})$必须在$\boldsymbol{r}_0$点上有定义。表 8.1.1 中给出了三种不同坐标系下 δ 函数的表达式。

表 8.1.1　在三种不同坐标系下 δ 函数的表达式[27]

直角坐标	$\delta(x,y,z)$	$\delta(x,y)$	$\delta(x)$
	$\delta(x-x_0)\delta(y-y_0)\delta(z-z_0)$	$\delta(x-x_0)\delta(y-y_0)$	$\delta(x-x_0)$
圆柱坐标	$\delta(\rho,\phi,z)$	$\delta(\rho,z)$	$\delta(\rho)$
	$\frac{1}{\rho}\delta(\rho-\rho_0)\delta(\phi-\phi_0)\delta(z-z_0)$	$\frac{1}{2\pi\rho}\delta(\rho-\rho_0)\delta(z-z_0)$	$\frac{1}{2\pi\rho}\delta(\rho-\rho_0)$
球坐标	$\delta(r,\theta,\phi)$	$\delta(r,\theta)$	$\delta(r)$
	$\frac{1}{r^2\sin\theta}\delta(r-r_0)\delta(\theta-\theta_0)\delta(\phi-\phi_0)$	$\frac{1}{2\pi r^2\sin\theta}\delta(r-r_0)\delta(\theta-\theta_0)$	$\frac{1}{4\pi r^2}\delta(r-r_0)$

例如，若在$\boldsymbol{r}'$处有一点电荷q，则其电荷密度可写为

$$\rho(\boldsymbol{r})=q\delta(\boldsymbol{r}-\boldsymbol{r}')=\begin{cases}0, & \boldsymbol{r}\neq\boldsymbol{r}'\\q, & \boldsymbol{r}=\boldsymbol{r}'\end{cases} \tag{8.1.3}$$

显然

$$\int_V \rho(\boldsymbol{r}-\boldsymbol{r}')\mathrm{d}V=\int_V q\delta(\boldsymbol{r}-\boldsymbol{r}')\mathrm{d}V=q$$

所以式(8.1.3)正确地描写了一个点电荷的电荷分布。同理，处于$\boldsymbol{r}'$处的单位电荷的电荷密度为

$$\rho(\boldsymbol{r})=\delta(\boldsymbol{r}-\boldsymbol{r}') \tag{8.1.4}$$

$\delta(x)$ 函数定义为除了原点外 $\delta(x)$ 的值为零，且它具有如下几点性质[27]：

(1) $x\delta(x)=0$；

(2) $\delta(-x)=\delta(x)$；

(3) $\int_{-\infty}^{\infty} f(x)\delta(ax-b)\mathrm{d}x=\frac{1}{a}f\left(\frac{b}{a}\right)$；

(4) $\int_{-\infty}^{\infty} \delta'(x)f(x)\mathrm{d}x=-\int_{-\infty}^{\infty}\delta(x)f'(x)\mathrm{d}x=-f'(0)$；

(5) $\int_{-\infty}^{\infty} \delta^{(n)}(x)f(x)\mathrm{d}x=(-1)^n\left.\frac{\mathrm{d}^n f}{\mathrm{d}x^n}\right|_{x=0}$；

(6) $u'(x)=\delta(x)$（$u(x)$ 是单位阶跃函数）。

【例 8.1.1】 在圆柱坐标系下和球坐标系下分别用 δ 函数表示带电量为 q 的点电荷的空间分布密度 ρ [27]。

解 在圆柱坐标系下，点电荷 q 的空间分布密度可表示成：

$$\rho(\rho,\phi,z)=\frac{q\delta(\rho-\rho_0)\delta(\phi-\phi_0)\delta(z-z_0)}{\rho} \tag{8.1.5}$$

而在球坐标系下可表示成：

$$\rho(r,\theta,\phi)=\frac{q\delta(r-r_0)\delta(\theta-\theta_0)\delta(\phi-\phi_0)}{r^2\sin\theta} \tag{8.1.6}$$

如果把以上两个表达式乘以相应坐标系的元体积 $\mathrm{d}V$，然后积分，将得到点电荷 q。此外：

(1) 如果有一条随坐标 z 而变的线密度 $\tau(z)$，平行于 z 轴，且通过点 (ρ_0,ϕ_0,z_0)，则体密度可表示成：

$$\rho(\rho,\phi,z)=\frac{\tau(z)\delta(\rho-\rho_0)\delta(\phi-\phi_0)}{\rho} \tag{8.1.7}$$

(2) 如果在 $r=a$ 球面上，存在面电荷 $\sigma(\theta,\phi)$，则体密度可表示成：

$$\rho(r,\theta,\phi)=\sigma(\theta,\phi)\delta(r-a) \tag{8.1.8}$$

8.1.2 格林函数

前面已说过，格林函数是指一个单位点源在一定边界条件下所产生的效果。格林函数一般用 $G(\boldsymbol{r},\boldsymbol{r}')$ 表示，它代表在 $\boldsymbol{r}'$ 处的一个单位正点源在 $\boldsymbol{r}$ 处所产生的效果。

泊松方程的积分解公式(2.3.5)说明电位 φ 可以用它在边界上的值及其在边界上的法向导数来确定它在体积 V 内的值，但这个公式不能直接提供狄利克雷问题或诺依曼问题的解，因为在公式中既包含了 $\varphi|_S$ 又包含了 $\left.\frac{\partial\varphi}{\partial n}\right|_S$。对于狄利克雷问题，$\varphi|_S$ 是已知的，但 $\left.\frac{\partial\varphi}{\partial n}\right|_S$ 未知，并且由解的唯一性定理可知，当给定了 $\varphi|_S$ 以后，就不能再任意给定 $\left.\frac{\partial\varphi}{\partial n}\right|_S$。因此，要想从式(2.3.5)得到狄利克雷问题的解，就必须消去 $\left.\frac{\partial\varphi}{\partial n}\right|_S$。对于诺依曼问题，则必须消去 $\varphi|_S$。这些问题的解决都需要引进格林函数的概念。这一事实表明，如果要用解的积分形式来求场或位，就要求消除其中的某一项面积分，以便根据某一类边界条件求得积分解。

此时，仍然要求在格林第二公式(2.2.2)中 ψ 满足 $\nabla^2\psi=-4\pi\delta(\boldsymbol{r}-\boldsymbol{r}')$，而且还必须根据问题中所给定的边界条件要求它能够在式(2.3.5)右端的面积分中消去 $\varphi|_S$ 或 $\left.\dfrac{\partial\varphi}{\partial n}\right|_S$ 项。基于这一点，选择[2]

$$\psi=\frac{1}{R}+u(\boldsymbol{r},\boldsymbol{r}') \tag{8.1.9}$$

并规定函数 $u(\boldsymbol{r},\boldsymbol{r}')$ 满足拉普拉斯方程：

$$\nabla^2 u(\boldsymbol{r},\boldsymbol{r}')=0 \tag{8.1.10}$$

显然，这一选择是合适的。如果把选择的 ψ 记作 $G(\boldsymbol{r},\boldsymbol{r}')$，即把

$$G(\boldsymbol{r},\boldsymbol{r}')=\frac{1}{R}+u(\boldsymbol{r},\boldsymbol{r}') \tag{8.1.11}$$

称为格林函数。用式(8.1.11)给出的 $G(\boldsymbol{r},\boldsymbol{r}')$ 代替式(2.3.5)中的 $\dfrac{1}{R}$，便得到

$$\varphi(\boldsymbol{r})=\frac{1}{4\pi\varepsilon}\int_V \rho(\boldsymbol{r}')G(\boldsymbol{r},\boldsymbol{r}')\mathrm{d}V'+\frac{1}{4\pi}\oint_S\left[G(\boldsymbol{r},\boldsymbol{r}')\frac{\partial\varphi}{\partial n'}-\varphi\frac{\partial G(\boldsymbol{r},\boldsymbol{r}')}{\partial n'}\right]\mathrm{d}S' \tag{8.1.12}$$

这样，适当地选择格林函数 $G(\boldsymbol{r},\boldsymbol{r}')$ 中的 $u(\boldsymbol{r},\boldsymbol{r}')$，就可以满足一定边界条件的要求。特别地指出，如果 V 外没有电荷，或边界条件都是齐次的，则面积分为零。因为齐次边界条件可以统一写成 $a\dfrac{\partial\varphi}{\partial n}+b\varphi=0$ (其中，a、b 不同时为零)，则有 $a\dfrac{\partial G}{\partial n}+bG=0$。以 G 乘以前一式，φ 乘以后一式，然后，两次结果相减，得 $G\dfrac{\partial\varphi}{\partial n}-\varphi\dfrac{\partial G}{\partial n}=0$。代入式(8.1.12)中，其右边第二项便为零。

1. 狄利克雷问题

对于狄利克利雷问题，如果能选择函数 $u(\boldsymbol{r},\boldsymbol{r}')$，使

$$G(\boldsymbol{r},\boldsymbol{r}')\big|_S=0 \tag{8.1.13}$$

则式(8.1.12)中的 $\left.\dfrac{\partial\varphi}{\partial n}\right|_S$ 就消失了。于是，有

$$\varphi(\boldsymbol{r})=\frac{1}{4\pi\varepsilon}\int_V \rho(\boldsymbol{r}')G(\boldsymbol{r},\boldsymbol{r}')\mathrm{d}V'-\frac{1}{4\pi}\oint_S\varphi\frac{\partial G(\boldsymbol{r},\boldsymbol{r}')}{\partial n'}\mathrm{d}S' \tag{8.1.14}$$

这就是用格林函数表示的狄利克雷问题的解。可以看出，只要求得了格林函数 $G(\boldsymbol{r},\boldsymbol{r}')$，在边界面 S 上 $\varphi|_S$ 值给定的情况下就可以算出区域 V 内任一点 $\boldsymbol{r}$ 的电位 $\varphi(\boldsymbol{r})$，因而也就得到了狄利克雷问题的解。

显然，对于狄利克雷问题，确定格林函数又必须解一个特殊的狄利克雷问题：

$$\begin{cases}\nabla^2 G(\boldsymbol{r},\boldsymbol{r}')=-4\pi\delta(\boldsymbol{r}-\boldsymbol{r}'), & 在V内\\ G(\boldsymbol{r},\boldsymbol{r}')\big|_S=0\end{cases} \tag{8.1.15}$$

或者确定函数 $u(\boldsymbol{r},\boldsymbol{r}')$ 又必须解一个特殊的狄利克雷问题：

$$\begin{cases}\nabla^2 u(\boldsymbol{r},\boldsymbol{r}')=0, & \text{在}V\text{内}\\ u(\boldsymbol{r},\boldsymbol{r}')\big|_S=-\dfrac{1}{R}\bigg|_S\end{cases} \tag{8.1.16}$$

虽然，对于一般的区域，求解问题式(8.1.15)或式(8.1.16)也不是一件容易的事，但式(8.1.14)还是有重要意义的。这是因为格林函数仅依赖于区域，而与原来问题中所给定的边界条件无关，只要求得了某个区域的格林函数，就能一劳永逸地解决这个区域上的一切边界条件的狄利克雷问题。

2. 诺依曼问题

对于诺依曼问题，如果能选择函数 $u(\boldsymbol{r},\boldsymbol{r}')$，使

$$\frac{\partial G(\boldsymbol{r},\boldsymbol{r}')}{\partial n}\bigg|_S=-\frac{4\pi}{S} \tag{8.1.17}$$

就能使式(8.1.12)中的 $\varphi|_S$ 消除掉。式中，S 是边界面 S 的总面积。于是，有

$$\varphi(\boldsymbol{r})=\frac{1}{4\pi\varepsilon}\int_V\rho(\boldsymbol{r}')G(\boldsymbol{r},\boldsymbol{r}')\mathrm{d}V'+\frac{1}{4\pi}\oint_S G(\boldsymbol{r},\boldsymbol{r}')\frac{\partial\varphi}{\partial n'}\mathrm{d}S'+\frac{1}{S}\oint_S\varphi(\boldsymbol{r}')\mathrm{d}S'$$

或者

$$\varphi(\boldsymbol{r})=\frac{1}{4\pi\varepsilon}\int_V\rho(\boldsymbol{r}')G(\boldsymbol{r},\boldsymbol{r}')\mathrm{d}V'+\frac{1}{4\pi}\oint_S G(\boldsymbol{r},\boldsymbol{r}')\frac{\partial\varphi}{\partial n'}\mathrm{d}S'+\langle\varphi\rangle_S \tag{8.1.18}$$

式中，$\langle\varphi\rangle_S$ 为 φ 在边界面 S 上的平均值，它是一个与电位 φ 的参考点选取有关的常数。式(8.1.18)即为诺依曼问题的格林函数解的形式。同理，只需求得格林函数 $G(\boldsymbol{r},\boldsymbol{r}')$，在边界面上 $\dfrac{\partial\varphi}{\partial n}\bigg|_S$ 值给定的情况下就可以算出区域 V 内任一点 $\boldsymbol{r}$ 的电位 $\varphi(\boldsymbol{r})$，因而也就得到了诺依曼问题的解。

显然，对于诺依曼问题，确定格林函数归结为解一个特殊的诺依曼问题：

$$\begin{cases}\nabla^2 G(\boldsymbol{r},\boldsymbol{r}')=-4\pi\delta(\boldsymbol{r}-\boldsymbol{r}'), & \text{在}V\text{内}\\ \dfrac{\partial G(\boldsymbol{r},\boldsymbol{r}')}{\partial n}\bigg|_S=-\dfrac{4\pi}{S}\end{cases} \tag{8.1.19}$$

现在，试问对于诺依曼问题是否也可用第二类齐次边界条件的格林函数呢？从式(8.1.12)来看，选取格林函数满足第二类齐次边界条件

$$\frac{\partial G(\boldsymbol{r},\boldsymbol{r}')}{\partial n}\bigg|_S=0 \tag{8.1.20}$$

即可方便地求得诺依曼问题的解，但是若将高斯定律应用于式(8.1.19)问题中的泊松方程，得到

$$\oint_S\frac{\partial G(\boldsymbol{r},\boldsymbol{r}')}{\partial n}\mathrm{d}S=-4\pi \tag{8.1.21}$$

若任取 $\left.\frac{\partial G(\boldsymbol{r},\boldsymbol{r}')}{\partial n}\right|_S=0$，就与此结果矛盾了，它与相应的格林函数应满足的泊松方程不能统一。因此，一般不能取为 $\left.\frac{\partial G(\boldsymbol{r},\boldsymbol{r}')}{\partial n}\right|_S=0$。

但是，诺依曼问题通常都是“外部问题”，即体积 V 是由两个边界面所围成的：一个是有限的封闭曲面 S，另一个是无限大的封闭曲面 S_∞。例如，考虑一带电导体外的空间电场问题，这时所考查的区域 V 是导体表面 S 和无穷大曲面 S_∞ 之间包围的区域，所以这时边界面 $S+S_\infty\to\infty$，则有

$$\left.\frac{\partial G(\boldsymbol{r},\boldsymbol{r}')}{\partial n}\right|_{S+S_\infty}=-\frac{4\pi}{S+S_\infty}\to 0$$

平均值 $\langle\varphi\rangle_S$ 化为零。因此，式(8.1.18)变为

$$\varphi(\boldsymbol{r})=\frac{1}{4\pi\varepsilon}\int_V\rho(\boldsymbol{r}')G(\boldsymbol{r},\boldsymbol{r}')\mathrm{d}V'+\frac{1}{4\pi}\oint_S G(\boldsymbol{r},\boldsymbol{r}')\frac{\partial\varphi}{\partial n'}\mathrm{d}S' \tag{8.1.22}$$

这就是用格林函数表示的诺依曼“外部问题”的解。这样求格林函数就可以回到选用第二类齐次边界条件，但这只适用于处理外部问题。

引入格林函数的意义在于：只要求出格林函数，就能够用积分形式来表示给定问题的解，便于理论研究；通过格林函数可以将微分方程和边界条件转化成积分方程，从而借助于近似的数值方法求解。在源分布未知情况下，建立积分方程正是格林函数的主要用途之一，利用积分方程法求出源分布。这是将解非齐次微分方程加边界条件的问题变成解积分方程问题。虽然只有极少数的电磁场边值问题才能由积分方程求得严格解，但对许多问题的积分方程，总可以利用一些近似方法求解，特别是采用数值方法求解，其适用范围更为广泛。因此，格林函数法不仅直接得到应用，而且也是建立积分方程的重要基础。

8.1.3　格林函数的基本性质

了解格林函数的性质，有助于计算和应用格林函数。其主要的性质有如下两点[13,14]。

(1) 格林函数在源点 $\boldsymbol{r}'$ 处具有奇异性，在源点以外空间点处则处处具有连续性。这一点不难从式(8.1.15)和式(8.1.19)中看出。具体地说，格林函数的一阶导数在源点 $\boldsymbol{r}'$ 处具有突变性，其突变量恰好是点源 δ 函数的单位强度。

(2) 格林函数对源点 $\boldsymbol{r}'$ 和场点 $\boldsymbol{r}$ 具有偶对称性，即

$$G(\boldsymbol{r},\boldsymbol{r}')=G(\boldsymbol{r}',\boldsymbol{r}) \tag{8.1.23}$$

格林函数的对称性有着重要的物理意义，即位于 $\boldsymbol{r}'$ 的单位点源，在一定的边界条件下在 $\boldsymbol{r}$ 处产生的效果，等于位于 $\boldsymbol{r}$ 处的同样强度的点源在相同的边界条件下在 $\boldsymbol{r}'$ 处产生的效果。这就是静电场理论中的互易性原理。

为了证明式(8.1.23)，设两个点源分别位于 $\boldsymbol{r}_1$ 和 $\boldsymbol{r}_2$ 处，则相应的格林函数 $G(\boldsymbol{r},\boldsymbol{r}_1)$ 和 $G(\boldsymbol{r},\boldsymbol{r}_2)$ 分别满足下列方程：

$$\nabla^2G(\boldsymbol{r},\boldsymbol{r}_1)=-4\pi\delta(\boldsymbol{r}-\boldsymbol{r}_1) \tag{8.1.24}$$

$$\nabla^2G(\boldsymbol{r},\boldsymbol{r}_2)=-4\pi\delta(\boldsymbol{r}-\boldsymbol{r}_2) \tag{8.1.25}$$

用 $G(\boldsymbol{r},\boldsymbol{r}_2)$ 乘以式(8.1.24)两边，$G(\boldsymbol{r},\boldsymbol{r}_1)$ 乘以式(8.1.25)两边，再将所得的两式左右分别相减且在区域 V 中积分，得到

$$\int_V \left[G(\boldsymbol{r},\boldsymbol{r}_2)\nabla^2 G(\boldsymbol{r},\boldsymbol{r}_1)-G(\boldsymbol{r},\boldsymbol{r}_1)\nabla^2 G(\boldsymbol{r},\boldsymbol{r}_2)\right]\mathrm{d}V=-4\pi\int_V \left[G(\boldsymbol{r},\boldsymbol{r}_2)\delta(\boldsymbol{r}-\boldsymbol{r}_1)-G(\boldsymbol{r},\boldsymbol{r}_1)\delta(\boldsymbol{r}-\boldsymbol{r}_2)\right]\mathrm{d}V \tag{8.1.26}$$

利用 δ 函数的性质和如下的格林第二公式：

$$\int_V (\varPhi\nabla^2\varPsi-\varPsi\nabla^2\varPhi)\mathrm{d}V=\oint_S\left(\varPhi\frac{\partial\varPsi}{\partial n}-\varPsi\frac{\partial\varPhi}{\partial n}\right)\mathrm{d}S \tag{8.1.27}$$

式(8.1.26)将变成：

$$4\pi\left[G(\boldsymbol{r}_2,\boldsymbol{r}_1)-G(\boldsymbol{r}_1,\boldsymbol{r}_2)\right]=\oint_S\left[G(\boldsymbol{r},\boldsymbol{r}_2)\frac{\partial G(\boldsymbol{r},\boldsymbol{r}_1)}{\partial n}-G(\boldsymbol{r},\boldsymbol{r}_1)\frac{\partial G(\boldsymbol{r},\boldsymbol{r}_2)}{\partial n}\right]\mathrm{d}S \tag{8.1.28}$$

考虑到格林函数 $G(\boldsymbol{r},\boldsymbol{r}')$ 满足上述齐次边界条件，得

$$\left[G(\boldsymbol{r},\boldsymbol{r}_2)\frac{\partial G(\boldsymbol{r},\boldsymbol{r}_1)}{\partial n}-G(\boldsymbol{r},\boldsymbol{r}_1)\frac{\partial G(\boldsymbol{r},\boldsymbol{r}_2)}{\partial n}\right]\Bigg|_S=0 \tag{8.1.29}$$

这样，式(8.1.28)右边的面积分为零。因此，有

$$G(\boldsymbol{r}_2,\boldsymbol{r}_1)=G(\boldsymbol{r}_1,\boldsymbol{r}_2)$$

这就证明了格林函数具有偶对称性。

实际上，因为 δ 函数具有偶对称性，所以不难从式(8.1.15)和式(8.1.19)的微分方程中看出，格林函数 $G(\boldsymbol{r},\boldsymbol{r}')$ 必然具有偶对称性。

8.2 两种特殊区域的格林函数及狄利克雷问题的解

由 8.1 节可知，只要有了相应的格林函数，一般边值问题就能解决。求格林函数的方法及各种典型的格林函数，有专门的书籍可供查阅。镜像法就是求格林函数的一种方法，这一节应用它求出两种特殊区域的格林函数，并得到狄利克雷问题的解。

8.2.1 半空间的格林函数

当给定 xOy 平面上的电位分布 $f(x',y')$ 和上半空间内的电荷分布 $\rho(x',y',z')$ 时，求上半空间内任意点的电位就是求解泊松方程在上半空间 $z\geqslant 0$ 的狄利克雷问题。

在接地无穷大导体平板上方点 (x',y',z') 处的一个单位点电荷产生的电位表达式，实际上就是上半空间的格林函数，即

$$G(\boldsymbol{r},\boldsymbol{r}')=\frac{1}{\sqrt{(x-x')^2+(y-y')^2+(z-z')^2}}-\frac{1}{\sqrt{(x-x')^2+(y-y')^2+(z+z')^2}} \tag{8.2.1}$$

上半空间中任意点的电位 φ 可按式(8.1.14)求出。因为 xOy 平面的外法线方向 $\boldsymbol{n}'=-\boldsymbol{e}_z$，所以由式(8.2.1)有

$$\frac{\partial G(\boldsymbol{r},\boldsymbol{r}')}{\partial n'}=-\frac{\partial G(\boldsymbol{r},\boldsymbol{r}')}{\partial z'}\bigg|_{z'=0}=\frac{-2z}{[(x-x')^2+(y-y')^2+z^2]^{3/2}}$$

将上式代入式(8.1.14)中，则得上半空间内任意点的电位：

$$\begin{aligned}\varphi(x,y,z)=&\frac{1}{4\pi\varepsilon}\int_V\rho(x',y',z')\left[\frac{1}{\sqrt{(x-x')^2+(y-y')^2+(z-z')^2}}\right.\\&\left.-\frac{1}{\sqrt{(x-x')^2+(y-y')^2+(z+z')^2}}\right]\mathrm{d}x'\mathrm{d}y'\mathrm{d}z'\\&+\frac{z}{2\pi}\int_{-\infty}^{\infty}\int_{-\infty}^{\infty}\frac{f(x',y')\mathrm{d}x'\mathrm{d}y'}{[(x-x')^2+(y-y')^2+z^2]^{3/2}}\end{aligned}\tag{8.2.2}$$

特别地举例：(1)如果已知 $z=0$ 平面上电位为零，但除去 $2a\times 2b$ 的一块长方形，此长方形的电位为 V_0，且上半空间内没有体电荷。那么，根据式(8.2.2)，上半空间内任意点的电位为

$$\varphi(x,y,z)=\frac{zV_0}{2\pi}\int_{-a}^{a}\int_{-b}^{b}\frac{\mathrm{d}x'\mathrm{d}y'}{[(x-x')^2+(y-y')^2+z^2]^{3/2}}$$

有关积分结果，这里略去。

(2) 如果将(1)中的 $2a\times 2b$ 的长方形换成半径为 a 的圆，此时不难得到

$$\varphi(r,\alpha,z)=\frac{zV_0}{2\pi}\int_0^{a}\int_0^{2\pi}\frac{r'\mathrm{d}\alpha'\mathrm{d}r'}{[r^2+z^2+r'^2-2rr'\cos(\alpha-\alpha')]^{3/2}}$$

不难求得，在圆的轴线上任一点的电位为

$$\varphi(0,\alpha,z)=V_0\left(1-\frac{z}{\sqrt{a^2+z^2}}\right)$$

8.2.2　球域的格林函数

1. 球外的格林函数

球外空间 $\boldsymbol{r}'$ 处有一单位正点电荷 q，它产生的电位在球面上满足 $\varphi|_S=0$，球外空间任一点 $\boldsymbol{r}$ 的电位由镜像法求得为

$$\varphi=\frac{1}{R_1}-\frac{a}{r'R_2}$$

式中，$R_1=(r^2+r'^2-2rr'\cos\gamma)^{1/2}$，$R_2=\left[r^2+\left(\frac{a^2}{r'}\right)^2-2r\frac{a^2}{r'}\cos\gamma\right]^{1/2}$，它们分别是源电荷、像电荷到观察点的距离。所以球外空间的格林函数为

$$G(\boldsymbol{r},\boldsymbol{r}')=\frac{1}{\sqrt{r^2+r'^2-2rr'\cos\gamma}}-\frac{1}{\sqrt{\frac{r^2r'^2}{a^2}+a^2-2rr'\cos\gamma}}\tag{8.2.3}$$

式中，γ 是 $\boldsymbol{r}$ 和 $\boldsymbol{r}'$ 间的夹角，由 $\boldsymbol{e}_r \cdot \boldsymbol{e}_r' = \cos\gamma$ 给出。

在球面上，有

$$\left.\frac{\partial G(\boldsymbol{r},\boldsymbol{r}')}{\partial n'}\right|_{r'=a} = -\left.\frac{\partial G(\boldsymbol{r},\boldsymbol{r}')}{\partial r'}\right|_{r'=a} = \frac{a^2-r^2}{a(r^2+a^2-2ra\cos\gamma)^{3/2}} \tag{8.2.4}$$

把式(8.2.4)代入式(8.1.14)中，可得球外狄利克雷问题的解为

$$\varphi(r,\theta,\phi) = \frac{a(r^2-a^2)}{4\pi}\int_0^{\pi}\int_0^{2\pi}\frac{f(a,\theta',\phi')\sin\theta'\mathrm{d}\theta'\mathrm{d}\phi'}{(r^2+a^2-2ra\cos\gamma)^{3/2}} \tag{8.2.5}$$

这就是球外的泊松积分公式[8]。式中

$$\cos\gamma = \cos\theta\cos\theta' + \sin\theta\sin\theta'\cos(\phi-\phi') \tag{8.2.6}$$

而 $f(a,\theta,\phi)$ 为球面上的给定电位分布，且球外的电荷密度处处为零。

2. 球内的格林函数

同理，可以写出球内空间的格林函数，它与球外空间的格林函数有相同的形式。

在球面上，有

$$\left.\frac{\partial G(\boldsymbol{r},\boldsymbol{r}')}{\partial n}\right|_{r'=a} = \left.\frac{\partial G(\boldsymbol{r},\boldsymbol{r}')}{\partial r'}\right|_{r'=a} = -\frac{a^2-r^2}{a(r^2+a^2-2ra\cos\gamma)^{3/2}}$$

如果给定球面上的电位分布为 $f(a,\theta,\phi)$，且球内的电荷密度处处为零，那么由式(8.1.14)可得球内狄利克雷问题的解为

$$\varphi(r,\theta,\phi) = \frac{a(a^2-r^2)}{4\pi}\int_0^{\pi}\int_0^{2\pi}\frac{f(a,\theta',\phi')\sin\theta'\mathrm{d}\theta'\mathrm{d}\phi'}{(r^2+a^2-2ra\cos\gamma)^{3/2}} \tag{8.2.7}$$

这就是球内的泊松积分公式[8]。式中的 $\cos\gamma$ 由式(8.2.6)给出。

以上有关半空间、球域内和球域外狄利克雷问题解的推导都是形式上的，即在假定边值问题有解的条件下得到解的表达式。至于式(8.2.2)、式(8.2.5)和式(8.2.7)是否就是相应边值问题的解，还应加以验证。这个验证过程在这里就省略了，有兴趣的读者可参看其他的书籍。另外，尽管现在式(8.2.2)、式(8.2.5)和式(8.2.7)的积分计算很困难，但原则问题已经解决了。

在这一节里，只给出了这两种典型情形的第一类边值问题的格林函数，关于它们的第二类边值问题的格林函数，留给读者自己完成。不过这里指出，第二类边值条件下的格林函数求解起来是更加困难的，因此很少应用。通常，格林函数都指的是在第一类边值条件下而言的。

此外，还有几种典型情形的第一类边值问题，例如，上半平面、圆内和圆外平面域问题，它们的格林函数都能够利用简单的方法求得。这些都留给读者自己去完成。

总之，从上面的讨论看出，格林函数法的实质是通过格林公式把给定边值问题转化到求解相应的格林函数问题。显然，引进格林函数后，就能够用有限的积分形式表示原给定边值问题的解。它十分类似于电路分析中的杜阿梅尔 (Duhamel) 积分(卷积)，即将分布源的效应看作点源效应的叠加。从表面上看，格林函数所满足的方程和边界条件都较原给定边

值问题的简单些。但是，求格林函数也不是一件容易的事情。因此，以上解的形式只有形式解的意义。当然，它把唯一性定理更具体地表达出来了。在后面几节中，将介绍格林函数制作的几种常用方法。

8.3 求格林函数的本征函数展开法

用相应问题的本征函数展开求格林函数是一种极有用的方法。在这里，先用例题的形式说明这种方法的大体步骤，然后加以归纳总结。

8.3.1 无限长矩形金属管问题

【例 8.3.1】 如图 8.3.1 所示，一根无限长矩形金属管，在 $x=x'$，$y=y'$ 处有一无限长的均匀线电荷。假设金属管接地，具有零电位。求金属管内的场[27]。

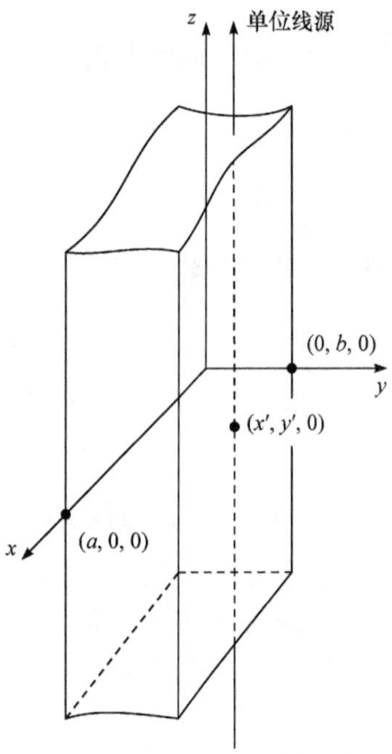

图 8.3.1 矩形金属管内的均匀线电荷

解 实际上，这是一个二维问题，数学上表示为求解下列格林函数 $G(x,y;x',y')$ 的二维偏微分方程：

$$\frac{\partial^2 G}{\partial x^2}+\frac{\partial^2 G}{\partial y^2}=-4\pi\delta(x-x')\delta(y-y') \tag{8.3.1}$$

边界条件为

$$G\big|_S=0 \tag{8.3.2}$$

式中，S 为矩形金属管截面的边界。应该注意到，格林函数的完整写法应是 $G(x,y;x',y')$。为了书写简单，省略自变量，在式(8.3.1)和式(8.3.2)中把 $G(x,y;x',y')$ 简写为 G。

对于这一问题，其本征函数集为

$$\sin\frac{m\pi x}{a},\quad m=1,2,\cdots;\quad \sin\frac{n\pi y}{b},\quad n=1,2,\cdots$$

用它们把格林函数展开成如下形式：

$$G=\sum_{m=1}^{\infty}\sum_{n=1}^{\infty}A_{mn}\sin\frac{m\pi x}{a}\sin\frac{n\pi y}{b} \tag{8.3.3}$$

式中，A_{mn} 是待定系数。显然，式(8.3.3)满足边界条件：在 $x=0,a$ 处 $G=0$ 和在 $y=0,b$ 处 $G=0$。将式(8.3.3)代入式(8.3.1)中，得

$$\sum_{m=1}^{\infty}\sum_{n=1}^{\infty}\left[-\left(\frac{m\pi}{a}\right)^2-\left(\frac{n\pi}{b}\right)^2\right]A_{mn}\sin\frac{m\pi x}{a}\sin\frac{n\pi y}{b}=-4\pi\delta(x-x')\delta(y-y') \tag{8.3.4}$$

对式(8.3.4)两边同乘以 $\sin\frac{s\pi x}{a}\sin\frac{r\pi y}{b}\mathrm{d}y\mathrm{d}x$，并对 x 和 y 积分，得

$$\frac{ab}{4}\left[-\left(\frac{m\pi}{a}\right)^2-\left(\frac{n\pi}{b}\right)^2\right]A_{mn}=-4\pi\sin\frac{m\pi x'}{a}\sin\frac{n\pi y'}{b} \tag{8.3.5}$$

这里应用了正弦函数的正交性和δ函数的“筛性”。这样就有

$$G(x,y;x',y')=\frac{16\pi}{ab}\sum_{m=1}^{\infty}\sum_{n=1}^{\infty}\frac{\sin\dfrac{m\pi x'}{a}\sin\dfrac{n\pi y'}{b}\sin\dfrac{m\pi x}{a}\sin\dfrac{n\pi y}{b}}{\left(\dfrac{m\pi}{a}\right)^2+\left(\dfrac{n\pi}{b}\right)^2} \tag{8.3.6}$$

注意到，$G(x,y;x',y')$对于变量(x,y)和(x',y')是对称的，即$G(x,y;x',y')=G(x',y';x,y)$表明格林函数的互易性。从物理上说，在点$(x',y')$上的单位源在点$(x,y)$产生的场与把单位源移到点$(x,y)$而在点$(x',y')$产生的场相同。

可以选择不同的正交归一化的函数集作为本征函数，但最终的结果应该是一致的，而本征函数集的选择必须满足该体系的具体边界条件。

8.3.2 格林函数的本征函数展开[14]

已知格林函数$G(\boldsymbol{r},\boldsymbol{r}')$满足下列方程：

$$\nabla^2 G(\boldsymbol{r},\boldsymbol{r}')=-4\pi\delta(\boldsymbol{r}-\boldsymbol{r}') \tag{8.3.7}$$

且满足齐次边界条件，即

$$\left[\alpha G(\boldsymbol{r},\boldsymbol{r}')+\beta\frac{\partial G(\boldsymbol{r},\boldsymbol{r}')}{\partial n}\right]_S=0 \tag{8.3.8}$$

现在，考虑如下的齐次边值问题：

$$\nabla^2\psi_n+\lambda_n^2\psi_n=0 \tag{8.3.9}$$

且满足齐次边界条件，即

$$\left(\alpha\psi_n+\beta\frac{\partial\psi_n}{\partial n}\right)\bigg|_S=0 \tag{8.3.10}$$

通常，把式(8.3.9)和边界条件式(8.3.10)所构成的问题称为与泊松方程(8.3.7)相对应的边值问题。其中，$\psi_n(\boldsymbol{r})(n=1,2,\cdots)$为本征函数，$\lambda_n(n=1,2,\cdots)$为对应的本征值。为了满足边界条件式(8.3.10)，应该选择正交函数$\psi_n(\boldsymbol{r})$，即

$$\int_S\psi_m(\boldsymbol{r})\psi_n^*(\boldsymbol{r})\mathrm{d}V=\delta_{mn} \tag{8.3.11}$$

求出本征函数$\psi_n(\boldsymbol{r})$和本征值λ_n后，可将格林函数$G(\boldsymbol{r},\boldsymbol{r}')$用本征函数$\psi_n(\boldsymbol{r})$展开，即

$$G(\boldsymbol{r},\boldsymbol{r}')=\sum_{n=1}^{\infty}A_n(\boldsymbol{r}')\psi_n(\boldsymbol{r}) \tag{8.3.12}$$

式中，$A_n(\boldsymbol{r}')$是待定系数。如果把式(8.3.12)代入式(8.3.7)中，并利用式(8.3.9)，得

$$\sum_{n=1}^{\infty}A_n(\boldsymbol{r}')\lambda_n^2\psi_n(\boldsymbol{r})=4\pi\delta(\boldsymbol{r}-\boldsymbol{r}') \tag{8.3.13}$$

考虑到$\psi_n(\boldsymbol{r})$的正交性，式(8.3.13)两边同乘以$\psi_m^*(\boldsymbol{r})$，并在区域体积V内积分，然后由n取代积分结果中的m便得系数：

$$A_n(\boldsymbol{r}')=\frac{4\pi\psi_n^*(\boldsymbol{r}')}{\lambda_n^2} \tag{8.3.14}$$

将式(8.3.14)代入式(8.3.12)中，便得格林函数$G(\boldsymbol{r},\boldsymbol{r}')$为

$$G(\boldsymbol{r},\boldsymbol{r}')=\sum_{n=1}^{\infty}\frac{4\pi}{\lambda_n^2}\psi_n^*(\boldsymbol{r}')\psi_n(\boldsymbol{r}) \tag{8.3.15}$$

特别地，当本征值λ_n为连续值，即为连续谱时，式(8.3.15)将化为积分，即

$$G(\boldsymbol{r},\boldsymbol{r}')=\int_{-\infty}^{\infty}\frac{4\pi}{\lambda^2}\psi(\lambda,\boldsymbol{r})\psi^*(\lambda,\boldsymbol{r}')\mathrm{d}\lambda \tag{8.3.16}$$

积分限也不限于区间$(-\infty,\infty)$，如果是汉克尔变换，其积分区间为$[0,\infty)$。

8.4　格林函数的分离变量法解

在有界空间中，为了处理有电荷分布的问题，以求得泊松方程的解，就需要确定满足一定边界条件的格林函数。这些给定的边界条件往往是在某种可以分离的坐标曲面上，于是就可以对$G(\boldsymbol{r},\boldsymbol{r}')$的方程和边界条件分离变量，最终得到级数形式的格林函数$G(\boldsymbol{r},\boldsymbol{r}')$的解。这种方法就是求格林函数的分离变量法。

现在，就以例8.3.1为例来说明求格林函数的分离变量法的原理和过程。为了求金属管内的场，除点(x',y')外，设满足直角坐标系中二维偏微分方程(8.3.1)的解可表示成分离变量形式：

$$G(x,y;x',y')=\sum_{n=1}^{\infty}f_n(x)g_n(y) \tag{8.4.1}$$

为了满足在$y=0,b$处的边界条件$G(x,0;x',y')=0$和$G(x,b;x',y')=0$，应选择函数$g_n(y)=\sin\frac{n\pi y}{b}$，把式(8.4.1)代入格林函数满足的微分方程(8.3.1)，得

$$\sum_{n=1}^{\infty}\left[\frac{\mathrm{d}^2 f_n(x)}{\mathrm{d}x^2}-\left(\frac{n\pi}{b}\right)^2 f_n(x)\right]\sin\frac{n\pi y}{b}=-4\pi\delta(x-x')\delta(y-y') \tag{8.4.2}$$

如果式(8.4.2)两边同乘以$\sin\frac{m\pi y}{b}\mathrm{d}y$，并在区间$(0,b)$上积分，然后由$n$取代$m$，得

$$\frac{\mathrm{d}^2 f_n(x)}{\mathrm{d}x^2}-\left(\frac{n\pi}{b}\right)^2 f_n(x)=-\frac{8\pi}{b}\sin\frac{n\pi y'}{b}\delta(x-x') \tag{8.4.3}$$

对于$x\neq x'$，式(8.4.3)是一个齐次微分方程，它的解是$\mathrm{e}^{-k_1 x}$和$\mathrm{e}^{k_1 x}$或这两个函数的线性组合，为了满足在$x=0,a$处的边界条件$G(0,y;x',y')=0$和$G(a,y;x',y')=0$，选择

$$f_n(x)=\begin{cases}A_n\mathrm{sh}\dfrac{n\pi x}{b}=f_{n1}, & x\leqslant x'\\ B_n\mathrm{sh}\dfrac{n\pi(a-x)}{b}=f_{n2}, & x\geqslant x'\end{cases} \tag{8.4.4}$$

于是，可写出格林函数 $G(x,y;x',y')$ 的解为

$$G(x,y;x',y')=\begin{cases}\sum\limits_{n=1}^{\infty}A_n\mathrm{sh}\dfrac{n\pi x}{b}\sin\dfrac{n\pi y}{b}=G_1(x,y;x',y'), & x\leqslant x'\\ \sum\limits_{n=1}^{\infty}B_n\mathrm{sh}\dfrac{n\pi(a-x)}{b}\sin\dfrac{n\pi y}{b}=G_2(x,y;x',y'), & x\geqslant x'\end{cases}\tag{8.4.5}$$

现在，应用在源处 $(x=x')$ 的分界面衔接条件来确定常数 A_n 和 B_n。在 $x=x'$ 处 $G(x,y;x',y')$ 是连续的，得

$$A_n\mathrm{sh}\frac{n\pi x'}{b}+B_n\mathrm{sh}\frac{n\pi(x'-a)}{b}=0\tag{8.4.6}$$

另一个条件可从式(8.4.3)得到，有

$$\left[\frac{\mathrm{d}f_{n1}}{\mathrm{d}x}-\frac{\mathrm{d}f_{n2}}{\mathrm{d}x}\right]_{x=x'}=\frac{8\pi}{b}\sin\frac{n\pi y'}{b}\tag{8.4.7}$$

将式(8.4.4)代入式(8.4.7)中，得

$$A_n\mathrm{ch}\frac{n\pi x'}{b}+B_n\mathrm{ch}\frac{n\pi(a-x')}{b}=\frac{8}{n}\sin\frac{n\pi y'}{b}\tag{8.4.8}$$

这样，就得到了含有两个未知数 A_n 和 B_n 的方程，即式(8.4.6)和式(8.4.8)，它们的解是

$$A_n=\frac{8}{n}\frac{\sin\dfrac{n\pi y'}{b}\mathrm{sh}\dfrac{n\pi(a-x')}{b}}{\mathrm{sh}\dfrac{n\pi a}{b}}\quad 和\quad B_n=\frac{8}{n}\frac{\sin\dfrac{n\pi y'}{b}\mathrm{sh}\dfrac{n\pi x'}{b}}{\mathrm{sh}\dfrac{n\pi a}{b}}$$

最后，得到

$$G(x,y;x',y')=\begin{cases}\sum\limits_{n=1}^{\infty}\dfrac{8}{n}\dfrac{\mathrm{sh}\dfrac{n\pi x}{b}\mathrm{sh}\dfrac{n\pi(a-x')}{b}\sin\dfrac{n\pi y}{b}\sin\dfrac{n\pi y'}{b}}{\mathrm{sh}\dfrac{n\pi a}{b}}, & x\leqslant x'\\ \sum\limits_{n=1}^{\infty}\dfrac{8}{n}\dfrac{\mathrm{sh}\dfrac{n\pi x'}{b}\mathrm{sh}\dfrac{n\pi(a-x)}{b}\sin\dfrac{n\pi y}{b}\sin\dfrac{n\pi y'}{b}}{\mathrm{sh}\dfrac{n\pi a}{b}}, & x\geqslant x'\end{cases}\tag{8.4.9}$$

与上面相似，也能得到矩形金属管的格林函数的另一种形式如下：

$$G(x,y;x',y')=\begin{cases}\sum\limits_{n=1}^{\infty}\dfrac{8}{n}\dfrac{\mathrm{sh}\dfrac{n\pi y}{a}\mathrm{sh}\dfrac{n\pi(b-y')}{a}\sin\dfrac{n\pi x}{a}\sin\dfrac{n\pi x'}{a}}{\mathrm{sh}\dfrac{n\pi b}{a}}, & y\leqslant y'\\ \sum\limits_{n=1}^{\infty}\dfrac{8}{n}\dfrac{\mathrm{sh}\dfrac{n\pi y'}{a}\mathrm{sh}\dfrac{n\pi(b-y)}{a}\sin\dfrac{n\pi x}{a}\sin\dfrac{n\pi x'}{a}}{\mathrm{sh}\dfrac{n\pi b}{a}}, & y\geqslant y'\end{cases}\tag{8.4.10}$$

回顾一下，在 8.3 节中还求出了这个问题的格林函数的另一种形式，见式(8.3.6)。实际

上，经常会有这样的情况，一个特定问题的格林函数可以表示成几种不同的形式。从这个例题中看出，应用分离变量法求解时，包含一个δ源的任一空间必须被划分为唯一的两个区域，即源必须考虑一次。如果空间是二维的，则有两种划分方法：源的左边和右边，源的上边和下边。如果空间是三维的，则有三种划分方法。这些划分的结果是，一个问题也许有相当数目的不同形式的解，它们看起来好像不同，但其实必定是相等的。在许多情况下，要用一种直接方法来证明两个不同形式的解相等是比较困难的。但是，电磁场唯一性定理指出，只要一个解能够满足所给出的方程及其边界条件，那么这个解就是这个问题的解。如果从这个角度去看，两个不同形式的解必定相等反而变得比较容易理解。通常，利用一个问题的不同形式解都相等的这个结论是有益处的，由此可以间接地导出许多有用的恒等式。

【例 8.4.1】　方程

$$\frac{\mathrm{d}^2G(x,x')}{\mathrm{d}x^2}+k^2G(x,x')=-\delta(x-x')$$

在边界条件$G(0,x')=G(a,x')=0$下，有两个不同形式的解如下：

$$G(x,x')=\frac{1}{k}\frac{\sin[k(a-x')]\sin(kx)}{\sin(ka)}u(x'-x)+\frac{1}{k}\frac{\sin[k(a-x)]\sin(kx')}{\sin(ka)}u(x-x') \tag{8.4.11}$$

和

$$G(x,x')=\frac{2}{a}\sum_{n=1}^{\infty}\left[\left(\frac{n\pi}{a}\right)^2-k^2\right]^{-1}\sin\frac{n\pi x}{a}\sin\frac{n\pi x'}{a} \tag{8.4.12}$$

试证明这两个解一定是相等的[27]。

证明　为了证明这两个解一定是相等，现在对式(8.4.12)右边求和。首先，进行$\alpha=\dfrac{ka}{\pi}$代换，并应用三角函数的积化和差公式，得

$$G(x,x')=\frac{a}{\pi^2}\sum_{n=1}^{\infty}\frac{1}{n^2-\alpha^2}\left[\cos\frac{n\pi(x-x')}{a}-\cos\frac{n\pi(x+x')}{a}\right] \tag{8.4.13}$$

再利用如下恒等式[27]：

$$\sum_{n=1}^{\infty}\frac{\cos nx}{n^2-\alpha^2}=\frac{1}{2\alpha^2}-\frac{\pi}{2\alpha}\frac{\cos(x-\pi)\alpha}{\sin(\pi\alpha)},\quad 0\leqslant x\leqslant 2\pi$$

式(8.4.13)变成：

$$\begin{aligned}G(x,x')&=\frac{a}{\pi^2}\sum_{n=1}^{\infty}\frac{1}{n^2-\alpha^2}\left[\cos\frac{n\pi(x'-x)}{a}-\cos\frac{n\pi(x+x')}{a}\right]\\&=\frac{1}{k}\frac{\sin[k(a-x')]\sin(kx)}{\sin(ka)},\quad 0\leqslant x\leqslant x'\end{aligned} \tag{8.4.14}$$

和

$$G(x,x')=\frac{a}{\pi^2}\sum_{n=1}^{\infty}\frac{1}{n^2-\alpha^2}\left[\cos\frac{n\pi(x-x')}{a}-\cos\frac{n\pi(x+x')}{a}\right]$$

$$=\frac{1}{k}\frac{\sin[k(a-x)]\sin(kx')}{\sin(ka)},\quad x'\leqslant x\leqslant a \tag{8.4.15}$$

不难看出，式(8.4.14)和式(8.4.15)相结合就是式(8.4.11)。即得证。

另外，如果把式(8.4.11)展开成一个傅里叶正弦级数，便能得到所希望的表达式(8.4.12)。有关详细的证明过程，留给读者。

【例 8.4.2】 对于例 8.3.1 的矩形金属管问题，试证明式(8.4.9)和式(8.4.10)两种不同解形式是相等的。

证明 为了验证它们相等，让它们先相等，得

$$\sum_{n=1}^{\infty}\frac{8}{n}\frac{\sin\frac{n\pi y}{b}\sin\frac{n\pi y'}{b}}{\mathrm{sh}\frac{n\pi a}{b}}\left[\mathrm{sh}\frac{n\pi x}{b}\mathrm{sh}\frac{n\pi(a-x')}{b}u(x'-x)+\mathrm{sh}\frac{n\pi x'}{b}\mathrm{sh}\frac{n\pi(a-x)}{b}u(x-x')\right]$$

$$=\sum_{n=1}^{\infty}\frac{8}{n}\frac{\sin\frac{n\pi x}{a}\sin\frac{n\pi x'}{a}}{\mathrm{sh}\frac{n\pi b}{a}}\left[\mathrm{sh}\frac{n\pi y}{a}\mathrm{sh}\frac{n\pi(b-y')}{a}u(y'-y)+\mathrm{sh}\frac{n\pi y'}{a}\mathrm{sh}\frac{n\pi(b-y)}{a}u(y-y')\right] \tag{8.4.16}$$

然后，用 $\sin\frac{p\pi y}{b}\sin\frac{q\pi x}{a}\mathrm{d}y\mathrm{d}x$ 同乘以式(8.4.16)的两边，并且分别在区间 $(0,b)$ 上对 y 积分，在区间 $(0,a)$ 上对 x 积分，利用三角函数的正交性，得

$$\frac{b\sin\frac{p\pi y'}{b}}{p\,\mathrm{sh}\frac{p\pi a}{b}}\int_0^a\left[\mathrm{sh}\frac{p\pi x}{b}\mathrm{sh}\frac{p\pi(a-x')}{b}u(x'-x)+\mathrm{sh}\frac{p\pi x'}{b}\mathrm{sh}\frac{p\pi(a-x)}{b}u(x-x')\right]\sin\frac{q\pi x}{a}\mathrm{d}x$$

$$=\frac{a\sin\frac{q\pi x'}{a}}{q\,\mathrm{sh}\frac{q\pi b}{a}}\int_0^b\left[\mathrm{sh}\frac{q\pi y}{a}\mathrm{sh}\frac{q\pi(b-y')}{a}u(y'-y)+\mathrm{sh}\frac{q\pi y'}{a}\mathrm{sh}\frac{q\pi(b-y)}{a}u(y-y')\right]\sin\frac{p\pi y}{b}\mathrm{d}y \tag{8.4.17}$$

如果把例 8.4.1 的两种不同形式解相等的结果作为恒等式，即

$$\frac{2}{L}\sum_{n=1}^{\infty}\left[\left(\frac{n\pi}{L}\right)^2+\alpha^2\right]^{-1}\sin\frac{n\pi x}{L}\sin\frac{n\pi x'}{L}$$

$$=\frac{\mathrm{sh}[\alpha(L-x')]\mathrm{sh}(\alpha x)u(x'-x)+\mathrm{sh}[\alpha(L-x)]\mathrm{sh}(\alpha x')u(x-x')}{\alpha\,\mathrm{sh}(\alpha L)} \tag{8.4.18}$$

就可以简化式(8.4.17)中的被积函数[应注意到，在式(8.4.11)和式(8.4.12)中用 $\mathrm{j}\alpha$ 替换 k，L 替

换a，才得到了式(8.4.18)这一结果]。例如，只要把式(8.4.18)中L改为a，α改为$\dfrac{p\pi}{b}$，恒等式(8.4.18)中等号右边方括号项就与式(8.4.17)等号左边被积函数中方括号项相同，即式(8.4.17)等号左边可以写成：

$$左边=\pi\sin\frac{p\pi y'}{b}\int_0^a\left\{\frac{2}{a}\sum_{n=1}^{\infty}\left[\left(\frac{n\pi}{a}\right)^2+\left(\frac{p\pi}{b}\right)^2\right]^{-1}\sin\frac{n\pi x}{a}\sin\frac{n\pi x'}{a}\right\}\sin\frac{q\pi x}{a}\mathrm{d}x \tag{8.4.19}$$

然后，利用正弦函数的正交性，式(8.4.19)的积分结果为

$$左边=\pi\sin\frac{p\pi y'}{b}\left[\left(\frac{q\pi}{a}\right)^2+\left(\frac{p\pi}{b}\right)^2\right]^{-1}\sin\frac{q\pi x'}{a} \tag{8.4.20}$$

同理，把α改为$\dfrac{q\pi}{a}$，x改为y且L改为b后，恒等式(8.4.18)中右边方括号项就与式(8.4.17)等号右边被积函数中方括号项相同，即式(8.4.17)等号右边可写成：

$$右边=\pi\sin\frac{q\pi x'}{a}\int_0^b\left\{\frac{2}{b}\sum_{n=1}^{\infty}\left[\left(\frac{n\pi}{b}\right)^2+\left(\frac{q\pi}{a}\right)^2\right]^{-1}\sin\frac{n\pi y}{b}\sin\frac{n\pi y'}{b}\right\}\sin\frac{p\pi y}{b}\mathrm{d}y \tag{8.4.21}$$

容易得到，式(8.4.21)的积分结果为

$$右边=\pi\sin\frac{q\pi x'}{a}\left[\left(\frac{p\pi}{b}\right)^2+\left(\frac{q\pi}{a}\right)^2\right]^{-1}\sin\frac{p\pi y'}{b} \tag{8.4.22}$$

从式(8.4.20)和式(8.4.22)中不难看出左边与右边相等。这就证明了上述两个不同形式的解式(8.4.9)和式(8.4.10)是相同的。

比较本征函数展开法与分离变量法，不难看出，本征函数展开法在求格林函数$G(\boldsymbol{r},\boldsymbol{r}')$所满足的偏微分方程时，是将方程中的非齐次项$\delta$函数和相应的格林函数都按正交归一化函数展开，并代入原方程中，再按δ函数的积分性质来确定待定系数。分离变量法则是避开源点所在坐标面，求出在此面两侧的分离变量通解，再根据源点所在坐标面上的连续性条件来确定系数，即利用源点定系数。这两种方法求得的格林函数都是级数形式。显然，本征函数展开法与分离变量法的不同点在于，本征函数展开法多了一个对激发源δ函数的处理问题，也就是还要按δ函数的性质来确定系数；而分离变量法定解时在点源所在坐标面上多了一个连续性条件。这两种方法都归属于级数展开法，是常用的求解法。它们在求格林函数的解时，都会导致本征值问题，即选取本征函数和本征值[10]。

8.5 格林函数的积分变换法解

傅里叶变换和拉普拉斯变换都可以用来解常微分方程。受到这一事实的启发，自然会想到积分变换也能用来解偏微分方程。这里，先借助例题来说明用积分变换法解定解问题的一般步骤。

8.5.1　一般步骤

【例 8.5.1】　有如下定解问题:

$$\frac{\partial u}{\partial t}=a^2\frac{\partial^2 u}{\partial x^2}+f(x,t),\quad -\infty<x<\infty,\quad t>0 \tag{8.5.1}$$

$$u\big|_{t=0}=\varphi(x) \tag{8.5.2}$$

解　现在，用傅里叶变换求解，用 $\mathrm{e}^{-\mathrm{j}\omega x}\mathrm{d}x$ 乘以式(8.5.1)的两边，得到

$$\frac{\mathrm{d}U(\omega,t)}{\mathrm{d}t}+a^2\omega^2U(\omega,t)=G(\omega,t) \tag{8.5.3}$$

这是一个含参量 ω 的常微分方程。式中，$U(\omega,t)$ 和 $G(\omega,t)$ 分别是 $u(x,t)$ 和 $f(x,t)$ 关于变量 x 的傅里叶变换，有

$$U(\omega,t)=\int_{-\infty}^{\infty}u(x,t)\mathrm{e}^{-\mathrm{j}\omega x}\mathrm{d}x \tag{8.5.4}$$

$$G(\omega,t)=\int_{-\infty}^{\infty}f(x,t)\mathrm{e}^{-\mathrm{j}\omega x}\mathrm{d}x \tag{8.5.5}$$

为了导出式(8.5.3)的定解条件，对条件式(8.5.2)的两边也取傅里叶变换，得

$$U(\omega,t)\big|_{t=0}=\Phi(\omega) \tag{8.5.6}$$

其中

$$\Phi(\omega)=\int_{-\infty}^{\infty}\varphi(x)\mathrm{e}^{-\mathrm{j}\omega x}\mathrm{d}x \tag{8.5.7}$$

容易得到，式(8.5.3)满足初始条件式(8.5.6)的解为

$$U(\omega,t)=\Phi(\omega)\mathrm{e}^{-a^2\omega^2t}+\int_0^t G(\omega,\tau)\mathrm{e}^{-a^2\omega^2(t-\tau)}\mathrm{d}\tau \tag{8.5.8}$$

最后，对 $U(\omega,t)$ 取傅里叶逆变换，由傅里叶变换表可查得

$$F^{-1}\left[\mathrm{e}^{-a^2\omega^2t}\right]=\frac{1}{2a\sqrt{\pi t}}\mathrm{e}^{-\frac{x^2}{4a^2t}}$$

那么，根据傅里叶变换的卷积性质可得

$$\begin{aligned}u(x,t)&=F^{-1}\left[U(\omega,t)\right]\\&=\frac{1}{2a\sqrt{\pi t}}\int_{-\infty}^{\infty}\varphi(\xi)\mathrm{e}^{-\frac{(x-\xi)^2}{4a^2t}}\mathrm{d}\xi+\frac{1}{2a\sqrt{\pi}}\int_0^t\mathrm{d}\tau\int_{-\infty}^{\infty}\frac{f(\xi,\tau)}{\sqrt{t-\tau}}\mathrm{e}^{-\frac{(x-\xi)^2}{4a^2(t-\tau)}}\mathrm{d}\xi\end{aligned} \tag{8.5.9}$$

这就是原定解问题的解。

从例 8.5.1 的求解过程，可以归纳出用积分变换法解定解问题的主要步骤如下:

(1) 根据自变量的变化范围以及定解条件的具体情况，选取适当的积分变换。然后，对方程取变换。

(2) 对定解条件取相应的变换，导出新方程的定解条件。

(3) 解所得的新方程，求得原定解问题解的变换式。

(4) 对解的变换式取逆变换，得到原定解问题的解。

一般说来，对于如何选取恰当的积分变换，应从两个方面来考虑。首先要注意自变量的变化范围，傅里叶变换要求作变换的自变量在$(-\infty,\infty)$内变化，拉普拉斯变换要求作变换的自变量在$(0,\infty)$内变化。其次，要注意定解条件的形式，根据拉普拉斯变换的微分性质，必须在定解条件中给出作变换的自变量等于零时的函数值及有关导数值。

如果采用正弦或余弦傅里叶变换，自变量的变化范围就是$(0,\infty)$。

下面通过一个例题来说明如何用积分变换法求格林函数。

【例 8.5.2】 假设在图 8.3.1 中$a\to\infty$，其他边界条件不变，求此时的格林函数$G(\boldsymbol{r},\boldsymbol{r}')$[27]。

解 由于这个问题在x方向上无界，所以直接利用这个方向上的傅里叶变换来求解。为了解式(8.3.1)，即

$$\frac{\partial^2 G}{\partial x^2}+\frac{\partial^2 G}{\partial y^2}=-4\pi\delta(x-x')\delta(y-y')$$

考虑到x在区间$(0,\infty)$内变化，以及G在$x=0$处$G=0$的边界条件，选择正弦傅里叶变换对：

$$\begin{cases} f(u)=\dfrac{2}{\sqrt{2\pi}}\displaystyle\int_0^\infty \tilde{f}(\alpha)\sin(\alpha u)\mathrm{d}\alpha \\ \tilde{f}(\alpha)=\dfrac{2}{\sqrt{2\pi}}\displaystyle\int_0^\infty f(u)\sin(\alpha u)\mathrm{d}u \end{cases} \tag{8.5.10}$$

因此，假定G可表示为

$$G=\frac{2}{\sqrt{2\pi}}\int_0^\infty \tilde{G}\sin(\alpha x)\mathrm{d}\alpha \tag{8.5.11}$$

把式(8.5.11)代入式(8.3.1)中，得

$$\frac{2}{\sqrt{2\pi}}\int_0^\infty\left(\frac{\mathrm{d}^2}{\mathrm{d}y^2}-\alpha^2\right)\tilde{G}\sin(\alpha x)\mathrm{d}\alpha=-4\pi\delta(x-x')\delta(y-y') \tag{8.5.12}$$

然后，求狄拉克函数$\delta(x-x')$的正弦傅里叶变换。由式(8.5.10)可立即写出：

$$\tilde{\delta}(\alpha-x')=\frac{2}{\sqrt{2\pi}}\int_0^\infty\delta(x-x')\sin(\alpha x)\mathrm{d}x=\frac{2}{\sqrt{2\pi}}\sin(\alpha x')$$

由此可得恒等式：

$$\delta(x-x')=\frac{2}{\pi}\int_0^\infty\sin(\alpha x')\sin(\alpha x)\mathrm{d}\alpha \tag{8.5.13}$$

如果把式(8.5.13)代入式(8.5.12)中，就得

$$\frac{\mathrm{d}^2\tilde{G}}{\mathrm{d}y^2}-\alpha^2\tilde{G}=-8\sqrt{\frac{\pi}{2}}\sin(\alpha x')\delta\left(y-y'\right) \tag{8.5.14}$$

显然，已经用一个常微分方程(8.5.14)替代了偏微分方程(8.3.1)。

不难求出方程(8.5.14)的解为

$$\tilde{G}(x,\alpha;x',y')=\begin{cases}8\sqrt{\dfrac{\pi}{2}}\dfrac{\mathrm{sh}(\alpha y)\mathrm{sh}[\alpha(b-y')]\sin(\alpha x')}{\alpha\mathrm{sh}(\alpha b)}, & y\leqslant y'\\[2ex] 8\sqrt{\dfrac{\pi}{2}}\dfrac{\mathrm{sh}(\alpha y')\mathrm{sh}[\alpha(b-y)]\sin(\alpha x')}{\alpha\mathrm{sh}(\alpha b)}, & y\geqslant y'\end{cases} \tag{8.5.15}$$

利用式(8.5.10)，对式(8.5.15)取逆变换，得

$$G(x,y;x',y')=\begin{cases}\displaystyle\int_0^{\infty}\frac{8\mathrm{sh}(\alpha y)\mathrm{sh}[\alpha(b-y')]\sin(\alpha x)\sin(\alpha x')}{\alpha\mathrm{sh}(\alpha b)}\mathrm{d}\alpha, & y\leqslant y'\\[2ex] \displaystyle\int_0^{\infty}\frac{8\mathrm{sh}(\alpha y')\mathrm{sh}[\alpha(b-y)]\sin(\alpha x)\sin(\alpha x')}{\alpha\mathrm{sh}(\alpha b)}\mathrm{d}\alpha, & y\geqslant y'\end{cases} \tag{8.5.16}$$

同理，当沿 y 方向 $b\to\infty$ 时，不难得到结果为

$$G(x,y;x',y')=\begin{cases}\displaystyle\int_0^{\infty}\frac{8\mathrm{sh}(\alpha x)\mathrm{sh}[\alpha(a-x')]\sin(\alpha y)\sin(\alpha y')}{\alpha\mathrm{sh}(\alpha a)}\mathrm{d}\alpha, & x\leqslant x'\\[2ex] \displaystyle\int_0^{\infty}\frac{8\mathrm{sh}(\alpha x')\mathrm{sh}[\alpha(a-x)]\sin(\alpha y)\sin(\alpha y')}{\alpha\mathrm{sh}(\alpha a)}\mathrm{d}\alpha, & x\geqslant x'\end{cases} \tag{8.5.17}$$

8.5.2　分离变量解和积分变换解的关系

现在，以例 8.3.1 的矩形金属管中的均匀线源为例，来说明格林函数的级数形式如何转化为积分形式。在 8.4 节中，求得这个问题的一个级数形式解式(8.4.10)。为了讨论方便，现在把它重写如下：

$$G(x,y;x',y')=\begin{cases}\displaystyle\sum_{n=1}^{\infty}\frac{8}{n}\frac{\mathrm{sh}\dfrac{n\pi y}{a}\mathrm{sh}\dfrac{n\pi(b-y')}{a}\sin\dfrac{n\pi x}{a}\sin\dfrac{n\pi x'}{a}}{\mathrm{sh}\dfrac{n\pi b}{a}}, & y\leqslant y'\\[3ex] \displaystyle\sum_{n=1}^{\infty}\frac{8}{n}\frac{\mathrm{sh}\dfrac{n\pi y'}{a}\mathrm{sh}\dfrac{n\pi(b-y)}{a}\sin\dfrac{n\pi x}{a}\sin\dfrac{n\pi x'}{a}}{\mathrm{sh}\dfrac{n\pi b}{a}}, & y\geqslant y'\end{cases}$$

分析式(8.4.10)看出，当沿 y 方向 $b\to\infty$ 时，用级数解是有效的，不会遇到计算困难。但当沿 x 方向 $a\to\infty$ 时，级数解变得不确定了。这一困难是由本征值 $\dfrac{n\pi}{a}$ 随 a 趋于无限大而变为零所引起的。对于这一困难，可以用积分取代级数和来解决，也就是将傅里叶级数转化为傅里叶积分。因此，可令[27]

$$\alpha=\frac{n\pi}{a},\quad \alpha+\Delta\alpha=\frac{(n+1)\pi}{a} \tag{8.5.18}$$

则含有本征值 $\dfrac{n\pi}{a}$ 的无穷级数变为如下积分，例如：

$$\lim_{a\to\infty}\sum_{n=1}^{\infty}\frac{1}{a}F\left(\frac{n\pi}{a}\right)=\lim_{\Delta\alpha\to0}\sum_{n=1}^{\infty}\frac{\Delta\alpha}{\pi}F(\alpha)=\frac{1}{\pi}\int_0^{\infty}F(\alpha)\mathrm{d}\alpha \tag{8.5.19}$$

这样，当 $a\to\infty$ 时，利用式(8.5.19)，则式(8.4.10)变为

$$G(x,y;x',y')=\begin{cases}\displaystyle\int_0^\infty \frac{8\mathrm{sh}(\alpha y)\mathrm{sh}[\alpha(b-y')]\sin(\alpha x)\sin(\alpha x')}{\alpha\mathrm{sh}(\alpha b)}\mathrm{d}\alpha, & y\leqslant y'\\ \displaystyle\int_0^\infty \frac{8\mathrm{sh}(\alpha y')\mathrm{sh}[\alpha(b-y)]\sin(\alpha x)\sin(\alpha x')}{\alpha\mathrm{sh}(\alpha b)}\mathrm{d}\alpha, & y\geqslant y'\end{cases}\tag{8.5.20}$$

同理，当沿 y 方向 $b\to\infty$ 时，式(8.4.9)变为

$$G(x,y;x',y')=\begin{cases}\displaystyle\int_0^\infty \frac{8\mathrm{sh}(\alpha x)\mathrm{sh}[\alpha(a-x')]\sin(\alpha y)\sin(\alpha y')}{\alpha\mathrm{sh}(\alpha a)}\mathrm{d}\alpha, & x\leqslant x'\\ \displaystyle\int_0^\infty \frac{8\mathrm{sh}(\alpha x')\mathrm{sh}[\alpha(a-x)]\sin(\alpha y)\sin(\alpha y')}{\alpha\mathrm{sh}(\alpha a)}\mathrm{d}\alpha, & x\geqslant x'\end{cases}\tag{8.5.21}$$

从前面的例子，已能初步看出格林函数的级数形式和积分形式，或者分离变量法和积分变换法之间各种关系的端倪。在有限区域中，分离变量解应取离散谱或级数和形式；而在无限区域中，其解应取连续谱或积分形式。应用分离变量法或级数展开法所求得的解一旦取积分形式，也可以将此积分形式看作一种积分变换。例如，在直角坐标系、圆柱坐标系和球坐标系中的级数解，在无限区域中分别应取傅里叶积分、傅里叶-贝塞尔或汉克尔积分和球面汉克尔积分，则可分别看作相应坐标系中的傅里叶变换、傅里叶-贝塞尔或汉克尔积分变换或球面汉克尔积分变换。虽然在无限区间应用分离变量法或级数展开法与积分变换法所求得的解在这一特定条件下是相同的，但是这两种方法的求解过程并不完全相同，而且它们所隐含的概念也十分不同[28]。例如，在级数展开法中，用于展开函数的基函数，如果是指数函数或三角函数，则强调它是所考虑微分方程中的本征函数；而在积分变换中同样形式的指数函数或三角函数，则强调它是积分变换式中的核或谱函数。

前面的分析表明，积分变换可以把某种级数的和写成积分形式，从而建立解的级数形式与积分形式之间的关系。在许多情况下，复杂的级数可以通过积分变换改写为简单的级数，以便于求和；它还可以将收敛极慢的级数变换为收敛极快的级数。而应用回路积分法和留数定理，则能为若干级数求和提供一种极简便的方法[10]。

8.6　二维格林函数的保角变换解法

对于二维静电问题的格林函数的制作，除上述方法外，还有一种特别有力的方法，即保角变换法，其基础是下述定理：

设 $f(z)$ 是把 Z 平面上 B 区域变换到 W 平面上的单位圆内的保角变换，且 $f(z_0)=0$ (即把 $z=z_0$ 点变成 W 平面上的单位圆的圆心)，则 B 区域中的格林函数为

$$G(x,y;x',y')=-\frac{1}{2\pi}\ln|f(z)|\tag{8.6.1}$$

举一个例子来验证这个定理。设在内半径为 a 的无穷长导体圆柱管内，任一位置上有一根与轴线平行且带单位线电荷密度的导线，求圆管内的电位分布。

显然，这个问题的电位就是圆内的格林函数。如图 8.6.1 所示，线电荷在 z_0 处，$\overline{z}_0$ 是 z_0

关于圆的对称点。现在寻找一个函数 $f(z)$，它把该问题变成一个单位圆，且使 z_0 点变成单位圆的圆心。容易得到，变换函数为

$$f(z)=\mathrm{e}^{\mathrm{j}\phi}\frac{z-z_0}{z-\overline{z}_0}$$

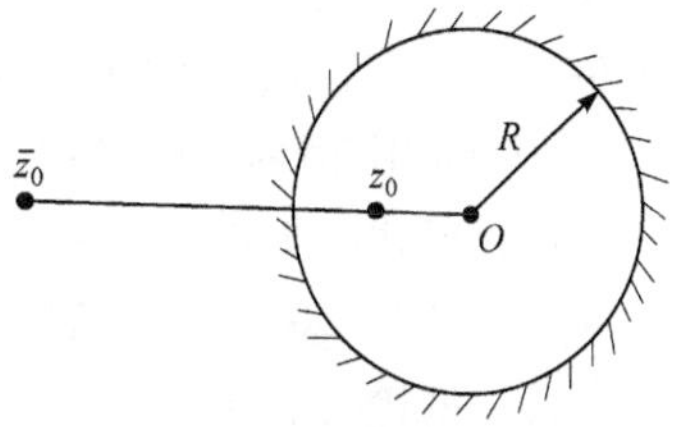

图 8.6.1　圆内的格林函数

于是

$$G(x,y;x',y')=-\frac{1}{2\pi}\ln\left|f(z)\right|=-\frac{1}{2\pi}\ln\left|\frac{z-z_0}{z-\overline{z}_0}\right|$$
$$=-\frac{1}{2\pi}\ln r_1+\frac{1}{2\pi}\ln r_2 \tag{8.6.2}$$

式中，r_1 和 r_2 分别是观察点 z 到 z_0 和 $\overline{z}_0$ 点的距离。不难验证，此结果也可直接用镜像法得到。可见，这种办法是很有效的。根据黎曼定理，任何一个单连通区域都可以映射到单位圆上。因此，原则上讲，单连通区域的二维静电问题的格林函数都可以由此法求得。

总之，以上的讨论，表面上似乎把电磁场边值问题的解都找到了，事实并非如此，因为只有把问题的格林函数找到了，才能对本章所得各种问题的积分形式表达式作出具体的计算。遗憾的是，实际求格林函数本身并不是一件容易的事情，能够找出格林函数的具体区域不多，所以此法虽好，从求解的角度看，不过是把边值问题的难点归结为求具有特殊边界值的同类边值问题而已。处理的是一个单位源而不是一个普通源。显然，这种方法包含同样的工作量，因而没有什么优越性，除非同样的一个问题要对各种各样的源进行多次求解(一劳永逸是格林函数的一个特点)。但是，从理论角度看，格林函数法确实把问题向前推进了一步，开辟了深入分析线性边值问题的一条途径。

8.7　亥姆霍兹方程的积分形式解

在这一节中，简要讨论如何从格林函数获得亥姆霍兹方程边值问题的积分形式解。

例如，对于正弦电磁场来说，设给定区域 V 中的场源分布为 $\dot{f}(\boldsymbol{r})$，那么该区域中的边值问题可表示为

$$\nabla^2\dot{\psi}(\boldsymbol{r})+k^2\dot{\psi}(\boldsymbol{r})=-\dot{f}(\boldsymbol{r}),\quad 在V中 \tag{8.7.1}$$

$$\left[\alpha\dot{\psi}(\boldsymbol{r})+\beta\frac{\partial\dot{\psi}(\boldsymbol{r})}{\partial n}\right]\Bigg|_S=\dot{g}(\boldsymbol{r}) \tag{8.7.2}$$

式(8.7.1)为标量函数 $\dot{\psi}(\boldsymbol{r})$ 在区域 V 中所满足的非齐次标量亥姆霍兹方程，其中，k 为常数。式(8.7.2)为标量函数 $\dot{\psi}(\boldsymbol{r})$ 在区域 V 的闭合边界上所应满足的边界条件，$\dot{g}(\boldsymbol{r})$ 为已知函数，其中，α 和 β 不同时为零。

若函数 $G(\boldsymbol{r},\boldsymbol{r}')$ 满足下列边值问题：

$$\nabla^2G(\boldsymbol{r},\boldsymbol{r}')+k^2G(\boldsymbol{r},\boldsymbol{r}')=-4\pi\delta(\boldsymbol{r}-\boldsymbol{r}') \tag{8.7.3}$$

$$\left[\alpha G(\boldsymbol{r},\boldsymbol{r}')+\beta\frac{\partial G(\boldsymbol{r},\boldsymbol{r}')}{\partial n}\right]\Bigg|_S=0 \tag{8.7.4}$$

那么，$G(\boldsymbol{r},\boldsymbol{r}')$就代表位于$\boldsymbol{r}'$的单位点源在给定边界条件式(8.7.4)下在$\boldsymbol{r}$处产生的场，称$G(\boldsymbol{r},\boldsymbol{r}')$为格林函数。不同微分方程定义的格林函数具有不同的结构，式(8.7.3)和式(8.7.4)定义的格林函数$G(\boldsymbol{r},\boldsymbol{r}')$称为非齐次标量亥姆霍兹方程的格林函数。此外，对于不同的边界条件，$G(\boldsymbol{r},\boldsymbol{r}')$也会取不同的形式。

根据齐次边界条件式(8.7.4)的不同形式，可将格林函数分为如下3种类型[13,14]。

(1) 当式(8.7.4)中$\alpha\neq 0$，$\beta=0$时，在这种边界S上格林函数$G(\boldsymbol{r},\boldsymbol{r}')$的数值为零，称$G(\boldsymbol{r},\boldsymbol{r}')$为第一类边值问题的格林函数。

(2) 当式(8.7.4)中$\alpha=0$，$\beta\neq 0$时，在边界S上格林函数$G(\boldsymbol{r},\boldsymbol{r}')$的法向导数为零，这种格林函数$G(\boldsymbol{r},\boldsymbol{r}')$称为第二类边值问题的格林函数。

(3) 若式(8.7.4)中α和β都不为零，这种格林函数$G(\boldsymbol{r},\boldsymbol{r}')$称为第三类边值问题的格林函数。

此外，若式(8.7.4)中的$\alpha\neq 0$，$\beta=0$发生在一部分边界上，而在剩余边界上$\alpha=0$，$\beta\neq 0$，这种格林函数$G(\boldsymbol{r},\boldsymbol{r}')$称为混合边值问题的格林函数。

值得指出的是，有限体积区域V内的各类格林函数，其形式决定于边界S的形状和大小。对于自由空间，其格林函数满足辐射条件：

$$\lim_{R\to\infty} RG(\boldsymbol{r},\boldsymbol{r}')=\text{有限值} \tag{8.7.5}$$

和

$$\lim_{R\to\infty} R\left[\frac{\partial G(\boldsymbol{r},\boldsymbol{r}')}{\partial R}+\mathrm{j}kG(\boldsymbol{r},\boldsymbol{r}')\right]=0 \tag{8.7.6}$$

式中，$R=\left|\boldsymbol{r}-\boldsymbol{r}'\right|$。

现在，利用格林第二公式(8.1.27)来建立方程式(8.7.1)的解$\dot{\psi}(\boldsymbol{r})$与方程式(8.7.3)的解$G(\boldsymbol{r},\boldsymbol{r}')$之间的关系[14,15]。为此，令式(8.1.27)中的Ψ就是方程式(8.7.1)的解，即$\Psi(\boldsymbol{r})=\dot{\psi}(\boldsymbol{r})$，且令$\Phi=G(\boldsymbol{r},\boldsymbol{r}')$，代入格林第二公式，并利用方程式(8.7.1)和方程式(8.7.3)，以及δ函数的“筛”性，得

$$\dot{\psi}(\boldsymbol{r}')=\frac{1}{4\pi}\int_V G(\boldsymbol{r},\boldsymbol{r}')\dot{f}(\boldsymbol{r})\mathrm{d}V+\frac{1}{4\pi}\oint_S\left[G(\boldsymbol{r},\boldsymbol{r}')\frac{\partial\dot{\psi}(\boldsymbol{r})}{\partial n}-\dot{\psi}(\boldsymbol{r})\frac{\partial G(\boldsymbol{r},\boldsymbol{r}')}{\partial n}\right]\mathrm{d}S \tag{8.7.7}$$

然后，交换式(8.7.7)中的变量$\boldsymbol{r}$和$\boldsymbol{r}'$，并利用格林函数$G(\boldsymbol{r},\boldsymbol{r}')$的偶对称性，得到

$$\dot{\psi}(\boldsymbol{r})=\frac{1}{4\pi}\int_V G(\boldsymbol{r},\boldsymbol{r}')\dot{f}(\boldsymbol{r}')\mathrm{d}V'+\frac{1}{4\pi}\oint_S\left[G(\boldsymbol{r},\boldsymbol{r}')\frac{\partial\dot{\psi}(\boldsymbol{r}')}{\partial n'}-\dot{\psi}(\boldsymbol{r}')\frac{\partial G(\boldsymbol{r},\boldsymbol{r}')}{\partial n'}\right]\mathrm{d}S' \tag{8.7.8}$$

这样，在区域V中任一点，$\dot{\psi}(\boldsymbol{r})$可用格林函数$G(\boldsymbol{r},\boldsymbol{r}')$及边界面$S$上的$\dot{\psi}(\boldsymbol{r}')$和$\dfrac{\partial\dot{\psi}(\boldsymbol{r}')}{\partial n'}$表示。因为给出的边界条件式(8.7.2)只是边界面S上$\dot{\psi}(\boldsymbol{r}')$和$\dfrac{\partial\dot{\psi}(\boldsymbol{r}')}{\partial n'}$的数值组合，并不是各自独立的数值，所以直接应用式(8.7.8)求$\dot{\psi}(\boldsymbol{r})$还是有困难的，它还不是$\dot{\psi}(\boldsymbol{r})$的解，实际上是$\dot{\psi}(\boldsymbol{r})$的一个积分方程。但是，可以通过适当选择格林函数$G(\boldsymbol{r},\boldsymbol{r}')$，消去两个面积分中的一个，得到仅包含$\dot{\psi}(\boldsymbol{r}')\big|_S$或$\left.\dfrac{\partial\dot{\psi}(\boldsymbol{r}')}{\partial n'}\right|_S$的结果，就解决了出现的问题。

(1) 对于第一类边值问题，即给定了边界面上 $\dot{\psi}(\boldsymbol{r})$ 的值，如果选取满足边界条件 $G(\boldsymbol{r},\boldsymbol{r}')|_S=0$ 的格林函数，则式(8.7.8)变成：

$$\dot{\psi}(\boldsymbol{r})=\frac{1}{4\pi}\int_V G(\boldsymbol{r},\boldsymbol{r}')\dot{f}(\boldsymbol{r}')\mathrm{d}V'-\frac{1}{4\pi}\oint_S\dot{\psi}(\boldsymbol{r}')\frac{\partial G(\boldsymbol{r},\boldsymbol{r}')}{\partial n'}\mathrm{d}S' \tag{8.7.9}$$

这就是用格林函数表示的第一类边值问题的解。可以看出，只要在边界条件 $G(\boldsymbol{r},\boldsymbol{r}')|_S=0$ 下求得了格林函数 $G(\boldsymbol{r},\boldsymbol{r}')$，在边界上 $\dot{\psi}(\boldsymbol{r})|_S$ 值和区域 V 中源分布 $\dot{f}(\boldsymbol{r})$ 给定的情况下，就可以计算出区域 V 中任一点 $\boldsymbol{r}$ 的 $\dot{\psi}(\boldsymbol{r})$，因而也就得到了第一类边值问题的解。

(2) 对于第二类边值问题，即给定了边界面上 $\dfrac{\partial\dot{\psi}(\boldsymbol{r})}{\partial n}$ 的值，如果选取满足边界条件 $\left.\dfrac{\partial G(\boldsymbol{r},\boldsymbol{r}')}{\partial n}\right|_S=0$ 的格林函数，则式(8.7.8)变成：

$$\dot{\psi}(\boldsymbol{r})=\frac{1}{4\pi}\int_V G(\boldsymbol{r},\boldsymbol{r}')\dot{f}(\boldsymbol{r}')\mathrm{d}V'+\frac{1}{4\pi}\oint_S G(\boldsymbol{r},\boldsymbol{r}')\frac{\partial\dot{\psi}(\boldsymbol{r}')}{\partial n'}\mathrm{d}S' \tag{8.7.10}$$

这就是用格林函数表示的第二类边值问题的解。同样，只要在边界条件 $\left.\dfrac{\partial G(\boldsymbol{r},\boldsymbol{r}')}{\partial n}\right|_S=0$ 下求得了格林函数 $G(\boldsymbol{r},\boldsymbol{r}')$，在边界上 $\left.\dfrac{\partial\dot{\psi}(\boldsymbol{r})}{\partial n}\right|_S$ 和区域 V 中源分布 $\dot{f}(\boldsymbol{r})$ 给定的情况下，就可以计算出区域 V 中任一点 $\boldsymbol{r}$ 的 $\dot{\Psi}(\boldsymbol{r})$，因而第二类边值问题也就得到解决。

当边界 S 趋向无限远处时，区域 V 变为无限空间，格林函数 $G(\boldsymbol{r},\boldsymbol{r}')$ 转变为三维自由空间的格林函数，记为 $G_0(\boldsymbol{r},\boldsymbol{r}')$。已知 $G_0(\boldsymbol{r},\boldsymbol{r}')$ 满足辐射条件式(8.7.6)，因此若 $\dot{\psi}(\boldsymbol{r})$ 也满足辐射条件，即

$$\lim_{R\to\infty}R\left(\frac{\partial\dot{\psi}}{\partial R}+\mathrm{j}k\dot{\psi}\right)=0$$

那么，对于无限空间，式(8.7.8)中的面积分消失，即

$$\dot{\psi}(\boldsymbol{r})=\frac{1}{4\pi}\int_V G_0(\boldsymbol{r},\boldsymbol{r}')\dot{f}(\boldsymbol{r}')\mathrm{d}V' \tag{8.7.11}$$

这就是用格林函数表示的无限大空间解。

【例 8.7.1】 考虑图 8.3.1 所示问题，即均匀线源在时间上呈正弦变化的情形[27]。

解 实际上，这个问题就是求当电源分布变成一个 z 向无限长的电流线时亥姆霍兹方程 $\nabla^2\dot{\boldsymbol{A}}+k^2\dot{\boldsymbol{A}}=-\mu_0\dot{\boldsymbol{J}}$ 的解。图 8.3.1 中的结构构成了一个矩形波导。由于该磁矢位唯一的分量是 $\dot{A}_z$，因而所激励的电磁波的模式将是 TM 模，其边界条件就是波导壁上 $\dot{A}_z$ 等于零。这时的亥姆霍兹方程为

$$\nabla^2\dot{G}(x,y;x',y')+k^2\dot{G}(x,y;x',y')=-4\pi\delta(x-x')\delta(y-y') \tag{8.7.12}$$

式中，因为考虑的是一个单位源，所以用 $\dot{G}(x,y;x',y')$ 取代了 $\dot{A}_z$。方程式(8.7.12)的齐次通解可取为

$$\dot{G}(x,y;x',y')=[A\cos(k_1x)+B\sin(k_1x)][C\cos(k_2y)+\sin(k_2y)]$$

式中，$k_1^2+k_2^2=k^2>0$。在 $x=0$ 和 $y=0$ 处的边界条件使 A 和 C 等于零，而在 $x=a$ 和 $y=b$ 处的边界条件迫使把 k_1 和 k_2 取如下值：

$$k_1=\frac{m\pi}{a},\quad m=1,2,3,\cdots \quad 和 \quad k_2=\frac{n\pi}{b},\quad n=1,2,3,\cdots$$

因此，假定式(8.7.12)的通解为

$$\dot{G}(x,y;x',y')=\sum_{m=1}^{\infty}\sum_{n=1}^{\infty}A_{mn}\sin\frac{m\pi x}{a}\sin\frac{n\pi y}{b} \tag{8.7.13}$$

将它代入式(8.7.12)中，并利用正弦函数的正交性就可确定出常数 A_{mn}，有

$$\sum_{m-1}^{\infty}\sum_{n=1}^{\infty}(k^2-k_1^2-k_2^2)A_{mn}\sin\frac{m\pi x}{a}\sin\frac{n\pi y}{b}=-4\pi\delta(x-x')\delta(y-y'),\quad k^2-k_1^2-k_2^2\neq 0$$

这是因为限制 $k^2-k_1^2-k_2^2=0$ 仅适于式(8.7.12)的齐次式，所以 $k^2-k_1^2-k_2^2$ 不需要等于零(实际上，对本征值的这种限制意味着该系统处于谐振状态)。那么，利用正弦函数的正交性可以解出 A_{mn}。因此，式(8.7.13)的最终表达式为

$$G(x,y;x',y')=\frac{16\pi}{ab}\sum_{m=1}^{\infty}\sum_{n=1}^{\infty}\left[\left(\frac{m\pi}{a}\right)^2+\left(\frac{n\pi}{b}\right)^2-k^2\right]^{-1}\sin\frac{m\pi x}{a}\sin\frac{n\pi y}{b}\sin\frac{m\pi x'}{a}\sin\frac{n\pi y'}{b} \tag{8.7.14}$$

除在谐振点外，式(8.7.14)是有限的。因为式(8.7.14)的 $G(x,y;x',y')$ 表达式对 $k=0$ 有效，由此可见，由于每个问题的边界条件一样，式(8.7.14)应该简化为例 8.3.1 的解。

习　题　8

8.1　试述格林函数的物理意义。

8.2　试证有界空间中的格林函数的对称性，即

$$G(\boldsymbol{r},\boldsymbol{r}')=G(\boldsymbol{r}',\boldsymbol{r})$$

8.3　已知格林函数定义为

$$\varepsilon\frac{\mathrm{d}^2}{\mathrm{d}x^2}G(x,x')=-\delta(x-x'),\quad 0<x<\pi$$

$$G(0,x')=G(\pi,x')=0$$

试根据以上关系求解泊松方程：

$$\frac{\mathrm{d}^2\varphi}{\mathrm{d}x^2}=-\frac{\rho(x)}{\varepsilon},\quad 0<x<\pi$$

$$\varphi(0)=A,\quad \varphi(\pi)=B$$

式中，$\rho(x)$、A 和 B 为给定值。

8.4　已知球面电位为常数 V_0，用格林函数法计算球心的电位。

8.5　以静电场为背景，在第一类边值条件下，分别应用镜像法求下列几个问题中的格林函数：

(1) 三维问题，静电场的空间区域为 $z>0$，$y>0$；

(2) 三维问题，静电场的空间区域为上半球：$r<a$，$\theta<\pi/2$(即 $z>0$ 的上半球的内部)；

(3) 三维问题，静电场的平面区域为上半圆域：$r<a$，$0\leqslant\theta\leqslant\pi$。

对以上各问题都要写出 $G(\boldsymbol{r},\boldsymbol{r}')$ 的直角坐标式。

8.6 在上半平面内 $(-\infty<x<\infty, y>0)$，用格林函数法求解 $\nabla^2\varphi(x,y)=0$，设边界条件如下：

(1) $\varphi(x,y)\big|_{y=0}=\begin{cases}u_1, & x<0\\ u_2, & x>0\end{cases}$；

(2) $\varphi(x,y)\big|_{y=0}=\cos x,\quad -\infty<x<\infty$。

8.7 如题图 8.7 所示，求两无限大导体板间每一点由 $x=0$，$y=y_0$ 处的一个均匀线源所产生的电位。

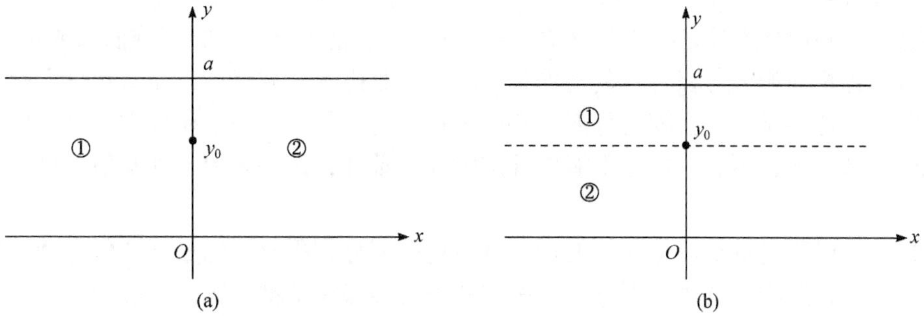

题图 8.7　线电荷和平板的电位

8.8 设有一个矩形盒，各侧壁为 $x=0,a$；$y=0,b$；$z=0,c$。证明：盒内方程

$$\nabla^2 G(x,y,z;x',y',z')=-4\pi\delta(x-x')\delta(y-y')\delta(z-z')$$

在六个壁上 G 为零的边界条件下的通解是

$$G_1(x,y,z;x',y',z')=\sum_{m=1}^{\infty}\sum_{n=1}^{\infty}\frac{16\pi}{abk_{mn}}\times\frac{\sin\dfrac{m\pi x}{a}\sin\dfrac{m\pi x'}{a}\sin\dfrac{n\pi y}{b}\sin\dfrac{n\pi y'}{b}\mathrm{sh}(k_{mn}z)\mathrm{sh}[k_{mn}(c-z)]}{\mathrm{sh}(k_{mn}c)},\quad z<z'$$

$$G_2(x,y,z;x',y',z')=G_1(x',y',z';x,y,z),\quad z>z'$$

其中

$$k_{mn}=\left[\left(\frac{m\pi}{a}\right)^2+\left(\frac{n\pi}{b}\right)^2\right]^{1/2}$$

8.9 试求满足下列微分方程和边界条件的格林函数：

$$\frac{\mathrm{d}^2G(x,x')}{\mathrm{d}x^2}+k^2G(x,x')=-4\pi\delta(x-x')$$

$$G(0,x')=G(a,x')=0$$

其中，k 为给定值。

第 9 章　电磁场的积分方程

积分方程是泛函分析的一个重要分支，它是研究偏微分方程加边界条件的边值问题的一种重要的数学方法。求解电磁场问题的实践表明，可采用微分方程和积分方程两种形式，两种方程各有优点。近年来，积分方程法在复杂形状电磁场计算中得到了广泛的应用。这是由于计算机解积分方程比直接解微分方程更快、存储要求小和费用低。

积分方程和微分方程之间关系密切，某些积分方程能够从微分方程推演出或化归回去。当从微分方程推演积分方程时，其边界条件将被吸收进积分方程中，而从积分方程化归回微分方程时，边界条件也会随之分离出来而复得。这就是说，一个积分方程已经概括了一个问题的全部表述，不必而且也不能再规定附加的条件，这些附加条件实质上已经写进了方程中。

根据待解电磁场量是标量还是矢量，电磁场的积分方程分为标量型和矢量型两种。从数学上来看，这些积分方程又可分为第一类和第二类弗雷德霍姆积分方程。因此，在计算具体的电磁场问题时，应该根据问题的性质，设法建立关于电磁场量的合适的积分方程。本章只着重介绍电磁场积分方程的建立过程。篇幅所限，积分方程的解法不予介绍。

9.1　静电场的直接边界积分方程

静电场的直接边界积分方程可以根据格林定理直接导出，也可以用加权余量法通过基本解(用作权函数)来建立[8]。在这里，采用前一种方法。

第 2 章中导出的式(2.3.5)是建立静电场边界积分方程的基本关系。为了讨论方便，这里将它重新写出如下：

$$\varphi(\boldsymbol{r}) = \frac{1}{4\pi\varepsilon}\int_V \frac{\rho(\boldsymbol{r}')}{R}\mathrm{d}V' + \frac{1}{4\pi}\oint_S \left[\frac{1}{R}\frac{\partial\varphi}{\partial n'} - \varphi\frac{\partial}{\partial n'}\left(\frac{1}{R}\right)\right]\mathrm{d}S'$$

由此可推导出静电场的直接边界积分方程和间接边界积分方程。式(2.3.5)表明，区域内任一点的电位可以用边界上的 φ 和 $\dfrac{\partial\varphi}{\partial n}$ 值表示。只要给定边界上的全部 φ 和 $\dfrac{\partial\varphi}{\partial n}$ 值，那么内部任一点的电位也便知道了。但遗憾的是，实际中不能在边界面上一点处同时给定 φ 和 $\dfrac{\partial\varphi}{\partial n}$ 的值。情况是这样的，在边界上任一点，要么给定 φ 的值，要么给定 $\dfrac{\partial\varphi}{\partial n}$ 的值。这时如果同时给定的两类边界条件恰好是某一具体问题的边界条件，那么解当然是一致的；但如果任意给定这两类边界条件，那么未必有解。显然，根据唯一性定理，这两类边界条件各有一个唯一解，但这两个解并不是一致的。这样一来，利用式(2.3.5)计算区域内任一点电位的问题仍然没有得到真正解决。当给定边界上的 φ 值时，首先需要采用某种方法来确定边界上的 $\dfrac{\partial\varphi}{\partial n}$ 值，然后才能用式(2.3.5)计算出区域内任一点的电位。反之，当给定边界上的 $\dfrac{\partial\varphi}{\partial n}$ 值时，则首先需要采用某种方法来确定边界上的 φ 值，然后才能用式(2.3.5)计算出区域内任一点的电位。

如果按某一类给定的边界条件求另一类未知的边界条件，这时解的积分表达式(2.3.5)就成为积分方程。通常，把这种用来确定边界上的 φ 值或 $\dfrac{\partial\varphi}{\partial n}$ 值的方法称为边界积分方程法。在很多情形下，不仅是某一体积的表面上已知一类边界条件时求另一类边界条件，也可以利用在体积内的不同媒质分界面上场量的连续性条件来求得分界面上的边界条件。正因如此，解的积分表达式才是十分重要的工具，所以它的主要应用是建立积分方程。

在式(2.3.5)中，如果能把 $\boldsymbol{r}$ 移到边界 S 上，那么方程中的全部量都是边界上的量。这正是建立边界积分方程的基本思想。

先把 $\boldsymbol{r}$ 移动到边界面 S 上的点 i 处。可以看出，当完成式(2.3.5)中的面积分计算时，会出现动点 $\boldsymbol{r}'$ 与场点 $\boldsymbol{r}$ (i 处)重合的情况，即在面积分项中会出现奇异积分。这说明，如果 $\boldsymbol{r}$ 取在边界面 S 上的“i”点，就必须研究边界上的奇异积分及其处理方法。设边界是光滑的曲面，在三维问题的边界面上，可以作半球面并以“i”点为球心，a 作半径，然后取 a 趋于零时的极限，以考察球心的 φ 值。

如图 9.1.1 所示，把“i”点附近的边界改变一下，变为以“i”点为球心的、鼓起的部分球面(对于三维情况)，这样“i”点还是内点[29,30]。这个球的半径 a 很小。此时，把边界面分成两个部分考虑：一个是鼓起的部分球面 S_i，另一个是剩下的边界 S'。对于边界面 $S_i + S'$ 来讲，因为“i”是内点，式(2.3.5)仍适用，即

$$\begin{aligned}&\varphi_i + \lim_{a\to 0}\frac{1}{4\pi}\int_{S_i}\varphi\frac{\partial}{\partial n'}\left(\frac{1}{R}\right)\mathrm{d}S' - \lim_{a\to 0}\frac{1}{4\pi}\int_{S_i}\frac{1}{R}\frac{\partial\varphi}{\partial n'}\mathrm{d}S'\\&= \lim_{a\to 0}\frac{1}{4\pi\varepsilon}\int_{V_a}\frac{\rho(\boldsymbol{r}')}{R}\mathrm{d}V' + \lim_{a\to 0}\frac{1}{4\pi}\int_{S'}\left[\frac{1}{R}\frac{\partial\varphi}{\partial n'} - \varphi\frac{\partial}{\partial n'}\left(\frac{1}{R}\right)\right]\mathrm{d}S'\end{aligned} \tag{9.1.1}$$

式中，V_a 是面 $S_i + S'$ 所包围的体积。当 $a \to 0$ 时，$V_a \to V$ (V 是原边界面所包围的体积)，以及 $S' \to S$。

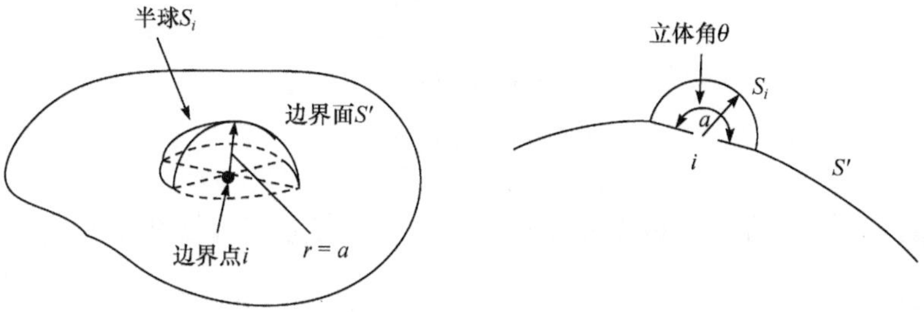

(a) 立体角　　(b) 侧视图

图 9.1.1　“i”在边界面 S 上时的处理

现在，先分析式(9.1.1)中关于 S_i 的积分。第一项面积分为

$$\lim_{a\to 0}\frac{1}{4\pi}\int_{S_i}\varphi\frac{\partial}{\partial n'}\left(\frac{1}{R}\right)\mathrm{d}S'=\lim_{a\to 0}\frac{1}{4\pi}\int_{S_i}\frac{\partial}{\partial R}\left(\frac{1}{R}\right)\bigg|_{R=a}\varphi\mathrm{d}S'$$
$$=\lim_{a\to 0}\left(-\frac{1}{4\pi a^2}\int_{S_i}\varphi\mathrm{d}S'\right)\tag{9.1.2}$$

已知半球的表面积为 $2\pi a^2$，若对式(9.1.2)取极限，即令 $a\to 0$，且 $\varphi\to\varphi_i$，则可得

$$\lim_{a\to 0}\left(-\frac{1}{4\pi a^2}\int_{S_i}\varphi\mathrm{d}S'\right)=\lim_{a\to 0}\left(-\frac{1}{2}\varphi_i\right)=-\frac{1}{2}\varphi_i\tag{9.1.3}$$

注意到 $a\to 0$ 时，边界 S' 又可用 S 表示，并且越过奇异点进行积分，从而得到 $-\frac{1}{2}\varphi_i$。

还有，第二项面积分为

$$\lim_{a\to 0}\frac{1}{4\pi}\int_{S_i}\frac{1}{R}\frac{\partial\varphi}{\partial n'}\mathrm{d}S'=\lim_{a\to 0}\left(\frac{1}{4\pi a}\int_{S_i}\frac{\partial\varphi}{\partial n'}\mathrm{d}S'\right)$$
$$=\lim_{a\to 0}\left(\frac{1}{4\pi a}2\pi a^2\left\langle\frac{\partial\varphi}{\partial n'}\right\rangle_{\text{平均值}}\right)=0\tag{9.1.4}$$

式中，$\left\langle\frac{\partial\varphi}{\partial n}\right\rangle_{\text{平均值}}$ 是 $\frac{\partial\varphi}{\partial n}$ 在半球面 S_i 上的平均值。这一结果说明，第二项面积分并未给出任何奇异性。

将式(9.1.3)和式(9.1.4)代入式(9.1.1)中，得

$$\frac{1}{2}\varphi_i=\frac{1}{4\pi\varepsilon}\int_V\frac{\rho(\boldsymbol{r}')}{R}\mathrm{d}V'+\frac{1}{4\pi}\int_S\left[\frac{1}{R}\frac{\partial\varphi}{\partial n'}-\varphi\frac{\partial}{\partial n'}\left(\frac{1}{R}\right)\right]\mathrm{d}S'\tag{9.1.5}$$

此时，φ_i 是边界点"i"上的电位值。这样，式(9.1.5)就是静电场的直接边界积分方程。应该注意到，其中的面积分值自然应理解为主值[29,30]。

显然，式(2.3.5)和式(9.1.5)可以统一表示为

$$c_i\varphi=\frac{1}{4\pi\varepsilon}\int_V\frac{\rho(\boldsymbol{r}')}{R}\mathrm{d}V'+\frac{1}{4\pi}\int_S\left[\frac{1}{R}\frac{\partial\varphi}{\partial n'}-\varphi\frac{\partial}{\partial n'}\left(\frac{1}{R}\right)\right]\mathrm{d}S'\tag{9.1.6}$$

式中

$$c_i=\begin{cases}1, & i\in V\\ \frac{1}{2}, & i\in S\\ 0, & i\notin V\end{cases}\tag{9.1.7}$$

应该指出，若"i"点所在的边界面 S 非光滑，则 c_i 与立体角度 θ 有关，$c_i=1-\frac{\theta}{4\pi}$，如图 9.1.1(b)所示。

对于二维情况，通过类似的推导，最终统一表达式为

$$c_i\varphi=\frac{1}{2\pi\varepsilon}\iint_D\rho(\boldsymbol{r}')\ln\frac{1}{R}\mathrm{d}x'\mathrm{d}y'+\frac{1}{2\pi}\oint_l\left[\left(\ln\frac{1}{R}\right)\frac{\partial\varphi}{\partial n'}-\varphi\frac{\partial}{\partial n'}\left(\ln\frac{1}{R}\right)\right]\mathrm{d}l'\tag{9.1.8}$$

式中

$$c_i = \begin{cases} 1, & i \in D \\ \dfrac{1}{2}, & i \in l \\ 0, & i \notin D \end{cases} \tag{9.1.9}$$

应该指出，若“i”点所在的边界l非光滑，则c_i与平面角度θ有关，$c_i = 1 - \dfrac{\theta}{2\pi}$，如图 9.1.2 所示。

不难看出，对于二维情况，静电场的直接边界积分方程为

$$\frac{1}{2}\varphi_i = \frac{1}{2\pi\varepsilon}\iint_D \rho(\boldsymbol{r}')\ln\frac{1}{R}\mathrm{d}x'\mathrm{d}y' + \frac{1}{2\pi}\oint_l\left[\left(\ln\frac{1}{R}\right)\frac{\partial\varphi}{\partial n'} - \varphi\frac{\partial}{\partial n'}\left(\ln\frac{1}{R}\right)\right]\mathrm{d}l' \tag{9.1.10}$$

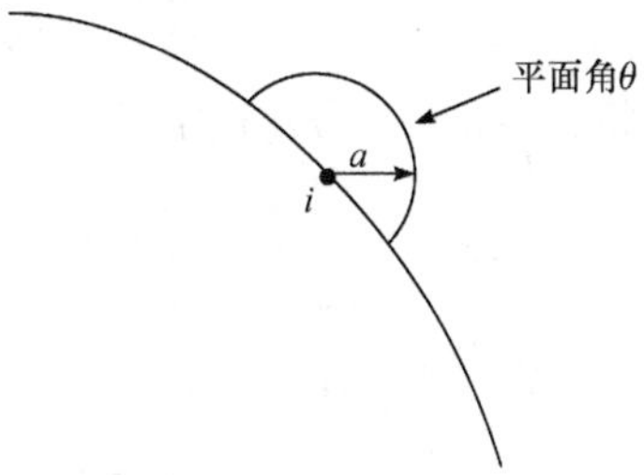

图 9.1.2　平面角 θ 示意图

同样，其中的线积分值自然应理解为主值。当给定边界上的φ值时，式(9.1.5)和式(9.1.10)都是第一类弗雷德霍姆积分方程，其未知量是边界上的$\dfrac{\partial\varphi}{\partial n}$值。反之，当给定边界上的$\dfrac{\partial\varphi}{\partial n}$值时，式(9.1.5)和式(9.1.10)都是第二类弗雷德霍姆积分方程，其未知量是边界上的φ值。由它们可以求出边界上的未知量，然后直接令边界积分方程中的$c_i = 1$，即计算出场域内任一点的电位。

9.2　静电场的间接边界积分方程

间接边界积分方程法也称为虚拟源法。这时边界积分方程中的未知量是配置在边界上的虚拟场源，如面电荷、面电偶极子。在直接边界积分方程(9.1.6)的基础上，可以导出静电场的间接边界积分方程[8,29,30]。

设V'是V的边界面S外的区域，在V'内无源，即电位函数φ'满足拉普拉斯方程。于是，在V'内不难导得

$$c_i\varphi_i' = \frac{1}{4\pi}\int_S\left[\frac{1}{R}\frac{\partial\varphi'}{\partial n_1'} - \varphi'\frac{\partial}{\partial n_1'}\left(\frac{1}{R}\right)\right]\mathrm{d}S' \tag{9.2.1}$$

式中

$$c_i = \begin{cases} 1, & i \in V' \\ \dfrac{1}{2}, & i \in S \\ 0, & i \notin V' \end{cases} \tag{9.2.2}$$

且$\boldsymbol{n}_1$表示边界面S的内法线方向，而式(9.1.6)中$\boldsymbol{n}$表示边界面S的外法线方向。因为V对于V'来说也是外部区域，所以当“i”点在V内时，在式(9.2.1)中应取$c_i = 0$，由此得到

$$\frac{1}{4\pi}\int_S\left[\frac{1}{R}\frac{\partial\varphi'}{\partial n_1'}-\varphi'\frac{\partial}{\partial n_1'}\left(\frac{1}{R}\right)\right]\mathrm{d}S'=0$$

或

$$\frac{1}{4\pi}\int_S\left[\varphi'\frac{\partial}{\partial n'}\left(\frac{1}{R}\right)-\frac{1}{R}\frac{\partial\varphi'}{\partial n'}\right]\mathrm{d}S'=0 \tag{9.2.3}$$

但在式(9.1.6)中，应取$c_i=1$，由此得到

$$\varphi(\boldsymbol{r})=\frac{1}{4\pi\varepsilon}\int_V\frac{\rho(\boldsymbol{r}')}{R}\mathrm{d}V'+\frac{1}{4\pi}\oint_S\left[\frac{1}{R}\frac{\partial\varphi}{\partial n'}-\varphi\frac{\partial}{\partial n'}\left(\frac{1}{R}\right)\right]\mathrm{d}S' \tag{9.2.4}$$

将式(9.2.3)等号左边加到式(9.2.4)的等号右边，那么对V内的点“i”，式(9.2.5)成立：

$$\varphi(\boldsymbol{r})=\frac{1}{4\pi\varepsilon}\int_V\frac{\rho(\boldsymbol{r}')}{R}\mathrm{d}V'+\frac{1}{4\pi}\oint_S\frac{1}{R}\left(\frac{\partial\varphi}{\partial n'}-\frac{\partial\varphi'}{\partial n'}\right)\mathrm{d}S'-\frac{1}{4\pi}\oint_S(\varphi-\varphi')\frac{\partial}{\partial n'}\left(\frac{1}{R}\right)\mathrm{d}S' \tag{9.2.5}$$

若“i”在边界S上，也不难导得

$$\varphi_i=\frac{1}{4\pi\varepsilon}\int_V\frac{\rho(\boldsymbol{r}')}{R}\mathrm{d}V'+\frac{1}{4\pi}\oint_S\frac{1}{R}\left(\frac{\partial\varphi}{\partial n'}-\frac{\partial\varphi'}{\partial n'}\right)\mathrm{d}S'-\frac{1}{4\pi}\oint_S(\varphi-\varphi')\frac{\partial}{\partial n'}\left(\frac{1}{R}\right)\mathrm{d}S' \tag{9.2.6}$$

式(9.2.6)可以转换成虚拟源或等效源表示的公式，即得静电场的边界积分方程。

在静电场中，若记

$$\sigma=\varepsilon\left(\frac{\partial\varphi}{\partial n}-\frac{\partial\varphi'}{\partial n}\right)\quad 和\quad \tau=-\varepsilon(\varphi-\varphi') \tag{9.2.7}$$

那么，式(9.2.5)和式(9.2.6)分别变为

$$\varphi(\boldsymbol{r})=\frac{1}{4\pi\varepsilon}\int_V\frac{\rho(\boldsymbol{r}')}{R}\mathrm{d}V'+\frac{1}{4\pi\varepsilon}\oint_S\frac{\sigma(\boldsymbol{r}')}{R}\mathrm{d}S'+\frac{1}{4\pi\varepsilon}\oint_S\tau(\boldsymbol{r}')\frac{\partial}{\partial n'}\left(\frac{1}{R}\right)\mathrm{d}S' \tag{9.2.8}$$

和

$$\varphi_i=\frac{1}{4\pi\varepsilon}\int_V\frac{\rho(\boldsymbol{r}')}{R}\mathrm{d}V'+\frac{1}{4\pi\varepsilon}\oint_S\frac{\sigma(\boldsymbol{r}')}{R}\mathrm{d}S'+\frac{1}{4\pi\varepsilon}\oint_S\tau(\boldsymbol{r}')\frac{\partial}{\partial n'}\left(\frac{1}{R}\right)\mathrm{d}S' \tag{9.2.9}$$

在式(9.2.8)和式(9.2.9)中，σ是面电荷分布的单层源，它反映了边界S两侧电场强度法向分量的突变，称σ为虚拟单层源密度；τ是面电偶极层分布的双层源，它反映了边界面S两侧电位的突变，称为双层源密度。二者共同表示区域V以外的电荷对V内任意点场的贡献。从物理意义来看，式(9.2.8)等号右端的体积分表示在S面内部电荷对其内部点电位的贡献，而面积分则表示外部电荷在S面内部点产生的电位。这与第2章中[见式(2.3.5)]所述结论一致。由于τ和σ分别等效于第一类边界条件和第二类边界条件，所以S面上的边界条件可以用V外加适当电荷分布来模拟，这就是模拟电荷法的理论基础。

现在分析边界面S上只存在一种虚拟源，下面讨论两种情况。

(1) 内、外区域电位在边界面S上连续。

如果在边界面S两侧$\varphi=\varphi'$，即没有电位的突变。也就说，V内关于φ问题的边界值φ，与V'内关于φ'问题的边界值φ'是一个相等的量。此时，式(9.2.8)和式(9.2.9)分别变成：

$$\varphi(\boldsymbol{r})=\frac{1}{4\pi\varepsilon}\int_V\frac{\rho(\boldsymbol{r}')}{R}\mathrm{d}V'+\frac{1}{4\pi\varepsilon}\oint_S\frac{\sigma(\boldsymbol{r}')}{R}\mathrm{d}S' \tag{9.2.10}$$

和

$$\varphi_i=\frac{1}{4\pi\varepsilon}\int_V\frac{\rho(\boldsymbol{r}')}{R}\mathrm{d}V'+\frac{1}{4\pi\varepsilon}\oint_S\frac{\sigma(\boldsymbol{r}')}{R}\mathrm{d}S' \tag{9.2.11}$$

式(9.2.10)是用间接边界积分方程法时，V 内点电位 φ 用边界量 $\sigma(\boldsymbol{r}')$ 表达的公式。其中，$\sigma(\boldsymbol{r}')$ 是 S 上的虚拟单层源密度分布，当用式(9.2.10)计算内点电位 φ 时，要先求出它来。

当点“i”在边界 S 上时，所得的边界积分方程就是式(9.2.11)。对 $\sigma(\boldsymbol{r}')$ 来说，这个方程是第一类弗雷德霍姆积分方程。已知 φ_i 的函数，便可解出函数 $\sigma(\boldsymbol{r}')$。如果已知边界 S 的 $\frac{\partial\varphi}{\partial n}=q$，则需要由式(9.2.10)确定“$i$”点的 $\left(\frac{\partial\varphi}{\partial n}\right)_i=q_i$。

$$q_i=\left(\frac{\partial\varphi}{\partial n}\right)_i=\frac{1}{4\pi\varepsilon}\int_V\rho(\boldsymbol{r}')\frac{\partial}{\partial n}\left(\frac{1}{R}\right)\mathrm{d}V'+\frac{1}{4\pi\varepsilon}\oint_S\sigma(\boldsymbol{r}')\frac{\partial}{\partial n}\left(\frac{1}{R}\right)\mathrm{d}S' \tag{9.2.12}$$

在光滑的边界面上，式(9.2.12)变成：

$$q_i=-\frac{1}{2\varepsilon}\sigma_i+\frac{1}{4\pi\varepsilon}\int_V\rho(\boldsymbol{r}')\frac{\partial}{\partial n}\left(\frac{1}{R}\right)\mathrm{d}V'+\frac{1}{4\pi\varepsilon}\oint_S\sigma(\boldsymbol{r}')\frac{\partial}{\partial n}\left(\frac{1}{R}\right)\mathrm{d}S' \tag{9.2.13}$$

这是对于 $\sigma(\boldsymbol{r}')$ 来说的第二类弗雷德霍姆积分方程。由此便可确定出函数 $\sigma(\boldsymbol{r}')$。将解得的 $\sigma(\boldsymbol{r}')$ 代入式(9.2.10)中，就可计算出 V 内任一点的 φ。

(2) 内、外区域电位的导数在边界面 S 上连续。

如果内、外区域电位的导数在边界面 S 上连续，$\frac{\partial\varphi}{\partial n}=\frac{\partial\varphi'}{\partial n}$，即没有电位法向导数的突变。此时，式(9.2.8)和式(9.2.9)分别变成：

$$\varphi(\boldsymbol{r})=\frac{1}{4\pi\varepsilon}\int_V\frac{\rho(\boldsymbol{r}')}{R}\mathrm{d}V'+\frac{1}{4\pi\varepsilon}\oint_S\tau(\boldsymbol{r}')\frac{\partial}{\partial n'}\left(\frac{1}{R}\right)\mathrm{d}S' \tag{9.2.14}$$

和

$$\varphi_i=\frac{1}{4\pi\varepsilon}\int_V\frac{\rho(\boldsymbol{r}')}{R}\mathrm{d}V'+\frac{1}{4\pi\varepsilon}\oint_S\tau(\boldsymbol{r}')\frac{\partial}{\partial n'}\left(\frac{1}{R}\right)\mathrm{d}S' \tag{9.2.15}$$

式(9.2.14)是用间接边界积分方程法时，V 内点电位用边界量 $\tau(\boldsymbol{r}')$ 表达的公式。其中，$\tau(\boldsymbol{r}')$ 是 S 上的虚拟双层源密度分布。当用式(9.2.14)计算内点电位时，要先求出 $\tau(\boldsymbol{r}')$。

当“i”在边界面 S 上时，如果边界面 S 光滑，则有

$$\varphi_i=-\frac{1}{2\varepsilon}\tau_i+\frac{1}{4\pi\varepsilon}\int_V\frac{\rho(\boldsymbol{r}')}{R}\mathrm{d}V'+\frac{1}{4\pi\varepsilon}\oint_S\tau(\boldsymbol{r}')\frac{\partial}{\partial n'}\left(\frac{1}{R}\right)\mathrm{d}S' \tag{9.2.16}$$

对于 $\tau(\boldsymbol{r}')$ 来说，这个方程是第二类弗雷德霍姆积分方程。已知 φ_i 的函数，便可解出函数 $\tau(\boldsymbol{r}')$。如果已知边界面 S 上的 $\frac{\partial\varphi}{\partial n}=q$，则需要由式(9.2.14)确定“$i$”点的 $\left(\frac{\partial\varphi}{\partial n}\right)_i=q_i$，有

$$q_i=\frac{1}{4\pi\varepsilon}\int_V\rho(\boldsymbol{r}')\frac{\partial}{\partial n}\left(\frac{1}{R}\right)\mathrm{d}V'+\frac{1}{4\pi\varepsilon}\oint_S\tau(\boldsymbol{r}')\frac{\partial}{\partial n}\left[\frac{\partial}{\partial n'}\left(\frac{1}{R}\right)\right]\mathrm{d}S' \tag{9.2.17}$$

这是对于$\tau(\boldsymbol{r}')$来说的第一类弗雷德霍姆积分方程。由此便可确定函数$\tau(\boldsymbol{r}')$。将导得的$\tau(\boldsymbol{r}')$代入式(9.2.14)中，就可计算出V内任一点的φ。

如果把静电场的直接边界积分方程法与间接边界积分方程法加以比较，直接法是用边界面上给定的一个场量($\dfrac{\partial\varphi}{\partial n}$或$\varphi$)，通过式(9.1.5)解得边界面上另一个未知场量($\dfrac{\partial\varphi}{\partial n}$或$\varphi$)，然后将这两个边界场量代入式(2.3.5)，即可直接求得区域内任一点φ。间接法是根据实际问题，假设边界上的虚拟源类型，然后对于单层源类型通过式(9.2.11)或式(9.2.12)解得给定边界条件的虚拟源分布$\sigma(\boldsymbol{r}')$；而对双层源类型，则通过式(9.2.16)或式(9.2.17)解得给定边界条件的虚拟源$\tau(\boldsymbol{r}')$分布。最后，根据场量与场源之间的积分关系式(9.2.10)或式(9.2.14)，便可间接地计算出区域内任一点的φ。

不难从这两种方法的推导过程中看出，直接法要比间接法更为一般化，它的计算步骤少，应用范围更加广泛。间接法可以看作直接法的一种特殊情形。

9.3 静电场的鲁宾积分方程——用面电荷密度作为变量

现在，讨论有分片均匀媒质存在时，计算电场的一种普遍方法。也就是直接将媒质分界面上的面电荷密度作为被积函数的未知量列出积分方程，求出面电荷密度后，便可求解空间任一点的电位或电场强度[31]。

9.3.1 电介质中的净电荷密度

电介质受到外电场的作用会极化，结果在电介质的表面(或分界)上会出现极化电荷分布。空间中的实际外加自由电荷以及极化电荷合在一起，总的称为净电荷。如果在计算空间中任一点的电场时，仍然应用在无限大真空中的公式，这时公式中的电荷都应当用净电荷来代替，即

$$\boldsymbol{E}=-\nabla\varphi \tag{9.3.1}$$

$$\varphi(\boldsymbol{r})=\sum_{k=1}^{n}\frac{q_k'}{4\pi\varepsilon_0 R}+\int_V\frac{\rho(\boldsymbol{r}')}{4\pi\varepsilon_0 R}\mathrm{d}V'+\int_S\frac{\sigma(\boldsymbol{r}')}{4\pi\varepsilon_0 R}\mathrm{d}S' \tag{9.3.2}$$

式中，q_k'、ρ'和σ'分别是净的点电荷、净的体电荷密度和净的面电荷密度。

不难证明：

$$q_k'=\frac{q_k}{\varepsilon_{\mathrm{r}}}\quad 和\quad \rho'=\frac{\rho}{\varepsilon_{\mathrm{r}}} \tag{9.3.3}$$

式中，ε_{r}为q_k和ρ所在介质的相对介电常数，而q_k及ρ为外加自由点电荷及外加自由电荷的体密度。至于σ'可以分为如下三种情况：

(1) 两种电介质(ε_i及ε_k)分界面上的净面电荷密度；

(2) 电介质和导体分界面上的净面电荷密度；

(3) 某一种电介质内部的某一曲面上的净面电荷密度。

实际上，后两种情况都可归结到第一种情况中。例如，对第二种情况来说，相当于ε_i或

ε_k (导体是在第 i 或 k 区域)趋于无穷大的情况；而第三种情况相当于 $\varepsilon_i=\varepsilon_k$。所以，只讨论第一种情况就足够了。

如图 9.3.1 所示，设在两种电介质的分界面附近，任一点 M 周围的电场可由一个半径很小的面积为 dS 的圆盘上的净电荷产生的电场 $\boldsymbol{E}^s$ 和其他所有净电荷产生的电场 $\boldsymbol{E}^0$ 相加而成，即总电场 $\boldsymbol{E}$ 为

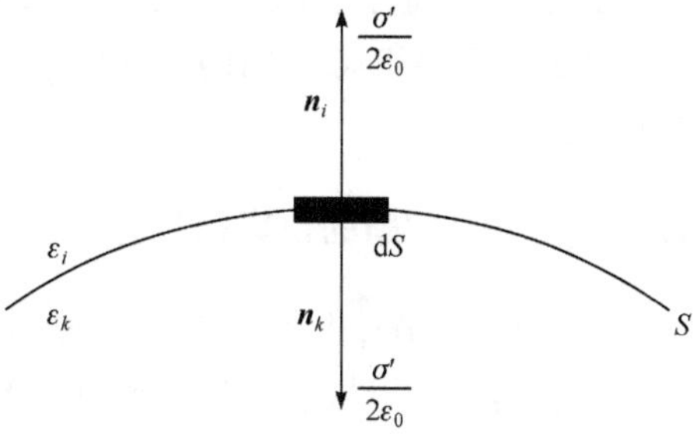

图 9.3.1　计算 σ' 用的示意图

$$\boldsymbol{E}=\boldsymbol{E}^s+\boldsymbol{E}^0 \tag{9.3.4}$$

容易求得，圆盘 dS 上的净电荷 σ' 在 dS 处的 $\boldsymbol{n}_i$ 和 $\boldsymbol{n}_k$ 方向产生的电场都为

$$E_{ni}^s=E_{nk}^s=\frac{\sigma'}{2\varepsilon_0} \tag{9.3.5}$$

因为引入了净面电荷密度 σ'，所以这里讨论的是真空中的电场($\varepsilon=\varepsilon_0$)。可见，电场 $\boldsymbol{E}^s$ 的法向分量在通过两种电介质分界面时有突变 $\dfrac{\sigma'}{\varepsilon_0}$。然而，由其他所有净电荷所引起的电场 $\boldsymbol{E}^0$ 和它的法向分量 E_n^0，在通过圆盘 dS 时是连续变化的，有

$$E_{ni}^0=-E_{nk}^0 \tag{9.3.6}$$

这里，E_{ni}^0 和 E_{nk}^0 分别是 $\boldsymbol{E}^0$ 在 $\boldsymbol{n}_i$ 和 $\boldsymbol{n}_k$ 方向的分量。

若令 E_{ni} 和 E_{nk} 分别代表总电场 $\boldsymbol{E}$ 在 $\boldsymbol{n}_i$ 和 $\boldsymbol{n}_k$ 方向的分量，根据式(9.3.4)、式(9.3.5)和式(9.3.6)，显然有

$$E_{ni}=E_{ni}^s+E_{ni}^0=\frac{\sigma'}{2\varepsilon_0}+E_{ni}^0 \tag{9.3.7}$$

$$E_{nk}=E_{nk}^s+E_{nk}^0=\frac{\sigma'}{2\varepsilon_0}-E_{ni}^0 \tag{9.3.8}$$

但是，根据两种电介质分界面上的衔接条件可知：

$$\varepsilon_iE_{ni}+\varepsilon_kE_{nk}=\sigma \tag{9.3.9}$$

将式(9.3.7)和式(9.3.8)代入式(9.3.9)中，得

$$\varepsilon_i\left(\frac{\sigma'}{2\varepsilon_0}+E_{ni}^0\right)+\varepsilon_k\left(\frac{\sigma'}{2\varepsilon_0}-E_{ni}^0\right)=\sigma$$

由此解得

$$\sigma'=\frac{2\varepsilon_0\sigma}{\varepsilon_k+\varepsilon_i}+\frac{2(\varepsilon_k-\varepsilon_i)\varepsilon_0}{\varepsilon_k+\varepsilon_i}E_{ni}^0 \tag{9.3.10}$$

这就是确定在两种电介质分界上净面电荷密度 σ' 的方程。

可以看出，σ' 和 σ (电介质分界面上外加的自由面电荷密度)间的关系不像式(9.3.3)那样简单。这一方面因为 σ 处在两种电介质分界面上，另一方面即使 $\sigma=0$ 时，只要在分界面上

电场强度的法向分量 E_n 不为零，那么 σ' 也就不会为零。

由式(9.3.3)和式(9.3.10)计算出 q_k'、ρ' 和 σ' 后，应用式(9.3.2)就可以求出空间内任一点的电位了。

9.3.2　电介质问题的鲁宾积分方程[31]

从式(9.3.10)看出，在任一个 dS 上的 σ' 是与 E_{ni}^0 有关的。而 E_{ni}^0 则是与所有分界面上除 dS 外的其他任一处的 σ' 有关系的。因此，σ' 一般是不能由式(9.3.10)直接得到的，而只可应用该式列出在分界面上各处 σ' 的很多个方程式，然后从这些方程组来解出任一处的 σ' 值。这里，E_{ni}^0 是除 dS 外的其他所有多处 σ' 的积分函数，所以由式(9.3.10)列出的方程都是积分方程式。

为了方便计算，把法向分量 E_{ni}^0 分成两部分：

$$E_{ni}^0 = E_s + E_{n0} \tag{9.3.11}$$

式中，E_s 是被观察曲面 S 上(除圆盘 dS 外)的净电荷 σ' 所产生的；而 E_{n0} 是由其余的全部电荷所产生的，也可看作外电场。

在 S 面附近的 P 点，如图 9.3.2(a)所示，电荷 σ' 产生的电位为

$$\varphi(\boldsymbol{r}) = \frac{1}{4\pi\varepsilon_0}\int_S \frac{\sigma'(\boldsymbol{r}')}{R}\mathrm{d}S'$$

式中，R 为 S 面上的动点 N 到点 P 的距离。在点 P，有

$$\left.\frac{\partial R}{\partial n}\right|_P = \lim_{\Delta n\to 0}\frac{\Delta R}{\Delta n} = \cos\psi = \cos(\overrightarrow{NP}, \boldsymbol{n})$$

而在点 M [图 9.3.2(b)]，有

$$\left.\frac{\partial R}{\partial n}\right|_M = \lim_{P\to M}\left.\frac{\Delta R}{\Delta n}\right|_P = \cos(\overrightarrow{NM}, \boldsymbol{n}) \tag{9.3.12}$$

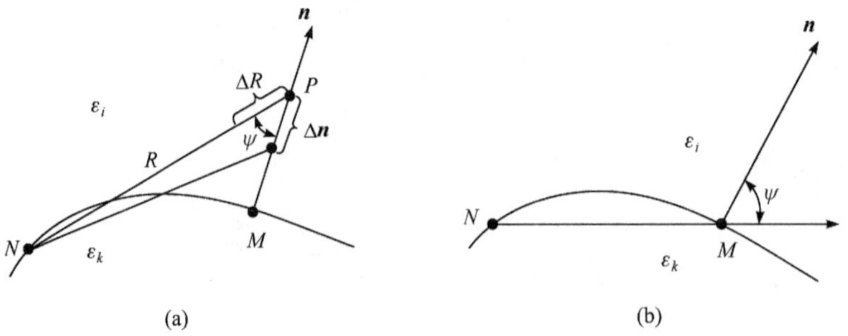

图 9.3.2　计算电场 $\boldsymbol{E}_s$ 的示意图

因此

$$E_s = -\left.\frac{\partial\varphi}{\partial n}\right|_M = \frac{1}{4\pi\varepsilon_0}\int_S \frac{\sigma'(\boldsymbol{r}')}{R_{NM}^2}\left.\left(\frac{\partial R}{\partial n}\right)\right|_M \mathrm{d}S'$$

$$=\frac{1}{4\pi\varepsilon_0}\int_S\frac{\sigma'(\boldsymbol{r}')\cos(\overrightarrow{NM},\boldsymbol{n})}{R_{NM}^2}\mathrm{d}S' \tag{9.3.13}$$

式中，$\sigma'(\boldsymbol{r}')$ 是在分界面 S 上的 N 点处的净面电荷密度。

将式(9.3.11)和式(9.3.13)代入式(9.3.10)中，得

$$\sigma'=\frac{2\varepsilon_0\sigma}{\varepsilon_k+\varepsilon_i}+\frac{\varepsilon_k-\varepsilon_i}{\varepsilon_k+\varepsilon_i}\left[2\varepsilon_0E_{n0}+\frac{1}{2\pi}\int_S\frac{\sigma'(\boldsymbol{r}')\cos(\overrightarrow{NM},\boldsymbol{n})}{R_{NM}^2}\mathrm{d}S'\right] \tag{9.3.14}$$

这就是电介质问题的积分方程，也称为鲁宾(Robin)积分方程。其中的积分值自然应理解为主值。

在平行平面场中(与 z 坐标无关)，电荷 σ' 所建立的电位为

$$\varphi=\frac{1}{2\pi\varepsilon_0}\int_l\sigma'(\boldsymbol{r}')\ln\frac{1}{R}\mathrm{d}l'$$

电场强度为

$$E_s=-\left.\frac{\partial\varphi}{\partial n}\right|_M=\frac{1}{2\pi\varepsilon_0}\int_l\frac{\sigma'(\boldsymbol{r}')}{R_{NM}}\left.\left(\frac{\partial R}{\partial n}\right)\right|_M\mathrm{d}l'$$

$$=\frac{1}{2\pi\varepsilon_0}\int_l\frac{\sigma'(\boldsymbol{r}')\cos(\overrightarrow{NM},\boldsymbol{n})}{R_{NM}}\mathrm{d}l'$$

又根据式(9.3.10)，净面电荷密度为

$$\sigma'=\frac{2\varepsilon_0\sigma}{\varepsilon_k+\varepsilon_i}+\frac{\varepsilon_k-\varepsilon_i}{\varepsilon_k+\varepsilon_i}\left[2\varepsilon_0E_{n0}+\frac{1}{\pi}\int_l\frac{\sigma'(\boldsymbol{r}')\cos(\overrightarrow{NM},\boldsymbol{n})}{R_{NM}}\mathrm{d}l'\right] \tag{9.3.15}$$

这就是在二维情况下电介质问题的积分方程。

9.3.3　导体问题的鲁宾积分方程[31]

对于导体表面问题，如果导体为第 k 号区域，则令 $\varepsilon_k\to\infty$，从式(9.3.14)得到

$$\sigma'=2\varepsilon_0E_{n0}+\frac{1}{2\pi}\int_S\frac{\sigma'(\boldsymbol{r}')\cos(\overrightarrow{NM},\boldsymbol{n})}{R_{NM}^2}\mathrm{d}S' \tag{9.3.16}$$

这就是带电导体表面上电荷分布 σ' 应满足的积分方程式，也称为鲁宾积分方程。由它可解出某一导体曲面在外电场 $\boldsymbol{E}_0$ 作用下其表面的电荷分布 σ'，进而求出空间中任一点电位或电场。

值得指出，对于二维问题，只需要用 πR 代替 $2\pi R^2$。

【例 9.3.1】　如图 9.3.3 所示，在均匀电场中有一根介质圆柱体。利用积分方程法计算均匀电场中电介质圆柱体问题。

解　如图 9.3.3 所示，如果某一介质圆柱体 ε_1 不带电($\sigma=0$)，放在另一介质 ε_2 中，该介质中有与 x 轴平行的均匀外电场 $\boldsymbol{E}_0$，则

$$\cos(\overrightarrow{NM},\boldsymbol{n})=\cos\psi=\frac{R_{NM}}{2a}$$

$$\mathrm{d}l'=a\mathrm{d}\theta$$

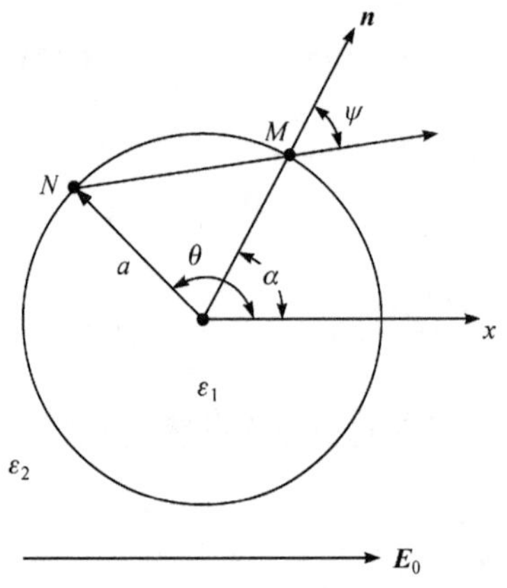

图 9.3.3 均匀电场中的介质圆柱体

因此，由式(9.3.15)有

$$\sigma' = \frac{\varepsilon_1-\varepsilon_2}{\varepsilon_1+\varepsilon_2}\left\{2\varepsilon_0 E_{n0} + \frac{1}{\pi}\int_0^{2\pi}\frac{\sigma'(\theta)}{2}\mathrm{d}\theta\right\}$$

并且其中的积分 $\frac{1}{\pi}\int_0^{2\pi}\frac{\sigma'(\theta)}{2}\mathrm{d}\theta$ 是常数(与 M 点的位置无关)，以 C 表示。

将上式两边同乘以 $\frac{\mathrm{d}\alpha}{2\pi}$，并在 $0\sim2\pi$ 内积分，得

$$C = \frac{1}{2\pi}\int_0^{2\pi}\sigma'\mathrm{d}\alpha = \frac{\varepsilon_1-\varepsilon_2}{\varepsilon_1+\varepsilon_2}\left(\int_0^{2\pi}\frac{\varepsilon_0 E_{n0}}{\pi}\mathrm{d}\alpha + C\right)$$

由此解之，得

$$C = \frac{\varepsilon_1-\varepsilon_2}{2\varepsilon_2}\int_0^{2\pi}\frac{\varepsilon_0 E_{n0}}{\pi}\mathrm{d}\alpha$$

且有

$$\sigma' = \frac{\varepsilon_0(\varepsilon_1-\varepsilon_2)}{\varepsilon_1+\varepsilon_2}\left(2E_{n0} + \frac{\varepsilon_1-\varepsilon_2}{2\varepsilon_2}\int_0^{2\pi}\frac{\varepsilon_0 E_{n0}}{\pi}\mathrm{d}\alpha\right)$$

在均匀外电场中，$E_{n0} = E_0\cos\alpha$，从而最后有

$$\sigma' = \frac{2\varepsilon_0(\varepsilon_1-\varepsilon_2)}{\varepsilon_1+\varepsilon_2}E_0\cos\alpha$$

由已知的面电荷分布计算电位不会有太大的困难。因此，这里只列出结果：

在圆柱体内 $$\varphi_1 = -\frac{2\varepsilon_2}{\varepsilon_1+\varepsilon_2}E_0 r\cos\alpha$$

在圆柱体外 $$\varphi_2 = \left(\frac{\varepsilon_1-\varepsilon_2}{\varepsilon_1+\varepsilon_2}\frac{a^2}{r} - r\right)E_0\cos\alpha$$

在这里，如果让 $\varepsilon_1\to\infty$，就能得到导体圆柱附近电介质中的电位分布为

$$\varphi_2 = \left(\frac{a^2}{r} - r\right)E_0\cos\alpha$$

而在导体圆柱内，$\varphi_1 = 0$。

9.4 静电场的鲁宾积分方程——用电位作为变量

在 9.3 节中，介绍了用面电荷密度作为待求函数的鲁宾积分方程。现在，介绍用电位作为待求函数的鲁宾积分方程[5]。

9.4.1 电介质问题的积分方程

假定由 S 包围的电介质 1(其介电常数为 ε_1)被引入由已知电荷分布所产生的外电场 $\boldsymbol{E}_0$

中。φ_0 即为外加电场 $\boldsymbol{E}_0$ 的电位，而 φ_1 和 φ_2 分别表示电介质 1 内、外的电位。电介质 1 外部空间中电介质 2 的介电常数为 ε_2，如图 9.4.1 所示。为了将电介质 1 体积 V 内的电位 φ_1 以表面 S 上的电位 $\varphi_1|_S$ 和 $\left.\dfrac{\partial\varphi_1}{\partial n}\right|_S$ 来表示，可以将格林第二公式应用于 S 所围成的空间中。

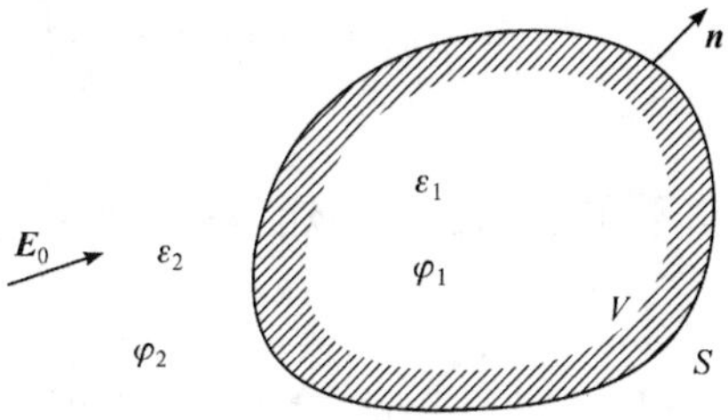

图 9.4.1　在外电场 $\boldsymbol{E}_0$ 中的电介质 1 (介电常数为 ε_1)和电介质 2 (介电常数为 ε_2)

在格林第二公式中，令 $\Phi=\dfrac{1}{|\boldsymbol{r}-\boldsymbol{r}'|}=\dfrac{1}{R}$，且 Ψ 为任意调和函数，则有

$$\int_V\left(\frac{1}{R}\nabla'^2\Psi-\Psi\nabla'^2\frac{1}{R}\right)\mathrm{d}V'=\oint_S\left[\frac{1}{R}\frac{\partial\Psi}{\partial n'}-\Psi\frac{\partial}{\partial n'}\left(\frac{1}{R}\right)\right]\mathrm{d}S' \tag{9.4.1}$$

如果 $\boldsymbol{r}$ 在 V 外，则有 $\nabla^2\dfrac{1}{R}=0$，所以

$$0=\frac{1}{4\pi}\oint_S\left[\frac{1}{R}\frac{\partial\Psi}{\partial n'}-\Psi\frac{\partial}{\partial n'}\left(\frac{1}{R}\right)\right]\mathrm{d}S',\quad \boldsymbol{r}\text{ 在 }V\text{ 外} \tag{9.4.2}$$

如果 $\boldsymbol{r}$ 在 V 内，则 $\nabla^2\dfrac{1}{R}=-4\pi\delta(\boldsymbol{r}-\boldsymbol{r}')$，所以

$$\Psi(\boldsymbol{r})=\frac{1}{4\pi}\oint_S\left[\frac{1}{R}\frac{\partial\Psi}{\partial n'}-\Psi\frac{\partial}{\partial n'}\left(\frac{1}{R}\right)\right]\mathrm{d}S',\quad \boldsymbol{r}\text{ 在 }V\text{ 内} \tag{9.4.3}$$

令 $\Psi(\boldsymbol{r})=\varphi_1-\dfrac{\varepsilon_2}{\varepsilon_1}\varphi_0$，式(9.4.3)变为

$$\begin{aligned}\frac{\varepsilon_1}{\varepsilon_2}\varphi_1(\boldsymbol{r})-\varphi_0(\boldsymbol{r})=&\frac{1}{4\pi}\oint_S\frac{\varepsilon_1}{\varepsilon_2}\left[\frac{1}{R}\frac{\partial\varphi_1}{\partial n'}-\varphi_1\frac{\partial}{\partial n'}\left(\frac{1}{R}\right)\right]\mathrm{d}S'\\&+\frac{1}{4\pi}\oint_S\left[\varphi_0\frac{\partial}{\partial n'}\left(\frac{1}{R}\right)-\frac{1}{R}\frac{\partial\varphi_0}{\partial n'}\right]\mathrm{d}S',\quad \boldsymbol{r}\text{ 在 }V\text{ 内}\end{aligned} \tag{9.4.4}$$

为了将电介质 1 外部的电位 φ_2 以表面 S 上的 $\varphi_2|_S$ 和 $\left.\dfrac{\partial\varphi_2}{\partial n}\right|_S$ 来表示，可以将格林第二公式应用于 S 外的无限大球面所围成的空间中。由于在球面上的贡献为零，所以有

$$0=\frac{1}{4\pi}\oint_S\left[\frac{1}{R}\frac{\partial\Psi}{\partial n'}-\Psi\frac{\partial}{\partial n'}\left(\frac{1}{R}\right)\right]\mathrm{d}S',\quad \boldsymbol{r}\text{ 在 }V\text{ 内} \tag{9.4.5}$$

$$\Psi(\boldsymbol{r})=-\frac{1}{4\pi}\oint_S\left[\frac{1}{R}\frac{\partial\Psi}{\partial n'}-\Psi\frac{\partial}{\partial n'}\left(\frac{1}{R}\right)\right]\mathrm{d}S',\quad \boldsymbol{r}\text{ 在 }V\text{ 外} \tag{9.4.6}$$

令 $\Psi(\boldsymbol{r})=\varphi_2-\varphi_0$，则式(9.4.5)给出：

$$0=\frac{1}{4\pi}\oint_S\left[\frac{1}{R}\frac{\partial\varphi_2}{\partial n'}-\varphi_2\frac{\partial}{\partial n'}\left(\frac{1}{R}\right)\right]\mathrm{d}S'+\frac{1}{4\pi}\oint_S\left[\varphi_0\frac{\partial}{\partial n'}\left(\frac{1}{R}\right)-\frac{1}{R}\frac{\partial\varphi_0}{\partial n'}\right]\mathrm{d}S',\quad \boldsymbol{r}\text{ 在 }V\text{ 内} \tag{9.4.7}$$

式(9.4.4)和式(9.4.7)两式左、右两边分别相减，得到

$$\frac{\varepsilon_1}{\varepsilon_2}\varphi_1(\boldsymbol{r})-\varphi_0(\boldsymbol{r})=\frac{1}{4\pi}\oint_S\left[\frac{1}{R}\left(\frac{\varepsilon_1}{\varepsilon_2}\frac{\partial\varphi_1}{\partial n'}-\frac{\partial\varphi_2}{\partial n'}\right)-\left(\frac{\varepsilon_1}{\varepsilon_2}\varphi_1-\varphi_2\right)\frac{\partial}{\partial n'}\left(\frac{1}{R}\right)\right]\mathrm{d}S' \tag{9.4.8}$$

由于在边界面 S 上 $\varphi_1\big|_S=\varphi_2\big|_S$ 和 $\frac{\varepsilon_1}{\varepsilon_2}\frac{\partial\varphi_1}{\partial n}\Big|_S=\frac{\partial\varphi_2}{\partial n}\Big|_S$，所以式(9.4.8)给出：

$$\varphi(\boldsymbol{r})=\frac{\varepsilon_2}{\varepsilon_1}\varphi_0(\boldsymbol{r})-\frac{\varepsilon_1-\varepsilon_2}{4\pi\varepsilon_1}\oint_S\varphi\frac{\partial}{\partial n'}\left(\frac{1}{R}\right)\mathrm{d}S',\quad \boldsymbol{r}\text{ 在 }V\text{ 内} \tag{9.4.9}$$

同样地，将 $\Psi=\frac{\varepsilon_1}{\varepsilon_2}\varphi_1-\varphi_0$ 代入式(9.4.2)中，而以 $\Psi=\varphi_2-\varphi_0$ 代入式(9.4.6)中，经过如同式(9.4.9)一样的运算，也可得

$$\varphi(\boldsymbol{r})=\varphi_0(\boldsymbol{r})-\frac{\varepsilon_1-\varepsilon_2}{4\pi\varepsilon_2}\int_S\varphi\frac{\partial}{\partial n'}\left(\frac{1}{R}\right)\mathrm{d}S',\quad \boldsymbol{r}\text{ 在 }V\text{ 外} \tag{9.4.10}$$

最后，令 $\boldsymbol{r}$ 趋于边界面 S (即 $\boldsymbol{r}$ 在面 S 上)，则须研究边界点上的奇异性($\boldsymbol{r}'=\boldsymbol{r}$)及其处理方法。设边界面 S 是光滑的，在三维边界面上，可以作半球并以该点为球心，a 作半径，然后取 a 趋于零时的极限，以考察球心的 φ 值。如图 9.4.2 所示，将面 S 分成两部分，即

$$\oint_S\varphi\frac{\partial}{\partial n'}\left(\frac{1}{R}\right)\mathrm{d}S'=\int_{S-S_a}\varphi\frac{\partial}{\partial n'}\left(\frac{1}{R}\right)\mathrm{d}S'+\int_{S_a}\varphi\frac{\partial}{\partial n'}\left(\frac{1}{R}\right)\mathrm{d}S' \tag{9.4.11}$$

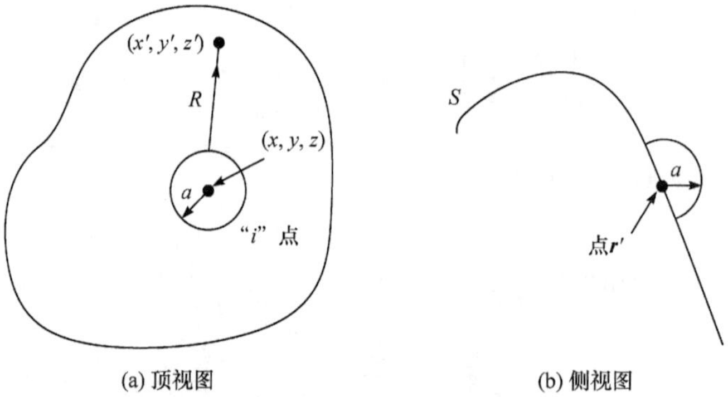

(a) 顶视图　　(b) 侧视图

图 9.4.2　边界面 S 上的奇点处理

在式(9.4.11)右端第二项积分中，由

$$\frac{\partial}{\partial n'}\left(\frac{1}{R}\right)\Big|_{S_a}=\frac{\partial}{\partial R}\left(\frac{1}{R}\right)\Big|_{S_a}=-\frac{1}{R^2}\Big|_{r=a}=-\frac{1}{a^2}$$

得到

$$\int_{S_a}\varphi\frac{\partial}{\partial n'}\left(\frac{1}{R}\right)\mathrm{d}S'=-\frac{1}{a^2}\int_{S_a}\varphi\mathrm{d}S' \tag{9.4.12}$$

因半球面积为 $2\pi a^2$，将式(9.4.12)取 $a\to 0$ 的极限，有

$$\lim_{a\to 0}\left(-\frac{1}{a^2}\int_{S_a}\varphi\mathrm{d}S'\right)=\lim_{a\to 0}\left(-\frac{1}{a^2}2\pi a^2<\varphi>_{\text{平均值}}\right)=-2\pi\varphi(\boldsymbol{r}) \tag{9.4.13}$$

由于 $a\to 0$ ，$S-S_a$ 仍然可以用 S 表示，即围绕此奇点积分给出 $-2\pi\varphi(\boldsymbol{r})$ ，所以从式(9.4.9)得出，当 $\boldsymbol{r}$ 位于 S 上时，有

$$\varphi(\boldsymbol{r})=\frac{\varepsilon_2}{\varepsilon_1}\varphi_0(\boldsymbol{r})-\frac{\varepsilon_1-\varepsilon_2}{4\pi\varepsilon_1}\oint_S\varphi\frac{\partial}{\partial n'}\left(\frac{1}{R}\right)\mathrm{d}S'+\frac{\varepsilon_1-\varepsilon_2}{2\varepsilon_1}\varphi(\boldsymbol{r})$$

整理后，得

$$\varphi(\boldsymbol{r})=\frac{2\varepsilon_2}{\varepsilon_1+\varepsilon_2}\varphi_0(\boldsymbol{r})-\frac{\varepsilon_1-\varepsilon_2}{2\pi(\varepsilon_1+\varepsilon_2)}\oint_S\varphi\frac{\partial}{\partial n'}\left(\frac{1}{R}\right)\mathrm{d}S',\quad \boldsymbol{r}\text{ 在 }S\text{ 上}\tag{9.4.14}$$

或者

$$\varphi_0(\boldsymbol{r})=\frac{\varepsilon_1+\varepsilon_2}{2\varepsilon_2}\varphi(\boldsymbol{r})+\frac{\varepsilon_1-\varepsilon_2}{4\pi\varepsilon_2}\oint_S\varphi\frac{\partial}{\partial n'}\left(\frac{1}{R}\right)\mathrm{d}S',\quad \boldsymbol{r}\text{ 在 }S\text{ 上}\tag{9.4.15}$$

同样地，利用式(9.4.10)也可得到式(9.4.15)。式(9.4.15)就是面 S 上待求合成电位 $\varphi(\boldsymbol{r})$ 所满足的积分方程，其中，$\varphi_0(\boldsymbol{r})$ 是已知量。只要求出 S 面上的 $\varphi(\boldsymbol{r})$ 的值，整个空间的电位就可求出，即电介质 1 内、外电位分别由式(9.4.9)和式(9.4.10)表示。

对于二维问题，只需要用 $\dfrac{1}{2\pi}\ln R$ 代替 $\dfrac{1}{4\pi R}$ 。由式(9.4.9)、式(9.4.10)和式(9.4.15)分别得到二维介质柱在外电场作用下内、外电位和分界面上电位的积分表达式为

$$\varphi(\boldsymbol{r})=\frac{\varepsilon_2}{\varepsilon_1}\varphi_0(\boldsymbol{r})-\frac{\varepsilon_1-\varepsilon_2}{2\pi\varepsilon_1}\oint_l\varphi\frac{\partial}{\partial n'}(\ln R)\mathrm{d}l',\quad \boldsymbol{r}\text{ 在 }l\text{ 包围的区域 }D\text{ 内}\tag{9.4.16}$$

$$\varphi(\boldsymbol{r})=\varphi_0(\boldsymbol{r})-\frac{\varepsilon_1-\varepsilon_2}{2\pi\varepsilon_2}\oint_l\varphi\frac{\partial}{\partial n'}(\ln R)\mathrm{d}l',\quad \boldsymbol{r}\text{ 在 }l\text{ 包围的区域 }D\text{ 外}\tag{9.4.17}$$

和

$$\varphi_0(\boldsymbol{r})=\frac{\varepsilon_1+\varepsilon_2}{2\varepsilon_2}\varphi(\boldsymbol{r})+\frac{\varepsilon_1-\varepsilon_2}{2\pi\varepsilon_2}\oint_l\varphi\frac{\partial}{\partial n'}(\ln R)\mathrm{d}l',\quad \boldsymbol{r}\text{ 在 }l\text{ 上}\tag{9.4.18}$$

【例 9.4.1】 矩形介质柱问题[5]。

解 如图 9.4.3 所示，在均匀外电场 $\boldsymbol{E}_0$ 中有一矩形电介质柱。现在，式(9.4.17)可写成如下形式：

$$\varphi(\boldsymbol{r})=\varphi_0(\boldsymbol{r})+\frac{\chi_e}{2\pi}\int_l\frac{\partial\varphi(\boldsymbol{r}')}{\partial n'}(\ln|\boldsymbol{r}-\boldsymbol{r}'|)\mathrm{d}l'\tag{9.4.19}$$

式中，电极化率 $\chi_e=\varepsilon_r-1$。现将 $\ln|\boldsymbol{r}-\boldsymbol{r}'|$ 展开为级数形式。当 $|\boldsymbol{r}|<|\boldsymbol{r}'|$ 时，有

$$\ln|\boldsymbol{r}-\boldsymbol{r}'|=\ln r'-\sum_{n=1}^{\infty}\frac{1}{n}\left(\frac{r}{r'}\right)\cos[n(\phi-\phi')]\tag{9.4.20}$$

外加电场的电位 $\varphi_0(\boldsymbol{r})$ 写为

$$\varphi_0(\boldsymbol{r})=-E_0x=-E_0r\cos\phi\tag{9.4.21}$$

显然，电介质内的合成电位 $\varphi(\boldsymbol{r})$ 也必为角 ϕ 的余弦函数，即

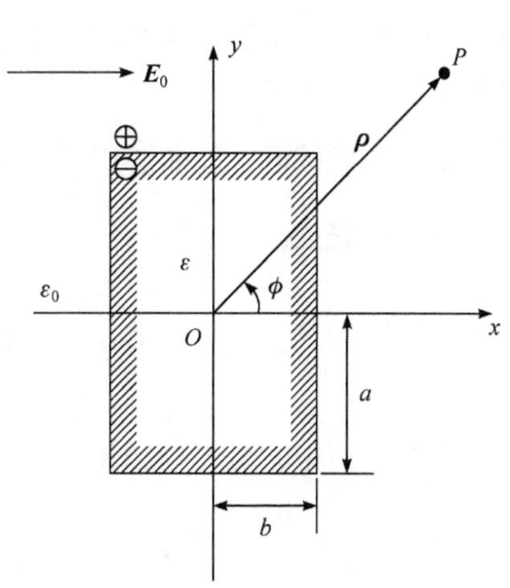

图 9.4.3　均匀外电场 $\boldsymbol{E}_0$ 中的矩形电介质柱

$$\varphi(\boldsymbol{r}) = \sum_{n=1}^{\infty} A_n r^n \cos(n\phi) \tag{9.4.22}$$

对应于 $n=0$ 的常数在求和中不起作用，可忽略不计。将式(9.4.20)、式(9.4.21)和式(9.4.22)代入式(9.4.19)中，得到线性方程组：

$$A_n = -E_0\delta_{n1} - \frac{\chi_e}{2\pi n}\sum_{m=1}^{\infty} T_{nm} A_m, \quad n=1,2,3,\cdots \tag{9.4.23}$$

其中

$$T_{nm} = \oint_l \frac{\cos n\phi'}{\rho'^n}\frac{\partial}{\partial n'}[\rho'^m \cos(m\phi')]\mathrm{d}l' \tag{9.4.24}$$

式(9.4.21)和式(9.4.22)对 $x=0$ 均为奇函数，但仅当 n 为奇数时，式(9.4.22)中的 $r^n\cos(n\phi) = \frac{1}{2}[(x+\mathrm{j}y)^n + (x-\mathrm{j}y)^n]$ 对于 $x=0$ 为奇函数。因此，在式(9.4.23)中，仅具有奇数 n 的 A_n 不为零。于是，只要矩阵元素 T_{nm} 的 n 和 m 均满足奇数的要求，就容易利用直角坐标中的表示式 $\frac{\cos(n\phi')}{r'^n}$ 和 $r'^m\cos m\phi'$ 来计算矩阵元素。

9.4.2　导体问题的积分方程

现在，讨论导体表面问题，即图 9.4.1 中由 S 包围的体积 V 被导体占据。对于导体表面问题，相当于 ε_1 趋于无限大的情况。此时，应把导体表面上任一点的电位 φ 分解成两部分：外加电场 $\boldsymbol{E}_0$ 的电位 φ_0 和导体表面上感应电荷所产生电场 $\boldsymbol{E}'$ 的电位 φ'，即总电位 φ 为

$$\varphi = \varphi_0 + \varphi' \tag{9.4.25}$$

把式(9.4.25)代入式(9.4.14)中，并令 $\varepsilon_1 \to \infty$，得到

$$\varphi'(\boldsymbol{r}) = -\varphi_0(\boldsymbol{r}) - \frac{1}{2\pi}\oint_S \varphi_0 \frac{\partial}{\partial n'}\left(\frac{1}{R}\right)\mathrm{d}S' - \frac{1}{2\pi}\oint_S \varphi' \frac{\partial}{\partial n'}\left(\frac{1}{R}\right)\mathrm{d}S', \quad \boldsymbol{r}\text{ 在 } S \text{ 上} \tag{9.4.26}$$

这就是导体表面上感应电荷所产生电场 $\boldsymbol{E}'$ 的电位 $\varphi'(\boldsymbol{r})$ 所满足的积分方程，其中 $\varphi_0(\boldsymbol{r})$ 是已知量。

对于二维问题，只需要用 $\frac{1}{2\pi}\ln R$ 代替 $\frac{1}{4\pi R}$。限于篇幅，这里就不给出其结果，而是留给读者自行完成。

9.5　磁化强度 M 的积分方程

在这一节中，考虑用磁化强度矢量

$$\boldsymbol{M} = \frac{\boldsymbol{B}}{\mu_0} - \boldsymbol{H} \tag{9.5.1}$$

来建立恒定磁场的积分方程[8,31]。磁化强度 $\boldsymbol{M}$ 是反映材料内部的磁性的一个物理量，材料可以是永磁体，也可以是由于电流源的存在而感应的磁性。应该注意到，对于非磁性媒质，

$\mu=\mu_0$，$\boldsymbol{B}=\mu_0\boldsymbol{H}$。在这种情况下，由式(9.5.1)不难看出，$\boldsymbol{M}\equiv 0$。对于线性媒质，有

$$\boldsymbol{M}=\chi_{\mathrm{m}}\boldsymbol{H} \tag{9.5.2}$$

由此得磁化率为

$$\chi_{\mathrm{m}}=\frac{\mu}{\mu_0}-1=\mu_{\mathrm{r}}-1 \tag{9.5.3}$$

这一参数反映了材料的性质，它可以由实验确定。

如果采用磁荷的概念，则应用标量磁位计算，这时磁场强度是一个基本量。假设传导电流产生的磁场强度用 $\boldsymbol{H}_{\mathrm{s}}$ 表示，媒质磁化后产生的磁场强度用 $\boldsymbol{H}_{\mathrm{m}}$ 表示，则总的磁场强度 $\boldsymbol{H}$ 为这两部分之和，即

$$\boldsymbol{H}=\boldsymbol{H}_{\mathrm{s}}+\boldsymbol{H}_{\mathrm{m}} \tag{9.5.4}$$

显然，可以假设 $\boldsymbol{H}_{\mathrm{s}}$ 完全与材料性质无关，对 $\boldsymbol{H}_{\mathrm{s}}$ 可借助自由空间中传导电流分布来决定，即

$$\boldsymbol{H}_{\mathrm{s}}(\boldsymbol{r})=\frac{1}{4\pi}\int_V\frac{\boldsymbol{J}(\boldsymbol{r}')\times\boldsymbol{R}}{R^3}\mathrm{d}V' \tag{9.5.5}$$

式中，V 是全部传导电流分布的空间区域。实际上，式(9.5.5)就是著名的毕奥-萨伐尔(Biot-Savart)定律。毕奥-萨伐尔定律实际上是方程

$$\nabla\times\boldsymbol{H}_{\mathrm{s}}=\boldsymbol{J} \tag{9.5.6}$$

的解。由于 $\nabla\times\boldsymbol{H}=\boldsymbol{J}$，所以 $\nabla\times\boldsymbol{H}_{\mathrm{m}}=0$。这样，可以定义相应的部分标量磁位(也称简化标量磁位，这是由于它只表示磁场的一部分)，它满足：

$$\boldsymbol{H}_{\mathrm{m}}=-\nabla\varphi_{\mathrm{m}} \tag{9.5.7}$$

在没有传导电流的区域中，有 $\nabla\times\boldsymbol{H}=0$，因此可以引入相应的标量磁位 ψ，使

$$\boldsymbol{H}=-\nabla\psi \tag{9.5.8}$$

此处 ψ 表示总磁场，所以称为全标量磁位(也称总标量磁位)。

如果采用磁荷的概念，媒质磁化后产生的磁场强度 $\boldsymbol{H}_{\mathrm{m}}$ 所对应的简化标量磁位的解为

$$\varphi_{\mathrm{m}}(\boldsymbol{r})=\frac{1}{4\pi}\int_V\boldsymbol{M}(\boldsymbol{r}')\cdot\nabla'\left(\frac{1}{R}\right)\mathrm{d}V' \tag{9.5.9}$$

式(9.5.9)也可化成：

$$\varphi_{\mathrm{m}}=\frac{1}{4\pi}\int_V\frac{-\nabla'\cdot\boldsymbol{M}(\boldsymbol{r}')}{R}\mathrm{d}V'+\frac{1}{4\pi}\oint_S\frac{\boldsymbol{M}(\boldsymbol{r}')\cdot\boldsymbol{n}}{R}\mathrm{d}S' \tag{9.5.10}$$

式(9.5.9)和式(9.5.10)中，V 和 S 分别是媒质的体积和表面。

同时，也定义

$$\boldsymbol{H}_{\mathrm{s}}=-\nabla\varphi_{\mathrm{s}} \tag{9.5.11}$$

现在，应用以上概念来建立磁化强度 $\boldsymbol{M}$ 的积分方程。把式(9.5.9)代入式(9.5.4)中，得到

$$\boldsymbol{H}=-\frac{1}{4\pi}\nabla\left[\int_V\boldsymbol{M}(\boldsymbol{r}')\cdot\nabla'\left(\frac{1}{R}\right)\mathrm{d}V'\right]+\boldsymbol{H}_{\mathrm{s}} \tag{9.5.12}$$

根据式(9.5.2)，式(9.5.12)可写成：

$$\boldsymbol{H}=-\frac{1}{4\pi}\nabla\left[\int_V \chi_{\mathrm{m}}\boldsymbol{H}(\boldsymbol{r}')\cdot\nabla'\left(\frac{1}{R}\right)\mathrm{d}V'\right]+\boldsymbol{H}_{\mathrm{s}} \tag{9.5.13}$$

这是关于磁场强度 $\boldsymbol{H}$ 的第二类弗雷德霍姆积分方程。

应用式(9.5.2)，式(9.5.12)还可以写成：

$$\boldsymbol{M}=\chi_{\mathrm{m}}\boldsymbol{H}=\chi_{\mathrm{m}}\left\{-\frac{1}{4\pi}\nabla\left[\int_V \boldsymbol{M}(\boldsymbol{r}')\cdot\nabla'\left(\frac{1}{R}\right)\mathrm{d}V'\right]+\boldsymbol{H}_{\mathrm{s}}\right\} \tag{9.5.14}$$

或者写成：

$$\frac{\boldsymbol{M}}{\mu_{\mathrm{r}}-1}=-\frac{1}{4\pi}\nabla\left[\int_V \boldsymbol{M}(\boldsymbol{r}')\cdot\nabla'\left(\frac{1}{R}\right)\mathrm{d}V'\right]+\boldsymbol{H}_{\mathrm{s}} \tag{9.5.15}$$

这就是在给定 χ_{m}(或μ_{r}) 和 $\boldsymbol{H}_{\mathrm{s}}$ 后，求解磁化强度 $\boldsymbol{M}$ 的积分方程。必须指出，以上各式中的 $\boldsymbol{H}_{\mathrm{s}}$ 都是指传导电流 $\boldsymbol{J}$ 在无限大真空中产生的磁场强度，它由式(9.5.5)确定。此外，积分方程(9.5.13)和式(9.5.15)中的 χ_{m}(或μ_{r}) 可以是空间坐标 $\boldsymbol{r}$ 的函数，说明它们对非均匀媒质问题也是适用的。

对于二维问题，假设沿轴(如 z)方向的场没有变化，由式(9.5.9)对 z' 积分，可以得到简化标量磁位为

$$\varphi_{\mathrm{m}}(x,y)=\frac{1}{2\pi}\iint_D \frac{\boldsymbol{M}(\boldsymbol{r}')\cdot\boldsymbol{R}}{R^2}\mathrm{d}x'\mathrm{d}y' \tag{9.5.16}$$

式中，$\boldsymbol{R}$ 为二维区域 D 内源点(x',y')和场点(x,y)之间的矢径。由 $\boldsymbol{H}_{\mathrm{m}}=-\nabla\varphi_{\mathrm{m}}$ ，得到

$$\boldsymbol{H}_{\mathrm{m}}(x,y)=-\frac{1}{2\pi}\iint_D\left\{\frac{\boldsymbol{M}(\boldsymbol{r}')}{R^2}-[2\boldsymbol{M}(\boldsymbol{r}')\cdot\boldsymbol{R}]\frac{\boldsymbol{R}}{R^4}\right\}\mathrm{d}x'\mathrm{d}y' \tag{9.5.17}$$

把式(9.5.17)代入式(9.5.4)中，得到

$$\boldsymbol{H}=-\frac{1}{2\pi}\iint_D\left\{\frac{\boldsymbol{M}(\boldsymbol{r}')}{R^2}-[2\boldsymbol{M}(\boldsymbol{r}')\cdot\boldsymbol{R}]\frac{\boldsymbol{R}}{R^4}\right\}\mathrm{d}x'\mathrm{d}y'+\boldsymbol{H}_{\mathrm{s}} \tag{9.5.18}$$

根据式(9.5.2)，式(9.5.18)可写成：

$$\boldsymbol{H}=-\frac{1}{2\pi}\iint_D\left\{\frac{\chi_{\mathrm{m}}\boldsymbol{H}(\boldsymbol{r}')}{R^2}-[2\chi_{\mathrm{m}}\boldsymbol{H}(\boldsymbol{r}')\cdot\boldsymbol{R}]\frac{\boldsymbol{R}}{R^4}\right\}\mathrm{d}x'\mathrm{d}y'+\boldsymbol{H}_{\mathrm{s}} \tag{9.5.19}$$

这是关于磁场强度 $\boldsymbol{H}$ 的第二类弗雷德霍姆积分方程。

应用式(9.5.2)，式(9.5.18)还可写成：

$$\frac{\boldsymbol{M}}{\mu_{\mathrm{r}}-1}=-\frac{1}{2\pi}\iint_D\left\{\frac{\boldsymbol{M}(\boldsymbol{r}')}{R^2}-[2\boldsymbol{M}(\boldsymbol{r}')\cdot\boldsymbol{R}]\frac{\boldsymbol{R}}{R^4}\right\}\mathrm{d}x'\mathrm{d}y'+\boldsymbol{H}_{\mathrm{s}} \tag{9.5.20}$$

这就是给定 χ_{m}(或μ_{r}) 和 $\boldsymbol{H}_{\mathrm{s}}$ 后，求解磁化强度 $\boldsymbol{M}$ 的积分方程。

9.6　全标量磁位 ψ 的积分方程

从 9.5 节的讨论中看到，全标量磁位 ψ 是 φ_{m} 和 φ_{s} 两种标量磁位的代数和，即

$$\psi = \varphi_m + \varphi_s \tag{9.6.1}$$

在一般的铁磁媒质中，外施场 $\boldsymbol{H}_s$ 和铁磁媒质的磁化场 $\boldsymbol{H}_m$ 在数值上接近相等，而方向相反(尤其在未饱和时，$\mu \to \infty, \boldsymbol{H} \to 0$)。因此，由于 $\boldsymbol{H}_s$ 和 $\boldsymbol{H}_m$ 两者相消，应用积分方程(9.5.13)计算 $\boldsymbol{H}$ 会产生很大的误差，同样应用积分方程(9.5.15)计算 $\boldsymbol{M}$ 也会产生很大的误差。为了克服这一困难，可以引入全标量磁位 ψ，建立它的积分方程[32]。

根据式(9.5.9)和 $\boldsymbol{M} = \chi_m \boldsymbol{H}$，以及式(9.5.8)，式(9.6.1)可以写成：

$$\psi = -\frac{1}{4\pi}\int_V \chi_m \nabla'\psi \cdot \nabla'\left(\frac{1}{R}\right) dV' + \varphi_s \tag{9.6.2}$$

这就是关于全标量磁位 ψ 的积分方程[32]。

辛金(J. SimKin)和特罗布里奇(C.W. Trowbridge)最早公开发表论文阐述了全标量磁位积分方程的基本理论，其主要目的是能够精确地对无传导电流铁磁体区中的磁场作数值计算。这里作一个简单说明。设求解区域包含无传导电流的铁磁体区 V_1 和有传导电流 $\boldsymbol{J}$ (集中在一定范围 V_j，如在线圈中)的非铁磁体区 V_2 (如自由空间)，如图 9.6.1 所示。S_2 的边界可以扩展到无穷远。总的磁场 $\boldsymbol{H}$ 可以认为是由传导电流 $\boldsymbol{J}$ 产生的磁场 $\boldsymbol{H}_s$ 和铁磁体区中磁化场 $\boldsymbol{H}_m$ 之和，即

$$\boldsymbol{H} = \boldsymbol{H}_s + \boldsymbol{H}_m \tag{9.6.3}$$

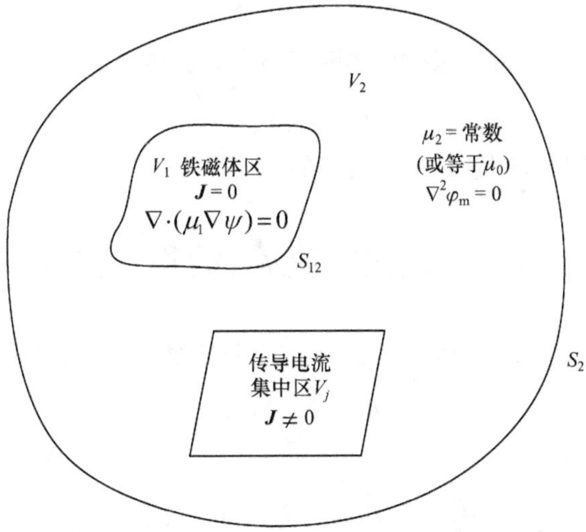

图 9.6.1　双标量位法求解示意图

根据毕奥-萨伐尔定律，可以按式(9.5.5)求得 $\boldsymbol{H}_s$。由于 $\boldsymbol{H}_m$ 是无旋场，即 $\nabla \times \boldsymbol{H}_m = 0$，所以可引用一标量位 φ_m (即 9.5 节所称的简化标量位)来表示，得

$$\boldsymbol{H}_m = -\nabla\varphi_m \tag{9.6.4}$$

因此，式(9.6.3)可以改写成：

$$\boldsymbol{H} = \boldsymbol{H}_s - \nabla\varphi_m \tag{9.6.5}$$

于是，在铁磁媒质区的磁感应强度为

$$\boldsymbol{B} = \mu_1 \boldsymbol{H} = \mu_1(\boldsymbol{H}_s - \nabla\varphi_m) \tag{9.6.6}$$

因为在传导电流 $\boldsymbol{J}$ 集中区 V_j 之外，恒有 $\nabla\times\boldsymbol{H}=0$，所以可引入另一个标量磁位 ψ，使

$$\boldsymbol{H}=-\nabla\psi \tag{9.6.7}$$

式中，ψ 称为全标量磁位。显然，不能用 ψ 来计算整个区域的磁场，因为在子域 V_2 中有传导电流(显然集中在小范围 V_j 内)存在，便只能用简化标量磁位 φ_{m} 来计算。在 V_1 和 V_2 两区域中分别用 ψ 和 φ_{m} 两种标量磁位求解，这就是双标量法得名的来由[20]。

在 V_1 和 V_2 两区域分界面 S_{12} 上，必须满足 B_{n} 和 H_{t} 的连续性条件，即

$$-\mu_1\frac{\partial\psi}{\partial n}=\mu_2\left(-\frac{\partial\varphi_{\text{m}}}{\partial n}+H_{\text{sn}}\right) \tag{9.6.8}$$

$$-\frac{\partial\psi}{\partial t}=-\frac{\partial\varphi_{\text{m}}}{\partial t}+H_{\text{st}} \tag{9.6.9}$$

式中，H_{sn} 和 H_{st} 分别代表 $\boldsymbol{H}_{\text{s}}$ 的法向分量和切向分量。将式(9.6.9)在分界面上 A 、B 两点之间沿任意路径积分，得到

$$\psi_A-\psi_B=\varphi_{\text{m}A}-\varphi_{\text{m}B}+\int_A^B H_{\text{st}}\text{d}t \tag{9.6.10}$$

如果取 A 点作为参考点，即 $\psi_A=\varphi_{\text{m}A}$，则有

$$\psi_B-\varphi_{\text{m}B}=-\int_A^B H_{\text{st}}\text{d}t=\varphi_{\text{s}} \tag{9.6.11}$$

这就是在分界面上 B 点处两种标量磁位的跃变值[32]。式(9.6.11)一般可写成：

$$\psi=\varphi_{\text{m}}+\varphi_{\text{s}} \tag{9.6.12}$$

双标量磁位法对求解静磁场问题是十分成功的。

9.7　面磁化电流 K_{m} 的积分方程

在不同媒质的分界面上，磁场强度 $\boldsymbol{H}$ 的切向分量要发生突变，即

$$K=H_{2\text{t}}-H_{1\text{t}} \tag{9.7.1}$$

或者写成：

$$K=\frac{B_{2\text{t}}}{\mu_0\mu_{2\text{r}}}-\frac{B_{1\text{t}}}{\mu_0\mu_{1\text{r}}}=\frac{B_{2\text{t}}-B_{1\text{t}}}{\mu_0}-M_{2\text{t}}+M_{1\text{t}} \tag{9.7.2}$$

由此得出 $\boldsymbol{B}$ 的切向分量的突变值为

$$B_{2\text{t}}-B_{1\text{t}}=\mu_0(K+K_{\text{m}})=\mu_0K' \tag{9.7.3}$$

式中，K' 称为净面电流密度，有

$$K'=K+K_{\text{m}} \tag{9.7.4}$$

而 K_{m} 是面磁化电流密度，有

$$K_{\text{m}}=M_{2\text{t}}-M_{1\text{t}} \tag{9.7.5}$$

从上面的方程可以看出，两种不同媒质的分界面对磁场的影响，归结为出现一面磁化电流

的贡献。

当用面磁化电流的概念时，把分片均匀媒质中的磁场看作传导电流和磁化电流共同在无限大真空中来计算。用积分方程法计算磁场时，需要知道面磁化电流密度[式(9.7.5)]和外磁场，即其他所有电流(除 Δl 段的 K_{m})所引起的磁感应强度 $\boldsymbol{B}''$ 的切向分量 B_{t}'' 间的关系。总磁场切向分量的另一部分 B_{t}'，仅由 Δl 段的面磁化电流确定。容易求得

$$B_{1\mathrm{t}}' = -B_{2\mathrm{t}}' = \frac{\mu_0 K_{\mathrm{m}}}{2}$$

在两种媒质分界面的两侧，它们有着相反的方向。这里，已假定没有面自由电流($\boldsymbol{K}=0$)。当通过分界面时，$\boldsymbol{B}''$ 的切向分量没有突变，即 $B_{1\mathrm{t}}'' = B_{2\mathrm{t}}'' = B_{\mathrm{t}}''$，因此

$$B_{1\mathrm{t}} = B_{1\mathrm{t}}' + B_{1\mathrm{t}}'' = B_{\mathrm{t}}'' + \frac{\mu_0 K_{\mathrm{m}}}{2}$$

$$B_{2\mathrm{t}} = B_{2\mathrm{t}}' + B_{2\mathrm{t}}'' = B_{\mathrm{t}}'' - \frac{\mu_0 K_{\mathrm{m}}}{2}$$

把这些值代入分界面衔接条件式(9.7.2)中，则得

$$K_{\mathrm{m}} = \frac{2}{\mu_0}\frac{\mu_1 - \mu_2}{\mu_1 + \mu_2} B_{\mathrm{t}}'' \tag{9.7.6}$$

这就是确定面磁化电流分布的公式。

在真空中，由传导电流和磁化电流共同产生的磁场由式(9.7.7)给出：

$$\begin{aligned} \boldsymbol{A} &= \frac{\mu_0}{4\pi}\left[\int_V \frac{\boldsymbol{J}(\boldsymbol{r}')\mathrm{d}V'}{R} + \int_V \frac{\boldsymbol{J}_{\mathrm{m}}(\boldsymbol{r}')\mathrm{d}V'}{R} + \int_S \frac{\boldsymbol{K}(\boldsymbol{r}')\mathrm{d}S'}{R} + \int_S \frac{\boldsymbol{K}_{\mathrm{m}}(\boldsymbol{r}')\mathrm{d}S'}{R}\right] \\ &= \frac{\mu_0}{4\pi}\int_V \frac{\boldsymbol{J}'(\boldsymbol{r}')\mathrm{d}V'}{R} + \frac{\mu_0}{4\pi}\int_S \frac{\boldsymbol{K}_{\mathrm{m}}'(\boldsymbol{r}')\mathrm{d}S'}{R} \end{aligned} \tag{9.7.7}$$

式中，$\boldsymbol{J}'(r)$ 是净体电流密度，有

$$\boldsymbol{J}'(\boldsymbol{r}) = \boldsymbol{J}(\boldsymbol{r}) + \boldsymbol{J}_{\mathrm{m}}(\boldsymbol{r}) = \boldsymbol{J} + (\mu_{\mathrm{r}} - 1)\nabla\times\boldsymbol{H} = \mu_{\mathrm{r}}\boldsymbol{J} \tag{9.7.8}$$

对于平行平面磁场来说，在任意点 M 有

$$\boldsymbol{A}(\boldsymbol{r}) = \frac{\mu_0}{2\pi}\int_D \boldsymbol{J}'(\boldsymbol{r}')\ln\frac{1}{R}\mathrm{d}S' + \frac{\mu_0}{2\pi}\int_l \boldsymbol{K}'(\boldsymbol{r}')\ln\frac{1}{R}\mathrm{d}l' \tag{9.7.9}$$

载流导体一般都不是用铁磁媒质制成的($\boldsymbol{J}_{\mathrm{m}}=0$)，且没有面传导电流($\boldsymbol{K}=0$)。这时，净面电流密度 $\boldsymbol{K}'=\boldsymbol{K}_{\mathrm{m}}$，若利用式(9.3.12)和式(9.7.9)，由 $\boldsymbol{B}=\nabla\times\boldsymbol{A}$ 可以得到

$$\begin{aligned} B_t'' &= -\frac{\partial A}{\partial n} \\ &= -\frac{\mu_0}{2\pi}\int_D \frac{J'(Q)}{R_{QM}}\frac{\partial R_{QM}}{\partial n'}\bigg|_M \mathrm{d}S_Q - \frac{\mu_0}{2\pi}\int_l \frac{K_{\mathrm{m}}(N)}{R_{NM}}\frac{\partial R_{NM}}{\partial n'}\bigg|_M \mathrm{d}l_N' \\ &= -\frac{\mu_0}{2\pi}\int_D \frac{J'(Q)\cos(\overrightarrow{QM},\boldsymbol{n})}{R_{QM}}\mathrm{d}S_Q - \frac{\mu_0}{2\pi}\int_l \frac{K_{\mathrm{m}}(N)\cos(\overrightarrow{NM},\boldsymbol{n})}{R_{NM}}\mathrm{d}l_N' \end{aligned} \tag{9.7.10}$$

把式(9.7.10)代入式(9.7.6)中，得到

$$K_{\mathrm{m}}(M)+\frac{1}{\pi}\frac{\mu_1-\mu_2}{\mu_1+\mu_2}\int_l \frac{K_{\mathrm{m}}(N)\cos(\overrightarrow{NM},\boldsymbol{n})}{R_{NM}}\mathrm{d}l'_N = -\frac{1}{\pi}\frac{\mu_1-\mu_2}{\mu_1+\mu_2}\int_D \frac{J'(Q)\cos(\overrightarrow{QM},\boldsymbol{n})}{R_{QM}}\mathrm{d}S'_Q \tag{9.7.11}$$

这就是面磁化电流的积分方程[19]。这样，根据它就可以由已知的传导电流 $\boldsymbol{J}(Q)$ 分布求出面磁化电流分布。式(9.7.11)是第二类弗雷德霍姆积分方程，其右端项可以在解积分方程之前计算出来。

9.8　恒定磁场的边界积分方程

在这一节中，我们讨论恒定磁场的边界积分方程，包括矢量磁位 $\boldsymbol{A}$ 的边界积分方程和标量磁位 φ_{m} 的边界积分方程[31,32]。

9.8.1　矢量磁位 A 的边界积分方程

考虑两个非齐次的泊松方程：

$$\nabla'^2 A_i(\boldsymbol{r}') = -\mu J_i(\boldsymbol{r}'),\quad i = x, y, z \tag{9.8.1}$$

$$\nabla'^2 G(\boldsymbol{r},\boldsymbol{r}') = -4\pi\delta(\boldsymbol{r}-\boldsymbol{r}') \tag{9.8.2}$$

式中，A_i 是矢量磁位 $\boldsymbol{A}$ 在直角坐标系中的 x 分量，或 y 分量，或 z 分量。而 $G(\boldsymbol{r},\boldsymbol{r}')$ 是格林函数。令 $\varPhi = A_i(\boldsymbol{r}')$，$\varPsi = G(\boldsymbol{r},\boldsymbol{r}')$，代入格林第二公式，并利用式(9.8.1)和式(9.8.2)，得

$$A_i(\boldsymbol{r}) = \frac{1}{4\pi}\int_V G(\boldsymbol{r},\boldsymbol{r}')\mu J_i(\boldsymbol{r}')\mathrm{d}V' + \frac{1}{4\pi}\oint_S\left[G(\boldsymbol{r},\boldsymbol{r}')\frac{\partial A_i(\boldsymbol{r}')}{\partial n'} - A_i(\boldsymbol{r}')\frac{\partial G(\boldsymbol{r},\boldsymbol{r}')}{\partial n'}\right]\mathrm{d}S' \tag{9.8.3}$$

式中，V 是由 S 所包围的体积，$\boldsymbol{r}$ 和 $\boldsymbol{r}'$ 都在 V 内。因为式(9.8.3)对于矢量磁位 $\boldsymbol{A}$ 在直角坐标系中的 x、y、z 分量都成立，所以可将每一项乘以相应的单位矢量 $\boldsymbol{e}_x$、$\boldsymbol{e}_y$ 和 $\boldsymbol{e}_z$ 并对 i 求和，便得所求的矢量磁位 $\boldsymbol{A}$ 的解为

$$\boldsymbol{A}(\boldsymbol{r}) = \frac{1}{4\pi}\int_V G(\boldsymbol{r},\boldsymbol{r}')\mu\boldsymbol{J}(\boldsymbol{r}')\mathrm{d}V' + \frac{1}{4\pi}\oint_S\left[G(\boldsymbol{r},\boldsymbol{r}')\frac{\partial \boldsymbol{A}(\boldsymbol{r}')}{\partial n'} - \boldsymbol{A}(\boldsymbol{r}')\frac{\partial G(\boldsymbol{r},\boldsymbol{r}')}{\partial n'}\right]\mathrm{d}S' \tag{9.8.4}$$

如果在边界上 $\boldsymbol{A}$ 及 $\dfrac{\partial \boldsymbol{A}}{\partial n}$ 已知，可通过式(9.8.4)求得区域 V 内各点的 $\boldsymbol{A}$。但遗憾的是，实际中我们不能在边界面 S 上一点处同时给定 $\boldsymbol{A}$ 和 $\dfrac{\partial \boldsymbol{A}}{\partial n}$ 的值。在边界面 S 上一点，要么给定 $\boldsymbol{A}$ 值，要么给定 $\dfrac{\partial \boldsymbol{A}}{\partial n}$ 值。这样一来，利用式(9.8.4)计算体积 V 内任一点的 $\boldsymbol{A}$ 的问题仍然没有真正得到解决。当给定边界面 S 上的 $\boldsymbol{A}$ (或 $\dfrac{\partial \boldsymbol{A}}{\partial n}$)值时，首先需要采用边界积分方程法来确定边界面上的 $\dfrac{\partial \boldsymbol{A}}{\partial n}$(或 $\boldsymbol{A}$)值，然后才能用式(9.8.4)计算出体积 V 内任一点的 $\boldsymbol{A}$。

现在，在式(9.8.4)中，把 $\boldsymbol{r}$ 移到边界面 S 上，那么，有

$$A(r)=\frac{1}{4\pi}\int_V G(r,r')\mu J(r')\mathrm{d}V'+\frac{1}{4\pi}\oint_S\left[G(r,r')\frac{\partial A(r')}{\partial n'}-A(r')\frac{\partial G(r,r')}{\partial n'}\right]\mathrm{d}S' \tag{9.8.5}$$

从形式上看，这个公式与式(9.8.4)一样。但方程中的全部变量都是边界面 S 上的量，所以这是一个边界积分方程。如果给定边界面 S 的 $\frac{\partial A}{\partial n}$ 值，这个方程从数学上可归结为关于 $A(r)$ 的第二类弗雷德霍姆积分方程。反之，如果给定边界面 S 上的 A 值，这个方程则归结为关于 $\frac{\partial A}{\partial n}$ 的第一类弗雷德霍姆积分方程。

值得注意的是，在式(9.8.5)中，当完成面积分计算时，会出现动点 r' 与场点 r 重合的情况，格林函数 $G(r,r')$ 会出现奇点，即在面积分项中会出现奇异积分。有关边界面上的奇异积分处理方法，可以按照第 9 章中第 9.1 节的方法来计算。特别地，如果如 $G(r,r')=\frac{1}{|r-r'|}=\frac{1}{R}$，经过对边界上的面奇异积分处理后，对于光滑边界的问题，式(9.8.4)和式(9.8.5)可统一表示为

$$c_i A(r)=\frac{\mu}{4\pi}\int_V\frac{J(r')\mathrm{d}V'}{R}+\frac{1}{4\pi}\oint_S\left[\frac{1}{R}\frac{\partial A(r')}{\partial n'}-A(r')\frac{\partial}{\partial n'}\left(\frac{1}{R}\right)\right]\mathrm{d}S' \tag{9.8.6}$$

式中

$$c_i=\begin{cases}1, & i\in V\\ \frac{1}{2}, & i\in S\\ 0, & i\notin V\end{cases} \tag{9.8.7}$$

9.8.2　标量磁位 φ_m 的边界积分方程[32]

1. 直接边界积分方程

用同样的方法可得标量磁位 φ_m 的公式为

$$\varphi_m(r)=-\frac{1}{4\pi}\int_V G(r,r')\nabla'^2\varphi_m\mathrm{d}V'+\frac{1}{4\pi}\oint_S\left[G(r,r')\frac{\partial\varphi_m(r')}{\partial n'}-\varphi_m(r')\frac{\partial G(r,r')}{\partial n'}\right]\mathrm{d}S' \tag{9.8.8}$$

式中，V 是由 S 所包围的体积，r 和 r' 都在 V 内。同样地，如果在边界面 S 上 φ_m 及 $\frac{\partial\varphi_m}{\partial n}$ 已知，由式(9.8.8)就能求得 V 内各点的 φ_m。如同前面一样，一般只给定边界面 S 上一点的 φ_m 或 $\frac{\partial\varphi_m}{\partial n}$，不会同时给定它们两者的值。这样，利用式(9.8.8)计算体积 V 内任一点 φ_m 的问题还是没有解决。

现在，在式(9.8.8)中，把 r 移到边界面 S 上，那么，经过对边界 S 上的奇异积分处理后(对于光滑边界)，得到

$$\frac{1}{2}\varphi_{mi}=\frac{1}{4\pi\mu_0}\int_V\frac{\rho_m(r')\mathrm{d}V'}{R}+\frac{1}{4\pi}\oint_S\left[\frac{1}{R}\frac{\partial\varphi_m(r')}{\partial n'}-\varphi_m(r')\frac{\partial}{\partial n'}\left(\frac{1}{R}\right)\right]\mathrm{d}S' \tag{9.8.9}$$

这里，已经取格林函数为$G(\boldsymbol{r},\boldsymbol{r}')=\dfrac{1}{|\boldsymbol{r}-\boldsymbol{r}'|}=\dfrac{1}{R}$，且$\rho_{\mathrm{m}}=-\mu_0\nabla\cdot\boldsymbol{M}$是体磁荷密度，$\varphi_{\mathrm{m}i}$是边界点“$i$”上的标量磁位值。这样，式(9.8.9)就是恒定磁场中标量磁位φ_{m}的直接边界方程。应该注意到，其中的面积分自然应理解为主值。

2. 间接边界积分方程

设V'是上述V的边界面S外的区域，在V'内有$\nabla^2\varphi_{\mathrm{m}}=0$，于是，在$V'$内不难导得

$$c_i\varphi'_{\mathrm{m}}=\frac{1}{4\pi}\oint_S\left[\frac{1}{R}\frac{\partial\varphi'_{\mathrm{m}}}{\partial n'_1}-\varphi'_{\mathrm{m}}\frac{\partial}{\partial n'_1}\left(\frac{1}{R}\right)\right]\mathrm{d}S' \tag{9.8.10}$$

式中

$$c_i=\begin{cases}1, & i\in V'\\ \dfrac{1}{2}, & i\in S\\ 0, & i\notin V'\end{cases} \tag{9.8.11}$$

且$\boldsymbol{n}_1$表示边界面S的内法向方向，而式(9.8.8)中$\boldsymbol{n}$表示边界面S外法向方向。因为V对V'来说也是外部区域，所以当点“i”在V内时，在式(9.8.10)中应取$c_i=0$，由此得到

$$\frac{1}{4\pi}\oint_S\left[\frac{1}{R}\frac{\partial\varphi'_{\mathrm{m}}}{\partial n'_1}-\varphi'_{\mathrm{m}}\frac{\partial}{\partial n'_1}\left(\frac{1}{R}\right)\right]\mathrm{d}S'=0$$

或者

$$\frac{1}{4\pi}\oint_S\left[\varphi'_{\mathrm{m}}\frac{\partial}{\partial n'}\left(\frac{1}{R}\right)-\frac{1}{R}\frac{\partial\varphi'_{\mathrm{m}}}{\partial n'}\right]\mathrm{d}S'=0 \tag{9.8.12}$$

此时，在V内，式(9.8.8)可写成：

$$\varphi_{\mathrm{m}}(\boldsymbol{r})=\frac{1}{4\pi\mu_0}\int_V\frac{\rho_{\mathrm{m}}(\boldsymbol{r}')\mathrm{d}V'}{R}+\frac{1}{4\pi}\oint_S\left[\frac{1}{R}\frac{\partial\varphi_{\mathrm{m}}}{\partial n'}-\varphi_{\mathrm{m}}\frac{\partial}{\partial n'}\left(\frac{1}{R}\right)\right]\mathrm{d}S' \tag{9.8.13}$$

将式(9.8.12)的左边加到式(9.8.13)的右边，那么对V内的点“i”，式(9.8.14)成立：

$$\varphi_{\mathrm{m}}(\boldsymbol{r})=\frac{1}{4\pi\mu_0}\int_V\frac{\rho_{\mathrm{m}}(\boldsymbol{r}')\mathrm{d}V'}{R}+\frac{1}{4\pi}\oint_S\frac{1}{R}\left(\frac{\partial\varphi_{\mathrm{m}}}{\partial n'}-\frac{\partial\varphi'_{\mathrm{m}}}{\partial n'}\right)\mathrm{d}S'-\frac{1}{4\pi}\oint_S(\varphi_{\mathrm{m}}-\varphi'_{\mathrm{m}})\frac{\partial}{\partial n'}\left(\frac{1}{R}\right)\mathrm{d}S' \tag{9.8.14}$$

若点“i”在边界面上，也不难导得

$$\varphi_{\mathrm{m}i}=\frac{1}{4\pi\mu_0}\int_V\frac{\rho_{\mathrm{m}}(\boldsymbol{r}')\mathrm{d}V'}{R}+\frac{1}{4\pi}\oint_S\frac{1}{R}\left(\frac{\partial\varphi_{\mathrm{m}}}{\partial n'}-\frac{\partial\varphi'_{\mathrm{m}}}{\partial n'}\right)\mathrm{d}S'-\frac{1}{4\pi}\oint_S(\varphi_{\mathrm{m}}-\varphi'_{\mathrm{m}})\frac{\partial}{\partial n'}\left(\frac{1}{R}\right)\mathrm{d}S' \tag{9.8.15}$$

若记$\dfrac{\partial\varphi_{\mathrm{m}}}{\partial n}-\dfrac{\partial\varphi'_{\mathrm{m}}}{\partial n}=\dfrac{\sigma_{\mathrm{m}}}{\mu_0}$，$-(\varphi_{\mathrm{m}}-\varphi'_{\mathrm{m}})=\dfrac{\tau_{\mathrm{m}}}{\mu_0}$，那么式(9.8.14)和式(9.8.15)分别变化为

$$\varphi_{\mathrm{m}}(\boldsymbol{r})=\frac{1}{4\pi\mu_0}\int_V\frac{\rho_{\mathrm{m}}(\boldsymbol{r}')\mathrm{d}V'}{R}+\frac{1}{4\pi\mu_0}\oint_S\frac{\sigma_{\mathrm{m}}(\boldsymbol{r}')}{R}\mathrm{d}S'+\frac{1}{4\pi\mu_0}\oint_S\tau_{\mathrm{m}}(\boldsymbol{r}')\frac{\partial}{\partial n'}\left(\frac{1}{R}\right)\mathrm{d}S' \tag{9.8.16}$$

$$\varphi_{\mathrm{m}i}=\frac{1}{4\pi\mu_0}\int_V\frac{\rho_{\mathrm{m}}(\boldsymbol{r}')\mathrm{d}V'}{R}+\frac{1}{4\pi\mu_0}\oint_S\frac{\sigma_{\mathrm{m}}(\boldsymbol{r}')}{R}\mathrm{d}S'+\frac{1}{4\pi\mu_0}\oint_S\tau_{\mathrm{m}}(\boldsymbol{r}')\frac{\partial}{\partial n'}\left(\frac{1}{R}\right)\mathrm{d}S' \tag{9.8.17}$$

在式(9.8.16)和式(9.8.17)中，σ_{m} 是面磁荷分布的单层源，它反映了边界面 S 两侧磁场强度法向分量的突变，称为虚拟单层源密度；而 τ_{m} 是面磁偶极子分布的双层源，它反映了边界面 S 两侧 φ_{m} 的突变，称为虚拟双层源密度。它们两者共同表示了区域 V 外的源电流对 V 内任意点场的贡献。

现在分析边界面 S 上只存在一种虚拟源，下面讨论两种情况。

1) 内、外区域标量磁位在边界面 S 上连续

如果在边界面 S 两侧 $\varphi_{\mathrm{m}}=\varphi'_{\mathrm{m}}$，即 V 内关于 φ_{m} 问题的边界值 φ_{m} 与 V' 内关于 φ'_{m} 问题的边界值 φ'_{m} 是相等的量。此时，式(9.8.16)和式(9.8.17)分别变成：

$$\varphi_{\mathrm{m}}(\boldsymbol{r})=\frac{1}{4\pi\mu_0}\int_V\frac{\rho_{\mathrm{m}}(\boldsymbol{r}')\mathrm{d}V'}{R}+\frac{1}{4\pi\mu_0}\oint_S\frac{\sigma_{\mathrm{m}}(\boldsymbol{r}')}{R}\mathrm{d}S' \tag{9.8.18}$$

和

$$\varphi_{\mathrm{m}i}=\frac{1}{4\pi\mu_0}\int_V\frac{\rho_{\mathrm{m}}(\boldsymbol{r}')\mathrm{d}V'}{R}+\frac{1}{4\pi\mu_0}\oint_S\frac{\sigma_{\mathrm{m}}(\boldsymbol{r}')}{R}\mathrm{d}S' \tag{9.8.19}$$

式(9.8.18)是用间接法时，V 内点标量磁位 φ_{m} 用边界量 $\sigma_{\mathrm{m}}(\boldsymbol{r})$ 和体磁荷密度 $\rho_{\mathrm{m}}(\boldsymbol{r})$ 的表达公式。其中，$\sigma_{\mathrm{m}}(\boldsymbol{r})$ 和 $\rho_{\mathrm{m}}(\boldsymbol{r})$ 都是虚拟源密度，用式(9.8.18)计算内点标量磁位时，要先求出它们。

当点“i”在边界面 S 上时，所得边界积分方程就是式(9.8.19)。对于 $\sigma_{\mathrm{m}}(\boldsymbol{r})$ 和 $\rho_{\mathrm{m}}(\boldsymbol{r})$ 来说，这个方程是第一类弗雷德霍姆积分方程。已知 $\varphi_{\mathrm{m}i}$ 的函数，便可解出 $\sigma_{\mathrm{m}}(\boldsymbol{r})$ 和 $\rho_{\mathrm{m}}(\boldsymbol{r})$。如果已知边界面 S 上的 $\dfrac{\partial\varphi_{\mathrm{m}}}{\partial n}=q$，则需要由式(9.8.18)确定点“$i$”的 $\left(\dfrac{\partial\varphi_{\mathrm{m}}}{\partial n}\right)_i=q_i$，有

$$q_i=\left[\frac{\partial\varphi_{\mathrm{m}}(\boldsymbol{r})}{\partial n}\right]_i=\frac{1}{4\pi\mu_0}\int_V\rho_{\mathrm{m}}(\boldsymbol{r}')\frac{\partial}{\partial n}\left(\frac{1}{R}\right)\mathrm{d}V'+\frac{1}{4\pi\mu_0}\oint_S\sigma_{\mathrm{m}}(\boldsymbol{r}')\frac{\partial}{\partial n}\left(\frac{1}{R}\right)\mathrm{d}S' \tag{9.8.20}$$

在光滑的边界面上，式(9.8.20)变成：

$$q_i=-\frac{1}{2\mu_0}\sigma_{\mathrm{m}i}+\frac{1}{4\pi\mu_0}\int_V\rho_{\mathrm{m}}(\boldsymbol{r}')\frac{\partial}{\partial n}\left(\frac{1}{R}\right)\mathrm{d}V'+\frac{1}{4\pi\mu_0}\oint_S\sigma_{\mathrm{m}}(\boldsymbol{r}')\frac{\partial}{\partial n}\left(\frac{1}{R}\right)\mathrm{d}S' \tag{9.8.21}$$

这是对 $\sigma_{\mathrm{m}}(\boldsymbol{r})$ 和 $\rho_{\mathrm{m}}(\boldsymbol{r})$ 的第二类弗雷德霍姆积分方程。由此便可确定出函数 $\sigma_{\mathrm{m}}(\boldsymbol{r})$ 和 $\rho_{\mathrm{m}}(\boldsymbol{r})$。将解得的 $\sigma_{\mathrm{m}}(\boldsymbol{r})$ 和 $\rho_{\mathrm{m}}(\boldsymbol{r})$ 代入式(9.8.18)中，就可计算出 V 内任一点的 φ_{m}。

2) 内、外区域标量磁位的导数在边界面 S 上连续

如果内、外区域标量磁位的导数在边界面 S 上连续，即 $\dfrac{\partial\varphi_{\mathrm{m}}}{\partial n}=\dfrac{\partial\varphi'_{\mathrm{m}}}{\partial n}$，此时，式(9.8.16)和式(9.8.17)分别变成：

$$\varphi_{\rm m}(\boldsymbol{r}')=\frac{1}{4\pi\mu_0}\int_V\frac{\rho_{\rm m}(\boldsymbol{r}')}{R}{\rm d}V'+\frac{1}{4\pi\mu_0}\oint_S\tau_{\rm m}(\boldsymbol{r}')\frac{\partial}{\partial n'}\left(\frac{1}{R}\right){\rm d}S' \tag{9.8.22}$$

和

$$\varphi_{{\rm m}i}=\frac{1}{4\pi\mu_0}\int_V\frac{\rho_{\rm m}(\boldsymbol{r}')}{R}{\rm d}V'+\frac{1}{4\pi\mu_0}\oint_S\tau_{\rm m}(\boldsymbol{r}')\frac{\partial}{\partial n'}\left(\frac{1}{R}\right){\rm d}S' \tag{9.8.23}$$

式(9.8.22)是用间接法计算时，V 内点标量磁位 $\varphi_{\rm m}$ 用边界量 $\tau_{\rm m}(\boldsymbol{r})$ 和体磁荷密度 $\rho_{\rm m}(\boldsymbol{r})$ 的表达公式。其中，$\tau_{\rm m}(\boldsymbol{r})$ 和 $\rho_{\rm m}(\boldsymbol{r})$ 都为虚拟源密度。用式(9.8.22)计算内点标量磁位时，要先求出它们两者来。

当点“i”在光滑边界面 S 上时，则有

$$\varphi_{{\rm m}i}=-\frac{1}{2\mu_0}\tau_{{\rm m}i}+\frac{1}{4\pi\mu_0}\int_V\frac{\rho_{\rm m}(\boldsymbol{r}')}{R}{\rm d}V'+\frac{1}{4\pi\mu_0}\oint_S\tau_{\rm m}(\boldsymbol{r}')\frac{\partial}{\partial n'}\left(\frac{1}{R}\right){\rm d}S' \tag{9.8.24}$$

对于 $\tau_{\rm m}(\boldsymbol{r})$ 和 $\rho_{\rm m}(\boldsymbol{r})$ 来说，这个方程是第二类弗雷德霍姆积分方程。已知 $\varphi_{{\rm m}i}$ 的函数，便可确定函数 $\tau_{\rm m}(\boldsymbol{r})$ 和 $\rho_{\rm m}(\boldsymbol{r})$。

如果已知边界面上的 $\dfrac{\partial\varphi_{\rm m}}{\partial n}=q$，则需要由式(9.8.22)确定点“$i$”的 $\left(\dfrac{\partial\varphi_{\rm m}}{\partial n}\right)_i=q_i$，有

$$q_i=\frac{1}{4\pi\mu_0}\int_V\rho_{\rm m}(\boldsymbol{r}')\frac{\partial}{\partial n}\left(\frac{1}{R}\right){\rm d}V'+\frac{1}{4\pi\mu_0}\oint_S\tau_{\rm m}(\boldsymbol{r}')\frac{\partial}{\partial n}\left[\frac{\partial}{\partial n'}\left(\frac{1}{R}\right)\right]{\rm d}S' \tag{9.8.25}$$

对于 $\tau_{\rm m}(\boldsymbol{r})$ 和 $\rho_{\rm m}(\boldsymbol{r})$ 来说，这是第一类弗雷德霍姆积分方程。由此便可确定函数 $\tau_{\rm m}(\boldsymbol{r})$ 和 $\rho_{\rm m}(\boldsymbol{r})$。将解得的 $\tau_{\rm m}(\boldsymbol{r})$ 和 $\rho_m(\boldsymbol{r})$ 代入式(9.8.22)中，就可以计算出 V 内任一点的 $\varphi_{\rm m}$。

在静电场中，已经比较了直接边界积分方程法与间接边界积分方程法，其结果在这里也是成立的。

9.9　磁荷密度 $\sigma_{\rm m}$ 的积分方程

若令 $\rho_{\rm m}$ 和 $\sigma_{\rm m}$ 分别表示磁荷的体密度和面密度，且有

$$\rho_{\rm m}=-\mu_0\nabla\cdot\boldsymbol{M}\quad 和\quad \sigma_{\rm m}=-\mu_0\boldsymbol{M}\cdot\boldsymbol{e}_n \tag{9.9.1}$$

那么，根据式(9.5.10)和式(9.5.7)，有

$$\boldsymbol{H}_{\rm m}=\frac{1}{4\pi\mu_0}\int_V\rho_{\rm m}\nabla'\left(\frac{1}{R}\right){\rm d}V'+\frac{1}{4\pi\mu_0}\oint_S\sigma_{\rm m}\nabla'\left(\frac{1}{R}\right){\rm d}S' \tag{9.9.2}$$

如果媒质是均匀的，则 $\rho_{\rm m}=0$。利用分界面衔接条件，可以得到一个只含 $\sigma_{\rm m}$ 和 $\boldsymbol{H}_{\rm s}$ 的积分方程。这个积分方程与电介质问题的积分方程非常相似。由已知的 $\boldsymbol{H}_{\rm s}$ 求出 $\sigma_{\rm m}$，进而利用式(9.9.2)计算各点的 $\boldsymbol{H}_{\rm m}$。下面就具体地来导出这个积分方程。

如图 9.9.1 所示，设在两种媒质的分界面 S 附近，任一点 M 周围的磁场可由一个半径很小的面积为 dS 的圆盘上的面磁荷产生的磁场 $\boldsymbol{H}^0$ 和其他所有磁荷所产生的磁场 $\boldsymbol{H}'$ 相加而成，即总磁场为

$$\boldsymbol{H} = \boldsymbol{H}^0 + \boldsymbol{H}' \tag{9.9.3}$$

容易求得，圆盘 dS 上的面磁荷 σ_{m} 在 dS 处的 $\boldsymbol{n}_i$ 和 $\boldsymbol{n}_k$ 方向上产生的磁场均为

$$H_{ni}^0 = H_{nk}^0 = \frac{\sigma_{\mathrm{m}}}{2\mu_0} \tag{9.9.4}$$

可见磁场 $\boldsymbol{H}^0$ 的法向分量在通过两种媒质的分界面时的突变值为 $\dfrac{\sigma_{\mathrm{m}}}{\mu_0}$。然而，由其他所有磁荷产生的磁场 $\boldsymbol{H}'$ 和它的法向分量 H_n'，在通过圆盘 dS 时是连续的，有

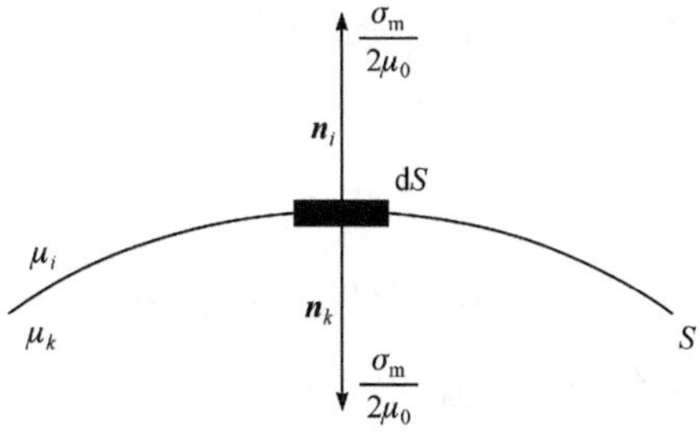

图 9.9.1 计算 σ_{m} 用的示意图

$$H_{ni}' = -H_{nk}' \tag{9.9.5}$$

这里，H_{ni}' 和 H_{nk}' 分别是磁场 $\boldsymbol{H}'$ 在 $\boldsymbol{n}_i$ 和 $\boldsymbol{n}_k$ 方向的分量。

若令 H_{ni} 及 H_{nk} 分别代表总磁场 $\boldsymbol{H}$ 在 $\boldsymbol{n}_i$ 和 $\boldsymbol{n}_k$ 方向的分量，根据式(9.9.3)、式(9.9.4)和式(9.9.5)，显然有

$$H_{ni} = H_{ni}^0 + H_{ni}' = \frac{\sigma_{\mathrm{m}}}{2\mu_0} + H_{ni}' \tag{9.9.6}$$

$$H_{nk} = H_{nk}^0 + H_{nk}' = \frac{\sigma_{\mathrm{m}}}{2\mu_0} - H_{ni}' \tag{9.9.7}$$

但根据媒质分界面上的衔接条件知道：

$$\mu_i H_{ni} + \mu_k H_{nk} = 0 \tag{9.9.8}$$

将式(9.9.6)和式(9.9.7)代入式(9.9.8)中，得到

$$\mu_i \frac{\sigma_{\mathrm{m}}}{2\mu_0} + \mu_i H_{ni}' + \mu_k \frac{\sigma_{\mathrm{m}}}{2\mu_0} - \mu_k H_{ni}' = 0$$

由此解得

$$\sigma_{\mathrm{m}} = \frac{2\mu_0\left(\mu_k - \mu_i\right)}{\mu_k + \mu_i} H_{ni}' \tag{9.9.9}$$

这就是确定两种媒质分界面上的磁荷密度 σ_{m} 的方程。

由式(9.9.9)看出，在任一个 dS 上的 σ_{m} 是与 H_{ni}' 有关的，而 H_{ni}' 则是与所有分界面上除 dS 外的其他任一点处的 σ_{m} 有关系的。因此，σ_{m} 一般是不能由式(9.9.9)直接得到的，而只可应用该式列出在分界面各处 σ_{m} 的很多个方程式，然后从这些方程组来解出任一处的 σ_{m} 值。这里，H_{ni}' 是除 dS 处外的其他各处 σ_{m} 的积分函数，所以由式(9.9.9)列出的方程都是积分方程式。

为了方便计算，把法向分量 H_{ni}' 分成两部分：

$$H_{ni}' = H_{sn} + H_{n0} \tag{9.9.10}$$

式中，H_{n0} 是被观察面上(除圆盘 dS 外)的 σ_{m} 所产生的，而 H_{sn} 是由其余的全部磁荷所产生

的，也可看作外磁场 $\boldsymbol{H}_s$ 在 dS 处的法向分量。

用式(9.9.2)不难求得，分界面 S 上 M 点处的 H_{n0} 为

$$H_{n0}=\frac{1}{4\pi\mu_0}\int_S\frac{\sigma_m(r')\cos(\overrightarrow{NM},\boldsymbol{n})}{R_{NM}^2}\mathrm{d}S' \tag{9.9.11}$$

式中，σ_m 为在分界面 S 的动点 N 点处的面磁荷密度，$\cos\left(\overrightarrow{NM},\boldsymbol{n}\right)=\cos\Psi$ 是 $\overrightarrow{NM}$ 与 $\boldsymbol{n}$ 之间夹角的余弦值，如图 9.9.2 所示。

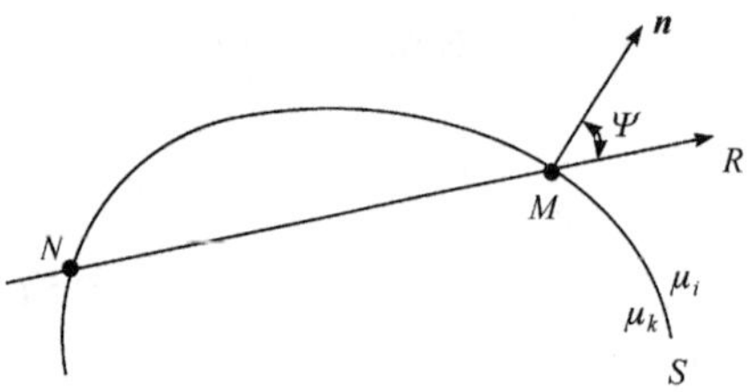

图 9.9.2　计算磁场 H_{n0} 的示意图

将式(9.9.10)和式(9.9.11)代入式(9.9.9)中，得

$$\sigma_m=\frac{\mu_0(\mu_k-\mu_i)}{\mu_k+\mu_i}\left(2H_{sn}+\frac{1}{2\pi}\int_S\frac{\sigma_m(\boldsymbol{r}')\cos\Psi}{R_{NM}^2}\mathrm{d}S'\right) \tag{9.9.12}$$

这就是面磁荷密度 σ_m 的积分方程。

在平行平面场中(与 z 坐标无关)，面磁荷 σ_m 所建立的 H_{n0} 为

$$H_{n0}=\frac{1}{2\pi\mu_0}\int_l\frac{\sigma_m(\boldsymbol{r}')\cos\Psi}{R}\mathrm{d}l' \tag{9.9.13}$$

又根据式(9.9.9)得面磁荷密度为

$$\sigma_m=\frac{\mu_0(\mu_k-\mu_i)}{\mu_k+\mu_i}\left(2H_{sn}+\frac{1}{\pi}\int_l\frac{\sigma_m(\boldsymbol{r}')\cos\Psi}{R}\mathrm{d}l'\right) \tag{9.9.14}$$

这就是二维问题的面磁荷密度 σ_m 的积分方程。

9.10　平行导体涡流问题的积分方程

在涡流问题中，涡流密度 $\boldsymbol{J}$ 的计算公式为

$$\boldsymbol{J}=\gamma\boldsymbol{E}=\gamma\left(-\frac{\partial\boldsymbol{A}}{\partial t}-\nabla\varphi\right) \tag{9.10.1}$$

而 $\boldsymbol{A}$ 满足下列微分方程：

$$\nabla^2\boldsymbol{A}=-\mu\boldsymbol{J} \tag{9.10.2}$$

不难看到，方程式(9.10.2)具有下列形式上的解答：

$$\boldsymbol{A}=\int_V\frac{\mu\boldsymbol{J}(\boldsymbol{r}')}{4\pi R}\mathrm{d}V' \tag{9.10.3}$$

式中，R 为位于 $\boldsymbol{r}'$ 处的体积元 dV' 与 $\boldsymbol{r}$ 处场点 P 之间的距离，即 $\boldsymbol{R}=|\boldsymbol{r}-\boldsymbol{r}'|$。因此，利用式(9.10.1)和式(9.10.3)，得到

$$\boldsymbol{E}=-\frac{\partial}{\partial t}\int_V\frac{\mu\boldsymbol{J}(\boldsymbol{r}')}{4\pi R}\mathrm{d}V'-\nabla\varphi \tag{9.10.4}$$

式(9.10.4)两边同乘以导体的电导率 γ，则得到

$$\boldsymbol{J}=-\frac{\partial}{\partial t}\int_{V}\frac{\mu\gamma\boldsymbol{J}(\boldsymbol{r}')}{4\pi R}\mathrm{d}V'-\gamma\nabla\varphi \tag{9.10.5}$$

实际上，这是关于导体中电流密度 $\boldsymbol{J}(\boldsymbol{r})$ 的一个积分方程[33]。它是第二类弗雷德霍姆积分方程。如果系统是静止的，可把对时间的导数移到体积分之内。

在正弦稳态情况下，积分方程式(9.10.5)的复数形式为

$$\dot{\boldsymbol{J}}=-\mathrm{j}\frac{\omega\mu\gamma}{4\pi}\int_{V}\frac{\dot{\boldsymbol{J}}(\boldsymbol{r}')}{R}\mathrm{d}V'-\gamma\nabla\dot{\varphi} \tag{9.10.6}$$

为了说明积分方程(9.10.6)的应用，来看一个例子[25,33]。例如，有两个平行汇流导体，其轴线长度方向比宽度方向大得多，其位置和坐标系如图 9.10.1 所示，两根单位长度导体所加电压分别为 E_0 和 $-E_0$。在平行平面场中，$-\nabla\varphi=\boldsymbol{E}_0$ 为给定条件，$\dot{\boldsymbol{J}}$ 和 $\dot{\boldsymbol{A}}$ 只有 z 方向分量。此时，式(9.10.6)退化成关于 $\dot{\boldsymbol{J}}=\dot{J}\boldsymbol{e}_z$ 的二维积分方程，即

$$\dot{J}(x,y)=-\mathrm{j}\frac{\omega\mu\gamma}{2\pi}\sum_{n=1}^{2}\int_{D_n}\dot{J}(x',y')\ln\sqrt{(x-x')^2+(y-y')^2}\,\mathrm{d}x'\mathrm{d}y'+\gamma E_0 \tag{9.10.7}$$

式中，E_0 在导体 1 处为正，在导体 2 处为负。式(9.10.7)为积分方程，可以解出导体内各点电流密度分布。根据电流密度可以求解出空间任一点的其他场量。这一积分方程在大电流母线(亦称汇流排)的集肤效应和邻近效应计算中，得到了满意的结果。

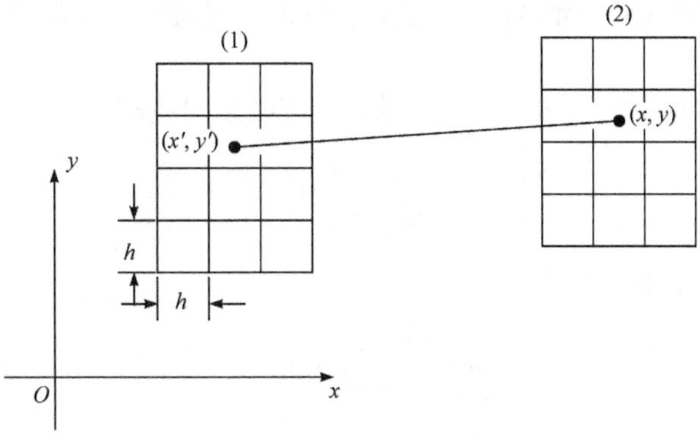

图 9.10.1　两平行导体位置和坐标

对于涡流这样的开放边界问题来说，特别是孤立导体或一组导体内有电流流动的情况，积分方程法是一种较好的技术。

方程式(9.10.7)中的积分可以近似地解出，方法是把每个导体的截面 $D_n\,(n=1,2)$ 分成 N 个尺寸为 $h\times h$ 的小方格，假定每个小方格内的 $\dot{J}$ 是均匀的。这样，在第 m 个方格内的任一点 P，式(9.10.7)变为

$$\dot{J}_P=-\mathrm{j}\frac{\omega\mu\gamma}{2\pi}\sum_{k=1}^{2N}\dot{J}_k\iint_{S_k}\ln\sqrt{(x-x')^2+(y-y')^2}\,\mathrm{d}x'\mathrm{d}y'+\gamma E_0 \tag{9.10.8}$$

于是，第 m 个方格内的电流密度可用 $\dot{J}_P$ 的平均值来表示，即

$$\dot{J}_m=\frac{1}{h^2}\iint_{S_m}\dot{J}_P\mathrm{d}x\mathrm{d}y=-\mathrm{j}\frac{\omega\mu\gamma}{2\pi h^2}\sum_{k=1}^{2N}\dot{J}_k\iint_{S_m}\left[\iint_{S_k}\ln\sqrt{(x-x')^2+(y-y')^2}\,\mathrm{d}x'\mathrm{d}y'\right]\mathrm{d}x\mathrm{d}y+\gamma E_0$$

或者写成：

$$\dot{J}_m = -\mathrm{j}\frac{\omega\mu\gamma h^2}{2\pi}\sum_{k=1}^{2N}\dot{J}_k \ln r_{mk} + \gamma E_0 \tag{9.10.9}$$

其中

$$\ln r_{mk} = \frac{1}{h^4}\iint_{S_m}\left[\iint_{S_k}\ln\sqrt{(x-x')^2+(y-y')^2}\,\mathrm{d}x'\mathrm{d}y'\right]\mathrm{d}x\mathrm{d}y \tag{9.10.10}$$

事实上，若 h 很小，则可以把 r_{mk} 看成两个小方格 m 和 k 的中点之间的距离，即 $r_{mk} = \sqrt{(x_m - x_k)^2 + (y_m - y_k)^2}$ 。仅当 $k = m$ 时，$r_{mk} \approx 0.447h$ 。

对于导体内的每一个方格，都有一个对应的方程(9.10.9)，于是可得 $2N$ 个方程式，将其写成矩阵形式，有

$$\dot{\boldsymbol{J}} + \mathrm{j}\boldsymbol{C}\dot{\boldsymbol{J}} = \dot{\boldsymbol{J}}_S \tag{9.10.11}$$

其中，$\dot{J}_S$ 为小方格内的源电流密度，即外加于导体的电压 $\dot{V}$ 所产生的电流 $\dot{J}_S = \gamma_0 E_0$ 。

若源电流密度 $\dot{J}_S$ 为零，即如果导体内没有负载电流，则需要附加一个方程：

$$\iint_D \dot{J}\mathrm{d}x\mathrm{d}y \approx h^2\sum_{k=1}^{N}\dot{J}_k = 0 \tag{9.10.12}$$

式(9.10.12)表明，涡流仅限于导体内部，在任何瞬间，涡流在导体截面上垂直地流去又垂直地流回来。

一旦求得各小方格中的电流密度，每单位长度的总损耗即为

$$P = \frac{h^2}{\gamma}\sum_{k=1}^{2N}\left|\dot{J}_k\right|^2 \tag{9.10.13}$$

而导体外部任意一点 P 的矢量磁位 $\dot{A}$ 为

$$\dot{A} = \frac{h^2}{2\pi}\sum_{k=1}^{2N}\mu\dot{J}_k \ln r_{Pk} \tag{9.10.14}$$

式中，r_{Pk} 是方格 k 的中心点与 P 点之间的距离。

习　题　9

9.1　有一半径为 a 的导体半球，其平面放在一块无穷大的导体板上。求在半球表面上及导体板表面上，净面电荷密度 σ' 的计算公式。

9.2　在上半空间 ε_1 的介质中的 P 点有一点电荷 q，而下半空间为 ε_2 的介质。求空间中任一点的电位及电场强度。

9.3　在离球心为 d 处有一点电荷 q，同时导体球体(半径为 a)是接地的，且 $a<d$ 。求球面上的净面电荷密度 σ' 。

9.4　在与接地的无穷大导体平面上方相距 d 的 P 点处，有一点电荷 q 。求在接地导体平面上的净面电荷密度 σ' 的计算公式。

9.5　在两种电介质(它们的介电常数分别为 ε_1 和 ε_2)分界平面的 ε_1 介质一侧 P 点处，有一点

电荷q。求在分界平面上的净面电荷密度σ'的计算公式。

9.6 (1) 现设由S围成的电介质ε_1(体积为V)被引入由已知电荷分布所产生的位场$\varphi_i(x,y,z)$中，证明在S上合成电位φ满足如下积分方程：

$$\varphi(P)=\frac{2\varepsilon_2\varphi_i(P)}{\varepsilon_1+\varepsilon_2}-\frac{1}{2\pi}\frac{\varepsilon_1-\varepsilon_2}{\varepsilon_1+\varepsilon_2}\int_S\varphi(P')\frac{\partial}{\partial n'}\left(\frac{1}{R}\right)\mathrm{d}S'$$

其中，ε_2是S以外空间中电介质的介电常数。(提示：设φ_1和φ_2分别为S内和S外的φ函数，试研究调和函数$\psi=\varepsilon_1\varphi_1(P)-\varepsilon_2\varphi_i(P)$在$S$内和$S$外的值及调和函数$\psi=\varepsilon_2\varphi_2(P)-\varepsilon_1\varphi_i(P)$在$S$内和$S$外的值，在$S$上$\varphi_1=\varphi_2$，$\varepsilon_1\dfrac{\partial\varphi_1}{\partial n}=\varepsilon_2\dfrac{\partial\varphi_2}{\partial n}$；令$P$趋于$S$，不管从$S$内趋于$S$还是从$S$外趋于$S$，以得出所求的积分方程)

(2) 试给出S内和S外任一点的总电位的表示式。

第 10 章 计算机方法简介

近代电磁场问题能够由解析方法求得精确解的不多，所以多借助于计算数学中的数值方法来得到近似解。用计算数学的方法求解电磁场问题称为计算电磁学。近年来，随着高速大容量计算机技术的迅速发展，它已很快地发展成为一门新兴的学科，是进一步解决电磁场问题的基础。计算电磁学利用数值方法把连续变量函数离散化，把微分方程化为差分方程，把积分方程化为有限和的形式，从而建立起收敛的代数方程组，然后分别利用计算机进行求解，从这个意义上讲，它也可统称为计算机方法。

利用计算机进行求解之前，数值方法都需要进行解析预处理。预处理工作量越少，该方法实现起来越容易。评价一种方法的性能还可以从计算精度、计算效率、存储要求、适应性和多功能性等方面。每种方法都有各自的优、缺点。对于给定的问题，可以用不同方法去求解。初始选择一般依据待解问题的结构，然后通过几方面进行比较后来决定。由于篇幅所限，不能对计算电磁学所涉及的各种数值方法都做论述，这一章将简要地介绍电磁场计算中广泛应用的有限差分法、有限元法、矩量法和边界元法。

10.1 变分法简述

变分法是数学物理方法中的一个重要分支，通过应用变分法可以把一个任意边界条件下求解微分方程的问题化为泛函求极值的问题。换句话说，变分法是研究泛函极值的一种方法；求泛函极值的问题统称为变分问题。

在这一节里，将介绍变分法的基本原理，讨论泛函、变分与微分和积分的关系，变分问题与边值问题的关系，泛函求极值与欧拉方程的建立。

10.1.1 泛函极值问题与变分问题

在工程问题中，除了要解决某个函数的极值问题外，通常还需要解决泛函的极值问题。不严格地说，凡变量的值是由一个或几个函数的选取而确定，这种变量就称为“泛函”[34]。这里，以平面上的最短路径问题来说明泛函和泛函极值问题。已经知道，在 xOy 平面上，一条过两个定点 $A(x_1,y_1)$ 和 $B(x_2,y_2)$ 的曲线的长度为

$$I[y(x)]=\int_{x_1}^{x_2}\sqrt{1+y'^2(x)}\mathrm{d}x \tag{10.1.1}$$

现在的问题是，在满足条件 $y(x_1)=y_1$ 和 $y(x_2)=y_2$ 且有一阶连续导数的函数类中，求使 I 取极小值的曲线 $y_0(x)$。实际上，此问题是求过两点 $A(x_1,y_1)$ 和 $B(x_2,y_2)$ 的 C^1 类曲线中最短的一条，或者最短路径问题。不难看出，在式(10.1.1)中，变量 I 是一条曲线 $y=y(x)$ 的函数，称 I 为函数 $y(x)$ 的函数，简称“泛函”。

如果提出这样的问题：求联结 $A(x_1,y_1)$ 和 $B(x_2,y_2)$ 两点的最短路径的方程，也就是求满足下列条件：

$$\begin{cases} I=\int_{x_1}^{x_2}\sqrt{1+y'^2}\,\mathrm{d}x \to \min \\ y(x_1)=y_1,\ \ y(x_2)=y_2 \end{cases} \tag{10.1.2}$$

的 $y(x)$，这称为泛函极值问题。变分法是研究求泛函极值的一种方法，它是数学物理方法中的一个重要分支。因为在数学中，称函数极值问题为“微分问题”，所以相应地称泛函极值问题为“变分问题”。

在讨论变分问题时，应指明泛函所依赖的函数需要满足的条件[34]。例如，对于上述最短路径问题的泛函 I，它所依赖的函数 $y(x)$ 应满足条件：

$$y(x_1)=y_1 \quad 和 \quad y(x_2)=y_2$$

在变分法中，常把具有某些共同性质的函数集称为“容许函数类 S”。而最短路径问题就是要从如上描述的容许函数类 $y(x_1)=y_1$ 和 $y(x_2)=y_2$ 中确定使 I 达到极小值的那一条曲线。

总之，满足一定边界条件的泛函极值问题统称为变分问题。

最后应当指出，泛函与复合函数是完全不同的两个概念。例如，在下列复合函数

$$z=y^2,\quad y=\sin x \tag{10.1.3}$$

中，给定一个 x 值，得到一个 y 值，相应地有一个 z 值，x 是函数 $y=\sin x$ 的自变量，y 是函数 $z=y^2$ 的自变量，所以，式(10.1.3)中的两个方程组成一个复合函数。在式(10.1.1)中，整条曲线 $y=y(x)$ 是自变量，即 I 是以整个函数 $y(x)$ 为变量，而不是依赖于若干分散的自变量。I 是函数 $y(x)$ 的函数，这是泛函。因此，泛函的值域属于实数或复数的数量空间，而泛函的定义域属于函数的集合或函数空间。

10.1.2　泛函极值与变分

前面提到，变分问题就是研究泛函极值的问题，泛函极值的计算方法类似于函数极值的计算方法。为便于理解，这里先介绍变分的概念。

如果泛函 $I[y(x)]$ 中的变量 $y(x)$ 在容许函数类 S 中由 $y(x)$ 变到 $\overline{y}(x)$，则 $\overline{y}(x)-y(x)$ 称为 $y(x)$ 的“变分”，记作：

$$\delta y=\overline{y}(x)-y(x) \tag{10.1.4}$$

即 δy 称为自变量 y 的变分。应当指出，δy 是 x 的函数，即 $\delta y(x)$。不难看出，变分 δy 与微分 $\mathrm{d}y$ 是两个不同的概念：$\mathrm{d}y$ 是 x 变化引起的微分(图 10.1.1)，而 δy 是对应于同一个 x 的两个函数之差(图 10.1.2)。

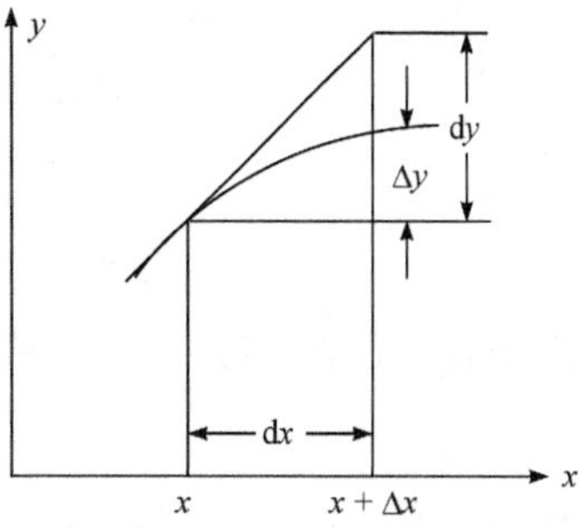

图 10.1.1　x 变化引起的微分 $\mathrm{d}y$

为了建立泛函的变分概念，从回顾微积分中函数微分概念入手[34]。函数的微分是函数增量的线性主部，即如果函数 $y(x)$ 的增量 $\Delta y=y(x+\Delta x)-y(x)$ 可表示为

$$\Delta y=A(x)\Delta x+0(\Delta x)$$

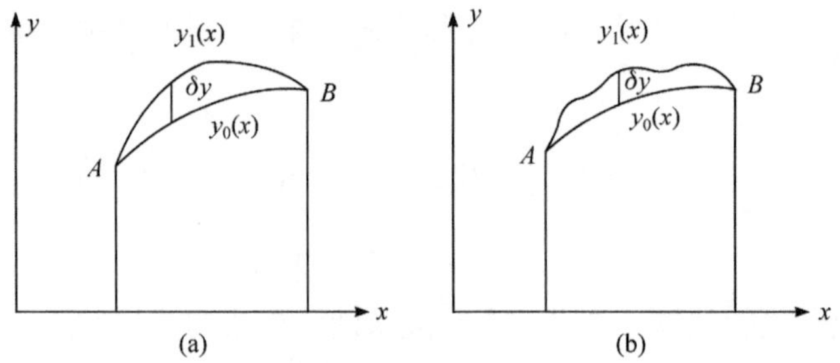

图 10.1.2　变分 δy 是对应于同一个 x 的两个函数之差

则函数 $y(x)$ 的微分为

$$\mathrm{d}y = A(x)\Delta x$$

类似地，可以引入“泛函的变分概念”。如果泛函数 $I[y(x)]$ 的增量 $\Delta I = I[y(x)+\delta y]-I[y(x)]$ 可以表示成：

$$\Delta I = L[y(x),\delta y]+\rho[y(x),\delta y] \tag{10.1.5}$$

这里，$L[y(x),\delta y]$ 对 δy 而言是线性的，而 $\rho[y(x),\delta y]$ 是 δy 的高次项，则称 $L[y(x),\delta y]$ 为“泛函的变分”，记作 δI 。

关于 δI 的计算，有下述定理：如果泛函 $I[y(x)]$ 的变分 δI 存在，则 δI 等于函数 $\varphi(\lambda) = I[y(x)+\lambda\delta y]$ 的导函数在 $\lambda = 0$ 处的值[34]，即

$$\delta I = \left.\frac{\mathrm{d}\varphi}{\mathrm{d}\lambda}\right|_{\lambda=0} \tag{10.1.6}$$

这就是变分的具体计算公式。下面给出对式(10.1.6)的简单证明[34]。

按照导数的定义，有

$$\left.\frac{\mathrm{d}\varphi}{\mathrm{d}\lambda}\right|_{\lambda=0} = \lim_{\lambda\to 0}\frac{\varphi(\lambda)-\varphi(0)}{\lambda} = \lim_{\lambda\to 0}\frac{I[y(x)+\lambda\delta y]-I[y(x)]}{\lambda} \tag{10.1.7}$$

因为 δI 存在，所以

$$I[y(x)+\delta y]-I[y(x)] = L[y(x),\delta y]+\rho[y(x),\delta y]$$

于是

$$I[y(x)+\lambda\delta y]-I[y(x)] = L[y(x),\lambda\delta y]+\rho[y(x),\lambda\delta y]$$

由于 $L[y(x),\delta y]$ 对 δy 而言是线性的，所以

$$L[y(x),\lambda\delta y] = \lambda L[y(x),\delta y]$$

从而，式(10.1.7)可以写成：

$$\begin{aligned}\left.\frac{\mathrm{d}\varphi}{\mathrm{d}\lambda}\right|_{\lambda=0} &= \lim_{\lambda\to 0}\frac{I[y(x)+\lambda\delta y]-I[y(x)]}{\lambda}\\ &= \lim_{\lambda\to 0}\frac{\lambda L[y(x),\delta y]+\rho[y(x),\lambda\delta y]}{\lambda}\\ &= L[y(x),\delta y]+\lim_{\lambda\to 0}\frac{\rho[y(x),\lambda\delta y]}{\lambda}\end{aligned} \tag{10.1.8}$$

考虑到当 $\max|\delta y| \to 0$ 时，有 $\dfrac{\rho[y(x),\delta y]}{\max|\delta y|} \to 0$，所以

$$\lim_{\lambda\to 0}\frac{\rho[y(x),\lambda\delta y]}{\lambda}=\lim_{\lambda\to 0}\frac{\rho[y(x),\lambda\delta y]}{\max|\lambda\delta y|}\times\frac{\max|\lambda\delta y|}{\lambda}$$

$$=\lim_{\lambda\to 0}\frac{\rho[y(x),\lambda\delta y]}{\max|\lambda\delta y|}\times\max|\delta y|=0$$

将这个结果代入式(10.1.8)中，得到

$$\left.\frac{\mathrm{d}\varphi}{\mathrm{d}\lambda}\right|_{\lambda=0}=L[y(x),\delta y]$$

即得

$$\delta I=\left.\frac{\mathrm{d}\varphi}{\mathrm{d}\lambda}\right|_{\lambda=0}$$

这就完成了对式(10.1.6)的证明。

很容易证明，变分算子与微分算子的性质完全一样。例如：

(1) $\delta(I_1 \pm I_2)=\delta I_1 \pm \delta I_2$；

(2) $\delta(I_1 I_2)=I_1\delta I_2+I_2\delta I_1$；

(3) $\delta\left(\dfrac{I_1}{I_2}\right)=\dfrac{I_2\delta I_1-I_1\delta I_2}{I_2^2}$；

(4) $\dfrac{\mathrm{d}}{\mathrm{d}x}(\delta y)=\delta\left(\dfrac{\mathrm{d}y}{\mathrm{d}x}\right)$；

(5) $\delta\int_a^b y(x)\mathrm{d}x=\int_a^b \delta y(x)\mathrm{d}x$。

这表明计算变分的规则与计算微分的规则是完全相同的。

大家知道，如果函数 $y(x)$ 在 x_0 达到极值，则有

$$\mathrm{d}y(x)\big|_{x=x_0}=0$$

类似地，若泛函 $I[y(x)]$ 在 $y_0(x)$ 上达到极值，则有

$$\delta I[y(x)]_{y=y_0(x)}=0 \tag{10.1.9}$$

这里对式(10.1.9)给出简单的证明。设 $y_0(x)$ 是使泛函 $I[y(x)]$ 取极值的函数，那么对于任意一个 δy，这等于函数 $\varphi(\lambda)=I[y_0(x)+\lambda\delta y]$ 在 $\lambda=0$ 时达到极值。函数

$$\varphi(\lambda)=I[y_0(x)+\lambda\delta y]$$

在 $\lambda=0$ 时取极值，必有

$$\varphi'(0)=\delta I=0 \tag{10.1.10}$$

这就是泛函达到极值 $y(x)$ 应满足的必要条件。它表明泛函 $I[y(x)]$ 取极值的必要条件即是变分为零。

应当指出，与函数极值条件一样，式(10.1.10)只是泛函 $I[y(x)]$ 取极值的必要条件，如

果要判别泛函 $I[y(x)]$ 是否有极值，是极大还是极小，还要看二阶变分而定。由于篇幅所限，这个问题请参阅变分法有关专著。在许多数学物理问题中，可以根据问题的物理意义来判别泛函是极大还是极小。

前面讨论的一元函数的泛函，可以毫无困难地将有关结论推广至多元函数的泛函。现以二元函数为例，用 u 表示二元函数：$u=u(x,y)$；I 是 u 的泛函：$I[u]=I[u(x,y)]$。自变量 u 的变分是 $\delta u(x,y)$，泛函的变分计算公式是

$$\delta I=\left.\frac{\mathrm{d}\varphi}{\mathrm{d}\lambda}\right|_{\lambda=0}$$

这里 $\varphi(\lambda)=I[u(x,y)+\lambda\delta u(x,y)]$。而泛函的极值条件是

$$\delta I=0 \tag{10.1.11}$$

与一元函数的泛函的极值条件相同。

10.1.3 欧拉方程

这里介绍一种解变分问题的方法。这种方法是将变分问题转变为微分方程，称为欧拉(Euler)方程。解欧拉方程，可得变分问题的解。

现在，考虑下列一般形式的泛函极值问题或变分问题:

$$\begin{cases}I=\displaystyle\int_{x_1}^{x_2}F[x,y(x),y'(x)]\mathrm{d}x\to\min\\ y(x_1)=y_1,\quad y(x_2)=y_2\end{cases} \tag{10.1.12}$$

1736 年，大数学家欧拉指出，要使积分

$$I=\int_{x_1}^{x_2}F[x,y(x),y'(x)]\mathrm{d}x \tag{10.1.13}$$

取极值，函数 $y(x)$ 必须满足:

$$\frac{\partial F}{\partial y}-\frac{\mathrm{d}}{\mathrm{d}x}\left(\frac{\partial F}{\partial y'}\right)=0 \tag{10.1.14}$$

方程(10.1.14)就是著名的“欧拉方程”。这就是在容许函数类 S 中使式(10.1.13)达到极值时 $y(x)$ 应适合的必要条件。只需要求出欧拉方程满足所给边界条件 $y(x_1)=y_1$ 和 $y(x_2)=y_2$ 的解答，则得到的函数 $y(x)$ 必然使式(10.1.13)取极值，相应地得到的函数 $y(x)$ 称为泛函极值问题式(10.1.12)的极值函数。

换句话说，求变分问题式(10.1.12)的解可转换成求如下欧拉方程的边值问题

$$\begin{cases}\dfrac{\partial F}{\partial y}-\dfrac{\mathrm{d}}{\mathrm{d}x}\left(\dfrac{\partial F}{\partial y'}\right)=0\\ y(x_1)=y_1,\quad y(x_2)=y_2\end{cases} \tag{10.1.15}$$

的解。或者说，微分方程边值问题的求解和对应的变分问题的求解是等价的。

这里，给出上面结果的简单证明。如果泛函达到了极值，对式(10.1.13)形式的泛函可具体算出，有

$$\delta I=\int_{x_1}^{x_2}\left(\frac{\partial F}{\partial y}\delta y+\frac{\partial F}{\partial y'}\delta y'\right)\mathrm{d}x=0$$

式中第二项经分部积分后为

$$-\int_{x_1}^{x_2}\left[\frac{\mathrm{d}}{\mathrm{d}x}\left(\frac{\partial F}{\partial y'}\right)\right]\delta y\mathrm{d}x+\left[\frac{\partial F}{\partial y'}\delta y\right]_{x_1}^{x_2}$$

由于在 x_1 和 x_2 处，$\delta y(x_1)=\delta y(x_2)=0$，所以上式中最后一项等于零，极值条件化为

$$\delta I=\int_{x_1}^{x_2}\left[\frac{\partial F}{\partial y}-\frac{\mathrm{d}}{\mathrm{d}x}\left(\frac{\partial F}{\partial y'}\right)\right]\delta y\mathrm{d}x=0$$

虽然 δy 是无穷小量，但由于它是任意的，所以上式为零的条件必有

$$\frac{\partial F}{\partial y}-\frac{\mathrm{d}}{\mathrm{d}x}\left(\frac{\partial F}{\partial y'}\right)=0$$

这就是在容许函数类 S 中使泛函(10.1.13)达到极值时 $y(x)$ 应适合的必要条件，即“欧拉方程”式(10.1.14)。

【例 10.1.1】 最短路径问题。求解最短路径 $y(x)$，即解变分问题式(10.1.2)。

解 对最短路径问题，有

$$F=\sqrt{1+y'^2}$$

将 F 直接代入欧拉方程 $\frac{\partial F}{\partial y}-\frac{\mathrm{d}}{\mathrm{d}x}\left(\frac{\partial F}{\partial y'}\right)=0$ 中，得到

$$-\frac{\mathrm{d}}{\mathrm{d}x}\left\{\frac{y'}{\left[1+(y')^2\right]^{1/2}}\right\}=0$$

或者

$$\frac{y'}{\left[1+(y')^2\right]^{1/2}}=C=\text{常数}$$

这是一个常微分方程。将这个常微分方程积分，得到

$$y(x)=C_1x+C_2$$

C_1 和 C_2 都是常数。显然，这是一条直线方程。将边界条件 $y(x_1)=y_1$ 和 $y(x_2)=y_2$ 代入，可以确定出常数 C_1 和 C_2。最后，得到

$$y(x)=\frac{y_2-y_1}{x_2-x_1}(x-x_1)+y_1$$

这是一条过两个定点 $A(x_1,y_1)$ 和 $B(x_2,y_2)$ 的直线。因此，最短路径是连接两个定点的直线。

10.1.4　自然边界条件

前面在研究泛函

$$I = \int_{x_1}^{x_2} F\left[x, y(x), y'(x)\right]\mathrm{d}x$$

的极值时，是假定函数 $y(x)$ 取自容许函数类 S ，而 S 中的函数都满足 $y(x_1) = y_1$ 和 $y(x_2) = y_2$ 的条件，这是两个边界端点固定的情形。现在假设左端点固定，右端点可沿直线 $x = x_2$ 自由移动。在这种情况下，根据泛函 $I\left[y(x)\right]$ 取极值的必要条件 $\delta I = 0$ ，可按前面方法类似进行推导，得

$$\delta I = \int_{x_1}^{x_2} \left[\frac{\partial F}{\partial y} - \frac{\mathrm{d}}{\mathrm{d}x}\left(\frac{\partial F}{\partial y'}\right)\right]\delta y\mathrm{d}x + \left[\frac{\partial F}{\partial y'}\delta y\right]_{x=x_2} \tag{10.1.16}$$

因为此式对一切 δy 均应成立，当然对满足附加条件 $\delta y\big|_{x=x_2} = 0$ 的那部分 δy 更应成立，所以 $y(x)$ 仍然必须满足欧拉方程[34]，即

$$\frac{\partial F}{\partial y} - \frac{\mathrm{d}}{\mathrm{d}x}\left(\frac{\partial F}{\partial y'}\right) = 0$$

这样，将它代回式(10.1.16)中，$\delta I = 0$ 可补足确定解所需的另一个边界条件：

$$\left[\frac{\partial F}{\partial y'}\delta y\right]_{x=x_2} = 0 \tag{10.1.17}$$

式(10.1.17)对一切 δy 成立，因 $\delta y\big|_{x=x_2}$ 可以任意，所以由式(10.1.17)，得到

$$\left.\frac{\partial F}{\partial y'}\right|_{x=x_2} = 0 \tag{10.1.18}$$

这样，在所讨论的情形中，泛函 $I\left[y(x)\right]$ 取极值的必要条件是所求极值函数 $y(x)$ 不仅必须满足欧拉方程和条件 $y(x_1) = y_1$ ，还必须在 $x = x_2$ 处满足式(10.1.18)。

由此看到，式(10.1.18)不必对泛函的容许函数类作为条件提出，它是从达到泛函极值的函数的最基本的必要条件 $\delta I = 0$ 可自然推出的，这种条件称为“自然边界条件”[34]。自然边界条件对应于微分方程的第二类边界条件。

从前面的讨论看出，泛函的形式具有两个明显的优点：第一，泛函中包含了微分方程的第二类边界条件，无须另外考虑，只要找到泛函就可以了；而在微分方程中，却没有包含这类边界条件，需作专门的考虑，否则得不到定解。因此在变分原理中，人们把含有独立函数的导数的边界条件称为自然边界条件，而把微分方程的第一类边界条件称为强加边界条件，因为它在变分过程中要强加上去。第二，泛函被积函数中包含的最高阶导数的阶次低于微分方程中最高阶导数的阶次。

10.2　多元函数的泛函的变分问题

可以把 10.1 节的有关结果推广到多自变量和多因变量的情况。设有下列泛函的表达式：

$$I(u)=\iint_S F(x,y,u,u_x,u_y)\mathrm{d}x\mathrm{d}y \tag{10.2.1}$$

式中，x 和 y 为自变量；u 为 x 和 y 的待定函数 $u(x,y)$；u_x 和 u_y 分别是 u 对 x 和 y 的偏导数；积分域 S 在 xOy 平面内，且 $u(x,y)$ 在 S 域的边界 C 上为给定的，在边界上 $\delta u=0$。这时，泛函取极值的条件是

$$\delta I=\iint_S\left(\frac{\partial F}{\partial u}\delta u+\frac{\partial F}{\partial u_x}\delta u_x+\frac{\partial F}{\partial u_y}\delta u_y\right)\mathrm{d}x\mathrm{d}y=0$$

式中，变分 δu 在 S 内连续可微，并在边界 C 上为零，在其他处为任意值。

利用分部积分法，对含有导数的微分项进行积分，例如，对于图 10.2.1 所示的平面区域，可以写出：

$$\begin{aligned}\iint_S\frac{\partial F}{\partial u_x}\delta\left(\frac{\partial u}{\partial x}\right)\mathrm{d}x\mathrm{d}y&=\int_a^b\int_{x_1(y)}^{x_2(y)}\frac{\partial F}{\partial u_x}\frac{\partial}{\partial x}(\delta u)\mathrm{d}x\mathrm{d}y\\&=\int_a^b\left\{\left[\frac{\partial F}{\partial u_x}\delta u\right]_{x_1(y)}^{x_2(y)}-\int_{x_1}^{x_2}\left[\frac{\partial}{\partial x}\left(\frac{\partial F}{\partial u_x}\right)\delta u\right]\mathrm{d}x\right\}\mathrm{d}y\end{aligned}$$

式中，x_1 与 x_2 为沿 x 方向积分时对应于同一个 y 值两端的 x 值。由于 δu 沿边界为零，所以上式右边第一项为零。于是，得

$$\iint_S\frac{\partial F}{\partial u_x}\delta\left(\frac{\partial u}{\partial x}\right)\mathrm{d}x\mathrm{d}y=-\iint_S\frac{\partial}{\partial x}\left(\frac{\partial F}{\partial u_x}\right)\delta u\mathrm{d}x\mathrm{d}y$$

其他各项按上述方法进行类似处理，最后得

$$\delta I=\iint_S\left[\frac{\partial F}{\partial u}-\frac{\partial}{\partial x}\left(\frac{\partial F}{\partial u_x}\right)-\frac{\partial}{\partial y}\left(\frac{\partial F}{\partial u_y}\right)\right]\delta u\mathrm{d}x\mathrm{d}y=0 \tag{10.2.2}$$

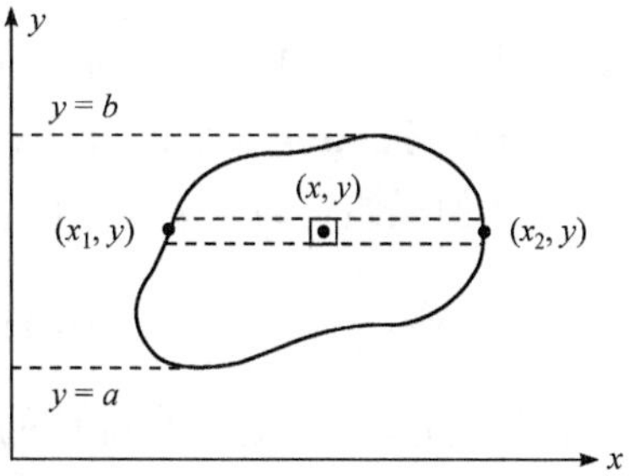

图 10.2.1　积分区域

又因为在 S 域内，δu 的任意性，于是从式(10.2.2)得

$$\frac{\partial F}{\partial u}-\frac{\partial}{\partial x}\left(\frac{\partial F}{\partial u_x}\right)-\frac{\partial}{\partial y}\left(\frac{\partial F}{\partial u_y}\right)=0 \tag{10.2.3}$$

这是相应于泛函式(10.2.1)的欧拉方程，是 I 取极值的必要条件。它是二阶偏微分方程，解这个方程，得到带积分常数的极值函数 $u(x,y)$。代入沿 C 的边界条件后，解出积分常数，最后得函数 $u(x,y)$。

进一步考虑两个自变量 x 和 y 以及两个因变量 $u(x,y)$ 和 $v(x,y)$ 的情况，泛函则可写成：

$$I(u,v)=\iint_S F(x,y,u,v,u_x,u_y,v_x,v_y)\mathrm{d}x\mathrm{d}y \tag{10.2.4}$$

相应的欧拉方程为

$$\frac{\partial F}{\partial u}-\frac{\partial}{\partial x}\left(\frac{\partial F}{\partial u_x}\right)-\frac{\partial}{\partial y}\left(\frac{\partial F}{\partial u_y}\right)=0 \tag{10.2.5}$$

和

$$\frac{\partial F}{\partial v}-\frac{\partial}{\partial x}\left(\frac{\partial F}{\partial v_x}\right)-\frac{\partial}{\partial y}\left(\frac{\partial F}{\partial v_y}\right)=0 \tag{10.2.6}$$

【例 10.2.1】 求与下列变分问题相应的边值问题。

$$\begin{cases} I(u)=\iint_S\left[\left(\dfrac{\partial u}{\partial x}\right)^2+\left(\dfrac{\partial u}{\partial y}\right)^2-2f(x,y)u\right]\mathrm{d}x\mathrm{d}y, \quad \text{取极值} \\ u(x,y)\big|_C=g(x,y) \end{cases} \tag{10.2.7}$$

式中，C 是二维区域 S 的边界；$g(x,y)$ 是给定的。

解 现在，由于

$$F(x,y,u,u_x,u_y)=\left(\frac{\partial u}{\partial x}\right)^2+\left(\frac{\partial u}{\partial y}\right)^2-2f(x,y)u$$

所以欧拉方程为

$$\frac{\partial^2 u}{\partial x^2}+\frac{\partial^2 u}{\partial y^2}=-f(x,y)$$

这就是熟知的泊松方程。因此，变分问题式(10.2.7)等价于如下偏微分方程的边值问题：

$$\begin{cases} \nabla^2 u=-f(x,y), \quad \text{在}S\text{域中} \\ u\big|_C=g(x,y) \end{cases} \tag{10.2.8}$$

或者说，泛函的极值函数 $u(x,y)$ 也就是微分方程边值问题的解。

现在考虑 u 是 3 个自变量 x 、y 和 z 的函数 $u(x,y,z)$，且 $u(x,y,z)$ 在三维区域 Ω 的边界 Γ 上的值是给定的：$u\big|_\Gamma=g(x,y,z)$。求满足这一条件时，使泛函

$$I(u)=\iiint_\Omega F(x,y,z,u,u_x,u_y,u_z)\mathrm{d}x\mathrm{d}y\mathrm{d}z \tag{10.2.9}$$

取极值的 u。按照泛函取极值的要求 $\delta I=0$，与前面类似，得相应的欧拉方程为

$$\frac{\partial F}{\partial u}-\frac{\partial}{\partial x}\left(\frac{\partial F}{\partial u_x}\right)-\frac{\partial}{\partial y}\left(\frac{\partial F}{\partial u_y}\right)-\frac{\partial}{\partial z}\left(\frac{\partial F}{\partial u_z}\right)=0 \tag{10.2.10}$$

它是二阶的三维偏微分方程。解这个方程，得到带积分常数的三维函数 $u(x,y,z)$。代入边界条件 $u\big|_\Gamma=g(x,y,z)$ 后，解出积分常数，最后得极值函数 $u(x,y,z)$。

【例 10.2.2】 求与下列变分问题相应的边值问题。

$$\begin{cases} I(u)=\iiint_\Omega\left[\left(\dfrac{\partial u}{\partial x}\right)^2+\left(\dfrac{\partial u}{\partial y}\right)^2+\left(\dfrac{\partial u}{\partial z}\right)^2-2f(x,y,z)u\right]\mathrm{d}x\mathrm{d}y\mathrm{d}z, \quad \text{取极值} \\ u(x,y,z)\big|_\Gamma=g(x,y,z) \end{cases} \tag{10.2.11}$$

解 仿照例 10.2.1，变分问题与下列边值问题对应：

$$\begin{cases}\nabla^2 u = -f(x,y,z), & 在\Omega域中 \\ u(x,y,z)\big|_\Gamma = g(x,y,z)\end{cases} \tag{10.2.12}$$

这一节所研究的变分问题的边界都是固定的，由此转变而成的边值问题的边界也是固定的，即在固定的边界上有给定的函数值，这相当于第一类边界条件。有许多边值问题的边界条件属于第二类或第三类边界条件，与这类边值问题相应的泛函，由于篇幅限制，请参阅有关著作。

10.3　变分问题的直接解法——里茨法

在 10.2 节中，看到泛函取极值的求解归结为欧拉方程的求解，这是变分问题的间接解法。通过这一间接解法可以看出，某些微分方程边值问题的求解等价于相应变分问题的求解。对于变分问题可根据极值意义采用直接方法，以求其近似解。里茨(Ritz)法就是求解变分问题的一种近似方法。

里茨法的基本思想是用一个适当选择的有限项函数 $u_i(x)$ 的线性组合来近似地代表真实解，称为试探解，可以写为

$$\tilde{y} = \sum_{i=1}^{n} c_i u_i(x) \tag{10.3.1}$$

其中，每个函数 $u_i(x)$ 都能单独地满足边界条件。称函数 $u_i(x)$ 为基函数。如果将 $u_i(x)$ 组成一个完备系，那么在理论上它可以导致精确解。但实际上由于计算量正比于 n 的平方，在求近似解时，希望 n 尽量选取得小。为了计算方便，往往将 $u_i(x)$ 选为一组正交函数。

变分问题的实质就转化为如何求出试探解式(10.3.1)中的系数 $c_1, c_2, \cdots, c_n$。这需要将式(10.3.1)代入泛函中，有

$$I(y) = \int_{x_1}^{x_2} F(x, y, y')\,\mathrm{d}x \approx \int_{x_1}^{x_2} F\left[x, \sum_{i=1}^{n} c_i u_i(x), \sum_{i=1}^{n} c_i u_i'(x)\right]\mathrm{d}x$$

这样，积分后就把泛函 $I(y)$ 转化成这些系数 $c_i (i = 1, 2, \cdots, n)$ 的函数，即

$$I(y) = I(c_1, c_2, \cdots, c_n)$$

当其对每个系数的偏导数为零，即

$$\frac{\partial I}{\partial c_i} = 0, \quad i = 1, 2, \cdots, n \tag{10.3.2}$$

时，该函数的极小值即可求得。解线性联立方程组式(10.3.2)求出 c_i 并代入式(10.3.1)中，得近似解。当 $n \to \infty$ 时，若 $\tilde{y} \to y$，则该过程收敛于精确解。一般说来，近似解的精度与基函数系 $u_i(x)$ 的选择及项数的多寡有关。如果试探函数的性质与泛函所需解的性质相近，则里茨法有较高的精度。

【例 10.3.1】　已知 $y(0) = 0$，$y(1) = 0$，试确定 $y = f(x)$，使泛函

$$I(y) = \int_0^1 \left(y'^2 + 2x^3 y\right)\mathrm{d}x$$

取极值。

解 以幂函数$1, x, x^2, x^3, \cdots$的前 4 项的线性组合：

$$\tilde{y} = c_0 + c_1 x + c_2 x^2 + c_3 x^3$$

作为试探函数，将边界条件$y(0)=0$，$y(1)=0$代入上式中，得$c_0=0$，$c_1=-(c_2+c_3)$。将

$$\tilde{y} = -(c_2+c_3)x + c_2 x^2 + c_3 x^3$$

代入泛函$I(y)$中积分后，得

$$I = \frac{1}{3}c_2^2 + \frac{4}{5}c_3^2 + c_2 c_3 - \frac{1}{15}c_2 - \frac{4}{35}c_3$$

求偏导数$\dfrac{\partial I}{\partial c_i}=0$，得到下列方程组：

$$\begin{cases} \dfrac{2}{3}c_2 + c_3 = \dfrac{1}{15} \\ c_2 + \dfrac{8}{5}c_3 = \dfrac{4}{35} \end{cases}$$

由此解得

$$c_2 = -\frac{4}{35}, \quad c_3 = \frac{1}{7}$$

所以近似解(试探解)为

$$\tilde{y} = \frac{1}{35}(5x^3 - 4x^2 - x)$$

该变分问题的精确解是

$$y = \frac{1}{20}(x^5 - x)$$

试探解(里茨法解)与精确解之间的比较见图 10.3.1。精确解是五次多项式，而试探解是三次多项式，所以它们之间还有一些差别。如果选择幂函数的前五项的线性组合(四次多项式)作为试探解，它与精确解的差别将缩小。

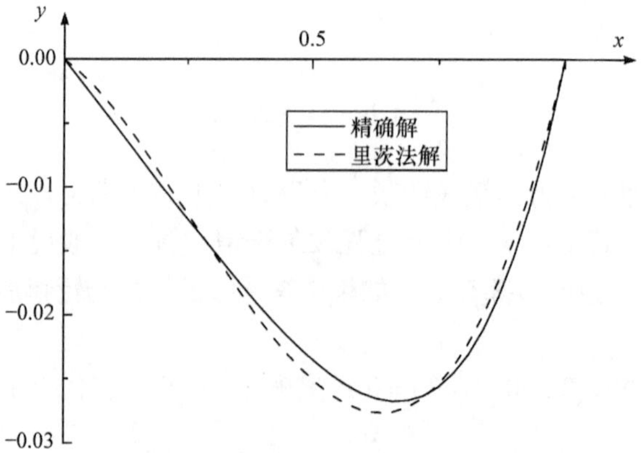

图 10.3.1 里茨法解与精确解

如果选用五次或五次以上多项式作为试探解，则能得到完全精确的结果。在这种情况下，因为所用的试探函数具有表达精确解的能力，所以能得到精确解，这也是所希望的。然而，在许多情况下，这是不可能的，因为许多实际重要的工程问题都没有解析解，所以只能得到近似解。

【例 10.3.2】 求泊松方程第一边值问题：

$$\begin{cases}\nabla^2 u=-2, \quad -a\leqslant x\leqslant a, \quad -b\leqslant y\leqslant b\\ u(-a,y)=u(+a,y)=u(x,-b)=u(x,+b)=0\end{cases}$$

解　与泊松方程第一边值问题对应的变分问题是

$$\begin{cases}I(u)=\iint_S\left[\left(\dfrac{\partial u}{\partial x}\right)^2+\left(\dfrac{\partial u}{\partial y}\right)^2-4u\right]\mathrm{d}x\mathrm{d}y\\ u(-a,y)=u(+a,y)=u(x,-b)=u(x,+b)=0\end{cases}$$

由于方程及边界条件都对 x 轴及 y 轴对称，因此选：

$$u_0(x,y)=(a^2-x^2)(b^2-y^2)$$
$$u_1(x,y)=u_0(x,y)x^2$$
$$u_2(x,y)=u_0(x,y)y^2$$
$$\cdots$$

如果只取一项，即 $n=1$，$\tilde{u}(x,y)=c_0u_0(x,y)$ 作为试探解，并代入泛函中，积分后取 $\dfrac{\partial I}{\partial c_0}=0$，得到

$$-\frac{128}{45}a^2b^3(a^2+b^2)c_0+\frac{32}{9}a^3b^3=0$$

解之得

$$c_0=\frac{5}{4(a^2+b^2)}$$

于是，近似解为

$$\tilde{u}(x,y)=\frac{5}{4}\frac{(a^2-x^2)(b^2-y^2)}{a^2+b^2}$$

在里茨法中，在整个解域内找出能表示或至少近似表示问题真实解的试探函数，这是非常重要的一步。然而，对于许多问题，这个步骤是十分困难的。尤其是对于边界形状复杂的二维和三维问题，在整个解域内找到一个基函数系列的线性组合来满足边界条件往往是非常困难的，有时甚至几乎是不可能的。还有当函数项数增加时，不仅运算复杂，而且精度提高得也很慢。这些缺点限制了里茨法的应用。为了克服这些困难，有人提出将整个区域划分成多个小子域，用定义在各个子域上的试探函数来分区表示问题的真实解，这就扩大了试探函数的范围。当时，人们难以估计到的是：这种做法不仅克服了里茨法的缺点，而且还引起了计算方法的巨大变革。它使这种变分问题的直接解法变成了工程计算中的现实，产生了现在适用于广阔领域的有限元法。

10.4　有限差分法

有限差分法是分析电磁场问题的一种重要的数值方法。它在计算机出现之前就已被采用，可以追溯到高斯年代。近代电子计算机的速度快、存储量大，大大促进了数值方法的飞跃发展，已使一些不能用解析法解决的电磁场问题得到了满意的解答。除有限差分法外，还有有限元法、矩量法、边界元法等基本数值方法。

有限差分法的基本思想是把场域用网格来进行分割，用离散的只含有限个未知数的差分方程来近似代替具有连续变量的微分方程及其边界条件，并把相应的差分方程的解作为原始边值问题微分方程的近似解[34]。这一节讨论如何建立差分格式，研究边界条件如何处理以及差分方程的几种具体解法。

10.4.1　差分格式

以二维空间内描述静电场的拉普拉斯方程为例来说明差分法的应用。如图 10.4.1 所示，在一个由边界 L 界定的二维区域 D 内，电位函数 $\varphi=\varphi(x,y)$ 满足拉普拉斯方程且给定为第一类边界条件，即有如下静电场边值问题：

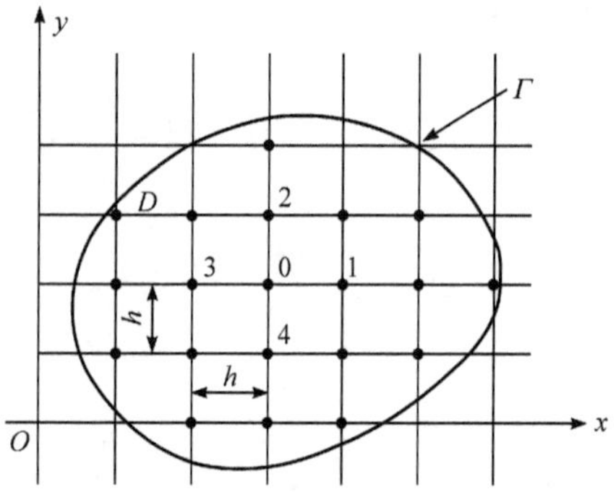

图 10.4.1　有限差分的网格分割

$$\begin{cases}\dfrac{\partial^2\varphi}{\partial x^2}+\dfrac{\partial^2\varphi}{\partial y^2}=0, & (x,y)\in D\\ \varphi\big|_L=f(x,y)\end{cases}\tag{10.4.1}$$

应用有限差分法，首先要确定网格节点的分布方式。为简单起见，在图 10.4.1 中，用分别与 x 和 y 轴平行的两组直线(称作网格线)把场域 D 划分成足够多的矩形网格，各个矩形的顶点(也即网格线的交点)称为网格的节点。这里，选用最常用的规则分布——正方形组成的网格的节点，这样沿 x 和 y 轴方向，两相邻的平行网格间的距离都相等，称为步距 h 。

造好网格后，需把拉普拉斯方程离散化。为此，将偏导数以有限差商表示，例如，对于图中任一点 0 ，有一偏导数：

$$\varphi_x=\frac{\partial\varphi}{\partial x}\bigg|_{(x=x_0,y=y_0)}\approx\frac{\varphi(x_0+h,y_0)-\varphi(x_0-h,y_0)}{2h}$$

这里 h 足够小。对于二阶偏导数，有

$$\begin{aligned}\frac{\partial^2\varphi}{\partial x^2}\bigg|_{(x=x_0,y=y_0)}&\approx\frac{\varphi_x(x_0+h/2,y_0)-\varphi_x(x_0-h/2,y_0)}{h}\\&=\frac{\varphi_1-2\varphi_0+\varphi_3}{h^2}\end{aligned}\tag{10.4.2}$$

同样地，$\left.\dfrac{\partial^2\varphi}{\partial y^2}\right|_{(x=x_0,y=y_0)}$ 用有限差商代替后变为

$$\left.\frac{\partial^2\varphi}{\partial y^2}\right|_{(x=x_0,y=y_0)}=\frac{\varphi_2-2\varphi_0+\varphi_4}{h^2} \tag{10.4.3}$$

将式(10.4.2)和式(10.4.3)代入式(10.4.1)中的拉普拉斯方程，得通过差分离散后二维拉普拉斯方程的近似表达式为

$$\varphi_1+\varphi_2+\varphi_3+\varphi_4-4\varphi_0=0 \tag{10.4.4}$$

这就是规则正方形网格内某点的电位所满足的拉普拉斯方程的差分格式，或差分方程。

差分格式(10.4.4)说明，在点 0 的电位 φ_0 可以近似地取为其周围相邻四点电位的平均值。这一关系式对区域内的任一节点都成立。也就是说，对于场域内的每一个节点，都可以列出一个式(10.4.4)形式的差分方程。但是，对于紧邻边界的节点，其边界不一定正好落在正方形网格的节点上，而可能如图 10.4.2 所示。其中，1 和 2 为边界线上的节点，p 和 q 都为小于 1 的正数，仿前面所述，可推得对这些紧邻边界的节点的拉普拉斯方程的差分格式为

$$\frac{\varphi_1}{p(1+p)}+\frac{\varphi_2}{q(1+q)}+\frac{\varphi_3}{1+p}+\frac{\varphi_4}{1+q}-\left(\frac{1}{p}+\frac{1}{q}\right)\varphi_0=0 \tag{10.4.5}$$

式中，φ_1 和 φ_2 分别是给定边界条件函数 $f(x,y)$ 在对应边界点处的值，是已知的[35]。

由上述可知，在场域 D 内的每一个节点都有一个差分方程，通过这些方程把各个内节点的电位以及边界上节点的电位联系起来。只要解这个联立方程组，便可求得各个节点的电位值，并将其作为原拉普拉斯方程边值问题的近似解。

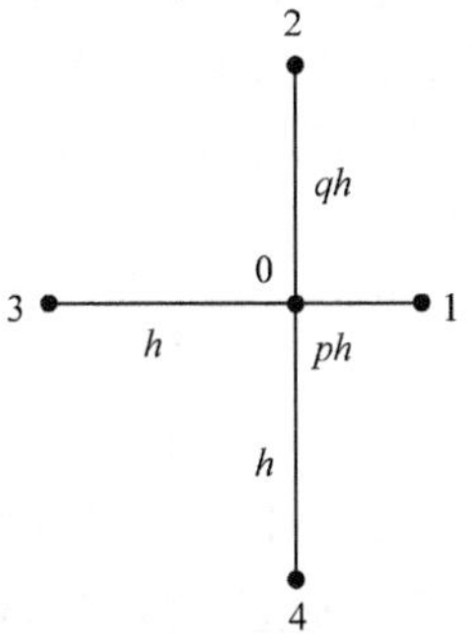

图 10.4.2 紧邻边界的节点

10.4.2 差分方程组的解法

在解实际问题时，由于节点个数很多，联立差分方程的个数往往可达几百甚至几千，通常的解联立方程组的直接法(如行列式法、消去法)便不再适用。好在每一个差分方程中只包含很少几项，可以采用逐次近似的迭代方法求解。这里介绍最常用的两种迭代法：高斯-塞德尔(Gauss-Seidel)迭代法和逐次超松弛法。

(1) 高斯-塞德尔迭代法。如果节点用双标号 (I,J) 表示，如图 10.4.3 所示，这种方法是，先对节点 (I,J) 选取迭代初值 $\varphi^{(0)}(I,J)$。其中，上角标表示 0 次近似值。再按

$$\begin{aligned}\varphi^{(k+1)}(I,J)=\frac{1}{4}\Big[&\varphi^{(k+1)}(I-1,J)+\varphi^{(k+1)}(I,J-1)\\&+\varphi^{(k)}(I+1,J)+\varphi^{(k)}(I,J+1)\Big],\quad I,J=1,2,\cdots\end{aligned} \tag{10.4.6}$$

反复迭代 $(k=0,1,2,\cdots)$。必须注意，在迭代过程中遇到边界节点时，需要用式(10.4.1)中给定的边界条件 $\varphi(I,J)=f(I,J)$ 代入。迭代一直进行到所有内节点满足修正条件

$$\left|\varphi^{(k+1)}(I,J)-\varphi^{(k)}(I,J)\right|<W \tag{10.4.7}$$

为止，其中W是预定的最大允许误差，在高斯-塞德尔迭代中，网格节点一般按“自然顺序”排列，即先“从左到右”，再“从上到下”的顺序排列，如图 10.4.4 所示。迭代也是按自然顺序进行的。

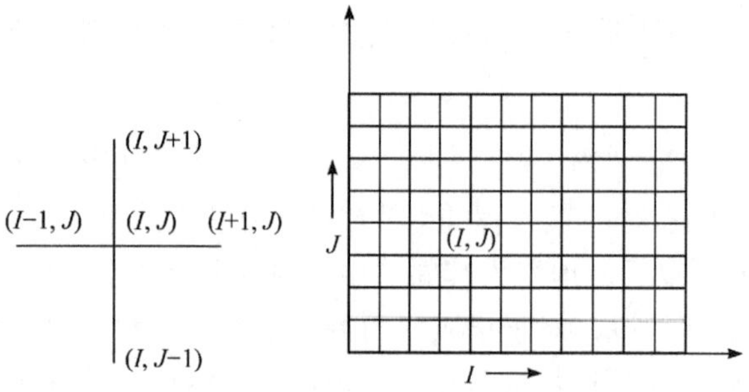

图 10.4.3　用双标号(I,J)表示网格节点

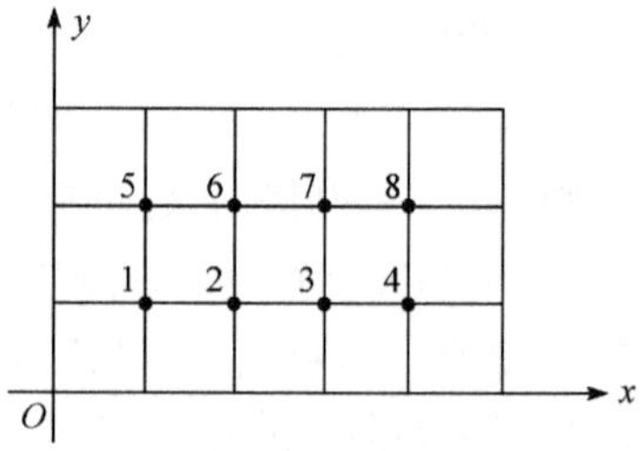

图 10.4.4　节点的“自然顺序”排列

(2) 逐次超松弛法。逐次超松弛法是前者的变形。它在迭代过程中，为了加快收敛速度，在把所得结果依次代入进去进行计算的同时，还使用把每次迭代的变化量加权后再代入的方法。其相应的迭代格式为

$$\begin{aligned}\varphi^{(k+1)}(I,J)=\varphi^{(k)}(I,J)+\frac{\alpha}{4}\Big[&\varphi^{(k)}(I+1,J)+\varphi^{(k)}(I,J+1)\\&+\varphi^{(k+1)}(I-1,J)+\varphi^{(k+1)}(I,J-1)-4\varphi^{(k)}(I,J)\Big],\quad I,J=1,2,\cdots\end{aligned} \tag{10.4.8}$$

式中，α是一个供选择的参数，称为“加速收敛因子”，且$1\leqslant\alpha<2$。逐次超松弛法收敛的快慢与加速收敛因子有着明显的关系。实践表明，如果α选得好，可以有效地加快迭代的收敛速度。如何选择最佳的加速收敛因子α_{opt}，这是一个复杂的问题。

逐次超松弛法是目前最有效和应用最广泛的方法之一。

【例 10.4.1】　应用有限差分法求静电场边值问题

$$\begin{cases}\dfrac{\partial^2\varphi}{\partial x^2}+\dfrac{\partial^2\varphi}{\partial y^2}=0,\quad 0<x<20,\quad 0<y<10\\ \varphi(x,0)=\varphi(x,1)=0\\ \varphi(0,y)=0,\quad \varphi(20,y)=100\end{cases} \tag{10.4.9}$$

的近似值[34]。

解　取$h=5$作正方形网格[图 10.4.5(a)]得差分方程：

$$\begin{cases}4\varphi_1-\varphi_2=0\\ 4\varphi_2-\varphi_1-\varphi_3=0\\ 4\varphi_3-\varphi_2=100\end{cases}$$

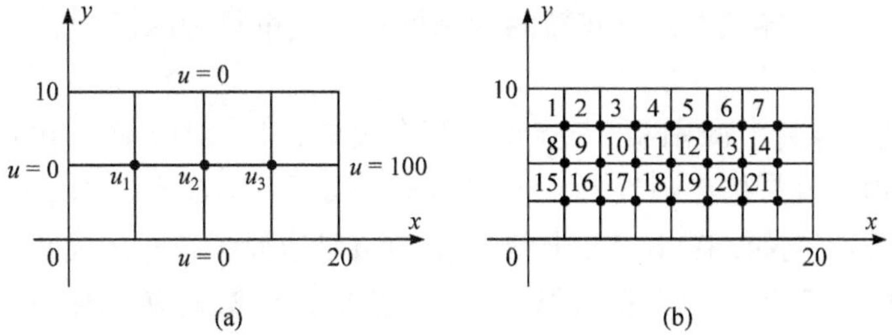

图 10.4.5　网格分割

利用高斯-塞德尔迭代公式：

$$\begin{cases}\varphi_1^{(k+1)}=\dfrac{1}{4}\varphi_2^{(k)}\\ \varphi_2^{(k+1)}=\dfrac{1}{4}(\varphi_1^{(k+1)}+\varphi_3^{(k)})\\ \varphi_3^{(k+1)}=\dfrac{1}{4}\varphi_2^{(k+1)}+25\end{cases}$$

$$k=0,1,2,\cdots$$

选取迭代初值 $\varphi_1^{(0)}=2$，$\varphi_2^{(0)}=7.5$，$\varphi_3^{(0)}=30$。经过 6 次迭代得解

$$\varphi_1=1.786,\quad \varphi_2=7.143,\quad \varphi_3=26.786$$

若步距 $h=2.5$[图 10.4.5(b)]，迭代初值为 $\varphi_i=0(i=1,2,\cdots,21)$，最大允许误差 $W=0.00005$，经过 32 次迭代得到解：

$$\begin{aligned}&\varphi_1=0.3530, && \varphi_2=0.9131, && \varphi_3=2.0102\\ &\varphi_4=4.2957, && \varphi_5=9.1531, && \varphi_6=19.6631\\ &\varphi_7=43.2101, && \varphi_8=0.4988, && \varphi_9=1.2893\\ &\varphi_{10}=2.8323, && \varphi_{11}=6.0193, && \varphi_{12}=12.6537\\ &\varphi_{13}=26.2894, && \varphi_{14}=53.1774, && \varphi_{15}=0.3530\\ &\varphi_{16}=0.9131, && \varphi_{17}=2.0103, && \varphi_{18}=4.2957\\ &\varphi_{19}=9.1531, && \varphi_{20}=19.6632, && \varphi_{21}=43.2101\end{aligned}$$

如果应用逐次超松弛法，则迭代次数与加速收敛因子的关系见表 10.4.1。

表 10.4.1　迭代次数与加速收敛因子的关系

α	1.00	1.10	1.20	1.30	1.40	1.50
迭代次数	32	26	20	16	18	24

可见，当 $\alpha\approx1.3$ 时，迭代收敛最快。

10.4.3　边界条件的近似处理

在以上阐述中，始终把研究对象局限于第一类边值问题，这样做，是为了能集中介绍有关有限差分法的基本原则。事实上，很多问题给定的还有第二、三类边界条件。因此，下面讨论常用的一些边界条件差分离散的计算格式。这里只考虑正方形网格划分下的两种情况。

(1) 第一类边界条件。如果网格节点正好落在边界 L 上，对应于式(10.4.1)中给定的边界条件的离散化处理，就是把点函数 $f(x,y)$ 的值直接赋予各边界点。如果边界 L 不通过网格划分时所引进的节点(例如，图 10.4.2 中的 1、2 节点是边界线与网格线的交点，并不是划分网格时所引进的网格节点)，那么在紧邻边界的节点的差分格式应选用式(10.4.5)。这时，把点函数 $f(x,y)$ 的值直接赋予边界线与网格的交点 1 和 2。

(2) 第二类和第三类边界条件。第二类和第三类边界条件可统一写成

$$\frac{\partial\varphi}{\partial n}+\sigma\varphi=q \tag{10.4.10}$$

的形式。当 $\sigma=0$ 时，为第二类边界条件；而 $\sigma\neq 0$ 时，即为第三类边界条件。

设如图 10.4.6 所示，为了利用边界条件式(10.4.10)，可从靠近边界的不规则节点 A，作一条直线与边界 L 相交于 B 点，并设此法线与 x 轴的夹角为 α。由于外法向微商为

$$\frac{\partial\varphi}{\partial n}=\frac{\partial\varphi}{\partial x}\cos(\boldsymbol{n},x)+\frac{\partial\varphi}{\partial y}\cos(\boldsymbol{n},y) \tag{10.4.11}$$

其中，$\boldsymbol{n}$ 为区域的外法线 AB 方向，因此，有

$$\cos(\boldsymbol{n},x)=\cos\alpha,\quad \cos(\boldsymbol{n},y)=\cos\left(\frac{\pi}{2}+\alpha\right)=-\sin\alpha \tag{10.4.12}$$

将式(10.4.12)代入式(10.4.11)中，并分别用差商 $(\varphi_A-\varphi_F)/h$ 和 $(\varphi_E-\varphi_A)/h$ 近似代替 $\partial\varphi/\partial x$ 和 $\partial\varphi/\partial y$，这样就得到在边界节点 A 的外法向微商的差分近似。最后令

$$\left.\frac{\partial\varphi}{\partial n}\right|_B=\left.\frac{\partial\varphi}{\partial n}\right|_A$$

再代入式(10.4.10)，得

$$\frac{\varphi_A-\varphi_F}{h}\cos\alpha-\frac{\varphi_E-\varphi_A}{h}\sin\alpha+\sigma_B\varphi_A=q_B \tag{10.4.13}$$

式中，σ_B 和 q_B 分别表示 σ 和 q 在边界点 B 的值，而 φ_A 表示 φ 在边界节点 A 的值。

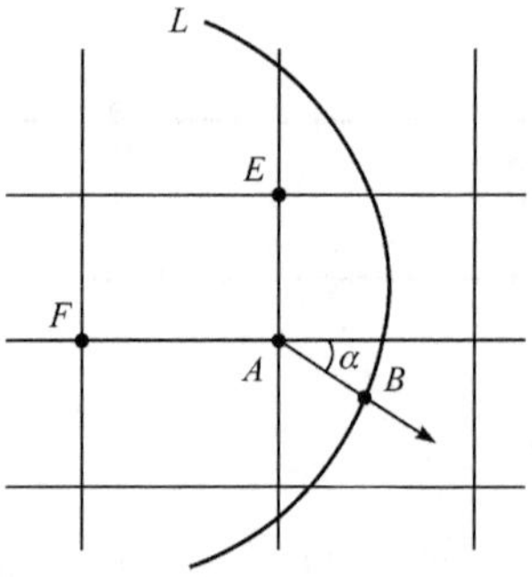

图 10.4.6　边界条件处理

从式(10.4.13)中解出 φ_A，得到

$$\varphi_A=\begin{cases}\dfrac{\varphi_F+k\varphi_E+hq_B\sqrt{1+k^2}}{1+k+h\sigma_B\sqrt{1+k^2}}, & 若\alpha\neq\dfrac{\pi}{2},令k=\tan\alpha\\[2ex] \dfrac{\varphi_E+hq_B}{1+h\sigma_B}, & 若\alpha=\dfrac{\pi}{2}\end{cases} \tag{10.4.14}$$

根据上述方法可在网格的各个紧邻边界的内点上给出相应的差分方程，它们和各内部节点的差分方程联立起来就构成了一个封闭的线性方程组。

网格不必是正方形的。为了使各紧邻边界的节点尽量与边界靠近或相符合，可以采用矩形、平行四边形、正六边形等形状的网格，以达到求出较高精度的近似解的目的。

10.5 有 限 元 法

从 10.3 节中知道，在用基于变分原理的里茨法去求微分方程边值问题时，试探函数的选取至关重要。当求解区域的几何形状不规则时，试探函数是很难构造出来的[34]。这一节，介绍近 60 年来发展起来的一种数值计算方法——有限元法，该方法将能克服上述缺点。它正好是把里茨法与有限差分法结合起来，在理论上以变分原理为基础，在具体方法上则利用了差分法离散处理的思想。

有限元法实质上是里茨法的发展，它与里茨法的不同之处是在试探函数的公式上。在里茨法中，试探函数由定义在全域上的一组基函数组成。这种组合必须能够(至少近似)表示真实解，也必须满足适当的边界条件。在有限元法中，试探函数是由定义在组成全域的各个子域上的一组基函数构成的。因为子域是小的，所以定义在子域上的基函数十分简单。正是应用了子域基函数的思想才使得处理复杂问题成为可能。

在应用有限元法时，首先把求解微分方程的边值问题化为等价的泛函求极值的变分问题，然后将场域划分为有限个小的单元。这样，便把变分问题近似转化为有限子空间中的多元函数求极值问题，将变分问题的近似解作为所求原微分方程边值问题的近似解。

目前，有限元法已成为求解微分方程近似解的重要方法，广泛应用于电磁场工程、固体力学、流体力学、物理学和其他工程科学中。本节以静电场边值问题为例，说明有限元法的基本步骤。

10.5.1 一维问题有限元法

这里先以一维问题来说明用有限元法解微分方程边值问题的思想和过程。考虑如下的常微分方程的两点边值问题：

$$\begin{cases}\varphi''-1=0, & 0<x<1\\ \varphi(0)=0, & \varphi(1)=1\end{cases} \tag{10.5.1}$$

相应的变分问题是

$$\begin{cases}I(\varphi)=\displaystyle\int_0^1\left(\frac{1}{2}\varphi'^2+\varphi\right)\mathrm{d}x, & \text{取极值}\\ \varphi(0)=0, & \varphi(1)=1\end{cases} \tag{10.5.2}$$

现在用有限元法求变分问题式(10.5.2)的近似解。

1. 单元剖分和构造插值函数

为简单起见，将区间 $[0,1]$ 用等分点 $x_0=0,x_1,\cdots,x_{i-1},x_i,\cdots,x_{n-1},x_n=1$ 剖分成 n 个子区间，称这些子区间为单元，这些等分点为节点。第 i 个单元 e_i 的长度为 $x_i-x_{i-1}=h=1/n$。区间

$[0,1]$ 两端点 x_0 和 x_n 的函数值 $\varphi(x_0)$ 和 $\varphi(x_n)$ 已由边界条件给定，但区间内各节点 $x_i(i=1,2,\cdots,n-1)$ 的函数值 $\varphi_i=\varphi(x_i)$ 是待求的。这样一来，把连续函数 $\varphi(x)$ 的求解化为节点上函数值 $\varphi_i=\varphi(x_i)$ 的求解，这称为离散化处理。

因为子域的长度一般较小，所以在每一个子域内，函数 $\varphi(x)$ 的变化不大，所以定义在子域上的试探函数通常比较简单。例如，在每个单元 e_i 上，可以构造 $\varphi(x)$ 的试探函数为如下的线性插值函数：

$$\varphi_i(x)=\frac{x-x_{i-1}}{h}(\varphi_i-\varphi_{i-1})+\varphi_{i-1} \tag{10.5.3}$$

由于 $\varphi_i(x)$ 是线性函数，所以称为线性单元。把每个单元上的函数 $\varphi_i(x)$ 组合起来，就形成整个区间 $[0,1]$ 上的试探函数，一般称为插值函数。

2. 单元分析和单元刚度矩阵

将式(10.5.2)中的积分分解成各单元的积分，例如，第 i 个单元上的积分为

$$I_i(\varphi)=\int_{x_{i-1}}^{x_i}\left(\frac{1}{2}\varphi'^2+\varphi\right)\mathrm{d}x=\int_{x_{i-1}}^{x_i}\left\{\frac{1}{2}[\varphi_i'(x)]^2+\varphi_i(x)\right\}\mathrm{d}x$$

将式(10.5.3)代入上式，并积分，得到

$$I_i(\varphi)=\frac{1}{2h}(\varphi_i-\varphi_{i-1})^2+\frac{h}{2}(\varphi_i+\varphi_{i-1})$$

可以把上式写成如下矩阵形式：

$$I_i(\varphi)=[\varphi_{i-1}\quad \varphi_i]\boldsymbol{K}^{(i)}\begin{bmatrix}\varphi_{i-1}\\ \varphi_i\end{bmatrix}-2\boldsymbol{F}^{(i)\mathrm{T}}\begin{bmatrix}\varphi_{i-1}\\ \varphi_i\end{bmatrix} \tag{10.5.4}$$

其中，矩阵

$$\boldsymbol{K}^{(i)}=\frac{1}{2h}\begin{bmatrix}1 & -1\\ -1 & 1\end{bmatrix},\quad \boldsymbol{F}^{(i)}=\frac{h}{4}\begin{bmatrix}-1\\ -1\end{bmatrix}$$

$\boldsymbol{K}^{(i)}$ 和 $\boldsymbol{F}^{(i)}$ 分别称为单元 e_i 的单元刚度矩阵和单元荷载矩阵。

3. 总体合成和总刚度矩阵

若记

$$\boldsymbol{\varphi}=[\varphi_0,\varphi_1,\cdots,\varphi_n]^{\mathrm{T}}$$

对各单元积分求和，得到式(10.5.2)中的积分结果为

$$I(\varphi)=\sum_{i=1}^{n}I_i(\varphi)=\boldsymbol{\varphi}^{\mathrm{T}}\boldsymbol{K}\boldsymbol{\varphi}-2\boldsymbol{F}^{\mathrm{T}}\boldsymbol{\varphi} \tag{10.5.5}$$

式中，$\boldsymbol{K}$ 称为总刚度矩阵，是一个 $n+1$ 阶对称、正定且稀疏的矩阵，其具体形式为

$$
\boldsymbol{K}=\sum_{i=1}^{n}\begin{bmatrix}
0 & \cdots & 0 & 0 & 0 & 0 & \cdots & 0\\
\vdots & & \vdots & \vdots & \vdots & \vdots & & \vdots\\
0 & \cdots & 0 & K_{11}^{(i)} & K_{12}^{(i)} & 0 & \cdots & 0\\
0 & \cdots & 0 & K_{21}^{(i)} & K_{22}^{(i)} & 0 & \cdots & 0\\
0 & \cdots & 0 & 0 & 0 & 0 & \cdots & 0\\
0 & \cdots & 0 & 0 & 0 & 0 & \cdots & 0\\
\vdots & & \vdots & \vdots & \vdots & \vdots & & \vdots\\
0 & \cdots & 0 & 0 & 0 & 0 & \cdots & 0
\end{bmatrix}
\begin{matrix} \\ \\ \\ i-1 \\ i \\ \\ \\ n \end{matrix}
$$

$$
\qquad\qquad\qquad\qquad i-1 \qquad i \qquad\qquad n
$$

$\boldsymbol{F}$ 称为总荷载矩阵，是一个 $n+1$ 维列向量:

$$
\boldsymbol{F}=\sum_{i=1}^{n}\begin{bmatrix}0 & \cdots & 0 & F_1^{(i)} & F_2^{(i)} & 0 & \cdots & 0\end{bmatrix}^{\mathrm{T}}
$$

可以看出，矩阵 $\boldsymbol{K}$ 和 $\boldsymbol{F}$ 都是在叠加的过程中逐步形成的。

由式(10.5.5)可见，$I(\varphi)$ 是各节点上的函数值 φ_i 的函数，即写成:

$$
I(\varphi)=I(\varphi_0,\varphi_1,\cdots,\varphi_n)
$$

也可将 $I(\varphi)$ 看成变量 $\varphi_0,\varphi_1,\cdots,\varphi_n$ 的一个多元函数。

4. 取极值

取极值的目的是求出使泛函 $I(\varphi)$ 达到极小的 $\varphi_0,\varphi_1,\cdots,\varphi_n$。泛函 $I(\varphi)$ 取极值，相当于多元函数 $I(\varphi)=I(\varphi_0,\varphi_1,\cdots,\varphi_n)$ 取极值。因此，有必要条件:

$$
\frac{\partial}{\partial u_i}(\boldsymbol{\varphi}^{\mathrm{T}}\boldsymbol{K}\boldsymbol{\varphi}-2\boldsymbol{F}^{\mathrm{T}}\boldsymbol{\varphi})=0,\quad i=0,1,\cdots,n
$$

所以，有 $n+1$ 个联立方程，其矩阵形式为

$$
\boldsymbol{K}\boldsymbol{\varphi}=\boldsymbol{F} \tag{10.5.6}
$$

5. 边界条件的处理

因 $\varphi_0=0$，$\varphi_n=1$ 为已知，所以未知量只有 $\varphi_1,\varphi_2,\cdots,\varphi_{n-1}$ 这 $n-1$ 个。因而在列出式(10.5.6)时，应注意到取 $\partial I(\varphi)/\partial\varphi_0=0$ 和 $\partial I(\varphi)/\partial\varphi_n=0$ 都没有意义，而删去首末两个方程，且把其余方程中的 φ_0 和 φ_n 分别改为已知值 0 和 1 [34,35]，从而得到方程组如下:

$$
\sum_{j=1}^{n-1}K_{ij}\varphi_j=F_i-K_{i0}\varphi_0-K_{in}\varphi_n,\quad i=1,2,\cdots,n-1
$$

上式可以写成矩阵形式，有

$$
\overline{\boldsymbol{K}}\,\overline{\boldsymbol{\varphi}}=\overline{\boldsymbol{F}} \tag{10.5.7}
$$

其中，矩阵 $\overline{\boldsymbol{K}}$、$\overline{\boldsymbol{\varphi}}$ 和 $\overline{\boldsymbol{F}}$ 的表达式分别为

$$\overline{\boldsymbol{K}}=\begin{bmatrix} K_{11} & K_{12} & \cdots & K_{1,n-1} \\ K_{21} & K_{22} & \cdots & K_{2,n-1} \\ \vdots & \vdots & & \vdots \\ K_{n-1,1} & K_{n-1,2} & \cdots & K_{n-1,n-1} \end{bmatrix}$$

$$\overline{\boldsymbol{\varphi}}=\begin{bmatrix} \varphi_1 \\ \varphi_2 \\ \vdots \\ \varphi_{n-1} \end{bmatrix}$$

$$\overline{\boldsymbol{F}}=\begin{bmatrix} F_1-K_{10}\varphi_0-K_{1n}\varphi_n \\ F_2-K_{20}\varphi_0-K_{2n}\varphi_n \\ \vdots \\ F_{n-1}-K_{n-1,0}\varphi_0-K_{n-1,n}\varphi_n \end{bmatrix}$$

式(10.5.7)称为有限元方程组。

对于现在的问题，若区间$[0,1]$等分为 4 个单元，即取$n=4$，$h=1/4$，则方程组(10.5.7)的具体形式是

$$\begin{bmatrix} 2 & -1 & 0 \\ -1 & 2 & -1 \\ 0 & -1 & 2 \end{bmatrix}\begin{bmatrix} \varphi_1 \\ \varphi_2 \\ \varphi_3 \end{bmatrix}=\begin{bmatrix} -\dfrac{1}{16} \\ -\dfrac{1}{16} \\ \dfrac{15}{16} \end{bmatrix} \tag{10.5.8}$$

6. 解有限元方程组

解方程组(10.5.8)，可得

$$\varphi_1=0.15625,\quad \varphi_2=0.37500,\quad \varphi_3=0.65625$$

将$x=0.25$、0.5 和 0.75 代入这个问题的精确解$\varphi(x)=x^2/2+x/2$，得$\varphi_1=0.15625$，$\varphi_2=0.37500$，$\varphi_3=0.65625$。在这个例子中，没有误差。

一旦得到x_i处的解，其他各点的解可从式(10.5.3)的线性插值求得。

这里有必要指出的是，矩阵$\boldsymbol{K}$和$\overline{\boldsymbol{K}}$有以下的一些特性：①矩阵$\boldsymbol{K}$和$\overline{\boldsymbol{K}}$都是对称矩阵；②矩阵$\boldsymbol{K}$和$\overline{\boldsymbol{K}}$都是稀疏矩阵；③矩阵$\boldsymbol{K}$和$\overline{\boldsymbol{K}}$都是正定矩阵。根据这些特性，有限元方程组(10.5.7)有唯一解。

10.5.2　二维拉普拉斯方程问题有限元法

这里以二维空间内描述静电场的拉普拉斯方程为例来说明有限元法在二维问题中的应用。设电位函数φ在定义域D内满足：

$$\frac{\partial^2\varphi}{\partial x^2}+\frac{\partial^2\varphi}{\partial y^2}=0 \tag{10.5.9}$$

由变分理论，可以把式(10.5.9)的求解化为一个泛函求极值的问题。泛函的形式随不同的边界条件而不同。对第一类边界条件，泛函是

$$I(\varphi)=\iint_D\left[\left(\frac{\partial\varphi}{\partial x}\right)^2+\left(\frac{\partial\varphi}{\partial y}\right)^2\right]\mathrm{d}x\mathrm{d}y \tag{10.5.10}$$

式中，D 是场定义域的二维截面。这里，假设包围该截面的边界是 L。

下面应用有限元法求此变分问题的近似解。

1. 单元划分

如图 10.5.1 所示，把区域 D 划分成有限个三角形区域(单元)的组合，称为单元划分。在这样的划分下，用折线代替 D，即把 D 近似看作一个多角形 $\widetilde{D}$，称每一个三角形(单元)的顶点为节点[34]。

在对区域 D 进行三角划分以及对单元、节点编号时应注意下列几点[34]：

(1) 每个单元的顶点必须是相邻单元的顶点，而不能是相邻单元边上的内点；

(2) 每个边界单元只能有一条边落在边界曲线 L 上；

(3) 这些三角形单元不一定大小相同，但应尽量避免出现大的钝角；

(4) 单元的编号原则上可以是任意的，但节点编号的不同，会影响到总刚度矩阵的带宽。应尽量使每一单元的节点编号数字之差越小越好。

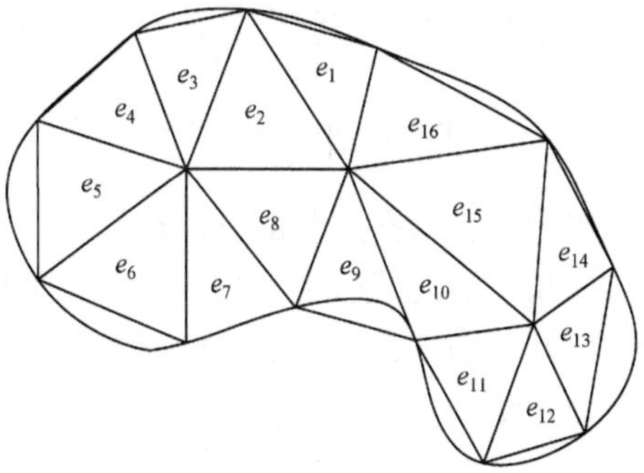

图 10.5.1　单元划分

分割完毕后，将所有的节点和单元都按一定的顺序从 1 开始编号。用 e 代表三角形单元，它的三个节点按逆时针顺序是 i、j 和 m，如图 10.5.2 所示。这三个节点的坐标分别是 (x_i,y_i)、(x_j,y_j) 和 (x_m,y_m)。现在，首先要求出这个单元面积内的场对整个泛函的贡献，设为 $I_e(\varphi)$。于是，全域的泛函为

$$I(\varphi)=\sum_{e=1}^{NE}I_e(\varphi) \tag{10.5.11}$$

式中，NE 是单元的总个数。

在有限元法中，变量就是节点上的 φ 值。设共有 N 个节点，分别具有 $\varphi_1,\varphi_2,\cdots,\varphi_N$ 的节点电位值。

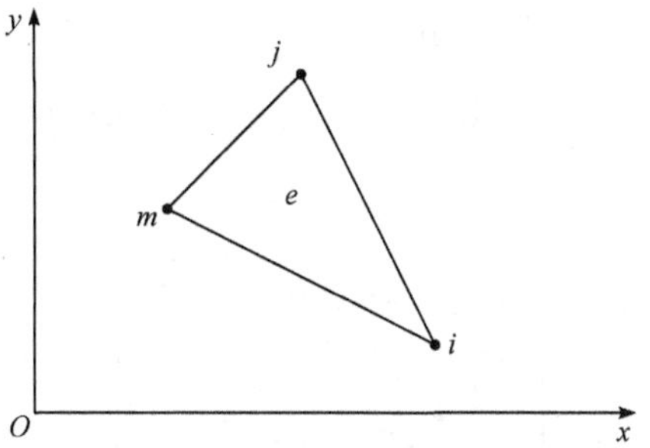

图 10.5.2　三角形单元编号

2. 构造插值函数

与一维情况相类似，采用带有 3 个待定常数 α_1、α_2 和 α_3 的线性插值函数：

$$\tilde{\varphi}^e(x,y)=\alpha_1+\alpha_2x+\alpha_3y,\quad (x,y)\in\text{单元}\,e \tag{10.5.12}$$

以此近似替代该单元内的待求函数 $\varphi(x,y)$。式(10.5.12)中的待定常数 α_1、α_2 和 α_3 可由该单

元 e 的节点上的待定函数值(分别记为 φ_i 、 φ_j 和 φ_m)和节点坐标决定，即有

$$\varphi_i = \alpha_1 + \alpha_2 x_i + \alpha_3 y_i$$
$$\varphi_j = \alpha_1 + \alpha_2 x_j + \alpha_3 y_j$$
$$\varphi_m = \alpha_1 + \alpha_2 x_m + \alpha_3 y_m$$

于是，解之得到

$$\begin{cases} \alpha_1 = (a_i\varphi_i + a_j\varphi_j + a_m\varphi_m)/(2\varDelta) \\ \alpha_2 = (b_i\varphi_i + b_j\varphi_j + b_m\varphi_m)/(2\varDelta) \\ \alpha_3 = (c_i\varphi_i + c_j\varphi_j + c_m\varphi_m)/(2\varDelta) \end{cases} \tag{10.5.13}$$

式中， $a_i = x_j y_m - x_m y_j$ ， $b_i = y_j - y_m$ ， $c_i = x_m - x_j$ ；而 $a_j, b_j, c_j, \cdots, c_m$ 各系数则可按 i 、 j 、 m 指标顺序置换而得。式中， $\varDelta = (b_i c_j - b_j c_i)/2$ 为三角形单元 e 的面积。

于是，可得三角形单元 e 上的插值函数为

$$\tilde{\varphi}^e(x,y) = \frac{1}{2\varDelta}\left[(a_i + b_i x + c_i y)\varphi_i + (a_j + b_j x + c_j y)\varphi_j + (a_m + b_m x + c_m y)\varphi_m\right] \tag{10.5.14}$$

可以看出，根据三角剖分，在每个三角元上分别作三顶点的线性插值，注意到它们在相关的三角元的公共边及公共节点上应取相同的值，由此拼合起来得到整个 D 域上的分片线性插值函数 $\tilde{\varphi}(x,y)$ 。显然，它取决于待求函数在各节点上的值 $\varphi_1, \varphi_2, \cdots, \varphi_N$ ，是一个关于 D 域的连续函数。

3. 单元分析和单元刚度矩阵

由前面的分析，三角元 e 内的场对整个泛函的贡献为

$$I_e(\varphi) \approx I_e(\tilde{\varphi}^e) = \iint_{D_e}\left[\left(\frac{\partial \tilde{\varphi}^e}{\partial x}\right)^2 + \left(\frac{\partial \tilde{\varphi}^e}{\partial y}\right)^2\right]\mathrm{d}x\mathrm{d}y \tag{10.5.15}$$

把式(10.5.14)代入式(10.5.15)，经计算得到

$$\begin{aligned} I_e(\varphi) &= \frac{1}{4\varDelta}(b_i\varphi_i + b_j\varphi_j + b_m\varphi_m)^2 + \frac{1}{4\varDelta}(c_i\varphi_i + c_j\varphi_j + c_m\varphi_m)^2 \\ &= \boldsymbol{\varphi}_e^{\mathrm{T}} \boldsymbol{K}_e \boldsymbol{\varphi}_e \end{aligned} \tag{10.5.16}$$

式中

$$\boldsymbol{K}_e = \frac{1}{4\varDelta}\begin{bmatrix} b_i b_i + c_i c_i & b_i b_j + c_i c_j & b_i b_m + c_i c_m \\ b_j b_i + c_j c_i & b_j b_j + c_j c_j & b_j b_m + c_j c_m \\ b_m b_i + c_m c_i & b_m b_j + c_m c_j & b_m b_m + c_m c_m \end{bmatrix} = \begin{bmatrix} K_{ii}^e & K_{ij}^e & K_{im}^e \\ K_{ji}^e & K_{jj}^e & K_{jm}^e \\ K_{mi}^e & K_{mj}^e & K_{mm}^e \end{bmatrix} \tag{10.5.17}$$

这里，方阵 $\boldsymbol{K}_e$ 是三角元内的场对整个泛函的贡献部分的离散矩阵，称为“单元刚度矩阵”。它是一个对称、正定矩阵。

4. 总体合成和总体刚度矩阵

按照式(10.5.11)，为了得到整个 D 域内泛函 $I(\varphi)$ 关于节点电位的离散表达式，有必要对各三角元 e 所对应的泛函离散表达式(10.5.16)作适当的改写。把 $\boldsymbol{\varphi}_e$ 扩充为 $\boldsymbol{\varphi}$ ($\boldsymbol{\varphi}$ 是由全部节点电位值按节点编号顺序排成的一个 N 阶阵列)；把 $\boldsymbol{K}_e$ 扩充为 $\overline{\boldsymbol{K}}_e$ [$\overline{\boldsymbol{K}}_e$ 是在式(10.5.17)所示的 $\boldsymbol{K}_e$ 基础上，按节点编号顺序展开行与列，构成 N 阶方阵，其中除行、列数分别为 i、j 和 m 时存在 9 个原 $\boldsymbol{K}_e$ 的元素外，其余各行、列的元素都应为零]；经过这样的处理后，式(10.5.16)可改写为

$$I_e(\varphi) = \boldsymbol{\varphi}^{\mathrm{T}} \overline{\boldsymbol{K}}_e \boldsymbol{\varphi} \tag{10.5.18}$$

于是，整个 D 域内泛函 $I(\varphi)$ 也就离散化为

$$I(\varphi) = \sum_{e=1}^{NE} I_e(\varphi) = \boldsymbol{\varphi}^{\mathrm{T}} \left(\sum_{e=1}^{NE} \overline{\boldsymbol{K}}_e \right) \boldsymbol{\varphi} = \boldsymbol{\varphi}^{\mathrm{T}} \boldsymbol{K} \boldsymbol{\varphi} \tag{10.5.19}$$

式中，$\boldsymbol{K}$ 可称为总体刚度矩阵。由于 $\boldsymbol{K} = \sum_{e=1}^{NE} \overline{\boldsymbol{K}}_e$，根据矩阵运算规则可知，矩阵 $\boldsymbol{K}$ 的元素为

$$K_{ij} = \sum_{e=1}^{NE} K_{ij}^e, \quad i, j = 1, 2, \cdots, N \tag{10.5.20}$$

这就是说，凡下标相同的单元刚度矩阵的元素(如 $K_{rs}^{e'}$ 和 $K_{rs}^{e''}$ 等)都应予以相加，形成总刚度矩阵中同一下标的元素 K_{rs}。不难看出，由于各单元刚度矩阵 $\overline{\boldsymbol{K}}_e$ 是对称、正定的，所以 $\boldsymbol{K}$ 也是一个对称、正定矩阵。

5. 有限元方程

由式(10.5.19)可见，泛函 $I(\varphi)$ 被离散化成如下多元二次函数的极值问题：

$$I(\varphi) = I(\varphi_1, \varphi_2, \cdots, \varphi_N) = \boldsymbol{\varphi}^{\mathrm{T}} \boldsymbol{K} \boldsymbol{\varphi} = \min \tag{10.5.21}$$

根据函数极值理论，应有 $\partial I(\varphi)/\partial \varphi_i = 0 \ \ (i = 1, 2, \cdots, N)$，所以由式(10.5.21)即得

$$\sum_{j=1}^{N} K_{ij} \varphi_j = 0, \quad i = 1, 2, \cdots, N$$

或写成矩阵形式，有

$$\boldsymbol{K} \boldsymbol{\varphi} = \boldsymbol{P} \tag{10.5.22}$$

最终归结为线性代数方程组，即有限元方程。在式(10.5.22)中，$\boldsymbol{P} = 0$。

6. 强加边界条件的处理

在上述离散化过程中，尚未涉及强加的边界条件(即第一类边界条件)的处理。由于强加边界条件意味着位于边界 L 上的各节点电位值是给定的，它们无须通过有限元方程求解，相反地，正是在给定这些边界节点电位值的基础上去推求其余各节点电位值。因此，在解

有限元方程组之前，必须进行强加边界条件的处理。求解经过强加边界条件处理后的有限元方程，就能得到在整个 D 域内各个内部节点上的电位值。

强加边界条件处理的方法将因有限元方程的解法而异[34]。若运用迭代法求解，则凡遇到边界节点所对应的方程均不进行迭代，使该节点电位始终保持由边界条件所给定的值，此时就不必单独进行边界条件的处理。但选用直接法(消元法)时，处理方法是：如果已知 n 号的节点为边界节点，其电位值为 $\varphi_n = C$，这时应将主对角线元素 K_{nn} 置1，n 行和 n 列的其他元素全部置零，而右端第 n 行的 P_n 改为给定电位值 C；右端的其余各行要同时减去该节点电位值 C 与未处理前对应的 n 列中的系数的乘积，如式(10.5.22)经上述方法处理后，应修改为

$$\begin{bmatrix} K_{11} & K_{12} & \cdots & 0 & \cdots & K_{1(N-1)} & K_{1N} \\ K_{21} & K_{22} & \cdots & 0 & \cdots & K_{2(N-1)} & K_{2N} \\ \vdots & \vdots & & \vdots & & \vdots & \vdots \\ 0 & 0 & \cdots & 1 & \cdots & 0 & 0 \\ \vdots & \vdots & & \vdots & & \vdots & \vdots \\ K_{(N-1)1} & K_{(N-1)2} & \cdots & 0 & \cdots & K_{(N-1)(N-1)} & K_{(N-1)N} \\ K_{N1} & K_{N2} & \cdots & 0 & \cdots & K_{N(N-1)} & K_{NN} \end{bmatrix} \begin{bmatrix} \varphi_1 \\ \varphi_2 \\ \vdots \\ \varphi_n \\ \vdots \\ \varphi_{N-1} \\ \varphi_N \end{bmatrix} = \begin{bmatrix} -K_{1n}C \\ -K_{2n}C \\ \vdots \\ C \\ \vdots \\ -K_{(N-1)n}C \\ -K_{Nn}C \end{bmatrix} \tag{10.5.23}$$

对所有的边界节点经过与上述类似的强加边界条件处理后，待求的代数方程组应为

$$\bar{\boldsymbol{K}}\boldsymbol{\varphi} = \bar{\boldsymbol{P}} \tag{10.5.24}$$

至此，方程组(10.5.24)的解答也就是待求边值问题的有限元数值解 $\varphi_1, \varphi_2, \cdots, \varphi_N$。

10.5.3　二维泊松方程问题有限元法

为了简明起见，在前面以二维拉普拉斯方程为例，且只涉及第一类边界条件。现在，考虑二维泊松方程，且为第三类边界条件。设电位函数 φ 在定义域 D 内满足：

$$\frac{\partial^2 \varphi}{\partial x^2} + \frac{\partial^2 \varphi}{\partial y^2} = -f(x,y) \tag{10.5.25}$$

对于如下第三类边界条件：

$$\left.\left(\frac{\partial \varphi}{\partial n} + \sigma\varphi\right)\right|_L = q(x,y) \tag{10.5.26}$$

相应的泛函为

$$I(\varphi) = \iint_D \left[\left(\frac{\partial \varphi}{\partial x}\right)^2 + \left(\frac{\partial \varphi}{\partial y}\right)^2\right] \mathrm{d}x\mathrm{d}y - 2\iint_D f\varphi \mathrm{d}x\mathrm{d}y + \oint_L (\sigma\varphi^2 - 2q\varphi)\mathrm{d}L \tag{10.5.27}$$

式中，D 是场定义域的二维截面。这里，假设包围该截面的边界是 L。

与式(10.5.10)给出的拉普拉斯方程在第一类边界条件(齐次或非齐次)下的泛函表达式相比较，在式(10.5.27)的右边多出了后边两项，即 $-2\iint_D f\varphi \mathrm{d}x\mathrm{d}y$ 和 $\oint_L (\sigma\varphi^2 - 2q\varphi)\mathrm{d}L$。现在，

就来考虑这两项的离散化。

首先，对于式(10.5.27)等号右端第二项的离散化，为简化分析，假设：一是将三角元内 $\tilde{\varphi}^e(x,y)$ 近似地用该三角元重心处的 $\tilde{\varphi}_c^e$ 值予以代替，即 $\tilde{\varphi}_c^e=(\varphi_i+\varphi_j+\varphi_m)/3$；二是函数 $f(x,y)$ 也取三角元重心处的值 f，这样第二项离散化为

$$-2\iint_{D_e} f\tilde{\varphi}^e(x,y)\mathrm{d}x\mathrm{d}y=-\frac{2}{3}f(\varphi_i+\varphi_j+\varphi_m)\Delta=-2\boldsymbol{\varphi}_e^{\mathrm{T}}\boldsymbol{P}_e \tag{10.5.28}$$

式中，$\boldsymbol{P}_e$ 为三阶阵列，其元素的一般表达式为

$$P_l^e=\frac{f\Delta}{3},\quad l=i,j,m \tag{10.5.29}$$

然后，考虑式(10.5.27)等号右端第三项的离散化。如果 e 是一个边界三角元，它只有一条边(设为 jm 边)在边界 L 上，其对顶点为 i。设该边所满足的第三类边界条件中的 σ 和 q 分别用其在 jm 边上的平均值 σ_i 及 q_i 来代替。由于用了线性插值，在 jm 边上 φ 值一定是在 φ_j 和 φ_m 之间的一种线性分布。若用 t 表示 jm 边上的变动参数，而 $t=0$ 相应于 j 点，$t=1$ 时相应于 m 点；于是在 jm 边上，插值函数的值可写为

$$\varphi(t)=(1-t)\varphi_j+t\varphi_m,\quad 0\leqslant t\leqslant 1 \tag{10.5.30}$$

jm 边的边长可写为

$$l_i=\sqrt{(x_j-x_m)^2+(y_j-y_m)^2} \tag{10.5.31}$$

于是可以写出：

$$t=\frac{l}{l_i} \tag{10.5.32}$$

式中，l 是 jm 边上从 j 点算起的弧长参数。

这样，泛函式(10.5.27)等号右端的第三项在边界三角元上，应有

$$\begin{aligned}&l_i\int_0^1\left\{\sigma_i\left[(1-t)\varphi_j+t\varphi_m\right]^2-2q_i\left[(1-t)\varphi_j+t\varphi_m\right]\right\}\mathrm{d}t\\&=\boldsymbol{\varphi}_{le}^{\mathrm{T}}\boldsymbol{K}_{le}\boldsymbol{\varphi}_{le}-2\boldsymbol{\varphi}_{le}^{\mathrm{T}}\boldsymbol{P}_{le}\end{aligned} \tag{10.5.33}$$

其中

$$\boldsymbol{\varphi}_{le}=\begin{bmatrix}\varphi_j\\\varphi_m\end{bmatrix},\quad \boldsymbol{K}_{le}=\frac{l_i\sigma_i}{6}\begin{bmatrix}2&1\\1&2\end{bmatrix},\quad \boldsymbol{P}_{le}=\frac{q_i}{2}\begin{bmatrix}1\\1\end{bmatrix}$$

将式(10.5.28)和式(10.5.33)都加于式(10.5.16)等号右端，有

$$I_e=\boldsymbol{\varphi}_e^{\mathrm{T}}\boldsymbol{K}_e\boldsymbol{\varphi}_e-2\boldsymbol{\varphi}_e^{\mathrm{T}}\boldsymbol{P}_e+\boldsymbol{\varphi}_{le}^{\mathrm{T}}\boldsymbol{K}_{le}\boldsymbol{\varphi}_{le}-2\boldsymbol{\varphi}_{le}^{\mathrm{T}}\boldsymbol{P}_{le} \tag{10.5.34}$$

这样，就得到对应于第三类边界条件的泛函式(10.5.27)的单元离散化式。可以仿照前面式(10.5.19)和式(10.5.22)的推导，求出全域 D 内泛函 $I(\varphi)$ 的离散式和全域 D 内表达泛函极值的有限元方程。

值得注意的是，当e为内部三角元而不包含边界节点时，式(10.5.33)这一项的积分即不存在。可以认为，此时$\sigma_i = q_i = 0$，所得结果和第一类边界条件的结果一致。

10.5.4 有限元法示例

为了全面掌握基于三角剖分和线性插值的有限元法的基本原理及其实施的全过程，首先通过手算对典型例题进行有限元的数值分析；再应用有限元通用程序对同一例题进行解算，是帮助读者入门的一条有效途径。

【例 10.5.1】 用有限元法求解边值问题(手算)[34]：

$$\begin{cases}\nabla^2\varphi = -3xy, \quad 0<x<2, \quad 0<y<2 \\ \varphi\big|_{x=0} = 1 \\ \left(\dfrac{\partial \varphi}{\partial x} + 3\varphi\right)\Bigg|_{x=2} = 0 \\ \left(\dfrac{\partial \varphi}{\partial y} + 3\varphi\right)\Bigg|_{y=0} = \left(\dfrac{\partial \varphi}{\partial y} + 3\varphi\right)\Bigg|_{y=2} = 0\end{cases}$$

解 为简单起见，将区域$D=\{(x,y)|0<x<2, 0<y<2\}$划分成四个三角形单元e_1、e_2、e_3和e_4，各单元、各线元、各节点的编号如图 10.5.3 所示。

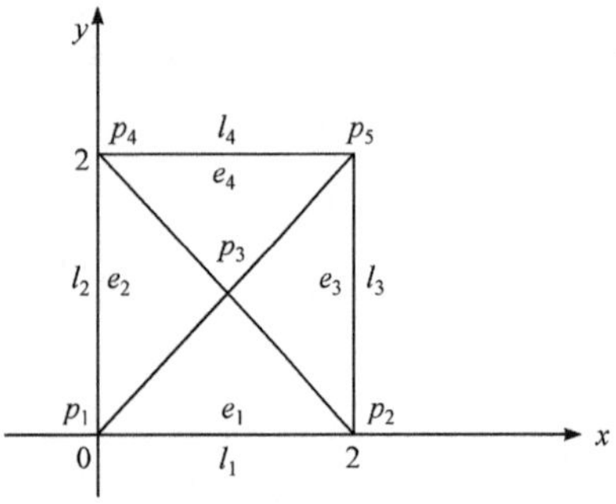

图 10.5.3 单元划分，单元、线元和节点的编号

现在，$f = 3xy$，$\sigma = 3$，$q = 0$。

对单元e_1：$b_1 = -1$，$b_2 = 1$，$b_3 = 0$；$c_1 = -1$，$c_2 = -1$，$c_3 = 2$。重心为(1,1/3)，$f = 1$，$\varDelta = 1$。

$$\boldsymbol{K}_{e_1} = \frac{1}{4}\begin{bmatrix} 2 & 0 & -2 \\ 0 & 2 & -2 \\ -2 & -2 & 4 \end{bmatrix} = \begin{bmatrix} 1/2 & 0 & -1/2 \\ 0 & 1/2 & -1/2 \\ -1/2 & -1/2 & 1 \end{bmatrix},$$

$$\boldsymbol{P}_{e_1} = \begin{bmatrix} 1/3 \\ 1/3 \\ 1/3 \end{bmatrix}$$

还有线元l上第三类边界条件的贡献为

$$\boldsymbol{K}_{l_1} = \begin{bmatrix} 2 & 1 \\ 1 & 2 \end{bmatrix}, \quad \boldsymbol{P}_{l_1} = \begin{bmatrix} 0 \\ 0 \end{bmatrix}$$

同理，可求得其他单元的$\boldsymbol{K}_e$、$\boldsymbol{P}_e$、$\boldsymbol{K}_l$和$\boldsymbol{P}_l$。于是，有

$$\boldsymbol{K} = \boldsymbol{K}_{e_1} + \boldsymbol{K}_{e_2} + \boldsymbol{K}_{e_3} + \boldsymbol{K}_{e_4} + \boldsymbol{K}_{l_1} + \boldsymbol{K}_{l_3} + \boldsymbol{K}_{l_4}$$

$$= \begin{bmatrix} 1/2 & 0 & -1/2 & 0 & 0 \\ 0 & 1/2 & -1/2 & 0 & 0 \\ -1/2 & -1/2 & 1 & 0 & 0 \\ 0 & 0 & 0 & 0 & 0 \\ 0 & 0 & 0 & 0 & 0 \end{bmatrix} + \begin{bmatrix} 1/2 & 0 & -1/2 & 0 & 0 \\ 0 & 0 & 0 & 0 & 0 \\ -1/2 & 0 & 1 & -1/2 & 0 \\ 0 & 0 & -1/2 & 1/2 & 0 \\ 0 & 0 & 0 & 0 & 0 \end{bmatrix}$$

$$
+\begin{bmatrix} 0 & 0 & 0 & 0 & 0 \\ 0 & 1/2 & -1/2 & 0 & 0 \\ 0 & -1/2 & 1 & 0 & -1/2 \\ 0 & 0 & 0 & 0 & 0 \\ 0 & 0 & -1/2 & 0 & 1/2 \end{bmatrix}+\begin{bmatrix} 0 & 0 & 0 & 0 & 0 \\ 0 & 0 & 0 & 0 & 0 \\ 0 & 0 & 1 & -1/2 & -1/2 \\ 0 & 0 & -1/2 & 1/2 & 0 \\ 0 & 0 & -1/2 & 0 & 1/2 \end{bmatrix}
$$

$$
+\begin{bmatrix} 2 & 1 & 0 & 0 & 0 \\ 1 & 2 & 0 & 0 & 0 \\ 0 & 0 & 0 & 0 & 0 \\ 0 & 0 & 0 & 0 & 0 \\ 0 & 0 & 0 & 0 & 0 \end{bmatrix}+\begin{bmatrix} 0 & 0 & 0 & 0 & 0 \\ 0 & 2 & 0 & 0 & 1 \\ 0 & 0 & 0 & 0 & 0 \\ 0 & 0 & 0 & 0 & 0 \\ 0 & 1 & 0 & 0 & 2 \end{bmatrix}+\begin{bmatrix} 0 & 0 & 0 & 0 & 0 \\ 0 & 0 & 0 & 0 & 0 \\ 0 & 0 & 0 & 0 & 0 \\ 0 & 0 & 0 & 2 & 1 \\ 0 & 0 & 0 & 1 & 2 \end{bmatrix}
$$

$$
=\begin{bmatrix} 3 & 1 & -1 & 0 & 0 \\ 1 & 5 & -1 & 0 & 1 \\ -1 & -1 & 4 & -1 & -1 \\ 0 & 0 & -1 & 3 & 1 \\ 0 & 1 & -1 & 1 & 5 \end{bmatrix}
$$

$$
\boldsymbol{P}=\boldsymbol{P}_{e_1}+\boldsymbol{P}_{e_2}+\boldsymbol{P}_{e_3}+\boldsymbol{P}_{e_4}+P_{l_1}+\boldsymbol{P}_{l_3}+\boldsymbol{P}_{l_4}
$$

$$
=\begin{bmatrix} 1/3 \\ 1/3 \\ 1/3 \\ 0 \\ 0 \end{bmatrix}+\begin{bmatrix} 1/3 \\ 0 \\ 1/3 \\ 1/3 \\ 0 \end{bmatrix}+\begin{bmatrix} 0 \\ 5/3 \\ 5/3 \\ 0 \\ 5/3 \end{bmatrix}+\begin{bmatrix} 0 \\ 0 \\ 5/3 \\ 5/3 \\ 5/3 \end{bmatrix}+\begin{bmatrix} 0 \\ 0 \\ 0 \\ 0 \\ 0 \end{bmatrix}+\begin{bmatrix} 0 \\ 0 \\ 0 \\ 0 \\ 0 \end{bmatrix}+\begin{bmatrix} 0 \\ 0 \\ 0 \\ 0 \\ 0 \end{bmatrix}=\begin{bmatrix} 2/3 \\ 2 \\ 4 \\ 2 \\ 10/3 \end{bmatrix}
$$

则有限元方程 $\boldsymbol{K\varphi}=\boldsymbol{P}$ 的具体形式为

$$
\begin{bmatrix} 3 & 1 & -1 & 0 & 0 \\ 1 & 5 & -1 & 0 & 1 \\ -1 & -1 & 4 & -1 & -1 \\ 0 & 0 & -1 & 3 & 1 \\ 0 & 1 & -1 & 1 & 5 \end{bmatrix}\begin{bmatrix} \varphi_1 \\ \varphi_2 \\ \varphi_3 \\ \varphi_4 \\ \varphi_5 \end{bmatrix}=\begin{bmatrix} 2/3 \\ 2 \\ 4 \\ 2 \\ 10/3 \end{bmatrix}
$$

经过边界条件处理后，得到上式的改写形式为

$$
\begin{bmatrix} 5 & -1 & 1 \\ -1 & 4 & -1 \\ 1 & -1 & 5 \end{bmatrix}\begin{bmatrix} \varphi_1 \\ \varphi_2 \\ \varphi_3 \end{bmatrix}=\begin{bmatrix} 1 \\ 6 \\ 7/3 \end{bmatrix}
$$

解之，最后得原边值问题在各节点处的近似解为

$$
\{\varphi_1,\varphi_2,\varphi_3,\varphi_4,\varphi_5\}\approx\{1,0.41,1.79,1,0.75\}
$$

作为这一节的结束，这里把用有限元法求解电磁场边值问题归纳成如下步骤[34]。

(1) 找出与边值问题相应的泛函及其变分问题。

(2) 将场域 D 划分成 NE 个三角形单元，确定各节点的编号和坐标、各单元的编号和面

积、各边界三角单元的编号和长度。

当然，在实际中不仅可使用三角形单元，也可使用曲边四边形单元等，有很大的灵活性，便于适应不规则的几何区域。

(3) 将单元中的函数用该单元中基函数及节点上的函数值展开，即把连续问题离散化。基函数可使用线性插值函数，也可采用高次插值函数。

(4) 进行单元合成分析，形成总刚度矩阵和总右端向量。求泛函的极值，导出联立代数方程组，即有限元方程。

(5) 强加第一类边界条件，然后用直接法或迭代法求解有限元方程。

有限元法同样可适用于三维问题。目前，有限元法已在工程电磁场问题的分析中获得了日益广泛的应用。例如，大型电机端部电磁场、变压器漏磁场以及内部电屏蔽、金属构件中的涡流场和涡流损耗；同步电机异步启动时阻尼条中的电流分布；波导中电磁波的传播、截止频率与截止波长分析；感应加热、邻近干扰、电磁屏蔽等物理现象，都已应用有限元法分析得到了成功的结果。

关于有限元法的计算机解算，限于篇幅，有兴趣的读者可参阅有关有限元法方面的专著。这里只指出需要重视的一点，就是刚度矩阵 $\boldsymbol{K}$ 的存储。这也是有限元法通用计算程序设计中的重要内容。刚度矩阵 $\boldsymbol{K}$ 不仅是一个对称矩阵，而且是一个带状的稀疏矩阵，非零元素只存在于三角元三顶点编号所对应的行和列的九个交叉位置上，其他元素均为零元素。离主对角线最远的非零元素的位置取决于所有三角元顶点编号的最大差值的绝对值 R 。$R+1$ 称为刚度矩阵 $\boldsymbol{K}$ 的半带宽。考虑到刚度矩阵 $\boldsymbol{K}$ 的这个固有特点，为节省计算机内存，通常对刚度矩阵 $\boldsymbol{K}$ 采用压缩存储的方法。其中，最常用的是一维下三角或上三角变带宽存储法。带宽是节省计算机内存的重要因素，所以在单元节点编号时，要尽可能使节点编号的数字之差最小，否则，可能得到很大的半带宽。

10.6 矩 量 法

矩量法(moment method)是一种求解泛函方程的普遍方法，它既适用于求解微分方程，又适用于求解积分方程[36]。目前，矩量法大都用来求解积分方程，已成功地用于人们感兴趣的电磁问题，如天线和天线阵的辐射、散射问题、微波结构分析、非均匀地球上的电磁波传播及人体中电磁吸收等。本节着重于矩量法基本概念与应用的阐述，不做展开讨论。

10.6.1 矩量法的基本原理

设有算子方程

$$L(u) = f \tag{10.6.1}$$

式中，L 为线性算子，算子方程可以是微分方程或积分方程；f 是已知的源函数，代表一种激励；u 是待求的场函数，这里，假定它们都只是二维平面 (x,y) 上的函数。

在函数空间中取一组基函数 $g_n = g_n(x,y)$ 对 u 进行展开，即

$$u = \sum_{n=1}^{N} a_n g_n \tag{10.6.2}$$

应当注意，这里每项 $g_n = g_n(x,y)$ 都满足算子方程的边界条件。式中，a_n 为待定系数。N 为正整数，其大小根据要求的计算精度确定。一般地说，N 可以无限增加，因 $\{g_n\}$ 为完备系列，从而获得精确解。但是对于实际问题，只要求有一定的准确度，因此对于近似解仅使 N 为有限的。将展开式(10.6.2)代入原方程(10.6.1)中，并由算子 L 的线性特性，得

$$\sum_{n=1}^{N} a_n L(g_n) = f \tag{10.6.3}$$

其次，按照问题定义合适的内积 $\langle L(g_n), w_m \rangle$，其中 $w_1, w_2, \cdots, w_N$ 为定义在 $L(u)$值域上的权函数，对式(10.6.3)按每个 w_m 内积，得出

$$\sum_{n=1}^{N} a_n \langle L(g_n), w_m \rangle = \langle f, w_m \rangle, \quad m = 1,2,\cdots,N \tag{10.6.4}$$

写成矩阵形式，得

$$\boldsymbol{l\alpha} = \boldsymbol{f} \tag{10.6.5}$$

式中

$$\boldsymbol{l} = \begin{bmatrix} \langle L(g_1), w_1 \rangle & \langle L(g_2), w_1 \rangle & \cdots \\ \langle L(g_1), w_2 \rangle & \langle L(g_2), w_2 \rangle & \cdots \\ \vdots & \vdots & \vdots \end{bmatrix}, \quad \boldsymbol{\alpha} = \begin{bmatrix} \alpha_1 \\ \alpha_2 \\ \vdots \\ \alpha_N \end{bmatrix}, \quad \boldsymbol{f} = \begin{bmatrix} \langle f, w_1 \rangle \\ \langle f, w_2 \rangle \\ \vdots \\ \langle f, w_N \rangle \end{bmatrix} \tag{10.6.6}$$

如果矩阵 $\boldsymbol{l}$ 的逆矩阵存在，则 $\boldsymbol{\alpha}$ 便可由式(10.6.7)给出：

$$\boldsymbol{\alpha} = \boldsymbol{l}^{-1}\boldsymbol{f} \tag{10.6.7}$$

将求得的展开系数 $\boldsymbol{\alpha}$ 代入式(10.6.2)中，便得到原来算子方程式(10.6.1)的解：

$$u = \boldsymbol{g}^{\mathrm{T}}\boldsymbol{l}^{-1}\boldsymbol{f} \tag{10.6.8}$$

此解答可能是精确的或者近似的，有赖于选择合适的 g_n 和 w_m。g_n 应该能较好地逼近 u。w_m 也应该是线性无关的，并依赖于 f 的性质。

先看一个简单的例题。设有一个平行板电容器，两极板 A、B 之间相距为1m，板间分布电荷为 $\rho(x) = \varepsilon(1+4x^2)$，$x$ 沿垂直于平板方向。求极板间电位分布 $\varphi(x)$。

由泊松方程和边界条件可以建立该问题的数学模型：

$$\begin{cases} -\dfrac{\mathrm{d}^2 u}{\mathrm{d}x^2} = 1 + 4x^2 \\ u(0) = u(1) = 0 \end{cases} \tag{10.6.9}$$

注意，这里取 $u(x) = \varphi(x)$。不难按经典方法求出解答为

$$\varphi(x) = u(x) = \frac{5}{6}x - \frac{1}{2}x^2 - \frac{1}{3}x^4 \tag{10.6.10}$$

现在，说明采用矩量法的求解过程。选择幂函数构成的系列为基函数，令

$$g_n = g_n(x) = x - x^{n+1}, \quad n = 1,2,\cdots,N \tag{10.6.11}$$

式中，单独项 x 是为了保证 g_n 在 L 的定义域中，或者说是为了保证 g_n 满足边界条件所需要的。

在算子 L 的定义域内选择一组权函数 $w_1, w_2, \cdots, w_n$，它是在 L 值域的全域上存在的一组权函数，这里取权函数等于基函数有

$$w_m = x - x^{m+1} \tag{10.6.12}$$

因此，由式(10.6.6)，有

$$l_{mn} = \langle L(g_n), w_m \rangle = \int_0^1 (x - x^{m+1}) \left[-\frac{\mathrm{d}^2}{\mathrm{d}x^2}(x - x^{n+1}) \right] \mathrm{d}x = \frac{mn}{m+n+1}$$

$$f_m = \langle f, w_m \rangle = \int_0^1 (1+4x^2)(x - x^{m+1}) \mathrm{d}x = \frac{m(3m+8)}{3(m+2)(m+4)}$$

通过矩阵求逆，由式(10.6.7)可得到各展开系数 α_n 如下。

(1) 当 $N=1$ 时，$\alpha_1 = 11/10$。由式(10.6.2)，得

$$\varphi(x) = u(x) = \frac{11}{10}(x - x^2)$$

(2) 当 $N=2$ 时，$\alpha_1 = 1/10$，$\alpha_2 = 2/3$。于是，由式(10.6.2)，得

$$\varphi(x) = u(x) = \frac{23}{30}x - \frac{1}{10}x^2 - \frac{2}{3}x^3$$

(3) 当 $N=3$ 时，$\alpha_1 = 1/2$，$\alpha_2 = 0$，$\alpha_3 = 1/3$。于是，由式(10.6.2)，得

$$\varphi(x) = u(x) = \frac{5}{6}x - \frac{1}{2}x^2 - \frac{1}{3}x^4$$

显然，当 $N=3$ 时已得到了电位分布的精确解。当 $N \geqslant 4$ 时，得到的仍然是这个解答。这是因为精确解是幂函数的线性组合，而选定的基函数就是幂函数。

10.6.2　基函数和权函数的选择

用矩量法的繁简以及所得精度的高低，在很大程度上取决于基函数 g_n 和权函数 w_m 的选择，它们对计算结果有很大的影响。这些函数的选择时常要由给定的问题而定，因而缺乏一般性。根据不同问题的具体特征，可以选取不同类型的基函数。

总体来说，基函数可以分为全域基和分域基两大类；权函数可以分为全域权、分域权和点匹配，它们之间的不同组合便形成不同的方法。

1. 基函数 g_n 的选择

(1) 全域基函数是指在算子 L 的定义域内的全域上都有定义的一组基函数。它们应该满足边界条件且彼此线性无关。全域基函数通常应用的有：傅里叶级数 $g_n = \cos(n\alpha)$，$g_n = \sin(n\alpha)$；麦克劳林(Maclaurin)级数 $g_n = x^n$；勒让德多项式 $P_n(x)$ 等。收敛快是全域基的最大优点。它的缺点是，往往事先并不了解未知函数的特性，或者很难用一个函数在全域描述它，因此无法选择合适的全域基函数。有时，即使找到了合适的全域基函数，由于算子

本身很复杂，再加上求内积运算时会使积分变得更复杂，显著增加了计算量，从而限制了全域基的应用。

(2) 分域基函数是指不是在算子 L 的定义域内的全域上存在的，而仅仅是存在于算子定义域的各个分域上的函数。选择分域基函数作为未知函数的展开函数，在矩量法求解的离散化过程中是一种区域离散，即未知函数表示为各个分域上存在的函数值的线性组合。这与有限元法的网格划分、分区插值的方法有些类似。

分域基中选取的基函数通常有分段均匀(脉冲)函数和分段线性(三角形)函数。一维的脉冲函数可以写成：

$$P(x-x_n)=\begin{cases}1, & |x-x_n|<\dfrac{1}{2}h\\ 0, & |x-x_n|>\dfrac{1}{2}h\end{cases} \tag{10.6.13}$$

式中，h 是在 $0\leqslant x\leqslant 1$ 中等间隔的长度。如图 10.6.1 所示，每个函数仅有两个值，称为二值函数，具有计算较为简单的特点。但是注意到 $P(x-x_n)$ 的一阶导数仍为广义函数，在矩量法中得出的系数矩阵为奇异阵，不可求逆，除非改变内积的定义，使算子的定义域延拓，否则不能以 $P(x-x_n)$ 为基函数。

三角形函数是广泛应用的分域基函数，一维的三角形函数写成：

$$T(x-x_n)=\begin{cases}1-\dfrac{|x-x_n|}{h}, & |x-x_n|<h\\ 0, & |x-x_n|>h\end{cases} \tag{10.6.14}$$

由图 10.6.1 可见：当 n 不同时，$T(x-x_n)$ 是线性无关的，但并非正交的。在相邻分段点之间，实际上近似为线性变化。将待求解答表示为

$$u=\sum_{n=1}^{N}\alpha_n T(x-x_n) \tag{10.6.15}$$

当 $N\to\infty$ 时，可以任意逼近准确解。

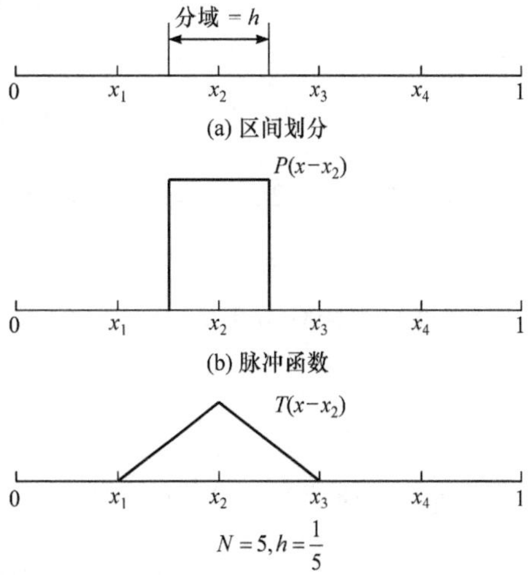

图 10.6.1　一维空间的分域基函数

十分明显，分域基都具有局部化的特点，即其只在一个局部范围内不为零，其余全为零。这样，离散的节点值的变化将直接影响与其相衔接的分域，从而保证当节点数递增时插值过程的数值稳定性。一般地说，分域基的数值稳定性较高，而整域基的收敛性好。当所选用的基函数和实际解答越接近时，收敛越快，所以基函数的选择应结合问题的定性分析。

2. 权函数 w_m 的选择

不同类型权函数的选择，将得到各种不同计算模式的矩量法。例如，在上面的简单例题中，选权函数为基函数，就构成了伽辽金(Galerkin)计算模式。在实际应用中，当然还可以有更多的其他权函数选择的方法。但求式(10.6.6)中的 $l_{mn}=\langle L(g_n),w_m\rangle$ 的积分都比较困

难。对于每个函数要计算 $\langle L(g_n), w_m \rangle$ ，而每个 w_m 不同，只能逐个考虑，工作量随之增大。

为了减少这一困难，可以应用离散化的概念。具体地说，一种是点匹配法，即只要求近似解在一些离散点上满足方程式。这相当于采用狄拉克函数 $\delta(x)$ 为权函数。

现在讨论点匹配的问题。设方程和边界条件仍为式(10.6.9)。基函数仍然选为

$$g_n = x - x^{n+1}$$

取权函数

$$w_m = \delta(x - x_m)$$

式中，x_m 称为匹配点。为了求出点匹配解，将区间 $[0,1]$ 分为 $N+1$ 个分区间，对于等间隔划分，则

$$x_m = \frac{m}{N+1}, \quad m = 1, 2, \cdots, N$$

将权函数 w_m 和基函数 g_n 代入式(10.6.6)中，即可求出元素为

$$l_{mn} = n(n+1)\left(\frac{m}{N+1}\right)^{n-1}$$

$$f_m = 1 + 4\left(\frac{m}{N+1}\right)^2$$

当 $N=1$ 时，$l_{11}=2$ ，$f_1=2$ ，所以 $\alpha_1=1$ ，于是

$$\varphi(x) \approx \alpha_1 g_1 = x - x^2$$

当 $N=2$ 时，矩阵方程为

$$\begin{bmatrix} 2 & 2 \\ 2 & 4 \end{bmatrix}\begin{bmatrix} \alpha_1 \\ \alpha_2 \end{bmatrix} = \begin{bmatrix} 13/9 \\ 25/9 \end{bmatrix}$$

求得 $\alpha_1 = 1/18$ ，$\alpha_2 = 2/3$ ，于是

$$\varphi(x) \approx \frac{13}{18}x - \frac{1}{18}x^2 - \frac{2}{3}x^3$$

当 $N=3$ 时，又得到准确解：

$$\varphi(x) = \frac{5}{6}x - \frac{1}{2}x^2 - \frac{1}{3}x^4$$

而当 $N=4$ 时，仍然继续得出准确解。点匹配的解答比伽辽金法精确度要低一些，在低阶解中对匹配点的位置很敏感。但是，这种方法有典型意义，对于高阶解，均匀分割的匹配点能得到较好的结果，而且矩量法随着 N 的增大，能给出更为满意的计算精度。

总之，矩量法的关键问题是基函数和权函数的选取。原则上讲，有许多种函数可以选择，所以它们的选择有很大的任意性。但对给定的积分方程或微分方程来说，选取它们是否合适将关系到：①解的精确度；②矩阵元素计算的难易；③能够反演的矩阵阶数；④良态矩阵的可实现性。对于一个特定的边值问题，只有少数的基函数是适用的。这些适用的基函数要比其他基函数给出更快的收敛性，这意味着此时只需选择更少的项数 N ，就可以

达到要求的准确度。因此，计算矩阵元素和求逆的时间将大大减少。一般说来，选择基函数应尽量利用有关对特定问题解的先验知识，使所选基函数尽量接近实际问题的解，且满足边界条件。此时，计算过程收敛较快。

10.6.3　算子的拓展

算子对于在函数空间的定义域中的函数，时常有很多限制，使求解算子方程的工作增加了困难。例如，算子 $L=-\mathrm{d}^2/\mathrm{d}x^2$，如果希望用矩形脉冲函数展开 u，而矩形脉冲函数就不在 L 定义域之内。这时，可以对算子的定义域进行拓展，使它包括一个新的函数，只要拓展后不改变在原定义域中的运算；如果原来算子是自伴的，要求拓展后仍然是自伴的。

例如，在 L 原来定义域中满足齐次边界条件的任意函数 u 和 w，取内积，有

$$\langle L(u),w\rangle=\int_0^1 w\left(-\frac{\mathrm{d}^2}{\mathrm{d}x^2}u\right)\mathrm{d}x=\int_0^1\frac{\partial u}{\partial x}\cdot\frac{\partial w}{\partial x}\mathrm{d}x-\left[w\frac{\partial u}{\partial x}\right]\Bigg|_0^1 \tag{10.6.16}$$

即

$$\langle L(u),w\rangle=\int_0^1\frac{\partial u}{\partial x}\cdot\frac{\partial w}{\partial x}\mathrm{d}x \tag{10.6.17}$$

原来要求 $L(u)$ 有连续的二阶导数的函数以进行上述运算。现在以最后的式子作为内积的定义式，把算子的定义域拓展到一些函数，即它们的二阶导数不存在，但一阶导数存在的函数。

这样，重新考虑以前的问题：

$$\begin{cases}-\dfrac{\mathrm{d}^2}{\mathrm{d}x^2}u=1+4x^2\\[2ex] u(0)=u(1)=0\end{cases}$$

在算子拓展后的意义上，允许以矩形脉冲函数的线性组合来逼近函数 u，令

$$u(x)\approx\sum_{n=1}^{N}a_nP(x-x_n)$$

取三角脉冲函数为权函数，即

$$w_m=T(x-x_m)$$

按照新定义的内积公式可求出：

$$l_{mn}=\langle L(g_n),w_m\rangle=\int_0^1\frac{\mathrm{d}P(x-x_n)}{\mathrm{d}x}\cdot\frac{\mathrm{d}T(x-x_m)}{\mathrm{d}x}\mathrm{d}x=\begin{cases}2(N+1), & m=n\\ -(N+1), & |m-n|=1\\ 0, & |m-n|>1\end{cases}$$

$$f_m=\langle f,w_m\rangle=\int_0^1 T(x-x_m)P(x-x_n)\mathrm{d}x=\frac{1}{N+1}\left[1+\frac{4m^2+\dfrac{2}{3}}{(N+1)^2}\right]$$

这一结果与采用 $T(x-x_n)$ 作为基函数，$P(x-x_m)$ 为权函数，由原来算子直接出发求得的 l_{mn}

的形式是相同的。这是可以预料的，因为算子是自伴的，交换 u 和 w 没有影响。两种算法的 f_m 略有差异，但是当 N 增大时，差别就减小了。因此，可以说，两种解法的收敛速度大致相同。

拓展算子的定义域，还可以使其包括不满足边界条件的函数。由式(10.6.16)可看出，如果函数不满足给定的边界条件，将出现边界项，即取内积时伴生部 $\left[w\dfrac{\partial u}{\partial x}\right]\Bigg|_0^1$ 将不为零。这样，如果重新定义内积包括伴生部在内，即

$$\langle L(u),w\rangle=\int_0^1 wL(u)\mathrm{d}x-\left[u\frac{\partial w}{\partial x}\right]\Bigg|_0^1 \tag{10.6.18}$$

即使函数不满足边界条件，仍然有 $\langle L(u),w\rangle=\langle u,L(w)\rangle$，就是说算子仍然是自伴的。用这种定义的拓展算子研究上例时，采用的基函数和权函数为

$$\begin{cases}g_n=x^n\\ w_m=x^m\end{cases}$$

可以求出：

$$l_{mn}=\int_0^1 x^m\left(-\frac{\mathrm{d}^2x^n}{\mathrm{d}x^2}\right)\mathrm{d}x-x^n\frac{\mathrm{d}x^m}{\mathrm{d}x}\Bigg|_0^1=\frac{m+n-mn-m^2n^2}{m+n+1}$$

$$f_m=\langle f,w_m\rangle=\int_0^1(1+4x^2)x^m\mathrm{d}x=\frac{5m+7}{(m+1)(m+3)}$$

当 $N=4$ 时，求得 $\alpha_1=5/6$，$\alpha_2=-1/2$，$\alpha_3=0$，$\alpha_4=-1/3$，则同样得到精确解：

$$\varphi(x)=u(x)=\frac{5}{6}x-\frac{1}{2}x^2-\frac{1}{3}x^4$$

如果不采用拓展后定义的内积公式，按原来公式得出的 $\boldsymbol{l}$ 矩阵，将是奇矩阵，因而是无解的。

10.6.4　典型算例

这里，以静电场问题为求解对象，由其积分方程的数学模型：

$$\int_S\frac{\sigma(\boldsymbol{r}')}{4\pi\varepsilon|\boldsymbol{r}-\boldsymbol{r}'|}\mathrm{d}S'=\varphi(\boldsymbol{r}) \tag{10.6.19}$$

说明矩量法在求解积分方程中的应用。

【例 10.6.1】　矩形带电导板的电场分布。

解　设一块矩形带电导板[长×宽$=(2a)\times(2b)$]，如图 10.6.2 所示，其厚度可以忽略不计。现给定导板电位为 φ_0，求空间中的电场分布。

建立如图 10.6.2 所示的坐标系统。应用点匹配法，首先离散化导板为 n 个子块 $\Delta S_i=(2c)\times(2d)$，且令每个子块上的面电荷密度为 σ_i，并将导板表面的待求电荷密度 σ 表示成：

$$\sigma(x',y')=\sum_{i=1}^{n}P_i(x',y')\sigma_i \tag{10.6.20}$$

$P_i(x',y')$是一个二维脉冲函数，有

$$P_i(x',y')=\begin{cases}1, & (x',y')\in S_i' \\ 0, & (x',y')\notin S_i'\end{cases}$$

对应于积分方程(10.6.19)，现在与定解条件相联系的积分方程为

$$\int_{-b}^{b}\int_{-a}^{a}\frac{\sigma(x',y')}{\sqrt{(x-x')^2+(y-y')^2}}\mathrm{d}x'\mathrm{d}y'=4\pi\varepsilon_0\varphi_0 \tag{10.6.21}$$

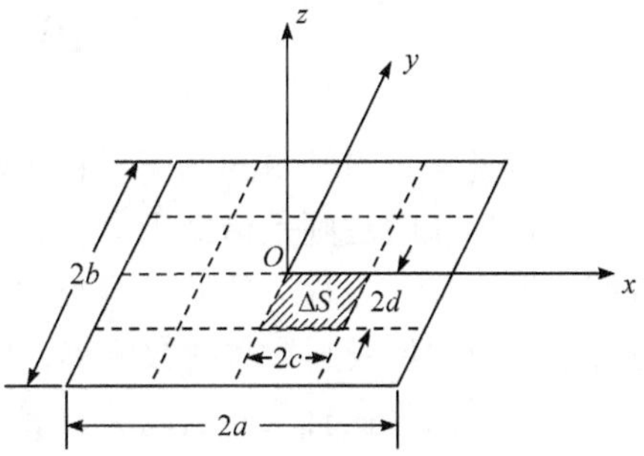

图 10.6.2　厚度可以忽略不计的矩形带电导板

式中，(x,y)是导板上任一点的坐标。

取各子块面积的中心为匹配点，则按点匹配法，得

$$\int_{-b}^{b}\int_{-a}^{a}\delta_j(x-x_j')\delta_j(y-y_j')\times\left[\int_{-b}^{b}\int_{-a}^{a}\frac{\sigma(x',y')}{\sqrt{(x-x')^2+(y-y')^2}}\mathrm{d}x'\mathrm{d}y'\right]\mathrm{d}x\mathrm{d}y$$

$$=\int_{-b}^{b}\int_{-a}^{a}\delta_j(x-x_j')\delta_j(y-y_j')4\pi\varepsilon_0\varphi_0\mathrm{d}x\mathrm{d}y$$

即

$$\sum_{i=1}^{n}\sigma_i\left[\int_{-d}^{d}\int_{-c}^{c}\frac{P_i(x',y')}{\sqrt{(x_j'-x')^2+(y_j'-y')^2}}\mathrm{d}x'\mathrm{d}y'\right]=4\pi\varepsilon_0\varphi_0,\quad j=1,2,\cdots,n$$

亦即

$$\boldsymbol{P\sigma}=\boldsymbol{g} \tag{10.6.22}$$

式中，$\boldsymbol{g}$ 的元素 $g_i=4\pi\varepsilon_0\varphi_0$，$\boldsymbol{P}$ 的元素为

$$P_{ji}=\int_{-d}^{d}\int_{-c}^{c}\frac{P_i(x',y')\mathrm{d}x'\mathrm{d}y'}{\sqrt{(x_j'-x')^2+(y_j'-y')^2}}$$

它反映了子块$\Delta S_i'$上的电荷对匹配点(x_j',y_j')上电位的贡献。当 $j\neq i$ 时，为计算简单起见，可以假设子块上的电荷效应集中体现于该面积$\Delta S_i'$的中点，因此，有

$$P_{ji}=\frac{\Delta S_j'}{\sqrt{(x_j'-x_i')^2+(y_j'-y_i')^2}}$$

当 $j=i$ 时，应另做处理，否则上述公式的计算将出现奇点。这时，在计算模型中子块上的电荷必须按面电荷处理，并采用“等效面积”处理方法，即用一个面积与子块面积相等的小圆盘取代该矩形子块，由此可得

$$P_{jj}=3.545\sqrt{\Delta S_j'}$$

可以看出，系数矩阵$\boldsymbol{P}$是对称的满矩阵，宜用列主元或全主元消去法解之。求出各子块上的电荷密度$\boldsymbol{\sigma}$后，就可由式(10.6.19)计算出任一点$P(\boldsymbol{r})$处的电位。

10.7 边界元法

一般说来，当场域的几何形状比较复杂时，采用解析方法求解边界积分方程是十分困难的。边界元解法则是借助于有限元离散技术，首先将边界积分方程离散成一组线性代数方程，即边界元方程。然后，解出边界上待求的位或其导数的数值解。最后，基于边界积分方程，应用位或其导数的数值解，可得场域内任一点的位与场量的解。

边界元法是在有限元法以后发展起来的一种数值方法。它可以理解成边界积分法和有限元法的混合技术，即由格林公式(或加权余量法)把微分方程变成感兴趣边界上的积分方程，然后通过类似于有限元法中应用的离散化过程进行求解。可以说，边界元法是解边界积分方程的有限元法。边界元法在工程电磁场领域的各个分支中已得到广泛的应用。

在这一章中，只讨论二维问题的边界元法。关于三维问题的边界元法，其基本思想类同，只是由于离散的边界单元将是平面或曲面形状单元，其处理过程在数学上较为复杂。限于篇幅，这里就不展开阐述和讨论。

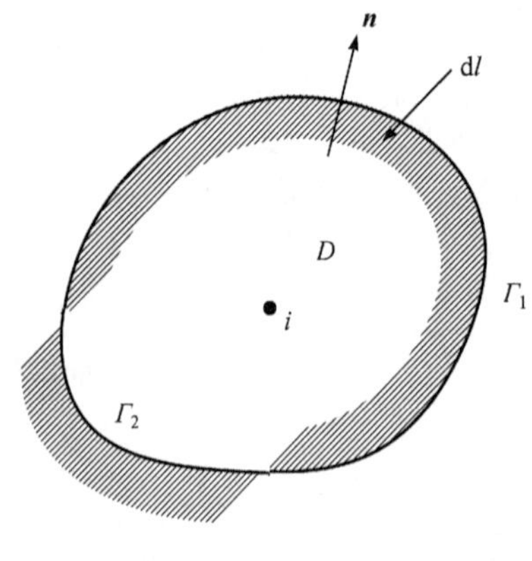

图 10.7.1　二维区域 D 和边界 Γ

这里，以拉普拉斯方程为例，来说明边界元法解边值问题的基本思路和过程。拉普拉斯方程边值问题的数学描述如下：

$$\begin{cases} \nabla^2 u(x,y)=0, & (x,y)\in D \\ u=\overline{u}, & (x,y)\in \Gamma_1 \\ q=\dfrac{\partial u}{\partial n}=\overline{q}, & (x,y)\in \Gamma_2 \end{cases} \tag{10.7.1}$$

式中，D 是具有边界线 $\Gamma(=\Gamma_1+\Gamma_2)$ 的二维区域，如图 10.7.1 所示。

现在，应用边界元法求解上述边值问题。

10.7.1　边界积分方程

由第 2 章知，应用格林第二公式和自由空间拉普拉斯方程的基本解 $\dfrac{1}{2\pi}\ln\dfrac{1}{R}$，容易推导出区域 D 中任一点的 u_i 为

$$u_i=-\oint_{\Gamma}\left[u(\boldsymbol{r}')\frac{\partial}{\partial n'}\left(\frac{1}{2\pi}\ln\frac{1}{R}\right)-\left(\frac{1}{2\pi}\ln\frac{1}{R}\right)\frac{\partial u(\boldsymbol{r}')}{\partial n'}\right]\mathrm{d}\Gamma' \tag{10.7.2}$$

式(10.7.2)表明，区域内任意一点的 u_i 可以用边界上的 u 值及其法向导数 $\dfrac{\partial u}{\partial n}$ 值来表示。只要求得边界上的全部 u 值和 $\dfrac{\partial u}{\partial n}$ 值，那么内部任一点的 u 值即可确定。

但是，实际上，只有在边界 Γ_1 段上 u 是已知，而 $\dfrac{\partial u}{\partial n}$ 却是未知；在边界 Γ_2 段上 $\dfrac{\partial u}{\partial n}$ 是已

知的，而 u 却是未知的，因而式(10.7.2)尚不能用于计算区域 D 内的场。现在，将点“i”移到边界 Γ 上，如果 Γ 是二维区域 D 的光滑边界，则有

$$\frac{1}{2}u_i = -\oint_{\Gamma}\left[u(\boldsymbol{r}')\frac{\partial}{\partial n'}\left(\frac{1}{2\pi}\ln\frac{1}{R}\right) - \left(\frac{1}{2\pi}\ln\frac{1}{R}\right)\frac{\partial u(\boldsymbol{r}')}{\partial n'}\right]\mathrm{d}\Gamma' \tag{10.7.3}$$

式(10.7.3)等号左侧的 u_i 和右侧的 u 都是 Γ 上的 u，这就是与边值问题式(10.7.1)对应的边界积分方程。这个方程建立了 Γ 上的 u 和其法向导数 $\frac{\partial u}{\partial n}$ 之间的关系。因为在部分边界 Γ_1 段上的 u 是已知的，而在其余段 Γ_2 上的 $\frac{\partial u}{\partial n}$ 是已知的，所以可以用边界元法解出 Γ_1 段上的 $\frac{\partial u}{\partial n}$ 和 Γ_2 段上的 u。然后，将 Γ 上的全部 u 和 $\frac{\partial u}{\partial n}$ 代入式(10.7.2)中，即可计算出区域 D 内部任意点“i”的 u 值。

10.7.2　边界积分方程的离散化方法

将边界 Γ 分割成 N 段，每一段称为边界单元，如图 10.7.2 所示。边界单元端点标号(或节点序号)与边界定向线段 Γ 的走向一致，即区域 D 始终位于 Γ 的左侧。具体地说，若区域 D 是内部区域，则沿边界 Γ 逆时针方向由小到大进行编号；反之，则沿顺时针方向由小到大进行编号[29,30]。

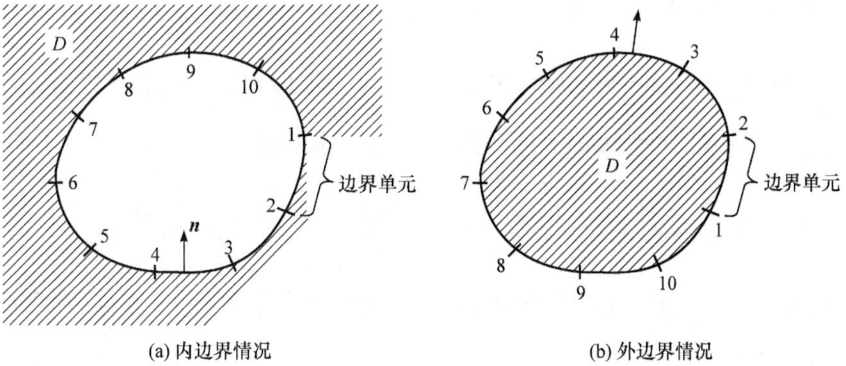

图 10.7.2　离散的边界单元

边界单元上需要计算未知量的点，称作节点。在利用边界元法计算时，必须在各个边界单元上对待求的 u 或 $\frac{\partial u}{\partial n}$ 进行插值。插值可分为零次(常数)插值、一次(线性)插值和二次插值，分别称为常数边界单元、线性边界单元和二次边界单元[29,30]。

常数边界单元：如图 10.7.3(a)所示，节点取在每段中点的称为常数边界单元。此时，边界单元一般是直线段，单元上的 u 和 $\frac{\partial u}{\partial n}$ 的值都是常数，都等于它们各自在中点处的值。

线性边界单元：如图 10.7.3(b)所示，节点是边界单元的两个端点。此时，边界单元一般仍然是直线段，单元上的 u 和 $\frac{\partial u}{\partial n}$ 的值分别认为都是坐标的线性函数。

二次边界单元：如图 10.7.3(c)所示，节点是边界单元的中点和两个端点。此时，边界单元可以是直线段，也可以是曲线段，但单元上的u和$\frac{\partial u}{\partial n}$的值分别都是坐标的二次函数。

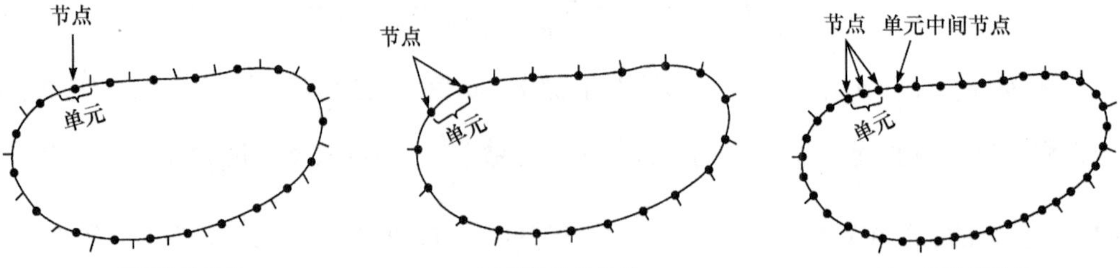

图 10.7.3　边界单元

一般来说，不同的插值方法，其计算时间和计算精度都是不同的。显然，采用线性边界单元或高次边界单元，要比常数边界单元的计算精度高，但计算要复杂些。为了说明方法简单起见，这一节先采用常数单元。

设将边界分成N段，每一段用一直线段逼近，作为一个边界单元。其中，有N_1个边界单元属于Γ_1(第一类边界)，N_2个边界单元属于Γ_2(第二类边界)。对于常数边界单元，在每个边界单元段上假定u和$\frac{\partial u}{\partial n}$的值都是常数，且与该边界单元中点的$u$和$\frac{\partial u}{\partial n}$值分别相等。应该注意到，在每个边界单元上的两个变量(u和$\frac{\partial u}{\partial n}$)之一是已知的。或者，在每个边界单元上，$u$和$\frac{\partial u}{\partial n}$中只有一个是作为已知边界条件给定的，所以变量数与节点数相等。在应用边界条件之前，边界积分方程式(10.7.3)可以将点“i”离散成：

$$\frac{1}{2}u_i+\sum_{j=1}^{N}\int_{\Gamma_j}u\frac{\partial}{\partial n'}\left(\frac{1}{2\pi}\ln\frac{1}{R}\right)\mathrm{d}\Gamma'=\sum_{j=1}^{N}\int_{\Gamma_j}\left(\frac{1}{2\pi}\ln\frac{1}{R}\right)\frac{\partial u}{\partial n'}\mathrm{d}\Gamma' \tag{10.7.4}$$

式中，Γ_j表示边界单元j，现在它作为边界。由于每个边界单元中u和$\frac{\partial u}{\partial n}$都是常数，所以可以把它们提到积分号之外，得到

$$\frac{1}{2}u_i+\sum_{j=1}^{N}\left[\int_{\Gamma_j}\frac{\partial}{\partial n'}\left(\frac{1}{2\pi}\ln\frac{1}{R}\right)\mathrm{d}\Gamma'\right]u_j=\sum_{j=1}^{N}\left(\int_{\Gamma_j}\frac{1}{2\pi}\ln\frac{1}{R}\mathrm{d}\Gamma'\right)q_j \tag{10.7.5}$$

不难看出，各边界单元Γ_j上的积分仅与节点“i”和单元j相关。如果取

$$\begin{cases}\hat{H}_{ij}=\int_{\Gamma_j}\frac{\partial}{\partial n'}\left(\frac{1}{2\pi}\ln\frac{1}{R}\right)\mathrm{d}\Gamma'\\ G_{ij}=\int_{\Gamma_j}\left(\frac{1}{2\pi}\ln\frac{1}{R}\right)\mathrm{d}\Gamma'\end{cases} \tag{10.7.6}$$

那么，式(10.7.5)便可改写成：

$$\frac{1}{2}u_i+\sum_{j=1}^{N}\hat{H}_{ij}u_j=\sum_{j=1}^{N}G_{ij}q_j \tag{10.7.7}$$

或者

$$\sum_{j=1}^{N} H_{ij} u_j = \sum_{j=1}^{N} G_{ij} q_j \tag{10.7.8}$$

式中

$$H_{ij} = \begin{cases} \hat{H}_{ij}, & i \neq j \\ \hat{H}_{ij} + \dfrac{1}{2}, & i = j \end{cases} \tag{10.7.9}$$

如果对每一个边界单元的中点($i = 1, 2, \cdots, N$)都建立方程(10.7.8)，那么就能得到 N 个方程的线性方程组，有

$$\sum_{j=1}^{N} H_{ij} u_j = \sum_{j=1}^{N} G_{ij} q_j, \quad i = 1, 2, \cdots, N \tag{10.7.10}$$

写成矩阵形式，有

$$\boldsymbol{HU} = \boldsymbol{GQ} \tag{10.7.11}$$

式中，$\boldsymbol{H}$ 和 $\boldsymbol{G}$ 都属于 N 阶方阵，它们的元素分别是 H_{ij} 和 G_{ij} ；$\boldsymbol{U}$ 和 $\boldsymbol{Q}$ 都属于 N 阶列向量，它们的元素分别是 u_j 和 q_j 。应该注意到，对于非光滑边界，此时主对角线元素 H_{ii} 需按 $H_{ii} = -\sum_{j=1, j\neq i}^{N} H_{ij}$ 计算。

因为有 N_1 个 u 值和 N_2 个 q 值在边界上是已知的，所以在方程组式(10.7.11)中有 N 个未知数(N_1 个 q 值和 N_2 个 u 值相应于 N 个方程)。把未知数全部都移到左边，得到

$$\boldsymbol{Ax} = \boldsymbol{R} \tag{10.7.12}$$

式中，$\boldsymbol{x}$ 为未知变量 u 和 q 的列向量；$\boldsymbol{A}$ 和 $\boldsymbol{R}$ 分别为系数矩阵和右端列向量。求解式(10.7.12)，就可求得边界上未知变量 u 和 q 的值，然后，就可以用式(10.7.2)求出区域内部任一点的 u 值。求 u_i 时也要把式(10.7.2)离散化，写成：

$$u_i = \sum_{j=1}^{N} G_{ij} q_j - \sum_{j=1}^{N} \hat{H}_{ij} u_j \tag{10.7.13}$$

应该注意到，式(10.7.13)中的 G_{ij} 和 $\hat{H}_{ij}$ 仍由式(10.7.6)计算出，但是，却与式(10.7.10)中的 G_{ij} 和 $\hat{H}_{ij}$ 在数值上不相等。这是因为计算点“i”位于场域内部，不是位于边界上。如果需要计算多个内域场点的值，每次都需要重新计算出矩阵元素。

值得指出，式(10.7.11)中的矩阵 $\boldsymbol{H}$ 具有下列性质：$\sum_{j}^{N} H_{ij} = 0$ ；$\det \boldsymbol{H} = 0$ 。这些性质对检验其构造是十分有益的。不过，矩阵 $\boldsymbol{H}$ 不是稀疏矩阵。这样一来，一方面，矩阵元素的计算量大；另一方面，问题的收敛性质不是十分理想。

若继续求解场域内部某一点“i”处的导数，可由式(10.7.2)算出，对于任意一点“i”，有

$$\frac{\partial u_i}{\partial \xi}=\oint_{\Gamma}\frac{\partial u}{\partial n'}\frac{\partial}{\partial \xi}\left(\frac{1}{2\pi}\ln\frac{1}{R}\right)\mathrm{d}\Gamma'-\oint_{\Gamma}u(\boldsymbol{r}')\frac{\partial^2}{\partial\xi\partial n'}\left(\frac{1}{2\pi}\ln\frac{1}{R}\right)\mathrm{d}\Gamma' \tag{10.7.14}$$

式中，$\xi=x,y$。这个积分也要离散化后才能近似求出，因此$\frac{\partial u}{\partial n}$和$u$具有同样的计算精度，这是边界元法固有的特点。

10.7.3 矩阵 $\boldsymbol{H}$ 和 $\boldsymbol{Q}$ 元素的计算[29,30]

对于常数边界单元，元素$\hat{H}_{ij}$和G_{ij}的积分式(10.7.6)很容易解析地解出。

1. 主对角元素的$\hat{H}_{ii}$和G_{ii}

这里，先看主对角元素的$\hat{H}_{ii}$。根据式(10.7.6)，有

$$\hat{H}_{ii}=\int_{\Gamma_j}\frac{\partial}{\partial n'}\left(\frac{1}{2\pi}\ln\frac{1}{R}\right)\mathrm{d}\Gamma'=\int_{\Gamma_j}\frac{\partial}{\partial R}\left(\frac{1}{2\pi}\ln\frac{1}{R}\right)\frac{\partial R}{\partial n'}\mathrm{d}\Gamma' \tag{10.7.15}$$

由于在边界单元i上的任一点到节点i的矢径$\boldsymbol{R}$与边界单元i重合，即n'与$\boldsymbol{R}$相互垂直，所以$\frac{\partial R}{\partial n'}=0$。这样，积分式(10.7.15)为零，即

$$\hat{H}_{ii}=0 \tag{10.7.16}$$

如果分析一下边界积分方程(10.7.3)导出的全部过程，也就不难理解$\hat{H}_{ii}=0$的意义。

根据式(10.7.6)，有

$$G_{ii}=\int_{\Gamma_i}\left(\frac{1}{2\pi}\ln\frac{1}{R}\right)\mathrm{d}\Gamma' \tag{10.7.17}$$

由于常数边界单元的节点位于单元中心，如图 10.7.4 所示，所以

$$G_{ii}=\int_0^{L_i/2}\frac{1}{2\pi}\ln\frac{1}{\frac{L_i}{2}-\Gamma'}\mathrm{d}\Gamma'+\int_{L_i/2}^{L_i}\frac{1}{2\pi}\ln\frac{1}{\Gamma'-\frac{L_i}{2}}\mathrm{d}\Gamma'=\frac{L_i}{2\pi}\left(1-\ln\frac{L_i}{2}\right) \tag{10.7.18}$$

式中，L_i是第i个边界单元的长度。

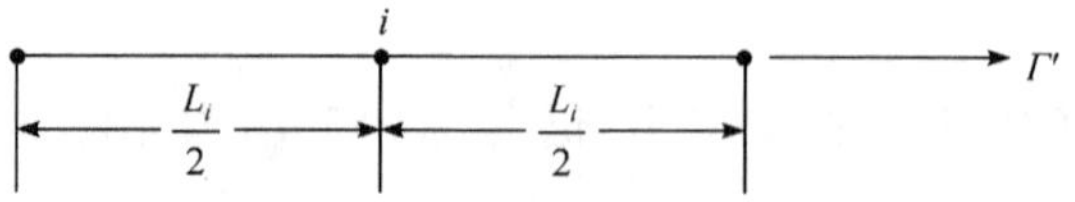

图 10.7.4 常数边界单元上的坐标

2. 非主对角元素的$\hat{H}_{ij}$和G_{ij}

对于不包含节点i的边界单元，式(10.7.6)中的两个积分不可能解析地求出，最好选用数值积分方法来求其近似结果。例如，选用如下的对数加权积分公式：

$$\int_0^1\left(\ln\frac{1}{\xi}\right)f(\xi)\mathrm{d}\xi\doteq\sum_{i=1}^{k}w_i f(\xi_i) \tag{10.7.19}$$

式中，k 是积分点的数目；w_i 是加权系数。

借助对数加权积分公式，可以方便地求得 $\hat{H}_{ij}$ 和 G_{ij}，有

$$\begin{aligned}\hat{H}_{ij} &= \int_{L_j} \frac{1}{2\pi}\frac{\partial}{\partial n'}\left(\ln\frac{1}{R}\right)\mathrm{d}\Gamma' = -\frac{1}{2\pi}\int_{L_j}\frac{1}{R}\frac{\partial R}{\partial n'}\mathrm{d}\Gamma' = -\int_{L_j}\frac{1}{2\pi R}\nabla' R\cdot \boldsymbol{n}'\mathrm{d}\Gamma' \\ &= -\int_{L_j}\frac{1}{2\pi R^2}\boldsymbol{R}\cdot(\cos\alpha \boldsymbol{e}_x + \sin\alpha \boldsymbol{e}_y)\mathrm{d}\Gamma' \\ &= -\int_{L_j}\frac{1}{2\pi R^2}\left[(x_i - x')\cos\alpha + (y_i - y')\sin\alpha\right]\mathrm{d}\Gamma' \\ &= \int_{L_j} F(x', y')\mathrm{d}\Gamma' = \int_{-1}^{1} f(\xi)\mathrm{d}\xi \approx \sum_{i=1}^{k} w_i f(\xi_i)\end{aligned} \tag{10.7.20}$$

和

$$G_{ij} = \int_{L_j}\frac{1}{2\pi}\ln\frac{1}{R}\mathrm{d}\Gamma' = \int_{L_j} E(x', y')\mathrm{d}\Gamma' = \int_{-1}^{1} e(\xi)\mathrm{d}\xi \approx \sum_{i=1}^{k} A_i e(\xi_i) \tag{10.7.21}$$

式中，$\boldsymbol{n}'$ 是单元 j 的法向；α 是 $\boldsymbol{n}'$ 与 x' 轴的夹角，如图 10.7.5 所示。α 可以表示为

$$\alpha = 90° + \arctan\left(\frac{y_2 - y_1}{x_2 - x_1}\right) \tag{10.7.22}$$

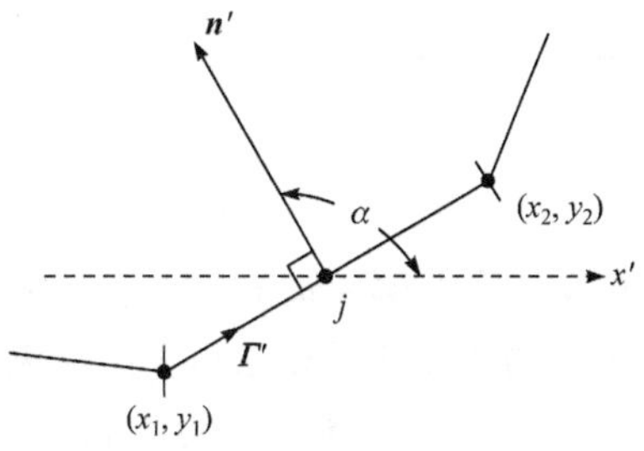

图 10.7.5　常数边界单元

最后指出，常数边界单元的优点是计算速度快，但由于插值函数的次数低，计算精度也较低。从原则上来讲，对于二次或更高次的边界单元来说，它们对曲线边界的拟合会更好，计算精度高。但由于插值基函数的复杂性所带来的数值积分误差较大，其结果往往得不偿失。因此，当边界几何形状比较简单或分割足够精细时，通常采用线性边界单元就能够满足分析的需要。

由以上所述看出，边界元法的最大优点是可以降低求解问题的维数，只在研究区域的边界上剖分单元。将三维问题变成二维问题，二维问题变成一维问题，使其数值计算较有限元法简单，所划分的单元数目少于有限元，这可减少方程组数目和求解问题所需的数据，大大节约机时。另外，边界元法还可以求解区域法所无法解决的有关常遇到无限区域一类的问题。当然，边界元法也有它的一些不足之处，例如：①代数方程组的系数矩阵 $\boldsymbol{H}$ 不是稀疏矩阵，因此，矩阵元素的计算量大，并且问题的解的收敛性态不是十分理想；②在场域中利用了自由空间的基本解，因而它不适合于求解含有非均匀媒质的边值问题，对于分片均匀媒质也不适用，还是用有限元法合适；③如果需要求解多个内域点的值，由于每次重复求解矩阵元素，计算显得烦琐。总之，有限元法和边界元法各有优缺点，在求解某些电磁场边值问题时，可以联合使用它们，发挥各自的优点，以提高解题效能。

10.8　加权余量法

本节讨论的加权余量法(method of weighted residuals)是求微分方程近似解的一种有效

的数学方法，广泛应用于物理、流体力学、固体力学、热交换、化工、电气工程等不同领域之中，深受人们的瞩目[34]。

加权余量法这一名称由克兰多尔(Crandall)于 1956 年首创，科拉茨(Collatz)称为误差分布原理。它能概括许多现有的近似方法，通过它能看出这些方法的统一性和彼此之间的内在联系。加权余量法与里茨法一样，都是求微分方程边值问题的形如 $u=\sum_{k=1}^{N}\alpha_k u_k$ 的近似解。所不同的是，里茨法基于变分原理，但是有些问题无法利用变分原理导出与边值问题相应的泛函，这时就无法用里茨法求解，也无法用基于变分原理的有限元法求解，加权余量法却仍然能够成功地应用。如果边值问题存在相应的泛函，加权余量法与变分一类的方法会得出同样的结果。

10.8.1　加权余量法的基本思想

若给定边值问题：

$$\begin{cases} L(u)=f, & \text{在}V\text{中} \\ B(u)=g, & \text{在}S\text{上} \end{cases} \tag{10.8.1}$$

通过引入函数集合：

$$u=\sum_{k=1}^{N}\alpha_k u_k \tag{10.8.2}$$

求 u 的近似解。式中，α_k 是待定系数；u_k 是一个线性独立的完备函数系，称为基函数。基函数的选择通常要求对全区域满足某些给定的条件，这些条件称为容许条件，它是和边界条件及连续性条件相关联的。但由于 u 一般不满足微分方程，将它代入式(10.8.1)的方程 $L(u)=f$ 中，将会有误差，或称为余量 R：

$$R=L(u)-f,\quad \text{在 } V \text{ 中} \tag{10.8.3}$$

显然，只有当函数集合式(10.8.2)是原边值问题的精确解时，余量式(10.8.3)才为零。

可以通过对待定参数 α_k 的选择，使得在某种平均意义上，余量 R 为零。从而使所得近似解对精确解而言是一良好的近似。在余量的极小化准则中，常取定一组权函数：

$$w_m,\quad m=1,2,\cdots,N$$

并使余量 R 的加权平均为零，即

$$\langle R,w_m\rangle=\int_V w_m R\mathrm{d}V=0,\quad m=1,2,\cdots,N \tag{10.8.4}$$

这一条件式(10.8.4)可以看作对权函数 w_m 与余量 R 正交的要求。用式(10.8.4)确定近似解中待定系数的方法，称为“加权余量法”，并称式(10.8.4)为“加权余量”准则。

于是，可归纳加权余量法的步骤如下[34]。

(1) 选取一组满足要求的基函数：

$$u_k,\quad k=1,2,\cdots,N$$

(2) 构造试探函数：

$$u = \sum_{k=1}^{N} \alpha_k u_k$$

式中，$\alpha_k (k = 1,2,\cdots,N)$ 是待定系数。

(3) 选取一组权函数：

$$w_m, \quad m = 1,2,\cdots,N$$

(4) 运用加权余量准则：

$$\langle w_m, R \rangle = 0, \quad m = 1,2,\cdots,N$$

得到关于 $\alpha_k (k = 1,2,\cdots,N)$ 的代数方程组。

(5) 求解上述方程组，确定待定参数 $\alpha_k (k = 1,2,\cdots,N)$ 的值。

10.8.2　加权余量法的基本方法[34]

在加权余量法中，权函数 w_m 的不同形式对应于加权余量法中的不同准则，相应的就是不同的近似方法。常见的有下列 5 种基本方法。

1. 配点法

在区域 V 中 N 个点 $p_m (m = 1,2,\cdots,N)$ 上，使 $R_m = 0$，由此得出 N 个联立方程，可解出 N 个待定系数。这时，权函数为 δ 函数：$w_m = \delta(p_m)$。其中，$\delta(p_m)$ 表示以 p_m 为中心的 δ 函数。于是，准则为要求余量 R 在 N 个配置点 p_m 处为零：

$$\int_V R\delta(p_m) \mathrm{d}V = R_m = 0, \quad m = 1,2,\cdots,N$$

2. 子域法

将求解区域 V 划分为 N 个子域 $V_m (m = 1,2,\cdots,N)$，并取权函数为

$$w_m = \begin{cases} 1, & \text{在子域} V_m \text{内} \\ 0, & \text{在其他子域内} \end{cases}$$

此时，加权余量准则成为

$$\int_V w_m R \mathrm{d}V = \int_{V_m} R \mathrm{d}V = 0, \quad m = 1,2,\cdots,N$$

即余量在 N 个子域 $V_m (m = 1,2,\cdots,N)$ 上的平均值皆为零。

3. 最小二乘法

在这种方法中，选取系数 $\alpha_k (k = 1,2,\cdots,N)$，使余量平方 R^2 的积分

$$I = \int_V R^2 \mathrm{d}V$$

取极小值，即

$$\frac{\partial I}{\partial \alpha_k} = 2\int_V R\frac{\partial R}{\partial \alpha_k}\mathrm{d}V = 0$$

由此得出 N 个代数方程，可解出 N 个待定系数 $\alpha_k(k=1,2,\cdots,N)$。显然，最小二乘法的权函数为

$$w_m = \frac{\partial R}{\partial \alpha_k}, \quad m=1,2,\cdots,N$$

4. 矩量法

矩量法属于一种加权余量法。以一维情形为例，令

$$w_m = x^{m-1}, \quad m=1,2,\cdots,N$$

于是，由加权余量法准则得

$$\int_l w_m R\mathrm{d}l = \int_l x^{m-1}R\mathrm{d}l = 0, \quad m=1,2,\cdots,N$$

这就是最简单的矩量法。

5. 伽辽金法

伽辽金法是由苏联数学家伽辽金提出的，在此方法中，权函数取为基函数，即

$$w_m = u_m, \quad m=1,2,\cdots,N$$

于是，由加权余量法准则得

$$\int_V u_m R\mathrm{d}V = 0, \quad m=1,2,\cdots,N$$

在有限元法中便是取插值函数作权函数，所以伽辽金法能较好地为有限元法所用。

【例 10.8.1】 用加权余量法求解问题：

$$\begin{cases} \dfrac{\mathrm{d}^2u}{\mathrm{d}x^2} + u + 2x = 0, & 0<x<1 \\ u|_{x=0} = 0, & u|_{x=1} = 1 \end{cases}$$

解 为了选择适合要求的基函数，取试探函数为三次多项式的形式：

$$u = a_0 + a_1x + a_2x^2 + a_3x^3$$

将其代入微分方程的边界条件中，得到

$$a_0 = 0, \quad a_1 = 1 - a_2 - a_3$$

从而试探函数 u 表示为

$$u = x - a_2x(1-x) - a_3x(1-x^2)$$

的形式，则得基函数为

$$x, \quad x(1-x), \quad x(1-x^2)$$

(1) 配点法求解。取 $x=1/3$ 和 $x=2/3$ 作为配点，解得 $a_2=-0.0649$ 和 $a_3=-0.5192$。于

是，近似解为

$$u = x + 0.0649x(1-x) + 0.5192x(1-x^2)$$

(2) 子域法求解。取如下两个子域 $0<x<1/2$ 和 $0<x<1$，解得 $a_2=-0.0522$ 和 $a_3=-0.5106$。于是，近似解为

$$u = x + 0.0522x(1-x) + 0.5106x(1-x^2)$$

(3) 最小二乘法求解。解得 $a_2=-0.0542$ 和 $a_3=-0.5084$。于是，近似解为

$$u = x + 0.0542x(1-x) + 0.5084x(1-x^2)$$

(4) 矩量法求解。取 $w_m = x^{m-1}$，解得 $a_2=-0.0555$ 和 $a_3=-0.5085$。于是，近似解为

$$u = x + 0.0555x(1-x) + 0.5085x(1-x^2)$$

(5) Galerkin 法求解。解得 $a_2=-0.0650$ 和 $a_3=-0.5122$。于是，近似解为

$$u = x + 0.0650x(1-x) + 0.5122x(1-x^2)$$

如果把五种近似解与精确解 $u(x)=\dfrac{3\sin x}{\sin 1}-2x$ 的计算结果相比较，可见 Galerkin 法的计算精度较高，对于本题而言，Galerkin 法的解与精确解已经相当接近，最大误差仅 0.45%。

【例 10.8.2】 用 Galerkin 法解边值问题：

$$\begin{cases} \dfrac{\partial^2 u}{\partial x^2}+\dfrac{\partial^2 u}{\partial y^2}=-2, & -5<x<5, \quad -5<y<5 \\ u=100, & x=\pm 5 \text{或} y=\pm 5 \end{cases}$$

解 取试探函数为

$$u(x,y)=100+\alpha_1(5^2-x^2)(5^2-y^2)$$

代入问题的微分方程，可得余量为

$$R=-2\alpha_1(50-x^2-y^2)+2$$

用 Galerkin 法，可得方程：

$$\int_{-5}^{5}\int_{-5}^{5}(5^2-x^2)(5^2-y^2)[2-2\alpha_1(50-x^2-y^2)]\mathrm{d}x\mathrm{d}y=0$$

解得 $\alpha_1=1/40$，所以得到第一近似解为

$$u(x,y)=100+\frac{1}{40}(5^2-x^2)(5^2-y^2)$$

若将试探函数取为如下形式：

$$u(x,y)=100+(5^2-x^2)f(y)$$

为使它满足 $y=\pm 5$ 处的边界条件，可推得

$$f(\pm 5)=0$$

此时余量为

$$R = -2f + (5^2 - x^2)\frac{\mathrm{d}^2 f}{\mathrm{d}y^2} + 2$$

用 Galerkin 法，可得

$$\int_{-5}^{5}\left[-2f + (5^2 - x^2)\frac{\mathrm{d}^2 f}{\mathrm{d}y^2} + 2\right](5^2 - x^2)\mathrm{d}x = 0$$

即

$$10\frac{\mathrm{d}^2 f}{\mathrm{d}y^2} - f + 1 = 0$$

这是一个常微分方程，解之并利用边界条件 $f(\pm 5) = 0$，可得

$$f(y) = 1 - \frac{\mathrm{ch}(y/\sqrt{10})}{\mathrm{ch}(5/\sqrt{10})}$$

最后，得第一近似解为

$$u(x,y) = 100 + (5^2 - x^2)\left[1 - \frac{\mathrm{ch}(y/\sqrt{10})}{\mathrm{ch}(5/\sqrt{10})}\right]$$

为了比较上述两种结果，计算在区域中心 $x = y = 0$ 处的 u 值。

前一种近似解：$u(0,0) = 115.625$

后一种近似解：$u(0,0) = 115.130$

而精确解 $u(0,0) = 114.65$，于是，前、后两种近似解的误差分别为 0.85%和 0.42%。由此可见，把二维偏微分方程化为常微分方程求解的降维法，可望提高所得解的精度。

10.8.3　加权余量法与其他数值法的关系

实际上，加权余量法包括有限差分法、有限元法、矩量法、边界元法等。这里，只以有限元法为例说明这一事实。

对于二维拉普拉斯方程，当 u 满足基本边界条件时，取 $w = \delta u$，那么加权余量形式为

$$\int_S \nabla^2 u \delta u \mathrm{d}S = \int_L (q - \overline{q})\delta u \mathrm{d}L \tag{10.8.5}$$

可以验证，它能由下列的泛函取变分导出：

$$U = \frac{1}{2}\int_S \left[\left(\frac{\partial u}{\partial x}\right)^2 + \left(\frac{\partial u}{\partial y}\right)^2\right]\mathrm{d}S - \int_{L_2} \overline{q} u \mathrm{d}L \tag{10.8.6}$$

由此可见，加权余量法与泛函有某一种对应关系。使用有限元的离散化方法，就可由上面的加权余量形式导出一个线性代数方程组，所得结果与根据变分原理得到的结果相同。然而，加权余量法的概念比较简单清楚，并且无需泛函、变分等更多的数学要求，在权函数和基函数的选择、子域的划分上还有很大的灵活性，近年来，在方法上还有待发展及改进。许多有限元法的论著一般都采用伽辽金法。

在 10.2 节曾用变分法导出与下列边值问题：

$$\begin{cases}\nabla^2 u(x,y)=0, & x,y\in S\\ u=f(x,y), & x,y\in L\end{cases} \tag{10.8.7}$$

相应的变分方程为

$$\delta\int_S \frac{1}{2}(\nabla u)^2\mathrm{d}S=\int_S \nabla u\cdot\nabla\delta u\mathrm{d}S=0 \tag{10.8.8}$$

根据伽辽金法，将式(10.8.7)中第一式乘以 δu，并积分，得到

$$\int_S \nabla^2 u\delta u\mathrm{d}S=0 \tag{10.8.9}$$

用格林公式对式(10.8.9)进行变换，得到

$$\begin{aligned}0&=\int_S \nabla^2 u\delta u\mathrm{d}S=\int_S \nabla\cdot(\nabla u\delta u)\mathrm{d}S-\int_S \nabla u\cdot\nabla\delta u\mathrm{d}S\\ &=\oint_L \frac{\partial u}{\partial n}\delta u\mathrm{d}L-\int_S \nabla u\cdot\nabla\delta u\mathrm{d}S\end{aligned} \tag{10.8.10}$$

由于边界 L 上 $u=f(x,y)$，所以 $\delta u|_L=0$。代入式(10.8.10)中，得到

$$\int_S \nabla u\cdot\nabla\delta u\mathrm{d}S=0 \tag{10.8.11}$$

它与式(10.8.8)完全相同。这表明，当存在相应的泛函时，用伽辽金法与变分法能够得到完全相同的结果。

最后有必要说明的是，在加权余量法的讨论中，要求试探函数必须完全满足边界条件，但在求解区域比较复杂时就很难找到完全满足边界条件的试探函数。因此，在实际应用中往往并不严格要求试探函数满足边界条件，这样就有了方程余量、边界余量和初始余量。在这种情况下，同样可以根据加权余量法的基本思想，运用权函数与余量正交的方法确定试探函数中的待定系数。

如果说变分原理只对限定的一些算子才能应用，那么加权余量法则是更一般的方法，它不仅对自伴算子，而且对复杂的非自伴算子也可以应用。加权余量法已构成了许多种数值方法的基础。

习　题　10

10.1　设电位 φ 满足拉普拉斯方程，且呈轴对称场的特征，若给定第三类边值问题，即

$$\begin{cases}\dfrac{\partial^2\varphi}{\partial r^2}+\dfrac{1}{r}\dfrac{\partial\varphi}{\partial r}+\dfrac{\partial^2\varphi}{\partial z^2}=0\\ \left.\left[\dfrac{\partial\varphi}{\partial n}+f_1(s)\varphi\right]\right|_L=f_2(s)\end{cases}$$

求与这个边值问题所对应的等价变分问题。

10.2　对边值问题

$$\begin{cases}y''+(1+x)y+1=0, & -1<x<1\\ y(1)=y(-1)=0\end{cases}$$

用里茨法取 $N=2$ 求近似解。

10.3　设有一个正方形平板，其温度函数 $u(x,y)$ 满足方程 $\nabla^2 u(x,y)=-2$，边界条件为

$$u\big|_{x=0}=u\big|_{x=6}=20,\quad \left.\frac{\partial u}{\partial y}\right|_{y=0}=15,\quad \left.\frac{\partial u}{\partial y}\right|_{y=6}=-15$$

写出相应的差分方程组。

10.4　用有限元法求解边值问题：

$$\begin{cases}\nabla^2 u(x,y)-2u(x,y)=-xy, & (x,y)\in S=(0,1)\times(0,1)\\ \left[\dfrac{\partial u(x,y)}{\partial n}+u(x,y)\right]\Bigg|_L=1\end{cases}$$

三角形单元划分如图题 10.4 所示。

10.5　计算以 (1,1)、(3,2) 和 (2,3) 为顶点的三角形单元的线性插值函数。

10.6　用矩量法求解下列算子方程：

$$\begin{cases}\dfrac{\mathrm{d}^2 y}{\mathrm{d}x^2}=-1-4x^2\\ y(0)=y(1)=0\end{cases}$$

要求：(1) 采用全域基函数 $g_n(x)=x^n-x^{n+1}$ 和配点法；

(2) 采用全域基函数 $g_n(x)=\sin(n\pi x)$ 和伽辽金法。

并由计算机给出结果。

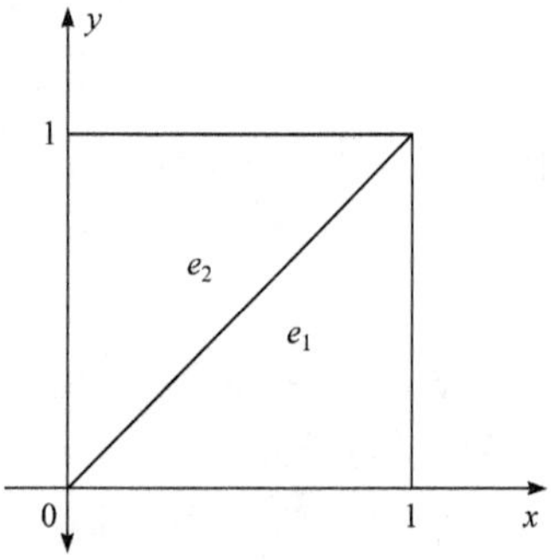

图题 10.4　三角形单元划分

10.7　利用试探函数

$$u(x)=\alpha_1\cos\frac{\pi x}{20}+\alpha_2\cos\frac{3\pi x}{20}+\alpha_3\cos\frac{5\pi x}{20}$$

求解微分方程

$$-\frac{\mathrm{d}^2 u}{\mathrm{d}x^2}+0.1u=1$$

边界条件为 $u'(0)=0=u(10)$。分别应用配点法、子域法、最小二乘法、伽辽金法确定展开系数。

10.8　对于问题

$$\begin{cases}\dfrac{\partial^2 u}{\partial x^2}+\dfrac{\partial^2 u}{\partial y^2}=0, & 0<x<1,\quad 0<y<1\\ u(x,0)=x(1-x), & u(x,1)=0\\ u(0,y)=u(1,y)=0\end{cases}$$

用伽辽金法求如下形式的近似解：

$$u(x,y)=x(1-x)f(y)$$

10.9　给定边界条件

$$u|_{x=0} = u|_{x=1} = 0$$

使用边界元法求解方程

$$\frac{\mathrm{d}^2u}{\mathrm{d}x^2} + u = -x$$

10.10　试比较前面介绍的各种数值方法的优缺点以及这些方法的应用条件，并分析它们之间的区别与联系。

10.11　如何定量地评价某种数值方法的优劣？

附　　录

附录 A　三种常用正交坐标系

三种常用正交坐标系分别如附图 A-1、附图 A-2 和附图 A-3 所示，各正交坐标系之间的关系如附表 A-1 所示。

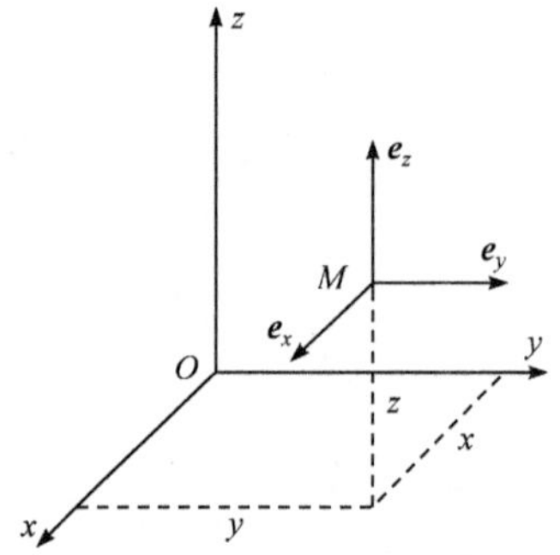

附图 A-1　直角坐标系

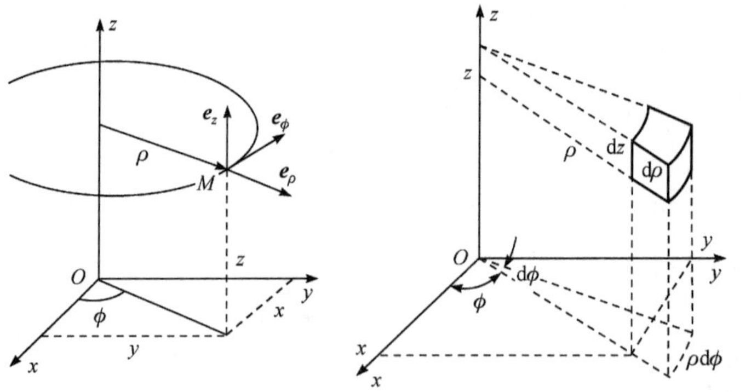

(a)　　(b)

附图 A-2　圆柱坐标系

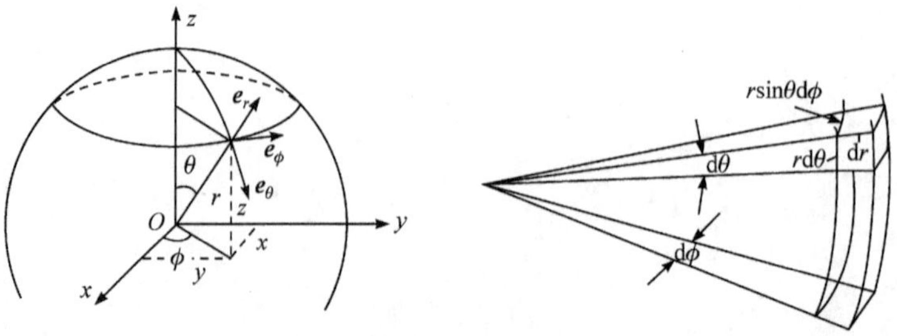

(a)　　(b)

附图 A-3　球坐标系

附表 A-1　三种正交坐标系之间的关系

坐标系	单位向量	元长度	元面积	元体积	与其他坐标系关系	与其他单位矢量关系
直角坐标 x,y,z	$\boldsymbol{e}_x,\boldsymbol{e}_y,\boldsymbol{e}_z$	$\mathrm{d}\boldsymbol{l}=\boldsymbol{e}_x\mathrm{d}x+\boldsymbol{e}_y\mathrm{d}y+\boldsymbol{e}_z\mathrm{d}z$	$\mathrm{d}\boldsymbol{S}=\boldsymbol{e}_x\mathrm{d}y\mathrm{d}z+\boldsymbol{e}_y\mathrm{d}z\mathrm{d}x+\boldsymbol{e}_z\mathrm{d}x\mathrm{d}y$	$\mathrm{d}V=\mathrm{d}x\mathrm{d}y\mathrm{d}z$	$\rho=\sqrt{x^2+y^2}$ $\phi=\arctan(y/x)$ $z=z$ 和 $r=\sqrt{x^2+y^2+z^2}$ $\theta=\arctan\dfrac{\sqrt{x^2+y^2}}{z}$ $\phi=\arctan(y/x)$	$\boldsymbol{e}_\rho=\boldsymbol{e}_x\cos\phi+\boldsymbol{e}_y\sin\phi$ $\boldsymbol{e}_\phi=-\boldsymbol{e}_x\sin\phi+\boldsymbol{e}_y\cos\phi$ $\boldsymbol{e}_z=\boldsymbol{e}_z$ 和 $\boldsymbol{e}_r=\boldsymbol{e}_x\sin\theta\cos\phi+\boldsymbol{e}_y\sin\theta\sin\phi+\boldsymbol{e}_z\cos\theta$ $\boldsymbol{e}_\theta=\boldsymbol{e}_x\cos\theta\cos\phi+\boldsymbol{e}_y\cos\theta\sin\phi-\boldsymbol{e}_z\sin\theta$ $\boldsymbol{e}_\phi=-\boldsymbol{e}_x\sin\phi+\boldsymbol{e}_y\cos\phi$
圆柱坐标 ρ,ϕ,z	$\boldsymbol{e}_\rho,\boldsymbol{e}_\phi,\boldsymbol{e}_z$	$\mathrm{d}\boldsymbol{l}=\boldsymbol{e}_\rho\mathrm{d}\rho+\boldsymbol{e}_\phi\rho\mathrm{d}\phi+\boldsymbol{e}_z\mathrm{d}z$	$\mathrm{d}\boldsymbol{S}=\boldsymbol{e}_\rho\rho\mathrm{d}\phi\mathrm{d}z+\boldsymbol{e}_\phi\mathrm{d}\rho\mathrm{d}z+\boldsymbol{e}_z\rho\mathrm{d}\rho\mathrm{d}\phi$	$\mathrm{d}V=\rho\mathrm{d}\rho\mathrm{d}\phi\mathrm{d}z$	$x=\rho\cos\phi$ $y=\rho\sin\phi$ $z=z$ 和 $r=\sqrt{\rho^2+z^2}$ $\theta=\arctan(\rho/z)$ $\phi=\phi$	$\boldsymbol{e}_x=\boldsymbol{e}_\rho\cos\phi-\boldsymbol{e}_\phi\sin\phi$ $\boldsymbol{e}_y=\boldsymbol{e}_\rho\sin\phi+\boldsymbol{e}_\phi\cos\phi$ $\boldsymbol{e}_z=\boldsymbol{e}_z$ 和 $\boldsymbol{e}_r=\boldsymbol{e}_\rho\sin\theta+\boldsymbol{e}_z\cos\theta$ $\boldsymbol{e}_\theta=\boldsymbol{e}_\rho\cos\theta-\boldsymbol{e}_z\sin\theta$ $\boldsymbol{e}_\phi=\boldsymbol{e}_\phi$
球坐标 r,ϕ,θ	$\boldsymbol{e}_r,\boldsymbol{e}_\theta,\boldsymbol{e}_\phi$	$\mathrm{d}\boldsymbol{l}=\boldsymbol{e}_r\mathrm{d}r+\boldsymbol{e}_\theta r\mathrm{d}\theta+\boldsymbol{e}_\phi r\sin\theta\mathrm{d}\phi$	$\mathrm{d}\boldsymbol{S}=\boldsymbol{e}_r r^2\sin\theta\mathrm{d}\phi\mathrm{d}\theta+\boldsymbol{e}_\theta r\sin\theta\mathrm{d}r\mathrm{d}\phi+\boldsymbol{e}_\phi r\mathrm{d}r\mathrm{d}\theta$	$\mathrm{d}V=r^2\sin\theta\mathrm{d}\theta\mathrm{d}\phi\mathrm{d}r$	$x=r\sin\theta\cos\phi$ $y=r\sin\theta\sin\phi$ $z=r\cos\theta$ 和 $\rho=r\sin\theta$ $\phi=\phi$ $z=r\cos\theta$	$\boldsymbol{e}_x=\boldsymbol{e}_r\sin\theta\cos\phi+\boldsymbol{e}_\theta\cos\theta\cos\phi-\boldsymbol{e}_\phi\sin\phi$ $\boldsymbol{e}_y=\boldsymbol{e}_r\sin\phi\sin\theta+\boldsymbol{e}_\theta\cos\theta\sin\phi+\boldsymbol{e}_\phi\cos\phi$ $\boldsymbol{e}_z=\boldsymbol{e}_r\cos\theta-\boldsymbol{e}_\theta\sin\theta$ 和 $\boldsymbol{e}_\rho=\boldsymbol{e}_r\sin\theta+\boldsymbol{e}_\theta\cos\theta$ $\boldsymbol{e}_\phi=\boldsymbol{e}_\phi$ $\boldsymbol{e}_z=\boldsymbol{e}_r\cos\theta-\boldsymbol{e}_\theta\sin\theta$

附录B　矢量分析常用公式及有关定理

1. 矢量恒等式

$$\boldsymbol{A}\times(\boldsymbol{B}\times\boldsymbol{C})=(\boldsymbol{A}\cdot\boldsymbol{C})\boldsymbol{B}-(\boldsymbol{A}\cdot\boldsymbol{B})\boldsymbol{C}$$

$$\boldsymbol{A}\cdot(\boldsymbol{B}\times\boldsymbol{C})=\boldsymbol{B}\cdot(\boldsymbol{C}\times\boldsymbol{A})=\boldsymbol{C}\cdot(\boldsymbol{A}\times\boldsymbol{B})$$

$$\nabla(\varphi u)=\varphi\nabla u+u\nabla\varphi$$

$$\nabla\cdot(\varphi\boldsymbol{A})=\varphi\nabla\cdot\boldsymbol{A}+\boldsymbol{A}\cdot\nabla\varphi$$

$$\nabla\times(\varphi\boldsymbol{A})=\varphi(\nabla\times\boldsymbol{A})-\boldsymbol{A}\times\nabla\varphi$$

$$\nabla(\boldsymbol{A}\cdot\boldsymbol{B})=(\boldsymbol{A}\cdot\nabla)\boldsymbol{B}+(\boldsymbol{B}\cdot\nabla)\boldsymbol{A}+\boldsymbol{A}\times\nabla\times\boldsymbol{B}+\boldsymbol{B}\times\nabla\times\boldsymbol{A}$$

$$\nabla\cdot(\boldsymbol{A}\times\boldsymbol{B})=\boldsymbol{B}\cdot(\nabla\times\boldsymbol{A})-\boldsymbol{A}\cdot(\nabla\times\boldsymbol{B})$$

$$\nabla\times\left(\boldsymbol{A}\times\boldsymbol{B}\right)=\boldsymbol{A}\nabla\cdot\boldsymbol{B}-\boldsymbol{B}\nabla\cdot\boldsymbol{A}+\left(\boldsymbol{B}\cdot\nabla\right)\boldsymbol{A}-\left(\boldsymbol{A}\cdot\nabla\right)\boldsymbol{B}$$

$$\nabla\times\left(\nabla\times\boldsymbol{A}\right)=\nabla\left(\nabla\cdot\boldsymbol{A}\right)-\nabla^2\boldsymbol{A}$$

$$\nabla\times\left(\varphi\nabla u\right)=\nabla\varphi\times\nabla u$$

$$\nabla\times\nabla\varphi=\boldsymbol{0}$$

$$\nabla\cdot\nabla\times\boldsymbol{A}=0$$

2. 矢量积分定理

$$\int_V\nabla\cdot\boldsymbol{A}\mathrm{d}V=\oint_S\boldsymbol{A}\cdot\mathrm{d}\boldsymbol{S}$$

$$\int_V\nabla\times\boldsymbol{A}\mathrm{d}V=\oint_S\mathrm{d}\boldsymbol{S}\times\boldsymbol{A}$$

$$\int_V\nabla\Phi\mathrm{d}V=\oint_S\Phi\mathrm{d}\boldsymbol{S}$$

$$\int_V\nabla\times\boldsymbol{A}\cdot\mathrm{d}\boldsymbol{S}=\oint_S\boldsymbol{A}\cdot\mathrm{d}\boldsymbol{l}$$

$$\int_S\mathrm{d}\boldsymbol{S}\times\nabla\Phi=\oint_l\Phi\mathrm{d}\boldsymbol{l}$$

$$\int_V(\Phi\nabla^2\Psi+\nabla\Phi\cdot\nabla\Psi)\mathrm{d}V=\oint_S\Phi\nabla\Psi\cdot\mathrm{d}\boldsymbol{S}\quad\text{(格林第一公式)}$$

$$\int_V(\Phi\nabla^2\Psi-\Psi\nabla^2\Phi)\mathrm{d}V=\oint_S(\Phi\nabla\Psi-\Psi\nabla\Phi)\cdot\mathrm{d}\boldsymbol{S}\quad\text{(格林第二公式)}$$

$$\int_V(\boldsymbol{B}\cdot\nabla\times\nabla\times\boldsymbol{A}-\boldsymbol{A}\cdot\nabla\times\nabla\times\boldsymbol{B})\mathrm{d}V=\oint_S(\boldsymbol{A}\times\nabla\times\boldsymbol{B}-\boldsymbol{B}\times\nabla\times\boldsymbol{A})\cdot\mathrm{d}\boldsymbol{S}\quad\text{(矢量格林公式)}$$

附录C　三种常用正交曲线坐标系中的矢量微分公式

1. 直角坐标系

$$\nabla\psi=\boldsymbol{e}_x\frac{\partial\psi}{\partial x}+\boldsymbol{e}_y\frac{\partial\psi}{\partial y}+\boldsymbol{e}_z\frac{\partial\psi}{\partial z}$$

$$\nabla\cdot\boldsymbol{A}=\frac{\partial A_x}{\partial x}+\frac{\partial A_y}{\partial y}+\frac{\partial A_z}{\partial z}$$

$$\nabla\times\boldsymbol{A}=\begin{vmatrix}\boldsymbol{e}_x & \boldsymbol{e}_y & \boldsymbol{e}_z\\ \dfrac{\partial}{\partial x} & \dfrac{\partial}{\partial y} & \dfrac{\partial}{\partial z}\\ A_x & A_y & A_z\end{vmatrix}=\boldsymbol{e}_x\left(\frac{\partial A_z}{\partial y}-\frac{\partial A_y}{\partial z}\right)+\boldsymbol{e}_y\left(\frac{\partial A_x}{\partial z}-\frac{\partial A_z}{\partial x}\right)+\boldsymbol{e}_z\left(\frac{\partial A_y}{\partial x}-\frac{\partial A_x}{\partial y}\right)$$

$$\nabla^2\psi=\frac{\partial^2\psi}{\partial x^2}+\frac{\partial^2\psi}{\partial y^2}+\frac{\partial^2\psi}{\partial z^2}$$

$$\nabla^2 \boldsymbol{A} = \frac{\partial^2 \boldsymbol{A}}{\partial x^2} + \frac{\partial^2 \boldsymbol{A}}{\partial y^2} + \frac{\partial^2 \boldsymbol{A}}{\partial z^2} = \nabla^2 A_x \boldsymbol{e}_x + \nabla^2 A_y \boldsymbol{e}_y + \nabla^2 A_z \boldsymbol{e}_z$$

2. 圆柱坐标系

$$\frac{\partial \boldsymbol{e}_\rho}{\partial \phi} = \boldsymbol{e}_\phi, \quad \frac{\partial \boldsymbol{e}_\phi}{\partial \phi} = -\boldsymbol{e}_\rho, \quad \nabla \cdot \boldsymbol{e}_\rho = \frac{1}{\rho}, \quad \nabla \times \boldsymbol{e}_\phi = \frac{\boldsymbol{e}_z}{\rho}$$

$$\nabla \psi = \boldsymbol{e}_\rho \frac{\partial \psi}{\partial \rho} + \boldsymbol{e}_\phi \frac{1}{\rho}\frac{\partial \psi}{\partial \phi} + \boldsymbol{e}_z \frac{\partial \psi}{\partial z}$$

$$\nabla \cdot \boldsymbol{A} = \frac{1}{\rho}\frac{\partial(\rho A_\rho)}{\partial \rho} + \frac{1}{\rho}\frac{\partial A_\phi}{\partial \phi} + \frac{\partial A_z}{\partial z}$$

$$\nabla \times \boldsymbol{A} = \frac{1}{\rho}\begin{vmatrix} \boldsymbol{e}_\rho & \rho \boldsymbol{e}_\phi & \boldsymbol{e}_z \\ \dfrac{\partial}{\partial \rho} & \dfrac{\partial}{\partial \phi} & \dfrac{\partial}{\partial z} \\ A_\rho & \rho A_\phi & A_z \end{vmatrix} = \boldsymbol{e}_\rho\left(\frac{1}{\rho}\frac{\partial A_z}{\partial \phi} - \frac{\partial A_\phi}{\partial z}\right) + \boldsymbol{e}_\phi\left(\frac{\partial A_\rho}{\partial z} - \frac{\partial A_z}{\partial \rho}\right) + \boldsymbol{e}_z \frac{1}{\rho}\left[\frac{\partial(\rho A_\phi)}{\partial \rho} - \frac{\partial A_\rho}{\partial \phi}\right]$$

$$\nabla^2 \psi = \frac{1}{\rho}\frac{\partial}{\partial \rho}\left(\rho \frac{\partial \psi}{\partial \rho}\right) + \frac{1}{\rho^2}\frac{\partial^2 \psi}{\partial \phi^2} + \frac{\partial^2 \psi}{\partial z^2} = \frac{\partial^2 \psi}{\partial \rho^2} + \frac{1}{\rho}\frac{\partial \psi}{\partial \rho} + \frac{1}{\rho^2}\frac{\partial^2 \psi}{\partial \phi^2} + \frac{\partial^2 \psi}{\partial z^2}$$

$$\nabla^2 \boldsymbol{A} = \boldsymbol{e}_\rho\left(\nabla^2 A_\rho - \frac{2}{\rho^2}\frac{\partial A_\phi}{\partial \phi} - \frac{A_\rho}{\rho^2}\right) + \boldsymbol{e}_\phi\left(\nabla^2 A_\phi + \frac{2}{\rho^2}\frac{\partial A_\rho}{\partial \phi} - \frac{A_\phi}{\rho^2}\right) + \boldsymbol{e}_z \nabla^2 A_z$$

$$\begin{aligned} \nabla\nabla \cdot \boldsymbol{A} = {} & \boldsymbol{e}_\rho\left(\frac{\partial^2 A_\rho}{\partial \rho^2} + \frac{\partial^2 A_z}{\partial \rho \partial z} + \frac{1}{\rho}\frac{\partial^2 A_\phi}{\partial \rho \partial \phi} + \frac{1}{\rho}\frac{\partial A_\rho}{\partial \rho} - \frac{1}{\rho^2}\frac{\partial A_\phi}{\partial \phi} - \frac{A_\rho}{\rho^2}\right) \\ & + \boldsymbol{e}_\phi\left(\frac{1}{\rho}\frac{\partial^2 A_z}{\partial \phi \partial z} + \frac{1}{\rho^2}\frac{\partial^2 A_\phi}{\partial \phi^2} + \frac{1}{\rho}\frac{\partial^2 A_\rho}{\partial \rho \partial \phi} + \frac{1}{\rho^2}\frac{\partial A_\rho}{\partial \phi}\right) + \boldsymbol{e}_z\left(\frac{\partial^2 A_z}{\partial z^2} + \frac{1}{\rho}\frac{\partial^2 A_\phi}{\partial \phi \partial z} + \frac{\partial^2 A_\rho}{\partial \rho \partial z} + \frac{1}{\rho}\frac{\partial A_\rho}{\partial z}\right) \end{aligned}$$

$$\begin{aligned} \nabla \times \nabla \times \boldsymbol{A} = {} & \boldsymbol{e}_\rho\left(-\frac{1}{\rho^2}\frac{\partial^2 A_\rho}{\partial \phi^2} - \frac{\partial^2 A_\rho}{\partial z^2} + \frac{\partial^2 A_z}{\partial \rho \partial z} + \frac{1}{\rho}\frac{\partial^2 A_\phi}{\partial \rho \partial \phi} + \frac{1}{\rho^2}\frac{\partial A_\phi}{\partial \phi}\right) \\ & + \boldsymbol{e}_\phi\left(-\frac{\partial^2 A_\phi}{\partial z^2} + \frac{1}{\rho}\frac{\partial^2 A_z}{\partial \phi \partial z} - \frac{\partial^2 A_\phi}{\partial \rho^2} - \frac{1}{\rho}\frac{\partial A_\phi}{\partial \rho} + \frac{A_\phi}{\rho^2} - \frac{1}{\rho^2}\frac{\partial A_\rho}{\partial \phi} + \frac{1}{\rho}\frac{\partial^2 A_\rho}{\partial \rho \partial \phi}\right) \\ & + \boldsymbol{e}_z\left(-\frac{\partial^2 A_z}{\partial \rho^2} - \frac{1}{\rho^2}\frac{\partial^2 A_z}{\partial \phi^2} + \frac{\partial^2 A_\rho}{\partial \rho \partial z} + \frac{1}{\rho}\frac{\partial^2 A_\phi}{\partial \phi \partial z} + \frac{1}{\rho}\frac{\partial A_\rho}{\partial z} - \frac{1}{\rho}\frac{\partial A_z}{\partial \rho}\right) \end{aligned}$$

3. 球坐标系

$$\frac{\partial \boldsymbol{e}_r}{\partial \phi} = \sin\theta \boldsymbol{e}_\phi, \quad \frac{\partial \boldsymbol{e}_r}{\partial \theta} = \boldsymbol{e}_\theta, \quad \frac{\partial \boldsymbol{e}_\theta}{\partial \theta} = -\boldsymbol{e}_r, \quad \frac{\partial \boldsymbol{e}_\theta}{\partial \phi} = \cos\theta \boldsymbol{e}_\phi$$

$$\frac{\partial \boldsymbol{e}_\phi}{\partial \phi} = -\boldsymbol{e}_r \sin\theta - \boldsymbol{e}_\theta \cos\theta, \quad \nabla \cdot \boldsymbol{e}_r = \frac{2}{r}, \quad \nabla \cdot \boldsymbol{e}_\theta = \frac{1}{r\tan\theta}$$

$$\nabla\psi = \boldsymbol{e}_r\frac{\partial\psi}{\partial r} + \boldsymbol{e}_\theta\frac{1}{r}\frac{\partial\psi}{\partial\theta} + \boldsymbol{e}_\phi\frac{1}{r\sin\theta}\frac{\partial\psi}{\partial\phi}$$

$$\nabla\cdot\boldsymbol{A} = \frac{1}{r^2}\frac{\partial}{\partial r}\left(r^2A_r\right) + \frac{1}{r\sin\theta}\frac{\partial}{\partial\theta}(\sin\theta A_\theta) + \frac{1}{r\sin\theta}\frac{\partial A_\phi}{\partial\phi}$$
$$= \frac{\partial A_r}{\partial r} + \frac{2A_r}{r} + \frac{1}{r}\frac{\partial A_\theta}{\partial\theta} + \frac{A_\theta}{r\tan\theta} + \frac{1}{r\sin\theta}\frac{\partial A_\phi}{\partial\phi}$$

$$\nabla\times\boldsymbol{A} = \frac{1}{r^2\sin\theta}\begin{vmatrix} \boldsymbol{e}_r & r\boldsymbol{e}_\theta & r\sin\theta\boldsymbol{e}_\phi \\ \dfrac{\partial}{\partial r} & \dfrac{\partial}{\partial\theta} & \dfrac{\partial}{\partial\phi} \\ A_r & rA_\theta & r\sin\theta A_\phi \end{vmatrix}$$
$$= \boldsymbol{e}_r\frac{1}{r\sin\theta}\left[\frac{\partial\left(A_\phi\sin\theta\right)}{\partial\theta} - \frac{\partial A_\theta}{\partial\phi}\right] + \boldsymbol{e}_\theta\frac{1}{r}\left[\frac{1}{\sin\theta}\frac{\partial A_r}{\partial\phi} - \frac{\partial\left(rA_\phi\right)}{\partial r}\right] + \boldsymbol{e}_\phi\frac{1}{r}\left[\frac{\partial\left(rA_\theta\right)}{\partial r} - \frac{\partial A_r}{\partial\theta}\right]$$
$$= \boldsymbol{e}_r\left(\frac{1}{r}\frac{\partial A_\phi}{\partial\theta} + \frac{A_\phi}{r\tan\theta} - \frac{1}{r\sin\theta}\frac{\partial A_\theta}{\partial\phi}\right)$$
$$+ \boldsymbol{e}_\theta\left(\frac{1}{r\sin\theta}\frac{\partial A_r}{\partial\phi} - \frac{\partial A_\phi}{\partial r} - \frac{A_\phi}{r}\right) + \boldsymbol{e}_\phi\left(\frac{\partial A_\theta}{\partial r} + \frac{A_\theta}{r} - \frac{1}{r}\frac{\partial A_r}{\partial\theta}\right)$$

$$\nabla^2\psi = \frac{1}{r^2}\frac{\partial}{\partial r}\left(r^2\frac{\partial\psi}{\partial r}\right) + \frac{1}{r^2\sin\theta}\frac{\partial}{\partial\theta}\left(\sin\theta\frac{\partial\psi}{\partial\theta}\right) + \frac{1}{r^2\sin^2\theta}\frac{\partial^2\psi}{\partial\phi^2}$$
$$= \frac{\partial^2\psi}{\partial r^2} + \frac{2}{r}\frac{\partial\psi}{\partial r} + \frac{1}{r^2}\frac{\partial^2\psi}{\partial\theta^2} + \frac{1}{r^2\tan\theta}\frac{\partial\psi}{\partial\theta} + \frac{1}{r^2\sin^2\theta}\frac{\partial^2\psi}{\partial\phi^2}$$

$$\nabla^2\boldsymbol{A} = \boldsymbol{e}_r\left[\nabla^2A_r - \frac{2}{r^2}\left(A_r + \cot\theta A_\theta + \csc\theta\frac{\partial A_\phi}{\partial\phi} + \frac{\partial A_\theta}{\partial\theta}\right)\right]$$
$$+ \boldsymbol{e}_\theta\left[\nabla^2A_\theta - \frac{1}{r^2}\left(\csc^2\theta A_\theta - 2\frac{\partial A_r}{\partial\theta} + 2\cot\theta\csc\theta\frac{\partial A_\phi}{\partial\phi}\right)\right]$$
$$+ \boldsymbol{e}_\phi\left[\nabla^2A_\phi - \frac{1}{r^2}\left(\csc^2\theta A_\phi - 2\csc\theta\frac{\partial A_r}{\partial\phi} - 2\cot\theta\csc\theta\frac{\partial A_\theta}{\partial\phi}\right)\right]$$

$$\nabla\nabla\cdot\boldsymbol{A} = \boldsymbol{e}_r\left(\frac{\partial^2A_r}{\partial r^2} + \frac{2}{r}\frac{\partial A_r}{\partial r} - \frac{2A_r}{r^2} - \frac{A_\theta}{r^2\tan\theta} + \frac{1}{r\tan\theta}\frac{\partial A_\theta}{\partial r} + \frac{1}{r}\frac{\partial^2A_\theta}{\partial\theta\partial r} - \frac{1}{r^2}\frac{\partial A_\theta}{\partial\theta}\right.$$
$$\left. + \frac{1}{r\sin\theta}\frac{\partial^2A_\phi}{\partial\phi\partial r} - \frac{1}{r^2\sin\theta}\frac{\partial A_\phi}{\partial\phi}\right) + \boldsymbol{e}_\theta\left(\frac{1}{r}\frac{\partial^2A_r}{\partial r\partial\theta} + \frac{2}{r^2}\frac{\partial A_r}{\partial\theta} - \frac{A_\theta}{r^2\sin^2\theta} + \frac{1}{r^2\tan\theta}\frac{\partial A_\theta}{\partial\theta}\right.$$
$$\left. + \frac{1}{r}\frac{\partial^2A_\theta}{\partial\theta^2} + \frac{1}{r^2\sin\theta}\frac{\partial^2A_\phi}{\partial\phi\partial\theta} - \frac{\cos\theta}{r^2\sin^2\theta}\frac{\partial A_\phi}{\partial\phi}\right)$$
$$+ \boldsymbol{e}_\phi\left(\frac{1}{r\sin\theta}\frac{\partial^2A_r}{\partial r\partial\phi} + \frac{2}{r^2\sin\theta}\frac{\partial A_r}{\partial\phi} + \frac{\cos\theta}{r^2\sin^2\theta}\frac{\partial A_\theta}{\partial\phi} + \frac{1}{r^2\sin\theta}\frac{\partial^2A_\theta}{\partial\phi\partial\theta} + \frac{1}{r^2\sin^2\theta}\frac{\partial^2A_\phi}{\partial\phi^2}\right)$$

$$\nabla\times\nabla\times\boldsymbol{A}=\boldsymbol{e}_r\left(\frac{1}{r}\frac{\partial^2 A_\theta}{\partial r\partial\theta}+\frac{1}{r^2}\frac{\partial A_\theta}{\partial\theta}-\frac{1}{r^2}\frac{\partial^2 A_r}{\partial\theta^2}+\frac{1}{r\tan\theta}\frac{\partial A_\theta}{\partial r}+\frac{A_\theta}{r^2\tan\theta}-\frac{1}{r^2\tan\theta}\frac{\partial A_r}{\partial\theta}\right.$$
$$\left.-\frac{1}{r^2\sin^2\theta}\frac{\partial^2 A_r}{\partial\phi^2}+\frac{1}{r\sin\theta}\frac{\partial^2 A_\phi}{\partial r\partial\phi}+\frac{1}{r^2\sin\theta}\frac{\partial A_\phi}{\partial\phi}\right)+\boldsymbol{e}_\theta\left(\frac{1}{r^2\sin\theta}\frac{\partial^2 A_\phi}{\partial\phi\partial\theta}+\frac{\cos\theta}{r^2\sin^2\theta}\frac{\partial A_\phi}{\partial\phi}\right.$$
$$\left.-\frac{1}{r^2\sin^2\theta}\frac{\partial^2 A_\phi}{\partial\phi^2}-\frac{2}{r}\frac{\partial A_\theta}{\partial r}+\frac{1}{r}\frac{\partial^2 A_r}{\partial r\partial\theta}-\frac{\partial^2 A_\theta}{\partial r^2}\right)+\boldsymbol{e}_\phi\left(\frac{1}{r\sin\theta}\frac{\partial^2 A_r}{\partial\phi\partial r}-\frac{2}{r}\frac{\partial A_\phi}{\partial r}\right.$$
$$\left.-\frac{1}{r^2}\frac{\partial^2 A_\phi}{\partial\theta^2}-\frac{\partial^2 A_\phi}{\partial r^2}-\frac{1}{r^2\tan\theta}\frac{\partial A_\phi}{\partial\theta}+\frac{A_\phi}{r^2\sin^2\theta}+\frac{1}{r^2\sin\theta}\frac{\partial^2 A_\theta}{\partial\theta\partial\phi}-\frac{\cos\theta}{r^2\sin^2\theta}\frac{\partial A_\theta}{\partial\phi}\right)$$

附录 D 狄拉克函数及其性质

1. δ 函数的定义及其性质

(1) 定义(一维):

$$\delta(x-a)=0,\quad 当\ x\neq a$$

而且

$$\int_a^b \delta(x-x_0)\mathrm{d}x=\begin{cases}0, & x_0\notin(a,b)\\ 1, & x_0\in(a,b)\end{cases}$$

(2) 基本性质:

$$\delta(-x)=\delta(x)$$

$$\delta(ax)=\frac{1}{|a|}\delta(x)$$

$$\int_{-\infty}^{\infty} f(x)\delta(x-a)\mathrm{d}x=f(a)$$

$$\int_{-\infty}^{\infty}\delta(x-a)\delta(x-b)\mathrm{d}x=\delta(a-b)$$

$$x\delta(x)=0$$

$$\int_{-\infty}^{\infty} f(x)\delta[g(x)-a]\mathrm{d}x=\left[\frac{f(x)}{g'(x)}\right]_{g(x)=a}$$

$$\int_{-\infty}^{\infty} f(x)\delta'(x-a)\mathrm{d}x=-f'(a)$$

$$\int_{-\infty}^{\infty} f(x)\delta^{(n)}(x-a)\mathrm{d}x=(-1)^n f^{(n)}(a)$$

$$\delta'(-x)=-\delta'(x)$$

$$\delta^{(n)}(-x)=(-)^n\delta^{(n)}(x)$$

$$\nabla^2 \frac{1}{r} = -4\pi\delta(\boldsymbol{r})$$

2. δ 函数的几种常用表达式

$$\delta(x) = \lim_{\alpha\to 0}\frac{1}{\pi}\times\frac{\alpha}{\alpha^2+x^2}$$

$$\delta(x) = \lim_{k\to\infty}\frac{1}{\pi}\times\frac{\sin(kx)}{x}$$

$$\delta(x) = \lim_{k\to\infty}\frac{1}{2\pi}\times\frac{\sin^2(kx/2)}{k(x/2)^2}$$

$$\delta(x) = \frac{1}{2\pi}\int_{-\infty}^{\infty}\mathrm{e}^{-\mathrm{j}kx}\mathrm{d}k = \frac{1}{\pi}\int_0^{\infty}\cos(kx)\mathrm{d}k$$

$$\delta(x) = \frac{1}{2l}\sum_{n=-\infty}^{\infty}\mathrm{e}^{\mathrm{j}n\pi x/l}$$

$$\delta(\rho) = \int_0^{\infty} k\mathrm{J}_0(k\rho)\rho\mathrm{d}k$$

3. δ 函数以正交归一完备函数展开

(1) 傅里叶级数展开：

$$\delta(x-x_0) = \frac{1}{2l}\sum_{n=-\infty}^{\infty}\mathrm{e}^{-\mathrm{j}\frac{n\pi(x-x_0)}{l}},\quad -l\leqslant x\leqslant l$$

(2) 贝塞尔函数展开：

$$\delta(x-x_0) = \sum_{n=0}^{\infty}\frac{2(xx_0)^{1/2}\mathrm{J}_m\left(\frac{\mu_n x_0}{a}\right)\mathrm{J}_m\left(\frac{\mu_n x}{a}\right)}{a^2\mathrm{J}_m'^2(\mu_n)}$$

式中，μ_n 是 $\mathrm{J}_m(\mu_n)=0$ 的根，$m>1$。

(3) 勒让德多项式展开：

$$\delta(x-x_0) = \sum_{l=0}^{\infty}\frac{2l+1}{2}\mathrm{P}_l(x)\mathrm{P}_l'(x_0),\quad -1\leqslant x\leqslant 1$$

(4) 一维的 δ 函数在一个有限区间 $[0,a]$ 内展开为傅里叶级数：

$$\delta(x-x') = \frac{2}{a}\sum_{n=1}^{\infty}\sin\frac{n\pi x}{a}\sin\frac{n\pi x'}{a}$$

(5) 一维的 δ 函数在一个 $-\infty<x<\infty$ 范围内展开为傅里叶积分：

$$\delta(x-x') = \frac{1}{2\pi}\int_{-\infty}^{\infty}\mathrm{e}^{\mathrm{j}k(x-x')}\mathrm{d}k$$

4. 用 δ 函数表示的电荷分布

(1) 二维 δ 函数：　　$\delta(\boldsymbol{\rho}-\boldsymbol{\rho}') = \delta(x-x')\delta(y-y')$

三维 δ 函数：　$\delta(\boldsymbol{r}-\boldsymbol{r}')=\delta(x-x')\delta(y-y')\delta(z-z')$

它们分别具有如下性质：

$$\int_{\Delta S}\delta(\boldsymbol{\rho}-\boldsymbol{\rho}')\mathrm{d}S=1,\quad \boldsymbol{\rho}'\in\Delta S$$

$$\int_{\Delta V}\delta(\boldsymbol{r}-\boldsymbol{r}')\mathrm{d}S=1,\quad \boldsymbol{r}'\in\Delta V$$

(2) 球坐标系中的 δ 函数为

$$\delta(\boldsymbol{r}-\boldsymbol{r}')=\frac{1}{r^2\sin\theta}\delta(r-r')\delta(\theta-\theta')\delta(\phi-\phi')$$

(3) 圆柱坐标系中的 δ 函数为

$$\delta(\boldsymbol{\rho}-\boldsymbol{\rho}')=\frac{1}{\rho}\delta(\rho-\rho')\delta(\phi-\phi')\delta(z-z')$$

(4) 几例用 δ 函数表示的电荷分布。

① 点电荷系的电荷密度：

$$\rho(\boldsymbol{r})=\sum_{i=1}^{n}q_i\delta(\boldsymbol{r}-\boldsymbol{r}_i)$$

② 电荷 q 均匀分布于半径为 a 的球壳上的电荷密度：

$$\rho(\boldsymbol{r})=\frac{q}{4\pi a^2}\delta(r-a)$$

③ 半径为 a，总电荷为 q 的带电圆环的电荷密度：

$$\rho(\boldsymbol{r})=\frac{q}{2\pi a^2}\delta(r-a)\frac{\delta(\theta)}{\sin\theta},\quad \text{球坐标系}$$

或

$$\rho(\boldsymbol{r})=\frac{q}{2\pi a}\delta(\rho-a)\delta(z'),\quad \text{圆柱坐标系}$$

④ 均匀分布于半径为 a 的圆柱面上的电荷密度：

$$\rho(\boldsymbol{r})=\frac{q}{2\pi a}\delta(r-a)$$

式中，q 为单位长度上圆柱面上的电荷。

⑤ 电荷 q 均匀分布在半径为 a 的薄平面圆盘上，则电荷密度：

$$\rho(\boldsymbol{r})=\frac{q}{2\pi a}\frac{1}{r^2\sin\theta}\delta(\theta'),\quad \text{球坐标系}$$

或

$$\rho(\boldsymbol{r})=\frac{q}{2\pi a}\frac{1}{\rho}\delta(z'),\quad \text{圆柱坐标系}$$

⑥ 置于坐标原点的电偶极子 $\boldsymbol{p}$ 的电荷密度：

$$\rho(\boldsymbol{r})=-\boldsymbol{p}\cdot\nabla\delta(\boldsymbol{r})$$

附录E　贝塞尔函数

1. 贝塞尔方程与贝塞尔函数

贝塞尔方程是

$$x^2\frac{\mathrm{d}^2y}{\mathrm{d}x^2}+x\frac{\mathrm{d}y}{\mathrm{d}x}+(x^2-\nu^2)y=0$$

式中，ν 是常数，称为贝塞尔方程的阶或贝塞尔函数的阶，可以是任何实数或复数。它的两个解：

$$\begin{cases}\mathrm{J}_\nu(x)=\sum\limits_{k=0}^{\infty}\dfrac{(-1)^k}{k!\Gamma(k+\nu+1)}\left(\dfrac{x}{2}\right)^{2k+\nu}\\\mathrm{J}_{-\nu}(x)=\sum\limits_{k=0}^{\infty}\dfrac{(-1)^k}{k!\Gamma(k-\nu+1)}\left(\dfrac{x}{2}\right)^{2k-\nu}\end{cases}$$

称为 $\pm\nu$ 阶第一类贝塞尔函数。当 ν 不为整数时，$\mathrm{J}_{\pm\nu}(x)$ 构成贝塞尔方程的一对线性独立解。若 ν 是整数，则 $\mathrm{J}_{\pm\nu}(x)$ 不是线性独立的，这时另一个独立解为

$$\mathrm{Y}_n(x)=\lim_{\alpha\to n}\frac{\mathrm{J}_\alpha(x)\cos(\alpha\pi)-\mathrm{J}_{-\alpha}(x)}{\sin(\alpha\pi)},\quad n\text{ 为整数}$$

称 $\mathrm{Y}_n(x)$ 为第二类贝塞尔函数或诺依曼函数。因此，当 ν 是整数时，贝塞尔方程的一对线性独立解应取 $\mathrm{J}_n(x)$ 和 $\mathrm{Y}_n(x)$。因为 ν 不是整数时，$\mathrm{J}_\nu(x)$ 和 $\mathrm{Y}_\nu(x)$ 也是线性独立的，所以通常也用 $\mathrm{J}_\nu(x)$ 和 $\mathrm{Y}_\nu(x)$ 这一对独立解。

第三类贝塞尔函数称为汉克尔函数，其定义为

$$\begin{cases}\mathrm{H}_\nu^{(1)}(x)=\mathrm{J}_\nu(x)+\mathrm{j}\mathrm{Y}_\nu(x)\\\mathrm{H}_\nu^{(2)}(x)=\mathrm{J}_\nu(x)-\mathrm{j}\mathrm{Y}_\nu(x)\end{cases}$$

当自变量是虚数 $(\mathrm{j}x)$ 时，得到修正贝塞尔方程：

$$x^2\frac{\mathrm{d}^2y}{\mathrm{d}x^2}+x\frac{\mathrm{d}y}{\mathrm{d}x}-(x^2+\nu^2)y=0$$

它的两个解为

$$\begin{cases}\mathrm{I}_\nu(x)=\mathrm{j}^{-\nu}\mathrm{J}_\nu(\mathrm{j}x)\\\mathrm{K}_\nu(x)=\dfrac{\pi}{2}\mathrm{j}^{\nu+1}\mathrm{H}_\nu^{(1)}(\mathrm{j}x)\end{cases}$$

分别称为 ν 阶第一类和第二类修正贝塞尔函数，或 ν 阶第一类和第二类虚宗量贝塞尔函数。

附图 E-1示出了各类低阶贝塞尔函数的变化曲线。

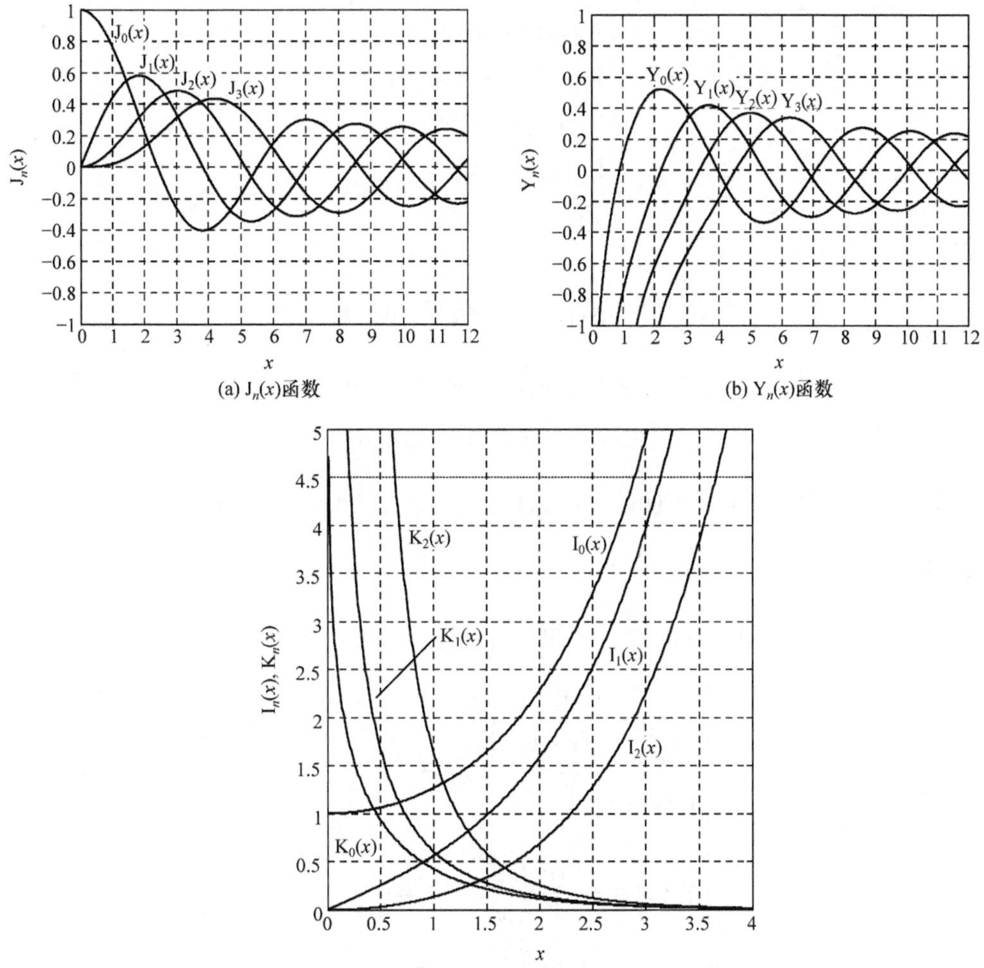

(a) $J_n(x)$函数　(b) $Y_n(x)$函数

(c) $I_n(x)$和$K_n(x)$

附图 E-1　各类低阶贝塞尔函数的变化曲线

2. 递推关系

$$
\begin{cases}
\dfrac{2\nu}{x}\mathrm{R}_{\nu}=\mathrm{R}_{\nu+1}+\mathrm{R}_{\nu-1}\\
\dfrac{2\nu}{x}\mathrm{I}_{\nu}=\mathrm{I}_{\nu-1}-\mathrm{I}_{\nu+1}\\
\dfrac{2\nu}{x}\mathrm{K}_{\nu}=\mathrm{K}_{\nu+1}-\mathrm{K}_{\nu-1}
\end{cases}
$$

式中，R_{ν}是J_{ν}、Y_{ν}、$\mathrm{H}_{\nu}^{(1)}$和$\mathrm{H}_{\nu}^{(2)}$的任意线性组合。

3. 对称性

当ν是整数n时，有

$$\begin{cases} J_{-n}(x) = (-1)^n J_n(x) \\ J_n(-x) = (-1)^n J_n(x) \\ Y_{-n}(x) = (-1)^n Y_n(x) \\ I_{-n}(x) = I_n(x) \end{cases}$$

4. 微分公式

$$\begin{cases} \left[x^{\nu} R_{\nu}(x)\right]' = x^{\nu} R_{\nu-1}(x) \\ \left[x^{-\nu} R_{\nu}(x)\right]' = -x^{-\nu} R_{\nu+1}(x) \\ R_{\nu-1}(x) - R_{\nu+1}(x) = 2R_{\nu}'(x) \end{cases}$$

式中，$R_{\nu}(x)$可以是$J_{\nu}(x)$、$Y_{\nu}(x)$、$H_{\nu}^{(1)}(x)$、$H_{\nu}^{(2)}(x)$、$I_{\nu}(x)$、$K_{\nu}(x)$。

5. 渐近公式

当x的值很小时，即$x \to 0^+$时，有如下渐近公式：

$$\begin{cases} J_{\nu}(x) \approx \dfrac{1}{\Gamma(\nu+1)}\left(\dfrac{x}{2}\right)^{\nu} \\ J_0(x) \approx 1 - \dfrac{x^2}{4} \\ Y_{\nu}(x) \approx -\dfrac{\Gamma(\nu)}{\pi}\left(\dfrac{2}{x}\right)^{\nu}, \quad \nu \neq 0 \\ Y_0(x) \approx \dfrac{2}{\pi}\ln\left(\dfrac{\gamma x}{2}\right), \qquad \ln\gamma = 0.5772 \\ K_{\nu}(x) \approx \dfrac{\Gamma(\nu)}{2}\left(\dfrac{2}{x}\right)^{-\nu} \\ K_0(x) \simeq -\ln(x/2) \\ J_0(0) = 1; \quad J_n(0) = 0, \quad n \geqslant 1 \\ I_0(0) \approx 1 \\ I_n(0) \approx 0 \end{cases}$$

当x的值很大时，即$x \to \infty$时，有如下渐近公式：

$$
\begin{cases}
J_\nu(x) \approx \sqrt{\dfrac{2}{\pi x}} \cos\left(x - \dfrac{\pi}{4} - \dfrac{\nu\pi}{2}\right) \\
Y_\nu(x) \approx \sqrt{\dfrac{2}{\pi x}} \sin\left(x - \dfrac{\pi}{4} - \dfrac{\nu\pi}{2}\right) \\
H_\nu^{(1)} \approx \sqrt{\dfrac{2}{\pi x}} e^{j\left(x - \frac{\pi}{4} - \frac{\nu\pi}{2}\right)} \\
H_\nu^{(2)} \approx \sqrt{\dfrac{2}{\pi x}} e^{-j\left(x - \frac{\pi}{4} - \frac{\nu\pi}{2}\right)} \\
I_\nu(x) \approx \dfrac{e^x}{\sqrt{2\pi x}} \\
K_\nu(x) \approx \sqrt{\dfrac{\pi}{2x}} e^{-x}
\end{cases}
$$

利用上述这些渐近公式来代替收敛很慢的贝塞尔函数的级数计算，不仅计算简单和节约计算时间，又能比较好地逼近贝塞尔函数。

6. 积分表达式和积分公式

$$
J_n(x) = \frac{1}{2\pi}\int_{-\pi}^{\pi} e^{j(x\sin\theta - n\theta)} d\theta, \quad n = 0, \pm 1, \pm 2, \cdots
$$

$$
\begin{cases}
\int x R_0(x) dx = x R_1(x) \\
\int R_1(x) dx = -R_0(x) \\
\int x^{n+1} R_n(x) dx = x^{n+1} R_{n+1}(x) \\
\int x^{-n+1} R_n(x) dx = -x^{-n+1} R_{n-1}(x) \\
\int x R_n^2(\alpha x) dx = \dfrac{x^2}{2}\left[R_n^2(\alpha x) - R_{n-1}(\alpha x) R_{n+1}(\alpha x)\right]
\end{cases}
$$

式中，$R_n(x)$ 可以是 $J_n(x)$、$Y_n(x)$、$H_n^{(1)}(x)$、$H_n^{(2)}(x)$、$I_n(x)$、$K_n(x)$。

7. 正交归一性

$$
\begin{cases}
\int_a^b \left[J_n(\alpha_i x) J_n(\alpha_j x)\right] x dx = \delta_{ij} N \\
\int_a^b \left[J_m(\alpha x) J_n(\alpha x)\right] x dx = \delta_{mn} N
\end{cases}
$$

式中，归一化因子

$$
N = \left\{\frac{x^2}{2}\left[J_n^2(\alpha x) - J_{n-1}(\alpha x) J_{n+1}(\alpha x)\right]\right\}\Bigg|_a^b = \left(\frac{x^2}{2}\left\{J_n'^2(\alpha x) + \left[1 - \frac{n^2}{\alpha^2 x^2} J_n^2(\alpha x)\right]\right\}\right)\Bigg|_a^b
$$

$$\int_0^l \left[J_m(w_{mn}x)\right]^2 x\mathrm{d}x = \begin{cases} \dfrac{l^2}{2}\left[J_{m+1}(w_{mn}l)\right]^2, & J_m(w_{mn}l)=0 \\ \dfrac{l^2}{2}\left[1-\dfrac{m^2}{(w_{mn}l)^2}\right]\left[J_m(w_{mn}l)\right]^2, & J'_m(w_{mn}l)=0 \end{cases}$$

8. 半奇数阶贝塞尔函数的表达式

$$J_{n+1/2}(x)=(-1)^n\sqrt{\frac{2}{\pi}}x^{n+1/2}\left(\frac{1}{x}\frac{\mathrm{d}}{\mathrm{d}x}\right)^n\left(\frac{\sin x}{x}\right)$$

$$Y_{n+1/2}(x)=(-1)^{n+1}J_{-(n+1/2)}(x)=(-1)^{n+1}\sqrt{\frac{2}{\pi}}x^{n+1/2}\left(\frac{1}{x}\frac{\mathrm{d}}{\mathrm{d}x}\right)^n\left(\frac{\cos x}{x}\right)$$

$$J_{1/2}(x)=\sqrt{\frac{2}{\pi x}}\sin x,\quad J_{-1/2}(x)=\sqrt{\frac{2}{\pi x}}\cos x$$

附录 F　勒让德函数

1. 勒让德方程与勒让德函数

ν 阶勒让德方程是

$$(1-x^2)\frac{\mathrm{d}^2y}{\mathrm{d}x^2}-2x\frac{\mathrm{d}y}{\mathrm{d}x}+\nu(\nu+1)y=0,\quad -1\leqslant x\leqslant 1$$

当 ν 是整数 n 时，它的两个解为

$$\begin{cases} P_n(x)=\dfrac{1}{2^n n!}\dfrac{\mathrm{d}^n}{\mathrm{d}x^n}\left(x^2-1\right)^n \\ Q_n(x)=P_n(x)\cdot\dfrac{1}{2}\ln\dfrac{1+x}{1-x}-\displaystyle\sum_{k=1}^{(n/2)\text{或}(n+1)/2}\dfrac{2n-4k+3}{(2k-1)(n-k+1)}P_{n-2k+1}(x) \end{cases}$$

分别称为 n 阶第一类和第二类勒让德函数(或多项式)。显然，当 $x=\pm1$ 时，$Q_n(x)\to\infty$，所以 $Q_n(x)$ 在 $[-1,+1]$ 上无界。一般来说，$Q_n(x)$ 很少用到。

(1) 正交性：

$$\int_{-1}^1 P_m(x)P_n(x)\mathrm{d}x=\begin{cases} 0, & m\neq n \\ \dfrac{2}{2n+1}, & m=n \end{cases}$$

(2) 对称性：

$$P_n(-x)=(-1)^n P_n(x)$$

(3) 递推关系：

$$\begin{cases} xP'_n(x) = nP_n(x) + P'_{n-1}(x) \\ xP'_n(x) = P'_{n+1}(x) - (n+1)P_n(x) \\ (x^2-1)P'_n(x) = nxP_n(x) - nP_{n-1}(x) \\ (n+1)P_{n+1}(x) = (2n+1)xP_n(x) - nP_{n-1}(x) \\ P_n(x) = \dfrac{1}{2n+1}\left[P'_{n+1}(x) - P'_{n-1}(x)\right] \\ P_n(x) = P'_{n+1}(x) + P'_{n-1}(x) - 2xP'_n(x) \end{cases}$$

(4) 特殊值：

$$P_n(1) = 1, \quad P_n(-1) = (-1)^n, \quad P_{2n+1}(0) = 0$$

(5) 若干低阶勒让德函数：

当$n = 0, 1, 2, 3, 4, 5$时，分别有

$$P_0(x) = 1, \quad P_1(x) = x$$

$$P_2(x) = \frac{1}{2}(3x^2 - 1), \quad P_3(x) = \frac{1}{2}(5x^3 - 3x)$$

$$P_4(x) = \frac{1}{8}(35x^4 - 30x^2 + 3), \quad P_5(x) = \frac{1}{8}(63x^5 - 70x^3 + 15x)$$

若干低阶第一类勒让德函数的图形如附图 F-1 所示。

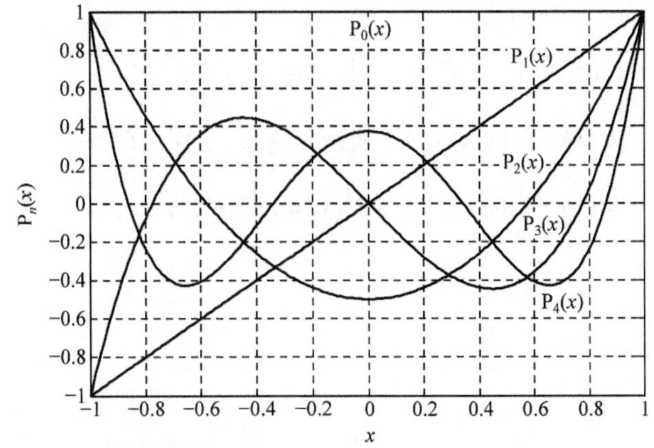

附图 F-1　若干低阶第一类勒让德函数的分布曲线

2. 连带勒让德方程与连带勒让德函数

m 次 n 阶连带勒让德方程是

$$\left(1-x^2\right)\frac{d^2y}{dx^2} - 2x\frac{dy}{dx} + \left[n(n+1) - \frac{m^2}{1-x^2}\right]y = 0$$

它的两个解

$$\begin{cases} P_n^m(x) = \left(1-x^2\right)^{\frac{m}{2}} \dfrac{d^m P_n(x)}{dx^m}, & m \leqslant n, |x| \leqslant 1 \\ Q_n^m(x) = \left(1-x^2\right)^{\frac{m}{2}} \dfrac{d^m Q_n(x)}{dx^m}, & m \leqslant n, |x| \leqslant 1 \end{cases}$$

分别称为 m 次 n 阶第一类、第二类连带勒让德函数。

(1) 对称性和正交性：

$$P_n^m(-x) = (-1)^{m+n} P_n^m(x)$$

$$\int_{-1}^{1} P_l^m(x) P_k^m(x) dx = \begin{cases} 0, & l,k \geqslant m, l \neq k \\ \dfrac{(l+m)!}{(l-m)!} \dfrac{2}{2l+1}, & m < l = k \end{cases}$$

(2) 几个常用的公式：

$$P_n^m(x) = (1-x^2)^{m/2} \frac{1}{2^n n!} \frac{d^{n+m}}{dx^{n+m}} (x^2-1)^n$$

$$P_n^m(\pm 1) = 0$$

$$P_n^m(0) = \begin{cases} 0, & n-m = 2k+1 \\ \dfrac{(-1)^k (2n-2k)!}{2^n k!(n-m)!}, & n-m = 2k \end{cases}$$

(3) 若干低阶连带勒让德函数：

$$P_1^1(x) = (1-x^2)^{1/2}, \quad P_2^1(x) = 3(1-x^2)^{1/2} x$$

$$P_2^2(x) = 3(1-x^2), \quad P_3^1(x) = \frac{3}{2}(1-x^2)^{1/2}(5x^2-1)$$

$$P_3^2(x) = 15(1-x^2)x, \quad P_3^3(x) = 15(1-x^2)^{3/2}$$

3. 球谐函数

(1) 定义。

本征函数族

$$\left\{S_n^m(\theta,\alpha)\right\} = \bigcup_{n=0}^{\infty} \left\{ \bigcup_{m=0}^{n} P_n^m(\cos\theta) \begin{Bmatrix} \cos\alpha \\ \sin\alpha \end{Bmatrix} \right\}$$

中的每一个函数都称为球谐函数。若干球谐函数的表达式如下：

$$S_0^0 = P_0(\cos\theta), \quad S_1^0 = P_1(\cos\theta), \quad S_2^0 = P_2(\cos\theta), \quad S_3^0 = P_3(\cos\theta)$$

$$S_1^1 = P_1^1(\cos\theta) \begin{Bmatrix} \cos\alpha \\ \sin\alpha \end{Bmatrix}, \quad S_2^1 = P_2^1(\cos\theta) \begin{Bmatrix} \cos\alpha \\ \sin\alpha \end{Bmatrix}, \quad S_3^1 = P_3^1(\cos\theta) \begin{Bmatrix} \cos\alpha \\ \sin\alpha \end{Bmatrix}$$

$$S_2^2 = P_2^2(\cos\theta) \begin{Bmatrix} \cos(2\alpha) \\ \sin(2\alpha) \end{Bmatrix}, \quad S_3^2 = P_3^2(\cos\theta) \begin{Bmatrix} \cos(2\alpha) \\ \sin(2\alpha) \end{Bmatrix}, \quad S_3^3 = P_3^3(\cos\theta) \begin{Bmatrix} \cos(3\alpha) \\ \sin(3\alpha) \end{Bmatrix}$$

(2) 正交性。

$$\int_0^{\pi}\int_0^{2\pi} P_l^m(\cos\theta)\begin{Bmatrix}\cos(m\alpha)\\ \sin(m\alpha)\end{Bmatrix} P_k^n(\cos\theta)\begin{Bmatrix}\cos(n\alpha)\\ \sin(n\alpha)\end{Bmatrix}\sin\theta \mathrm{d}\theta \mathrm{d}\alpha = 0$$

$$\int_0^{\pi}\int_0^{2\pi}\left[P_n^m(\cos\theta)\cos(m\alpha)\right]^2\sin\theta \mathrm{d}\theta \mathrm{d}\alpha = \left[\frac{(n+m)!}{(n-m)!}\frac{2}{2n+1}\right](\pi\delta_m),\quad \delta_m = \begin{cases}2, & m=0\\ 1, & m\neq 0\end{cases}$$

$$\int_0^{\pi}\int_0^{2\pi}\left[P_n^m(\cos\theta)\sin(m\alpha)\right]^2\sin\theta \mathrm{d}\theta \mathrm{d}\alpha = \left[\frac{(n+m)!}{(n-m)!}\frac{2}{2n+1}\right]\pi,\quad m\geqslant 1$$

在把函数 $f(\theta,\alpha)$ 展开成球谐函数 $S_n^m(\theta,\alpha)$ 的级数时，这些公式是非常有用的。

(3) 函数 $f(\theta,\alpha)$ 展开成球谐函数 $S_n^m(\theta,\alpha)$ 的级数。

若进行如下展开式：

$$f(\theta,\alpha) = \sum_{n=0}^{\infty}\sum_{m=0}^{n}[A_n^m\cos(m\alpha) + B_n^m\sin(m\alpha)]P_n^m(\cos\theta)$$

则有系数：

$$\begin{cases} A_n^m = \dfrac{(2n+1)}{2\pi\delta_m}\cdot\dfrac{(n-m)!}{(n+m)!}\displaystyle\int_0^{\pi}\int_0^{2\pi} f(\theta,\alpha)P_n^m(\cos\theta)\cos(m\alpha)\sin\theta \mathrm{d}\theta \mathrm{d}\alpha \\ B_n^m = \dfrac{(2n+1)}{2\pi}\cdot\dfrac{(n-m)!}{(n+m)!}\displaystyle\int_0^{\pi}\int_0^{2\pi} f(\theta,\alpha)P_n^m(\cos\theta)\sin(m\alpha)\sin\theta \mathrm{d}\theta \mathrm{d}\alpha \end{cases}$$

(4) 加法定理。

$$P_n(\cos\Phi) = \sum_{m=-n}^{n}\frac{(n-m)!}{(n+m)!}P_n^m(\cos\theta')P_n^m(\cos\theta)e^{-jm(\alpha-\alpha')}$$

式中，(θ,α) 是确定 $\boldsymbol{r}$ 的方向角；(θ',α') 是确定 $\boldsymbol{r}'$ 的方向角，且

$$\cos\Phi = \cos\theta\cos\theta' + \sin\theta\sin\theta'\cos(\alpha-\alpha')$$

附录 G 物理常数表

自由空间中的光速 c	2.99792458×10^8 m/s
自由空间的介电常数 ε_0	$8.85418\cdots\times10^{-12}$ F/m $\approx 10^{-9}/(36\pi)$ F/m
自由空间的磁导率 μ_0	$12.56637\cdots\times10^{-7}$ H/m $\approx 4\pi\times10^{-7}$ H/m
电子电荷 e	-1.6008×10^{-19}C
电子质量 m_0	9.1066×10^{-31}kg
玻尔兹曼常量 k	1.3805×10^{-23} J/K
经典电子半径 r_e	2.81776×10^{-15}m

附录H　应 力 张 量

在外力作用下，弹性体内部分子之间存在着相当复杂的内部力(应力)，通常使用应力张量$\vec{\boldsymbol{T}}$来宏观地描述这种应力。如附图 H-1 所示，在弹性体内有一个通过某一微小四面体内P点的任意面元$\mathrm{d}\boldsymbol{\sigma}$，它前后的物质受到大小相等而方向相反的相互作用力。现在，设该微小四面体的斜面就是面元$\mathrm{d}\boldsymbol{\sigma}$，其方向自内向外。该微小四面体的其他三个面分别为$\mathrm{d}\sigma_x\boldsymbol{e}_x$、$\mathrm{d}\sigma_y\boldsymbol{e}_y$和$\mathrm{d}\sigma_z\boldsymbol{e}_z$。显然，有

$$\mathrm{d}\sigma_x=\mathrm{d}\boldsymbol{\sigma}\cdot\boldsymbol{e}_x,\quad \mathrm{d}\sigma_y=\mathrm{d}\boldsymbol{\sigma}\cdot\boldsymbol{e}_y,\quad \mathrm{d}\sigma_z=\mathrm{d}\boldsymbol{\sigma}\cdot\boldsymbol{e}_z \tag{H-1}$$

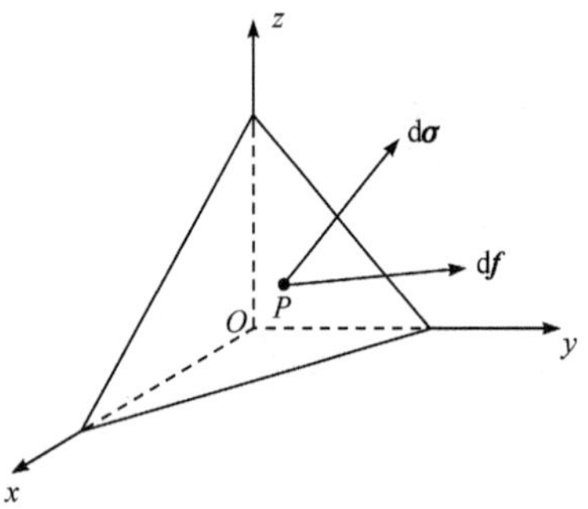

附图 H-1　微小四面体

设面元$\mathrm{d}\boldsymbol{\sigma}$前方物质通过此面元对后方物质的作用力为$\mathrm{d}\boldsymbol{f}$，以及前方物质通过面元$\mathrm{d}\sigma_x\boldsymbol{e}_x$、$\mathrm{d}\sigma_y\boldsymbol{e}_y$和$\mathrm{d}\sigma_z\boldsymbol{e}_z$对后方物质的作用力分别为$\mathrm{d}\boldsymbol{f}_x$、$\mathrm{d}\boldsymbol{f}_y$和$\mathrm{d}\boldsymbol{f}_z$。如果该微小四面体处于力学平衡状态，那么其内部物质所受到的合力为零，即

$$\mathrm{d}\boldsymbol{f}=\mathrm{d}\boldsymbol{f}_x+\mathrm{d}\boldsymbol{f}_y+\mathrm{d}\boldsymbol{f}_z \tag{H-2}$$

式(H-2)中的$\mathrm{d}\boldsymbol{f}_x$可以写成：

$$\mathrm{d}\boldsymbol{f}_x=\mathrm{d}f_{xx}\boldsymbol{e}_x+\mathrm{d}f_{xy}\boldsymbol{e}_y+\mathrm{d}f_{xz}\boldsymbol{e}_z \tag{H-3}$$

式中，$\mathrm{d}f_{xx}$、$\mathrm{d}f_{xy}$和$\mathrm{d}f_{xz}$分别是$\mathrm{d}\boldsymbol{f}_x$的$x$、$y$和$z$分量。它们的大小都与$\mathrm{d}\sigma_x$成正比，则有

$$\mathrm{d}\boldsymbol{f}_x=\mathrm{d}\sigma_x(T_{xx}\boldsymbol{e}_x+T_{xy}\boldsymbol{e}_y+T_{xz}\boldsymbol{e}_z) \tag{H-4}$$

式中，T_{xy}表示通过方向沿x轴的单位面积，其前方物质对后方物质作用力的y分量，T_{xx}和T_{xz}的含义与T_{xy}的含义相同。

同理，有

$$\mathrm{d}\boldsymbol{f}_y=\mathrm{d}\sigma_y(T_{yx}\boldsymbol{e}_x+T_{yy}\boldsymbol{e}_y+T_{yz}\boldsymbol{e}_z) \tag{H-5}$$

和

$$\mathrm{d}\boldsymbol{f}_z=\mathrm{d}\sigma_z(T_{zx}\boldsymbol{e}_x+T_{zy}\boldsymbol{e}_y+T_{zz}\boldsymbol{e}_z) \tag{H-6}$$

那么，利用式(H-4)、式(H-5)和式(H-6)，以及式(H-1)，式(H-2)将成为

$$\begin{aligned}\mathrm{d}\boldsymbol{f}=&\mathrm{d}\boldsymbol{\sigma}\cdot\boldsymbol{e}_x(T_{xx}\boldsymbol{e}_x+T_{xy}\boldsymbol{e}_y+T_{xz}\boldsymbol{e}_z)\\&+\mathrm{d}\boldsymbol{\sigma}\cdot\boldsymbol{e}_y(T_{yx}\boldsymbol{e}_x+T_{yy}\boldsymbol{e}_y+T_{yz}\boldsymbol{e}_z)\\&+\mathrm{d}\boldsymbol{\sigma}\cdot\boldsymbol{e}_z(T_{zx}\boldsymbol{e}_x+T_{zy}\boldsymbol{e}_y+T_{zz}\boldsymbol{e}_z)\end{aligned} \tag{H-7}$$

也可以写成：

$$\mathrm{d}\boldsymbol{f}=\mathrm{d}\boldsymbol{\sigma}\cdot\vec{\boldsymbol{T}} \tag{H-8}$$

式中

$$\vec{\boldsymbol{T}} = (T_{xx}\boldsymbol{e}_x\boldsymbol{e}_x + T_{xy}\boldsymbol{e}_x\boldsymbol{e}_y + T_{xz}\boldsymbol{e}_x\boldsymbol{e}_z) + (T_{yx}\boldsymbol{e}_y\boldsymbol{e}_x + T_{yy}\boldsymbol{e}_y\boldsymbol{e}_y + T_{yz}\boldsymbol{e}_y\boldsymbol{e}_z) + (T_{zx}\boldsymbol{e}_z\boldsymbol{e}_x + T_{zy}\boldsymbol{e}_z\boldsymbol{e}_y + T_{zz}\boldsymbol{e}_z\boldsymbol{e}_z) \tag{H-9}$$

$\vec{\boldsymbol{T}}$ 称为应力张量。这里，$\vec{\boldsymbol{T}}$ 的分量 T_{ij} 的第一个下标表示考虑应力的某个面的法向，第二个下标表示应力的某一个分量。例如，T_{xx} 表示通过方向沿 x 轴的面的法向应力，即张力；而 T_{xy} 和 T_{xz} 分别表示通过方向沿 x 轴的面的两个切向 y 轴和 z 轴的应力，即切应力。其余类推。显然，如果已知 $\vec{\boldsymbol{T}}$ 的九个分量，则对任意通过方向的 $\mathrm{d}\boldsymbol{\sigma}$ 所相应的 $\mathrm{d}\boldsymbol{f}$ 就可求出，于是 P 点处的应力情况就完全清楚了。

附录 I　并矢和并矢函数

如果两个矢量 $\boldsymbol{A}$ 和 $\boldsymbol{B}$ 不是点乘也不是叉乘，而是并乘，即

$$\vec{\boldsymbol{D}} = \boldsymbol{AB}$$

就构成一个二阶张量，称为并矢。式中，$\boldsymbol{A}$ 和 $\boldsymbol{B}$ 分别称为前元素和后元素，交换它们的前后次序，就构成一个新的并矢，记为 $\vec{\boldsymbol{D}}^{\mathrm{T}}$，称为原并矢的转置，即

$$\vec{\boldsymbol{D}}^{\mathrm{T}} = \boldsymbol{BA}$$

并矢和矢量之间可以进行点积运算，结果为矢量，但有前点积和后点积之分。矢量与并矢的前点积定义为

$$\boldsymbol{C}\cdot\vec{\boldsymbol{D}} = \boldsymbol{C}\cdot\boldsymbol{AB} = (\boldsymbol{C}\cdot\boldsymbol{A})\boldsymbol{B}$$

矢量与并矢的后点积定义为

$$\vec{\boldsymbol{D}}\cdot\boldsymbol{C} = \boldsymbol{AB}\cdot\boldsymbol{C} = \boldsymbol{A}(\boldsymbol{B}\cdot\boldsymbol{C})$$

比较并矢与矢量的前、后点积的定义式，显然有

$$\boldsymbol{C}\cdot\vec{\boldsymbol{D}} = \vec{\boldsymbol{D}}^{\mathrm{T}}\cdot\boldsymbol{C}$$

$$\vec{\boldsymbol{D}}\cdot\boldsymbol{C} = \boldsymbol{C}\cdot\vec{\boldsymbol{D}}^{\mathrm{T}}$$

并矢与矢量之间也可进行叉积运算，其结果仍为并矢，但也有前、后叉积之分。矢量与并矢的前叉积定义为

$$\boldsymbol{C}\times\vec{\boldsymbol{D}} = \boldsymbol{C}\times\boldsymbol{AB} = (\boldsymbol{C}\times\boldsymbol{A})\boldsymbol{B}$$

矢量与并矢的后叉积定义为

$$\vec{\boldsymbol{D}}\times\boldsymbol{C} = \boldsymbol{AB}\times\boldsymbol{C} = \boldsymbol{A}(\boldsymbol{B}\times\boldsymbol{C})$$

比较矢量与并矢的前、后叉积的定义式，显然有

$$(\boldsymbol{C}\times\vec{\boldsymbol{D}})^{\mathrm{T}} = -\vec{\boldsymbol{D}}^{\mathrm{T}}\times\boldsymbol{C}$$

$$(\vec{\boldsymbol{D}}\times\boldsymbol{C})^{\mathrm{T}} = -\boldsymbol{C}\times\vec{\boldsymbol{D}}^{\mathrm{T}}$$

将组成并矢的两个矢量用直角坐标分量表示，并矢可以展开为

$$\vec{\boldsymbol{D}} = \boldsymbol{AB} = (A_x\boldsymbol{e}_x + A_y\boldsymbol{e}_y + A_z\boldsymbol{e}_z)(B_x\boldsymbol{e}_x + B_y\boldsymbol{e}_y + B_z\boldsymbol{e}_z)$$
$$= A_xB_x\boldsymbol{e}_x\boldsymbol{e}_x + A_xB_y\boldsymbol{e}_x\boldsymbol{e}_y + A_xB_z\boldsymbol{e}_x\boldsymbol{e}_z + A_yB_x\boldsymbol{e}_y\boldsymbol{e}_x + A_yB_y\boldsymbol{e}_y\boldsymbol{e}_y + A_yB_z\boldsymbol{e}_y\boldsymbol{e}_z$$
$$+ A_zB_x\boldsymbol{e}_z\boldsymbol{e}_x + A_zB_y\boldsymbol{e}_z\boldsymbol{e}_y + A_zB_z\boldsymbol{e}_z\boldsymbol{e}_z$$

由此可见，并矢包含 9 个标量。因此，并矢也可以用矩阵表示，即

$$\vec{\boldsymbol{D}} = \begin{bmatrix} A_xB_x & A_xB_y & A_xB_z \\ A_yB_x & A_yB_y & A_yB_z \\ A_zB_x & A_zB_y & A_zB_z \end{bmatrix} = \begin{bmatrix} D_{xx} & D_{xy} & D_{xz} \\ D_{yx} & D_{yy} & D_{yz} \\ D_{zx} & D_{zy} & D_{zz} \end{bmatrix}$$

如果分别用以上并矢矩阵中的三个同列或三个同行标量组成矢量，并矢就可以表示为 3 个矢量分别与 3 个直角坐标单位矢量的并组成，这有两种形式，即

$$\vec{\boldsymbol{D}} = \boldsymbol{D}^{(x)}\boldsymbol{e}_x + \boldsymbol{D}^{(y)}\boldsymbol{e}_y + \boldsymbol{D}^{(z)}\boldsymbol{e}_z$$

和

$$\vec{\boldsymbol{D}} = \boldsymbol{e}_x{}^{(x)}\boldsymbol{D} + \boldsymbol{e}_y{}^{(x)}\boldsymbol{D} + \boldsymbol{e}_z{}^{(x)}\boldsymbol{D}\boldsymbol{g}$$

式中，组成并矢的矢量分别为

$$\begin{cases} \boldsymbol{D}^{(x)} = D_{xx}\boldsymbol{e}_x + D_{yx}\boldsymbol{e}_y + D_{zx}\boldsymbol{e}_z \\ \boldsymbol{D}^{(y)} = D_{xy}\boldsymbol{e}_x + D_{yy}\boldsymbol{e}_y + D_{zy}\boldsymbol{e}_z \\ \boldsymbol{D}^{(z)} = D_{xz}\boldsymbol{e}_x + D_{yz}\boldsymbol{e}_y + D_{zz}\boldsymbol{e}_z \\ {}^{(x)}\boldsymbol{D} = D_{xx}\boldsymbol{e}_x + D_{xy}\boldsymbol{e}_y + D_{xz}\boldsymbol{e}_z \\ {}^{(y)}\boldsymbol{D} = D_{yx}\boldsymbol{e}_x + D_{yy}\boldsymbol{e}_y + D_{yz}\boldsymbol{e}_z \\ {}^{(z)}\boldsymbol{D} = D_{zx}\boldsymbol{e}_x + D_{zy}\boldsymbol{e}_y + D_{zz}\boldsymbol{e}_z \end{cases}$$

定义单位并矢为

$$\vec{\boldsymbol{I}} = \boldsymbol{e}_x\boldsymbol{e}_x + \boldsymbol{e}_y\boldsymbol{e}_y + \boldsymbol{e}_z\boldsymbol{e}_z$$

即

$$\vec{\boldsymbol{I}} = \begin{bmatrix} 1 & 0 & 0 \\ 0 & 1 & 0 \\ 0 & 0 & 1 \end{bmatrix}$$

那么，单位并矢有如下性质：

$$\vec{\boldsymbol{D}}\cdot\vec{\boldsymbol{I}} = \vec{\boldsymbol{I}}\cdot\vec{\boldsymbol{D}} = \vec{\boldsymbol{D}} \quad \text{和} \quad \vec{\boldsymbol{I}}\cdot\boldsymbol{C} = \boldsymbol{C}\cdot\vec{\boldsymbol{I}} = \boldsymbol{C}$$

当并矢的各分量为函数时，称为并矢函数。并矢函数的散度与旋度分别定义为

$$\nabla\cdot\vec{\boldsymbol{D}} = (\nabla\cdot\boldsymbol{D}^{(x)})\boldsymbol{e}_x + (\nabla\cdot\boldsymbol{D}^{(y)})\boldsymbol{e}_y + (\nabla\cdot\boldsymbol{D}^{(z)})\boldsymbol{e}_z$$

$$\nabla\times\vec{\boldsymbol{D}} = (\nabla\times\boldsymbol{D}^{(x)})\boldsymbol{e}_x + (\nabla\times\boldsymbol{D}^{(y)})\boldsymbol{e}_y + (\nabla\times\boldsymbol{D}^{(z)})\boldsymbol{e}_z$$

当 $\vec{\boldsymbol{D}} = \vec{\boldsymbol{I}}\varphi$ 时，有

$$\nabla\cdot\vec{\boldsymbol{D}}=\nabla\cdot(\vec{\boldsymbol{I}}\varphi)=\frac{\partial\varphi}{\partial x}\boldsymbol{e}_x+\frac{\partial\varphi}{\partial y}\boldsymbol{e}_y+\frac{\partial\varphi}{\partial z}\boldsymbol{e}_z=\nabla\varphi$$

定义矢量函数的梯度为

$$\nabla\boldsymbol{f}=(\nabla f_x)\boldsymbol{e}_x+(\nabla f_y)\boldsymbol{e}_y+(\nabla f_z)\boldsymbol{e}_z$$

可见，矢量函数的梯度为一并矢。令 $\boldsymbol{f}=\nabla\varphi$ ，则

$$\nabla\nabla\varphi=\nabla(\vec{\boldsymbol{I}}\cdot\nabla\varphi)$$

也是一并矢。

应该指出，在电磁场理论中引入并矢，其主要目的是解决用矢量源直接表示矢量场的问题，即引入并矢格林函数后，能够使电磁场的表达式比较简洁。

参 考 文 献

[1] 蔡圣善, 朱耘. 经典电动力学[M] .上海: 复旦大学出版社, 1985.
[2] 孙景李. 经典电动力学[M]. 北京: 高等教育出版社, 1987.
[3] 虞福春, 郑春开. 电动力学[M]. 北京: 北京大学出版社, 1992.
[4] 冯慈璋. 电磁场(电工原理Ⅱ)[M]. 北京: 人民教育出版社, 1979.
[5] 林为干, 符果行, 邬琳若, 等. 电磁场理论[M]. 北京: 人民邮电出版社, 1984.
[6] STRATTON J A. Electromagnetic theory[M]. New York: McGraw-Hill Book Company, 1941.
[7] 冯慈璋. 静态电磁场[M]. 西安: 西安交通大学出版社, 1985.
[8] 周克定. 工程电磁专论[M]. 武汉: 华中工学院出版社, 1986.
[9] 王先冲. 电磁场理论及应用[M]. 北京: 科学出版社, 1986.
[10] 符果行. 电磁场中的格林函数法[M]. 北京: 高等教育出版社, 1993.
[11] 吴鸿适. 微波电子学原理[M]. 北京: 科学出版社, 1987.
[12] 吴志忠, 杜忠顺. 电磁场工程中的场与波[M]. 南京: 东南大学出版社, 1992.
[13] 杨儒贵. 高等电磁理论[M]. 北京: 高等教育出版社, 2008.
[14] 傅君眉, 冯恩信. 高等电磁理论[M]. 西安: 西安交通大学出版社, 2000.
[15] 陈抗生. 电磁场与电磁波[M]. 2 版. 北京: 高等教育出版社, 2007.
[16] 龚中麟. 近代电磁理论[M]. 2 版. 北京: 北京大学出版社, 2010.
[17] 黎滨洪. 表面电磁波和介质波导[M]. 上海: 上海交通大学出版社, 1990.
[18] WALDRON R A. Theory of guided electromagnetic waves[M]. London: Van Nostrand Reinhold, 1969.
[19] COLLIN R E. Field theory of guided waves[M]. New York: McGraw-Hill Book Company, 1960.
[20] WAIL J R. (Lectures on) Wave propagation theory[M]. Oxford: Pergamon Press, 1984.
[21] SOMMERFELD A. Electrodynamics[M]. New York: Academic Press, 1952.
[22] GOUBAU G. Surface waves and their application to transmission lines[J]. Journal of applied physics, 1950, 21(11): 1119-1128.
[23] 冯慈璋, 马西奎. 工程电磁场导论[M]. 北京: 高等教育出版社, 2000.
[24] 马西奎, 董天宇, 康祯, 等. 电磁波理论[M]. 西安: 西安交通大学出版社, 2019.
[25] STOLL R L. The analysis of eddy currents[M]. London: Oxford University Press, 1974.
[26] BINNS K J, LAWRENSON P J. Analysis and computation of electric and magnetic field problems[M]. 2nd ed. Oxford: Pergamon Press, 1973.
[27] STINSON D C. Intermediate mathematics of electromagnetics[M]. Englewood Cliffs: Prentice-Hall, Inc., 1976.
[28] TAI C T. Dyadic Green's functions in electromagnetic theory[M]. Scranton: Intext Educational Publishers, 1971.
[29] 李忠元. 电磁场边界元素法[M]. 北京: 北京工业学院出版社, 1987.
[30] BREBBIA C A, WALKER S. Boundary element techniques in engineering[M]. London: Butterworth Ltd., 1980.
[31] 依昂金. 电工学的理论基础: 第二卷[M]. 王景熙, 唐忠德, 译. 北京: 水利电力出版社, 1986.
[32] 周克定, 等. 工程电磁场数值计算理论方法及应用[M]. 北京: 高等教育出版社, 1994.
[33] 陈丕璋, 严烈通, 姚若萍. 电机电磁场理论与计算[M]. 北京: 科学出版社, 1986.
[34] 徐自新. 微分方程近似解[M]. 上海: 华东化工学院出版社, 1990.
[35] 盛剑霓. 工程电磁场数值分析[M]. 西安: 西安交通大学出版社, 1991.
[36] HARRINGTON R F. Field computation by moment methods[M]. New York: McGraw-Hill Book Company, 1968.